中国轻工业“十三五”规划教材

高等学校生物工程专业教材

氨基酸工艺学（第二版）

陈　宁　主编

中国轻工业出版社

图书在版编目（CIP）数据

氨基酸工艺学/陈宁主编．—2版．—北京：中国轻工业出版社，2022.8

中国轻工业“十三五”规划立项教材　高等学校生物工程专业教材

ISBN 978-7-5184-2768-0

Ⅰ.①氨…　Ⅱ.①陈…　Ⅲ.①氨基酸-生产工艺　Ⅳ.①TQ922

中国版本图书馆CIP数据核字（2019）第291861号

责任编辑：江　娟　王　韧　秦　功

策划编辑：江　娟　　责任终审：白　洁　　封面设计：锋尚设计

版式设计：砚祥志远　　责任校对：吴大朋　　责任监印：张京华

出版发行：中国轻工业出版社（北京东长安街6号，邮编：100740）

印　　刷：三河市国英印务有限公司

经　　销：各地新华书店

版　　次：2022年8月第2版第2次印刷

开　　本：787×1092　1/16　印张：26

字　　数：400千字

书　　号：ISBN 978-7-5184-2768-0　定价：68.00元

邮购电话：010－65241695

发行电话：010－85119835　传真：85113293

网　　址：http：//www.chlip.com.cn

Email：club@chlip.com.cn

如发现图书残缺请与我社邮购联系调换

220967J1C202ZBW

本书编写人员

主　　编　陈宁（天津科技大学）

编写人员　（按姓氏拼音排列）

范晓光（天津科技大学）

方海田（宁夏大学）

关　丹（中国生物发酵产业协会）

况鹏群（临沂大学）

王　健（吉林大学）

王建彬（诸城东晓生物科技有限公司）

王瑞明（齐鲁工业大学）

谢希贤（天津科技大学）

徐建中（江南大学）

张伟国（江南大学）

赵春光（宁夏伊品生物科技股份有限公司）

周海龙（中国生物发酵产业协会）

周旭波（江苏澳创生物科技有限公司）

序　　言

作为生命有机体的重要组成部分，氨基酸是生命机体营养、生存和发展极为重要的物质，在生命体内物质代谢调控、信息传递等方面扮演着重要的角色。

我国氨基酸工业是20世纪50年代兴起的一个朝气蓬勃的新工业体系，到如今，我国已成为世界第一大氨基酸生产国，在国际上占有举足轻重的位置。近年来，我国氨基酸产业在菌种的研究改造、工艺的优化、综合利用水平的提升等方面取得了显著的进步，很多产品的生产技术水平远超国际。

氨基酸产品已经在我们日常生活中的各个领域起到了越发重要的作用，如医药、饲料、食品、造纸、农产品、化妆品等。我们坚信，在氨基酸行业各界同仁的共同努力下，我国不仅是世界氨基酸的生产大国，还会成为世界第一大氨基酸生产强国。

陈宁教授组织编写《氨基酸工艺学》（第二版）是件很有意义的事情，该书从氨基酸的基础知识、生产、发展历史及发展趋势入手，对发酵机制、菌种选育、原料制备、过程控制、分离提取及检测等方面进行了详细的阐述。本书是对我国乃至世界氨基酸生产的一个总结、归纳，为业内人士提供了分析和参考的依据，也为普通高等教育生物工程专业及相关专业的学生提供了专业性强、内容覆盖面广的优秀教材。

我国人民的生活水平在不断提高，营养意识也在不断地增强，氨基酸科学理念将会不断地深入人心。氨基酸产业势必将与人类的发展密不可分，成为事关全民身心健康、支撑国民经济发展的关键产业，未来前景不可估量。

2020年3月

第二版前言

氨基酸是含有氨基和羧基的一类有机化合物的通称，作为生命有机体的重要组成部分，是生命机体营养、生存和发展极为重要的物质，在生命体内物质代谢调控、信息传递方面扮演着重要的角色。氨基酸作为人类营养添加剂、调味剂、饲料添加剂、医药、农药等，在食品工业、农业、畜牧业及人类健康、保健等方面有着广泛的应用。

我国氨基酸工业是自20世纪50年代以来一个朝气蓬勃的新兴工业体系，是利用微生物的生长和代谢活动生产各种氨基酸的现代工业。目前氨基酸工业已发展成为一个品种繁多、门类齐全的庞大产业群，是发酵工业的支柱产业之一。经过几十年的发展，氨基酸的品种和应用领域都有很大拓展，种类已从最初50种左右，发展到现在的1000多种。目前，大多数氨基酸是通过发酵法生产。据中国生物发酵产业协会统计，2019年氨基酸行业总体运行情况良好，氨基酸发酵产品总产量约为609万t，主导产品谷氨酸、赖氨酸、苏氨酸等生产状态基本稳定，其中味精286.6万t，赖氨酸253.3万t，苏氨酸60.6万t，色氨酸1.7万t，其他氨基酸6.9万t。由此可见，目前我国氨基酸在国际上占有举足轻重的位置，尤其是大宗氨基酸产量位居全球第一。但是我国氨基酸的产品主要还是集中在大宗氨基酸，如谷氨酸、赖氨酸和苏氨酸，高附加值氨基酸偏少，有些氨基酸及衍生物由于生产技术水平存在瓶颈，发酵法生产效率低下。作为我国发酵行业重要支柱产业之一，如何提升大宗氨基酸生产的技术水平，同时大力开发小品种高附加值氨基酸及其衍生物的生产工艺，提升氨基酸发酵过程控制和产品分离提纯工艺，具有重要的经济意义和社会意义。

氨基酸发酵是典型的代谢控制发酵。发酵所生成的产物——氨基酸，都是微生物的中间代谢产物，它的积累是依赖于对微生物正常代谢的抑制。也就是说，氨基酸发酵的关键，取决于其控制机制是否能够被解除，能否打破微生物正常的代谢调节，人为地控制微生物的代谢。氨基酸发酵的成功，是工业微生物育种与现代生物技术的结合，通过人为地从分子水平改变和控制微生物的代谢，使有用产物得到大量的生产和积累。

氨基酸工艺学是一门新型的发酵技术学科，以探讨氨基酸发酵工厂的生产技术为主要目的。氨基酸发酵中会发生一系列复杂的生物化学变化，全部生产程序应符合客观规律。代谢控制发酵理论是氨基酸发酵的理论基础。虽然氨基酸发酵工业生产以发酵为主，发酵的好坏是影响整个生产的关键，但后处理提纯操作和提纯装备选用得当与否，也会影响最终产品的品质和收率。所以，氨基酸工艺学研究的对象应该包括从原料投入到最终产品获得的整个过程，其中既有微生物生理生化问题、生化工程问题，也有分析与装备问题。

学习氨基酸工艺学的目的是使学生能运用已学过的微生物学、生物化学、化工原理和分析化学等基础知识，进一步认识并解决氨基酸发酵工业生产中的具体问题；掌握选育氨基酸生产菌的基本原理，了解氨基酸代谢与代谢控制发酵的基本理论，发酵控制的关键及分离精制氨基酸的一般原理与方法，从而使本书的读者初步具备选育新菌种、探求新工艺、新装备和从事氨基酸发酵研究的能力。

本书共分为 9 章。系统介绍了氨基酸发酵机制、氨基酸生产菌选育、氨基酸发酵原料制备、氨基酸菌种特征、分离复壮与扩大培养、氨基酸发酵过程控制、氨基酸分离提取和精制、氨基酸生产指标检测及氨基酸清洁生产等内容。编写人员分工如下。

第一章　谢希贤（天津科技大学）

第二章　王健（吉林大学）

第三章　张伟国、徐建中（江南大学）

第四章　方海田（宁夏大学）

第五章　周旭波（江苏澳创生物科技有限公司）

第六章　方海田（宁夏大学）、周旭波（江苏澳创生物科技有限公司）、周海龙（中国生物发酵产业协会）、陈宁（天津科技大学）

第七章　范晓光（天津科技大学）、况鹏群（临沂大学）

第八章　赵春光（宁夏伊品生物科技股份有限公司）

第九章　王瑞明（齐鲁工业大学）、王建彬（诸城东晓生物科技有限公司）

附录　关丹（中国生物发酵产业协会）

本书由陈宁、谢希贤、王健负责统稿。

在本书编写过程中得到天津科技大学、江南大学、吉林大学、宁夏大学、齐鲁工业大学、临沂大学、宁夏伊品生物科技股份有限公司、江苏澳创生物科技有限公司、诸城东晓生物科技有限公司以及中国生物发酵产业协会的领导和专家的大力支持。承蒙中国生物发酵产业协会石维忱理事长为本书作序。另外，本书在编写过程中参考引用了同行专家、学者的研究成果或著作，在此一并表示衷心感谢。

由于氨基酸发酵技术的发展非常迅速，许多氨基酸发酵的新技术、新成果尚来不及消化吸收编入本教材，加上编者水平有限，错误及不妥之处在所难免，恳请读者批评指正。

陈宁

2020 年 3 月

于天津科技大学

第一版前言

氨基酸作为生命有机体的重要组成部分，是生命机体营养、生存和发展极为重要的物质，在生命体内物质代谢调控、信息传递方面扮演着重要的角色。氨基酸工业是自 20 世纪 50 年代以来一个朝气蓬勃的新兴工业体系，是利用微生物的生长和代谢活动生产各种氨基酸的现代工业。近 50 年来，国内外在研究、开发和应用氨基酸方面均取得重大进展，新发现的氨基酸种类和数量已由 20 世纪 60 年代的 50 种左右，发展到 20 世纪 80 年代的 400 种，目前已达 1000 多种。其中用于药物的氨基酸及氨基酸衍生物的品种达 100 多种。在产量方面，20 世纪 60 年代初世界氨基酸产量不过 10 万 t，现在已跃至百万吨，产值超百亿美元，其中作为调味品及食品添加剂的约占 50%，饲料添加剂约占 30%，药用及保健化妆品及其他用途的氨基酸约占 20%，氨基酸作为人类营养添加剂、调味剂、饲料添加剂、医药、农药等，在食品工业、农业、畜牧业及人类健康、保健等诸方面有着广泛的应用。

氨基酸发酵是典型的代谢控制发酵，发酵所生成的产物——氨基酸，都是微生物的中间代谢产物，它的积累是建立于对微生物正常代谢的抑制上。也就是说，氨基酸发酵的关键，取决于其控制机制是否能够被解除，能否打破微生物正常的代谢调节，人为地控制微生物的代谢。氨基酸发酵的成功，把代谢控制发酵技术引入微生物工业，使微生物工业能够在脱氧核糖核酸（DNA）的分子水平上改变、控制微生物的代谢，使有用产物大量生成、积累。

“氨基酸工艺学”是一门新型发酵的技术学科，以探讨氨基酸发酵工厂的生产技术为主要目的。氨基酸发酵为好气性发酵。在氨基酸发酵中，要发生一系列复杂的生物化学变化，全部生产程序应符合客观规律，代谢控制发酵理论是氨基酸发酵的理论基础。虽然氨基酸发酵生产以发酵为主，发酵的好坏是整个生产的关键，但后处理提纯操作和提纯装备选用当否，也会大大影响总收率。所以，氨基酸工艺学研究的对象应该包括从投入原料到最终产品获得的整个过程，其中既有微生物生化问题、生化工程问题，也有分析与设备问题。

学习“氨基酸工艺学”的目的是使读者能运用已学过的微生物学、生物化学、化工原理和分析化学等基础知识，进一步深化与提高，来认识与解决氨基酸发酵工业生产中的具体问题；掌握选育氨基酸生产菌的基本原理，了解氨基酸代谢与代谢控制发酵的基本理论、发酵控制的关键及分离精制氨基酸的一般原理与方法，从而使读者初步具有选育新菌种、探求新工艺、新装备和从事氨基酸发酵研究的能力。

本书用八章（前八章）的篇幅，介绍了具有代表性的味精生产工艺，目的是使读者先学习和掌握好氨基酸发酵的一般知识。然后用两章篇幅阐述了氨基酸发酵的机制、生产菌的选育、发酵技术及分离精制的一般方法。最后在此基础上用五章篇幅分别讲解各种氨基酸的生产菌种、调节机制与发酵工艺。本书共分十五章，各章编写人员及所在单位如下。

绪论　陈宁（天津科技大学）

第一章　徐国华（中国阜丰发酵集团有限公司）、寇广会（天津科技大学）

第二章　江洁（大连民族学校）

第三章　陈宁、周昌平（天津科技大学）

第四章　王东阳（山东鄄城菱花味精股份公司）、徐国华（中国阜丰发酵集团有限公司）、周昌平（天津科技大学）、陈宁（天津科技大学）

第五章　王岁楼（郑州轻工业学院）

第六章　马歌丽（郑州轻工业学院）

第七章　江洁（大连民族学院）

第八章　王瑞明（山东轻工业学院）

第九章　陈宁（天津科技大学）、周昌平（天津科技大学）

第十章至第十二章　张伟国（江南大学）

第十三章　徐庆阳（天津科技大学）

第十四章　张惠（河南味之素氨基酸有限公司）、寇广会（天津科技大学）

第十五章　张伟国（江南大学）

本书由陈宁负责最后的统稿和定稿。在本书编写过程中得到了天津科技大学、江南大学、大连民族学院、郑州轻工业学院、山东轻工业学院的领导和专家的大力支持。另外，本书在编写过程中参考了同行专家、学者的研究成果或著作，在此一并表示感谢。

由于氨基酸发酵技术的发展非常迅速，许多氨基酸发酵的新技术、新成果尚来不及消化吸收编入本教材，加上水平有限，错误及不妥之处在所难免，恳请读者批评指正。

陈宁

于天津科技大学

目　　录

第一章　绪　论

第一节　氨基酸概述

氨基酸是含有氨基和羧基的一类有机化合物的通称，其结构通式如图 1-1 所示（R 基为可变基团）。氨基酸是生命有机体的重要组成部分，在生命体内物质代谢调控和信息传递方面扮演着重要的角色。自 20 世纪 50 年代以来，我国氨基酸工业已经发展成为一个品种繁多、门类齐全的庞大产业群，是发酵工业的支柱产业之一。作为生命体蛋白质的基本组成单位，氨基酸在人和动物的营养健康方面发挥着重要的作用，已广泛应用于医药、食品、饲料、化妆品、农业和化工等领域。其中作为动物饲料添加剂约占 55%，作为调味品及食品添加剂约占 30%，药用、保健化妆品及其他用途的氨基酸约占 15%。

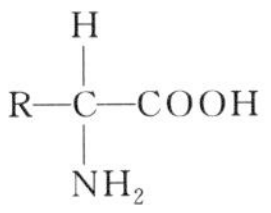

```
      H
      |
R—C—COOH
      |
     NH2
```

图 1-1　氨基酸的结构通式

一、氨基酸的种类

根据是否参与蛋白质合成，可以将氨基酸分成两大类，即蛋白质氨基酸和非蛋白质氨基酸。从生物体内分离获得的各类氨基酸有几百种，但组成蛋白质的氨基酸仅有 20 种，均为 α-氨基酸，即氨基酸中的氨基（$—NH_2$）连接在羧基端（—COOH）的 α 碳原子上。除了甘氨酸以外，其他蛋白质氨基酸的 α 碳原子都是手性碳原子，均为 L 型氨基酸。非蛋白质氨基酸是指除 20 种常见蛋白质氨基酸以外的含有氨基和羧基的化合物，多以游离或小肽的形式存在于生物体的各种组织或细胞中。非蛋白质氨基酸多为蛋白质氨基酸的取代衍生物或类似物，如磷酸化、甲基化、糖苷化、羟化和交联等。除此之外，还包括 D 型氨基酸及 β、γ 和 δ 氨基酸等。

根据人体是否能够合成，可将 20 种蛋白质氨基酸分为必需氨基酸、半必需氨基酸和非必需氨基酸。必需氨基酸是指人体（或其他脊椎动物）不能合成或合成速度远不适应机体的需要，必须由食物蛋白供给。必需氨基酸有 8 种，包括赖氨酸、苏氨酸、甲硫氨酸、亮氨酸、异亮氨酸、缬氨酸、色氨酸和苯丙氨酸。半必需氨基酸包括精氨酸和组氨酸，人体合成这两种氨基酸的能力不足以满足自身的需要（特别是婴幼儿时期），需要从食物中摄取一部分。另外的 10 种氨基酸，人体可以自己合成，不必靠食物补充，称为非必需氨基酸。半胱氨酸和酪氨酸在体内能分别由甲硫氨酸和苯丙氨酸合成，如果膳食中能够直接提供两种氨基酸，则人体对甲硫氨酸和苯丙氨酸的需求减少 30% 和 50%，所以半胱氨酸和酪氨酸也称为条件必需氨基酸。

根据 20 种蛋白质氨基酸的侧链 R 基团的化学结构，可将它们分成 4 类。

（1）脂肪族氨基酸　甘氨酸、丙氨酸、丝氨酸、半胱氨酸、天冬氨酸、天冬酰胺、苏氨酸、甲硫氨酸（蛋氨酸）、谷氨酸、谷氨酰胺、缬氨酸、亮氨酸、异亮氨酸、赖氨酸、精氨酸。

（2）芳香族氨基酸　苯丙氨酸、酪氨酸、色氨酸。

（3）杂环族氨基酸　组氨酸。

（4）杂环亚氨基酸　脯氨酸。

根据 20 种蛋白质氨基酸的侧链 R 基团的极性，可将它们分为两类：非极性氨基酸和极性氨基酸。

（1）非极性氨基酸　甘氨酸、丙氨酸、缬氨酸、亮氨酸、异亮氨酸、甲硫氨酸、脯氨酸、苯丙氨酸、色氨酸。

（2）根据在 pH 中性范围是否带电，极性氨基酸可分为：①不带电荷：丝氨酸、苏氨酸、半胱氨酸、酪氨酸、天冬酰胺、谷氨酰胺。②带正电荷：赖氨酸、精氨酸、组氨酸。③带负电荷：天冬氨酸、谷氨酸。

20 种氨基酸的结构式和性质见表 1-1。

表 1-1　20 种氨基酸的结构式和性质

氨基酸	结构式	侧链化学结构	侧链极性
甘氨酸	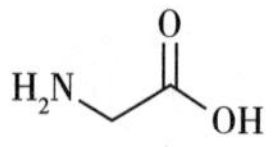 H_2N O OH	脂肪族	非极性
丙氨酸	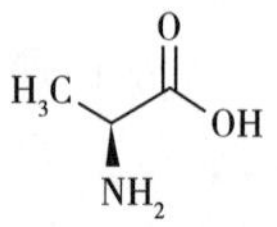 H_3C O OH NH_2	脂肪族	非极性
丝氨酸	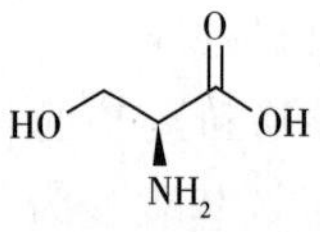 HO O OH NH_2	含羟基	极性，不带电荷
半胱氨酸	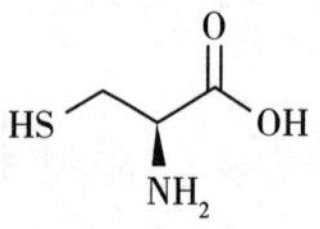 HS O OH NH_2	含巯基	极性，不带电荷
天冬氨酸	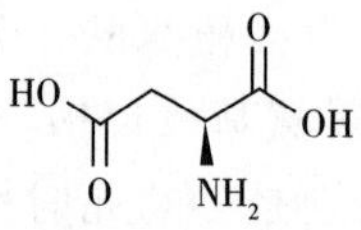 HO O O OH NH_2	含羧基	极性，带负电荷
天冬酰胺	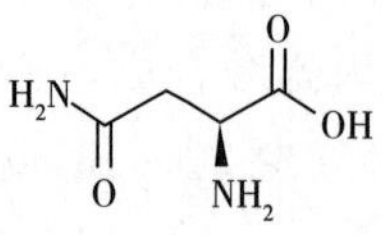 H_2N O O OH NH_2	含酰胺基	极性，不带电荷

续表

氨基酸	结构式	侧链化学结构	侧链极性
苏氨酸*	OH O H_3C OH NH_2	含羟基	极性，不带电荷
甲硫氨酸*	O H_3CS OH NH_2	含甲硫基	非极性
谷氨酸	O O HO OH NH_2	含羧基	极性，带负电荷
谷氨酰胺	O O H_2N OH NH_2	含酰胺基	极性，不带电荷
缬氨酸*	CH_3 O H_3C OH NH_2	脂肪族	非极性
亮氨酸*	O H_3C OH CH_3 NH_2	脂肪族	非极性
异亮氨酸*	CH_3 O H_3C OH NH_2	脂肪族	非极性
赖氨酸*	O H_2N OH NH_2	含氨基	极性，带正电荷
精氨酸	NH O H_2N N H OH NH_2	含胍基	极性，带正电荷
苯丙氨酸*	O OH NH_2	芳香族	非极性

续表

氨基酸	结构式	侧链化学结构	侧链极性
酪氨酸		芳香族	极性，不带电荷
色氨酸*		芳香族	非极性
组氨酸		杂环	极性，带正电荷
脯氨酸		杂环	非极性

注：* 表示必需氨基酸。

国标规定的氨基酸产品的术语、定义和分类详见附录 1 GB/T 32687—2016《氨基酸产品分类导则》。

二、氨基酸的性质

（一）理化性质

构成蛋白质的氨基酸都是一类含有羧基并在与羧基相连的碳原子下连有氨基的有机化合物，具有一些理化共性。氨基酸的一些理化常数见表 1-2。

表 1-2　　氨基酸的一些理化常数

氨基酸名称	等电点	熔点/℃	溶解度（25℃水）/%	比旋光度（5mol/L HCl）/°
甘氨酸	5.97	262	24.9	无旋光性
丙氨酸	6.02	300	16.4	+14.3～+15.2
丝氨酸	5.68	228	42.5	+14.0～+16.0
半胱氨酸	5.05	240	27.7	+8.3～+9.5
天冬氨酸	2.77	270	0.54	+24.8～+25.8
天冬酰胺	5.41	234	2.94	+34.2～+36.5
苏氨酸	6.53	256	9.7	−29.6～−26.7*
甲硫氨酸	5.74	283	5.66	+21.0～+25.0
谷氨酸	3.22	224	0.86	+31.5～+32.2

续表

氨基酸名称	等电点	熔点/℃	溶解度（25℃水）/%	比旋光度（5mol/L HCl）/°
谷氨酰胺	5.65	185	4.13	+6.3～+7.3*
缬氨酸	5.96	315	5.85	+26.7～+29.0
亮氨酸	5.98	293	2.15	+14.5～+16.5
异亮氨酸	6.02	285	3.44	+39.5～+41.5
赖氨酸	9.74	224	89	+23.0～+27.0
精氨酸	10.76	244	18.2	+26.9～+27.9
苯丙氨酸	5.48	283	2.69	−35.0～−33.0*
酪氨酸	5.66	343	0.05	−12.1～−11.3
色氨酸	5.89	290	1.34	−32.5～−30.0*
组氨酸	7.59	287	4.56	+12.0～+12.8
脯氨酸	6.30	221	162	−86.3～−84.0

注：* 表示在水中的比旋光度。

1. 晶形和熔点

氨基酸都是无色结晶，各有其特殊的结晶形状。氨基酸的熔点都很高，一般在 200℃以上，熔融时会分解并放出 CO_2。

2. 溶解度

各种氨基酸均能溶于水，但在水中的溶解度差别很大，酪氨酸和胱氨酸在常温的水中溶解度很低。除脯氨酸外，所有氨基酸均能溶解于强酸或强碱中，均难溶于乙醇和乙醚等有机溶剂。通常利用乙醇能把氨基酸从其溶液中沉淀析出。

3. 光学性质

除甘氨酸外，所有氨基酸都具有旋光性。氨基酸的旋光性和旋光度取决于它的 R 基性质，且与溶液 pH 有关，因为在不同的 pH 下氨基和羧基的解离状态不同。用测定比旋光度的方法可以测定氨基酸的纯度。氨基酸的另一个重要光学性质是对光有吸收作用。20 种蛋白质氨基酸在可见光区域均无光吸收，在远紫外区（<220nm）均有光吸收，在紫外区（近紫外区）（220～300nm）只有苯丙氨酸、酪氨酸和色氨酸 3 种氨基酸有光吸收能力，因为它们的 R 基含有苯环共轭双键。苯丙氨酸最大光吸收在 259nm，酪氨酸在 278nm，色氨酸在 279nm。蛋白质一般都含有这 3 种氨基酸残基，所以其最大光吸收大约在 280nm 波长处，因此能利用分光光度法很方便地测定蛋白质的含量。

4. 酸碱性质

氨基酸在结晶形态或在水溶液中，不以游离的羧基或氨基形式存在，而是解离成两性离子。氨基酸是两性电解质，同一个氨基酸分子上带有能释放出质子的（$—NH_3^+$）正离子和能接受质子的（$—COO^-$）负离子，在碱性溶液中表现出带负电荷，在酸性溶液中表现出带正电荷。当氨基酸溶液在某一确定 pH 时，使某特定氨基酸分子上所带正负电荷相等，成为两性离子，在电场中既不向阳极也不向阴极移动，此时溶液的 pH 即为该氨基酸的等电点（p*I*）。由于各种氨基酸中羧基和氨基的相对强度和数目不同，所以各种氨基酸的等电点也不相同，等电点是每一种氨基酸的特定常数。对侧链 R 基不解离的中性氨基酸来说，其等电点是它的 pK_1 和 pK_2 的算术平均值：$pI=(pK_1+pK_2)/2$。K_1 和 K_2 分别代表 α 碳原子上的—COOH 和—NH_3^+ 的解离常数。对于侧链含有可解离基团的氨基酸，其 pI 也是两性离子两边 pK 的算术平均值。酸性氨基酸：$pI=(pK_1+pK_{R-COO^-})/2$，碱性氨基酸：$pI=(pK_2+pK_{R-NH_2})/2$。各种氨基酸处于等电点时，主要以电中性的两性离子形式存在，溶解度最小，最易沉淀，因此可以用调节等电点的方法分离氨基酸的混合物。

（二）化学反应

氨基酸的化学性质与其分子的特殊功能基团，如氨基、羧基和侧链的 R 基团（羟基、酰胺基和羧基等）有关。α 碳原子上的—NH_2 具有一级胺的性质，如与酸结合、与 HNO_2 作用、脱氨等。α 碳原子上的—COOH 具有羧酸的性质，如成盐、成酯、成酰胺、脱羧等。氨基酸的主要化学反应由—NH_2 和—COOH 参加，还有一部分则为—NH_2 和—COOH 共同参加或侧链 R 基团共同参加。氨基酸的重要化学反应见表 1-3。

表 1-3　氨基酸的重要化学反应

反应基团	化学反应	应用
—NH_2 参加的反应	与亚硝酸反应	氨基氮测定
	与甲醛反应	甲醛滴定测定氨基酸
	与酰化试剂反应	氨基保护、多肽 N 端氨基酸标记
	羟基化反应	多肽 N 端氨基酸鉴定
	脱氨基反应	生成相应的 α-酮酸
—COOH 参加的反应	成盐和成酯反应	保护羧基
	成酰氯反应	活化羧基
	叠氮反应	活化羧基
	还原成醇	多肽 C 端鉴定
	脱羧基反应	生成一级胺
—NH_2 和—COOH 共同参加的反应	与茚三酮反应	氨基酸定性和定量分析
	成肽反应	合成肽链
	离子交换反应	氨基酸或多肽分离提纯
酚基	与重氮化合物反应	酪氨酸检测
咪唑基	与重氮苯磺酸反应	组氨酸检测
胍基	坂口反应	精氨酸检测
吲哚基	与乙醛酸反应	蛋白质定性和色氨酸检测
巯基	生成二硫键	稳定蛋白质构象

三、氨基酸的应用

氨基酸作为生命体蛋白质的基本组成单位，在人和动物的营养健康方面发挥着重要的作用。目前已广泛应用于医药、食品、保健、饲料、化妆品、农药、肥料、制革、科学研究等领域。经过 50 多年的发展，全球市场已经培育出两大支柱型氨基酸市场：饲料型氨基酸和食品型氨基酸。饲料型氨基酸主要指赖氨酸、甲硫氨酸、苏氨酸和色氨酸等，其发展迅速，规模庞大，迄今为止占据整个氨基酸市场份额的 50%～60%；食品型氨基酸主要有谷氨酸、苯丙氨酸和天冬氨酸等，占氨基酸市场份额的 30%左右，其中谷氨酸主要用于味精（谷氨酸单钠盐）的生产，苯丙氨酸和天冬氨酸主要用作甜味肽——L-天冬氨酸-L-苯丙氨酸甲酯（阿斯巴甜）的合成起始原料。其他氨基酸如精氨酸、亮氨酸等多用于医药和化妆品行业，也有些是合成手性活性成分的原料。

（一）食品领域的应用

谷氨酸钠是人类应用的第一个氨基酸，也是世界上应用范围最广、产销量最大的一种氨基酸。目前国内将谷氨酸作为纯粹调味品的比例为 85%，在国外，将谷氨酸作为纯粹调味品的比例仅为 52%，而将其用作化工、医药和保健食品中间体的比例却高达 48%。谷氨酸的广泛用途决定了谷氨酸产业依然有很大的发展空间。有些氨基酸如甘氨酸、丙氨酸、脯氨酸、天冬氨酸也可用作食品调味剂。氨基酸在食品方面第二大应用为阿斯巴甜，它是由天冬氨酸和苯丙氨酸共同合成的一种甜味肽，其甜度约是蔗糖的 150 倍。由于其具有甜味纯正、热值低、分解的代谢产物易被人体吸收利用等优点，在汽水、咖啡和乳制品的生产上被广泛使用。还有一些氨基酸可用作食品营养强化剂，现已开发出多种氨基酸食品和饮料，能够起到增强胃液分泌、造血和提高免疫力的功能。国外非常重视利用氨基酸的营养与生理功能，开发氨基酸保健食品，尤以美国、日本开发及市售最多，主要产品有营养输液、运动饮料、能量饮料、美容食品等。此外有些氨基酸如赖氨酸还可用于食品除臭、防腐和发色。精氨酸可用作食品防腐剂、发色剂、抗菌剂和食品补充剂等。附录三列出了 28 种常用的食品加工用氨基酸的命名、分子式、相对分子质量、结构式、技术要求、试验方法、检验规则、标志、包装、运输和贮存要求（T/CBFIA 04001—2019）。

（二）饲料行业的应用

氨基酸在饲料行业的应用是氨基酸应用最主要的一个方面。用于饲料添加剂的主要有甲硫氨酸、赖氨酸、苏氨酸、色氨酸、谷氨酸、精氨酸、甘氨酸、丙氨酸 8 种氨基酸。其中应用范围最广的是甲硫氨酸和赖氨酸，占饲料工业的 95%以上，其次是苏氨酸、色氨酸和精氨酸。氨基酸饲料的主要作用是能够促进动物生长发育、增强肉质品质等。当然不同的氨基酸具有不同的功能，如精氨酸的主要功效是促进动物生长发育、提高幼仔的存活率、改善肉质、提高畜禽生产能力、增加产量、提高饲料利用率和节省蛋白质饲料等；赖氨酸具有增强畜禽食欲、提高抗病能力和促进外伤治愈的作用。随着环保意识的日益提高，饲料用氨基酸的需求量会不断增长，原因是用甲硫氨酸、赖氨酸等必不可少的氨基酸种类代替饲料中额外的氨基酸，动物粪便中污染环境的氮和磷可进一步减少。

（三）医药行业的应用

氨基酸是合成人体蛋白质、激素、酶及抗体的原料，在人体内参与正常的代谢和生理活动，因此可应用氨基酸及其衍生物治疗各种疾病，也可作为营养剂、代谢改良剂从而增强人体体质。同时氨基酸还有预防溃疡发生、防辐射、抗菌、治疗癌症、催眠、镇痛等功效。为病人注射复方氨基酸输液，可有效改善手术前患者的营养状态，保证手术的顺利进行，同时还能补充病人蛋白质，有利于病人的康复。此外还能预防和治疗由外因引起的白细胞减少症，增强免疫力。氨基酸营养品能够提高人的耐力、爆发力和反应能力，运动员食用后可提高运动员的整体素质；还可制成宇航员、飞行员的氨基酸补品，提高其抗疲劳能力。另外，精氨酸药物可以治疗由氨中毒造成的脑昏迷，丝氨酸药物可用作疲劳恢复剂，甲硫氨酸、半胱氨酸用于治疗脂肪肝，甘氨酸、谷氨酸用于调节胃液等。随着对氨基酸与人体生理学研究的逐步深入，氨基酸在营养健康方面将会发挥越来越大的作用。

（四）化妆品方面的应用

由于氨基酸产品易被皮肤吸收，可促进老化和干燥的表皮细胞重新恢复弹性，从而延缓表皮细胞的衰老；另外氨基酸制成的保湿剂，因其具有良好的持续保湿能力、较低的黏感和良好的清爽感，可降低或减缓由皮肤干燥引起的炎症，从而使其能够广泛应用于化妆品行业，用作护肤品等。另外，氨基酸产品还有良好的抗菌活性和低刺激性，可用作表面活性剂、染发剂和护发剂等，已成为时尚商品的一部分。

（五）在其他行业的应用

氨基酸除用于以上行业外，还可用于纺织工业，如精氨酸可作为服装的整理剂，用作服装的涂层，既能增加服装的舒适感又能提高皮肤活力，起到保健作用。一些聚合氨基酸如聚谷氨酸、聚丙氨酸可用于人造皮革和高级人造纤维的生产，增加其原有的保温性和透气性。除此之外，氨基酸在电镀业、采矿业和农业等方面也有应用，如谷氨酸用于电镀的电解液，半胱氨酸用于铜矿的探测，氨基酸及其金属盐类、聚合物、衍生物可作为农业杀虫剂。

第二节　氨基酸的生产方法和历史

一、氨基酸的生产方法

氨基酸的生产方法主要有提取法、化学合成法和生物法。提取法一般采用酸、碱水解富含特定氨基酸的蛋白质原料，再通过相应的方法分离提取得到特定氨基酸。1910 年，日本味之素公司以植物蛋白（小麦面筋、豆粕）为原料用盐酸水解生产谷氨酸，这是世界上最早成功地进行氨基酸工业生产的方法。目前，一些氨基酸，如半胱氨酸，仍然采用提取法进行生产。化学合成法以不同底物为原料，采用化学合成的方法制备氨基酸。1890 年，研究者利用 α -酮戊二酸经溴化合成了 DL -谷氨酸。所有的氨基酸都可以采用化学法合成，但化学法存在步骤多、副产物多和产物消旋化等缺点。生物法包括直接发酵法和前体物酶转化法，主要利用微生物或酶，在适宜的条件下，将原料经过特定的代谢途径转化为特定的氨基酸。生物法具有原料简单、条件温和及产物单一等优点，已经成为氨基酸生产最主要的方法。现在除少数几种氨基酸品种，如甲硫氨酸、甘氨酸和半胱氨酸，绝大多数的氨基酸均采用直接发酵法或酶法生产（表 1-4）。

表 1-4　　常见氨基酸的主要生产方法

氨基酸名称	生产方法	氨基酸名称	生产方法
甘氨酸	合成法	缬氨酸	发酵法
丙氨酸	发酵法	亮氨酸	发酵法
丝氨酸	酶法、发酵法	异亮氨酸	发酵法

续表

氨基酸名称	生产方法	氨基酸名称	生产方法
半胱氨酸	提取法	赖氨酸	发酵法
天冬氨酸	酶法	精氨酸	发酵法
苏氨酸	发酵法	苯丙氨酸	发酵法
D，L-甲硫氨酸	合成法	酪氨酸	酶法、提取法
L-甲硫氨酸	酶法、发酵法	色氨酸	发酵法
谷氨酸	发酵法	组氨酸	发酵法、提取法
谷氨酰胺	发酵法	脯氨酸	发酵法

二、氨基酸发酵的历史

利用微生物发酵法制造氨基酸的最初产品是谷氨酸。1956 年，日本协和发酵公司开始选育由碳水化合物转化为 L-谷氨酸的菌株，木下祝郎博士等分离选育出一种新的细菌——谷氨酸棒杆菌。该菌能同化利用葡萄糖，并在发酵液中直接积累谷氨酸。通过对生物素用量的研究以及发酵罐扩大试验，1957 年日本协和发酵公司正式工业化发酵生产味精。随后，日本味之素、三乐和旭化成工业公司等也相继开始了味精的发酵法生产。伴随谷氨酸发酵工业生产规模的扩大，产生了利用糖蜜、醋酸等原料发酵法生产谷氨酸的研究。发酵法生产谷氨酸的成功，是现代发酵工业的重大创举，也是氨基酸生产中的重大革新，逐步形成了用发酵法生产氨基酸的新型发酵工业部门。

从 20 世纪 50 年代开始，谷氨酸发酵成功地推动了其他氨基酸发酵研究和生产的发展。日本协和公司研究人员为了改良谷氨酸棒杆菌的性能，引入遗传生化学的知识与技术，选育了能积累赖氨酸、鸟氨酸和缬氨酸等的突变株，从而使赖氨酸、鸟氨酸和缬氨酸等发酵生产得以实现。日本三乐和味之素公司的研究小组，在从自然界筛选谷氨酸产生菌时，发现了丙氨酸产生菌。1958 年志村、植村两位教授研究苏氨酸和异亮氨酸发酵时，提出了添加前体物的氨基酸发酵法。1959 年北原等报道了通过酶转化法由反丁烯二酸铵生产天冬氨酸的发酵方法，转化率接近 100%。

随着微生物遗传学和生物化学的发展，氨基酸发酵工业引进了人工诱变育种和代谢控制发酵的新技术。通过诱变育种，结合营养缺陷型和终产物结构类似物抗性等遗传标记的筛选，有目的地改变微生物的代谢途径，可以获得性能优良的氨基酸产生菌。在优良菌株筛选的基础上，通过优化发酵培养基和发酵过程控制，从而实现氨基酸的过量积累。代谢控制发酵技术的成熟极大地推动了氨基酸发酵工业的发展，迄今世界上已经能够利用发酵法生产大部分的常见氨基酸。在氨基酸发酵产品中，谷氨酸单钠（味精）、赖氨酸和苏氨酸等的产量较大，氨基酸发酵已成为世界发酵工业的重要组成部分。

氨基酸发酵是典型的代谢控制发酵，早期主要采用传统理化诱变手段对生产菌株进行遗传改造。与野生型菌株相比，诱变获得的生产菌株往往生长较慢，营养缺陷，同时抗逆性较差。近 30 年来，随着 DNA 重组技术的日趋完善，通过代谢工程育种技术定向选育氨基酸生产菌，可以克服传统诱变菌株的缺点，提高氨基酸的产率。代谢工程育种技术是在基因工程等分子生物学技术基础上发展起来的新型育种技术，其核心内容是利用重组DNA技术或其他技术，有目的地优化、修饰甚至改变生物细胞中已有的代谢网络和表达调控网络，以便更有利于细胞目标产物的生产。随着系统生物学的发展和代谢工程育种技术的普及，越来越多的高效氨基酸工程菌被构建出来并应用于生产。

从1965年发酵法生产味精开始，我国氨基酸工业已经有了50多年发展历程。早期的味精生产厂家如上海天厨和沈阳味精厂，规模均很小。20世纪70年代，上海天厨开始采用发酵法生产赖氨酸。进入21世纪，我国在氨基酸发酵产品及其高效制造技术的研究中取得了巨大的进步。我国已形成世界上规模最大的氨基酸发酵产业，谷氨酸、赖氨酸和苏氨酸等大品种氨基酸发酵技术进步很快，在国际上占有举足轻重的地位。近些年来，随着氨基酸在食品、医药和饲料等方面应用的开拓，我国的高附加值小品种氨基酸也迅速崛起，现在我国氨基酸国产化水平达到90%以上。

三、氨基酸发酵的现状

自从发酵法生产谷氨酸成功以后，世界各国纷纷开展氨基酸发酵的研究与生产，产量持续增长。4种主要氨基酸产品（谷氨酸、赖氨酸、甲硫氨酸和苏氨酸）的产量超过总产量的90%，其他品种的氨基酸产量相对较小。世界主要氨基酸发酵生产状况见表1-5。

表1-5　世界主要氨基酸发酵生产技术指标

产品	产率/(g/L)	糖酸转化率/%	提取收率/%
谷氨酸	220～240	≥70	≥92
赖氨酸	220～240	≥70	≥95
苏氨酸	130～150	≥60	≥90
色氨酸	40～50	≥16	≥75
丙氨酸	110～120	≥92	≥85
苯丙氨酸	65～70	≥25	≥85
缬氨酸	50～60	≥26	≥85
亮氨酸	35～45	≥22	≥75
异亮氨酸	30～35	≥15	≥75
精氨酸	65～70	≥28	≥75
脯氨酸	60～70	≥35	≥80
谷氨酰胺	65～70	≥40	≥65

（一）国外氨基酸生产现状

目前，国外氨基酸产业发展较成熟的国家包括日本、美国、德国、法国和韩国，这些国家在氨基酸生产技术研究、产品开发和市场推广方面具有领先优势。近十年来，由于一些发展中国家具有原料、能源和人力资源等方面的优势，日韩欧美等的氨基酸大企业相继在东南亚和拉美等地建厂生产氨基酸，氨基酸生产逐步向发展中国家扩展转移。国际氨基酸科学协会（ICAAS）公布的调查报告显示亚太地区目前已成为全球最大的氨基酸市场。

日本是最早开始氨基酸发酵的国家，也是世界氨基酸产品的主要生产国，在国际市场的占有率领先。除了大宗氨基酸产品发酵，日本在氨基酸功能研究、复合氨基酸和氨基酸衍生物产品开发方面也具有很强的实力。从氨基酸的研究开发实力和氨基酸产品的齐全程度而言，日本是全球氨基酸的重要开发基地之一。由于日本国内原料价格高，“三废”处理耗费大，氨基酸企业重点向海外拓展。日本味之素公司是氨基酸生产最具实力的国际大公司之一，其氨基酸产业的发展在国际上处于前列。味之素在全球20多个国家设有生产基地，主要生产食用氨基酸（味精等）、饲料氨基酸（赖氨酸、苏氨酸和色氨酸）等。日本协和发酵公司是世界上第一家成功以发酵法生产氨基酸的公司。该公司在氨基酸工程菌构建方面具有很强的实力，主要生产销售药用氨基酸和食品添加剂用氨基酸。

美国也是全球氨基酸研究和生产的主要国家，在多种氨基酸工程菌开发方面具有很强的实力。ADM公司是全球最著名的农产品加工企业之一，也是美国最大的氨基酸生产企业。ADM公司最主要的氨基酸产品包括饲料级赖氨酸和苏氨酸，其中饲料级赖氨酸产能在20世纪90年代占全球的近一半。近些年，随着亚洲氨基酸产能的提升，ADM公司的饲料级赖氨酸占有率下降到约10%。ADM公司生产的氨基酸产品还包括甜味剂原料——天冬氨酸和苯丙氨酸。

德国和法国是欧洲最主要的氨基酸生产国，具有很长的研究开发历史。赢创德固赛是德国最知名的氨基酸生产企业，主要从事固体甲硫氨酸生产，是全球最大的甲硫氨酸生产厂家。除了甲硫氨酸，赢创德固赛公司的赖氨酸、苏氨酸和色氨酸也具有一定的生产规模，是世界上少数可以提供全系列饲料氨基酸（赖氨酸、甲硫氨酸、苏氨酸和色氨酸）的企业之一。法国安迪苏公司是世界三大营养添加剂生产厂商之一，也是全球唯一一家同时生产固体和液体甲硫氨酸的企业，甲硫氨酸产能约占全球的1/4。

韩国希杰公司也是亚洲知名的氨基酸生产企业之一。希杰公司的氨基酸研究和生产历史相对较短，初期的氨基酸产品以味精为主。近些年，希杰公司在饲料氨基酸领域快速发展，现已成为全球最主要的饲料氨基酸生产企业，可以提供全系列的饲料氨基酸产品。另外，希杰公司是目前全球最大的色氨酸生产企业，色氨酸产能约占全球的1/3。

（二）我国氨基酸生产现状

我国作为农业大国，具备发酵成本优势，同时由于氨基酸市场巨大，国外主要氨基酸生产企业纷纷在我国投资建厂。从20世纪80年代开始，在国家产业政策支持下，我国自主的氨基酸工业化也开始快速发展。经过几十年的发展，我国已形成世界上规模最大的氨基酸发酵产业，无论是在工业总产量还是在年产值方面，都居于世界前列。2018年我国氨基酸发酵产品总产量约为600万t，主导产品谷氨酸、赖氨酸、苏氨酸等生产状态基本稳定，其中味精275万t，赖氨酸246万t，苏氨酸75万t，色氨酸2.2万t，其他氨基酸10万t。

近些年，面对原辅材料价格上涨、环保压力增加和产能过剩等因素，我国氨基酸行业在国家相关产业政策指引下，通过市场重组，氨基酸产业格局也发生了相应的改变和调整。目前我国氨基酸产业形成了以大企业和大集团为主导地位的格局，产业集中度大大提高。产业集群主要分布于我国华北、东北和西北，集中在原料主产区和能源供应充足的区域。

虽然我国已成为氨基酸产品的“世界工厂”，但目前产品仍以谷氨酸、赖氨酸和苏氨酸等大宗氨基酸为主，高附加值的小品种氨基酸相对较少，高端的氨基酸类产品开发也落后于国外。随着氨基酸在食品、医药和饲料等方面应用的开拓，国内市场对高附加值氨基酸的需求逐年强劲增长。近些年，在大宗氨基酸发酵技术进步的带动下，我国的氨基酸产业也开始从“规模化”转向“精细化”和“高端化”，部分高附加值氨基酸产品和新型氨基酸衍生物的研发和生产已逐渐达到国际先进水平。我国开始形成了以大宗氨基酸为主、高附加值小品种氨基酸为补充的相对完善的氨基酸产业格局。

第三节　氨基酸发酵的发展趋势

氨基酸是生物制造产业中的一类重要的功能性产品，在食品、医药、农业和化工等领域都具有广泛的用途。氨基酸发酵历史悠久，发酵生产规模巨大，是发酵工业的支柱产业之一，也是发酵工业重点竞争的方向之一。在日益激烈的国际竞争形势下，世界范围内的发酵强国都在氨基酸发酵工业方面投入了大量的人力、物力进行研究，发展趋势也逐渐向产品多元化、质量高端化、生产自动化和应用扩大化方向发展。

一、氨基酸生产技术发展趋势

自从发酵法生产谷氨酸成功以后，世界各大氨基酸生产国的厂商积极发展氨基酸发酵新技术，各国科技人员相继开发出各种氨基酸生产的新菌种、新工艺和新技术，这为氨基酸工业的进一步发展提供了巨大的动力。

（一）新型代谢工程育种技术

谷氨酸发酵生产成功后，氨基酸发酵引进了“诱变育种”和“代谢控制发酵”的新技术，极大地推动了氨基酸发酵工业的发展。代谢控制发酵是利用遗传学的方法或生物化学方法，人为地在DNA分子水平上改变和控制微生物的代谢，使有用的目的产物大量生成和积累的发酵。但与野生型菌株相比，传统诱变获得的生产菌株往往生长较慢、营养缺陷，同时抗逆性较差。随着对微生物代谢网络研究的深入及DNA重组技术的日趋完善，应用新型代谢工程育种技术定向选育生产菌种逐渐兴起。按照策略的不同，代谢工程育种技术主要分为正向代谢工程、反向代谢工程、进化代谢工程3种类型。

正向代谢工程应用DNA重组技术对菌株进行有精确目标的基因操作，有目的地对细胞代谢进行修饰以改变细胞某些方面的代谢活性，从而实现目的代谢活性提高的预期目标。正向代谢工程，以“进、通、节、堵、出”代谢控制策略为基础，主要涉及对基因转录、蛋白质表达和代谢途径等过程的优化，包括限速酶的过表达、抑制基因的敲除、产物反馈抑制的解除、竞争代谢途径的切断、转运系统的改造、合成代谢的优化、菌株对产物耐受力的提高、还原力的供应调节等。通过基因工程改造而构建的工程菌，其基因组具有最小突变且与野生菌相似的生理特性，生长较快，发酵周期短，具有更高的经济效益。世界上第一个氨基酸的基因工程菌是产苏氨酸的重组大肠杆菌，于1980年完成构建。目前，越来越多的基因工程菌被应用于氨基酸产品（谷氨酸、赖氨酸、苏氨酸、丙氨酸、芳香族氨基酸和分支链氨基酸等）的工业化生产，取得了良好的经济效益。

生物体内代谢网络错综复杂，人们对生物体内遗传背景、代谢调控等的认识仍十分欠缺，传统的正向代谢工程策略在很多微生物的改造中未能取得预期效果。于是，研究者提出一种逆向的代谢工程策略，即“反向代谢工程”，其研究思路为：首先，识别或构建出目的表型；然后，鉴定出此目的表型的决定基因或突变位点；最后，将相应的基因性状转移到其他菌株中。随着对氨基酸代谢研究的不断深入，研究者逐渐认识到氨基酸的合成与分解是一个非常复杂的代谢过程，其中涉及基因的表达和调控、酶活性的反馈抑制和反馈调节以及胞内代谢流量的动态变化等过程，并有许多因素参与其中，单一的研究方法和手段不能够揭示胞内复杂的代谢变化过程。近年来，随着系统生物学、代谢模拟、代谢通量分析等辅助技术的快速发展，越来越多以前被忽略的胞内代谢变化和网络调控的关键因素被解析，然后再通过反向代谢工程技术进行氨基酸生产菌的改良，这已经成为国际上氨基酸遗传育种的一种重要研究手段。

尽管现在已经可以采取很多高效方法对氨基酸产生菌进行定向的代谢工程改造，但不能否认微生物进化本身的强大力量。在进化过程中，微生物更倾向于生长与生存，也并不总是按照人类的意愿去进行目的产品合成，于是研究者开始将适应性进化策略引入微生物的代谢工程改造中，特别是适应性进化策略与生物传感器，以及与高灵敏度和高通量的细胞分离技术的结合，大大促进了氨基酸进化代谢工程改造的发展。常规的进化代谢工程研究主要包括两个过程，先采用高效突变技术或者自然传代的方法获取突变的后代，然后在有选择压力的环境中筛选或富集有特殊遗传表型的菌株。在氨基酸的进化代谢工程中，主要应用一种基于转录调控因子的生物传感器来筛选具有更高合成效率的后代。例如，在赖氨酸生产菌进化过程中，研究者构建了响应赖氨酸浓度的荧光系统。积累更高浓度赖氨酸的菌株能表达更高水平的黄色荧光蛋白，采用流式细胞仪可以将荧光信号强的细胞分选出来。通过持续的进化和筛选，研究者可以在较短的时间内筛选到赖氨酸生产效率更高的后代。相似的筛选策略也已经被应用到甲硫氨酸和缬氨酸等氨基酸产生菌的进化筛选中。相信随着更多转录调控因子与核糖开关的发现，以及更多新技术的开发，进化代谢工程技术将会在氨基酸生产菌株的选育方面发挥更大的作用。

表 1-6　氨基酸代谢工程技术分类、基本策略及方法

代谢工程技术	基本策略	基本方法
正向代谢工程	基因转录、蛋白表达、代谢途径等过程优化	限速酶过表达、抑制基因敲除、产物反馈抑制解除、竞争代谢途径切断、转运系统改造、合成代谢优化、菌株对产物耐受力提高、还原力供应调节等
反向代谢工程	目的表型识别，表型决定基因鉴定，基因性状转移	高效突变与筛选、系统生物学分析、转录表达调整
进化代谢工程	高效突变或适应性进化，高通量的细胞分离	基于转录调控因子的生物传感器，基于核糖开关的生物传感器

（二）具备特殊优良性状的氨基酸产生菌开发

氨基酸发酵采用的主要原料为粮食淀粉。我国氨基酸总产量已经超过 600 万 t，其中每生产 1t 氨基酸约消耗 1.25t 折纯淀粉。氨基酸产业链的不断扩大和延伸对氨基酸发酵生产中原料的选用提出了更高的要求，开发利用非粮原料是氨基酸工业长远发展的必然趋势。目前非粮原料主要包括糖类植物（如甜高粱、甘蔗和甜菜等）、淀粉质原料（如木薯、橡子果、葛根和魔芋等）以及农林废弃物（如秸秆、玉米芯、木屑和木薯渣）等。通常非粮原料需要经过预处理（高温蒸煮、蒸汽爆破）、糖化过程（淀粉酶、纤维素酶、糖化酶、糖苷酶）以及纯化过程（活性炭吸附、减压浓缩），才能转化为葡萄糖作为发酵碳源。但是这些处理过程经常产生多种抑制菌体生长和代谢的有毒副产物（糠醛和羟甲基糠醛等），需要脱毒后才能使用。另外，木质纤维素水解后获得的碳源中含有丰富的五碳糖，木糖与阿拉伯糖的含量可分别达到20%和5%。然而，目前用于生产氨基酸的微生物的最佳碳源为六碳糖，而非五碳糖。因此，提高氨基酸产生菌利用低品质碳源和同步利用复合碳源的能力，对于提高氨基酸工业的原料利用率，降低对粮食原料的需求至关重要。

氨基酸生产菌株处于逆境时（如高温、高渗透压和低pH等），其生长会受到抑制，发酵产物的生产效率也会降低。目前应用于生产的氨基酸生产菌大多经过系统的代谢改造，虽然获得了较好的生产性能，但其鲁棒性也相应降低，对环境的变化相对敏感。提高氨基酸生产菌株抗逆性（耐酸、耐热和耐渗透压等），可以减少发酵过程中染菌的概率，降低发酵过程的复杂程度，利于积累高浓度产物等，因此这一直是氨基酸生产菌改良的主要研究的课题之一。在这些抗逆性状的获得过程中，适应性进化代谢工程策略可以发挥其优势，利用微生物强大的生存能力，进行适应性进化，同时结合其他代谢工程技术手段，通过筛选获得具有抵抗不利环境的高产菌株。这些优良性状的获得，将提高菌株在工业生产中的鲁棒性，降低对工艺控制过程的要求，提高生产效益。

（三）代谢调控优化与自动控制技术

氨基酸发酵是一个细胞内因和环境外因交互作用的综合过程，发酵过程中内因和外因综合作用，导致代谢过程分析异常复杂。由于在生物反应器中细胞生理代谢数据采集和处理的困难，且生物反应过程生命体所处的环境条件是不断变化的，用单一的调控机制往往难以对整个生物过程的变化做出解释。另外，在发酵过程中，反应器内影响菌体生理状态的各种因素包括反应器的混合特性、剪切特性、底物传递特性等，这些因素都与反应器内的流场结构直接相关，因而可以说生物反应器内的流场决定了菌体的生理状态，从而决定了生物过程的成败。因此，对氨基酸发酵过程的代谢调控需要从菌种特性、细胞代谢特性和反应器特性等多尺度入手，通过反应器层面的宏观细胞代谢流相关参数分析实现跨尺度观察，找到关键的代谢调控点。

随着生物技术和信息技术的不断发展和应用，氨基酸生产过程的定量化、模型化和最优化已成为发酵研究和产业发展的重要方向。虽然随着计算机技术的迅速发展，通过在线检测和控制可对包括pH、DO等部分数据进行反馈控制，但仍需要开发更多高效的生化传感器及在线检测工具，快速采集和处理生物反应器中细胞生理代谢数据，获取直接的生物（生化）量变化信息。目前的氨基酸发酵过程控制的研究趋势是：通过技术集成，实现发酵过程工艺参数多点多面采集，同时建立多信息处理和高精度的反馈控制系统，实现发酵工艺参数的设定与更改，发酵控制过程控制参数的动态改变，发酵结果预测与工艺优化，发酵过程在线故障诊断和预警，最终实现发酵过程的智能优化与自动控制。

（四）新型产品分离纯化技术

产品分离纯化是极其重要而又十分关键的工序，其成本通常可占总成本的50%以上。常用的氨基酸提取方法有等电结晶、离子交换和特异沉淀剂沉淀等。传统的氨基酸分离方法虽然简便，但技术含量低，精度差。氨基酸产品的提取收率普遍偏低，质量相对较差，提取过程造成的环境污染也较严重。特别是离子交换法，酸碱的消耗高，废水量大，处理难度大。因此，减少单元操作，减少酸碱使用，减少废水排放，提高提取效率，提高产品质量，是氨基酸产品分离提取技术的发展方向。越来越多新型的分离纯化技术，如组合膜分离（微滤、超滤和纳滤等）、工业色谱和连续结晶技术等，开始逐步应用在氨基酸发酵产品提取上。相比较传统分离工艺，新型的分离工艺对装备的要求更高，装备的价格和寿命都显著影响氨基酸产品提取的成本。因此，开发和改进氨基酸产品分离装备和配套工艺，提高装备的使用寿命，是氨基酸产品分离提取研究的主要方向。

二、氨基酸新产品发展趋势

氨基酸产品的涵义已从传统的蛋白质氨基酸发展到包括非蛋白质氨基酸、氨基酸衍生物及短肽类在内的一大类对人类生活和生产起着越来越重要作用的产品类群。氨基酸产业的发展除了在生产技术和手段方面突飞猛进外，氨基酸产业链延伸和新产品开发是氨基酸工业的重要发展方向。

（一）非蛋白质氨基酸

非蛋白质氨基酸是指除组成蛋白质的 20 种常见氨基酸以外的含有氨基和羧基的化合物。目前，从生物体内分离获得的非蛋白质氨基酸有几百种，多以游离或小肽的形式存在于生物体的各种组织或细胞中。非蛋白质氨基酸多为蛋白质氨基酸的代谢物前体，或者蛋白质氨基酸的取代衍生物，如磷酸化、甲基化、糖苷化、羟基化、环化等。除此之外，还包括 D-氨基酸及 β、γ、δ 氨基酸等。非蛋白质氨基酸在生物体内可参与储能、形成跨膜离子通道、充当神经递质以及作为细胞保护物质，还可以作为合成其他含氮物质的前身，如抗生素、激素、色素、生物碱等，因此在食品、医药和精细化工等行业都具有重要的应用价值。表 1-7 所示为常见的非蛋白质氨基酸。

表 1-7　　常见的非蛋白质氨基酸

产品	结构式	主要生产方法	应用领域
α-氨基丁酸	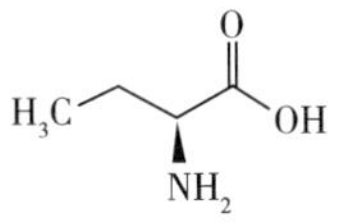 O, H_3C, OH, NH_2	酶法、发酵法	医药
正缬氨酸	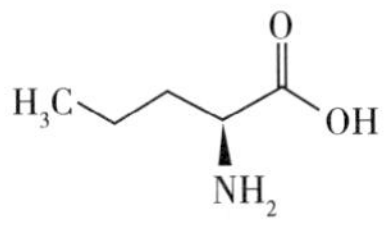 O, H_3C, OH, NH_2	合成法	医药
叔亮氨酸	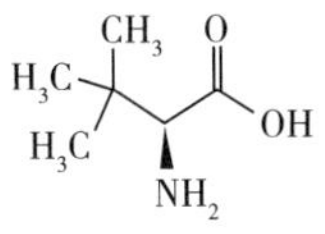 CH_3, O, H_3C, H_3C, OH, NH_2	合成法	医药
4-羟基异亮氨酸	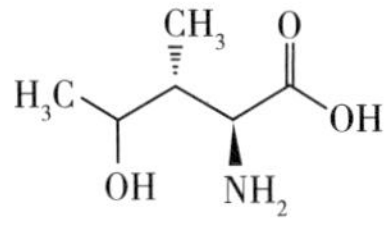 CH_3, O, H_3C, OH, OH, NH_2	酶法、提取法	医药、食品

续表

产品	结构式	主要生产方法	应用领域
鸟氨酸		发酵法、酶法	医药、食品
瓜氨酸		酶法	医药、食品
茶氨酸		酶法	医药、食品
蒜氨酸		提取法	医药、食品
牛磺酸		提取法、合成法	医药、食品
麦角硫因		合成法、提取法	医药、食品
四氢嘧啶		发酵法、酶法	医药、化妆品

虽然不作为蛋白质的组成成分，但是很多天然存在的非蛋白质氨基酸同样具有重要的药用和食用价值。瓜氨酸和鸟氨酸是合成精氨酸的前体物质，主要参与尿素循环，对于体内氨态氮的排出有重要作用。瓜氨酸和鸟氨酸除作为试剂与注射液外，还可作为能量饮料的主要成分。茶氨酸是茶叶中特有的游离氨基酸，具有降低高血压、镇静安神、保护神经系统和抗疲劳等多种功效。蒜氨酸作为大蒜中独特的非蛋白质含硫氨基酸，具有抗肿瘤、协同降血压、抗菌杀毒、清除自由基、保肝护肝及抗糖尿病等多种药理功效。4-羟基异亮氨酸是存在于胡芦巴属植物中的一种非蛋白质氨基酸，是一种新型胰岛素分泌促进剂，可用于治疗2型糖尿病。麦角硫因是来源于植物的天然氨基酸，是一种对细胞具有高度保护

性、无毒的天然抗氧化剂。四氢嘧啶属于环化氨基酸，是一种存在于嗜盐菌中的相容性溶质，具有优良的细胞及大分子物质保护功能。

非蛋白质氨基酸具有结构多样化及多功能性等特点，作为手性结构单元及分子骨架，是现代药物开发研究中十分重要的工具。天然的氨基酸大多为L型，但在许多微生物和高等植物中也有D-氨基酸的存在。D-氨基酸在生化性质等方面具有自身显著的特性，可用于合成多肽抗生素等药物，阿斯巴甜等新型甜味剂，以及新型的高效农药，在医药、食品和农业方面具有重要的应用价值。D-氨基酸主要通过拆分化学合成的DL-氨基酸制备，或者采用D-海因酶和*N*-氨甲酰水解酶的耦合酶促使反应转化为D-5-海因来生产。β-氨基酸指氨基结合在β位碳原子上的氨基酸。与α-氨基酸相比，β-氨基酸在自然界存在较少，如β-丙氨酸是泛酸的前体。β-氨基酸同样具有手性结构元件，因此也是一类在药物开发和生物研究中有广泛应用的中间体。除了拆分外消旋的β-氨基酸方法以外，天然氨基酸手性源转化法也被用于制备光学纯的β-氨基酸，采用Arndt-Eistert反应可以将α-氨基酸转化为含有多一个碳原子的手性β-氨基酸。

（二）氨基酸衍生产品

经过了几十年发展，全球氨基酸工业已经形成了相对完善的体系。氨基酸工业的产能主要集中在谷氨酸、赖氨酸和甲硫氨酸等少数大宗氨基酸产品上，过于单一的产品经常导致产能过剩。相较而言，我国氨基酸行业供需的矛盾更加明显，因此氨基酸产品结构亟待调整。随着生产所用的原辅材料、能源价格逐年上涨，氨基酸生产成本也有较大幅度的提高，同时，过多产能也加剧了环境保护压力，成为严重制约氨基酸发酵行业可持续健康发展的因素。因此，加快氨基酸衍生产品开发，延伸大宗氨基酸产业链是化解氨基酸产能过剩的可行之路。

以大宗氨基酸为平台化合物，通过脱氨、脱羧或还原等反应可生产其他具有广泛应用的生物基化合物。谷氨酸是世界上第一大氨基酸产品，作为重要原料广泛应用于重要化学品、医药品、保健食品和其他氨基酸制品的生产中。谷氨酸作为一种五碳化合物被美国国家可再生能源实验室和太平洋西北国家实验室选为12种最重要的砌块中间体化学品之一。α-酮戊二酸、γ-氨基丁酸、戊二酸、戊二醇、2-氨基戊二醇、4-氨基-1-丁醇和5-羟基-2-氨基戊酸都是谷氨酸的衍生化合物。其中，戊二酸是一种具有广泛应用前景的二元羧酸，可用于生产聚酯多元醇和聚酰胺，潜在需求量大，但目前缺乏成熟的生产技术。赖氨酸是仅次于谷氨酸的第二大发酵氨基酸产品。赖氨酸在特异的赖氨酸脱羧酶作用下，可以脱羧生成戊二胺。戊二胺可替代己二胺与己二酸或戊二酸聚合生产聚酰胺树脂，如尼龙56。尼龙56与尼龙66具有相似的性质，是一种环保型的耐高温的生物塑料。德国、日本和韩国都对赖氨酸脱羧生产戊二胺进行了大量的研究，赖氨酸脱羧工艺的开发应用将拓宽赖氨酸的工业化应用前景。虽然目前大宗氨基酸的生产成本较低，从大宗氨基酸合成其他化合物的路线也可行，但提高工艺路线的效率，降低生产成本是氨基酸衍生产品大规模应用的关键。

（三）聚氨基酸和短肽

聚氨基酸是一类有良好生物相容性的高分子，具有许多优异的性能，如黏合性、成膜性、成胶性、螯合性、分散性和絮凝性等。γ-聚谷氨酸是自然界中微生物发酵产生的水溶性多聚氨基酸，其结构为谷氨酸单元通过α-氨基和γ-羧基形成肽键的高分子聚合物。

γ-谷氨酸具有优良的水溶性、超强的吸附性和生物可降解性，是一种优良的环保型高分子材料，可作为保水剂、重金属离子吸附剂、絮凝剂、缓释剂以及药物载体等。ε-聚赖氨酸也是一种天然的生物代谢产品，具有很好的杀菌能力和热稳定性，被广泛应用于食品保鲜。聚天冬氨酸是一种具有良好生物相容性和生物可降解性的高分子材料。低分子质量的聚天冬氨酸可以作为防腐剂、阻垢剂、泥浆的分散剂、清洁剂和植物生长促进剂，高分子质量的聚天冬氨酸可以作为各种矿物质的分散剂、高吸水剂、药物载体和农药等。聚精氨酸可用于生产农用保湿地膜以及作为洗涤剂、废水处理剂等工业用途，由于具有生物降解性，不会造成严重环境污染。聚氨基酸的优良性能使其在生物可降解材料、环境保护、食品、医药和农业领域具有广泛的应用前景。但聚氨基酸生产难度较大，开发更高效的生产工艺，降低生产成本将有助于聚氨基酸产品更大规模的生产和应用。

短肽一般指由2～9个氨基酸残基组成的短链肽，短肽除了能够为动物提供氨基酸外，还具有多样的生理活性。丙谷二肽（Ala－Gln）是一种用于营养补充的二肽，广泛应用于氨基酸输液中。一些从微生物中提取的二肽还具有特殊的药理活性，如京都啡肽（Tyr－Arg）具有止痛功能，Lys－Glu二肽具有抗肿瘤的能力。谷胱甘肽（Glu－Cys－Gly）是一种重要的抗氧化剂，可保护许多蛋白质和酶等分子中的巯基。乳链菌肽是乳酸乳球菌产生的一种小肽，对革兰阳性菌引起的食品腐败和对人体健康有害的病菌有较强的抑制作用。由于具备一些独特功能，近些年短肽的功能开发和生产也得到了广泛关注。化学合成是短肽的主要生产方法，但步骤烦琐，且需要对氨基酸底物进行选择性的基团保护。近些年来，酶法合成短肽已经得到关注，研究发现，非核糖体肽合成酶和氨基酸连接酶可以用来合成短肽。酶的底物特异性和催化效率是决定短肽合成的关键，随着对非核糖体肽合成酶和氨基酸连接酶系统认识的不断深入，未来会有更多天然的短肽通过生物法生产。另外，研究也发现不同长度的非天然短肽具有不同的功能，这也将促进短肽产品的合成生产和应用开发。

第四节　展　　望

近年来，我国氨基酸工业取得了很大的进步，但也要看到，与世界氨基酸产业强国比较，我国氨基酸生产领域的技术创新能力仍相对薄弱，新型氨基酸产品及衍生物开发也存在明显不足。产品多元化、生产高效化、质量高端化和应用扩大化是氨基酸工业的长期发展目标。当前形势下，新技术应用和新产品开发是我国氨基酸工业实现可持续发展的两个最重要的因素。因此，提高技术研发和自主创新的能力是氨基酸工业发展不变的主题。虽然我国氨基酸工业发展存在一定的问题，但相信随着自主创新体系的完善将极大地增强我国氨基酸工业的核心竞争力，促进我国氨基酸工业向着良性健康的方向发展。

参考文献

［1］王镜岩，朱圣庚，徐长法．生物化学（第三版）［M］．北京：高等教育出版社，2002.

［2］曾昭琼．有机化学（第四版）［M］．北京：高等教育出版社，2004.

［3］谢希贤，陈宁．氨基酸技术发展及新产品开发［J］．生物产业技术，2014，4：

23－28.

[4] 谢希贤，马倩，陈宁．氨基酸生产菌代谢工程研究发展趋势［J］．生物产业技术，2016，4：32－36.

[5] 探索化学网站．https：//pubchem. ncbi. nlm. nih. gov/.

[6] 药物银行网站．https：//www. drugbank. ca/.

[7] 陈宁．氨基酸工艺学［M］．北京：中国轻工业出版社，2007.

第二章　氨基酸发酵机制

第一节　氨基酸的生物合成途径

不同生物合成氨基酸的能力不同，能够合成氨基酸的种类也不完全相同。从合成原料来看，有的能利用二氧化碳，有的能利用有机酸，有的能利用单糖；从合成氨基酸的种类来看，有的机体可以合成构成蛋白质的全部氨基酸，有的则不能全部合成机体所需的氨基酸，必须从其他生物中获得。凡是机体不能自己合成的，必须来自外界的氨基酸，称为必需氨基酸；凡机体能自己合成的氨基酸称为非必需氨基酸。

在氨基酸的工业化生产中，一般利用微生物积累较高浓度的氨基酸。这不仅因为微生物容易获得，而且应用遗传突变技术可获得在合成氨基酸方面具有各种特点的遗传突变株。但是，微生物合成氨基酸的能力有很大差异，例如大肠杆菌可合成全部所需氨基酸，而乳酸菌却需要从外界获取某些氨基酸。虽然生物合成氨基酸的能力有种种差异，但仍可总结出氨基酸生物合成的某些共性。本章讨论它们的共性，也将讨论构成蛋白质 20 种氨基酸的各个合成途径及氨基酸生物合成的调节模式。

不同氨基酸的生物合成途径虽各异，但许多氨基酸的生物合成都与机体的几个中心代谢环节有密切联系，例如糖酵解途径（EMP）、磷酸戊糖途径（HMP）、三羧酸循环（TCA）等，如图 2-1 所示。因此可将这些代谢环节中的几个与氨基酸生物合成有密切关联的物质，看作氨基酸生物合成的起始物，并以这些起始物作为氨基酸生物合成途径的分类依据。也可将氨基酸生物合成分为谷氨酸族氨基酸、天冬氨酸族氨基酸、苯环和杂环类氨基酸、分支链氨基酸、丝氨酸族氨基酸等若干类型。

一、谷氨酸族氨基酸生物合成途径

谷氨酸族氨基酸是指某些氨基酸是由三羧酸循环的中间产物 α -酮戊二酸衍生而来。由 α -酮戊二酸衍生的氨基酸又可称为 α -酮戊二酸衍生类型，属于这种类型的氨基酸有谷氨酸、谷氨酰胺、脯氨酸和精氨酸。

（一）谷氨酸的生物合成

谷氨酸的生物合成包括糖酵解途径、磷酸戊糖途径、三羧酸循环、乙醛酸循环和丙酮酸羧化支路（CO_2 固定反应）等。

1. 生成谷氨酸的主要酶反应

在谷氨酸发酵中，生成谷氨酸的主要酶反应有以下 3 种。

（1）谷氨酸脱氢酶催化的还原氨基化反应　α -酮戊二酸与游离氨经谷氨酸脱氢酶催化的反应，称为还原氨基化反应。可用下式表示。

$$\alpha\text{-酮戊二酸} + NADPH + H^+ + NH_4^+ \xrightarrow{\text{谷氨酸脱氢酶}} \text{谷氨酸} + H_2O + NADP^+$$

（2）转氨酶催化的转氨基反应　转氨基反应由转氨酶（或氨基移换酶）催化，将已存

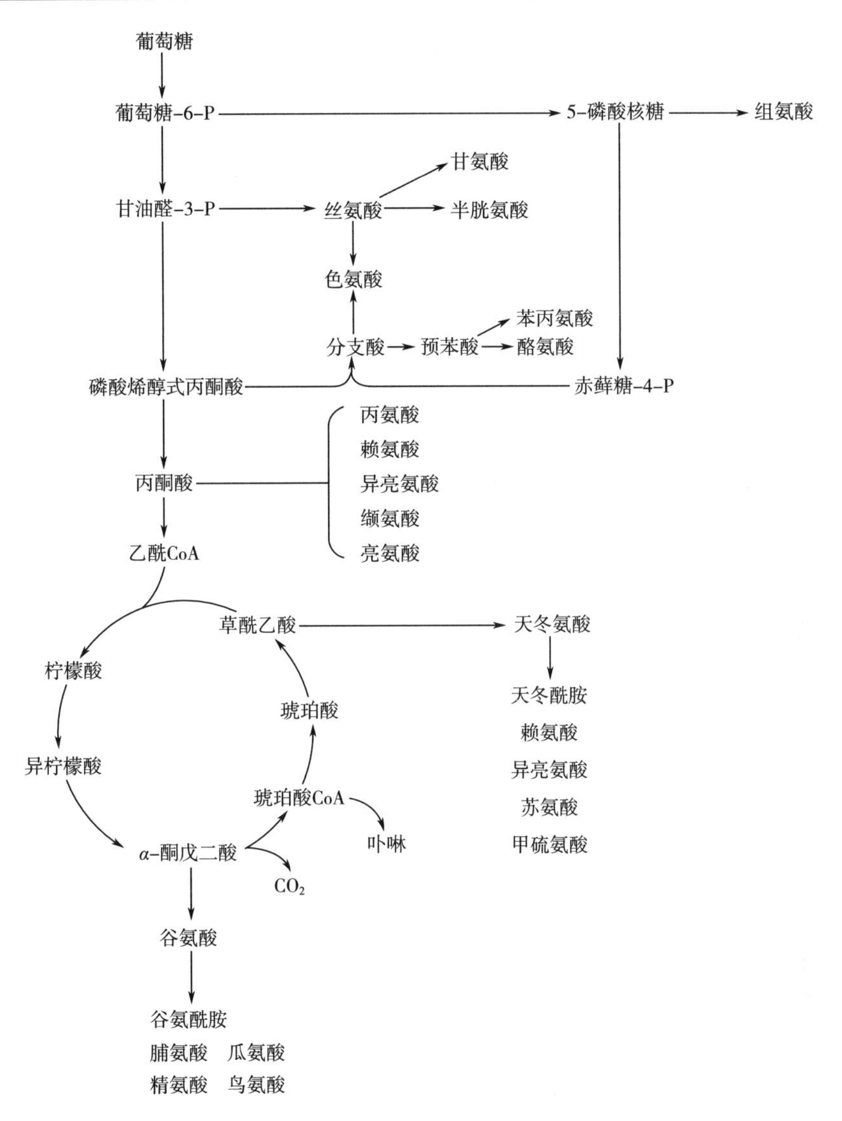

图 2-1　氨基酸的生物合成与中心代谢

在的其他氨基酸的氨基，转移给 α -酮戊二酸，形成谷氨酸。转氨酶既催化氨基酸脱氨基又催化 α -酮酸氨基化，可用下式表示。

$$\alpha\text{-酮戊二酸}+\text{氨基酸}\xrightarrow{\text{转氨酶}}\text{谷氨酸}+\alpha\text{-酮酸}$$

（3）谷氨酸合成酶催化的反应　由谷氨酸合成酶催化的 α -酮戊二酸接收谷氨酰胺的酰胺基形成谷氨酸的反应。在这个反应中实际上形成了两个谷氨酸分子，可用下式表示。

$$\alpha\text{-酮戊二酸}+\text{NADPH}+\text{H}^{+}+\text{谷氨酰胺}\xrightarrow{\text{谷氨酸合成酶}}2\,\text{谷氨酸}+\text{NADP}^{+}$$

以上 3 个反应中，由于在谷氨酸生产菌中谷氨酸脱氢酶的活力很强，因此还原氨基化是主导性反应。

2. 谷氨酸发酵的生物合成途径

谷氨酸的合成主要途径是 α -酮戊二酸的还原性氨基化，是通过谷氨酸脱氢酶完成的。α -酮戊二酸是谷氨酸合成的直接前体，它来源于三羧酸循环，是三羧酸循环的一个中间代谢产物。由葡萄糖生物合成谷氨酸的代谢途径如图 2-2 所示，至少有 16 步酶促反应。

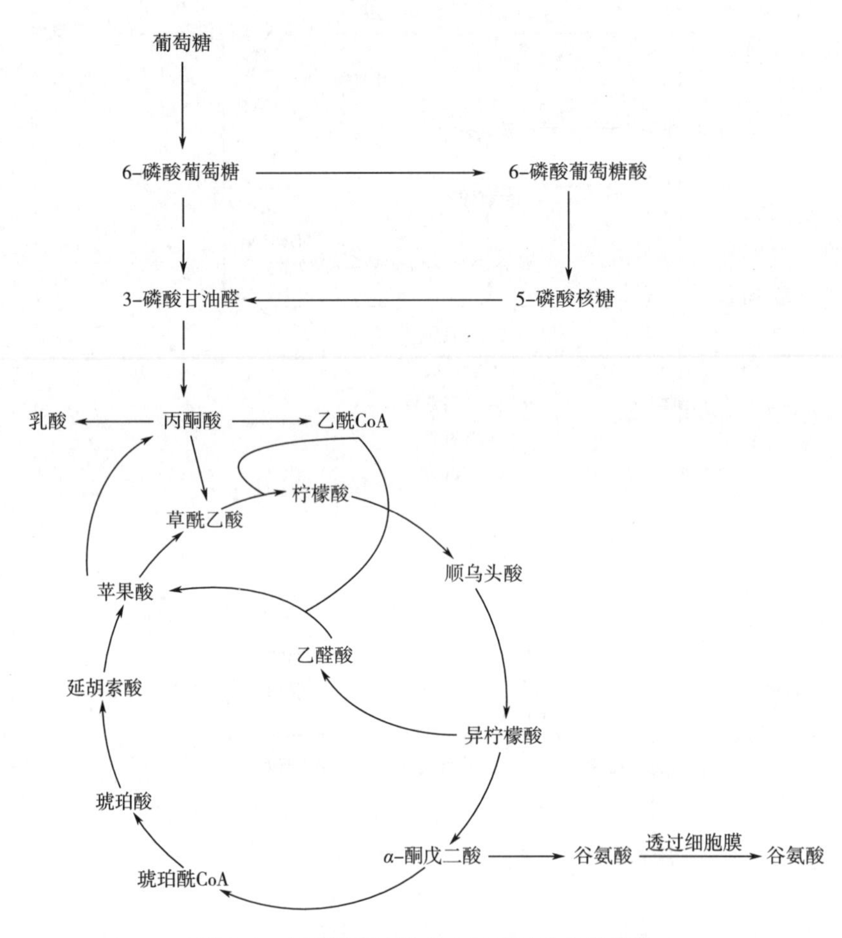

图 2-2　由葡萄糖生物合成谷氨酸的代谢途径

（1）葡萄糖首先经 EMP 及 HMP 两个途径生成丙酮酸　以 EMP 途径为主，生物素充足时 HMP 所占比例是 38%，控制生物素亚适量，发酵产酸期，EMP 所占的比例更大，HMP 所占比例约为 26%。

（2）生成的丙酮酸，一部分在丙酮酸脱氢酶系的作用下氧化脱羧生成乙酰 CoA，另一部分经 CO_2 固定反应生成草酰乙酸或苹果酸，催化 CO_2 固定反应的酶有丙酮酸羧化酶、苹果酸酶和磷酸烯醇式丙酮酸羧化酶。CO_2 固定反应如下。

$$磷酸烯醇式丙酮酸+CO_2+GDP（或 IDP）\xrightarrow{磷酸烯醇式丙酮酸羧化酶}草酰乙酸+GTP（或 ITP）$$

$$丙酮酸+CO_2+ATP\xrightarrow{丙酮酸羧化酶}草酰乙酸+ADP+Pi$$

$$丙酮酸+CO_2+NAD（P）H+H^+\xrightarrow{苹果酸酶}苹果酸+NAD（P）^+$$

（3）草酰乙酸与乙酰 CoA 在柠檬酸合成酶催化作用下，缩合成柠檬酸，进入三羧酸循环，柠檬酸在顺乌头酸酶的作用下生成异柠檬酸，异柠檬酸再在异柠檬酸脱氢酶的作用下生成 α -酮戊二酸，α -酮戊二酸是谷氨酸合成的直接前体。

（4）α -酮戊二酸在谷氨酸脱氢酶作用下经还原氨基化反应生成谷氨酸。

由上述谷氨酸生物合成的途径可知，由葡萄糖生物合成谷氨酸的总反应方程式为：

$$C_6H_{12}O_6+NH_3+1.5O_2 \longrightarrow C_5H_9O_4N+CO_2+3H_2O$$

由上式可以看出，由于1mol葡萄糖可以生成1mol谷氨酸，因此谷氨酸的理论糖酸转化率为81.7%。

3. 乙醛酸循环的作用

由于三羧酸循环的缺陷（谷氨酸生产菌的α-酮戊二酸脱氢酶活力微弱，即α-酮戊二酸氧化能力微弱），为了获得能量和产生生物合成反应所需的中间产物，在谷氨酸发酵的菌体生长期，需要异柠檬酸裂解酶催化反应进行乙醛酸循环途径。乙醛酸循环中关键酶是异柠檬酸裂解酶和苹果酸合成酶，它们催化的反应如下。

$$\text{异柠檬酸} \xrightarrow{\text{异柠檬酸裂解酶}} \text{乙醛酸}+\text{琥珀酸}$$

$$\text{乙醛酸}+\text{乙酰 CoA} \xrightarrow{\text{苹果酸合成酶}} \text{苹果酸}$$

乙醛酸循环中生成的四碳二羧酸，如琥珀酸、苹果酸仍可返回三羧酸循环，因此，乙醛酸循环途径可看作三羧酸循环的支路和中间产物的补给途径。谷氨酸产生菌通过图2-2中所示的乙醛酸循环途径进行代谢，提供四碳二羧酸及菌体合成所需的中间产物等。但是，在菌体生长期之后，进入谷氨酸生成期，为了大量生成和积累谷氨酸，最好没有异柠檬酸裂解酶催化反应，封闭乙醛酸循环。这就说明在谷氨酸发酵中，菌体生长期的最适条件和谷氨酸生成积累期的最适条件是不一样的。在菌体生长之后，理想的谷氨酸发酵所需的四碳二羧酸应是100%通过CO_2固定反应供给，则理论糖酸转化率为81.7%。

倘若CO_2固定反应完全不起作用，丙酮酸在丙酮酸脱氢酶的催化作用下，脱氢脱羧全部氧化成乙酰CoA，通过乙醛酸循环供给四碳二羧酸，则反应如下。

$$3C_6H_{12}O_6 \longrightarrow 6\ \text{丙酮酸} \longrightarrow 6\ \text{乙酸}+6CO_2$$

$$6\ \text{乙酸}+2NH_3+3O_2 \longrightarrow 2C_5H_9O_4N+2CO_2+6H_2O$$

由上式可以看出，由于3mol葡萄糖才可以生成2mol的谷氨酸，因此理论糖酸转化率仅为54.4%。实际谷氨酸发酵时，因发酵控制的好坏不同，加之形成菌体、微量副产物和生物合成消耗的能量等，消耗了一部分糖，所以实际糖酸转化率处于54.4%～81.7%。因此，当以葡萄糖为碳源时，CO_2固定反应与乙醛酸循环的比率，对谷氨酸产率有影响，乙醛酸循环活性越高，谷氨酸生成收率越低。因此，在糖质原料发酵生产谷氨酸时，应尽量控制通过CO_2固定反应供给四碳二羧酸。

（二）谷氨酰胺的生物合成

谷氨酰胺的生物合成步骤如图2-3所示。由葡萄糖经α-酮戊二酸先形成谷氨酸。因谷氨酰胺产生菌的谷氨酰胺合酶活力增加，而催化谷氨酰胺分解为谷氨酸的谷氨酰胺酶活力受到抑制，从而使谷氨酰胺大量积累生成，谷氨酸的生成量减少。

（三）脯氨酸的生物合成

脯氨酸的生物合成步骤如图2-3所示。谷氨酸的γ-羧基还原形成谷氨酸-γ-半醛，然后自发环化形成五元环化合物Δ^1-二氢吡咯-5-羧酸，再由Δ^1-二氢吡咯-5-羧酸还原酶催化还原形成脯氨酸。

（四）精氨酸的生物合成

精氨酸也是由谷氨酸经过多步反应形成，其生物合成如图2-3所示。谷氨酸先由谷氨酸转乙酰基酶催化乙酰化，形成*N*-乙酰谷氨酸，再经乙酰谷氨酸激酶作用由ATP上转

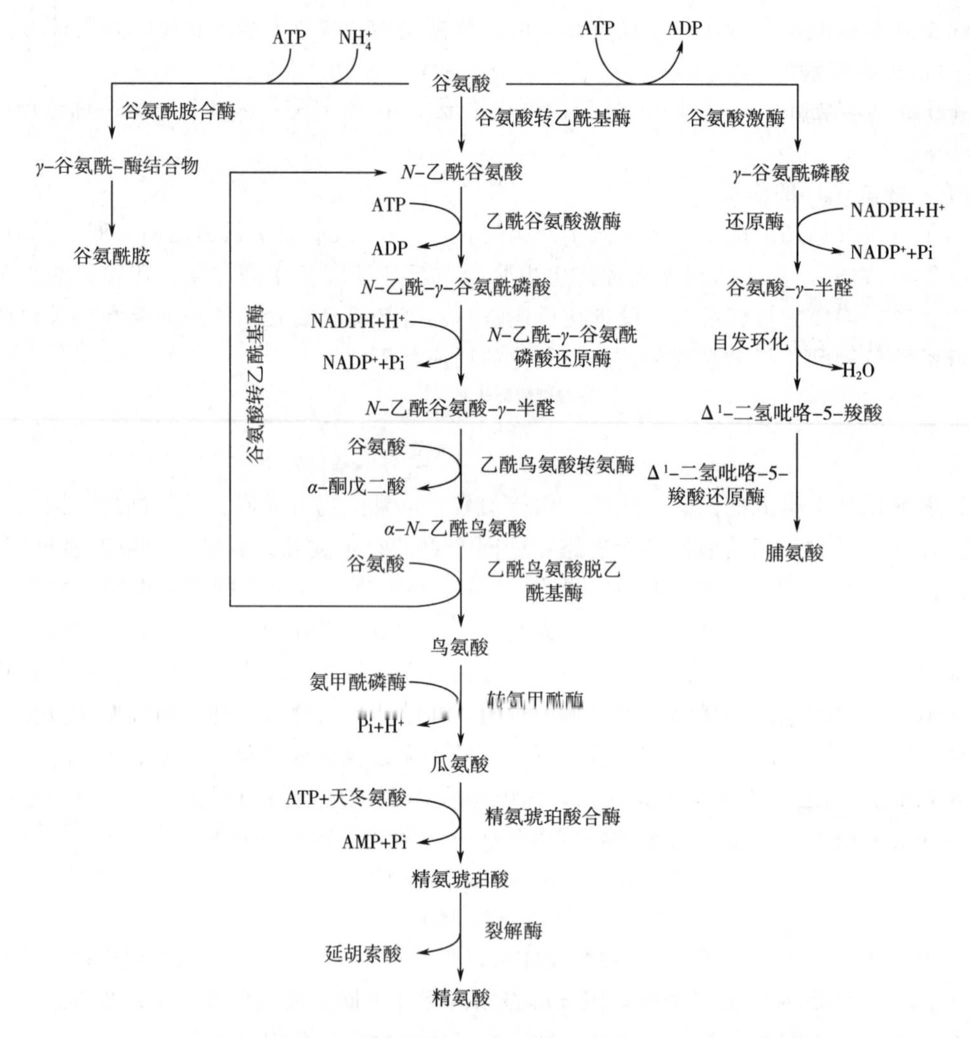

图 2-3　由谷氨酸生成其他谷氨酸族氨基酸的生物合成途径

移一个高能磷酸基团，形成 N -乙酰-γ -谷氨酰磷酸，再经 N -乙酰-γ -谷氨酰磷酸还原酶以 NADPH 为辅酶的作用形成 N -乙酰谷氨酸-γ -半醛，又经 N -乙酰谷氨酸-γ -半醛转氨酶的作用，自谷氨酸分子转移一个 α -氨基，形成 α - N -乙酰鸟氨酸，经酶促脱去乙酰基（脱乙酰基作用或转乙酰基作用），形成鸟氨酸。鸟氨酸接收由转氨甲酰酶催化，自氨甲酰磷酸转移的氨甲酰基形成瓜氨酸。瓜氨酸在精氨琥珀酸合酶的催化下，与天冬氨酸结合形成精氨琥珀酸。精氨琥珀酸在裂解酶的作用下，形成精氨酸，同时产生延胡索酸。

谷氨酸 α -氨基的乙酰化，可使氨基受到保护，以利于羧基的活化和还原，并防止发生环化作用，使反应向形成精氨酸的方向进行。乙酰基团可通过谷氨酸转乙酰基酶的作用，在全部合成反应中得到保证。

二、天冬氨酸族氨基酸生物合成途径

天冬氨酸族氨基酸是指某些氨基酸由草酰乙酸衍生而来，又称为草酰乙酸衍生类型，属于这种类型的氨基酸有天冬氨酸、天冬酰胺、赖氨酸、甲硫氨酸、苏氨酸、高丝氨酸和异亮氨酸。异亮氨酸将在分支链氨基酸部分详述。

（一）天冬氨酸的生物合成

葡萄糖经糖酵解途径生成丙酮酸，丙酮酸经 CO_2 固定反应生成草酰乙酸，草酰乙酸接收由谷氨酸转来的氨基形成天冬氨酸。催化这一反应的酶称为谷-草转氨酶或称天冬氨酸-谷氨酸转氨酶。天冬氨酸的合成反应可用下式表示。

$$\text{草酰乙酸}+\text{谷氨酸}\xrightarrow{\text{谷草转氨酶}}\text{天冬氨酸}+\alpha\text{-酮戊二酸}$$

（二）天冬酰胺的生物合成

在细菌中天冬酰胺由天冬酰胺合酶催化 NH_4^+ 与天冬氨酸合成，该酶需 ATP 参与作用，ATP 在反应中降解为 AMP 和 PPi。在这个反应中，也可能包括一个形成与酶结合的 β-天冬酰腺苷酸中间物的步骤（图 2-4）。

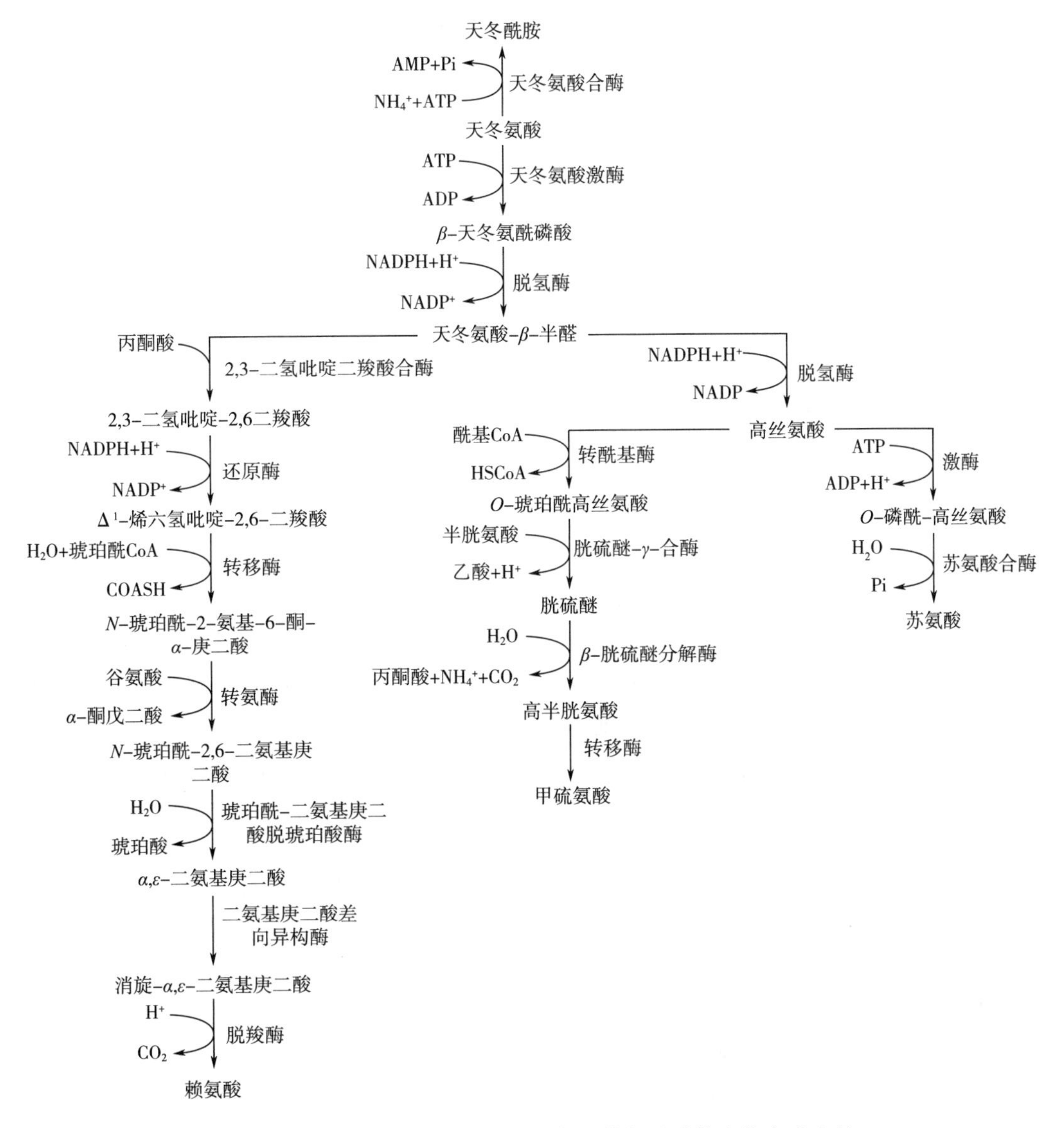

图 2-4　由天冬氨酸生成其他天冬氨酸族氨基酸的生物合成途径

天冬酰胺和谷氨酰胺生物合成的机制有许多类似之处，而主要的不同是在谷氨酰胺生物合成反应中 ATP 转变成 ADP 和 Pi，天冬酰胺生物合成反应中 ATP 则形成 AMP 和 PPi。在机体内有催化 PPi 水解为 2Pi 的焦磷酸酶，这一水解反应可释放约 34kJ 能量，因此，天冬酰胺的生物合成反应比谷氨酰胺的生物合成反应更易于进行。

（三）赖氨酸的生物合成

在已知的具有赖氨酸生物合成途径的微生物中，可以将赖氨酸生物合成途径划分为两个完全不同的途径，即氨基己二酸途径和二氨基庚二酸途径，至今还没有证据表明两者之间存在必然的进化关系。

1. 氨基己二酸途径

氨基己二酸途径是谷氨酸族氨基酸生物合成途径中的一部分。在这一途径中有 8 个步骤涉及赖氨酸的合成，并且需要耦合 α -酮戊二酸和乙酰 CoA 形成 α -二氨基己二酸和酵母氨酸作为中间产物。氨基己二酸途径指首先利用高异柠檬酸盐合成酶、顺高乌头酸酶/高乌头酸合酶和异柠檬酸脱氢酶催化 α -酮戊二酸生成 α -氨基己二酸，再经过 α -氨基己二酸还原酶、酵母氨酸还原酶和酵母氨酸脱氢酶催化生成赖氨酸。该途径主要存在于高等真菌（如酵母菌和霉菌）及古细菌中，途径中的部分酶还涉及精氨酸和亮氨酸的生物合成。

2. 二氨基庚二酸途径

二氨基庚二酸途径是天冬氨酸族氨基酸生物合成途径中的一部分，由天冬氨酸作为起始物的赖氨酸生物合成途径如图 2-4 所示。首先要使天冬氨酸的 β -羧基还原，该反应需 ATP 活化羧基，催化此反应的酶为天冬氨酸激酶。这一还原反应和谷氨酸羧基的还原以及 3 -磷酸甘油酸还原为 3 -磷酸甘油醛的情况都很相似，羧基活化后，形成 β -天冬氨酰磷酸，再由天冬氨酸半醛脱氢酶催化还原。参与天冬氨酸还原反应的辅酶是 NADPH。还原的产物是天冬氨酸- β -半醛。天冬氨酸- β -半醛与丙酮酸缩合形成一个环化合物，称为 2，3 -二氢吡啶- 2，6 -二羧酸。催化天冬氨酸- β -半醛和丙酮酸缩合的酶称为 2，3 -二氢吡啶- 2，6 -二羧酸合酶，该酶受赖氨酸抑制。2，3 -二氢吡啶- 2，6 -二羧酸又以 NADPH 为辅酶的还原酶还原为 Δ^1 -烯六氢吡啶- 2，6 -二羧酸（又称 2，3，4，5 -四氢吡啶- 2，6 -二羧酸），该二羧酸与琥珀酰 CoA 作用形成 *N* -琥珀酰- ε -酮- α -氨基庚二酸，在有些生物中则由乙酰基代替琥珀酰基。ε -酮基通过与谷氨酸的转氨基作用而形成氨基，使 *N* -琥珀酰- ε -酮- α -氨基庚二酸转变为 *N* -琥珀酰-二氨基庚二酸。在琥珀酰-二氨基庚二酸脱琥珀酸酶的作用下，脱去琥珀酸形成 α，ε -二氨基庚二酸。在二氨基庚二酸差向异构酶的作用下，形成消旋- α，ε -二氨基庚二酸，再经二氨基庚二酸脱羧酶的作用，脱去羧基形成赖氨酸。

（四）甲硫氨酸的生物合成

甲硫氨酸的生物合成途径如图 2-4 所示。由天冬氨酸开始直至形成天冬氨酰- β -半醛的过程和合成赖氨酸的一段过程完全相同。天冬氨酰- β -半醛在以 NADPH 为辅酶的脱氢酶作用下还原，形成高丝氨酸。

由高丝氨酸转变为甲硫氨酸不只一条途径。高丝氨酸的酰基化过程有很多不同方式，*O* -琥珀酰高丝氨酸转变为高半胱氨酸也有不同的途径。在细菌中，由胱硫醚- γ -合酶催化与半胱氨酸作用先形成胱硫醚，再由 β -胱硫醚裂合酶作用形成高半胱氨酸，高半胱氨

酸接收由 N^5 -甲基四氢叶酸转来的甲基（由转移酶催化）形成甲硫氨酸。

（五）苏氨酸的生物合成

苏氨酸的生物合成过程中，从天冬氨酸开始直到形成高丝氨酸与甲硫氨酸的步骤是完全相同的，高丝氨酸在其激酶作用下在羟基位置转移 ATP 上一个磷酸基团形成 O -磷酰-高丝氨酸，再经苏氨酸合酶作用，水解磷酸基团形成苏氨酸（图 2-4）。

纵观上述赖氨酸、甲硫氨酸和苏氨酸的生物合成，可看出这 3 种氨基酸有一段共同的生物合成途径，由天冬氨酸为共同起点都需经过 β -羧基的还原，形成的天冬氨酸- β -半醛是一个分支点化合物，赖氨酸的生物合成即由此物质分成两路，甲硫氨酸和苏氨酸的生物合成还共同经过高丝氨酸再分道，高丝氨酸也是分支点化合物。

三、苯环和杂环类氨基酸的生物合成途径

在合成蛋白质中有 3 种含苯环氨基酸称为芳香族氨基酸，即苯丙氨酸、酪氨酸和色氨酸以及比较特殊的杂环类氨基酸——组氨酸。在所有微生物中，芳香族氨基酸的生物合成都开始于糖酵解途径的中间物磷酸烯醇式丙酮酸（PEP）和磷酸戊糖途径的中间物赤藓糖- 4 -磷酸的合成，经过莽草酸途径形成分支酸，进而由分支酸通过分支途径形成色氨酸、苯丙氨酸、酪氨酸。色氨酸除需要赤藓糖- 4 -磷酸和磷酸烯醇式丙酮酸外，还需要 5 -磷酸核糖- 1 -焦磷酸，以及丝氨酸。

（一）芳香族氨基酸合成的共同途径（莽草酸途径）

芳香族氨基酸的生物合成途径有 7 步是共同的，合成的起始物是赤藓糖- 4 -磷酸和磷酸烯醇式丙酮酸。二者缩合形成 3 -脱氧- D -阿拉伯庚酮糖酸- 7 -磷酸（DAHP）（图 2-5）。在大肠杆菌和谷氨酸棒状杆菌中，催化此反应的酶是 3 -脱氧- D -阿拉伯庚酮糖- 7 -磷酸合成酶。在大肠杆菌中，由 3 个基因 *aroG*、*aroF* 及 *aroH* 编码 DAHP 合成酶的同功酶，且这 3 个基因分别对苯丙氨酸、酪氨酸和色氨酸敏感。

第二步反应是脱氢奎尼酸合成酶催化 DAHP 生成 3 -脱氢奎尼酸。大肠杆菌的脱氢奎尼酸合成酶需要二价阳离子，这个反应是中性条件下的氧化还原反应，此外还生成了大量的 NAD^+。下一步的反应是 3 -脱氢奎尼酸脱去水分子生成 3 -脱氢莽草酸，这一反应由脱氢奎尼酸脱水酶催化，同时向环中引入第一个双键。随后，3 -脱氢莽草酸由莽草酸脱氢酶催化生成莽草酸。在大肠杆菌中，莽草酸激酶催化莽草酸磷酸化生成 3 -磷酸莽草酸。

第二个 PEP 分子是在第六步反应时参与芳香族氨基酸合成的。5 -烯醇式丙酮酰-莽草酸- 3 -磷酸（EPSP）合成酶催化磷酸烯醇式丙酮酸和 3 -磷酸莽草酸缩合生成 EPSP。磷酸烯醇式丙酮酸提供了 3 个碳原子，生成了苯丙氨酸和酪氨酸的侧链，而在色氨酸生物合成中这 3 个碳原子将会被代替。最后一步反应是由分支酸合成酶催化 EPSP 生成分支酸。这步反应引入了第二个双键，形成环己二烯环状结构。

可以把莽草酸看作合成此 3 种芳香族氨基酸的共同前体，因此可将芳香族氨基酸合成相同的一段过程称为莽草酸途径。这一途径指的是以莽草酸为起始物直至形成分支酸的一段过程。具体步骤如图 2-5 所示。分支酸是芳香族氨基酸衍生物合成途径的分支点。在分支酸以后即分为两条途径。其中一条是形成苯丙氨酸和酪氨酸，另一条是形成色氨酸。

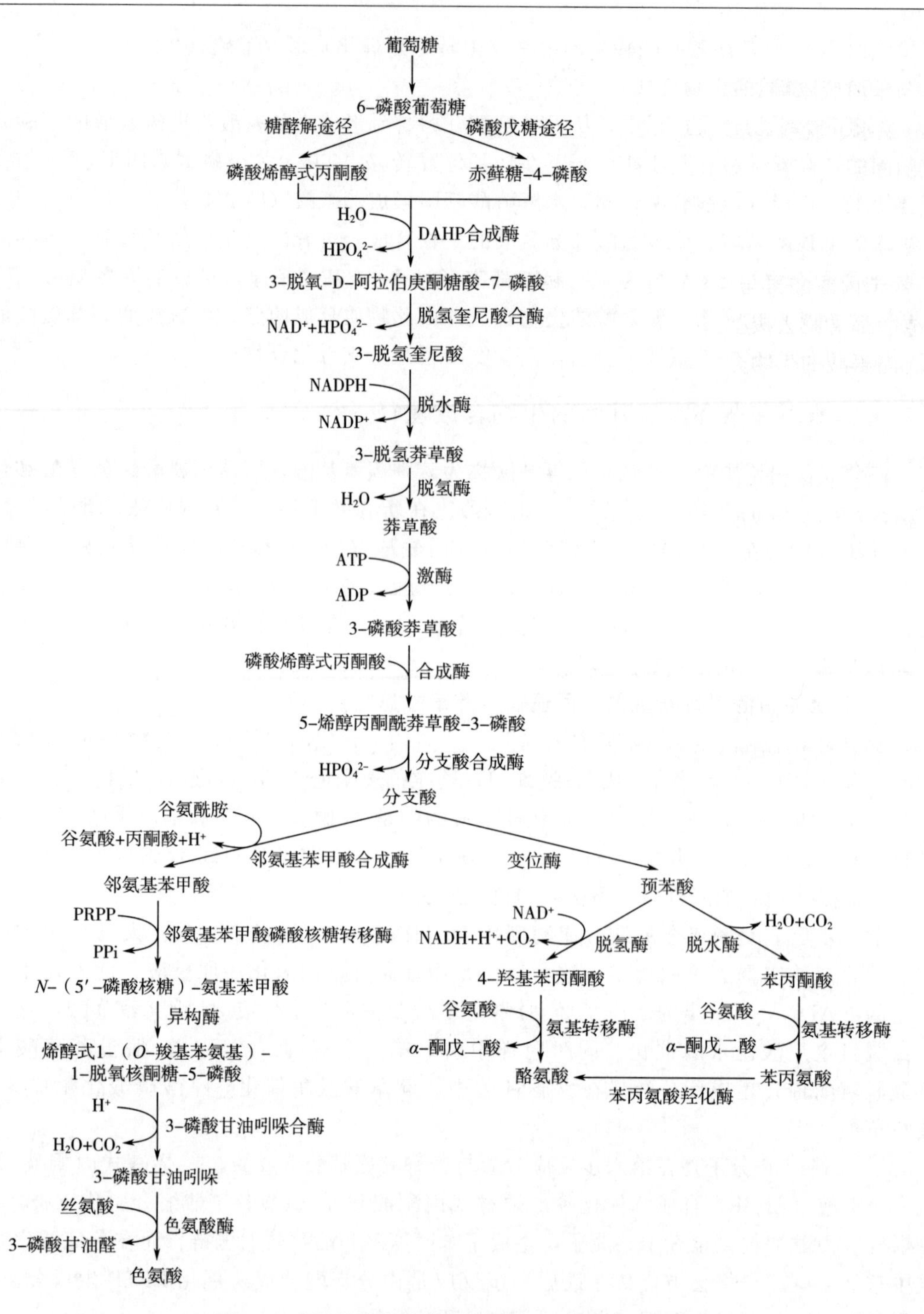

图 2-5　大肠杆菌中芳香族氨基酸的生物合成途径

（二）由分支酸形成苯丙氨酸和酪氨酸

如图 2-5 所示，分支酸在分支酸变位酶作用下，转变为预苯酸。虽然苯丙氨酸和酪氨酸都以预苯酸作为由分支酸转变的第一步反应，但它们的生物合成却是通过两条不同的途径。

(1) 分支酸形成苯丙酮酸经过两个步骤，都是由一个酶催化的，称为分支酸变位酶P-预苯酸脱水酶，该酶先将分支酸转变为预苯酸。酶蛋白和预苯酸结合在一起，由同一个酶脱水、脱羧，将预苯酸转变为苯丙酮酸。苯丙酮酸在转氨酶作用下，与谷氨酸进行转氨形成苯丙氨酸。

(2) 需NAD分支酸变位酶T-预苯酸脱氢酶催化分支酸形成对-羟苯丙酮酸也是先形成与它结合在一起的预苯酸中间产物再脱氢、脱羧（图2-5)，形成对-羟苯丙酮酸。对-羟苯丙酮酸再与谷氨酸进行转氨即形成酪氨酸。预苯酸无论转变为苯丙酮酸或对-羟苯丙酮酸都需脱去羧基同时脱水或脱氢。这一步骤也可视为“成环”即形成芳香环的最后步骤。酪氨酸的生物合成除上述途径外，还可由苯丙氨酸羟基化而形成。催化此反应的酶称为苯丙氨酸羟化酶，又称苯丙氨酸-4-单加氧酶。

(三) 由分支酸形成色氨酸

大肠杆菌中色氨酸的生物合成途径如图2-5所示。色氨酸分支途径的第一步反应是经邻氨基苯甲酸合成酶催化，分支酸通过氨基化和芳香化生成邻氨基苯甲酸，同时伴随着通过β-消除作用以丙酮酸形式脱去分支酸的烯醇式丙酮酸侧链，其中氨或谷氨酰胺可以作为邻氨基苯甲酸合成酶的氨供体。第二步是邻-氨基苯甲酸在邻-氨基苯甲酸磷酸核糖转移酶作用下，将5′-磷酸核糖-1′-焦磷酸（PRPP）的5-磷酸核糖部分转移到邻-氨基苯甲酸的氨基上，同时脱掉一个焦磷酸分子，形成*N*-（5′-磷酸核糖）-氨基苯甲酸。核糖的C_1和C_2为吲哚环的形成提供两个碳原子。第三步的转变是在同分异构酶作用下，核糖的呋喃环被打开进行互变异构，转变为烯醇式1-（*O*-羧基苯氨基）-1-脱氧核酮糖-5-磷酸。又在3-磷酸甘油吲哚合酶作用下环化，形成3-磷酸甘油吲哚。最后一步是3-磷酸甘油吲哚在色氨酸合酶作用下借助辅酶磷酸吡哆醛与丝氨酸加合，同时除去3-磷酸甘油醛形成色氨酸。

在其他微生物中，色氨酸的生物合成途径及其编码基因的序列可能略有不同，但是整体的合成途径是保守的。通过上述的合成反应，总览一下色氨酸碳原子和氮原子的来源可看到，吲哚环上苯环的C_1和C_6来源于磷酸烯醇式丙酮酸；C_2、C_3、C_4、C_5来源于赤藓糖-4-磷酸。色氨酸吲哚环的氨原子来源于谷氨酰胺的酰胺氮，吲哚环的C_7和C_8来源于PRPP，色氨酸的侧链部分来源于丝氨酸（图2-6)。

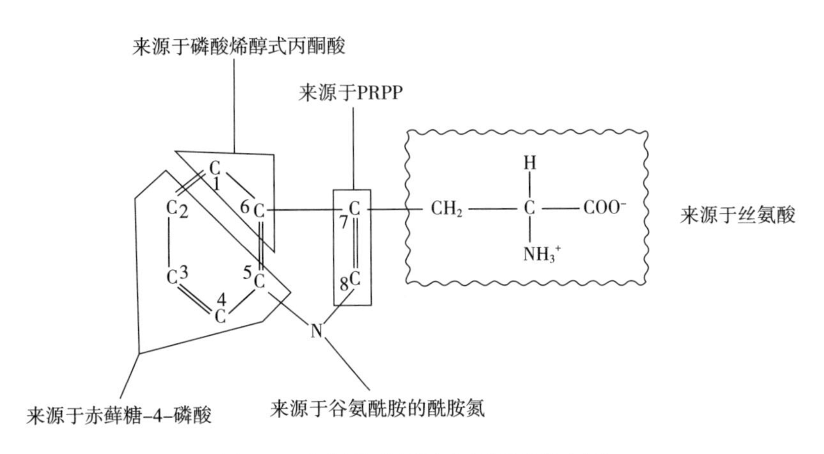

图2-6 色氨酸碳原子和氮原子的来源

（四）组氨酸的生物合成

组氨酸的生物合成有 9 种酶参与催化，共经过 10 步特殊反应，如图 2-7 所示。合成的第 1 步是 5′-磷酸核糖-1′-焦磷酸的 5′-磷酸核糖部分转移到 ATP 分子上，与 ATP 嘌呤环的第一个氮原子形成以 *N* -糖苷键相连的化合物 *N* -1-（5′-磷酸核糖）-ATP。第 2 步，上述化合物的 ATP 部分水解除掉一个焦磷酸分子形成 *N* -1-（5′-磷酸核糖）-AMP。第 3 步，在磷酸核糖-AMP 解环酶作用下，上述 *N* -1-（5′-磷酸核糖）-AMP 的嘌呤环在 C_6 和 N_1 之间被打开，形成 *N* -1-（5′-磷酸核糖亚氨甲基）-5-氨基咪唑-4-羧酰胺-1-核苷酸。第 4 步，由磷酸核糖亚氨甲基-5-氨基咪唑羧酰胺核苷酸同分异构酶打开核糖的呋喃环，将其转变为酮糖，形成 *N* -1-（5′-磷酸核酮糖亚氨甲基）-5-氨基咪唑-4-羧酰胺核苷酸。第 5 步，由谷氨酰胺酰胺基转移酶催化形成咪唑甘油磷酸和 5-氨基咪唑-4-羧酰胺核苷酸。在第 5 步中，谷氨酰胺的酰胺基使亚氨甲基键断裂，并紧接着环化形成咪唑环，谷氨酰胺的酰胺氮即进入了组氨酸咪唑环 N_1 的位置，咪唑环的 N_2、C_5 来源于起始步骤中 ATP 的嘌呤环，咪唑甘油磷酸其余的 5 个碳原子都来源于 PRPP。第 6 步，咪唑

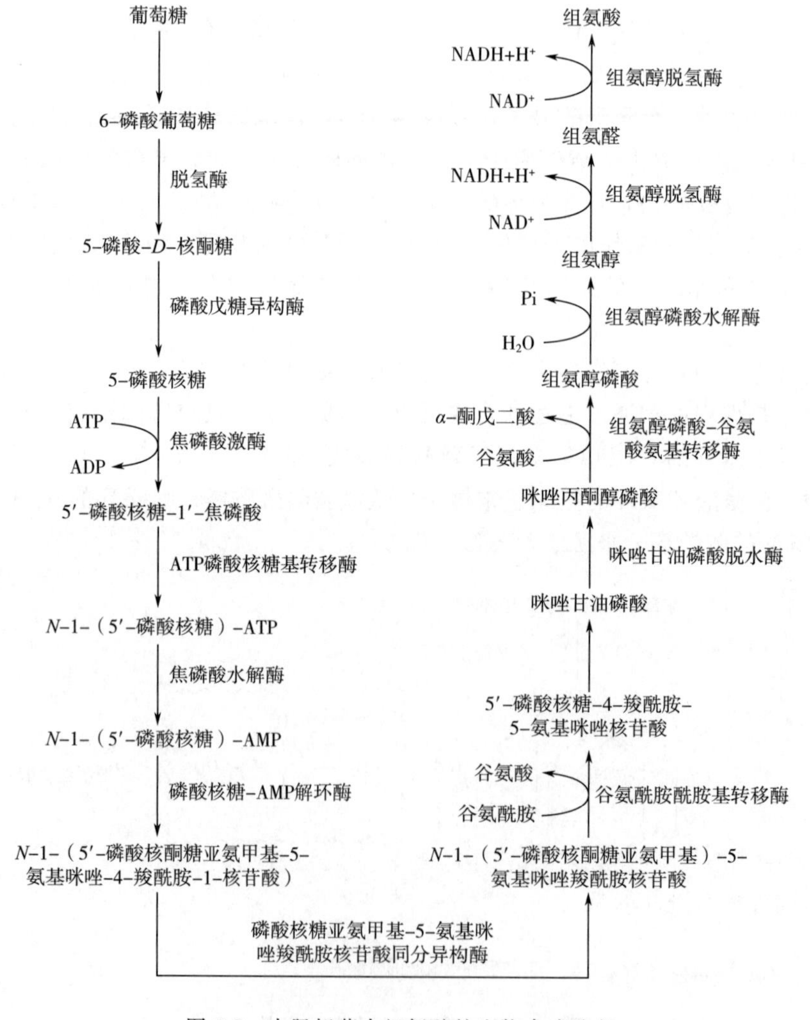

图 2-7　大肠杆菌中组氨酸的生物合成途径

甘油磷酸脱水酶催化脱水，生成的烯醇式产物互变异构形成咪唑丙酮醇磷酸。第 7 步，需谷氨酸的 L -组氨醇磷酸-谷氨酸氨基转移酶将谷氨酸的氨基转移到咪唑丙酮醇磷酸上，形成 L -组氨醇磷酸。第 8 步，组氨醇磷酸磷酸酶将上述磷酸酯水解生成组氨醇。第 9 步和第 10 步都是由需 NAD^+ 的组氨醇脱氢酶将组氨醇连续脱氢，第一次脱氢形成组氨醛，第二次则生成组氨酸。

四、支链氨基酸及丙氨酸生物合成途径

在异亮氨酸、亮氨酸和缬氨酸的分子中，由于它们都具有甲基侧链所形成的分支结构，故称上述 3 种氨基酸为支链氨基酸。异亮氨酸的 6 个碳原子有 4 个来自天冬氨酸，只有 2 个来自丙酮酸，所以一般将异亮氨酸的生物合成列入天冬氨酸类型。在异亮氨酸生物合成过程中有 4 种酶和缬氨酸合成中的酶是相同的，而缬氨酸的生物合成属于丙酮酸衍生类型，因此异亮氨酸的生物合成也可视为丙酮酸衍生类型。鉴于异亮氨酸和缬氨酸生物合成中有 4 种酶是相同的，异亮氨酸的生物合成途径将和缬氨酸共同讨论（图 2-8）。

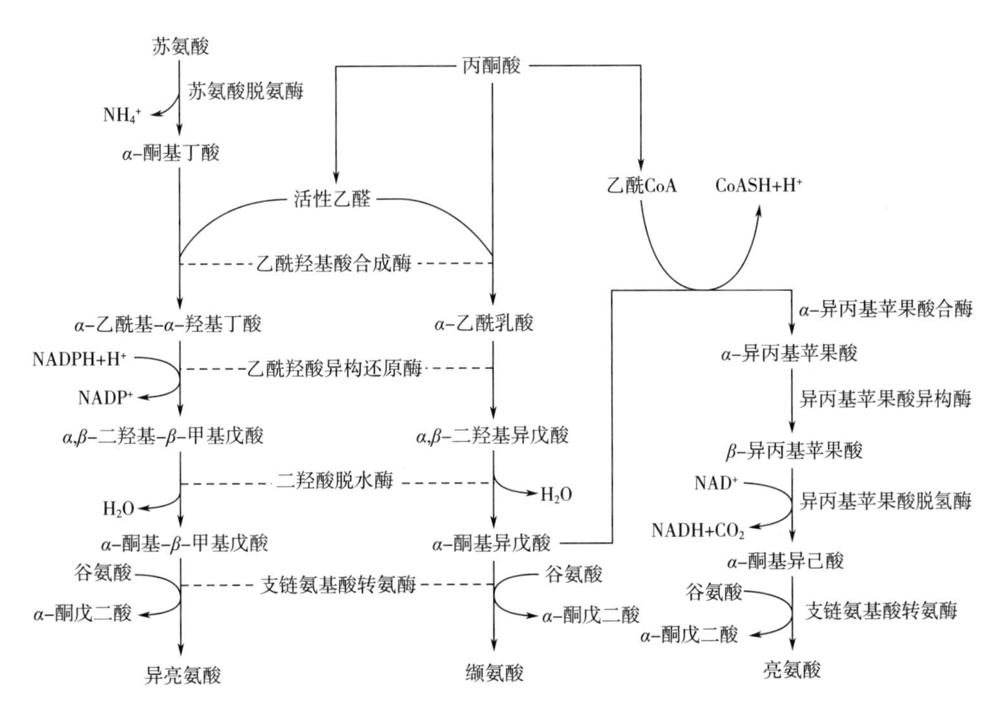

图 2-8　支链氨基酸的生物合成途径

（一）缬氨酸和异亮氨酸的生物合成

缬氨酸和异亮氨酸的生物合成途径如图 2-8 所示。葡萄糖经酵解途径生成磷酸烯醇式丙酮酸，磷酸烯醇式丙酮酸经二氧化碳固定反应生成草酰乙酸，经氨基化反应生成天冬氨酸；天冬氨酸在天冬氨酸激酶催化作用下，生成天冬氨酸半醛；天冬氨酸半醛在高丝氨酸脱氢酶的催化下生成高丝氨酸；高丝氨酸在高丝氨酸激酶的催化下生成苏氨酸，苏氨酸是异亮氨酸生物合成的前体物质。苏氨酸经苏氨酸脱氨酶作用生成 α -酮基丁酸。生成异亮氨酸的第一步是由乙酰羟基酸合成酶催化 α -酮基丁酸与活性乙醛基缩合。活性乙醛基可

能是乙醛基与α-羟乙基硫胺素焦磷酸结合的产物。醛基是由丙酮酸脱羧而成。缩合后所形成的产物是α-乙酰-α-羟基丁酸。α-乙酰-α-羟基丁酸进行甲基、乙基的自动位移，产物经二羟酸脱水酶催化脱水后形成α-酮基-β-甲基戊酸，再经支链氨基酸谷氨酸转氨酶的转氨作用形成异亮氨酸。

丙酮酸是缬氨酸生物合成的前体物质。丙酮酸在乙酰羟基酸合成酶的催化下形成α-乙酰乳酸，α-乙酰乳酸在乙酰羟酸（同分）异构还原酶的催化下发生甲基自动移位，形成α，β-二羟基异戊酸。该产物经二羟酸脱水酶催化脱水后形成α-酮基异戊酸，α-酮基异戊酸在转氨酶的作用下形成L-缬氨酸。每生成1mol缬氨酸需1mol丙酮酸、1mol谷氨酸和1mol还原态NADPH（主要来自HMP途径）。

（二）亮氨酸的生物合成

亮氨酸的生物合成途径从丙酮酸开始直至形成α-酮异戊酸和缬氨酸的生物合成途径完全相同（图2-8）。α-酮异戊酸在α-异丙基苹果酸合酶作用下，由乙酰CoA转来酰基形成α-异丙基苹果酸，后者在α-异丙基苹果酸（同分）异构酶作用下形成β-异丙基苹果酸。再经以NAD^+为辅助因子的β-异丙基苹果酸脱氢酶作用形成α-酮异己酸，后者再由转氨酶催化与谷氨酸转氨形成亮氨酸。缬氨酸、异亮氨酸和亮氨酸生物合成途径中的最后一步转氨基反应，都是由同一种转氨酶催化完成的。

（三）丙氨酸的生物合成

丙氨酸是丙酮酸与谷氨酸在谷丙转氨酶的作用下形成的，可用下式表示：

$$\text{丙酮酸}+\text{谷氨酸}\xrightarrow{\text{谷丙转氨酶}}\alpha\text{-酮戊二酸}+\text{丙氨酸}$$

丙氨酸的生物合成没有反馈抑制效应。机体细胞内可找到许多丙氨酸库。又因转氨酶的作用是可逆的，因此丙酮酸和丙氨酸可根据需要而互相转换。

五、丝氨酸族氨基酸生物合成途径

属于丝氨酸族氨基酸类型的氨基酸有丝氨酸、半胱氨酸和甘氨酸。这些氨基酸又称为α-磷酸甘油酸衍生类型。丝氨酸又可看作甘氨酸的前体，因此将丝氨酸和甘氨酸的生物合成放在一起讨论。

（一）丝氨酸和甘氨酸的生物合成

如图2-9所示，这两种氨基酸生物合成的第一步是由糖酵解过程的中间产物3-磷酸甘油酸作为起始物质，它的α-羟基在磷酸甘油酸脱氢酶催化下，由NAD^+脱氢形成3-磷酸羟基丙酮酸，后者再经磷酸丝氨酸转氨酶催化由谷氨酸转来氨基形成3-磷酸丝氨酸，在磷酸丝氨酸磷酸酶的作用下脱去磷酸，即形成丝氨酸。丝氨酸在丝氨酸转羟甲基酶的作用下，脱去羟甲基，即形成甘氨酸，丝氨酸转羟甲基酶的辅酶是四氢叶酸。

（二）半胱氨酸的生物合成

半胱氨酸生物合成中的关键是硫氢基的来源，大多数微生物的硫氢基主要来源于硫酸，可能还原为某种硫化物，这一过程相当复杂，迄今了解很少。

大多数微生物的半胱氨酸生物合成途径如图2-9所示。起始步骤是乙酰CoA的乙酰基转移到丝氨酸上，形成*O*-乙酰-丝氨酸，催化这一反应的酶为丝氨酸转乙酰基酶。*O*-乙酰-丝氨酸将β-丙氨酸基团部分提供给与酶结合的硫氢基团而形成半胱氨酸。

关于硫酸的还原问题即由SO_4^{2-}还原为H_2S的过程，首先是通过硫酸与ATP作用形成活化形式，即腺嘌呤-5′-磷酸硫酸，催化这一反应的酶称为腺嘌呤核苷硫酸焦磷酸化酶，该化合物又在腺嘌呤-5′-磷酸硫酸激酶（APS-激酶）的作用下，再从另一分子ATP上接受一磷酸基团形成3-磷酸腺嘌呤-5′-磷酸硫酸。丝氨酸和高半胱氨酸在胱硫醚-β-合酶作用下，形成胱硫醚，后者在胱硫醚-γ-水解酶（胱硫醚-γ-裂合酶）作用下，分解为α-酮丁酸、NH_4^+和半胱氨酸。

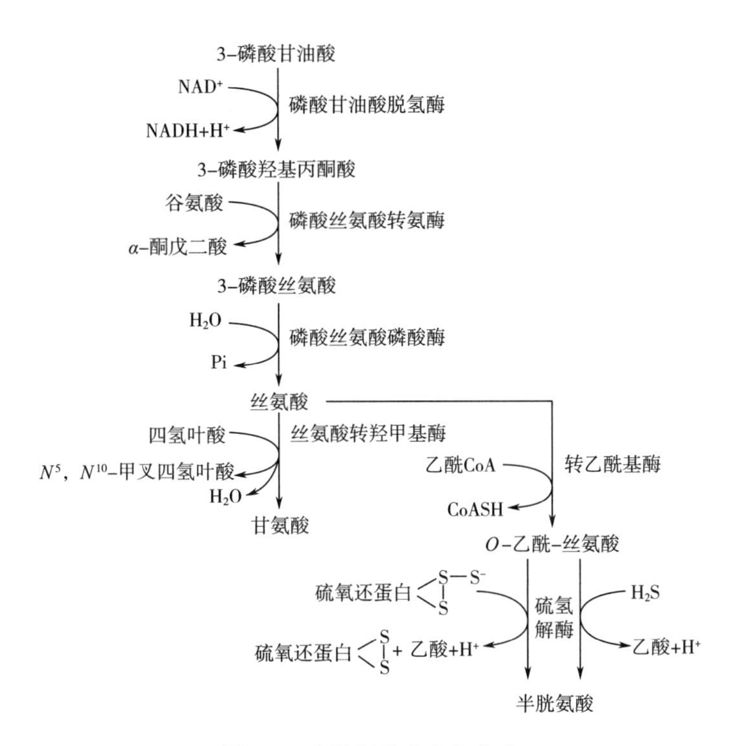

图2-9　半胱氨酸的生物合成

六、几种重要氨基酸衍生物的生物合成途径

（一）氨基酸脱羧产物

氨基酸在氨基酸脱羧酶催化下进行脱羧作用，生成二氧化碳和一个伯胺类化合物。氨基酸脱羧后形成的胺类中有一些是组成某些维生素或激素的成分，有一些具有特殊的生理作用。如赖氨酸脱羧生成戊二胺，可制备尼龙56；天冬氨酸脱羧可制备化工原料β-丙氨酸；缬氨酸脱羧可制备精细化学品α-酮异戊酸；亮氨酸脱羧可制备精细化学品α-酮异己酸。在此以γ-氨基丁酸（GABA）为例进行介绍。

谷氨酸在谷氨酸脱羧酶催化下脱去羧基生成γ-氨基丁酸。γ-氨基丁酸的生物合成可用下式表示。

$$\text{谷氨酸}\xrightarrow{\text{谷氨酸脱羧酶}}\gamma\text{-氨基丁酸}+CO_2$$

医药方面，GABA具有抗肿瘤、保护听觉、增强免疫力、治疗糖尿病和防止动脉硬化等功效。GABA还是重要的医药中间体，在化学制药与化学化工上有重要的用途。饲料方面，GABA作为一种功能性氨基酸类饲料添加剂，能促进动物采食、降低料肉比等，同时还可增强免疫机能。GABA 在动植物原料中含量很低，很难直接从天然组织中大量提取得到，目前 γ -氨基丁酸的制备方法主要有化学合成法和生物法。

（二）氨基酸脱氨产物

氨基酸脱氨基作用是由各种脱氨酶催化的，反应产物是对应的酮基化合物。

1. α -酮基丁酸和 α -氨基丁酸的生物合成

α -酮基丁酸的生物合成较为常见的是由苏氨酸在苏氨酸脱水酶的催化作用下脱水脱氨得到（图 2-8，图 2-10），如在大肠杆菌代谢途径中。大多数微生物合成 α -酮基丁酸利用的是苏氨酸途径，但也有人报道了甲基苹果酸途径，如图 2-10 所示。甲基苹果酸途径绕过了苏氨酸的合成，不涉及脱氨作用。先是甲基苹果酸合成酶催化丙酮酸和乙酰 CoA 反应生成甲基苹果酸，然后通过 3 -异丙基苹果酸异构酶和 3 -异丙基苹果酸脱氢酶参与的两步催化反应生成 α -酮基丁酸。α -酮基丁酸可作为香精香料用于食品工业，同时也是一种重要的医药合成前体。

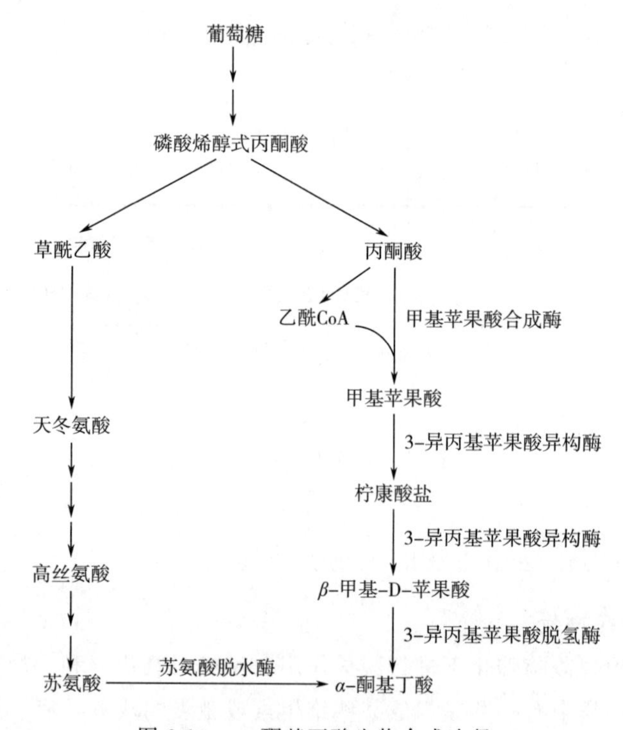

图 2-10　α -酮基丁酸生物合成途径

苏氨酸在苏氨酸脱水酶的作用下生成 α -酮基丁酸，是异亮氨酸生物合成的节点之一，α -酮基丁酸还原加氨反应生成 α -氨基丁酸，此反应由氨基酸脱氢酶催化，亮氨酸脱氢酶、缬氨酸脱氢酶和谷氨酸脱氢酶也均有报道，但目前亮氨酸脱氢酶研究较多。氨基酸脱氢酶以 NADH 为辅酶，所以在催化体系中需要耦合辅酶再生体系，可用下式表示。

$$\alpha\text{-酮基丁酸} + NADH + NH_4^+ \xrightarrow{\text{氨基酸脱氢酶}} \alpha\text{-氨基丁酸} + NAD^+$$

α -氨基丁酸是一种非天然手性氨基酸，具有抑制人体神经信息传递、加强葡萄糖磷酸酯酶的活性和促进脑细胞代谢的作用。α -氨基丁酸及其衍生物是多个手性药物的关键中间体，在制药工业中应用广泛。

2. α -酮戊二酸和 α -酮戊二酸衍生品的生物合成

谷氨酸脱氨生成 α -酮戊二酸。目前已开发出利用谷氨酸生产菌通过代谢改造和工艺控制，实现谷氨酸前体物 α -酮戊二酸的积累，α -酮戊二酸可作为一种重要的膳食补充品。α -酮戊二酸再通过其他一系列酶的转化，可以进一步转化为重要的化工产品。如 α -酮戊二酸通过高柠檬酸合成酶、高乌头酸酶、异高柠檬酸脱氢酶、酮酸脱羧酶和乙醛脱氢酶催化生成己二酸；α -酮戊二酸通过 α -酮戊二酸脱羧酶脱羧生成琥珀酸半醛，琥珀酸半醛再通过 4 -羟基丁酸脱氢酶、4 -羟基丁酸-乙酰 CoA 转移酶和乙醇脱氢酶催化生成 1，4 -丁二醇；α -酮戊二酸通过 2 -羟基戊二酸脱氢酶和烯戊二酸脱氢酶催化生成戊二酸。

（三）氨基酸羟化产物

氨基酸发生羟化作用生成羟基氨基酸。

1. 羟脯氨酸的生物合成

羟脯氨酸为亚氨基酸，是脯氨酸羟基化后的产物，可作为增味剂和营养强化剂。根据羟脯氨酸的羟基所在位置不同，可形成 4 种立体异构体，分别是反式- 4 -羟脯氨酸、顺式- 4 -羟脯氨酸、反式- 3 -羟脯氨酸和顺式- 3 -羟脯氨酸。其中，反式- 4 -羟脯氨酸最为常见，对哺乳动物骨胶原合成至关重要，而顺式羟脯氨酸比较少见。

（1）反式- 4 -羟脯氨酸的生物合成　微生物生物合成反式- 4 -羟脯氨酸的途径是以脯氨酸、α -酮戊二酸和 O_2 为底物，以 Fe^{2+} 为辅因子，通过微生物表达的反式- 4 -脯氨酸羟化酶催化，产生游离的反式- 4 -羟脯氨酸、琥珀酸和 CO_2。

（2）顺式- 4 -羟脯氨酸的生物合成　现有研究中主要以大肠杆菌为宿主细胞，通过构建表达顺式- 4 -脯氨酸羟化酶的工程大肠杆菌，进而通过全细胞催化方法或发酵法合成顺式- 4 -羟脯氨酸。该酶以脯氨酸、α -酮戊二酸为底物生成丁二酸和顺式- 4 -羟脯氨酸。

$$\text{脯氨酸} + \alpha\text{-酮戊二酸} + O_2 \xrightarrow{\text{脯氨酸羟化酶}} \text{顺式-4-羟脯氨酸} + \text{丁二酸} + CO_2$$

2. 4 -羟基异亮氨酸的生物合成

异亮氨酸在羟化酶作用下生成 4 -羟基异亮氨酸。2009 年，Kodera 等在苏云金芽孢杆菌中发现了一种新型 α -酮戊二酸依赖型双加氧酶——异亮氨酸双加氧酶（IDO）。在α -酮戊二酸、亚铁离子和抗坏血酸存在的条件下，IDO 可催化 α -酮戊二酸和异亮氨酸生成 4 -羟基异亮氨酸和琥珀酸。4 -羟基异亮氨酸是手性分子，其中有 3 个手性碳原子，所以 4 -羟基异亮氨酸共有 8 种立体异构体，天然的 4 -羟基异亮氨酸主要有（2*S*，3*R*，4*S*），（2*R*，3*R*，4*S*）两种构型，其中具有生物活性的是（2*S*，3*R*，4*S*）这一种构型。采用微生物发酵法合成的 4 -羟基异亮氨酸，产物均为（2*S*，3*R*，4*S*）- 4 -羟基异亮氨酸。4 -羟基异亮氨酸的合成需要两个底物——α -酮戊二酸和异亮氨酸，这两个底物分别属于 TCA 循环的代谢中间产物和异亮氨酸合成途径终产物。对于 TCA 循环中的 α -酮戊二酸，其合成需要草酰乙酸和乙酰 CoA 作为前体物质，而乙酰 CoA 是由丙酮酸转化生成，同时丙酮酸又参与到异亮氨酸的合成途径中。4 -羟基异亮氨酸具有促进胰岛素分泌、降低胰岛素抵抗的生物活性，因此在治疗糖尿病方面有良好的应用前景。

3. 5 -羟色氨酸和 5 -羟色胺的生物合成

色氨酸经色氨酸羟化酶催化首先生成 5 -羟色氨酸，再经 5 -羟色氨酸脱羧酶催化成

5-羟色胺。5-羟基色氨酸是一种治疗抑郁症、失眠、肥胖和慢性头痛的重要药物。

（四）环化氨基酸的生物合成

环化氨基酸是一类特殊的氨基酸衍生物，具有特殊的功能和应用价值。

四氢嘧啶（1，4，5，6-四氢-2-甲基-4-嘧啶羧酸）是一种天冬氨酸环化后的产物，其生物合成属于天冬氨酸合成的分支途径。它由天冬氨酸-β-半醛开始合成，在四氢嘧啶合成酶的作用下，经过3步酶促反应完成：第一步，2，4-二氨基丁酸转氨酶（EctB）催化天冬氨酸-β-半醛生成2，4-二氨基丁酸；第二步，2，4-二氨基丁酸乙酰转移酶（EctA）将2，4-二氨基丁酸乙酰化成*N*-乙酰-2，4-二氨基丁酸；第三步，四氢嘧啶合成酶（EctC）催化*N*-乙酰-2，4-二氨基丁酸环化成四氢嘧啶。四氢嘧啶的生物合成途径如图2-11所示。

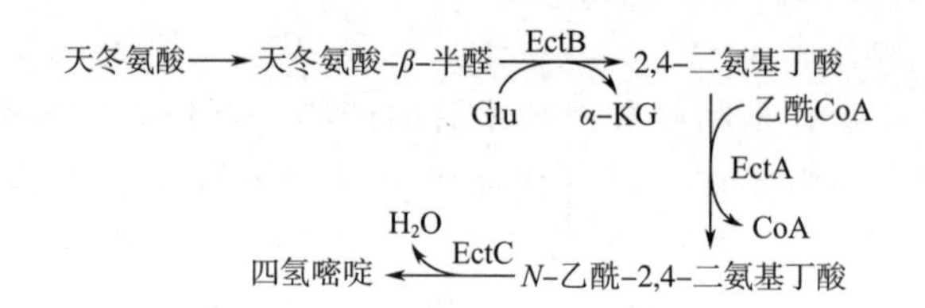

图2-11　四氢嘧啶的生物合成途径

四氢嘧啶仅存在于嗜盐菌中，具有耐渗透压、耐高温和细胞保护的多种功效，在化妆品、医药和酶工程中具有重要应用前景。

（五）短肽的生物合成

短肽是指由2～9个氨基酸残基组成的短链肽，短肽除了能够为动物提供氨基酸外，还具有多样性的生理活性。

1. 谷胱甘肽的生物合成

谷胱甘肽生物合成的第一步是谷氨酸的γ-羧基和半胱氨酸的氨基之间形成肽键，催化此反应的酶称为γ-谷氨酰半胱氨酸合成酶。该肽键的形成需要由ATP先将γ-羧基活化，形成γ-谷氨酰磷酸，活化了的γ-羧基易于与半胱氨酸氨基形成肽键，同时脱去磷酸，该反应受谷胱甘肽的反馈抑制，可用下式表示。

$$\text{谷氨酸}+\text{半胱氨酸}+\text{ATP}\xrightarrow{\gamma\text{-谷氨酰半胱氨酸合成酶}}\gamma\text{-谷氨酰半胱氨酸}+\text{ADP}+\text{Pi}$$

谷胱甘肽生物合成的第二步是半胱氨酸的羧基与甘氨酸的氨基之间形成肽键。催化此反应的酶称为谷胱甘肽合酶，反应机制和上述肽键的形成基本上相同，在ATP参与下使半胱氨酸的羧基活化而易于接受甘氨酸的氨基，可用下式表示。

$$\gamma\text{-谷氨酰半胱氨酸}+\text{甘氨酸}+\text{ATP}\xrightarrow{\text{谷胱甘肽合酶}}\text{谷胱甘肽}+\text{ADP}+\text{Pi}$$

谷胱甘肽因其在细胞内多种生理代谢中起到重要作用，如抗氧化、免疫、解毒等，所以在医药、食品添加剂、保健品及化妆品行业得到广泛应用。

2. 丙氨酰谷氨酰胺（Ala-Gln）的生物合成

谷氨酰胺为一种条件必需氨基酸，对机体免疫功能和创伤修复等具有重要作用，但由于其对酸碱、高温等不稳定，导致其临床应用受限，可通过将其转变为双肽的形式提高稳定性。研究者们尝试经过化学法和双肽特异性合成酶合成丙氨酰谷氨酰胺、甘氨酰谷氨酰胺和谷氨酰谷氨酰胺等双肽，其中丙氨酰谷氨酰胺在体内能被快速酶解为谷氨酰胺，且稳定性强、水溶性好，成为目前国内外公认的谷氨酰胺载体。

在微生物酶法合成Ala—Gln的研究中，日本学者先后发现了L-氨基酸连接酶和α-氨基酸酯酰基转移酶，使微生物酶法合成Ala—Gln成为了可能。其中，L-氨基酸连接酶能够直接以Ala和Gln为底物，伴随着ATP的消耗生成Ala—Gln，而α-氨基酸酯酰基转移酶能催化丙氨酸甲酯盐酸盐和Gln生成Ala—Gln。

（六）多聚氨基酸的生物合成

多聚氨基酸是氨基酸分子间互以氨基和羧基缩合而成的聚合物。

1. γ-聚谷氨酸（PGA）的生物合成

γ-聚谷氨酸是细菌生物合成的聚氨基酸化合物，分子质量一般在100～1000ku，相当于500～5000个谷氨酸单体。PGA目前主要采用发酵法生产，传统发酵法生产PGA是直接利用芽孢杆菌属的一些菌株进行生产，通过控制pH、温度、通风量等参数来调节发酵过程。PGA是当前一种研究非常活跃和非常重要的目标高分子材料，其最大的难点是如何实现低成本的微生物生产。随着高效菌株改进和发酵-分离耦联工艺的开发，PGA的生产成本将显著降低，也将促进PGA的广泛应用，市场需求前景良好。

由γ-聚谷氨酸的结构可知，合成γ-聚谷氨酸需要有底物L-谷氨酸或D-谷氨酸。合成γ-聚谷氨酸的底物谷氨酸有两个来源，即内源底物和外源底物。内源底物是指微生物通过自身合成谷氨酸，最常见的途径是由葡萄糖经过糖酵解生成丙酮酸，进入三羧酸循环，然后通过α-酮戊二酸转化成谷氨酸。非谷氨酸物质也可通过微生物转化至γ-聚谷氨酸，但转化途径未知。而外源底物是直接添加的L-或D-谷氨酸，一般直接在培养基中添加L-谷氨酸，L-谷氨酸在消旋酶的作用下先转变为D-谷氨酸，D-谷氨酸和L-谷氨酸再在聚谷氨酸合成酶的作用下合成γ-聚谷氨酸。γ-聚谷氨酸在培养过程中可能通过内切酶（解聚酶）的作用发生分解生成低分子质量的γ-聚谷氨酸。

作为一种生物高分子材料，γ-聚谷氨酸具有生物可降解性好、可食用，对人体和环境无毒害的优点。因此，PGA及其衍生物在食品、化妆品、医药和水处理等方面具有广泛的应用价值。在医药方面，PGA是一类理想的体内可生物降解的医药用高分子材料，可以作为药物载体和医用黏合剂。在食品领域，PGA具有食品安全性，可作为膳食纤维、保健食品、食品增稠剂、安定剂或作为化妆品用的保湿剂。在农业领域，PGA经过加工后将具有极高的吸水能力，可吸水达3500倍，极其适合应用于农业土壤和环保产品中。

2. ε-聚赖氨酸的生物合成

聚赖氨酸作为一种同型化合物具有两种化学结构：一种是由α-羧基和ε-氨基通过脱水缩合形成的ε-聚赖氨酸；另外一种则是由α-羧基和α-氨基聚合形成的α-聚赖氨酸。ε-聚赖氨酸具有抑菌谱广、水溶性强、热稳定性好、可生物降解、安全无毒等优点，是食品防腐剂的理想选择。α-聚赖氨酸通常由化学合成，虽然有抑菌性但同时对人体存在一定的生理毒性。

ε-聚赖氨酸作为微生物的次级代谢产物通常由微生物发酵得来。ε-聚赖氨酸的生物合成分为两步：首先微生物利用葡萄糖等碳源合成赖氨酸，腺苷酰化的赖氨酸单体与聚赖氨酸合成酶的活性部位结合形成氨酰基硫代酸酯中间体，再将单个的赖氨酸单体聚合。不同微生物分泌得到的ε-聚赖氨酸的聚合度通常是不同的。

第二节　氨基酸生物合成的调节

微生物发酵法是目前生产氨基酸最主要的方法。与植物和动物的代谢途径相比，微生物所具有的代谢途径虽然相对简单，但可能是最强大、最高效的生物化学途径。微生物体内存在着相互联系而又错综复杂的代谢过程，可以想象若各反应过程都是杂乱无章的，微生物便不可能在生存竞争中取得一席之地，因此代谢的过程必然受到一系列精准的机制调控。微生物的代谢与其生存的内外环境密不可分，对外界环境有良好的适应能力。当微生物赖以生存的环境改变时，微生物能够及时地调整并改变体内的代谢过程，建立新的代谢平衡，以适应环境的变化。

微生物的新陈代谢过程是高度协调有序的，合理有效的合成及消耗生命过程中所需的各种物质和能量，使细胞处于平衡的生长状态，是微生物新陈代谢的根本原则。微生物的生长环境复杂多样，因此微生物体内需要一套准确的调控机制，使微生物根据环境条件和生理活动的需要，对代谢反应的速率和方向加以控制，这种复杂的生理调控机制就是微生物的代谢调控。在微生物的生命过程中代谢调控是必不可少也是至关重要的。通过代谢调控的方式，微生物代谢过程中产生的中间产物和终产物不会被过量积累，细胞实现了内外环境的统一。研究微生物的代谢调控具有重大意义。通过对微生物代谢途径的控制和调节，选择巧妙的技术路线，可以超过正常浓度积累某一种氨基酸以提高生产率，满足氨基酸工业生产的需要。

微生物体内的各种代谢变化都是由酶驱动的，酶的功能首先是催化各种反应的生物催化剂，其次是调节和控制机体新陈代谢的速度、方向的调控元件。酶的代谢调控方式有两种：其一是通过抑制或激活来改变参加反应的酶分子的活性，即酶活性的调节；其二是通过影响酶分子的合成或降解，来改变酶分子的含量，即酶合成的调节。两者均由低分子质量的化合物介入，这些化合物有的是从环境中摄入胞内，有的是以中间代谢物形式在细胞内形成。通过酶活性和酶合成的调节，实现代谢途径、代谢流量及速率的调控。

一、酶活性的调节

酶活性的调节是微生物代谢调控最普遍的形式，是微生物代谢调控的关键。酶活性调节是以酶分子结构为基础的，细胞通过调节胞内已有酶分子的构象或分子结构来改变酶活性，进而调节控制所催化的代谢反应的速率。酶活性调节的方式主要有激活和抑制两种。

（一）酶的激活作用与抑制作用

酶的激活作用是指在某个酶促反应系统中，某种低相对分子质量的物质加入后，导致原来无活性或活性很低的酶转变为有活性或活性提高，使酶促反应速率提高的过程。在分解代谢途径中，后面反应可以被前面的中间产物所促进。酶的抑制作用是指在某个酶促反应系统中，某种低相对分子质量的物质加入后，导致酶活性降低的过程。这种能引起酶活性提高或降低的物质称为酶的激活剂或抑制剂。它们可以是外源物质，也可以是机体自身代谢过程中产生与积累的代谢产物。在酶促反应系统中，当某代谢途径的末端产物过量时，这个产物可反过来直接抑制该途径中的第一个酶的活性，促使整个反应过程减慢或停止，进而避免末端产物的过多积累，属于反馈抑制。对代谢过程中酶的抑制作用和激活作用是细胞中对调节酶活性的极端迅速的响应。通过酶活性的调节，使微生物细胞能够对环境的变化做出直接、迅速的反应。激活和抑制两个矛盾的过程普遍存在于微生物代谢中。例如，在大肠杆菌的代谢过程中，许多酶都有激活剂与抑制剂，在它们的共同作用下，糖代谢能有效地受到控制（表 2-1）。

表 2-1　　大肠杆菌糖代谢过程中酶的激活剂与抑制剂

酶	抑制剂	激活剂	催化的反应
ADP-葡萄糖焦磷酸化酶	AMP	3-磷酸甘油醛、PEP、二磷酸果糖	1-磷酸葡萄糖＋ATP→ADP-葡萄糖＋PPi
果糖二磷酸酶	AMP	—	果糖二磷酸＋H_2O→6-磷酸果糖＋Pi
磷酸果糖激酶	PEP	ADP、GDP	6-磷酸果糖＋ATP→1，6-二磷酸果糖＋ADP
丙酮酸激酶	—	二磷酸果糖	PEP→丙酮酸
丙酮酸脱氢酶	NADH、乙酰 CoA	PEP、AMP、GDP	丙酮酸＋CoA→乙酰 CoA＋CO_2
PEP 羧化酶	天冬氨酸、苹果酸	乙酰 CoA、GDP、GTP、二磷酸果糖	PEP＋CO_2→草酰乙酸
柠檬酸脱氢酶	NADH、α-酮戊二酸	—	草酰乙酸＋乙酰 CoA→柠檬酸
苹果酸脱氢酶	NADH	—	苹果酸→草酰乙酸

（二）酶活性调节的机制

酶活性的调节方式中，研究得最清楚的是共价修饰和变构调节。

1. 共价修饰

共价修饰是指蛋白质分子中的一个或多个氨基酸残基与一化学基团共价连接或解开，使其活性改变的作用。在修饰酶的催化作用下，可使多肽链上的某些基团发生共价修饰，使其处于有活性和无活性的互变状态，从而使酶活化或钝化。这是一种快速、灵敏、高效的细调方式。共价修饰作用可分为可逆共价修饰和不可逆共价修饰两种。

（1）可逆共价修饰　有些酶存在活性和非活性两种状态，它们可以通过另一种酶的催化作用共价修饰而互相转换。这些酶由于小化学基团对其酶蛋白质结构进行共价修饰，使其结构在活性和非活性间互相转换。酶的可逆共价修饰在代谢调节中占有很重要的地位。它不仅可在短时间内改变酶的活性，有效地控制细胞的生理代谢，而且这种作用更容易根据环境变化而控制酶的活性。如：

①磷酸化/去磷酸化：虽然有一系列的非蛋白质基团能够可逆地结合到酶上并影响它的活性，但最普遍的修饰是磷酸基团的加入和去除（即磷酸化作用和去磷酸化作用）。例

如，磷酸化酶以两种形式存在：磷酸化酶 α 和磷酸化酶 β，磷酸化酶 β 需有 AMP 才有活性，但正常条件下活性位点被 ATP 所占据，故此形式实际上无活性。磷酸化酶 α 不需 AMP，正常条件下具有完全的活性。在一定条件下两者可相互转化。磷酸化/去磷酸化好似一个快速、可逆的转换开关，根据细胞的需要轮番开启或关闭代谢途径。

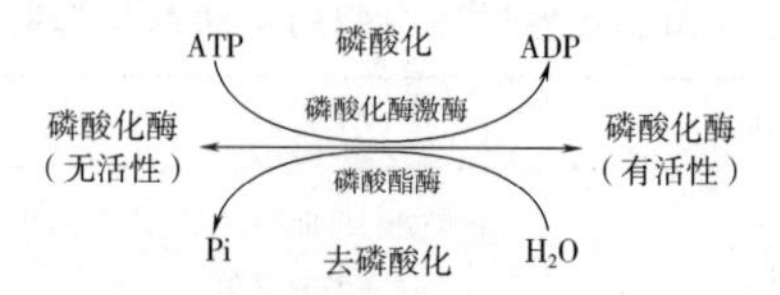

②乙酰化/去乙酰化：例如，胶质红假单胞菌（*Rhodopseudomonas gelatinosa*）的柠檬酸裂解酶可以通过酶分子的乙酰化和去乙酰化方式来调节酶活性。这个反应分成两步完成。

乙酰–酶+柠檬酸 ⟷ 柠檬酸–*S*–酶+乙酸

柠檬酸–*S*–酶 ⟷ 乙酰–酶+草酰乙酸

被乙酰化的柠檬酸裂解酶有催化活性，能够催化柠檬酸生成草酰乙酸和乙酸。去乙酰化的柠檬酸裂解酶则无活性，不能催化上述反应。

③腺苷酰化/去腺苷酰化：腺苷酰化作用即从 ATP 转移腺苷酸。例如，大肠杆菌的谷氨酰胺合成酶就是蛋白质有无共价连接的化学物质存在，即共价修饰而引起活力的改变。如下所示：

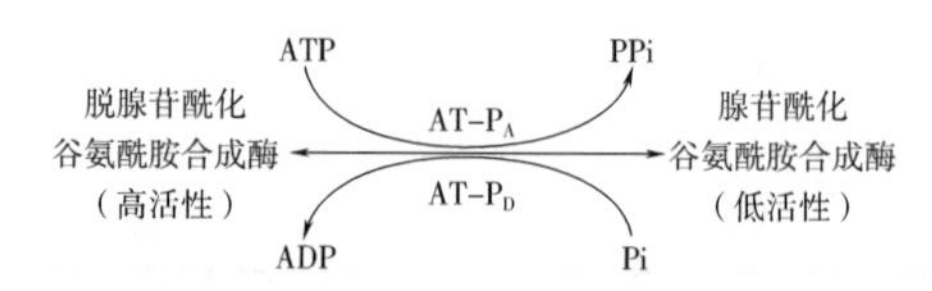

这两种形式酶的区别在于有无腺苷酰基，此基团是通过酶促作用加到谷氨酰胺合成酶上，或从其上移去。取代形式的酶要比未取代的酶活性小得多。

此外，酶的可逆共价修饰还有尿苷酰化/去尿苷酰化；甲基化/去甲基化；S－S/SH 相互转换等多种类型。

酶可逆共价修饰的意义在于酶构型的转换是由酶催化的，故可在很短的时间内经信号启动，触发生成大量有活性的酶；这种修饰作用可更易控制酶的活性以响应代谢环境的变化。这一系统能随时响应，因而经常在活化与钝化状态之间来回变换。酶可逆共价修饰需消耗能量，但只占细胞整个能量消耗的一小部分。

（2）不可逆共价修饰　酶不可逆共价修饰典型的例子是酶原激活。这是无活性的酶原被相应的蛋白酶作用，切去一小段肽链而被激活。酶完成使命后便被降解，关闭酶活性。酶原变为酶是不可逆的。

2. 变构调节

变构调节是指一种小分子物质与一种蛋白质分子发生可逆的相互作用，导致这种蛋白质的构象发生改变，从而改变这种蛋白质与第三种分子的相互作用。变构调节理论是在变构酶的基础上提出来的。

合成代谢途径终产物对该途径上的第一个酶或分支途径中分支点上的酶起作用，以产物浓度控制关键酶活力，从而控制整个代谢途径，具有这种调节能力的酶称为变构酶。变构酶在代谢调节中起重要作用。例如，处于分支途径中的第一个酶，代谢途径的终端产物往往作为该酶的效应物，对其有专一性的抑制作用。变构酶往往由多亚基组成，其亚单位可以是相同或不同的多肽。变构酶中每个酶分子具有活性部位和调节部位（也称变构部位）两个独立的系统，在酶反应中，催化过程不限制调节过程，但调节系统却可以影响催化体系。底物与酶的活性部位相结合，而效应物则结合到酶的调节部位，从而引起活性部位构象的改变，增强或降低酶的催化活力。例如，天冬氨酸转氨甲酰酶是由两种不同的亚基组成，一种具有催化功能，另一种具有变构调节的功能。如用对-氯汞苯甲酸（一种温和的化学试剂）处理，天冬氨酸转氨甲酰酶可分解成两种亚基，其中一种 5.8*S* -催化性亚基具有全酶的全部催化活性，但对 CTP 引起的变构抑制作用和 ATP 引起的变构激活作用均不敏感。另一种 2.8*S* -调节性亚基不具有催化活性，但有结合 CTP 或 ATP 的能力。也就是说一个亚基上结合有 CTP，能抑制另一个亚基的催化活性。若将这两种亚基在巯基乙醇存在下共同保温，能重新组装成天冬氨酸转氨甲酰酶。由于变构酶的活性变化是发生在蛋白质水平，改变的仅仅是酶蛋白的三级或四级结构，因此这是一种非常灵活、迅速和可逆的调节。

变构酶的活性受到效应物的调节，与变构效应物结合引起酶结构变化，通过构象的转变导致酶的剩余空位亲和力发生改变，从而引起酶的活性增加或降低。如果因别构效应导致酶活力增加的物质称为正效应物或激活剂，反之对酶活力起抑制作用的称为负效应物或抑制剂。它们可以是外源物质，也可以是机体自身代谢过程中产生与积累的代谢产物。如果底物分子本身对变构酶起调节作用，称为同促效应，而非底物分子的调节物对变构酶的调节作用，则称为异促效应。

二、酶合成的调节

在某个酶促反应系统中，若底物量一定，在一定的范围内，酶量的变化也影响酶促反应的速率。也就是说，在酶调节过程中，除了酶活性的调节外，还有酶量上的调节。酶合成的调节是通过调节酶的合成量进而调节代谢速率的调节机制，这是一种在基因水平上（原核生物中主要在转录水平上）的代谢调节。

酶量的调节与酶活性调节在调节方式上是不同的。酶活性调节不涉及酶量的变化。相反，在酶量调节中不涉及酶活性的变化，主要通过影响酶合成或酶合成的速率控制酶量变化，最终达到控制代谢过程的目的。从调节作用的特点上看，酶活性调节的效果是及时而又迅速的；而酶量调节涉及酶的合成，所以调节较间接而缓慢，其优点是通过阻止酶的过量合成，有利于节约生物合成的原料和能量。这两种调节方式往往同时存在于同一个代谢途径中，而使有机体能够迅速、准确和有效地控制代谢过程。

在微生物中，酶量调节的方式包括诱导和阻遏两种类型。诱导作用指在某种化合物（包括外加的和内源性的积累）作用下，导致某种酶合成或合成速率提高的现象。阻遏作用是指在某种化合物作用下，导致某种酶合成停止或合成速率降低的现象。这两种现象同时存在，通过它们的协调作用能够有效地控制胞内酶量的变化。

（一）酶合成的诱导

在微生物细胞中存在着两大类酶，即组成酶和诱导酶。微生物不论生长在什么培养基中，有些酶总是适量地存在，这种不依赖于酶底物或底物的结构类似物的存在而合成的酶称为组成酶，如葡萄糖转化为丙酮酸过程中的各种酶。而依赖于某种底物或底物的结构类似物的存在而合成的酶称为诱导酶（又称为适应性酶）。诱导酶合成的基因以隐形状态存在于染色体中。能够诱导某种酶合成的化合物称为该酶的诱导剂。诱导剂可以是诱导酶的底物，也可以是底物的结构类似物。例如，乳糖是大肠杆菌β-半乳糖苷酶合成的诱导剂，也是此酶的底物。诱导剂也可以不是该酶的作用底物。例如，异丙基-β-D-硫代半乳糖苷（IPTG）是β-半乳糖苷酶合成的极佳诱导剂，但不是作用底物。酶的作用底物不一定有诱导作用，例如，对硝基苯-α-L-阿拉伯糖苷是β-半乳糖苷酶的底物，但不能诱导该酶的合成，不是它的诱导剂。因此，是否是诱导剂主要看能否诱导酶的合成，而不是依据是否为其底物。

一种诱导酶的合成可以有一种以上的诱导剂，但不同的诱导剂的诱导能力是不同的。并且诱导能力还与诱导剂的浓度有关。如半乳糖和乳糖都是β-半乳糖苷酶的诱导剂，但乳糖的诱导能力要大于半乳糖，半乳糖浓度在10^{-5}mol/L以下就没有诱导能力了。

当某种物质加入后，引起细胞代谢速率提高可以是激活，也可以是诱导，这可用酶的定量分析方法来确定。如大肠杆菌在加入乳糖前测定胞内β-半乳糖苷酶的分子数为5个，加入后在1～2min，就增加到5000个，这说明其为诱导作用，而非激活作用。

酶的诱导可分为同时诱导和顺序诱导。

（1）同时诱导　指当诱导物加入后，同时或几乎同时诱导几种酶的合成，主要存在于短的代谢途径中。如将乳糖加入大肠杆菌培养基后，可同时诱导出β-半乳糖苷透性酶、β-半乳糖苷酶、半乳糖苷转乙酰基酶。不管诱导强度如何，这3种酶以同一比例合成（因为三者的基因组成为同一操纵子）。

（2）顺序诱导　指先合成能分解底物的酶，再依次合成分解各中间代谢物的酶，以达到对较复杂代谢途径的分段调节。

（二）酶合成的阻遏

微生物在代谢过程中，当胞内某种代谢产物积累到一定程度时，不仅可以反馈抑制该产物合成途径中前面某种酶的活性，还可以反馈阻遏这些酶的继续合成，通过这些反馈调节作用降低此产物的合成速率。如果代谢产物是某种合成途径的终产物，这种阻遏称为末端产物阻遏；如果代谢产物是某种化合物分解的中间产物，这种阻遏称为分解代谢产物阻遏。

1. 末端产物阻遏

末端产物阻遏是由某代谢途径末端产物过量积累而引起的，或者说末端产物阻遏的阻遏物为终产物。这种阻遏方式在代谢调节中有重要作用，保证细胞内各种物质维持适当的浓度，普遍存在于氨基酸、核苷酸生物合成途径中。末端产物阻遏首先是在研究甲硫氨酸生物合成途径中发现的。大肠杆菌细胞中有3种酶，即同型丝氨酸转移酶、胱硫醚合成酶和同型半胱氨酸甲基化酶，当培养基中存在有甲硫氨酸时，检测不到它们的存在；而甲硫氨酸不存在时，可以测到它们的活性。表明这些酶均是受甲硫氨酸的阻遏。

在直线式途径中，产物作用于代谢途径中的各种关键酶，使之合成受阻；而在分支代谢途径中，每种末端产物仅专一地阻遏合成它的那条分支途径的酶。代谢途径分支点以前的“公共酶”仅受所有分支途径末端产物的阻遏（多价阻遏作用）。

2. 分解代谢物阻遏

分解代谢物阻遏是在研究混合碳源对微生物生长的影响时发现的。最早在青霉素的生产中发现，可快速利用的葡萄糖致使青霉素产量特别低，而缓慢利用的乳糖却能较好地生产青霉素。研究表明，乳糖并不是青霉素合成的特殊前体，它的价值仅在于缓慢利用。被快速利用的葡萄糖的分解产物阻遏了青霉素合成酶的合成。这种抑制青霉素合成及乳糖利用的现象，起初认为只有葡萄糖才会产生，故称为葡萄糖效应。后来发现所有可以迅速利用或代谢的能源，都能阻遏异化另一种缓慢利用能源的所需酶的合成，故称为分解代谢产物阻遏。

分解代谢物阻遏是两种碳源（或氮源）分解底物同时存在时，细胞利用快的那种分解底物会阻遏利用慢的底物的有关分解酶合成的现象。或者说当培养基中同时存在有多种可供利用的底物时，某些酶的合成往往被容易利用的底物所阻遏。阻遏作用并非快速利用的碳源（或氮源）本身作用的结果，而是其分解代谢过程中所产生的中间代谢物引起。分解代谢阻遏涉及的是一些诱导酶，分解代谢阻遏的例子较多。芽孢杆菌中碳源分解代谢中间产物对蔗糖酶合成的抑制作用，克氏杆菌中氮源分解代谢产物阻遏硫酸盐还原酶合成作用，以及酵母中碳源分解代谢中间产物对麦芽糖酶合成的抑制作用都反映了分解代谢中间产物对酶浓度的阻遏作用。

（三）酶合成调节的分子机制

因为酶是基因表达过程的产物，因此对酶合成的调控可以从其表达过程入手，即可以进行两种水平的调控，包括 DNA 转录水平和 RNA 翻译水平。

1. DNA 转录水平的控制

微生物的基因调控主要发生在转录水平上，这是一种最为经济的调控。酶的合成是由 DNA 转录成 RNA 再翻译成蛋白质的过程，这一过程受到严格的调节控制。从 DNA 转录水平来控制酶的合成的影响因素很多，通常调节因子的结合位点存在于启动子内部或启动子附近，通过与调节因子的结合来促进或抑制转录的进行。编码酶的基因上包含启动子，启动子是 RNA 聚合酶识别、结合和开始转录的一段 DNA 序列，也是转录起始的控制部位。RNA 聚合酶起始转录需要的辅助因子称为转录因子，它的作用是识别 DNA 的顺式作用位点，或是识别其他因子，或是识别 RNA 聚合酶。mRNA 合成的速度与 RNA 聚合酶同启动子的结合速率紧密联系，也就是说可以通过控制 RNA 聚合酶与启动子的结合来调控酶的合成水平。

根据调控机制的不同可以将 DNA 转录水平的调控机制分为两类：第一类是对 DNA 转录起促进作用的，即正转录调控；第二类是对 DNA 转录起抑制作用的，即负转录调控。

研究大肠杆菌色氨酸生物合成时发现：当细胞内有色氨酸存在时，可使转录过程在未到终点之前，便有 80%～90%的转录停止。这种调节方式不是使正在转录的过程全部在中途停止，故称弱化作用。弱化调节方式广泛地存在于氨基酸合成操纵子调节中，是细菌辅助阻遏作用的一种精细调控；弱化调节是通过操纵子的引导区内类似于终止子结构的一段 DNA 序列实现的，这段序列称为弱化子或衰减子。当细胞内某种氨基酰- tRNA 缺乏时，该弱化子不表现为终止子功能；当细胞内某种氨基酰- tRNA 充足时，弱化子表现为终止子功能，但这种终止作用并不使所有正在转录中的 mRNA 全部都中途停止，而只是部分中途停止转录。弱化调节方式是在 mRNA 水平上起作用的。mRNA 含有一引导区，显示出一种不平常的氨基酸密码子的堆积。

2. RNA 翻译水平的控制

酶浓度的调控主要是通过对酶合成的控制来完成的，而酶合成的控制不仅可以在其转录水平调控，还可以发生在翻译水平，又称为转录后调控。在细胞内，蛋白质水平和 mRNA 水平是不一定吻合的。这种调控机制是通过控制 mRNA 分子翻译的次数来完成的。翻译水平的调控与 mRNA 的稳定性、翻译起始、二级结构、蛋白质合成速率等因素有关。近年来，人们对控制 mRNA 翻译机理的研究逐渐增多，发现翻译调控的作用十分广泛，而且 mRNA 翻译起始是控制翻译效率的限速步骤。这涉及具体的 mRNA 结构的变化、翻译各组成成分的修饰以及与其他蛋白质相互作用等。

第三节　氨基酸生物合成的调节模式

一、反馈抑制和反馈阻遏

在微生物细胞中，初级代谢产物的水平主要受反馈控制体系的调节，主要有反馈抑制和反馈阻遏。反馈抑制是指代谢途径的终产物对催化该途径中的一个反应（通常是第一个反应）的酶活力的抑制，其实质是终产物结合到酶的变构部位，从而干扰酶和其底物的结合，与此相反则为酶活性的激活。反馈阻遏是指终产物（或终产物的结构类似物）阻止催化该途径的一个或几个反应中的一个或几个酶的合成，其实质是调节基因的作用，这是微生物不通过基因突变而适应环境改变的一种措施。

二、影响酶活性的调节方式

酶活性的调节方式可以分为多种类型。

（一）直线形途径（无分支途径）中的调节方式

直线形途径中的调节方式和调节类型比较直接而且简单。

1. 终产物反馈抑制

终产物反馈抑制是通过代谢途径的末端产物的浓度变化对该途径的关键酶的抑制作用进行反馈抑制。一般是途径的终产物抑制途径中第一个专一性酶。终产物反馈抑制是氨基酸生物合成代谢中常见抑制的调节类型。

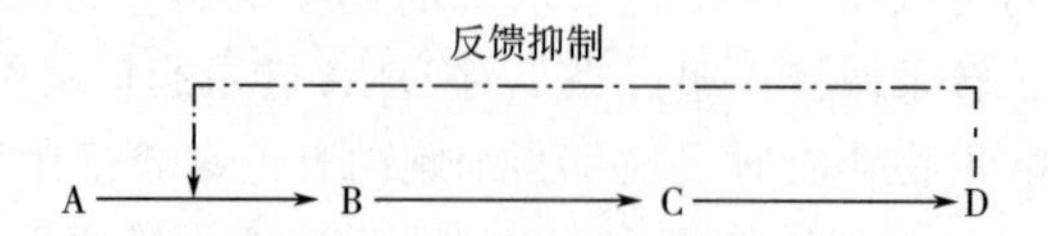

例如，大肠杆菌在合成异亮氨酸时，终产物异亮氨酸过多时可抑制途径中第一个酶——苏氨酸脱氢酶的活力，导致异亮氨酸合成停止，这是一种较为简单的反馈抑制方式。

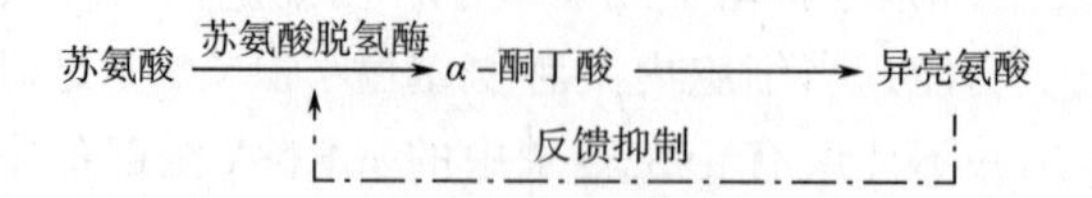

2. 前体激活（代谢激活）

前体激活是指反应途径中某一后边的反应受前面某中间代谢产物的激活，这种方式常见于分解代谢途径中，合成代谢中也存在。B可激活催化C→D的酶所以可以促进终产物D的生成。

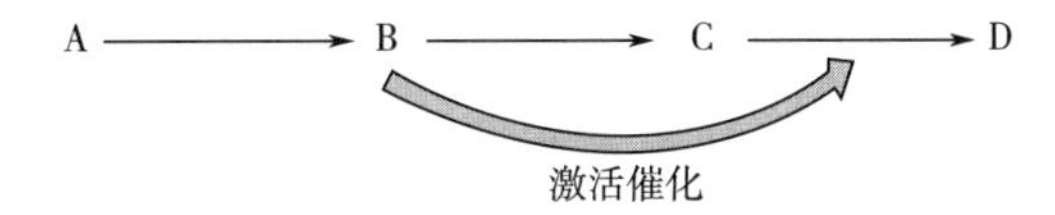

例如，糖酵解途径中1，6-二磷酸果糖使丙酮酸激酶活化。

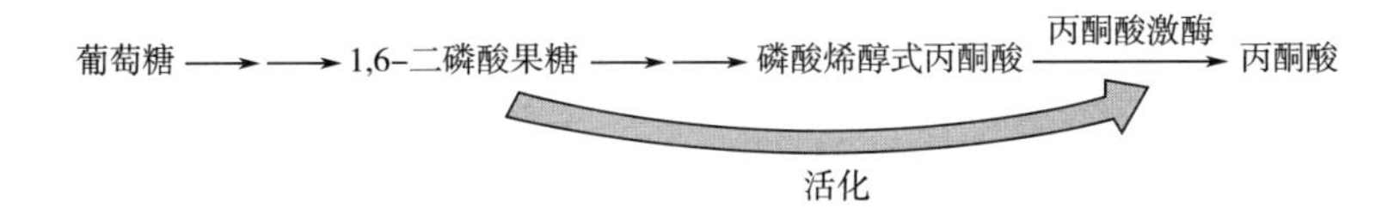

3. 补偿激活

补偿激活是指若某一化合物（A）的利用取决于另一反应途径的运行，那么这个化合物就能激活这个反应序列的第一个酶。可以理解为终产物抑制的补偿性拮抗现象。其关键在于G→H必须供给定量的D，所以G能激活A→B的反应。

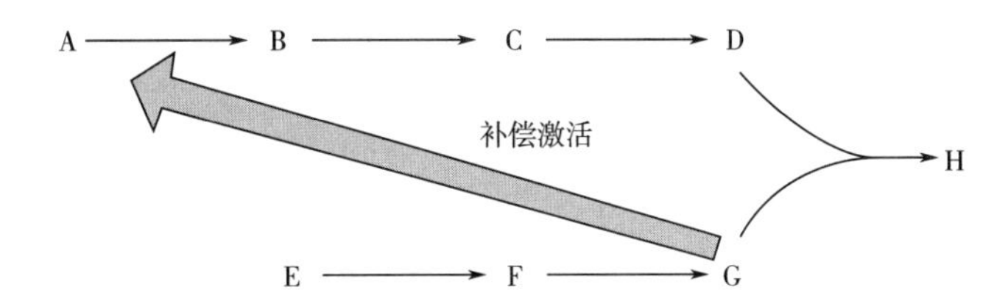

例如，ATP激活磷酸烯醇式丙酮酸羧化酶，这个酶催化反应对生成UTP非常重要。

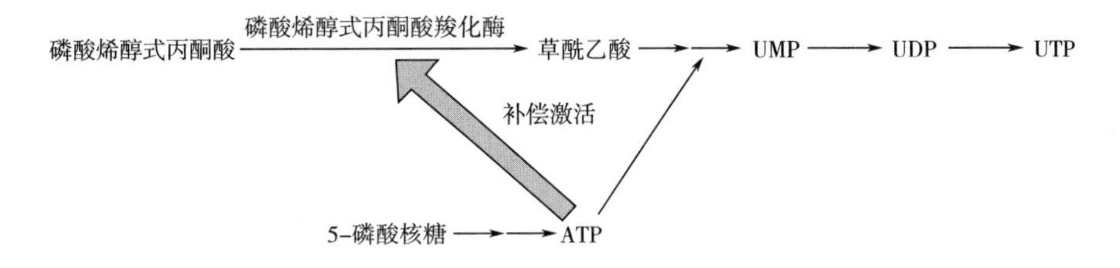

（二）分支代谢途径（多个终端产物的途径）的调节方式

1. 协同反馈抑制（多价反馈抑制）

协同反馈抑制是指当一条代谢途径中有两个以上终产物时，任何一个终产物都不能单独抑制途径第一个共同的酶促反应，但当两者同时过剩时，它们协同抑制第一个酶反应。合成途径的终端产物E和G抑制在合成过程中共同经历途径的第一步反应的第一个酶。

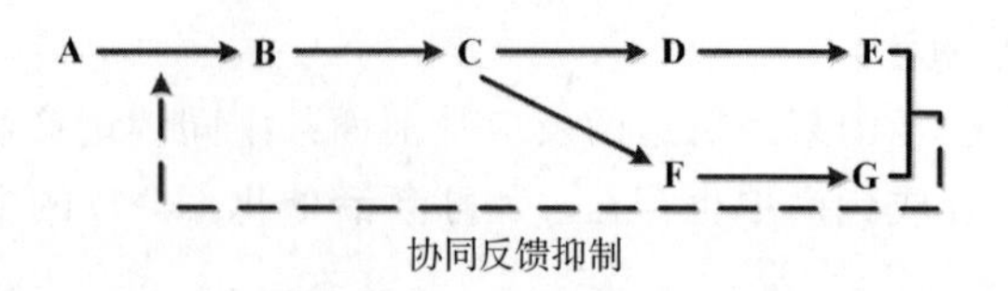

例如，苏氨酸、异亮氨酸、甲硫氨酸和赖氨酸的生物合成属于分支代谢途径（图 2-12），谷氨酸棒杆菌和大肠杆菌的天冬氨酸族氨基酸生物合成途径中，发现苏氨酸和赖氨酸对催化天冬氨酸合成天冬氨酰磷酸的天冬氨酸激酶有协同反馈抑制作用，只有当苏氨酸与赖氨酸在胞内同时积累时，才能抑制天冬氨酸激酶的活性。这种调节方式在鼠伤寒杆菌的缬氨酸、异亮氨酸、亮氨酸的分支途径中也存在。

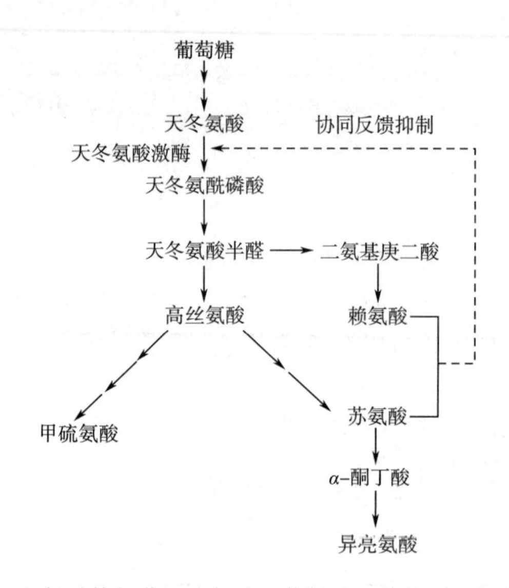

图 2-12　谷氨酸棒杆菌甲硫氨酸、苏氨酸及赖氨酸生物合成途径

2. 合作反馈抑制（又称增效反馈抑制）

合作反馈抑制是指当代谢途径中任何一个终产物（E 或 G）单独过剩时，都会部分地反馈抑制共同反应中第一个酶的活性，E 和 G 两个终产物同时过剩时，才能产生强烈的抑制作用，其抑制作用大于各自单独存在时的抑制作用的总和。此类调节方式在 AMP、ADP 等 6 -氨基嘌呤核苷酸和 GMP、IMP 等 6 -酮基嘌呤核苷酸的生物合成途径中存在。这两类核苷酸都能分别部分抑制磷酸核糖焦磷酸转酰胺酶的活性，但 6 -氨基嘌呤核苷酸和 6 -酮基嘌呤核苷酸的混合物对该酶有强烈的抑制作用，比各自单独存在时的抑制作用的总和还大。

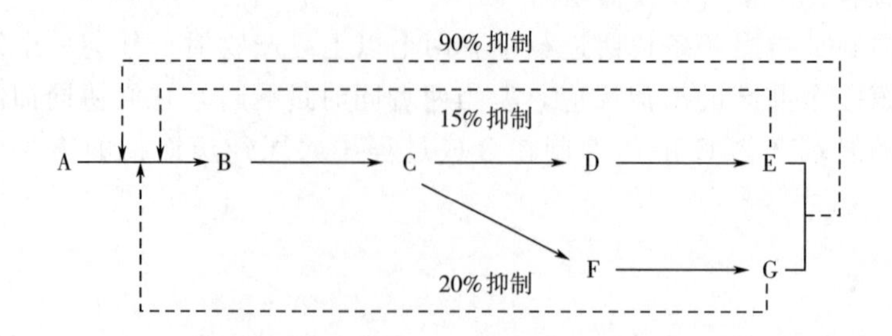

3. 累加反馈抑制

累加反馈抑制是指催化分支合成途径第一步反应的酶有几种末端产物抑制物，任一终产物单独过剩时，能独立地对共同途径中的一个多价变构酶产生部分反馈抑制，并且各终产物的反馈抑制作用互不影响，既无协作也无对抗。当多种终产物同时过剩时它们的反馈抑制作用是累积的。例如两种不同的末端产物可以分别抑制第一个酶活力的 50%和 25%，二者同时过量时，可抑制酶活力的 62.5%。

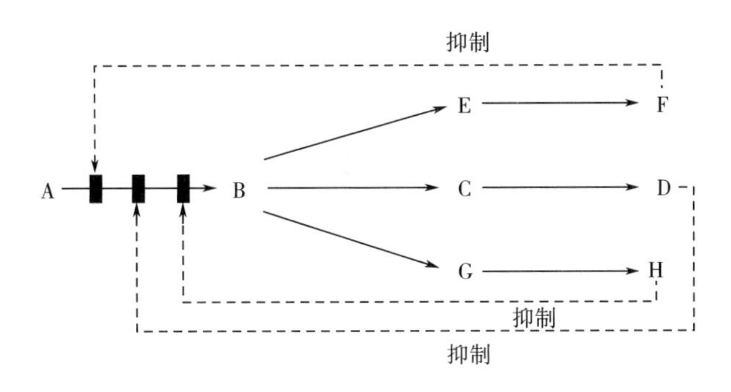

注：虚线表示累加反馈抑制。

例如，大肠杆菌中谷氨酸形成谷氨酰胺的第 1 步反应中起催化作用的酶，即谷氨酰胺合成酶受 8 个最终产物的积累反馈抑制，每一种都有自己与酶的结合部位。色氨酸单独存在时抑制酶活力的 16%，三磷酸胞苷（CTP）抑制 14%，氨基甲酰磷酸抑制 13%，AMP 抑制 41%。4 种终产物同时存在时，酶活力的抑制程度可以计算出来。色氨酸抑制 16%，剩下的 84%，CTP 抑制 14%，84%的 14%就是 11.8%；剩下 84%－11.8%＝72.2%，氨基甲酰磷酸抑制 72.2%的 13%，就是 9.4%；剩下 72.2%－9.4%＝62.8%，AMP 抑制剩下 62.8%的 41%，就是 25.8%；剩下 62.8%－25.8%＝37%的原来酶活力，在 8 个产物同时存在时，酶活力完全被抑制，如图 2-13 所示。

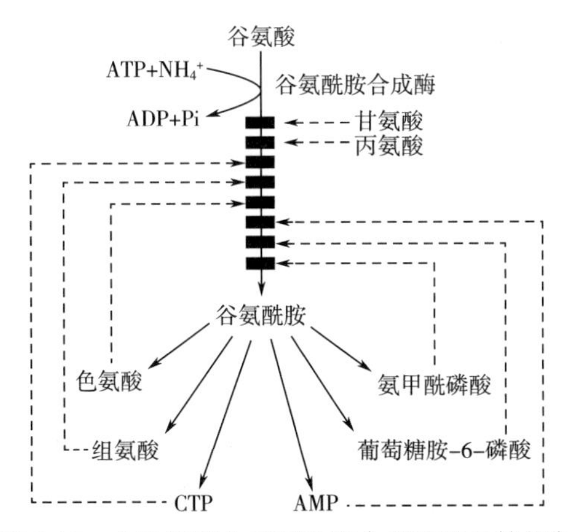

图 2-13　大肠杆菌中谷氨酰胺合成酶的反馈抑制

注：虚线表示反馈抑制；黑色方块表示不同结合部位。

4. 终产物抑制的补偿性逆转

终产物抑制的补偿性逆转指虽然一个分支途径的终产物（E）能完全抑制共同代谢途

径的第一个酶，但另一个分支前体物（I）却是同一个酶的激活剂，起到抑制的拮抗作用。

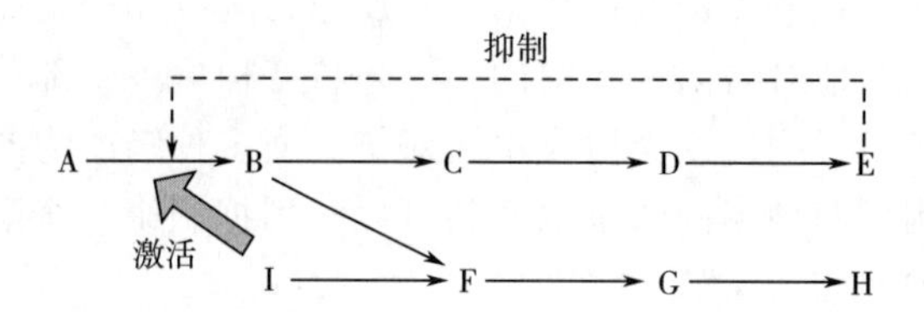

例如，在大肠杆菌中，精氨酸和嘧啶核苷酸的生物合成途径是完全独立的，但它们有一个共同的中间体——氨甲酰磷酸，负责合成这个中间体的酶——氨甲酰磷酸合成酶可以被嘧啶代谢途径的代谢物 UMP 反馈抑制，也可以被精氨酸生物合成途径的中间体鸟氨酸激活。如有嘧啶时，UMP 在胞内库存量升高，氨甲酰磷酸合成酶被抑制。由于氨甲酰磷酸的耗竭而导致鸟氨酸堆积，从而刺激了该酶的活性。随着鸟氨酸在胞内浓度下降，此酶活力下降（图 2-14）。

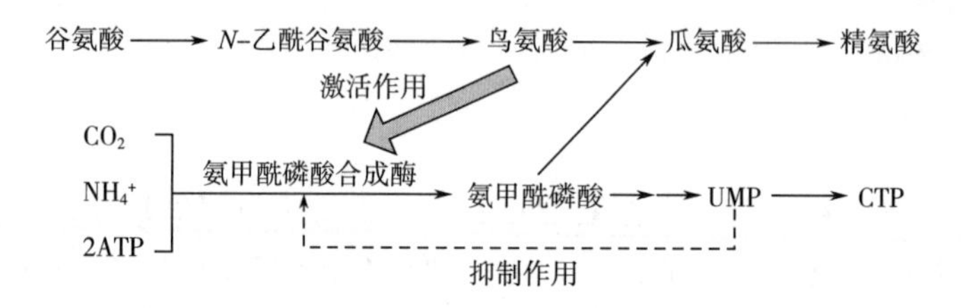

图 2-14　大肠杆菌氨甲酰磷酸合成酶的补偿性逆转

5. 顺序反馈抑制

在顺序反馈抑制方式中，E 积累，停止 C→D 的反应，减少 E 的进一步合成，更多的 C 转到 F，再由 F 合成 H 或 J；H 积累，抑制 F→G 的反应；J 积累，抑制 F→I 的反应，结果造成 F 的积累，引起 F 对 A→B 的反馈抑制，使整个合成途径停止。

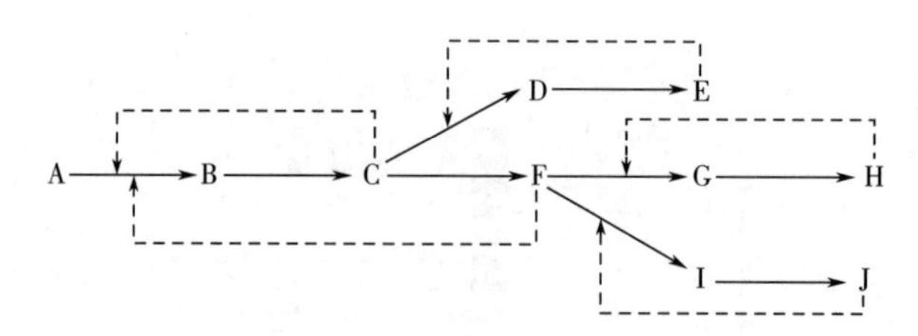

注：虚线表示抑制作用。

枯草芽孢杆菌的芳香族氨基酸生物合成途径、球形红假单胞菌的苏氨酸生物合成途径都没有发现同功酶调节现象，而是通过顺序反馈调节方式控制这些氨基酸的合成。例如在枯草芽孢杆菌芳香族氨基酸的生物合成途径中，不像在大肠杆菌中那样，有 3 种 DAHP 合成酶的同功酶，而是只有一种 DAHP 合成酶。色氨酸、酪氨酸和苯丙氨酸分支途径的第一步都分别受各自终产物的抑制。如果 3 种终端产物都过量，则会引起分支点的底物，即分支酸或预苯酸积累。分支点中间产物积累的结果，使共同途径催化第一步反应的酶受到反馈抑制，从而抑制赤藓糖-4-磷酸和磷酸烯醇式丙酮酸的缩合反应。

6. 同功酶抑制

同功酶是能催化同一个反应，但其蛋白质结构性不同，因而代谢调控特征上也不同的一组酶的统称。同功酶调节是微生物的代谢途径中比较普遍存在的调节方式，指代谢途径的第一步由两个或更多个同功酶催化而分支途径的终产物仅抑制其中的一个同功酶。酶Ⅰ和酶Ⅱ都是催化 A→B 的同功酶。当 G 过量时，抑制酶Ⅱ活力，使 A 不能生成 G。与此同时，酶Ⅰ活力不受影响，A 可以顺利生成到 E，从而使 G 过量时，并不干扰 E 的合成。

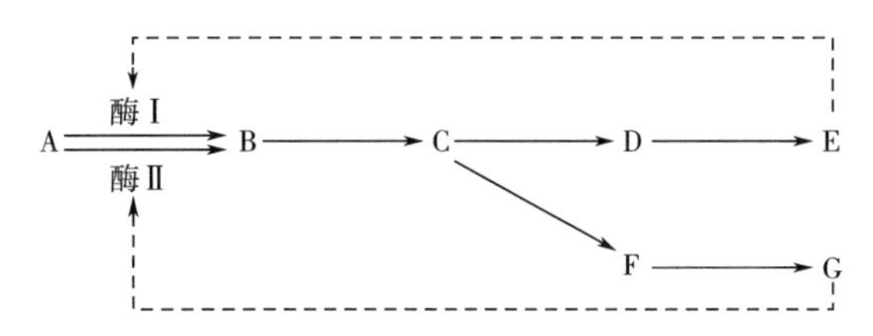

例如，大肠杆菌天冬氨酸族氨基酸生物合成途径中，天冬氨酸激酶Ⅰ、Ⅱ和Ⅲ三个同功酶中，天冬氨酸激酶Ⅰ受苏氨酸的反馈调节，天冬氨酸激酶Ⅱ受甲硫氨酸的反馈调节、天冬氨酸激酶Ⅲ受赖氨酸的反馈调节（图 2-15）。

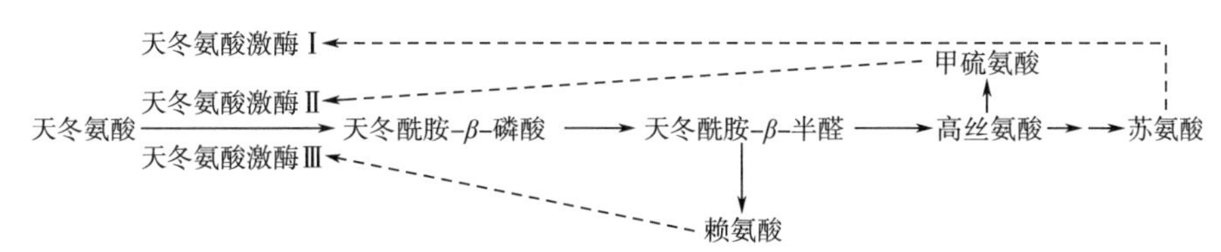

图 2-15　大肠杆菌的天冬氨酸族氨基酸的生物合成途径

注：虚线表示抑制作用。

(三) 代谢途径的横向调节

1. 代谢互锁

代谢互锁是指分支途径上游的某个酶 G→H 受到另一条分支途径的终产物（D、F），甚至与本分支途径几乎不相关的代谢中间产物（X、Y）的抑制或激活，使酶的活力受到调节，而且只有当该中间产物浓度大大高于生理浓度时才能显示抑制作用。

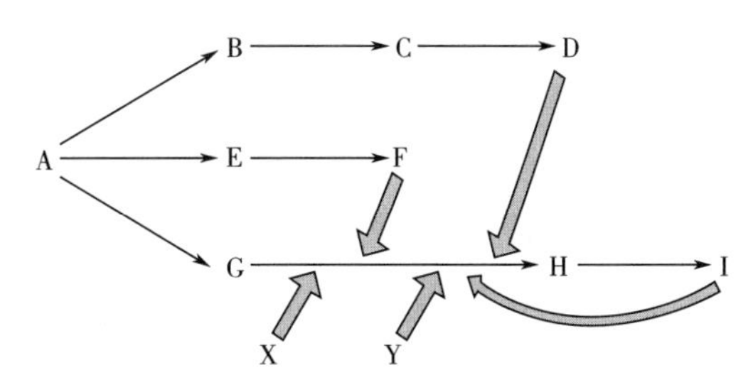

注：箭头表示抑制或激活作用。

例如，谷氨酸棒杆菌中，天冬氨酸族氨基酸代谢途径中的赖氨酸与分支链氨基酸中的亮氨酸生物合成之间存在相互调节。

2. 优先合成

优先合成指生物的合成有分支途径时，分支点后的两种酶竞争同一种底物，由于酶Ⅰ

和酶Ⅱ对底物（C）的 K_m 值（即对底物的亲和力）不同，故两条支路的一条优先合成。

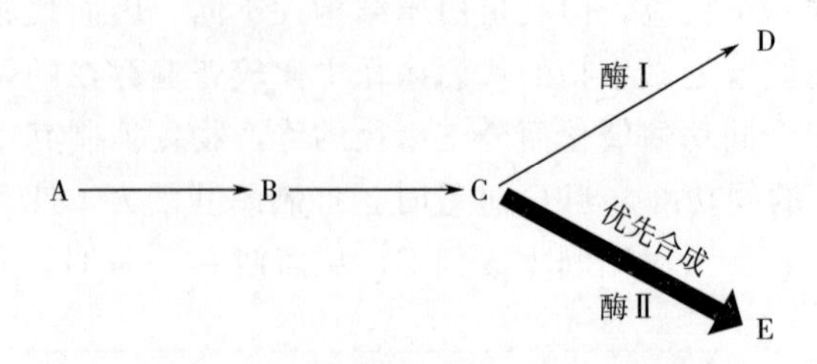

例如，由于柠檬酸合成酶对草酰乙酸的亲和力比谷草转氨酶对草酰乙酸的亲和力大，所以草酰乙酸优先合成柠檬酸，谷氨酸优先于天冬氨酸（图 2-16）。

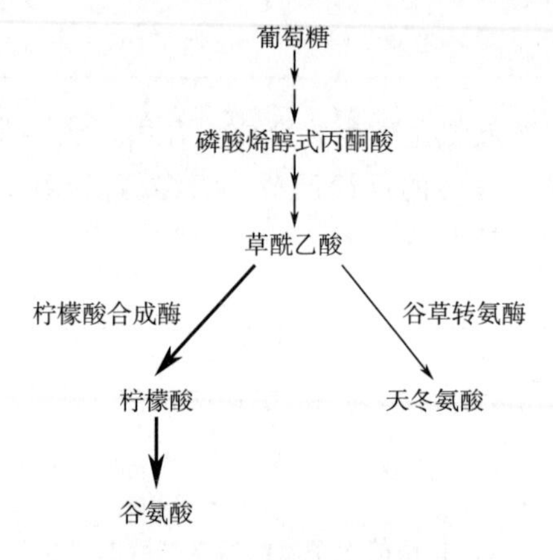

图 2-16　谷氨酸的优先合成

3. 平衡合成

平衡合成指经分支合成途径生成两种终产物 E、G，E 和 G 平衡合成。E 为优先合成，当 E 过剩时，E 反馈抑制与优先合成途径有关的 C→D 酶，转而合成 G，当 G 过剩时，可逆转 E 的反馈抑制，即 E 的反馈抑制被 G 所逆转，又转为优先合成 E。

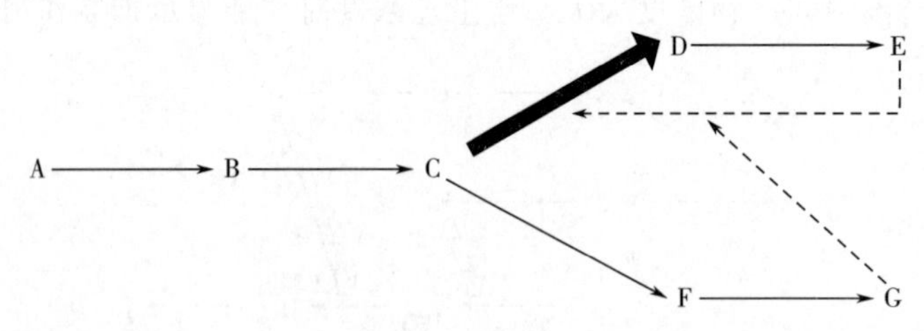

注：虚线表示抑制作用。

例如，谷氨酸棒杆菌中，天冬氨酸族氨基酸生物合成的前体物天冬氨酸和分支途经中的中间产物——乙酰 CoA 的生成，形成平衡合成（图 2-17）。

4. 辅助底物和终产物对另一分支途径的调节

辅助底物和终产物对另一分支途径的调节指一个分支途径的第一个酶，受另一个分支途径的辅助底物（D）的抑制和终产物（G）的激活。共同途径的终产物（即分支点 C）的形成受分支点途径的终产物（I）的调节。

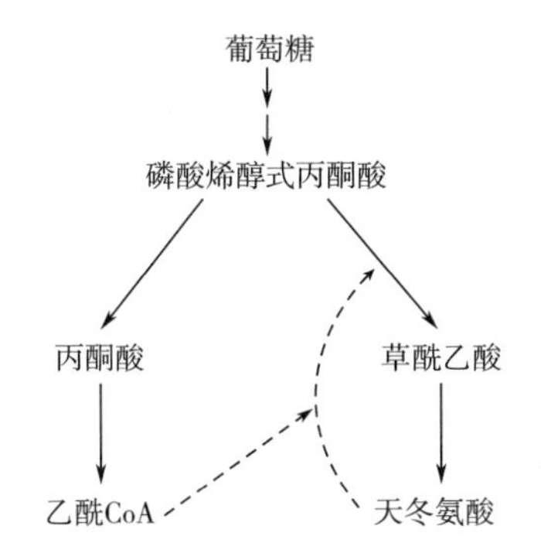

图 2-17　谷氨酸棒杆菌中天冬氨酸与乙酰 CoA 的平衡合成

注：虚线表示抑制作用。

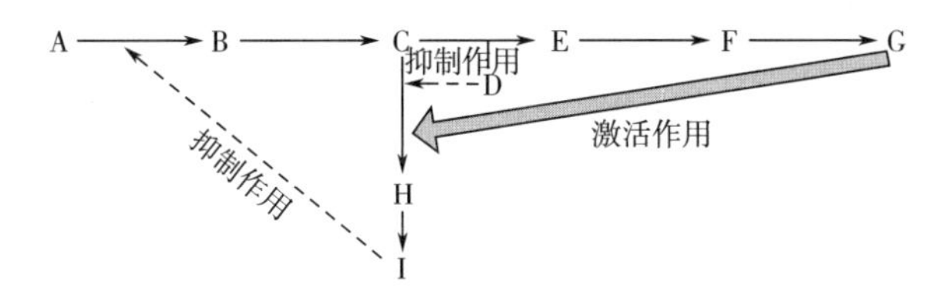

三、影响酶量的调节方式

(一) 单个终产物的生物合成途径

1. 简单终产物阻遏

简单终产物阻遏指当终产物过量时，途径中所有的酶均被阻遏。当终产物浓度降低时，阻遏均被解除。

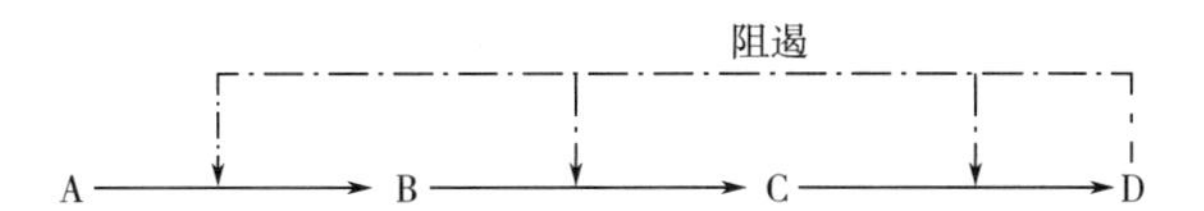

例如，大肠杆菌中的精氨酸、组氨酸、色氨酸等各自合成途径的所有酶分别受终产物精氨酸、组氨酸、色氨酸的反馈阻遏，主要是通过操纵子来调节。

2. 可被阻遏的酶的产物的诱导作用

可被阻遏的酶的产物的诱导作用指终产物的阻遏只施加在途径中的第一个酶上，这个酶催化的反应产物（B）的高浓度，能激活下游的酶的合成。

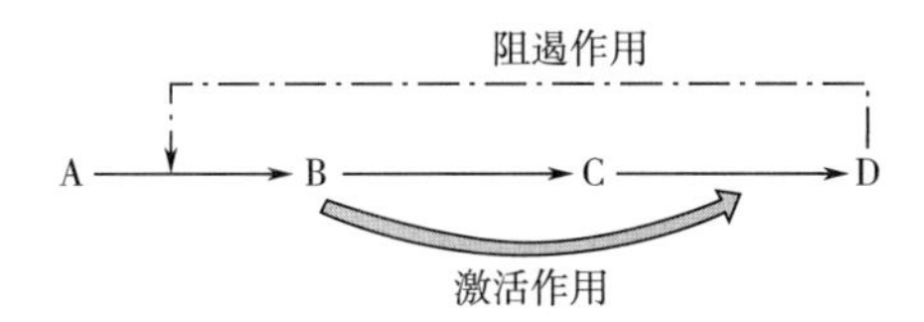

例如，粗糙脉孢菌的亮氨酸生物合成途径中第一个酶受亮氨酸的阻遏和抑制，而第二、三个酶受第一个酶的产物的诱导。

（二）多个终产物的生物合成途径

1. 多个单功能酶的简单终产物的阻遏——同功酶阻遏

同功酶阻遏指共同途径从A到B的反应受多个单功能的同功酶催化，这几个同功酶分别受各自分支的终产物的阻遏。

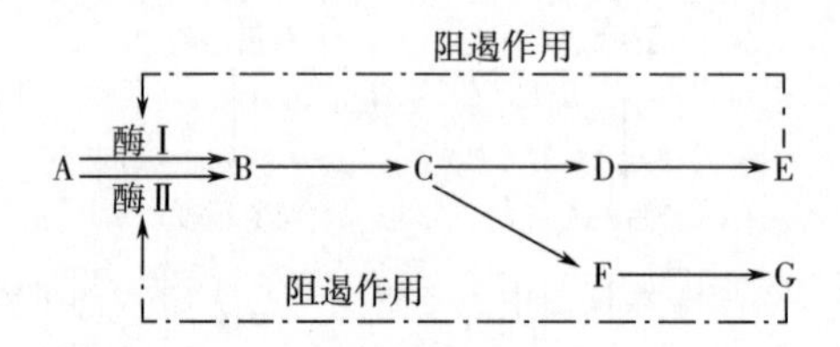

例如，大肠杆菌天冬氨酸族氨基酸生物合成途径中，天冬氨酸激酶Ⅰ、Ⅱ、Ⅲ三个同功酶分别受赖氨酸、苏氨酸和甲硫氨酸的反馈阻遏。

2. 多功能酶的多价阻遏

多功能酶是指多肽链上有两个或两个以上催化活性位点的酶。多功能酶的多价阻遏指通过几个终产物共同协调活动阻遏某一个酶的生物合成。

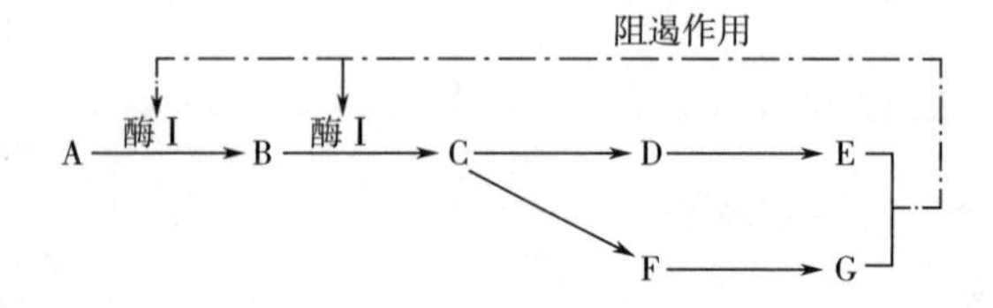

（三）分解代谢途径

1. 分解代谢阻遏

分解代谢阻遏指易被降解的化合物或其分解代谢物对各种降解化合物的降解酶合成的阻遏。

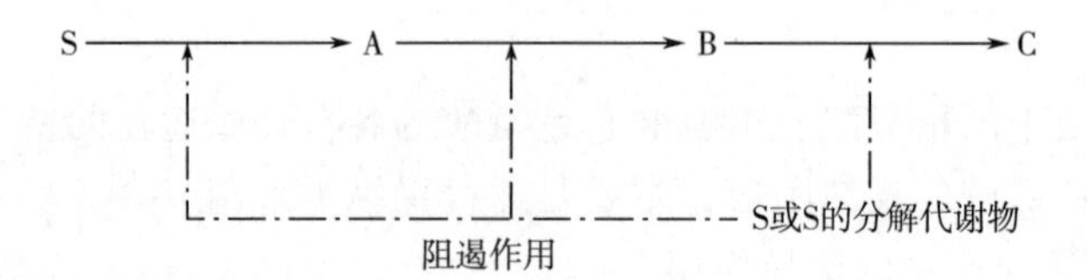

2. 起始底物的诱导作用

起始底物的诱导作用指起始底物A诱导合成降解途径的酶。

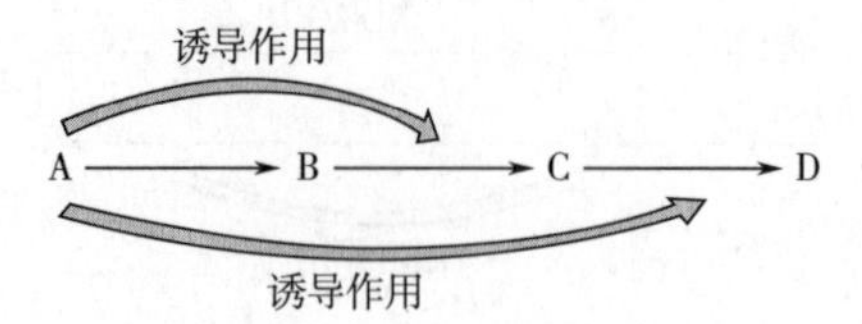

例如，枯草芽孢杆菌中，组氨酸诱导其自身被分解代谢生成谷氨酸的途径中的一系列酶。

3. 降解代谢途径中间产物所引起的诱导作用

指起始底物 A 必须首先被转化为诱导物 B 后，才能由 B 诱导合成降解 A 途径的酶。

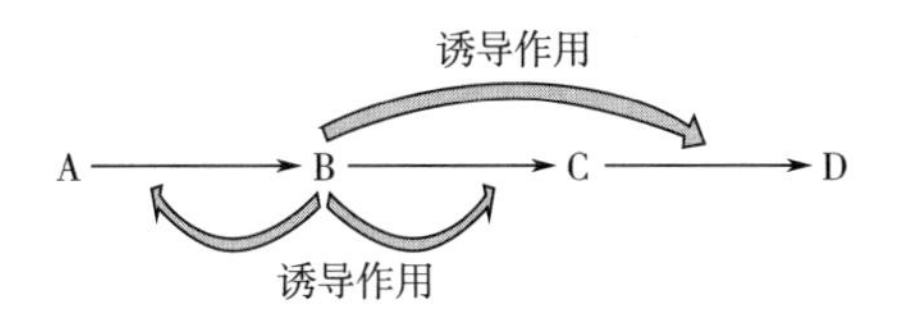

例如，大肠杆菌中乳糖的降解就必须借助细胞内基础水平（指未经诱导时的酶水平）。β -半乳糖苷酶与乳糖作用生成别乳糖，然后由别乳糖诱导大肠杆菌的乳糖操纵子产生降解乳糖的酶系，进而再诱导出降解半乳糖的酶系。

4. 催化两条不同合成途径的共同酶系的阻遏

指同一套酶系在催化两条不同的代谢途径，那么这套酶系均受这两条代谢途径的终产物所阻遏。

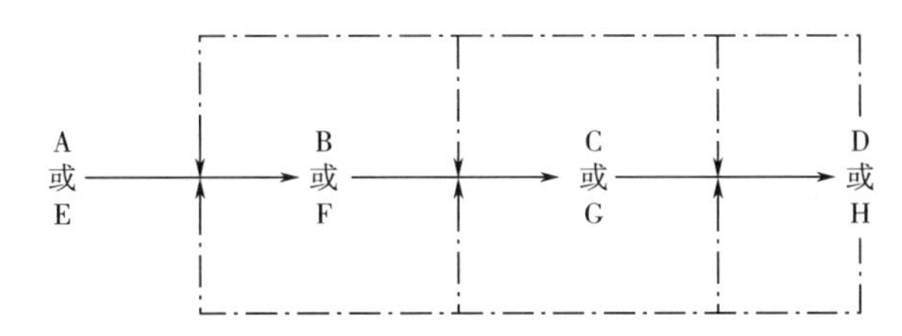

注：虚线表示阻遏作用。

例如，分支链氨基酸生物合成途径中，苏氨酸是异亮氨酸的前体，丙酮酸是缬氨酸的前体，α -酮异己酸是亮氨酸的前体。异亮氨酸、缬氨酸和亮氨酸的合成中有 4 种酶是共用的，特别是分支链氨基酸转氨酶是 3 种氨基酸合成都需要的。这些共用酶受异亮氨酸、缬氨酸和亮氨酸的阻遏（见前图 2-8）。

四、能荷调节

能荷是指细胞中 ATP、ADP、AMP 系统中可为代谢反应供能的高能磷酸键的量度。能荷调节也称腺苷酸调节，指细胞通过改变 ATP、ADP、AMP 三者比例来调节其代谢活动。ATP、ADP、AMP 所含能荷依次递减，三者比例在细胞中的含量不同，表明细胞的能量状态不同。细胞的能荷可由下式计算。

$$能荷=\frac{[ATP]+\frac{1}{2}[ADP]}{[ATP]+[ADP]+[AMP]}\times 100\%$$

从上式可见，当细胞中全部是 ATP 时，能荷最大，为 100%；若全部是 AMP 时，能荷最小为 0；而当全部为 ADP 时，能荷为 50%。当细胞或线粒体中 3 种核苷酸同时并存时，能荷大小随三者比例而异，三者的比例随细胞生理状态而变化。

可把 ATP 当作糖代谢的末端产物，当 ATP 过量时会对合成 ATP 系统产生反馈抑制。当 ATP 分解为 ADP、AMP、Pi 时，将其能量供给合成反应时，ATP 生物合成的反馈调节被解除，ATP 又得以合成。因此，能量不仅调节生成 ATP 的分解代谢酶类的活性，也能调节利用 ATP 的生物合成酶类的活性。糖代谢和中心代谢途径中的酶活性受能荷的调节。当能荷降低时，激活催化糖分解和能量生成的酶系，或解除 ATP 对这些酶的抑制（如糖原磷酸化酶、果糖磷酸激酶、柠檬酸合成酶、异柠檬酸脱氢酶、反丁烯二酸酶等）并抑制糖原合成酶，1，6 -磷酸果糖酯酶，从而加速糖分解和 TCA 的产能代谢；当能荷升高时，细胞中 AMP，ADP 转变为 ATP，这时 ATP 则抑制糖原降解以及糖酵解和 TCA 循环中的关键酶（如糖原磷酸化酶、磷酸果糖激酶、柠檬酸合成酶、异柠檬酸脱氢酶）并激活糖类合成酶（糖原合成酶、1，6 -磷酸-果糖酯酶）从而抑制糖的分解，加速糖原的合成。当能荷在 0.75 以上时，ATP 合成受到抑制，合成 ATP 的酶系活性迅速下降，而消耗 ATP 的酶系活性迅速上升。当能荷在 0.8 左右时，呈抑制与活化的中间状态，此时两种酶系达到平衡。这种现象存在于许多类型的细胞中，并且能荷是相同的。例如，大肠杆菌的能荷在生长期间为 0.8，静止期为 0.5。许多细胞都可以通过调节腺苷酸的比例来协调分解代谢与合成代谢的速率。

参考文献

[1] 张克旭，陈宁，张蓓等．代谢控制发酵［M］．北京：中国轻工业出版社，2010.

[2] 陈宁．氨基酸工艺学［M］．北京：中国轻工业出版社，2007.

[3] 王镜岩，朱圣庚，徐长法．生物化学（第三版）［M］．北京：高等教育出版社，2002.

[4] Jambunathan P，Zhang K. Novel pathways and products from 2 - keto acids［J］. Current opinion in biotechnology，2014，29：1 - 7.

[5] 陈宁，范晓光．氨基酸生产菌株的研究热点及发展动向［J］．发酵科技通讯，2016，45（1）：1 - 6.

[6] Liao JC，Zang K，Cho KM. Compositions and methods for the production of L - homoalanine. USA. W02011106696A2［P］. 2011.

[7] Zhang K，Li H，Cho KM，et al. Expanding metabolism for total biosynthesis of the nonnatural amino acid L - homoalanine［J］. Proceedings of the National Academy of Sciences，2010，107（14）：6234 - 6239.

[8] 刘宏亮 . 2 -氨基丁酸生产菌株构建及发酵条件优化［D］．天津：天津科技大学，2015.

[9] Ashiuchi M，Kamei T，Baek DH，et al. Isolation of *Bacillus subtilis*（chungkookjang），a poly - γ - glutamate producer with high genetic competence［J］. Applied Microbiology and Biotechnology，2001，57（5 - 6）：764 - 769.

[10] Wu Q，Xu H，Xu L，et al. Biosynthesis of poly（γ - glutamic acid）in *Bacillus subtilis* NX - 2：regulation of stereochemical composition of poly（γ - glutamic acid）. Process Biochemistry［J］. 2006，41（7）：1650 - 1655.

[11] Ashiuchi M，Soda K，Misono H. A poly - γ - glutamate synthetic system of *Bacillus subtilis* IFO 3336：gene cloning and biochemical analysis of poly - γ - glutamate produced by *Escherichia coli* clone cells［J］. Biochemical and Biophysical Research Communications，1999，263（1）：6 - 12.

［12］ Charon NW，Johnson RC，Peterson D. Amino acid biosynthesis in the *Spirochete leptospira*：evidence for a novel pathway of isoleucine biosynthesis ［J］. Journal of Bacteriology，1974，117（1）：203－211.

［13］ Westfall HN，Charon NW，Peterson DE. Multiple pathways for isoleucine biosynthesis in the *Spirochete leptospira* ［J］. Journal of Bacteriology，1983，154（2）：846－853.

［14］ Finking R，Marahiel MA. Biosynthesis of nonribosomal peptides ［J］. Annual Review of Microbiology，2004，58：453－488.

［15］ Walsh CT. Polyketide and nonribosomal peptide antibiotics：modularity and versatility ［J］. Science，2004，303（5665）：1805－1810.

［16］ Saimura M，Takehara M，Mizukami S，et al. Biosynthesis of nearly monodispersed poly（ε－1－lysine）in Streptomyces species ［J］. Biotechnology letters，2008，30（3）：377－385.

［17］ 姚雪娜，张震宇，孙付保等. 产3－羟脯氨酸重组菌的构建及发酵优化 ［J］. 食品与生物技术学报，2017，36（03）：243－251.

［18］ Falcioni F，Blank LM，Frick O，et al. Proline availability regulates proline－4－hydroxylase synthesis and substrate uptake in proline－hydroxylating recombinant *Escherichia coli* ［J］. Applied and Environmental Microbiology，2013，79（9）：3091－3100.

［19］ 姜蔚宇，陈荣忠. 四氢嘧啶类物质的生物合成与转运途径及其生物学功能 ［J］. 生命的化学，2007，27（4）：323－326.

［20］ Pastor JM，Salvador M，Argandona M，et al. Ectoines in cell stress protection：Uses and biotechnological production ［J］. Biotechnology advances，2010，28（6）：782－801.

［21］ Kodera T，Smirnov SV，Samsonova NN，et al. A novel L－isoleucine hydroxylating enzyme，L－isoleucine dioxygenase from *Bacillus thuringiensis*，produces（2*S*，3*R*，4*S*）－4－hydroxyisoleucine ［J］. Biochemical and Biophysical Research Communications，2009，390（3）：506－510.

［22］ Tabata K，Ikeda H，Hashimoto S. ywfE in *Bacillus subtilis* codes for a novel enzyme，L－amino acid ligase ［J］. Journal of Bacteriology，2005，187（15）：5195－5202.

［23］ Abe I，Hara S，Yokozeki K. Gene cloning and characterization of α－amino acid ester aryl transferase in *Empedobacter brevis* ATCC14234 and *Sphingobacterium siyangensis* AJ2458 ［J］. Bioscience Biotechnology and Biochemistry，2011，75（11）：2087－2092.

第三章 氨基酸生产菌选育

第一节 氨基酸的主要生产菌

一、现有氨基酸生产菌的分类

现有氨基酸生产菌主要是棒状杆菌属、短杆菌属、小杆菌属、节杆菌属和埃希菌属中的细菌。前4个属在细菌的分类系统中彼此比较接近，其中短杆菌属属于短杆菌科（*Brevibacteriaceae*），而棒状杆菌属、小杆菌属和节杆菌属则属于棒状杆菌科（*Corynebacteriaceae*）。短杆菌科和棒状杆菌科均属于真细菌目中的革兰染色阳性、无芽孢杆菌及有芽孢杆菌的一大类。埃希菌属隶属于肠杆菌科（*Enterobacteriaceae*），为肠杆菌目中的革兰染色阴性、无芽孢的一类。

（一）棒状杆菌属（*Corynebacterium*）

细胞为直到微弯的杆菌，常呈一端膨大的棒状，折断分裂形成“八”字形或栅状排列，不运动，但少数植物致病菌能运动。革兰染色阳性，但常呈阴性反应，菌体内常着色不均一，常有横条纹或串珠状颗粒。胞壁染色表明菌体由多细胞组成，抗酸染色阴性，好氧或厌氧。以葡萄糖为底物发酵产酸，少数以乳糖为底物发酵产酸。

（二）短杆菌属（*Brevibacterium*）

细胞为短的、不分枝的直杆菌，细胞大小为（0.5～1）μm×（1～5）μm，革兰染色阳性，大多数不运动，而运动的种具有周生鞭毛或端生鞭毛。在普通肉汁蛋白胨培养基中生长良好，多数以葡萄糖为底物发酵产酸，不能以乳糖为底物。有时产非水溶性色素，色素呈红、橙红、黄、褐色。多数能液化明胶和还原石蕊并胨化牛乳，极少数能使牛乳变酸。可以碳水化合物为底物产生乳酸、丙酸、丁酸或乙醇。接触酶阳性。菌体形态较规则，非抗酸性菌，除分裂时菌体内形成隔壁外，菌体细胞内不具有隔壁。

（三）小杆菌属（*Microbacterium*）

细胞为杆菌，形态和排列均与棒状杆菌相似，细胞大小为（0.5～0.8）μm×（1～3）μm，有时呈球杆菌状。美蓝染色呈现颗粒，革兰染色阳性，不抗酸，无芽孢。在普通肉汁蛋白胨培养基上生长，补加牛乳或酵母膏则生长更好。产生带灰色或微黄色的菌落。发酵糖产酸弱，主要产乳酸，不产气。接触酶阳性。

（四）节杆菌属（*Arthrobacterium*）

该属细菌为好氧菌，其突出的特点是在培养过程中出现细胞形态由球菌变杆菌，由杆菌变球菌，革兰染色由阳性变阴性，又由阴性变阳性的变化过程。有的种细胞大小均匀，与小球菌在形态上无明显区别，而有的种大小不均一，大的球状细胞可比小的大几倍，称之为孢囊。当接种到新鲜培养基上时，球状细胞萌发出杆状细胞。若有一个以上萌发点，则形成分枝形态。新形成的杆菌延长并分裂，由分裂点又向外伸长，与原来的杆菌形成角度，好像是分枝，实际上并没有什么分枝，这时革兰染色呈阴性或不定。杆状细胞随培养时间的延长而缩短，最后变为球状细胞，革兰染色也可以转变为阳性。一般不运动。固体培养基上菌苔软或黏，液体培养生长旺盛。大部分的种能液化明胶。以碳水化合物为底物时产酸极少或不产酸。可还原硝酸盐，但不产吲哚。大部分的菌种在37℃不生长或微弱生长，20～25℃为适温。表现为典型的土壤微生物。

（五）埃希菌属（*Escherichia*）

细胞为直杆状，细胞大小为（1.1～1.5）μm×（2.0～6.0）μm，单个或成对排列。许多菌株有荚膜和微荚膜。革兰呈阴性。以周生鞭毛运动或不运动。兼性厌氧，具有呼吸和发酵两种代谢类型。此描述仍局限于大肠埃希菌（*Escherichia coli*），因为蟑螂埃希菌（*Escherichia blattae*）没有得到很好的研究，并仅有少数菌株。最适生长温度37℃。在营养琼脂上的菌落可能是光滑（S）、低凸、湿润、灰色、表面有光泽、全缘，在生理盐水中容易分散；同时菌落也可能是粗糙（R）、干燥、在生理盐水中难以分散。在这两种极端类型之间有中间型，也出现不黏和产黏液类型。化能有机营养型微生物。氧化酶呈阴性，乙酸盐可作为唯一碳源利用，但不能利用柠檬酸盐。发酵葡萄糖和其他糖类产生丙酮酸，再进一步转化为乳酸、乙酸和甲酸，甲酸部分可被甲酸脱氢酶分解为等量的CO_2和H_2。有的菌株是厌氧的，绝大多数菌株发酵乳糖，但也可以延迟或不发酵。模式种：大肠埃希菌（*E. coli*）。

目前工业上用于氨基酸生产的菌株主要是谷氨酸棒杆菌（*C. glutamicum*）、大肠杆菌（*E. coli*）及其衍生菌株。

二、谷氨酸棒杆菌

（一）谷氨酸棒杆菌形态特征

谷氨酸棒杆菌（*C. glutamicum*）属于棒状杆菌科的棒状杆菌属，是真细菌目中的革兰染色阳性、无芽孢杆菌及有芽孢杆菌一大类（图3-1）。20世纪50年代，人们发现谷氨酸棒杆菌能够积累并向外分泌氨基酸。目前，谷氨酸棒杆菌连同它的亚种（如黄色短杆菌、乳糖发酵短杆菌、百合棒状杆菌、双歧杆菌），是谷氨酸、赖氨酸等氨基酸工业化生产中最重要的一种微生物。

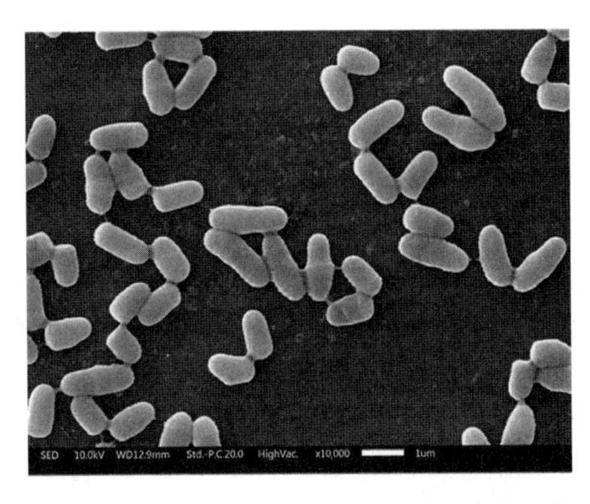

图3-1　*C. glutamicum* ATCC 13032对数生长期电镜照片

（二）谷氨酸棒杆菌的主要特征

（1）细胞短杆至小棒状，有时微弯曲，两端钝圆，不分枝，单个或成八字排列，细胞大小为（0.7～0.9）μm×（1.0～2.5）μm。

（2）革兰阳性，无芽孢、不运动、菌落湿润、圆形。

（3）谷氨酸棒杆菌是一种异养兼性厌氧菌，谷氨酸棒杆菌在扩大培养时，碳氮比应为4∶1，而在发酵获得谷氨酸时碳氮比应为3∶1。

（4）当培养基中的生物素含量在"亚适量"时，菌体细胞内会大量积累糖代谢过程中所产生的中间物α-酮戊二酸，在结构上它与谷氨酸只差一个氨基。

（5）脲酶强阳性。

（6）不分解淀粉、纤维素、油脂、酪蛋白以及明胶等。

（7）发酵中菌体发生明显的形态变化，同时发生细胞膜渗透性的变化。

（8）CO_2 固定反应酶系活力强。

（9）能利用醋酸，不能利用石蜡。

（10）具有向环境中泄漏谷氨酸的能力，不分解利用谷氨酸，并能耐高浓度的谷氨酸，产谷氨酸达 50g/L 以上。

（三）谷氨酸棒杆菌基因组研究进展

谷氨酸棒杆菌的基因组计划始于 1998 年，谷氨酸棒杆菌（*C. glutamicum* ATCC 13032）基因组序列由世界上不同的公司独立测定至少 3 次，现在已经公开发表（GenBank No：NC _ 003450），如图 3-2 所示。

1. 基因组序列的组装与注释

谷氨酸棒杆菌（*C. glutamicum* ATCC 13032）整个基因组序列的测定是通过测定 116 个重叠的基因组克隆来完成的。其中 95 个克隆来自按序排列的 Cosmid 文库，该文库仅包括基因组的 86.6%，另外 21 个克隆选自 BAC 文库。对 Cosmid 和 BAC 进行系统测序而非采用全基因组鸟枪法测序，避免了由于重复序列带来的组装问题。单个 Cosmid 和 BAC 克隆的核苷酸序列最后被拼接组装，产生的错读使用软件 gap4 进行校正。然后，将组装好的基因组序列与贮存在数据库中的所有已知的谷氨酸棒杆菌核苷酸序列进行比较。对于比较过程中发现的可能由于在克隆时产生的突变所导致的有偏差的序列，则采用以染色体 DNA 为模板的 PCR 产物重新测序。如此建立起来的是一个高质量的谷氨酸棒杆菌染色体核苷酸序列。编辑好的基因组序列上载到 1.0.5 版本的 GenDB 数据库进行注释。基因甄别结合使用两种生物信息学工具 CRITICA 和 GLIM－MER。CRITICA 先被用来界定一个基因族，该基因族接着被 GLIM－MER 用来构建一个训练模型并最终进行基因甄别。这两种工具的结合充分发挥了 CRITICA 的准确性和 GLIM－MER 的敏感性。

2. 基因组结构

谷氨酸棒杆菌（*C. glutamicum* ATCC 13032）基因组序列总的特征如图 3-3 和表 3-1 所示。谷氨酸棒杆菌基因组的染色体为环状，包含 3282708 个碱基对（3.282708Mb），小于 *Mycobacterium tuberculosis* 基因组（4.2Mb），大于 *Corynebacterium diphtheriae* 基因组（2.5Mb）。基因组 GC 含量为 53.8%，与大肠杆菌的 GC 含量相近，但是在分类上归属于高 GC 含量，却与革兰阳性的 *Actinobacteria* 不相同。基因组中也发现一些基因水

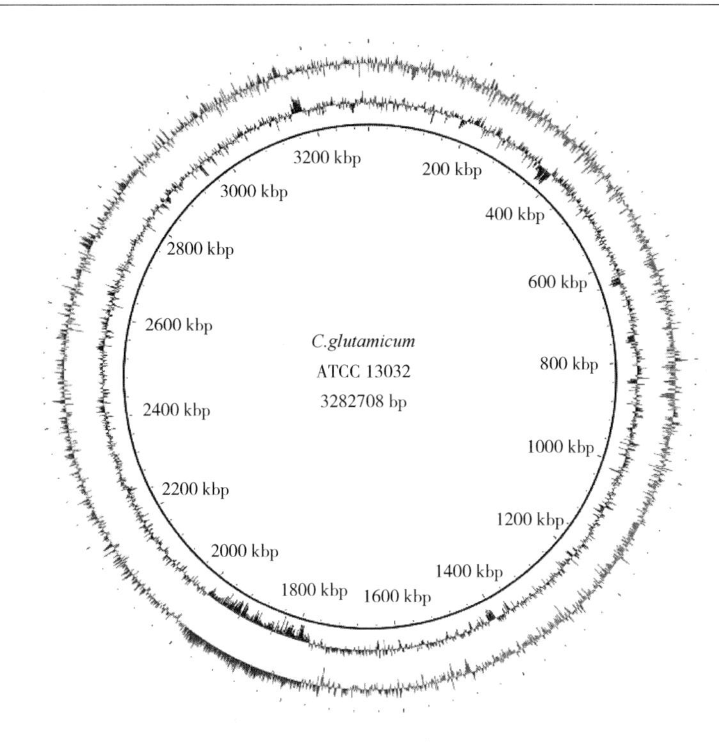

图 3-2　*C. glutamicum* ATCC 13032 基因组序列（GenBank No：NC _ 003450）

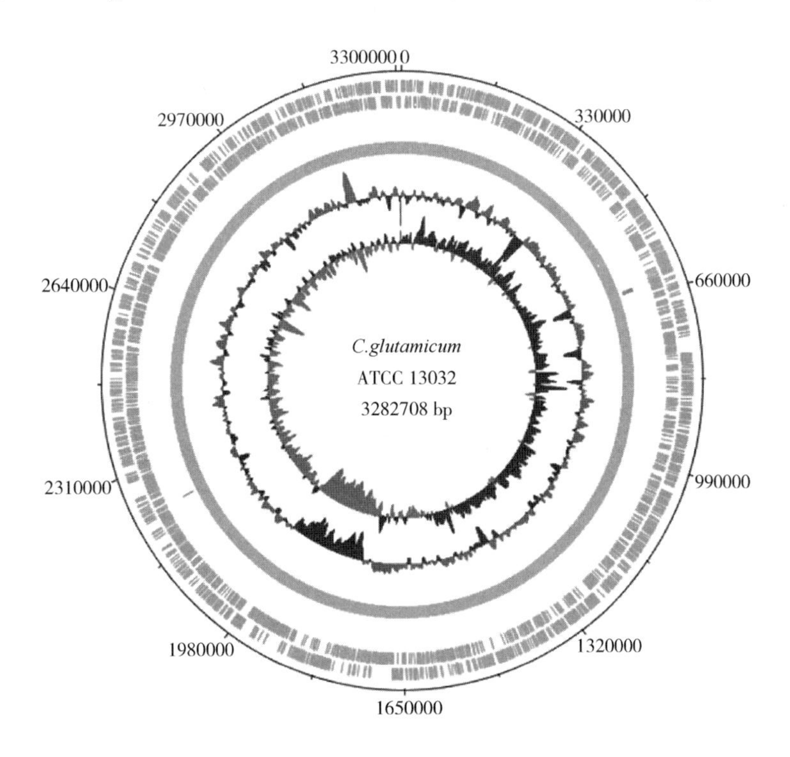

图 3-3　*C. glutamicum* ATCC 13032 环状染色体注解

注：由外向内的同心圆为顺时针方向和逆时针方向转录的解码序列（CDS）、相对的 GC 含量和 GC 偏向。向外凸出的线条表示 GC 含量与中值的正偏差，向内凸出的线条表示负偏差。*C. glutamicum* ATCC 13032 的基因组序列收藏于 EMBL 数据库中。

平转移需要的特殊DNA区域，如一个来自于*C. diphtheriae*的DNA片段和一个含原噬菌体的区域。在自动和人工注释后，发现了3002种蛋白质的编码基因，通过与已知蛋白的同源性比较，其中2489种蛋白质的功能已经确定。这些分析研究证实了*C. glutamicum*与分枝杆菌相关联的分类地位，表现出土壤细菌所具有的广泛的代谢多样性。

表3-1　*C. glutamicum* ATCC 13032染色体特征

染色体特征	参数
总长度	3282708bp
GC含量	53.8%
编码序列总长度	3002（100%）
注释蛋白编码序列	2489（83%）
推测胞溶性蛋白编码序列	1518（51%）
推测膜蛋白编码序列	660（22%）
推测胞外表观蛋白编码序列	311（10%）
保守的假定蛋白编码序列	250
假定蛋白编码序列	263
编码密度	87%
基因平均长度	952bp
核糖体RNAs	6个操纵子（16S－23S－5S）
转移RNAs	42个不同/60个基因
其他稳定RNAs	2

采用GC偏斜分析（常被用于DNA复制前导链和滞后链的甄别）发现，*C. glutamicuim* ATCC 13032的DNA复制是双向的，基因组上也存在GC含量与中值明显偏离的几个区域，其中有两个较大的GC含量低的区域。第一个大小为25kb，包括20个编码区（cg0415～cg0443），GC含量为41%～49%。该区域的基因与胞壁质（Murein）形成的某些方面有关。第二个低GC含量区与第一个相比大得多，为200kb，包括大约180个编码区，其中大部分与已知细菌基因没有明显相似性。

与这些低GC含量区域相对立，基因组上也存在一个14kb的高GC含量区域，该区域（cg3280～cg3295）的基因GC含量为66%。左侧7kb片段的核苷酸序列与*C. diphtheriae*基因组的一个片段存在95%的相似性，这一现象只能解释为从类白喉棒杆菌*C. diphtheriae*到土壤细菌*C. glutamicum*的水平基因转移。此外，基因排列次序保守性分析显示，在棒杆菌*C. glutamicum*、*C. efficiens*和*C. diphtheriae*之间存在数量惊人的相似段（Synteny），如图3-4所示。

3. 编码区的注释

基因甄别工具与数据库同源搜索相结合，再加上采用基因组注释工具GenDB进行注释，在*C. glutamicum* ATCC 13032基因组中共发现3002个潜在的蛋白质编码基因。通过

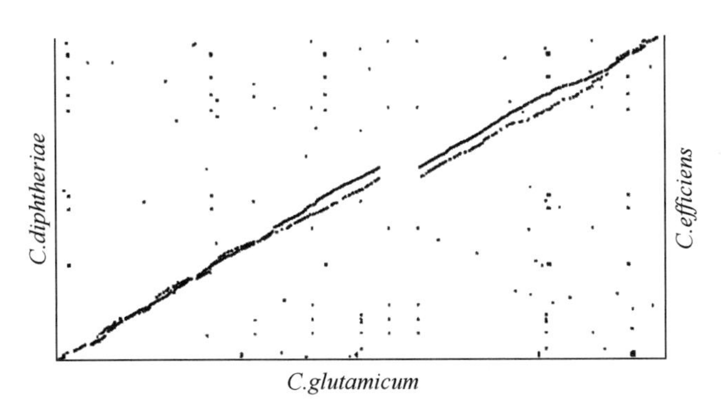

图 3-4　棒杆菌 *C. glutamicum*、*C. efficiens* 和 *C. diphtheriae* 之间的相似段

相似性分析确定了其中 2489 个基因的功能和位点。剩下的被预测的基因中有 250 个在其他生物中可找到类似的序列，只有其他 263 个基因是 *C. glutamicum* ATCC 13032 所特有的。

谷氨酸棒杆菌基因组必然具有使该微生物能进行初级代谢、降解各种所需营养物质以及适应环境变化的遗传信息。它是第一个基因组被完整地测序的革兰阳性土壤细菌。由于它的非致病性，因此，建立一套经完全注释的谷氨酸棒杆菌基因组序列对于透彻了解该微生物的生物学特性是一大飞跃，它也是氨基酸代谢工程研究的基础。

4. 与氨基酸生物合成相关基因的克隆

将基因操作技术用于谷氨酸棒杆菌的研究始于 20 世纪 80 年代中期，至今已有近 40 年的历史。由于有关该菌的基本克隆工具，如克隆载体、质粒、基因转移方法以及基因表达系统已经具备，使得基因的克隆、表达、敲除或者替换得以实施。通过使用上述方法，如今有关氨基酸生物合成的大部分基因已经被克隆，如表 3-2 所示。

表 3-2　　部分被克隆的与氨基酸生物合成相关的基因

途径	基因	酶	氨基酸
糖代谢	*ptsG*	葡萄糖酶Ⅱ	谷氨酸，赖氨酸
	scrB	蔗糖酶	
	ppgk	聚磷酸葡萄糖磷酸转移酶	谷氨酸，赖氨酸
	iolT1	肌醇透性酶	苏氨酸，异亮氨酸
糖酵解	*pgi*	葡萄糖磷酸异构酶	
	gapC	甘油醛-3-磷酸脱氢酶	苏氨酸，甲硫氨酸
	pgk	磷酸果糖激酶	谷氨酸，赖氨酸
	pfk	6-磷酸果糖激酶	
回补途径	*ppc*	磷酸烯醇式丙酮酸羧化酶	谷氨酸，苏氨酸
	pyc	丙酮酸羧化酶	赖氨酸
乙酰 CoA 代谢	*pdhA*	丙酮酸脱氢酶	谷氨酸，赖氨酸
	dtsRl	脂肪酸合成相关酶	
	dtjR2	dtsRl 同源蛋白	
	accBC	乙酰 CoA 羧化酶亚基 B、C	

续表

途径	基因	酶	氨基酸
TCA 循环	*aco*	顺乌头酸酶	
	gltA	柠檬酸合成酶	
	ifd	异柠檬酸脱氢酶	谷氨酸，苏氨酸
	odhA	酮戊二酸脱氢酶	
	icl	异柠檬酸裂解酶	
氮同化作用	*gdhA*	谷氨酸脱氢酶	
	gltAB	谷氨酰胺酮戊二酸转氨酶	谷氨酸
	glnA	谷氨酰胺合成酶	
运输	*gluABCD*	谷氨酸吸收	谷氨酸
热力学	*cytB*	细胞色素 B	谷氨酸
	unc	H^+ - ATP 酶亚基	脯氨酸

谷氨酸棒杆菌以其安全性高、遗传背景较清楚且基因组尺度代谢网络模型已初步构建等优势而被广泛应用于筛选高产氨基酸菌株。同时，产氨基酸菌的全基因组测序的完成以及基因组尺度代谢网络模型的构建能有效地了解基因与表型的相关性，从而为代谢工程改造提供修饰靶点以最大限度地选育氨基酸高产菌提供了可能。近几年的研究结果表明，代谢工程对于高产氨基酸菌的选育优势越来越明显。可以相信，随着系统生物学分析手段的进一步发展及大量试验数据的积累，多尺度多层次的系统生物学方法应用于代谢工程将为微生物高产氨基酸菌种的选育及明确阐明表型或代谢途径从而得到优化的分子机制提供极佳的工具，进一步促进氨基酸生物发酵的发展。

三、大肠杆菌

（一）大肠杆菌形态特征

大肠杆菌（*E. coli*）为革兰阴性短杆菌，周生鞭毛，能运动，无芽孢（图 3-5）。能以多种糖类为底物发酵产酸、产气，是人和动物肠道中的正常栖居菌。

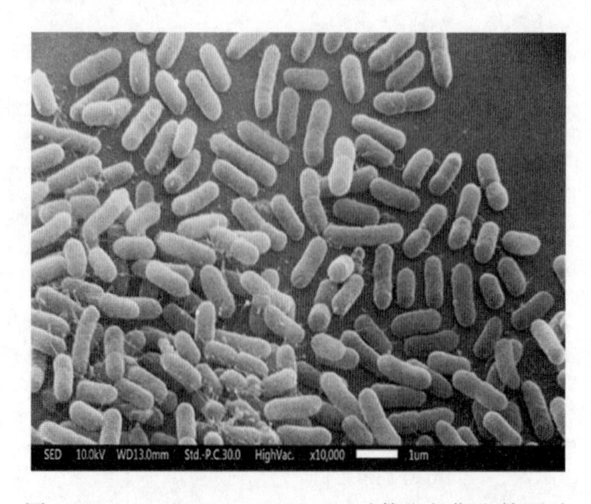

图 3-5　*E. coli* K－12 MG1655 对数生长期电镜照片

（二）大肠杆菌的主要特征

主要特点如下。

（1）直杆状，细胞大小为（1.1～1.5）μm×（2.0～6.0）μm，单个或成对排列。

（2）属于原核生物，革兰阴性。

（3）具有由肽聚糖组成的细胞壁，只含有核糖体这种简单的细胞器，没有细胞核，有拟核。

（4）有荚膜和微荚膜。

（5）以周生鞭毛运动或不运动。

（6）氧化酶阴性。

（7）异养兼性厌氧型，乙酸盐可作为唯一碳源利用，但不能利用柠檬酸盐。

（8）培养时无需添加生长因子。

（9）向培养基中加入伊红美蓝，遇大肠杆菌，菌落呈深紫色，并有金属光泽。

（三）大肠杆菌基因组研究进展

大肠杆菌的基因组计划虽然起始于 20 世纪 90 年代初，但是直到 1997 年，完整的 *E. coli* K－12 MG1655 基因组序列才由威斯康星大学麦迪逊分校的 Frederick R. Blattner 和 Guy Plunkett 两位教授完成，现在已经公开发表（GenBank No：NC _ 000913），如图 3-6 所示。

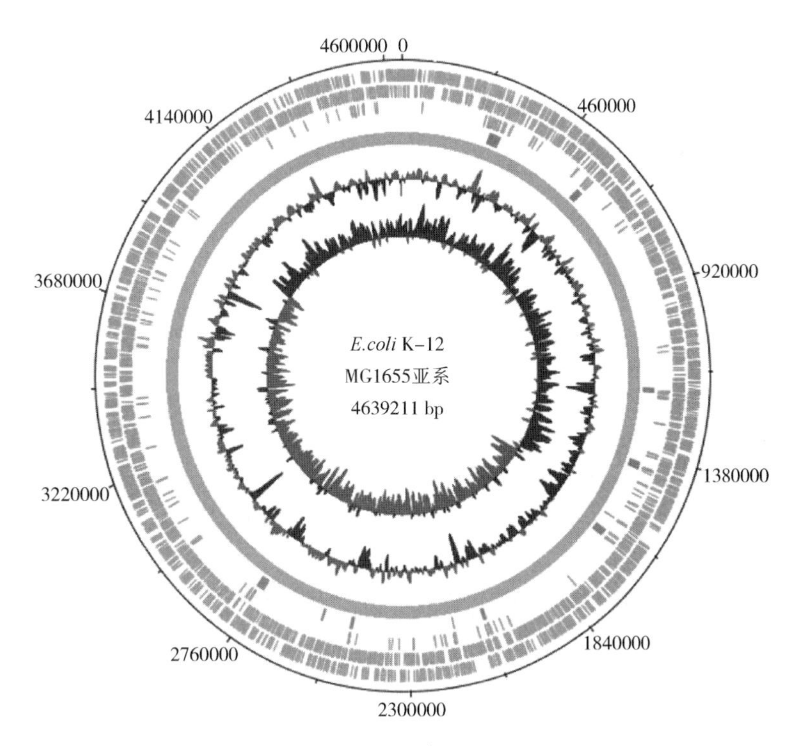

图 3-6 *E. coli* K－12 MG1655 基因组序列（GenBank No：NC _ 000913）

1. 基因组序列的组装与注释

M13 Janus 鸟枪法策略被证明是测序数据收集的最有效策略。1992—1995 年上传至

GenBank 的大肠杆菌 2686777～4639221bp 的 1.92Mb 片段，是通过放射性化学手段从 MG1655 序列重叠的 15～20kb 测得的。2475719～2690160bp 的序列采用自动测序仪，利用气孔质粒技术直接从细菌染色体中切取出环状的非重叠片段，纯化后用鸟枪法测序。基因组上最大的片段（22551～2497976bp）是从 M13Janus 鸟枪法测序得来。最后，长距离 PCR 被用来填补 36.9kb 的缺口，扩增引物直接用于测序模板或枪源材料。已完成的序列在 1997 年 1 月 16 日存入 GenBank 中，在这个序列中，168 个模糊码反映了原始测定中的不确定性。

2. 基因组结构

大肠杆菌基因组的染色体为环状。包含 4639221 个碱基对（4.639221Mb）。基因组 GC 含量为 50.8%，与谷氨酸棒杆菌的 GC 含量相近。蛋白质编码基因占基因组的 87.8%，编码稳定的 RNA 占 0.8%，非编码重复区占 0.7%，其余大约 11%负责调控和其他功能。具体 *E. coli* K－12 MG1655 序列分布如表 3-3 所示。

表 3-3　*E. coli* K－12 MG1655 CTAG 序列分布

DNA 种类	CTAG 数量	平均间隔
蛋白质编码序列	569	7159
TAG 终端	67	—
REP 序列	4	6144
所有非蛋白质编码序列	317	1782
调控区域	251	1999
rRNA 基因	46	697
tRNA 基因	13	514
10Sa RNA（*ssrA*）	2	233
RNase P M1 RNA（*rnpB*）	1	377
碱基组成预期	18101	256

3. 编码区的注释

E. coli K－12 MG1655 含有 80 个 ABC 转运蛋白，整个基因组在复制的局部方向上具有惊人的组织性。鸟嘌呤、寡核苷酸可能与复制和重组有关，大多数基因都是如此的导向。基因组还包含插入序列元素、噬菌体残基和许多其他异常，它们通过水平转移指示基因组的可塑性。

E. coli 基因组中还包含有许多插入序列，如 λ -噬菌体片段和一些其他特殊组分的片段，这些插入的片段都是由基因的水平转移和基因重组而形成的，由此表明了基因组具有可塑性。利用大肠杆菌基因组的这种特性对其进行改造，使其中的某些基因发生突变或者缺失，从而给大肠杆菌带来可以观察到的变化，这种观察到的特征称为大肠杆菌的表现型，把引起这种变化的基因构成称为大肠杆菌的基因型。具有不同基因型的菌株表现出不同的特性。这些不同基因型特性的菌株在基因工程的研究和生产中具有广泛的应用价值。

大肠杆菌的主要基因型包括：与基因重组相关的基因型（如 *recA*、*recB* 和 *recC* 等）、与甲基化相关的基因型（如 *dam*、*dcm*、*mcrA*、*mcrB* 和 *mrrC* 和 *hsdM* 等）、与点突变相关的基因型（如 *mutS*、*mutT*、*dut*、*ung* 和 *uvrB* 等）、与核酸内切酶相关的基因型（如 *hsdR*、*hsdS* 和 *endA* 等）、与终止密码子相关的基因型（如 *supE* 和 *supF*）、与抗药性相关的基因型（*gyrA*、*rpsl* 和 *Tn*5 等）及其他与能量代谢、氨基酸代谢、维生素代谢等相关的基因型。基因工程中，经常使用的大肠杆菌几乎都来自于 K－12 菌株，也使用由 B 株和 C 株来源的大肠杆菌。

4. 与氨基酸生物合成相关基因的克隆

将基因操作技术用于大肠杆菌的研究始于 20 世纪 70 年代，至今已有近 40 年的历史。由于有关该菌的基本克隆工具、克隆载体、质粒、基因转移方法以及基因表达系统已经具备，使得基因的克隆、表达、敲除或者替换得以实施。通过使用上述方法，如今有关氨基酸生物合成的大部分基因已经被克隆，如表 3-4 所示。

表 3-4　　部分被克隆的与氨基酸生物合成相关的基因

途径	基因	酶	氨基酸
糖代谢	*ptsG*	葡萄糖酶Ⅱ	谷氨酸，赖氨酸
	scrB	蔗糖酶	
	ppk	多聚磷酸激酶	谷氨酸，赖氨酸
糖酵解	*pyk*	磷酸果糖激酶	苏氨酸，甲硫氨酸
	pfk	6－磷酸果糖激酶	谷氨酸，赖氨酸
	pgi	葡萄糖磷酸异构酶	
回补途径	*ppc*	磷酸烯醇式丙酮酸羧化酶	谷氨酸，苏氨酸 赖氨酸，甲硫氨酸
乙酰 CoA 代谢	*pdh*	丙酮酸脱氢酶	谷氨酸，赖氨酸
	aceE	丙酮酸脱氢酶	
TCA 循环	*aco*	顺乌头酸酶	谷氨酸，苏氨酸
	gltA	柠檬酸合成酶	
	ifd	异柠檬酸脱氢酶	
	odhA	酮戊二酸脱氢酶	
	icl	异柠檬酸裂解酶	
氮同化作用	*gdhA*	谷氨酸脱氢酶	谷氨酸
	gltAB	谷氨酰胺酮戊二酸转氨酶	
	glnA	谷氨酰胺合成酶	
运输	*rhtA*	苏氨酸转运蛋白	苏氨酸
	rhtB		
	rhtC		
热力学	*pntAB*	吡啶核苷酸转氢酶	谷氨酸 赖氨酸

第二节　氨基酸生产菌的选育策略

一、谷氨酸族氨基酸代谢调节机制和育种策略

谷氨酸族氨基酸包括谷氨酸、精氨酸、谷氨酰胺和脯氨酸。

（一）谷氨酸合成中代谢调节机制

谷氨酸是组成蛋白质的20种基本氨基酸之一，为非必需氨基酸，化学名称为α-氨基戊二酸，属于酸性氨基酸，具有一个氨基和两个羧基。谷氨酸大量存在于谷类蛋白质中，多种食品以及人体内都含有谷氨酸盐，它既是蛋白质或肽的结构氨基酸之一，又是游离氨基酸，在动物脑中含量比较多。谷氨酸是人体和动物的重要营养物质，具有特殊的生理作用，在生物体内的蛋白质代谢过程中占重要作用，是生物机体内氨代谢的基本氨基酸之一，它参与动物、植物和微生物中的许多重要化学反应，在生物合成上具有重要意义。

1. 生物合成途径中的调节作用

由葡萄糖生物合成谷氨酸的代谢途径及其调节机制如图3-7所示。

（1）葡萄糖首先经糖酵解（EMP）及磷酸戊糖途径（HMP）两个途径生成丙酮酸。EMP和HMP两个途径在谷氨酸合成过程中所占的比例受生物素的调节，当生物素充足时HMP所占比例是38%，而控制生物素“亚适量”，HMP所占比例约为26%。

（2）生成的丙酮酸，一部分在丙酮酸脱氢酶系的作用下氧化脱羧生成乙酰CoA，另一部分经CO_2固定反应生成草酰乙酸或苹果酸。催化CO_2固定反应的酶有丙酮酸羧化酶、苹果酸酶和磷酸烯醇式丙酮酸羧化酶。需要指出的是，丙酮酸羧化酶和磷酸烯醇式丙酮酸羧化酶受天冬氨酸的反馈抑制，受谷氨酸和天冬氨酸的反馈阻遏。

（3）三羧酸循环处于谷氨酸脱氢酶和磷酸烯醇式丙酮酸羧化酶的中间，起着合成和分解两方面的作用。柠檬酸合成酶是三羧酸循环的关键酶，除受能荷调节外，还受谷氨酸的反馈阻遏和乌头酸的反馈抑制。一般认为代谢过程是通过抑制分支点处的关键酶来决定碳流向的，因此，柠檬酸优先参与谷氨酸的合成。异柠檬酸脱氢酶催化的异柠檬酸脱氢脱羧生成α-酮戊二酸的反应和谷氨酸脱氢酶催化的α-酮戊二酸还原氨基化生成谷氨酸的反应是一对氧化还原共轭反应体系。细胞内α-酮戊二酸的量与异柠檬酸的量需维持平衡，当α-酮戊二酸过量时对异柠檬酸脱氢酶发生反馈抑制作用，停止合成α-酮戊二酸。

（4）α-酮戊二酸在谷氨酸脱氢酶作用下经还原氨基化反应生成谷氨酸。然而在谷氨酸棒杆菌中，谷氨酸比天冬氨酸优先合成，谷氨酸合成过量后，就会抑制和阻遏自身的合成途径，使代谢转向合成天冬氨酸。α-酮戊二酸合成后由于α-酮戊二酸脱氢酶活性微弱，谷氨酸脱氢酶的活性很强，故优先合成谷氨酸。谷氨酸脱氢酶受到谷氨酸的反馈抑制和阻遏，磷酸烯醇式丙酮酸羧化酶则受到天冬氨酸或谷氨酸的反馈阻遏及天冬氨酸的反馈抑制，表明该酶在谷氨酸合成中起着重要作用。

由此可知，在菌体的正常代谢中，谷氨酸比天冬氨酸优先合成，谷氨酸合成过量时，谷氨酸抑制谷氨酸脱氢酶的活性和阻遏柠檬酸合成酶催化柠檬酸的合成，使代谢转向天冬氨酸的合成。天冬氨酸合成过量后，天冬氨酸反馈抑制和反馈阻遏磷酸烯醇式丙酮酸羧化酶的活性，停止草酰乙酸的合成。所以，在正常情况下，谷氨酸并不积累。

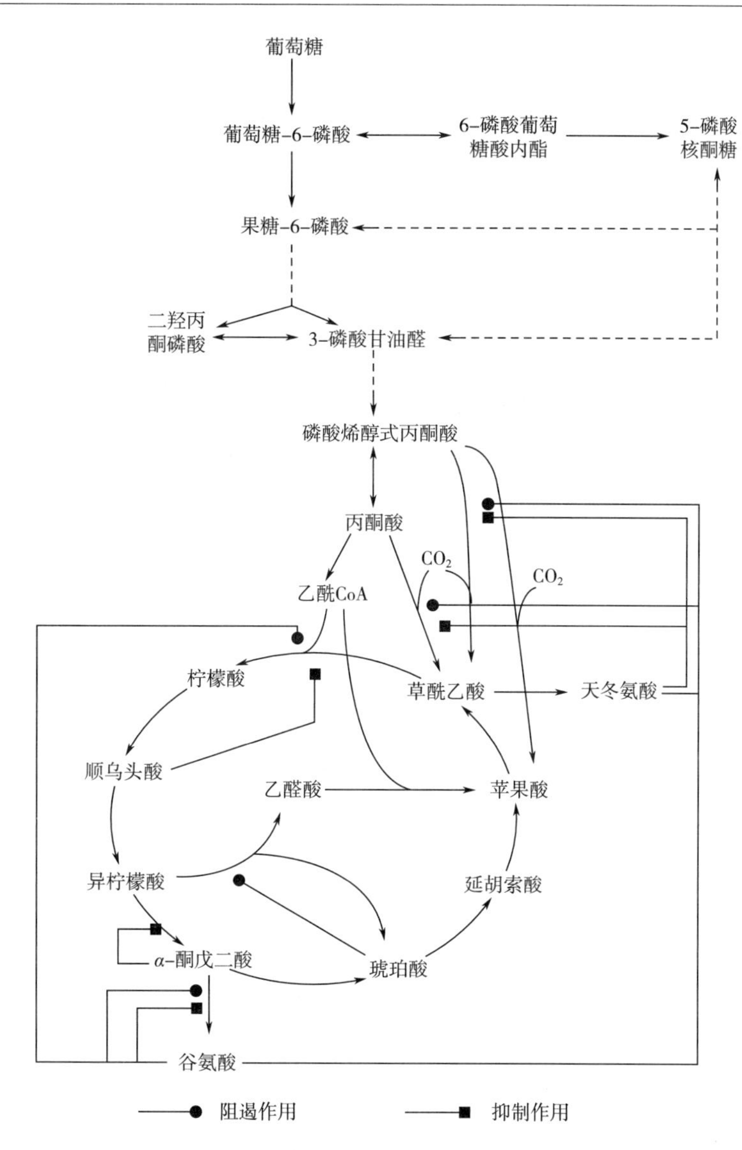

图 3-7　由葡萄糖生物合成谷氨酸的代谢途径

2. 糖代谢的调节作用

糖代谢的调节主要受能荷的控制，也就是受细胞内能量水平的控制。糖代谢最重要的生理功能是以 ATP 的形式供给能量。在葡萄糖氧化过程中，中间产物积累或减少时，会引起能荷的变化，造成代谢终产物 ATP 的过剩或减少，这些中间产物和腺嘌呤核苷酸（ATP、ADP、AMP）通过抑制或激活糖代谢各阶段关键酶活性来调节能量的生成。细胞所处的能量状态用 ATP、ADP 和 AMP 之间的关系来表示，称为能荷。

如图 3-8 所示，当生物体内生物合成或其他需能反应加强时，细胞内 ATP 分解生成 ADP 或 AMP，ATP 减少，ADP 或 AMP 增加，即能荷降低，就会激活某些催化糖类分解的酶或解除 ATP 对这些酶的抑制（如糖原磷酸化酶、磷酸果糖激酶、柠檬酸合成酶、异柠檬酸脱氢酶等），并抑制糖原合成的酶（如糖原合成酶、果糖-1，6-二磷酸酯酶等），从而加速糖酵解、TCA 循环产生能量，通过氧化磷酸化作用生成 ATP。当能荷高时，即细胞内能量水平高时，AMP、ADP 都转变成 ATP，ATP 增加，就会抑制糖原降解、糖酵解（EMP）和三羧酸循环（TCA）的关键酶，并激活糖类合成的酶，从而抑制糖的分解，加速糖原的合成。

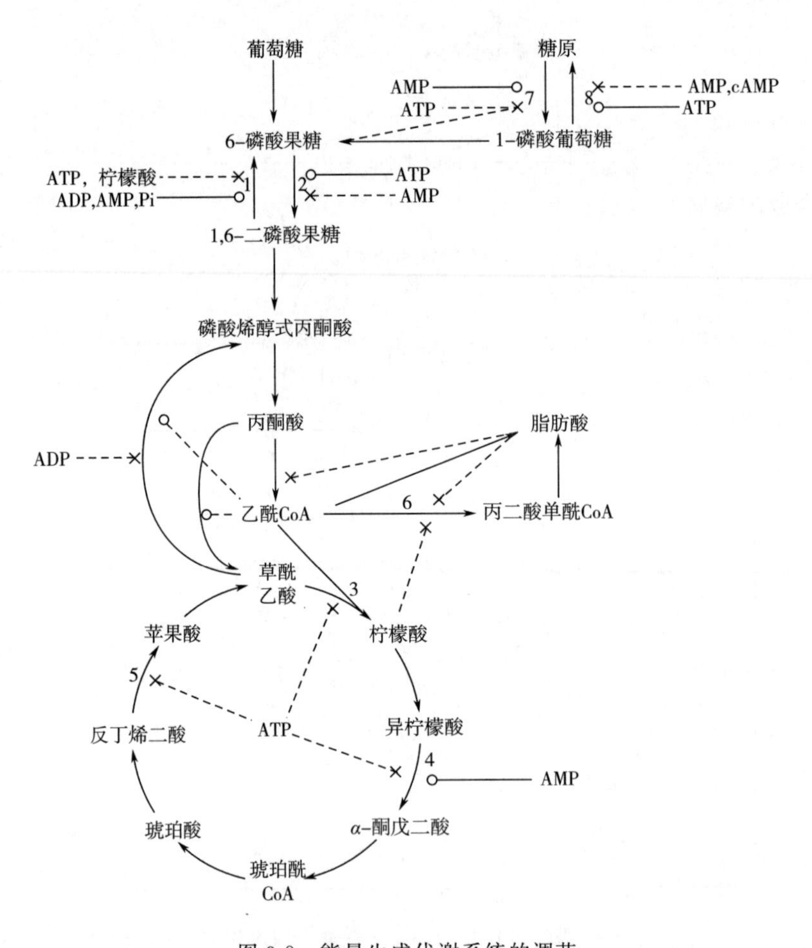

图 3-8　能量生成代谢系统的调节

1—磷酸果糖激酶　2—1，6-二磷酸果糖酯酶　3—柠檬酸合成酶　4—异柠檬酸脱氢酶
5—反丁烯二酸酶　6—乙酰 CoA 羧化酶　7—糖原磷酸化酶　8—糖原合成酶　×—抑制　○—解除抑制

3. 生物素的调节作用

（1）生物素对糖代谢的调节　生物素对糖代谢速率的影响，主要是影响糖降解速率，而不是影响 EMP 与 HMP 途径的比率。日本的研究报道指出，生物素充足时，HMP 途径所占的比例是 38%，而生物素亚适量时则为 26%，确认了生物素对由糖开始到丙酮酸为止的糖代谢途径没有显著的影响。在生物素充足条件下，丙酮酸以后的氧化活性虽然也有提高，但由于糖降解速率显著提高，打破了糖降解速率与丙酮酸氧化速率之间的平衡，丙酮酸趋于生成乳酸的反应，因而会引起乳酸的溢出。生物素是丙酮酸羧化酶的辅酶，参与 CO_2 固定反应，据报道，生物素过量时（100μg/L 以上），CO_2 固定反应可提高 30%。

（2）生物素对乙醛酸循环的调节　乙醛酸循环的关键酶——异柠檬酸裂解酶受葡萄糖、琥珀酸阻遏，为醋酸诱导。以葡萄糖为原料发酵生产谷氨酸时，通过控制生物素亚适量，几乎看不到异柠檬酸裂解酶的活性。原因是丙酮酸氧化能力下降，醋酸的生成速度慢，所以为醋酸所诱导形成的异柠檬酸裂解酶就很少。再者，由于异柠檬酸裂解酶受琥珀酸阻遏，在生物素亚适量条件下，因琥珀酸氧化能力降低而积累的琥珀酸就会反馈抑制该酶的活性，并阻遏该酶的合成，乙醛酸循环基本上是封闭的，代谢流向“异柠檬酸→α-酮戊二酸→谷氨酸”的方向高效率地移动。

（3）生物素对蛋白质合成的调节　控制谷氨酸发酵的关键之一就是降低蛋白质的合成能力，使合成的谷氨酸不去转化成其他氨基酸和参与蛋白质的合成。在生物素亚适量时，几乎没有异柠檬酸裂解酶活力，琥珀酸氧化力弱，苹果酸和草酰乙酸脱羧反应停滞，同时又由于完全氧化降低的结果，使ATP形成量减少，导致蛋白质合成活动停滞，在铵离子适量存在下，使得菌体生成积累谷氨酸。生成的谷氨酸也不通过转氨作用生成其他氨基酸和合成蛋白质。相反，在生物素充足的条件下，异柠檬酸裂解酶活力增强，氧化琥珀酸增强，氧化丙酮酸加强，乙醛酸循环的比例增加，草酰乙酸、苹果酸脱羧反应增强，蛋白质合成增强，谷氨酸减少，合成的谷氨酸通过转氨作用生成的其他氨基酸量增加。

（二）谷氨酸生产菌的代谢控制育种策略

根据谷氨酸的代谢调节机制，选育谷氨酸高产菌的基本策略有以下几方面。

1. 选育耐高渗透压菌种

谷氨酸高产菌需在高糖、高谷氨酸的培养基中仍能正常地生长与代谢，具有耐高渗透性的特征。可选育在含200～300g/L葡萄糖的平板上生长良好的耐高糖突变株，或在含150～200g/L味精的平板上生长良好的耐高谷氨酸突变株，或在200g/L葡萄糖加150g/L味精的平板上生长良好的耐高糖、耐高谷氨酸的菌株。

2. 选育不分解利用谷氨酸的突变株

谷氨酸是谷氨酰胺、鸟氨酸、瓜氨酸、精氨酸等氨基酸生物合成的前体物。如果谷氨酸生产菌一边合成谷氨酸一边分解谷氨酸或利用谷氨酸合成其他氨基酸，就不能使谷氨酸有效积累。因此，必须选育不能分解利用谷氨酸的菌种，即它们在以谷氨酸为唯一碳源的培养基上不生长或生长微弱的突变株。

3. 选育强化CO_2固定反应的突变株

强化CO_2固定反应能提高菌株的产酸率，在谷氨酸生物合成途径中，如果四碳二羧酸全部由CO_2固定反应提供，谷氨酸对糖的理论转化率高达81.7%。这种突变株的选育一般可采用以下方法进行。

（1）选育以琥珀酸或苹果酸为唯一碳源，生长良好的菌株　因为菌体在这种情况下生长，细胞内碳代谢必须进行四碳二羧酸的脱羧反应，该反应与CO_2固定反应是相同的酶催化，CO_2固定反应相应地加强。

（2）选育氟丙酮酸敏感菌株　氟丙酮酸是丙酮酸脱氢酶的抑制剂，即抑制丙酮酸向乙酰CoA转化，相应地，CO_2固定反应加强。突变株对氟丙酮酸越敏感，效果越理想。

（3）选育减弱乙醛酸循环的突变株　乙醛酸循环减弱不仅能使二氧化碳固定反应比例增大，而且异柠檬酸也能高效率转化为α-酮戊二酸，再生成谷氨酸。常见得到的该突变株有琥珀酸敏感型突变株和不分解利用乙酸的突变株。

4. 选育解除谷氨酸对谷氨酸脱氢酶反馈调节的突变株

谷氨酸对谷氨酸脱氢酶存在着反馈抑制和反馈阻遏，使谷氨酸生产菌代谢转向天冬氨酸的合成。解除这种反馈调节，有利于连续生成谷氨酸和谷氨酸的积累。该类突变株有酮基丙二酸抗性突变株、谷氨酸结构类似物抗性突变株和谷氨酰胺抗性突变株。

5. 选育强化能量代谢的突变株

强化能量代谢可以使 TCA 循环前一段代谢加强，谷氨酸合成速度加强。该类突变株主要有呼吸抑制性抗性突变株、ADP 磷酸化抑制剂抗性突变株和能抑制能量代谢的抗生素的抗性突变株。

（1）选育呼吸抑制剂抗性突变株时，可选育丙二酸、氧化丙二酸、氰化钾和氰化钠抗性突变株。

（2）选育 ADP 磷酸化抑制剂抗性突变株时，可选育 2，4 -二硝基酚、羟胺、砷和胍等抗性突变株。

（3）选育能抑制能量代谢的抗生素的抗性突变株时，可选育缬氨霉素、寡霉素等抗性突变株。

6. 选育强化三羧酸循环中从柠檬酸到 α -酮戊二酸代谢的突变株

在三羧酸循环中，从柠檬酸到 α -酮戊二酸的代谢是谷氨酸生物合成途径的一部分，强化这段途径有利于谷氨酸的合成。

（1）柠檬酸合成酶是三羧酸循环的关键酶，选育柠檬酸合成酶活性强的突变株，可加强谷氨酸的合成。

（2）氟乙酸、氟化钠和氟柠檬酸都是乌头酸酶的抑制剂，选育氟乙酸、氟化钠和氟柠檬酸等的抗性突变株，可强化乌头酸酶的活力。

7. 选育弱化 HMP 途径后段酶活性的突变株

在谷氨酸生物合成中，从葡萄糖到丙酮酸的反应是由 EMP 途径和 HMP 途径组成的。但是，通过 HMP 途径可生成核糖、核苷酸、莽草酸、辅酶 Q 和维生素 K 等物质，这些物质的生成会消耗葡萄糖，使谷氨酸的产率降低。如果弱化 HMP 途径，就会减弱或切断这些物质的合成，从而增加谷氨酸的产率，具体方法如下。

（1）选育莽草酸缺陷型的突变株。

（2）选育抗嘌呤、嘧啶类似物的突变株。

（3）选育抗核苷酸类似物突变株。

8. 选育能提高谷氨酸通透性的菌株

谷氨酸通透性与细胞膜渗透性紧密相关。根据细胞膜的结构与组成特点，可以通过控制磷脂的合成使细胞膜损伤，可加大谷氨酸通透性。而磷脂的合成又和油酸、甘油的合成关联，所以这类谷氨酸生产菌的选育可从以下方面进行。

（1）选育生物素或油酸或甘油的缺陷型菌株。

（2）选育温度敏感型菌株　谷氨酸温度敏感突变株的突变位置发生在与谷氨酸分泌有密切关系的细胞膜结构的基因上，发生碱基的转换或颠换，一个碱基为另一个碱基所置换，这样为基因所控制的酶在高温下失活，导致细胞膜某些结构的改变。这种菌株另一个亮点就是在生物素丰富的培养基上也能分泌出谷氨酸。

（3）选育维生素 P 类衍生物抗性、二氨基庚二酸缺陷型等突变菌株。

（三）精氨酸生物合成中代谢调节机制

精氨酸是由学者 Schlus 在 1886 年首先从植物羽扇豆苗中分离提取到的，是健康成人及动物自身可以合成的非必需氨基酸，但是对婴幼儿来说却是必需氨基酸。精氨酸在生命代谢过程中起着非常重要的作用，例如在人体内参与氨解毒、激素的分泌（包括生长激素、催乳素、胰岛素、胰高血糖素等）以及提高免疫系统活性等生化反应，同时可以促进肌肉的形成以及伤口的愈合。精氨酸以谷氨酸作为前体物，共经过 7～8 种酶的催化最终合成精氨酸。微生物细胞内存在复杂的代谢网络，许多生物分子的合成都在 DNA 或蛋白质层次上受到不同程度的调控，精氨酸的合成也不例外。精氨酸生物合成途径中的一些关键酶受到产物反馈抑制或阻遏作用，同时胞内精氨酸的胞外分泌也受到相应调控。因此，要对精氨酸生产菌进行理性的优化，必须对其调控机制进行全面了解。

1. 生物合成途径中的调节作用

在线性途径中（图 3-9），精氨酸反馈抑制的主要对象是其合成途径的第一个酶 *N*-乙酰谷氨酸合成酶（NAGS，由 *argA* 编码），其途径上催化 8 步反应的酶的合成都受到精氨酸的反馈阻遏作用。然而，在循环途径中精氨酸反馈抑制的主要对象是其合成途径中的第二个酶 NAGK（*argB* 编码），其合成途径中各步酶的合成大部分受到精氨酸的反馈阻遏作用。

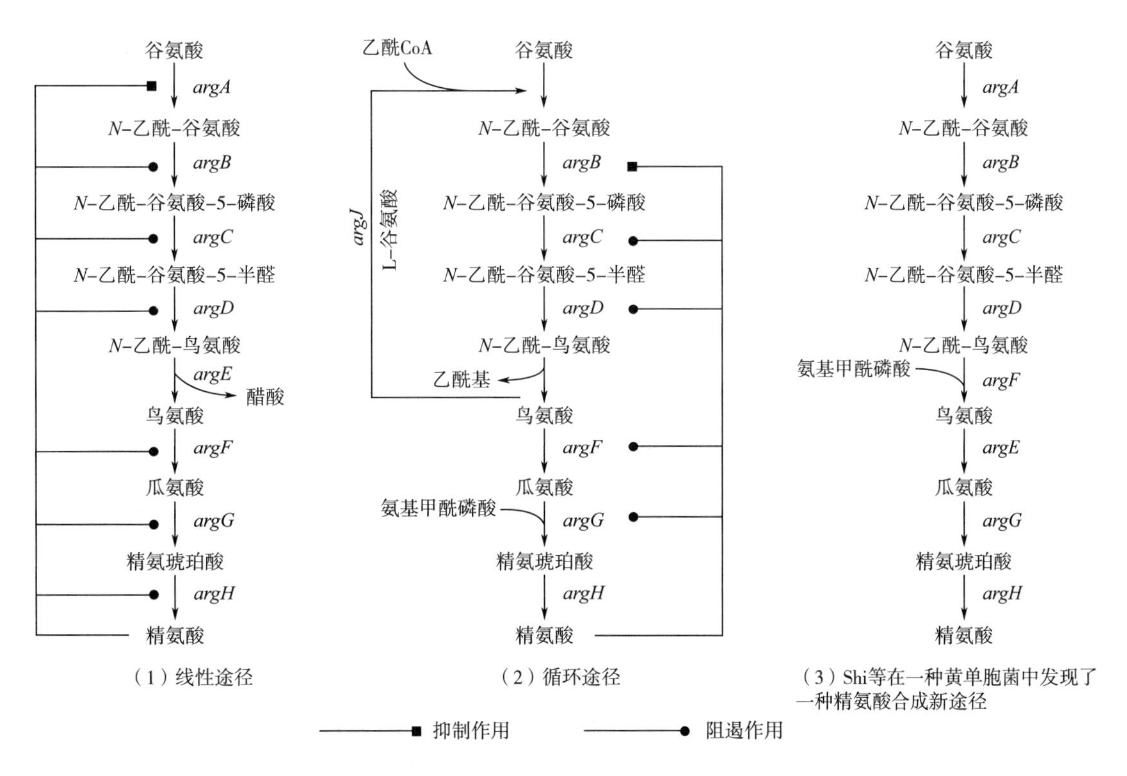

图 3-9　微生物菌体内精氨酸的生物合成途径

argA—乙酰谷氨酸合成酶　*argB*—乙酰谷氨酸激酶　*argC*—乙酰谷氨酸半醛脱氢酶　*argD*—乙酰鸟氨酸转氨酶　*argE*—乙酰鸟氨酸脱酰酶　*argF*—鸟氨酸转氨酶　*argG*—精氨酸琥珀酸合成酶　*argH*—精氨酸琥珀酸裂解酶　*argJ*—鸟氨酸乙酰转移酶

除了精氨酸对关键酶基因的反馈抑制作用，在精氨酸生物合成途径中还存在 ArgR/AhrC^{+}精氨酸协同反馈的负控制阻遏体系，主要是由精氨酸作为辅阻遏物与精氨酰- tRNA 阻遏蛋白 ArgR/AhrC 结合对精氨酸的合成途径中各个操纵子所进行的转录水平调节。参与调控 L -精氨酸生物合成途径中的阻遏蛋白 ArgR 首次在 *E. coli* 中发现。另外，研究发现另一阻遏蛋白 FarR 也调控 *C. glutamicum* 中精氨酸的生物合成，该阻遏蛋白 FarR 通过结合到 *arg* 操纵子上 *argC*、*argB*、*argF*、*argG* 以及 *gdh* 基因的上游区域来下调基因的表达。

2. 精氨酸胞外分泌的调节作用

终产物向胞外分泌是微生物细胞生产目的产物的最后一步。研究发现目的产物的胞外分泌是影响氨基酸产量的另一个限制性因素，因为如果胞内积累的精氨酸不及时分泌到胞外，就会抑制精氨酸生物合成途径中关键酶的活力，并弱化编码关键酶基因的转录，同时提高了胞内的精氨酸被分解消耗利用的机率，从而降低精氨酸的合成量。基因 *lysE* 是第一个被发现编码氨基酸输出蛋白的基因，在 *C. glutamicum* 中调节赖氨酸的胞外分泌，同时研究发现也是调控精氨酸胞外分泌的重要基因。但是，*lysE* 基因的表达需 lysG 激活蛋白以及胞内精氨酸-赖氨酸的诱导。LysE 蛋白只是 LysE 转运蛋白大家族中的一员。另外，Nandineni 和 Gowrishankar 在 *E. coli* 中发现了另一个编码精氨酸转运蛋白的基因 *argO*（*yggA*）。ArgO（YggA）蛋白同样属于 LysE 转运蛋白家族，但是 *yggA* 基因的表达需要精氨酸的诱导，而且需要 *argP* 基因编码的 LysR - type 的转录调节因子的辅助诱导，同时 *yggA* 基因的表达受到赖氨酸以及全转录调控子 *Lrp* 的调控。因此，ArgO 转运蛋白的主要功能是维持胞内精氨酸和赖氨酸的平衡，同时可以阻止有害物质的生成，例如精氨酸的结构类似物——刀豆氨酸。

（四）精氨酸产生菌的代谢控制育种策略

根据精氨酸的生物合成途径及代谢调节机制，精氨酸高产菌育种要点如下。

1. 解除菌体自身的反馈调节

精氨酸的生物合成受精氨酸自身的反馈抑制和阻遏，采用抗反馈调节突变株，以解除精氨酸自身的反馈调节，使精氨酸得以积累。例如，选育 D -精氨酸、精氨酸氧肟酸、2 -噻唑丙氨酸、6 -氮尿苷、6 -巯基嘌呤、8 -氮鸟嘌呤、磺胺胍、刀豆氨酸、2 -甲基甲硫氨酸、6 -氮尿嘧啶等抗性突变株，均可提高精氨酸的产量。此外，选育营养缺陷型的回复突变株也可以解除菌体自身的反馈调节，如选有 *N* -乙酰谷氨酸激酶缺陷的回复突变株。

2. 增加前体物的合成

如图 3-9 所示，谷氨酸是精氨酸生物合成的前体物，因此，选育氟乙酸、氟柠檬酸、重氮丝氨酸、狭霉素 C、德夸菌素、酮基丙二酸、缬氨霉素、寡霉素、对羟基肉桂酸、2，4 -二硝基酚、亚砷酸等抗性及氟丙酮酸、脱氢赖氨酸、萘啶酮酸、棕榈酰谷氨酸等敏感突变株，可增加精氨酸前体物质谷氨酸的合成，从而有利于精氨酸产量的提高。

3. 切断精氨酸分解代谢途径

要大量积累精氨酸，需切断或减弱精氨酸进一步向下代谢的途径，使合成的精氨酸不再被消耗，如选育不能以精氨酸为唯一碳源生长，即丧失精氨酸分解能力的突变株。

（五）谷氨酰胺生物合成中的代谢调节机制

谷氨酰胺是谷氨酸 γ -羧基酰胺化的一种氨基酸，作为 20 种构成蛋白质的基本氨基酸之一，在生物体代谢中起着举足轻重的作用，具有特殊的功能，被归为条件必需氨基酸。其主要功能有：①为快速繁殖细胞优先选择的“呼吸燃料”，如黏膜细胞和淋巴细胞。②调节酸碱平衡。③组织间的氮载体。④核酸、核苷酸、氨基糖和蛋白质的重要前体物质。谷氨酰胺也是一种极有发展前景的新药。

谷氨酰胺生物合成途径与调控机制如图 3-10 所示。谷氨酰胺的生物合成途径与谷氨酸十分相似，只是生成的谷氨酸继续和 NH_4^+ 结合并在谷氨酰胺合成酶的作用下转化为谷氨酰胺。

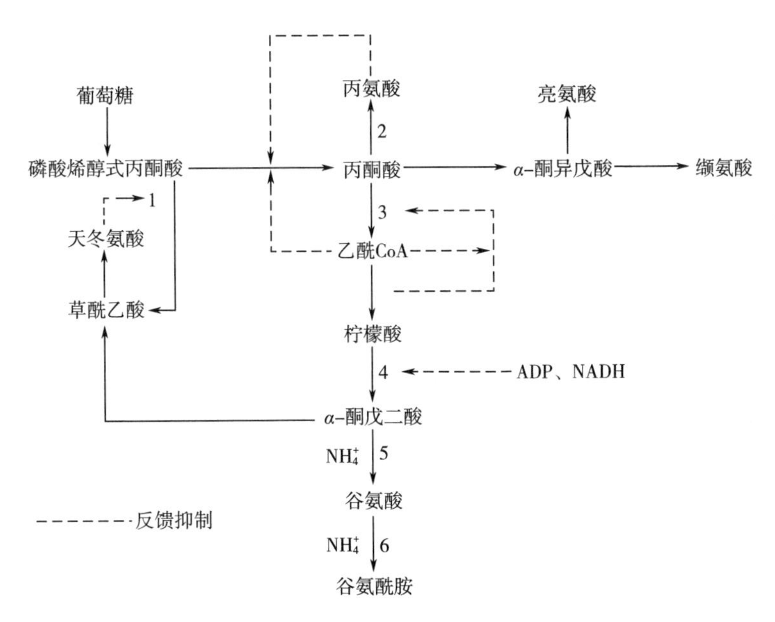

图 3-10　谷氨酰胺生物合成与调控途径

1—磷酸烯醇式丙酮酸羧化酶　2—丙酮酸激酶　3—丙酮酸脱氢酶系　4—异柠檬酸脱氢酶
5—谷氨酸脱氢酶　6—谷氨酰胺合成酶

1. 中心碳代谢途径中的调节作用

谷氨酰胺生产菌合成谷氨酰胺的中心碳代谢中，有几个关键酶控制其强度，这几个酶分别受不同代谢物的反馈调节，活化这些酶有利于谷氨酰胺的生物合成。这些酶分别是：

（1）磷酸烯醇式丙酮酸羧化酶　它是该反应中介于合成与分解代谢的无定向途径上的第一个酶，它受天冬氨酸的反馈抑制。

（2）丙酮酸激酶　它是一个别构酶。受乙酰 CoA、丙氨酸、ATP 的反馈抑制。

（3）丙酮酸脱氢酶系　该酶系是催化不可逆反应的酶系，受乙酰 CoA、NAD（P）H、GTP 的反馈抑制。

（4）异柠檬酸脱氢酶　ADP 和 NAD(P)H 抑制此酶的活性。

（5）谷氨酸脱氢酶　此酶是保证 α -酮戊二酸向谷氨酰胺转化而不是向草酰乙酸的三羧酸循环方向转化的关键酶。同时在此循环中还存在着向天冬氨酸、丙氨酸、缬氨酸转化的分支代谢，设法减弱分支代谢而强化中心碳代谢，主要的方法是减弱催化这些分支代谢酶的酶活性。

2. 谷氨酰胺终端合成途径中的调节作用

谷氨酰胺的生物合成是以谷氨酸和 NH_4^+ 为底物，在谷氨酰胺合成酶（Glutamine synthetase，GS）的催化下合成的。谷氨酰胺生物合成在细胞内是一个动态平衡的过程，除了受到谷氨酰胺合成酶（GS）调控外，还受谷氨酸脱氢酶（Glutamate dehydrogenase，GDH）、谷氨酸合酶（Glutamate synthase，GOGAT）的调控。

3. 回补途径中的调节作用

有研究表明在谷氨酸棒杆菌中回补途径是限制谷氨酰胺合成的重要制约因素。丙酮酸羧化酶（Pyruvate carboxylase，PCx，由 *pyc* 基因编码）被认为是在回补途径中发挥重要作用的酶，该酶能够催化丙酮酸和 CO_2 生成草酰乙酸，从而进入 TCA 循环。

（六）谷氨酰胺生产菌的代谢控制育种策略

在微生物中，谷氨酰胺是通过谷氨酰胺合成酶由 L-谷氨酸催化合成的。谷氨酰胺合成酶的最适 pH 为6.5～7.0，而谷氨酰胺酶、*N*-乙酰谷氨酰胺脱乙酰酶的最适 pH 分别为7.5～8.0和7.5。谷氨酰胺合成酶在 Mn^{2+} 存在下添加 Zn^{2+} 可显著提高其酶活，但 *N*-乙酰谷氨酰胺合成酶不受影响，而 Zn^{2+} 抑制谷氨酰胺酶和 *N*-乙酰谷氨酰胺脱乙酰酶的活性。黄色短杆菌和乳糖发酵短杆菌，在高 $(NH_4)_2SO_4$ 浓度及弱酸条件下，可由葡萄糖发酵生产谷氨酰胺。弱酸性条件提高谷氨酰胺合成酶的活性而抑制谷氨酰胺酶的活性，而高浓度的 $(NH_4)_2SO_4$ 也抑制谷氨酰胺酶的活性。

因此选育谷氨酰胺高产菌株的基本思路有以下方面。

（1）强化葡萄糖→丙酮酸→α-酮戊二酸→谷氨酸→谷氨酰胺的代谢主流，具体方法有。

①改变谷氨酸生产菌野生菌培养条件，使谷氨酸发酵转向谷氨酰胺发酵。如控制 NH_4^+、Zn^{2+}、Mg^{2+}、Mn^{2+} 等离子浓度以及 pH 范围。

②选育高 NH_4^+ 浓度抗性突变株。

③选育谷氨酰胺结构类似物抗性突变株。

④选育磺胺胍抗性突变株。

（2）减弱向分支代谢流的强度　选育以葡萄糖和反丁烯二酸为碳源，生长良好的菌株。以反丁烯二酸为碳源时，可以减弱支路代谢的碳流量。

（七）脯氨酸生物合成中代谢调节机制

脯氨酸是非必需氨基酸，具有特殊甜味，用于制作医药品、配制氨基酸输液和抗高血压药物甲巯丙脯氨酸等。工业制造脯氨酸，最早是用动物胶水解提取法。1965年前后，吉永、大和谷、千烟、野口等相继报道了脯氨酸的发酵生产法。发酵法主要采用谷氨酸生产菌的突变株，近来已引入基因工程技术，由非谷氨酸生产菌以糖质原料发酵生产脯氨酸。

有研究指出 ATP 及 Mg^{2+} 能够促进该菌株由谷氨酸生成脯氨酸，而且谷氨酸的磷酸化（活化）反应参与了脯氨酸的生物合成。该菌株的异亮氨酸缺陷型突变的遗传变异部位是苏氨酸脱水酶的缺失，而且证明恰恰是由于苏氨酸脱水酶的缺失，才引起了脯氨酸的大量蓄积。因为菌体内苏氨酸脱水酶的缺失，而随着苏氨酸的积累，其与赖氨酸一起协同地抑制了天冬氨酸激酶的活性，从而使 ATP 剩余。同时，由于苏氨酸的增多，也抑制了高丝氨酸激酶的活性，同样也使 ATP 剩余。上述两项 ATP 剩余，使以 ATP 为辅酶的谷氨酸激酶反应容易进行。而且作为该酶底物的谷氨酸，也因高浓度生物素存在，在菌体内异常地增加，也有利于该酶反应的进行。从而导致谷氨酸向脯氨酸转变。也就是说，生产菌是通过把难以透过的谷氨酸转换为容易透过的脯氨酸的方式，完成了菌体内大量谷氨酸的解毒，于是脯氨酸大量积累。

（八）脯氨酸生产菌的代谢控制育种策略

脯氨酸生产菌大体分为两类：一类是利用产谷氨酸的野生型菌株，通过改变培养条件，使发酵朝着有利于产生脯氨酸方向进行；另一类是采用人工诱变，选育营养缺陷型和抗反馈调节突变株以及这两者的多重突变株。

因此，根据脯氨酸的代谢调节机制，选育脯氨酸高产菌的基本策略有以下几方面。

1. 利用谷氨酸产生菌突变株生产脯氨酸

在谷氨酸发酵的基本培养基中，添加高浓度的 $(NH_4)_2SO_4$、充分生长所需要的生物素及要求氨基酸或营养物质（按限制生长的浓度），使谷氨酸转换为脯氨酸。

2. 选育解除微生物正常代谢调节机制的突变株

基本途径有：切断或改变平行代谢途径（选育营养缺陷型突变株），解除菌体自身的反馈抑制（选育抗反馈调节突变株），选育营养缺陷型回复突变株等。

3. 营养缺陷型突变株

α-酮戊二酸是谷氨酸、谷氨酰胺、脯氨酸和精氨酸的共同前体物质，可采用异亮氨酸营养缺陷型的菌株来生产谷氨酸、脯氨酸和精氨酸。培养条件的改变会使最终产物发生变化。当培养条件中含有过量的生物素和高浓度的 NH_4Cl 时，脯氨酸能够过量积累。

4. 抗反馈调节突变株

脯氨酸对其生物合成途径中的第一个酶——谷氨酸激酶存在反馈抑制，选育脯氨酸结构类似物变异株或丧失调节酶的营养缺陷型回复突变株，能够解除脯氨酸对谷氨酸激酶的反馈抑制，最终产物能够积累。

二、天冬氨酸族氨基酸代谢调节机制和育种策略

天冬氨酸族氨基酸包括天冬氨酸、赖氨酸、高丝氨酸、苏氨酸、甲硫氨酸、异亮氨酸。其中异亮氨酸的育种策略在后面“支链氨基酸生物合成途径和育种策略”中叙述，在此不做叙述。

（一）天冬氨酸族氨基酸生物合成中代谢调节机制

1. 大肠杆菌中天冬氨酸族氨基酸生物合成的调节机制

大肠杆菌中天冬氨酸族氨基酸生物合成途径的代谢调节机制较复杂（图 3-11），主要包括以下几方面。

（1）天冬氨酸激酶（AK）有 3 种同功酶　AKⅠ受苏氨酸的反馈抑制，受苏氨酸和异亮氨酸的多价阻遏；AKⅡ对苏氨酸不敏感，被甲硫氨酸所阻遏，但不受甲硫氨酸的反馈抑制；AKⅢ受赖氨酸的反馈抑制与阻遏。

（2）高丝氨酸脱氢酶（HD）有 2 种同功酶　HDI 受苏氨酸的反馈抑制，受苏氨酸和

异亮氨酸的多价阻遏；HDⅡ对苏氨酸不敏感，受甲硫氨酸的反馈阻遏。

（3）二氢吡啶-2，6-二羧酸还原酶受赖氨酸的反馈抑制。

（4）*O*-琥珀酰高丝氨酸转琥珀酰酶和半胱氨酸脱硫化氢酶受甲硫氨酸的反馈阻遏。

（5）高丝氨酸激酶受苏氨酸的反馈阻遏。

（6）苏氨酸脱氨酶受异亮氨酸的反馈抑制。

在大肠杆菌的天冬氨酸族氨基酸生物合成中，当某一终产物如苏氨酸过量时，只能抑制AKⅠ和HDⅠ及自身分支点的高丝氨酸激酶，限制苏氨酸的合成，却不影响甲硫氨酸和赖氨酸的合成。显而易见，大肠杆菌中这样的调节模式，对氨基酸生产菌的选育是不利的。

2. 谷氨酸棒杆菌及其亚种中的天冬氨酸族氨基酸的代谢调节机制

谷氨酸棒杆菌及其亚种中的天冬氨酸族氨基酸的代谢调节机制如图3-12所示，主要包括以下几方面。

（1）关键酶　天冬氨酸激酶是关键酶，受赖氨酸和苏氨酸的协同反馈抑制。

（2）优先合成　甲硫氨酸比苏氨酸、赖氨酸优先合成，苏氨酸比赖氨酸优先合成。

（3）代谢互锁　在乳糖发酵短杆菌中，赖氨酸分支途径的初始酶二氢吡啶-2，6-二羧酸合成酶受亮氨酸的反馈阻遏。

（4）平衡合成　天冬氨酸和乙酰CoA形成平衡合成。当乙酰CoA合成过量时，能解除天冬氨酸对磷酸烯醇式丙酮酸羧化酶（PC）的反馈抑制。

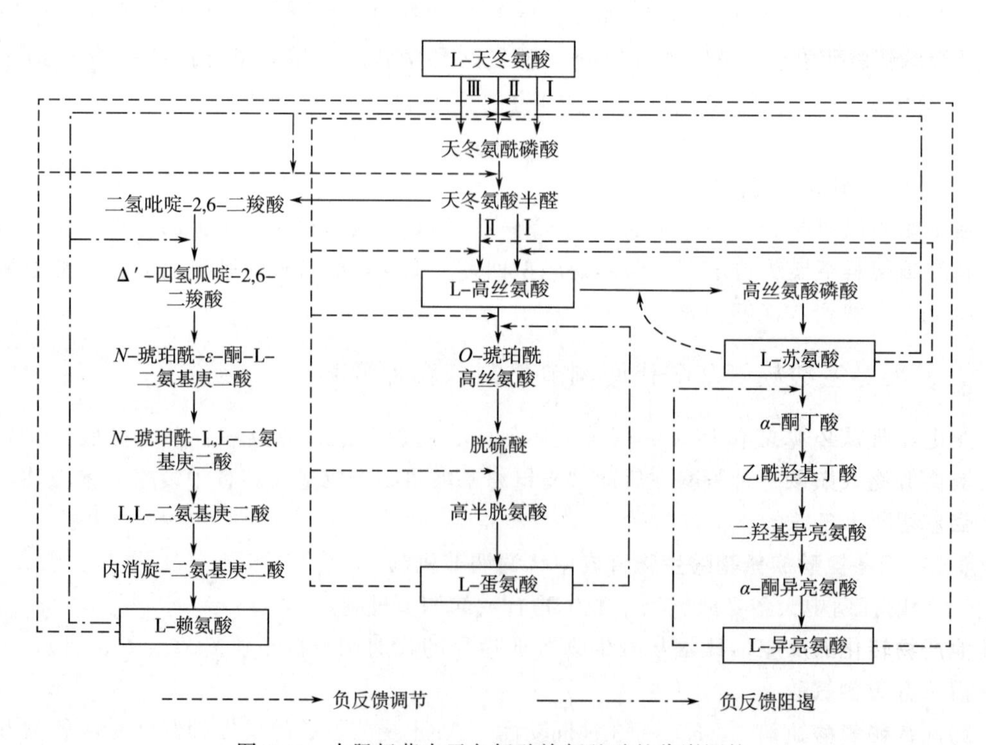

图3-11　大肠杆菌中天冬氨酸族氨基酸的代谢调控

（5）天冬氨酸与谷氨酸之间的调节机制　谷氨酸比天冬氨酸优先合成，当谷氨酸合成过量时，反馈抑制谷氨酸脱氢酶，使生物合成转向合成天冬氨酸；当天冬氨酸合成过量时，反馈抑制PC，使整个生物合成停止。

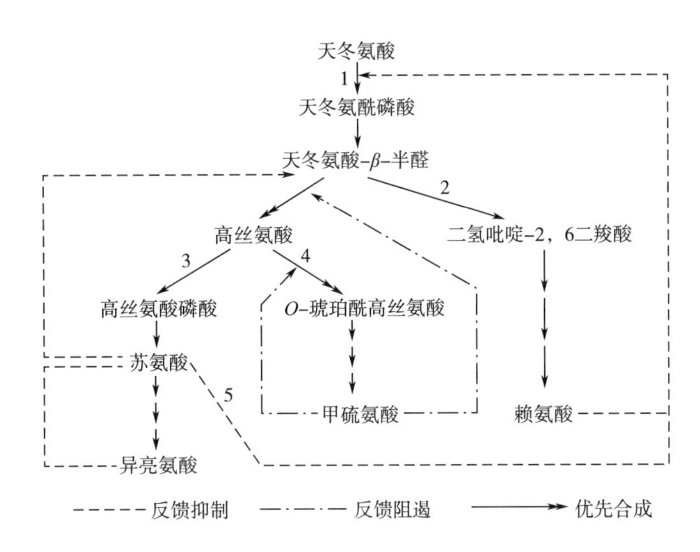

图 3-12　谷氨酸棒杆菌及其亚种中天冬氨酸族氨基酸的代谢调控
1—天冬氨酸激酶　2—二氢吡啶二羧酸（DDP）合成酶　3—高丝氨酸脱氢酶
4—琥珀酰高丝氨酸合成酶　5—苏氨酸脱氢酶

在谷氨酸棒杆菌及其亚种中，天冬氨酸激酶是单一的，并且受赖氨酸和苏氨酸的协同反馈抑制，反馈调节易于解除，使育种过程简单化，故常被用作氨基酸发酵育种的出发菌株。

（二）天冬氨酸族氨基酸产生菌的代谢控制育种策略

主要介绍赖氨酸、苏氨酸、甲硫氨酸、高丝氨酸、天冬氨酸的育种策略。根据天冬氨酸族氨基酸的代谢调节机制，选育赖氨酸、苏氨酸、甲硫氨酸、高丝氨酸等天冬氨酸族氨基酸高产菌的基本思路如图 3-13 所示。

1. 天冬氨酸产生菌的代谢控制育种策略

（1）解除反馈调节　天冬氨酸对磷酸烯醇式丙酮酸羧化酶存在着反馈抑制作用，天冬氨酸合成过量后反馈抑制磷酸烯醇式丙酮酸羧化酶的活性，使天冬氨酸生物合成的速度减慢或停止，所以必须解除天冬氨酸对磷酸烯醇式丙酮酸羧化酶的反馈抑制。选育抗天冬氨酸结构类似物（如天冬氨酸氧肟酸盐、6 -二甲基嘌呤）突变株。

（2）切断天冬氨酸向下的代谢　天冬氨酸是天冬氨酸族氨基酸的前体物质，它可继续反应生成赖氨酸、高丝氨酸、甲硫氨酸、苏氨酸和异亮氨酸等产物。在天冬氨酸发酵中，这些产物的生成会严重减少天冬氨酸的产率。要想提高天冬氨酸产率，必须切断天冬氨酸向其他产物转化的反应，具体方法如下。

①选育天冬氨酸激酶丧失（AK^-）的突变株。

②选育赖氨酸缺陷（Lys^-）突变株。

③选育甲硫氨酸缺陷（Met^-）突变株。

④选育苏氨酸缺陷（Thr^-）突变株。

（3）逆转优先合成　谷氨酸比天冬氨酸优先合成。逆转优先合成，使天冬氨酸合成能

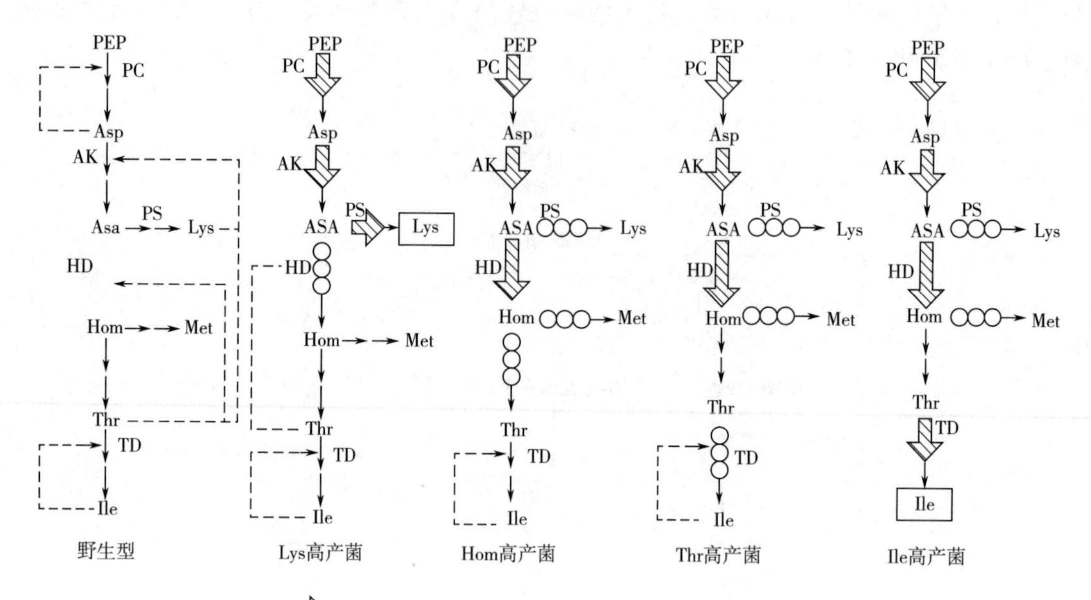

图 3-13　天冬氨酸族氨基酸高产菌选育

PEP—磷酸烯醇式丙酮酸　Asp—天冬氨酸　Asa—天冬氨酸半醛　Hom—高丝氨酸　Thr—苏氨酸　Ile—异亮氨酸　Met—甲硫氨酸　PC—磷酸烯醇式丙酮酸羧化酶　AK—天冬氨酸激酶　PS—二氢吡啶-2，6-二羧酸合成酶　HD—高丝氨酸脱氢酶　TD—苏氨酸脱氨酶

力加强，谷氨酸合成能力减弱，有利于大量、快速积累天冬氨酸。选育谷氨酸结构类似物（如谷氨酸氧肟酸盐、酮基丙二酸等）敏感突变株，选育抗青霉素突变株。

（4）切断生成丙氨酸的支路　丙氨酸是比较活跃的氨基酸，在生物体内通过转氨作用可生成其他氨基酸，生成丙氨酸的途径要消耗许多磷酸烯醇式丙酮酸。切断该支路，有利于天冬氨酸的大量积累。选育丙氨酸缺陷型突变株。

（5）强化 CO_2 固定反应　选育以琥珀酸（Suc）为唯一碳源生长快的突变株。Doelle 指出，所有生长在低分子质量化合物如琥珀酸上的微生物有一共同特征，即为了合成细胞物质，它们必须经过糖原异生途径形成各种单糖。由于丙酮酸激酶催化的反应是不可逆反应，所以这条途径畅通与否就取决于磷酸烯醇式丙酮酸羧化酶（PC）的活性。由此推测 PC 活性大的菌株在以 Suc 为唯一碳源的培养基上生长较快，反之则较慢。因此在 Suc 上生长迅速即 *Sucg* 变异株中可能筛选到 PC 活性显著提高的菌株。这种菌株在以葡萄糖为碳源的培养基中因其羧化支路的加强而使草酰乙酸的供应大大增加，丙酮酸及乙酰 CoA 浓度相应下降，其结果一方面增加了天冬氨酸的供应，另一方面减弱了“丙酮酸→丙氨酸”及“草酰乙酸＋乙酰 CoA →柠檬酸”的代谢流，导致丙氨酸和谷氨酸积累的下降及 L-天冬氨酸的大量积累。

2. 赖氨酸产生菌的代谢控制育种策略

微生物的赖氨酸生物合成途径有两种：即二氨基庚二酸途径与 α -氨基己二酸途径。前者存在于细菌、绿藻、原生生物和高等植物之中，后者存在于酵母和霉菌之中。但关于采用酵母的赖氨酸直接发酵法，目前尚未达到工业化生产程度，只不过开发利用一部分赖氨酸含量高的饲料酵母。主要存在两个原因：①酵母菌膜的通透性问题还没有解决。②还没有发现像细菌中谷氨酸生产菌那样，在代谢活性方面有许多特征的菌株。这里着重介绍细菌二氨基庚二酸途径合成赖氨酸的菌种选育。

如前所述，不同微生物的赖氨酸生物合成的调节机制是不同的。从高产赖氨酸菌种获得难易程度来看，应该选择代谢调节机制比较简单的细菌作为出发菌株，如黄色短杆菌、谷氨酸棒杆菌和乳糖发酵短杆菌等。出发菌株确定后，根据菌株特性，一般从以下几方面来选育赖氨酸生产菌。

（1）优先合成的转换——渗漏缺陷型的选育　在黄色短杆菌野生型中，赖氨酸生物合成途径第一分支处，由于高丝氨酸脱氢酶的活性比 PS 高 15 倍，代谢流优先向合成苏氨酸方向进行。如果降低高丝氨酸脱氢酶活性，代谢流就会转向优先合成赖氨酸。当高丝氨酸脱氢酶活性很低，所合成的苏氨酸少，不足以形成与赖氨酸共同对天冬氨酸激酶活性的协同反馈抑制作用，就可以过量积累赖氨酸。

（2）切断或弱化支路代谢途径　由于赖氨酸合成途径具有分支途径，在选育赖氨酸生产菌种时，选育营养缺陷型突变株，即切断或弱化合成甲硫氨酸和苏氨酸的分支途径，减少合成赖氨酸的原料天冬氨酸半醛的消耗，使其更多地流向赖氨酸合成途径，便可达到积累赖氨酸的目的。

例如，高丝氨酸缺陷型（Hom^-）菌株由于缺乏催化天冬氨酸半醛的高丝氨酸脱氢酶，因此丧失了合成高丝氨酸的能力。一方面阻断了合成苏氨酸和甲硫氨酸的支路代谢，切断通向苏氨酸、甲硫氨酸的代谢流，使天冬氨酸半醛这个中间产物全部转入赖氨酸的合成途径，提高了原料的利用率并且减少了代谢副产物；另一方面，通过限制高丝氨酸的补给量，使苏氨酸与甲硫氨酸的生成有限，从而解除了苏氨酸和赖氨酸对天冬氨酸激酶的协同反馈抑制，使得赖氨酸大量积累。但有一个缺陷就是必须严格控制高丝氨酸的浓度，否则生产不稳定。

（3）解除反馈调节　解除反馈调节包括解除代谢产物对关键酶的反馈抑制或阻遏作用。从葡萄糖到赖氨酸这条途径中，有 3 个关键酶起限速反应作用：①由磷酸烯醇式丙酮酸到天冬氨酸的反应。②由天冬氨酸到天冬氨酰磷酸的反应。③由天冬氨酸半醛到二氢吡啶二羧酸的反应。催化这 3 个反应的酶分别是磷酸烯醇式丙酮酸羧化酶（PC）、天冬氨酸激酶（AK）和二氢吡啶-2，6-二羧酸合成酶（PS）。其中 PC 受天冬氨酸的反馈抑制，AK 受赖氨酸和苏氨酸的协同反馈抑制，PS 受亮氨酸的代谢互锁作用。因此，解除反馈调节的具体方法如下。

①天冬氨酸激酶反馈调节的解除（AK 脱敏）：脱敏就是使该酶抗反馈抑制和反馈阻遏。天冬氨酸激酶（在黄色短杆菌、谷氨酸棒杆菌和乳糖发酵短杆菌中）只受苏氨酸和赖氨酸的协同反馈抑制作用。要解除该酶的反馈抑制作用，抗结构类似物突变株遗传性地解除终产物对自身合成途径的酶的调节控制，不受培养基中所要求的物质浓度影响，生产比较稳定。赖氨酸生产可选用如下结构类似物抗性突变株。

a. *S*-（2-氨基乙基）-L-半胱氨酸抗性株（AEC^R）。

b. γ-甲基赖氨酸抗性株（ML^R）。

c. 苯酯基赖氨酸抗性株（CBL^R）。

d. α-氯己内酰胺抗性株（CCL^R）。

e. α-氟己内酰胺抗性株（FCL^R）。

f. α-氨基月桂基内酰胺抗性株（ALL^R）。

g. L-赖氨酸氧肟酸盐抗性株（$LysHx^R$）。

h. α-氨基-β-羟基戊酸抗性株（AHV^R）。

i. 邻甲基苏氨酸抗性株（OMT^R）。

j. 苏氨酸氧肟酸盐抗性突变株（$ThrHx^R$）。

除了选育结构类似物抗性突变株之外，还可以选育组合型突变株，如营养缺陷型和结构类似物抗性的组合型突变株，由于其具有两者的优点，因而可大幅度地提高赖氨酸产量。

②磷酸烯醇式丙酮酸羧化酶的脱敏与激活：在赖氨酸生物合成途径中，磷酸烯醇式丙酮酸羧化酶（PC）催化磷酸烯醇式丙酮酸羧化生成草酰乙酸。PC受天冬氨酸的反馈抑制。在丙酮酸激酶的催化下，磷酸烯醇式丙酮酸生成丙酮酸。为了增加赖氨酸前体物质天冬氨酸的量，就必须切断生成丙酮酸的支路，同时解除天冬氨酸对PC的反馈抑制。具体措施主要包括：

a. 选育丙氨酸缺陷型（Ala^-）或丙氨酸温度敏感突变株（Tmp^S）：Ala^-可以切断天冬氨酸到丙氨酸的代谢途径，减少天冬氨酸的损失，中断丙酮酸到丙氨酸的反应，增加磷酸烯醇式丙酮酸的量，从而有利于赖氨酸的积累。

b. 选育天冬氨酸氧肟酸盐抗性突变株（$AspHx^R$）、磺胺类药物抗性突变株（磺胺类药物有磺胺胍、磺胺嘧啶、磺胺哒嗪等）：$AspHx^R$突变株可解除天冬氨酸对PC的抑制，使磷酸烯醇式丙酮酸更多地生成天冬氨酸。

c. 选育氟丙酮酸敏感突变株（FP^S）：氟丙酮酸抑制丙酮酸脱羧酶（PDH）的作用，使丙酮酸积累。在生物素存在时，丙酮酸优先合成草酰乙酸，谷氨酸和草酰乙酸再通过转氨作用生成天冬氨酸。FP^S的作用是提供了最佳的PDH/PC活力比。

d. 用200～500μg/L生物素激活PC：生物素在赖氨酸生产中，有两方面的作用：一是确保谷氨酸不排出细胞外，从而产生足够的反馈抑制，使代谢流转向赖氨酸的合成；二是生物素能增加PC的活性，促进磷酸烯醇式丙酮酸羧化生成草酰乙酸，再生成天冬氨酸，这样对于赖氨酸的生物合成非常有利。

e. 选育在琥珀酸平板上快速生长的突变株。

f. 用基因工程方法构建丙酮酸激酶缺陷的工程菌株。

g. 用基因工程方法构建柠檬酸合成酶活力低或者有缺陷的工程菌株。

h. 增大谷氨酸的反馈抑制，使代谢流转向生成草酰乙酸，其标记是$GluHx^R$。

i. 用乙酰CoA激活PC。

j. 采用低糖流加法激活PC（糖浓度为40～50g/L）。

以上方法，目的都是为了增加PC活力或切断支路代谢，从而积累更多的赖氨酸生物合成的前体物质，以便提高赖氨酸产量。

（4）解除代谢互锁　在乳糖发酵短杆菌中，赖氨酸的生物合成与亮氨酸之间存在着代谢互锁，如图3-14所示。

赖氨酸生物合成分支途径的第一个酶PS的合成受亮氨酸阻遏。在此情况下，副产物丙氨酸和缬氨酸生成量显著增加，这是因为PS的合成受到阻遏，酶活力显著降低，使丙

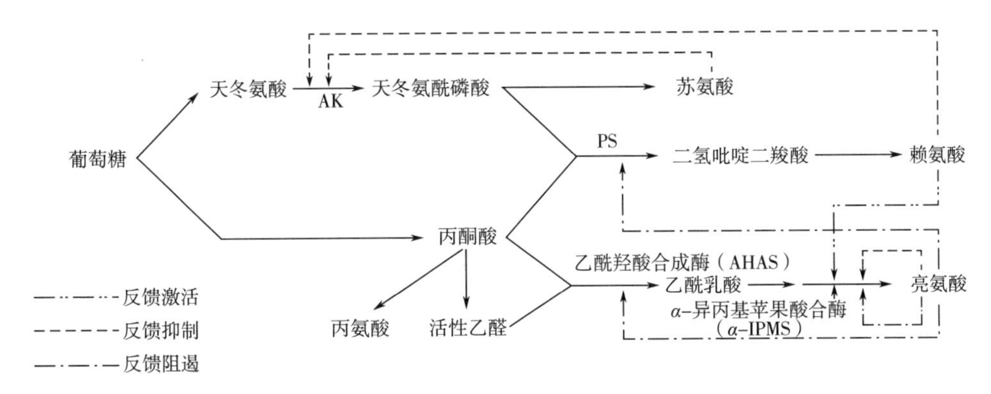

图 3-14　乳糖发酵短杆菌中赖氨酸与亮氨酸生物合成间的相互调节

酮酸通向赖氨酸的代谢受阻，而丙酮酸转向合成丙氨酸和缬氨酸的结果。可见，要提高赖氨酸产量，应解除这种代谢互锁。具体措施主要包括：

①选育亮氨酸缺陷突变株：通过在培养基中限量添加亮氨酸可以解除亮氨酸对 PS 的阻遏。

②选育抗亮氨酸结构类似物突变株：抗亮氨酸结构类似物突变株从遗传上解除亮氨酸对 PS 的阻遏。

③选育亮氨酸温度敏感突变株：据报道，选育亮氨酸温度敏感突变株可提高赖氨酸的产量。

④选育对苯醌或喹啉衍生物敏感的突变株：选育对苯醌或喹啉衍生物敏感突变株是一种寻找亮氨酸渗漏缺陷型菌株的方法。

⑤可选择萘乙酸（Naphthalene acetic acid，NAA）突变株和亮氨酸温度敏感突变株。

（5）增加前体物质的合成和阻断副产物生成　由赖氨酸的生物合成途径可知，丙酮酸、草酰乙酸和天冬氨酸是赖氨酸合成的前体物质，特别是天冬氨酸。关键酶——天冬氨酸激酶的反应速度与底物天冬氨酸浓度之间呈“S 形”曲线关系。随着天冬氨酸浓度增加，酶与底物的亲和力协同性增大，增加天冬氨酸浓度，能够抵消变构抑制剂的影响，从而使基质充分地用于合成这些前体物质，使前体物质充分地用于合成赖氨酸。可采取以下方法来增加前体物质的合成。

①选育丙氨酸缺陷型：丙酮酸和天冬氨酸是丙氨酸和赖氨酸的共同前体物质。丙氨酸的生成就必然消耗丙酮酸或天冬氨酸，而导致赖氨酸产量减少。选育丙氨酸缺陷型，切断丙酮酸通向丙氨酸的代谢流，丙酮酸就充分地用于合成天冬氨酸，进而合成赖氨酸，增加赖氨酸产量。

②选育抗天冬氨酸结构类似物突变株：在黄色短杆菌中，天冬氨酸对 PC 有反馈抑制作用，这种抑制作用由于 α -酮戊二酸的存在而增强。为了解除天冬氨酸对自身合成途径中关键酶的反馈抑制，可选育抗天冬氨酸结构类似物突变株。

③选育适宜的 CO_2 固定酶/TCA 循环酶活性比突变株：草酰乙酸是赖氨酸合成的前体物质，草酰乙酸可以由三羧酸循环生成，也可由磷酸烯醇式丙酮酸或丙酮酸经 CO_2 固定反应生成。草酰乙酸的合成方式不同，赖氨酸对糖的收率有很大差异。赖氨酸合成的中间

代谢有两条途径：Ⅰ通过 TCA 循环；Ⅱ通过磷酸烯醇式丙酮酸羧化反应。若能使菌体的碳代谢以途径Ⅱ为主，以途径Ⅰ为辅，具有适宜的Ⅱ/Ⅰ途径比，赖氨酸产量就可大大提高。

根据上述分析，选育赖氨酸高产菌株可采用以下标记。

a. 氟代丙酮酸（FP）敏感突变株。

b. 选育柠檬酸合成酶低活力的突变株。

c. 增加谷氨酸的反馈调节及添加过量生物素。

（6）选育温度敏感突变株　温度敏感突变株的突变位置多数发生在为某酶的肽键结构编码的顺反子中，由于发生了碱基的转换或颠换，使翻译出的酶对温度敏感，容易受热失活。如果突变位置发生在为亮氨酸合成酶系编码的基因中，高温条件下就不能合成亮氨酸，即成为亮氨酸缺陷型。

（7）防止高产菌株回复突变　在赖氨酸发酵中，防止菌种回复突变是非常重要的，其方法除经常进行菌种纯化，检查遗传标记，减少传代次数，不用发酵液作为种子外，还可用以下方法。

①选育遗传性稳定的菌株：将菌种在易出现回复突变的培养基中多次传代，选取不发生回复突变的菌株。

②定向赋加生产菌多个遗传标记：如高丝氨酸缺陷型（Hom^-）增加苏氨酸缺陷型（Thr^-）、亮氨酸缺陷型（Leu^-）增加烟酰胺缺陷型（NAA^-），育成双缺或多缺菌株。对抗性菌株，尽量育成多重抗性，增加抗回复突变，使生产性能稳定。

③菌种培养和保藏时，培养基要丰富，尤其有足够的要求营养物。对抗性菌株，应添加所耐的类似物。

④利用某些抗生素对生产菌株最小生成抑制浓度比原株高的特性，在培养时添加抗生素（如红霉素、氯霉素），抑制回复突变株生长，使其达到分离纯化的目的，是一种最好的措施。

3. 高丝氨酸产生菌的代谢控制育种策略

要想使高丝氨酸能大量积累，并简化发酵控制，需从以下几方面选育高丝氨酸生产菌。

（1）切断支路代谢　选育赖氨酸缺陷型（Lys^-）突变株，使天冬氨酸全部生成高丝氨酸，而不产生副产物赖氨酸。

（2）切断高丝氨酸向下反应的通路　如果生成的高丝氨酸还能够向下继续生成甲硫氨酸、苏氨酸和 α -氨基丁酸，高丝氨酸就不能积累，所以必须切断高丝氨酸向下反应的通路。

①选育苏氨酸缺陷（Thr^-）突变株。

②选育甲硫氨酸缺陷（Met^-）突变株。

③选育高丝氨酸脱氨酶缺陷（HAD^-）突变株。

（3）解除反馈调节

①解除苏氨酸和赖氨酸对关键酶 AK 的反馈控制。

a. 选育赖氨酸结构类似物抗性突变株，如 AEC^R 等。

b. 选育苏氨酸结构类似物抗性突变株，如 AHV^R 等。

②解除甲硫氨酸对高丝氨酸脱氨酶的反馈阻遏。选育甲硫氨酸结构类似物抗性突变株，如 $MetHx^R$ 等。

（4）增加前体物质的合成。

4. 苏氨酸产生菌的代谢控制育种策略

根据苏氨酸生物合成途径及代谢调节机制和苏氨酸高产菌应具备的生化特征，选育苏氨酸生产菌可以从以下几方面着手。

（1）切断支路代谢　为使前体物质集中用于合成苏氨酸，需要切断苏氨酸生物合成途径中的支路代谢，具体方法如下。

①切断或削弱合成赖氨酸的支路，其方法是选育赖氨酸缺陷型（Lys^-）或赖氨酸渗漏型（Lys^L）或赖氨酸缺陷型回复突变株（Lys^+）。

②切断或削弱合成甲硫氨酸的支路，其方法是选育甲硫氨酸缺陷型（Met^-）或甲硫氨酸渗漏型（Met^L）或甲硫氨酸缺陷型回复突变株（Met^+）。

③切断由苏氨酸到异亮氨酸的反应，其方法是选育异亮氨酸缺陷型（Ile^-）。

（2）解除反馈调节　在苏氨酸发酵中，必须解除终产物对关键酶 AK 和 HD 的反馈调节。选育抗赖氨酸、抗苏氨酸结构类似物突变株，可以得到关键酶 AK 对苏氨酸、赖氨酸协同反馈抑制脱敏的突变株（例如选育为 AK 编码的结构基因发生突变的菌株）。选育抗苏氨酸结构类似物突变株，可遗传性地解除苏氨酸对 HD 的反馈抑制，这是苏氨酸发酵育种的重要手段，也是目前氨基酸发酵育种的主要方法。

（3）增加前体物质天冬氨酸的合成　天冬氨酸是苏氨酸生物合成的前体物质，增加天冬氨酸的合成，是苏氨酸得以大量积累的必要条件，可采用以下措施来增加天冬氨酸的合成。

①选育天冬氨酸结构类似物抗性突变株：苏氨酸生物合成的前体物质天冬氨酸的合成受自身的反馈调节。天冬氨酸合成过量会反馈抑制磷酸烯醇式丙酮酸羧化酶（PC），使天冬氨酸的生物合成停止，从而影响苏氨酸的积累。因此，应设法解除天冬氨酸的这种自身反馈调节，选育天冬氨酸结构类似物抗性突变株，如选育天冬氨酸氧肟酸盐抗性株（$AspHx^R$）、磺胺类药物抗性株（SG^R）等遗传性地解除天冬氨酸对 PC 的反馈抑制，使天冬氨酸大量合成。

②选育丙氨酸缺陷型突变株（Ala^-）：在乳糖发酵短杆菌中，丙酮酸和天冬氨酸是苏氨酸和丙氨酸生物合成的共同前体物质。虽然丙氨酸并不抑制苏氨酸的生物合成，但是丙氨酸的形成意味着苏氨酸的前体物质丙酮酸和天冬氨酸的减少，从而浪费了碳源和氮源，切断丙酮酸、天冬氨酸向丙氨酸代谢的支路，选育 Ala^- 突变株，使代谢流完全转向苏氨酸的合成，提高苏氨酸的产量。

③强化从丙酮酸到苏氨酸的代谢流，主要手段包括。

a. 选育 FP^S 突变株，使磷酸烯醇式丙酮酸（PEP）大量积累。

b. 选育以琥珀酸为唯一碳源生长良好的突变株，强化 CO_2 固定反应。

c. 利用基因工程手段减弱或消除丙酮酸激酶和柠檬酸合成酶，强化代谢流。

d. 在培养基中添加 20～5000μg/mL 生物素，激活 PC。

④谷氨酸优先合成的转换：由于谷氨酸比天冬氨酸优先合成，为了使优先合成发生逆转，并使代谢流转向草酰乙酸，可选育谷氨酸结构类似物敏感突变株来增大谷氨酸的反馈抑制。一般，可选育谷氨酸氧肟酸盐敏感突变株（$GluHx^S$）和谷氨酰胺敏感突变株（Gln^S），或者供给过量的生物素（＞30μg/L）以保证谷氨酸不向胞外渗漏而产生足够的反

馈抑制作用，使代谢流转向合成天冬氨酸。选育抗青霉素突变株，使谷氨酸不能从细胞内渗透到细胞外，也能增加谷氨酸对谷氨酸脱氢酶的反馈抑制和阻遏。

⑤利用平衡合成：天冬氨酸与乙酰 CoA 形成平衡合成，增加乙酰 CoA 的量，可加强天冬氨酸的合成。添加乙醇、醋酸等能促进乙酰 CoA 的生成，并诱导合成乙醛酸循环酶，有希望提高产酸和转化率。

(4) 切断苏氨酸进一步代谢途径　由于细胞可以苏氨酸为前体物质进一步合成异亮氨酸，这就必然会导致苏氨酸积累量的减少，为避免苏氨酸被菌体利用，还需要切断苏氨酸进一步代谢的途径，即选育异亮氨酸缺陷型菌株（Ile^-）或异亮氨酸渗漏突变株（Ile^L）或异亮氨酸缺陷回复突变株（Ile^+）。

5. 甲硫氨酸产生菌的代谢控制育种策略

甲硫氨酸生物合成途径中，不仅关键酶天冬氨酸激酶受赖氨酸和苏氨酸的协同反馈抑制，高丝氨酸脱氢酶受苏氨酸的反馈抑制，受甲硫氨酸所阻遏，而且从高丝氨酸合成甲硫氨酸的途径中，高丝氨酸-*O*-转乙酰酶强烈地受 *S*-腺苷甲硫氨酸（SAM）的反馈抑制（图 3-15）。当向培养基中添加过剩 SAM 时，该酶的合成完全被阻遏；当 SAM 限量添加时，该酶合成不受阻遏。在 SAM 限量条件下，即使添加过量的甲硫氨酸也仅引起对该酶的部分阻遏。也就是说，甲硫氨酸生物合成酶系不仅受甲硫氨酸的阻遏，更重要的是还受 SAM 的反馈抑制与反馈阻遏，这就给甲硫氨酸产生菌的选育带来困难。

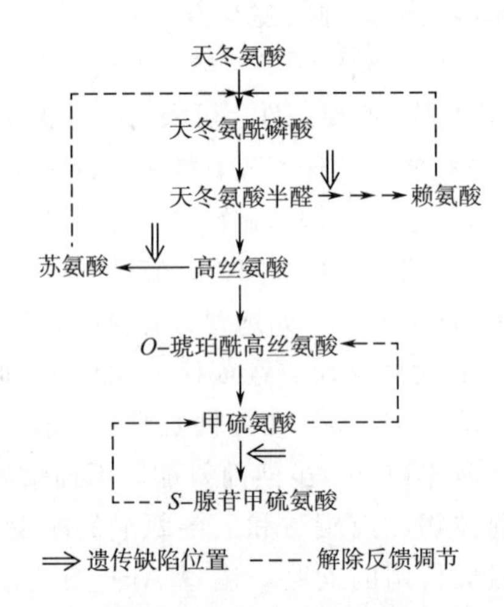

图 3-15　甲硫氨酸高产菌的遗传标记位置

由于甲硫氨酸生物合成的代谢调节机制较为复杂，要大量生成积累甲硫氨酸，应从以下几方面着手。

(1) 解除反馈调节。

①首先要考虑解除甲硫氨酸自身的反馈调节，主要是通过选育抗甲硫氨酸结构类似物（如乙硫氨酸、硒代甲硫氨酸、1，2，4-三唑、三氟甲硫氨酸等）突变株。

②选育 SAM 结构类似物抗性突变株，解除 SAM 对高丝氨酸-*O*-转乙酰酶的反馈抑制与阻遏。

③解除苏氨酸和赖氨酸对天冬氨酸激酶的协同反馈抑制，选育 AHV^R 和 AEC^R 突变株。

（2）切断支路代谢，具体方法如下：

①切断或削弱苏氨酸的代谢支路，选育 Thr^- 或 Thr^L 或 Thr^+ 突变株。

②切断或削弱赖氨酸的代谢支路，选育 Lys^- 或 Lys^L 或 Lys^+，或选育 Leu^- 突变株。

（3）切断甲硫氨酸向下反应的通路　甲硫氨酸向下反应可生成 *S*-腺苷甲硫氨酸，使甲硫氨酸积累量减少。另外，生成的 SAM 还会反馈抑制和阻遏高丝氨酸-*O*-转乙酰酶，使甲硫氨酸的合成停止或减慢，因此，必须切断甲硫氨酸向 *S*-腺苷甲硫氨酸的反应，选育 SAM^- 突变株。

（4）营养缺陷型菌株的选育　在甲硫氨酸的生物合成过程中，通过筛选赖氨酸营养缺陷型，苏氨酸营养缺陷型或者赖氨酸、苏氨酸双重营养缺陷型，可以阻断或者降低赖氨酸和苏氨酸对关键酶天冬氨酸激酶的反馈抑制，从而达到累积甲硫氨酸的目的。

（5）增加前体物质的合成　与苏氨酸生产菌种的育种方法相同，请参阅本章节中苏氨酸生产菌种的育种策略。

三、芳香族氨基酸代谢调节机制和育种策略

芳香族氨基酸包括色氨酸、苯丙氨酸和酪氨酸，只能由植物和微生物合成。分子中都含有苯环结构，这 3 种氨基酸在结构上的另一个共同点是其直链都是丙氨酸。色氨酸与苯丙氨酸、酪氨酸的区别在于色氨酸具有吲哚基。苯丙氨酸和酪氨酸在结构上只有一点不同，即苯丙氨酸的对位没有—OH，而酪氨酸的对位具有—OH。

（一）芳香族氨基酸生物合成中代谢调节机制

谷氨酸棒杆菌中芳香族氨基酸的生物合成途径及其代谢调节机制如图 3-16 所示。

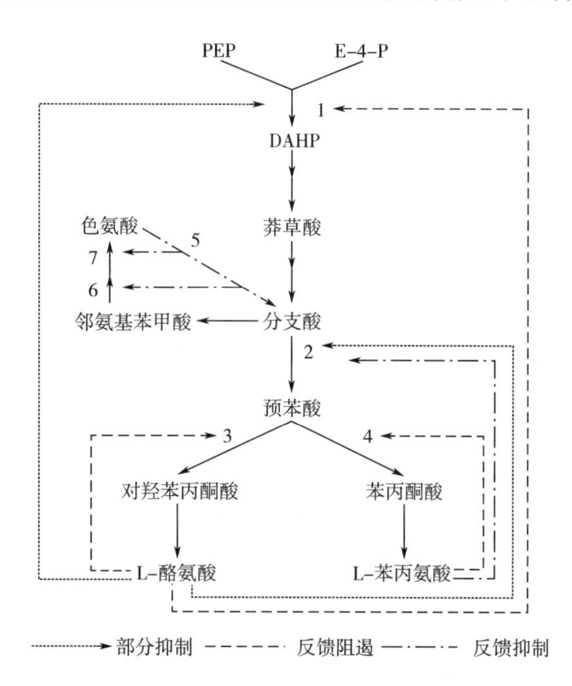

图 3-16　谷氨酸棒杆菌中芳香族氨基酸的生物合成途径及其代谢调节机制

1—DHAP 合成酶　2—分支酸变位酶　3—预苯酸脱氢酶　4—预苯酸脱水酶　5—邻氨基苯甲酸合成酶　6—邻氨基苯甲酸磷酸核糖转移酶　7—色氨酸合成酶　PEP—磷酸烯醇式丙酮酸　E-4-P-赤藓糖-4-磷酸

3 种芳香族氨基酸生物合成途径中受调节控制的关键酶有：3-脱氧-α-阿拉伯庚酮糖酸-7-磷酸合成酶（DS）、分支酸变位酶（CM）、预苯酸脱氢酶（PD）、预苯酸脱水酶（PT）和邻氨基苯甲酸合成酶（AS）。

1. 3-脱氧-α-阿拉伯庚酮糖酸-7-磷酸合成酶（DS）的调节作用

作为共同途径上的第一个酶，DS 受苯丙氨酸和酪氨酸的协同反馈抑制，且色氨酸能增强这种抑制作用（当 3 种氨基酸并存时，最大抑制作用接近 90%）。在大肠杆菌、粗糙脉孢霉等许多微生物中有 3 种 DS 的同功酶，但是在枯草芽孢杆菌中却只有一种 DS，它受 3 种芳香族氨基酸的反馈抑制。在红极毛杆菌中也只有一种 DS，受积累反馈抑制。

2. 第一个分支点处关键酶的调节作用

第一个分支点（分支酸）处的第一个关键酶是分支酸变位酶，该酶受苯丙氨酸和酪氨酸的部分抑制（0.1mmol/L 苯丙氨酸的抑制作用为 90%，0.1mmol/L 酪氨酸的抑制作用为 50%），受苯丙氨酸所阻遏。当 0.1mmol/L 苯丙氨酸和酪氨酸同时存在时，则完全抑制该酶活力，但色氨酸能激活该酶，并能恢复由前两者所抑制的酶活力。分支酸变位酶似乎有两个生理作用：①控制通向苯丙氨酸和酪氨酸生物合成的代谢流。②平衡分配苯丙氨酸、酪氨酸与色氨酸生物合成所需要的分支酸。因为邻氨基苯甲酸合成酶对于分支酸的米氏常数（$K_m=6.25\times10^{-5}$mol）低于分支酸变位酶对于分支酸的米氏常数（$K_m=2.9\times10^{-3}$mol），邻氨基苯甲酸合成酶对分支酸的亲和力大于分支酸变位酶对分支酸的亲和力，所以色氨酸的生物合成比酪氨酸和苯丙氨酸优先进行，又由于色氨酸对分支酸变位酶有激活作用，能够完全解除由苯丙氨酸（0.1mol/L）引起的抑制，并能以 50%的比例解除由酪氨酸与苯丙氨酸共存所引起的抑制，使分支酸趋向合成酪氨酸与苯丙氨酸。当苯丙氨酸与酪氨酸合成过量时，便会抑制分支酸变位酶，转而合成色氨酸。这就说明，色氨酸通过激活分支酸变位酶的活性来平衡活菌体内色氨酸与苯丙氨酸、酪氨酸生物合成之间的比例。

第一个分支点处的另一个关键酶是邻氨基苯甲酸合成酶，该酶受色氨酸的强烈抑制，同时受色氨酸所阻遏。第二个分支点处的预苯酸脱氢酶受酪氨酸的轻微抑制。

3. 第二个分支点处关键酶的调节作用

第二个分支点处的关键酶是预苯酸脱水酶，该酶受苯丙氨酸的完全抑制（0.05mmol/L 的抑制作用达到 100%），受色氨酸的交叉抑制（0.1mmol/L 的抑制作用达到 100%），但酪氨酸能激活该酶活性，它能和抑制剂竞争，以解除由苯丙氨酸或色氨酸所引起的抑制作用。

由图 3-16 可知，苯丙氨酸的生物合成受自身的反馈抑制。因此，菌体产生酪氨酸比苯丙氨酸容易，并且由此产生的酪氨酸竞争性地解除苯丙氨酸对预苯酸脱水酶活性的抑制，苯丙氨酸的生物合成将继续进行，直至它的浓度达到与酪氨酸竞争性地抑制预苯酸脱水酶活性的水平，此时酪氨酸的生物合成又重新开始。这样，酪氨酸似乎在预苯酸脱氢酶和预苯酸脱水酶之间起分配作用，使菌体内酪氨酸与苯丙氨酸的合成保持平衡。另外，对谷氨酸棒杆菌中预苯酸脱水酶脱敏，可以促进苯丙氨酸的合成而降低酪氨酸合成。

总的来说，第一个分支点处的分支酸变位酶所受的负、正控制机制调节了色氨酸与苯丙氨酸、酪氨酸的平衡合成，第二个分支点处的预苯酸脱水酶所受的正、负控制机制调节了苯丙氨酸与酪氨酸合成的平衡，进而所产生的芳香族氨基酸又协同抑制了芳香族氨基酸生物合成途径的初始酶 3 -脱氧- α -阿拉伯庚酮糖酸- 7 -磷酸合成酶的活性。

（二）芳香族氨基酸生产菌的代谢控制育种策略

1. 色氨酸生产菌的代谢控制育种策略

芳香族氨基酸的生物合成存在着特定的代谢调节机制，因此不可能从自然界中找到大量积累色氨酸的菌株。但是，可以以黄色短杆菌、谷氨酸棒杆菌等作为出发菌株，设法从遗传角度选育解除芳香族氨基酸的生物合成正常代谢调节机制的突变菌株，用微生物直接发酵法生成色氨酸。

因此，根据芳香族氨基酸的代谢调节机制，选育色氨酸高产菌的基本策略有以下几方面。

（1）切断支路代谢　切断由分支酸到预苯酸、维生素 K、辅酶 Q（CoQ）的代谢支路，节约碳源，使中间代谢产物分支酸更多地转向合成色氨酸，同时可以解除苯丙氨酸（Phe）、酪氨酸（Tyr）对合成途径中 DS 的反馈调节，从而有利于色氨酸的积累。具体可选育预苯酸缺陷、苯丙氨酸缺陷、酪氨酸缺陷、CoQ 缺陷、维生素 K 缺陷等突变株。

（2）解除自身反馈调节　根据图 3-16 所示的调节机制，对于黄色短杆菌来说，如果解除色氨酸特异途径的调节机制，即使有共同途径上的反馈调节存在，也能过剩积累色氨酸。因此，可通过选育色氨酸的结构类似物抗性突变株，解除其自身的反馈调节来达到积累色氨酸的目的。色氨酸的结构类似物有：4 -甲基色氨酸（4 - MT）、5 -甲基色氨酸（5 - MT）、6 -甲基色氨酸（6 - MT）、5 -氟色氨酸（5 - FT）、6 -氟色氨酸（6 - FT）、色氨酸氧肟酸盐（TrpHx）等。

（3）增加前体物质的合成　为了积累更多的色氨酸，必须增加更多的前体物质。减少磷酸烯醇式丙酮酸（PEP）和赤藓糖- 4 -磷酸（EP）的支路代谢，解除 Phe 和 Tyr 对 DS 的反馈调节，增加分支酸浓度等，可增加前体物质的合成。

①为了积累更多的 PEP，防止丙酮酸生成更多的草酰乙酸，可以选育磷酸烯醇式丙酮酸羧化酶和丙酮酸激酶活力丧失或活力微弱的菌株。

②解除 Phe 和 Tyr 对 DS 的反馈调节，除了选育它们的营养缺陷型外，还需选育 Phe 和 Tyr 结构类似物抗性突变株，从而使 3 -脱氧-阿拉伯庚酮糖酸- 7 -磷酸（DAHP）得以大量合成，进而生成分支酸，并在此处优先合成色氨酸。Phe 和 Tyr 的结构类似物有：对氟苯丙氨酸（PFP）、苯丙氨酸氧肟酸盐（PheHx）、β - 2 -噻嗯基丙氨酸、对氨基苯丙氨酸（PAP）、3 -氨基酪氨酸（3 - AT）、酪氨酸氧肟酸盐（TyrHx）、D -酪氨酸等。

③选育磺胺胍抗性突变株也可以有效地提高分支酸的浓度。因为分支酸作为 AS 的底物，可以竞争性地减弱色氨酸对 AS 的抑制，从而使色氨酸的产量进一步提高。

④根据代谢控制发酵理论，还可选育 AS 缺陷的回复突变株，以提高色氨酸的积累。因为 AS 受到色氨酸的反馈调节，而 AS 缺陷的回复突变株可以使 AS 恢复原来活性，但 AS 并不受到色氨酸的反馈调节，故有利于菌体内色氨酸的积累。同理，选育 DS 缺陷的回复突变株，可增加色氨酸的前体物质 DAHP 的积累，也有利于色氨酸的积累。

（4）切断进一步代谢　选育色氨酸酶（TN）缺失突变株、色氨酸脱羧酶缺失突变株、色氨酰 tRNA 合成酶缺失突变株以及不分解利用色氨酸的突变株，可以减少色氨酸的消耗，有利于色氨酸的积累。

（5）加强色氨酸向胞外分泌能力　可以采用使色氨酸生产菌的细胞膜透性加大的方法，使细胞内色氨酸向培养基中渗透，以积累更多的色氨酸。色氨酸外渗降低了细胞内色氨酸浓度，有利于反应向生物合成色氨酸的方向进行。具体方法有：选育抗维生素 P 类衍生物突变株；选育溶菌酶敏感型突变株；选育甘油缺陷突变株和油酸缺陷突变株。

（6）其他标记　选育色氨酸操纵子中弱化子缺失突变型，也是积累色氨酸的有效措施。在色氨酸操纵子中存在一段 DNA，该 DNA 具有减弱转录的作用，称为弱化子。因此，色氨酸操纵子除通过阻遏作用外，还通过弱化子的影响来调节色氨酸的生物合成。据报道，色氨酸操纵子中弱化子缺失突变型中与色氨酸生物合成有关的酶都远远高于非缺失型菌株。因此，如果使色氨酸产生菌带上这一标记，必然会提高色氨酸的产量。

2. 苯丙氨酸产生菌的代谢控制育种策略

根据芳香族氨基酸的生物合成途径及代谢调节机制，选育苯丙氨酸高产菌的基本策略包括以下方面。

（1）切断或减弱支路代谢

①选育邻氨基苯甲酸缺陷或色氨酸缺陷突变株，切断由分支酸合成色氨酸的支路。

②选育酪氨酸缺陷或渗漏突变株，因为酪氨酸比苯丙氨酸优先合成，酪氨酸合成过量后才会激活预苯酸脱水酶，从而合成苯丙氨酸。若想使菌株高产苯丙氨酸，必须切断或减弱酪氨酸的合成支路，故可选育 Tyr^- 或 Tyr^L 突变株。

③选育 CoQ 缺陷或维生素 K 缺陷突变株，切断由分支酸合成 CoQ 或维生素 K 的支路。

（2）解除自身反馈调节　苯丙氨酸合成过量后就会抑制预苯酸脱水酶，与酪氨酸一起对 DAHP 合成酶产生协同反馈抑制作用。通过选育结构类似物抗性突变株，可以解除苯丙氨酸对这些关键酶的反馈调节，从而使苯丙氨酸高产。具体方法包括。

①选育苯丙氨酸结构类似物抗性突变株，如选育对氨基苯丙氨酸抗性、对氟苯丙氨酸抗性、苯丙氨酸氧肟酸盐抗性、β-2-噻嗯基丙氨酸抗性突变株。

②选育酪氨酸结构类似物抗性突变株，如选育 3-氨基酪氨酸抗性、酪氨酸氧肟酸盐抗性、D-酪氨酸抗性、5-甲基酪氨酸抗性、6-氟酪氨酸抗性突变株。

③选育 DAHP 合成酶缺陷的回复突变株或预苯酸缺陷的回复突变株，可获得解除苯丙氨酸反馈调节的高产菌株。

（3）增加前体物质的合成　由于磷酸烯醇式丙酮酸和赤藓糖-4-磷酸是苯丙氨酸生物合成的前体物质，增加它们的合成有利于苯丙氨酸的大量合成，具体方法如下。

①选育不能利用 D-葡萄糖或 L-阿拉伯糖等必须通过磷酸戊糖途径进行代谢的突变株，以增加磷酸烯醇式丙酮酸和赤藓糖-4-磷酸的合成。

②选育嘧啶、嘌呤结构类似物抗性突变株，如选育 6-巯基嘌呤抗性、8-氮鸟嘌呤抗性、磺胺类药物抗性等突变株，有利于苯丙氨酸的积累。

③选育核苷类抗生素抗性突变株，如选育狭霉素 C 抗性、德夸菌素抗性、羽田杀菌素抗性、桑吉霉素抗性等突变株，也可增加苯丙氨酸前体物质的合成。

3. 酪氨酸产生菌的代谢控制育种策略

根据芳香族氨基酸的生物合成途径及代谢调节机制，选育酪氨酸高产菌的基本策略包括以下方面。

（1）切断或减弱支路代谢

①选育色氨酸缺陷或邻氨基苯甲酸缺陷突变株，也可选育色氨酸或邻氨基苯甲酸渗漏突变株。

②选育苯丙氨酸缺陷或苯丙氨酸渗漏突变株。

③选育 CoQ 缺陷、维生素 K 缺陷突变株。

（2）解除自身反馈调节　可选育 D-酪氨酸抗性、酪氨酸氧肟酸盐抗性、5-甲基酪氨酸抗性、6-氟酪氨酸抗性、3-氨基酪氨酸抗性、对氟苯丙氨酸抗性、对氨基苯丙氨酸抗性、β-2-噻嗯基丙氨酸抗性等突变株，以解除酪氨酸、苯丙氨酸、色氨酸的反馈调节，提高菌体自身的酪氨酸合成能力，也可以选育预苯酸脱氢酶缺陷的回复突变株或 DAHP 合成酶缺陷的回复突变株。

（3）增加前体物的合成　可选育不利用 D-葡萄糖或 L-阿拉伯糖的突变株，以及磺胺胍抗性、6-巯基嘌呤抗性、8-氮鸟嘌呤抗性、8-氮腺嘌呤抗性、德夸菌素抗性、β-D-呋喃阿洛酮糖抗性、狭霉素 A 抗性等突变株。

四、支链氨基酸代谢调节机制和育种策略

支链氨基酸包括异亮氨酸（L-isoleucine，L-Ile）、亮氨酸（L-leucine，L-Leu）和缬氨酸（L-valnine，L-Val），它们的分子结构中均含有一个甲基侧链，因此被称为支链氨基酸。

（一）支链氨基酸合成中代谢调节机制

异亮氨酸、缬氨酸和亮氨酸的生物合成途径是相关的，在生物合成途径中存在着共同的酶，其生物合成途径及代谢调节机制如图 3-17 所示。

1. 终端合成途径中关键酶的调节作用

由图 3-17 可知，异亮氨酸、缬氨酸和亮氨酸是从苏氨酸、丙酮酸开始分支，并经过若干酶促反应而合成。苏氨酸是异亮氨酸的直接前体物质，丙酮酸是缬氨酸的直接前体物质，在缬氨酸合成途径中的中间体 α-酮基异戊酸则是亮氨酸的前体物质。在异亮氨酸和缬氨酸的合成途径中，共用了乙酰羟酸合酶（AHAS）、乙酰羟酸异构体还原酶（AHAIR）、二羟基脱水酶（DHAD）和支链氨基酸转氨酶（BCAT）。由缬氨酸合成途径中的中间体 α-酮基异戊酸分支一条途径，在 α-异丙基苹果酸合酶、α-异丙基苹果酸异构酶、α-异丙基苹果酸脱氢酶和支链氨基酸转氨酶等酶的催化下合成亮氨酸。由此可以看出，支链氨基酸转氨酶不仅能催化异亮氨酸和缬氨酸的合成，而且也能催化亮氨酸的合成。也就是说，在这 3 种支链氨基酸的生物合成途径中的最后一步转氨基反应均是由同一种转氨酶催化完成的。

（1）乙酰羟酸合酶（AHAS）是支链氨基酸生物合成途径中的第一个共用酶，也是合成异亮氨酸途径中的限速酶。在谷氨酸棒杆菌中，AHAS 由 *ilvB* 编码的大亚基和 *ilvN* 编码的小亚基组成，为四聚体，小亚基负责支链氨基酸的多价调节。在大肠杆菌中，与谷氨酸棒杆菌不同的是，AHAS 有 3 种同功酶 AHASⅠ、AHASⅡ和 AHASⅢ，分别由 *il-*

vBN、*ilvGM* 和 *ilvIH* 编码。这些基因的表达受到不同的调节，3 种支链氨基酸可减弱 *ilvGM* 的表达，而 *ilvBN* 仅受到缬氨酸和亮氨酸的影响。AHAS 主要受缬氨酸的反馈抑制，有时也受到亮氨酸和异亮氨酸的反馈抑制。将 AHAS 小亚基结构中心的 3 个氨基酸 Gly－Ile－Ile（20～22 位）定点突变成相应的 Asp－Asp－Phe，能够完全解除 3 种支链氨基酸对 AHAS 的反馈抑制作用。

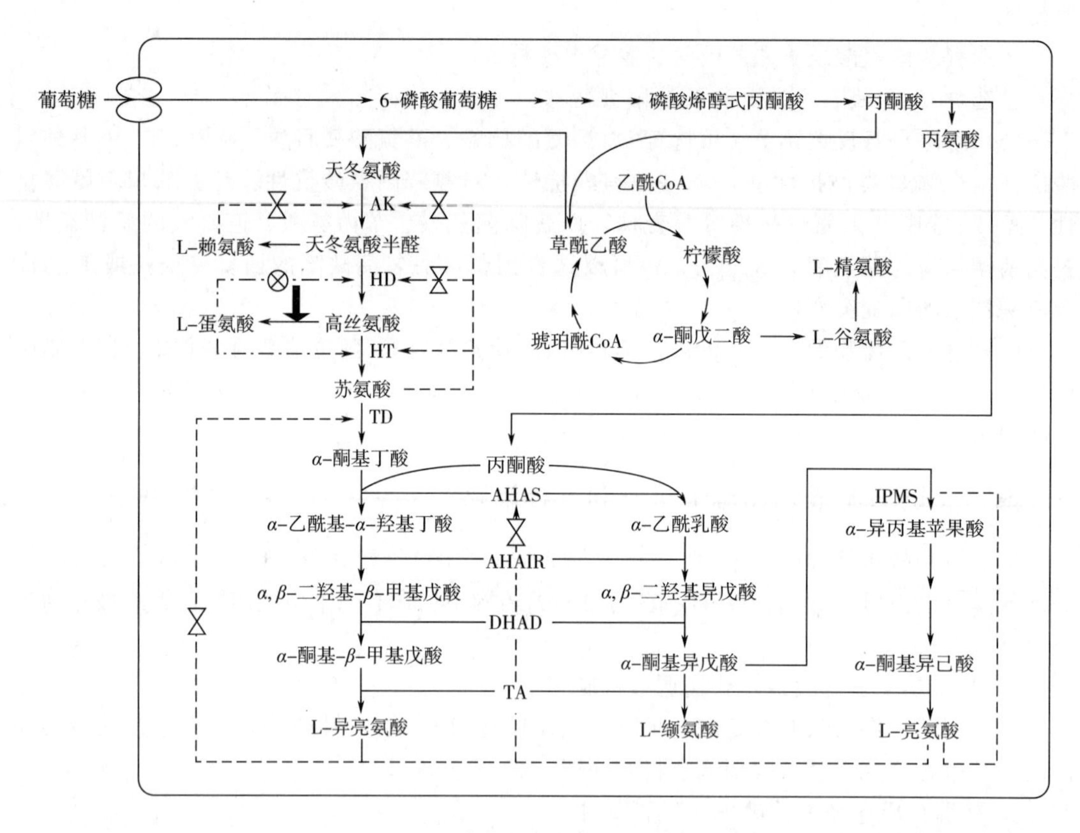

图 3-17　支链氨基酸生物合成途径及调节机制

（2）乙酰羟酸异构体还原酶（AHAIR）由 *ilvC* 基因编码。AHAIR 在缬氨酸和亮氨酸合成途径中将 α -乙酰乳酸转化为α，β -二羟基异戊酸，以及在异亮氨酸的合成途径中将 α -乙酰-α -羟丁酸转化为α，β -二羟基-β -甲基戊酸的催化反应中以 NADPH 和金属离子作为辅因子。AHAIR 也存在多种形式的同功酶。

（3）二羟酸脱水酶（DHAD）是由两个亚基组成的二聚体酶，由 *ilvD* 基因编码。该酶是支链氨基酸合成途径中共用的第三个酶。在缬氨酸和亮氨酸合成途径中，催化α，β -二羟基异戊酸生成α -酮异戊酸；在异亮氨酸的生物合成途径中，催化α，β -二羟基-β -甲基戊酸生成 α -酮甲基戊酸。在谷氨酸棒杆菌中，该酶受到缬氨酸和亮氨酸的抑制，但是当 3 种支链氨基酸存在时，并没有发现它们对该酶的协同反馈抑制作用。

（4）支链氨基酸转氨酶（BCAT）催化支链氨基酸是生物合成的最后一步，对氨基酸的合成和转化起至关重要的作用。在大肠杆菌中，转氨酶 B（编码基因为 *ilvE*）、转氨酶

C（编码基因为 *avtA*）和芳香族转氨酶（编码基因为 *tyrB*）在支链氨基酸的生物合成中都具有催化活性，但是 3 种支链氨基酸合成的最后一步反应主要是由 *ilvE* 编码的转氨酶 B 催化。芳香族转氨酶除了催化合成芳香族氨基酸外，还能有效催化亮氨酸的合成。Marienhagen 等发现在谷氨酸棒杆菌中，转氨酶具有底物专一性，转氨酶 AlaT 和转氨酶 AvtA 分别催化不同的底物。

（5）α -异丙基苹果酸合酶（IPMS）是亮氨酸生物合成途径中的关键酶　IPMS 是由基因 *leuA* 编码，催化 α -酮异戊酸生成 α -异丙基苹果酸。IPMS 受亮氨酸的反馈抑制和反馈阻遏，IPMS 和支链氨基酸转氨酶的活性决定了在 α -酮异戊酸的节点上合成亮氨酸或者缬氨酸的流向。若解除亮氨酸对 IPMS 的反馈抑制并且增加 IPMS 的合成量将有利于亮氨酸的合成。

2. 合成酶系中操纵子的调节作用

编码 3 个分支链氨基酸合成酶系的基因组成两个主要的操纵子：*ilv*（左）和 *leu*（右）操纵子（图 3-18）。但是，无论是用遗传的方法还是生化的方法都未能鉴定出阻遏物，所以目前认为 *ilv* 和 *leu* 操纵子表达的控制可能主要通过衰减机制。亮氨酸合成途径酶系由 *leu* 操纵子编码：基因 A 编码异丙基苹果酸合成酶，基因 D、C 共同编码 α -异丙基苹果酸异构酶，基因 B 编码 β -异丙基苹果酸脱氢酶。*leuDCBA* 操纵子被靠近结构基因 A 的调节区所控制。

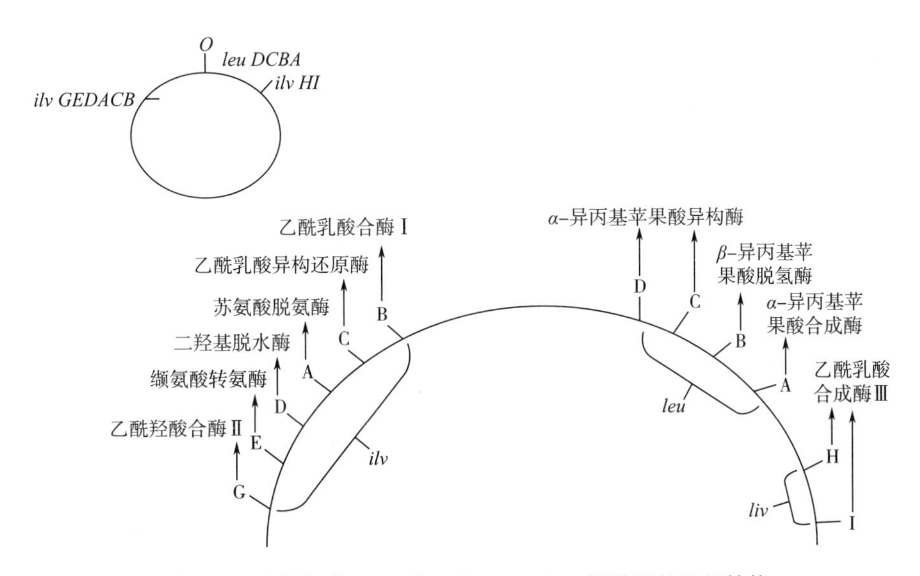

图 3-18　大肠杆菌 *leu*（右）和 *ilv*（左）操纵子的组织结构

（1）位于图距 85min 的 *ilvGEDACB* 操纵子中，基因 D、A、C 和 B 编码异亮氨酸、缬氨酸 2 个途径共用的 4 个多功能酶；基因 C 和 D 编码乙酰乳酸异构还原酶的亚基和二羟基脱水酶；基因 B、G 和 E 则分别编码乙酰乳酸合成酶亚基Ⅰ、Ⅱ和缬氨酸转氨酶。基因 A 编码苏氨酸脱氨酶。它们的控制区也分别处在基因 B 与 C、C 与 A 和 E 与 G 之间。处于图距 2min 的 *ilvHI* 操纵子编码同功酶乙酰乳酸合成酶亚基Ⅲ。

在 *ilvGEDACB* 操纵子中，转录时 GEDA 产生一条 mRNA，而基因 C 和 B 则不和它一起转录。编码Ⅱ型合成酶的结构基因 *ilvHI* 则位于 2min 处，但都受该途径终产物的阻遏。此外，所有的结构基因产物都可能受到多价阻遏。

ilv 操纵子表达的程度好像取决于一个以上核糖体沿前导 RNA 的移动速率，而亮氨酰、缬氨酰和异亮氨酰－tRNA 的有效性决定着这种移动速率。核糖体的移动将促进前导转录物结构上发生动力学的变化，显示着可能引起终止子茎环结构的形成。当所有氨酰－tRNA 都存在时，核糖体沿前导肽平滑地移动，直到它遇上隐藏终止密码的碱基配对形成茎环结构 Z—Z 为止。这种终止便给出了足够的时间形成终止子，以致发生衰减作用。

（2）*leu* 操纵子控制区的全部核苷酸序列已经测出。经分析发现，Pribnow Box 居于前导转录物起始转录位点之前，此前导转录物具有编码 28 个氨基酸残基的能力。其上含有的 4 个连续的 Leu 密码子，无疑也是在翻译水平上起调节作用的，除非亮氨酰－$tRNA^{Leu}$ 与翻译的核糖体处在这点（指 4 个 Leu 密码子处）上空转时被隔离开来。如此，转录便向前，一组基因开始表达。另外，还含有 3 个异亮氨酸和 3 个缬氨酸密码子，显示着前导肽上这些氨基酸的有效性可能影响 *leu* 操纵子的表达。

leu 前导转录物除含有能够产生前空白子（A—A）、终止子（B—B）和保护子（D—D）的二级结构外，还存在一种能阻止前空白子形成并且引起操纵子衰减的附加序列（Additional sequence）D—D。由于 D—D 首先形成，此操纵子将总是处于衰减状态，除非核糖体在那里破坏 D—D 配对，并且 A—A 也不配对。运转的核糖体需要精确的密码排列，如果只在 *leu* 密码子处发生空转，那么在加到 Ilv－Val 第一个双密码子处空转的核糖体不能使操纵子去阻遏，而且在第二个 Ilv－Val 双密码子处空转的核糖体也都不能去阻遏，因为它阻止了前空白子（A—A）的形成。这就对多价阻遏产生了某些疑问，实际上，这很可能就是多价衰减。

（二）支链氨基酸生产菌的代谢控制育种策略

1. 异亮氨酸生产菌的代谢控制育种策略

选育异亮氨酸生产菌应该从以下几方面着手。

（1）切断或减弱支路代谢

①切断或减弱甲硫氨酸的合成支路，因为甲硫氨酸比苏氨酸优先合成，甲硫氨酸合成过量后才使代谢转向合成苏氨酸，进一步合成异亮氨酸，因此切断或减弱甲硫氨酸的合成支路有利于高产异亮氨酸。可选育甲硫氨酸营养缺陷型 Met^- 或 Met^L（渗漏突变）。

②切断或削弱赖氨酸合成支路，选育赖氨酸缺陷型或渗漏突变株，即切断或减弱由天冬氨酸半醛（ASA）向赖氨酸的合成支路。一方面可以起到节省碳源的作用，另一方面可以解除其对天冬氨酸激酶（AK）的反馈抑制，使代谢流更加通畅，造成异亮氨酸的前体物苏氨酸大量积累，从而使异亮氨酸的积累量提高。

③切断或减弱亮氨酸合成支路，选育亮氨酸缺陷或渗漏突变株，既可以解除亮氨酸、异亮氨酸、缬氨酸对分支链氨基酸生物合成酶系的多价阻遏，又可以避免不利于异亮氨酸精制操作的副产物氨基酸——正缬氨酸和高异亮氨酸的生成，从而有利于目的产物异亮氨酸的积累。这些副产物氨基酸由 α－酮丁酸、α－酮－β－甲基戊酸经亮氨酸生物合成途径生成，为亮氨酸所调节。所以，对于异亮氨酸生产菌株来说，如能增加亮氨酸缺陷这一遗传标记，就可以不生成正缬氨酸和高异亮氨酸，从而达到改良生产菌株的目的。

（2）解除菌体自身反馈调节

①选育苏氨酸的结构类似物抗性突变株，如 α－氨基－β－羟基戊酸（AHV）抗性、苏

氨酸氧肟酸盐（ThrHx）抗性突变株，可解除苏氨酸对高丝氨酸脱氢酶的反馈抑制。

②选育赖氨酸结构类似物抗性突变株，如S－2－氨基乙基－L－半胱氨酸（AEC）抗性突变株，可解除赖氨酸和苏氨酸对天冬氨酸激酶的协同反馈抑制。

③选育异亮氨酸结构类似物抗性突变株：苏氨酸脱氨酶是异亮氨酸生物合成途径中的关键酶，受异亮氨酸的反馈抑制。如选育α－氨基丁酸抗性（α－AB^R），异亮氨酸氧肟酸盐抗性（$IleHx^R$）、硫代异亮氨酸抗性（S－Ile^R）、三氟代亮氨酸抗性（TFL^R）、α－噻唑丙氨酸抗性（α－TA^R）、邻甲基－L－苏氨酸抗性（OMT^R）、β－羟基亮氨酸抗性（β－HL^R）、α－溴丁酸抗性及D－苏氨酸抗性突变株，可以遗传性地解除异亮氨酸对苏氨酸脱氨酶的反馈调节，从而有利于异亮氨酸的积累。

④选育甲硫氨酸的结构类似物抗性突变株，如乙硫氨酸（Eth）抗性突变株，可解除甲硫氨酸对高丝氨酸脱氢酶的反馈阻遏作用。

⑤选育缬氨酸结构类似物抗性突变株，可解除支链氨基酸对乙酰羟基酸合成酶的协同反馈阻遏和缬氨酸对乙酰羟基酸合成酶的反馈抑制。

⑥营养缺陷型回复突变株的应用：当难以找到合适类似物或由于菌株的多重抗性交叉难以增加抗性标记时，或反馈调节很复杂时，可采用由营养缺陷型选育回复突变株的方法来选育高产菌株。一个菌株由于突变而失去某一遗传性状后，经过回复突变可以再恢复其原有的遗传性状。这是因为当某一结构基因发生突变后，该结构基因所编码的酶就因结构的改变而失活。而经过第二次突变（回复突变）后，该酶的活性中心结构可以复原，而调节部位的结构常常并没有恢复。结果是一方面酶恢复了活性，而另一方面反馈抑制却已解除或不那么严重。因此，可以利用营养缺陷型的回复突变株来提高发酵产品的产量。例如，选育丧失苏氨酸脱氨酶的回复突变株，一方面恢复了苏氨酸脱氨酶的活性；另一方面，异亮氨酸对苏氨酸脱氨酶的反馈抑制已被解除或不严重，结果使异亮氨酸产量得到提高。

（3）增加前体物质的合成　增加目的产物的前体物质的合成，有利于目的产物的大量积累，具体方法如下。

①增加苏氨酸合成量：从代谢途径可以看出，苏氨酸是异亮氨酸的前体物质。为了大量积累异亮氨酸，除了设法解除异亮氨酸生物合成的反馈调节外，还应设法解除对其前体物质苏氨酸生物合成的反馈控制，增强苏氨酸的生物合成能力，从而提高异亮氨酸的积累量。已知苏氨酸和异亮氨酸生物合成途径的关键酶——高丝氨酸脱氢酶（HD）受苏氨酸的反馈抑制，为了解除苏氨酸对HD的反馈调节，可选育α－氨基－β－羟基戊酸（AHV）抗性突变株。

②增加天冬氨酸合成量：增加天冬氨酸的合成量，可通过强化CO_2固定反应或选育天冬氨酸结构类似物抗性突变株或者磺胺胍抗性突变株来实现。强化CO_2固定反应的具体方法是选育以琥珀酸为唯一碳源快速生长的突变株。选育抗天冬氨酸结构类似物（如天冬氨酸氧肟酸盐$AspHx^R$，二甲基嘌呤）突变株或磺胺胍抗性突变株可解除天冬氨酸对磷酸烯醇式丙酮酸羧化酶的反馈抑制。

（4）切断进一步代谢途径　要大量积累异亮氨酸，需要切断或减弱异亮氨酸进一步向下游代谢的途径，使积累的异亮氨酸不再被消耗。据报道，选育不能以异亮氨酸为唯一碳源生长，即丧失异亮氨酸分解能力的突变株，有助于异亮氨酸的大量积累。

2. 缬氨酸产生菌的代谢控制育种策略

丙酮酸是缬氨酸的直接前体物质，催化丙酮酸生成α-乙酰异戊酸的酶系，与催化α-酮基丁酸生成α-酮基-β-甲基戊酸的酶系是相同的。这些酶的合成均受到3种分支链氨基酸的协同阻遏。其中α-乙酰乳酸合成酶是缬氨酸生物合成途径中的关键酶，受到缬氨酸的反馈抑制。此外，亮氨酸、异亮氨酸和缬氨酸生物合成途径中的最后一步转氨反应都是由同一种转氨酶催化完成的。由于限速酶的活性不仅受产物浓度的调节，也受基质浓度的调节，因此要高产缬氨酸就要解除缬氨酸本身对关键酶的反馈抑制，解除3种氨基酸对酶合成的多价阻遏。选育缬氨酸高产菌的基本策略有以下几个方面。

（1）切断或改变平行代谢途径　由图3-17可以看出，缬氨酸和异亮氨酸的生物合成途径是平行进行的，异亮氨酸、缬氨酸与亮氨酸的生物合成途径中共用了3种酶：即乙酰乳酸合成酶、乙酰乳酸异构还原酶和二羟基脱水酶。选育亮氨酸、异亮氨酸营养缺陷型突变株可以使合成3种氨基酸的共用酶系完全用于缬氨酸的生物合成，进而提高缬氨酸的产量。同时α-酮基异戊酸是合成缬氨酸和亮氨酸的共同前体物质。切断亮氨酸的合成途径不仅可以节省碳源，而且解除了菌体生成缬氨酸酶系的反馈抑制和多价阻遏，使α-异丙基苹果酸合成酶脱敏，显著提高缬氨酸的产量。

（2）解除菌体自身的反馈调节　缬氨酸合成中的第一个限速酶——乙酰乳酸合酶受缬氨酸的反馈抑制，同时缬氨酸和异亮氨酸的合成酶系受3个末端：缬氨酸、异亮氨酸和亮氨酸的多价阻遏。因此，如果解除乙酰乳酸合酶的反馈抑制和缬氨酸、亮氨酸、异亮氨酸生物酶系的多价阻遏，必将大大提高缬氨酸的积累。为此可选育缬氨酸结构类似物抗性突变株来解除缬氨酸的反馈调节。常用的缬氨酸结构类似物有2-噻唑丙氨酸（2-TA）、α-氨基丁酸（α-AB）、氟亮氨酸、正缬氨酸等。

（3）增加前体物质的合成　缬氨酸生物合成的前体物质是丙酮酸，为了积累更多的缬氨酸，必须提高丙酮酸的产量，可以选育以琥珀酸为唯一碳源且生长慢、丙氨酸缺陷型以及氟丙酮敏感突变株来达到目的。Kyowa等选育出的缬氨酸突变株在以葡萄糖为唯一碳源的培养基中进行培养时，对丙酮酸类似物比较敏感，通过选育丙酮酸类似物敏感突变株，降低了丙酮酸脱氢酶的活性，达到了积累丙酮酸的目的。由于丙酮酸的积累有利于高产缬氨酸，结果突变株缬氨酸的产量大幅度提高。

根据上述选育突变株的几条途径可选育组合型突变株，如营养缺陷型突变株和抗性结构类似物双重突变株，以提高目的产物的产量。

（4）选育营养缺陷型回复突变株　当一个菌株由于突变而失去某一遗传性状之后，经过回复突变可以再回复其原有遗传性状，这是因为当某一结构基因发生突变后，结构基因所编码的酶就因结构的改变而失活。而经过第二次回复突变后，该酶的活性中心结构就可以复原，而调节部位结构常常并没有回复，结果是酶恢复了活性，但是反馈抑制却已解除或并不怎么严重。因此可以利用选育营养缺陷型回复突变株来提高发酵目的产物的产量。例如，选育α-乙酰乳酸合酶缺陷突变株的回复突变株可以解除缬氨酸的反馈抑制以及亮氨酸、异亮氨酸和缬氨酸引起的多价阻遏。

（5）切断进一步代谢途径　要积累大量缬氨酸，需切断或减弱缬氨酸进一步的代谢途径，使积累的缬氨酸不再消耗，可通过选育不能以缬氨酸为唯一碳源生长，即丧失缬氨酸分解能力的突变株来实现。

3. 亮氨酸产生菌的代谢控制育种策略

（1）减弱或切断支路代谢，并增加前体物质的合成。

①基于丙酮酸是合成缬氨酸和亮氨酸的共同前体物质，α-酮异戊酸是缬氨酸的直接前体物质，又是合成亮氨酸的间接前体物质。从图3-17的代谢途径可知，欲切断α-酮异戊酸合成缬氨酸这一代谢支路来选育亮氨酸高产菌是行不通的，另外催化合成3种支链氨基酸的支链氨基酸转氨酶是同一个酶。因此，从选育营养缺陷突变株的角度看，只能通过选育异亮氨酸缺陷突变株来解除3个共用酶所受到的反馈阻遏。在亮氨酸反馈调节脱敏的亮氨酸高产菌中，该酶能优先利用α-酮异戊酸来大量合成亮氨酸，但当菌体自身合成缬氨酸的量或培养基中添加的缬氨酸的量偏低，亮氨酸高产菌很容易发生回复突变，表现为产酸不稳定和产率下降。

②选育磷酸烯醇式丙酮酸羧化酶活力减弱、天冬氨酸族氨基酸缺陷等突变株，可增大亮氨酸生物合成代谢流，节约碳源，从而有利于亮氨酸产量的提高。选育以琥珀酸为唯一碳源生长微弱的突变株，即可获得磷酸烯醇式丙酮酸羧化酶活力减弱的突变株。

③在乳糖发酵短杆菌中，亮氨酸的生物合成与赖氨酸之间还存在着代谢互锁，赖氨酸生物合成分支途径的第一个酶（二氢吡啶-2，6-二羧酸合成酶，DDP合成酶）的合成受亮氨酸阻遏。因此，亮氨酸的大量积累会引起赖氨酸生物合成途径上的DDP合成酶的合成受到阻遏，从而使丙酮酸通向赖氨酸的代谢受阻。另外，有研究报道，亮氨酸生物合成的限速酶α-异丙基苹果酸合酶，在1mmol/L亮氨酸存在下80%受抑制，而添加1mmol/L-赖氨酸之后即可恢复，而且赖氨酸可促进该酶的活性。

（2）解除反馈抑制与阻遏　根据亮氨酸生物合成的代谢调节机制，要通过代谢控制育种手段获得亮氨酸高产菌，必须实现“三个解除，一个改变”，即：

①解除3种支链氨基酸对生物合成途径中的乙酰羟酸合酶等3个共用酶的协同阻遏作用。

②解除缬氨酸对乙酰羟酸合酶的反馈抑制作用。

③解除亮氨酸对α-异丙基苹果酸合酶的反馈抑制和阻遏作用，如可通过使菌体带上亮氨酸和缬氨酸结构类似物抗性标记（如，2-TA^R、α-AB^R、β-HL^R、Val^R、$LeuHx^R$等遗传标记）来实现。

④改变菌体的正常代谢，使目标代谢产物大量积累。这可通过使菌体带上某些药物类或抗生素类抗性标记来实现，如下所示。

a. 2-噻唑丙氨酸（2-TA）是亮氨酸和缬氨酸的结构类似物，通过选育2-TA^R抗性标记，有利于解除乙酰羟基酸合酶和α-异丙基苹果酸合酶所受到的反馈抑制和阻遏。α-氨基丁酸（α-AB）是缬氨酸的结构类似物，选育α-AB^R有利于解除缬氨酸对乙酰羟基酸合酶的反馈抑制。亮氨酸氧肟酸盐（LeuHx）和β-羟基亮氨酸（β-HL）是亮氨酸的结构类似物，选育$LeuHx^R$和β-HL^R等抗性标记，均有利于解除终产物亮氨酸对亮氨酸生物合成酶系所受到的反馈抑制和阻遏，从而大幅度地提高亮氨酸的产量。2-TA和β-HL这两个标记对亮氨酸高产菌的育种非常重要。

b. 筛选磺胺胍抗性标记（SG^R）菌株，在氨基酸产生菌选育上具有普遍提高产酸能力的作用，关于其详细机制，尚未见到令人信服的报道。一般认为，磺胺胍是细菌的生长因子——对氨基苯甲酸（PABA）的结构类似物，而PABA是叶酸的一个组分，不少细菌需外界提供PABA以合成其代谢中必不可少的辅酶——四氢叶酸，因而二者起竞争性拮抗作用。一旦菌株带有磺胺胍抗性标记，菌体的正常代谢发生改变，从而导致如氨基酸这样的代谢产物大量积累。

c. 筛选利福平抗性（Rif^R）菌株有利于亮氨酸产量提高，其机制尚不清楚，可能是通过改变菌体的正常代谢，使氨基酸这类的代谢产物大量积累。利福平为半合成广谱抗菌素，对革兰阳性和阴性细菌以及结核分枝杆菌均有明显抗菌效应。抗菌机理是：通过与细菌RNA聚合酶的β亚基结合，抑制细菌RNA聚合酶的活性，阻碍细菌RNA转录的起始，但是RNA转录一旦开始，利福平则不起作用。

d. 筛选异亮氨酸缺陷型的回复突变株也可以提高亮氨酸产量。因为亮氨酸生物合成的关键酶α-异丙基苹果酸合成酶的底物专一性宽，也能以丙酮酸为底物，催化丙酮酸生成α-甲基苹果酸，该酶受亮氨酸的反馈抑制。α-甲基苹果酸可在解除阻遏的亮氨酸生物合成酶系催化下，经过几步酶促反应生成α-酮基丁酸。因此，解除了亮氨酸对α-异丙基苹果酸合酶反馈抑制的突变株，可利用该酶底物专一性宽（特异性不强）的特性，从丙酮酸生成α-酮基丁酸，α-酮基丁酸通过异亮氨酸、缬氨酸酶系转变成异亮氨酸，表现为异亮氨酸缺陷型的回复突变。在异亮氨酸缺陷型的回复突变株中，可能混有苏氨酸脱氨酶的回复突变和α-异丙基苹果酸合酶对反馈抑制脱敏的两种类型突变株，可通过亮氨酸缺陷型的生长谱法加以识别。

（3）切断进一步代谢途径　要大量积累亮氨酸，需切断或减弱亮氨酸进一步向下代谢的途径，使合成的亮氨酸不再被消耗，如选育以亮氨酸为唯一碳源不能生长或生长微弱的突变株。

第三节　氨基酸生产菌的常规育种方法

一、诱变育种

诱变育种主要是指人为选用物理或化学等因素，对出发菌株进行合理的诱变处理，并通过合理的筛选条件筛选出优良变异菌株的育种方法。相比于自然选育，诱变育种大大缩短菌种选育的时间，是工业微生物育种学史上出现得较早的菌种选育方法。诱变育种选育过程比较简单，主要包括诱变和筛选两个步骤。目前发酵工业中所使用的工业菌株，绝大多数都是通过诱变育种产生的。因其育种效果显著，应用广泛，被视为工业微生物育种史上成就最为辉煌的育种方法。诱变育种的理论基础是突变，突变泛指微生物细胞内遗传物质的结构和数量突然发生的可遗传性的改变，往往产生新的等位基因和表现型。广义的突变则包括染色体畸变和基因突变，染色体畸变主要是指染色体或DNA片段结构的改变，包括缺失、易位、倒位和重复，而基因突变则指的是DNA分子结构中某一部位发生的突变，也称之为点突变。

（一）诱变育种的一般流程

常规诱变育种主要包括诱变和筛选两个步骤，通过诱变因素处理出发菌株，使其遗传物质发生突变，再通过合理有效的筛选方法，从大量的变异菌株中挑选出目的菌株，鉴定菌株稳定性后，即可扩大生产。具体诱变步骤包括：出发菌株的选择、诱变菌株的培养、诱变菌悬液的制备、诱变处理、后培养和目的菌株的筛选鉴定。

1. 出发菌株的选择

一般作为诱变处理对象的菌株称为出发菌株，选好出发菌株，是诱变产生目的菌株的基础，不仅能够减少工作强度，也将对提高目的菌株的决定指标产量或性能有重要意义。筛选一般遵循对诱变剂敏感、纯系、以往诱变史少、高产菌株的原则，常作为出发菌株的有：自然界分离得到的野生菌株，具有对诱变剂敏感、易发生突变的特点，且正突变率较高；经历生产考验的菌株，此类菌株对发酵设备、工艺条件已有一定适应性，有利于高产工业菌株的诱变。

2. 诱变菌株的培养

诱变菌株的培养又称前培养，目的是将待诱变细胞的生理状态调整到同步生长的旺盛生长对数期，并且细胞内还含有丰富的内源性碱基，诱变剂处理时，菌株将受到均一处理，DNA 被诱变剂造成损伤后，能迅速通过复制形成突变，这样也将获得较高突变率。

3. 诱变菌悬液的制备

关于诱变菌悬液的制备需要注意悬浮介质、振荡打散、细胞浓度 3 个问题。悬浮液一般选用生理盐水或缓冲溶液，采用化学诱变剂时为防止 pH 波动，采用缓冲溶液悬浮为宜。其次为使诱变剂充分与菌悬液反应，提高诱变效果，一般用玻璃珠振荡打散，使其处于单细胞悬浮液状态。诱变时的细胞浓度一般维持在 $10^6 \sim 10^8$ 个/L。

4. 诱变处理

对于诱变处理，首先要确定诱变剂的选择，结合出发菌株诱变史，尽量避免同一诱变剂重复多次使用，反复使用同一诱变剂，其诱变效果会逐渐衰减，除此之外应尽量选择毒性小、易于防护、安全性强、操作简便、不易发生回复突变的诱变剂，具体诱变剂的选择还应根据实际情况确定。

(1) 诱变剂剂量的选择　诱变剂量的选择涉及诱变剂的种类、菌株特性、生理状态、处理条件等因素。根据实验经验：①多数情况下正突变多存在于偏低剂量区（致死率 30%～70%），负突变则存在于偏高剂量区（致死率 90%以上）。②野生菌和低产菌宜采用较高剂量（90%以上致死率），经长期诱变的高产菌应选用较低剂量（30%～70%致死率）。③多核细胞或孢子则适宜采用较高剂量处理。④实际操作中，可以用不同剂量进行处理，根据实验结果来选择最佳剂量。

(2) 诱变处理方式　诱变处理方式包括单因素处理和复合处理两种。单因素则是指单个诱变因素处理出发菌株。实际育种过程中，长时间使用同一种诱变因素处理菌株，常常会使菌株产生所谓的疲劳效应，诱变效果不明显甚至没有诱变效果，还会使菌株代谢减慢、生长周期延长，使菌株发酵条件不易控制，从而影响菌株进行相应的工业化生产。此时，往往采用多种诱变因素复合处理，扩大诱变幅度，提高诱变效果。复合诱变包括 3 种：①两种或两种以上诱变剂的先后使用顺序的不同作为一种。②两种或者多种诱变剂同时使用作为一种。③同一种诱变剂的重复使用也可作为一种。例如紫外线和氯化锂的复合处理，紫外线和硫酸二乙酯的复合处理都比较普遍。值得注意的是，氯化锂本身没有诱变效果，但与一些诱变因素一起使用时就具有增变作用。但并非所有诱变因素都可随意复合，有些诱变因素是不能复合处理菌株的，如亚硝基胍会减弱紫外线的诱变效果，故在复合诱变时，还要考虑诱变因素的可复合性和先后顺序等问题。

5. 后培养

遗传物质经诱变处理后发生的突变，须经 DNA 的复制才能形成稳定的突变基因，突变基因要经过转录和蛋白质的合成才能表达，呈现突变后的表现型。后培养的一个主要目的就是消除表型延迟，一般采用含有酪素水解物或酵母浸出物等富含生长因子的天然物质的培养基来进行后培养。

6. 目的菌株的筛选鉴定

目的菌株的筛选从步骤上来说分为初筛和复筛。初筛以量为主，一株一瓶进行发酵实验，复筛以质为主，一株多瓶，使每一株菌都能发挥自己最大的潜能，选择优势菌株保藏。此外，在筛选过程中还可以根据菌株相关的抗性、营养缺陷、标记基因来选择相应的选择性培养基，有了这种"筛子"以后，筛选工作量将会大大减轻，效率也会明显提高。近年来，随着技术水平的改进，自动化筛选和高通量筛选方法也在微生物育种领域被广泛应用，进一步提高了筛选效率，下文还会有较为详细的介绍。

（二）诱变育种的诱变因素

常规诱变育种的诱变因素种类繁多，一般将其分为物理、化学和生物 3 大类。

1. 物理诱变因素

（1）紫外线　紫外线是应用最为广泛的诱变剂，其辐射光源便宜，危险性小，诱变效果良好。紫外线波长范围虽然较宽，但有效的诱变仅是 200～300nm，其中又以 260nm 左右的波长诱变效果最好。紫外线的作用机制主要是遗传物质的嘌呤和嘧啶吸收紫外光后，形成嘧啶二聚体（即两个相邻的嘧啶共价连接），二聚体出现会减弱双键间的氢键作用，并引起双链结构扭曲变形，阻碍碱基间的正常配对，从而有可能引起菌体突变或死亡。另外二聚体的形成，会妨碍双链的解开，因而影响遗传物质的复制和转录。微生物所受照射剂量取决于灯的功率、照射距离和照射时间。一般来说，功率和距离一定的情况下，照射剂量就取决于照射时间，即可用照射时间作为相对照射剂量。紫外线的照射剂量随照射距离的减少而增加，在短于灯管长度三分之一的距离内，照射剂量与距离成反比，而在此距离之外，照射剂量则与距离的平方成反比。

操作过程中要避免光复活作用，影响菌种选育，诱变后应在红光下操作，菌悬液若还需增殖培养，则应用黑布包裹起来，避光培养。

（2）快中子　中子是不带电的粒子，也是原子核的组成部分，能够从回旋加速器、静电加速器或原子反应堆中产生。虽然中子不直接产生电离，但却能够吸收从原子核射出的质子，所以说，基本上是质子造成了快中子的生物学效应。在受照射物质中，质子的射出方向是不定向的，而照射后产生的电离则在受照射物质体内沿着质子的轨迹分布。较之于 X 射线，两者的生物学效应基本相同，但快中子由于具有更大的电离密度，因而能够引起微生物的基因突变和染色体畸形，且正突变率较高，近年来应用广泛。

（3）X 射线和 γ 射线　X 射线和 γ 射线都是高能电磁波，性质极为相似，其中 X 射线的波长为 0.06～136nm，γ 射线的波长为 0.006～1.4nm，所以说 γ 射线也就是短波 X 射线。当作用于某种物质时，能将该物质的分子或原子上的电子击出而生成正离子，这种作用就是电离辐射。通常生物学上所用 X 射线均由 X 光机产生，γ 射线则由钴、镭等放射性元素产生。X 射线和 γ 射线是光子组成的光子流，但光子是不带电的，故它不能直接引起物质电离，只有与原子或分子碰撞时，才能把部分或全部的能量传递给原子，从而产生次级电子，而这些次级电子往往具有很高的能量，进而产生电离作用，直接或间接改变DNA结构。

(4) 微波诱变　微波是一种低能电磁波，较为有效的频率是300MHz～300GHz，主要是热效应和非热效应的协同作用导致微生物发生一些生理生化的变化。热效应是指一定频率的电磁辐射照射在物体上，引起局部温度上升，进而引起的一些生理生化反应。非热效应指的是在电磁波的作用下，特别是低强度、长时间的弱电磁场作用下，温度变化维持在正常生物体自身温度波动范围内，但伴随强烈生物响应，使生物体发生生理生化的变化。

(5) 粒子束　粒子束注入诱变一般是将离子源发射的离子经真空室加速获得一定能量，然后在反应室与样品发生作用，而这种诱变机制集合了质量、能量和电荷等因素，造成生物体DNA损伤，引发突变。目前应用最多、效果较好的是常压室温等离子体诱变(Atmospheric and room temperature plasma，ARTP)。ARTP对微生物作用的主要因子为高浓度的中性活性粒子。相对于其他传统诱变技术，ARTP诱变育种技术的显著特点是：操作简便、设备简单、条件温和、安全性高、诱变快速、突变率高、突变库容大。特别地，由于ARTP工作气源种类、流量、放电功率、处理时间等条件均可控，结合相关新型筛选方法，ARTP的应用前景将非常广阔。

2. 化学诱变剂

化学诱变剂指的是一类能够改变DNA结构，并引起可遗传性变异或性状改变的化学物质。一般来说，化学诱变剂使用时，使用量较小，所需的诱变设备器材要求也较低，且效果也较为显著，故自20世纪中后期，化学诱变有了长足发展，应用面也相当广泛。需要注意的是，一般化学诱变剂都有毒性，很多还是致癌物质，故在操作使用时应格外小心，并做好相关保护措施，避免吸入化学诱变剂的蒸气和直接接触诱变剂，最好在有吸风装置或蒸汽罩的操作室内操作。根据诱变方式的不同可将化学诱变剂分为以下几类物质。

(1) 碱基类似物　与DNA结构中4种天然碱基结构相类似，并能与正常碱基互补配对的一类物质称为碱基类似物，如胸腺嘧啶的结构类似物5-溴尿嘧啶，腺嘌呤的结构类似物2-氨基嘌呤。碱基类似物只在微生物生长过程中起作用，一般添加到微生物培养基中，在微生物繁殖过程中碱基类似物能够掺入DNA分子中，并与互补碱基配对生成氢键。碱基类似物也存在互变异构现象，且它的频率高于正常碱基，从而造成子代DNA碱基互补配对性质发生改变，造成碱基的置换突变。碱基类似物通过置换正常碱基以达到突变目的，所以此类诱变剂只能对处于生长状态的细胞有作用，对于静止细胞如细胞悬浮液是没有诱变作用的。

(2) 碱基修饰剂　此类化学物质通过不同方式修饰DNA分子中的碱基，以改变其配对性质引起微生物发生突变。最为常见的碱基修饰剂有烷化剂、脱氨剂和羟化剂，其中烷化剂应用较多，也较为常见。碱基修饰剂基本上都存在一定毒性，大部分还存在致癌作用，使用过程中一定要格外小心，做好相关保护工作。

(3) 烷化剂　烷化剂一般具有一个或多个活性烷基，这些烷基可以转移到其他分子中电子密度高的地方去，并能够轻易取代DNA分子中活泼的氢原子，使得DNA分子上的一个或多个碱基及磷酸部分被烷基化，进而改变DNA分子结构，使其碱基互补配对时发生错配而造成突变。根据烷化剂中烷基数的多少又分为单功能、双功能和多功能烷化剂。

硫酸酯类、亚硝酸类、重氮烷类及乙烯亚胺类均为单功能烷化剂，氮芥子类则是双功能类。大量实验证明，嘌呤类是正常碱基中最容易发生烷化作用的碱基，鸟嘌呤 N7 位点几乎可以被所有烷化剂烷化，此外鸟嘌呤和胸腺嘧啶也是 DNA 分子中较多发生烷化的突变位点。烷化剂的诱变机制尚未完全理清，目前主流观点主要为 3 点可能：一是烷化 DNA 分子中嘌呤，引起碱基配对错误；二是脱嘌呤作用；三是鸟嘌呤的交联作用。

（4）脱氨剂　脱氨剂与碱基类似物相似，通过外界渗透进入引起突变，比较有代表性的脱氨剂是亚硝酸。亚硝酸可以与含有氨基的碱基产生氧化脱氨基作用，使氨基变为酮基，改变了配对性质，造成碱基的转化突变。除此之外，亚硝酸还能引起 DNA 两条单链之间的交联作用，通过阻碍双链分开，影响 DNA 复制，也会引起突变。

（5）羟化剂　羟胺是最为典型的羟化剂，能使胞嘧啶上的氨基羟化带上羟基，变成羟基胞嘧啶，而羟基化的胞嘧啶配对对象是鸟嘌呤，不再与腺嘌呤配对，从而引起 GC→AT 的转变，而且在 pH6.0 环境中这种专一性诱变作用最为突出。

（6）DNA 插入剂　DNA 插入剂是一类能够嵌入 DNA 分子中，造成移码突变，也称为移码突变剂。包括吖啶类染料、溴化乙锭和一系列 ICR 类化合物（由烷化剂和吖啶染料相结合形成的化合物）。DNA 插入剂诱变的机制与其嵌入 DNA 分子间的特性有关，DNA 分子两碱基间插入扁平的染料分子，迫使碱基间距离拉宽，使得 DNA 分子的长度加长，在复制过程中随着双链的解开，造成阅读框的滑动，子代 DNA 分子增加或减少的碱基只要不是 3 的倍数，就会引起后面三联密码子转录、翻译错误，造成移码突变。需要注意的是，DNA 插入剂并非通过插入直接导致突变，而是通过 DNA 分子进一步复制造成移码突变，故 DNA 插入剂只适用于生长态细胞，对处于静止状态细胞没有诱变作用。

3. 生物诱变剂

生物诱变剂通过引起碱基的取代和断裂，产生 DNA 的缺失、重复和插入等，引起突变。主要包括：转导诱发突变、转化诱发突变和转座诱发突变 3 大类。生物诱变剂可以是细菌质粒 DNA PCR 介导中作为引物的一段寡核苷酸，也可以是 DNA 转座子，还可以是特定的噬菌体。如采用某些噬菌体筛选抗噬菌体菌株的过程中，发现常常出现抗生素产量明显提高的突变菌株，此类具有转座功能的溶原性噬菌体即转座子噬菌体，具有明显的突变效果，是比较典型的生物诱变剂。

（三）诱变育种注意事项

1. 个人安全

绝大多数诱变剂都存在一定的致癌作用，使用前一定要阅读相关操作说明，操作过程中时刻注意个人安全，做好防护措施，避免和诱变剂有直接接触，对于一些具有挥发性的诱变剂，还应在具有通风设施的工作台进行操作。

2. 环境安全

操作过程中避免诱变剂滴漏、挥发。实验设备受到污染，应立即用解毒剂进行清理，一定要保证环境安全，一定程度上就是保障他人安全。养成良好的操作习惯，充分做好诱变实验的准备工作，诱变完成后，严格按照规定清理相关仪器，避免造成环境污染，损害人体健康。

二、原生质体融合

自然界中的原始菌株大多不具有很高的工业化价值，因此需要对菌株进行选育和改良，以提高产品的质量，降低成本。起源于20世纪60年代的原生质体融合技术是一项重要的菌种改良技术，是将亲株细胞分别去除细胞壁后进行融合，经基因组间的交换重组，获得融合子的过程。原生质体融合技术首先应用于动植物细胞，之后才应用于细菌、真菌和放线菌。

（一）原生质体融合育种技术的优点

（1）通过去除细胞壁，打破细胞间障碍，使亲本菌株直接进行交换融合，实现重组达到优良遗传系统的集合，即使是相同结合型的真菌细胞也能发生原生质体的相互融合，对原生质体进行转化和转染。

（2）作为重组后的原生质体，两个亲本的基因组有机会发生多次交换，进而得到多种多样的基因组合，最终形成多种类型的重组子，产生不同的表型。需要注意的是，这里参与融合的亲本并不限于两种不同菌株，也可以多到两种以上，但这也是一般杂交条件所不能达到的，条件相对更为严苛。

（3）原生质体融合育种技术重组频率特别高，在聚乙二醇或其他的助融条件下，重组频率大幅提高，如天蓝色链霉菌在种内重组频率一般可达20%。

（4）在一般融合过程中，为了提高筛选效率，还可以先采用药物或物理因素对亲本进行处理，钝化亲本一方或双方，然后再进行融合操作，这种方法也被国内外学者广泛接受。

（5）原生质体融合技术还可以与其他育种技术相结合，把其他方法得到的优良菌株，再通过原生质体融合进一步重组，以选育性状更为优良的菌株。尽管融合亲本的性状已知，但其基因交换重组是非定向的，目前原生质体融合育种技术相对于其他育种技术也只能属于半理性育种技术。

（6）受结合型或致育性限制小，两亲代菌株都可以起到受体或供体的作用，更加有利于不同种属之间的杂交，发挥原生质体融合育种技术的巨大潜力。

（二）原生质体育种的一般步骤

1. 标记菌株的筛选和稳定性验证

通常采用常规诱变育种的方式筛选出营养缺陷型或相关的抗药性菌株，这些营养缺陷型或抗药性不仅具有标记作用，还能够作为排除杂菌污染的依据。对标记菌种的唯一要求是，这些标记必须稳定，而且不会对菌株正常代谢造成干扰。

2. 原生质体的制备

一般微生物细胞都存在细胞壁，所以原生质体融合的第一步就是制备原生质体。目前去除细胞壁的方法主要包括3种：机械法、酶法和非酶法。机械法和非酶法制备原生质体的效果较差，活性也比较低，仅适用于某些特定菌株。酶法制备原生质体作用时间短，制备效果也比较好，在实际实验操作过程中被广泛采用。酶法制备原生质体使用的酶主要为蜗牛酶、溶菌酶和纤维素酶，具体使用哪种酶需根据所用微生物的种类而定。根据相关实验表明，在一定范围内，酶作用的时间、浓度都与原生质体的形成率呈正相关，而与再生率呈负相关。

3. 等量原生质体在助融剂作用下进行融合

由于在自然条件下，原生质体发生融合的频率非常低，所以在实际育种过程中要采用一定的方法进行人为地促融合。促融方法主要分为：①物理法：用物理的手段（如电场、激光、超声波、磁场等）使亲本的原生质体发生融合。最常用的有电处理融合法、激光诱导融合法以及在电融合技术上改进的方法等。优点：电融合条件可控，融合率高、无毒。缺点：设备条件要求高，费用较高。②化学法：用化学融合剂促进原生质体融合。化学试剂中最常用的是 PEG 结合 Ca^{2+} 和 pH 诱导法。带负电的 PEG 与带正电的 Ca^{2+} 同细胞膜表面的分子相互作用，原生质体表面形成极性，从而相互吸引易于融合。优点：不需要特别的仪器设备，操作简便。缺点：原生质体聚集成团的大小不易控制，且 PEG 本身对原生质体具有一定的毒性，可能影响原生质体的再生，并且融合率不高。

4. 培养于再生培养基，再生出菌落

除去细胞膜后的原生质体对渗透压敏感，易破碎，普通培养基也无法生长，需要有相应渗透压的培养基质，所以融合后的原生质体必须在恢复细胞壁后才能表现相关杂交性状。细菌的原生质体再生可以用完全培养基，也可以用基本培养基。需要指出的是，将融合子培养到完全培养基上，一般会引起亲本型互补，大量融合细胞会分离成亲本细胞，而二倍体原生质体会被诱导生出细胞壁，在两个染色体复制之前分裂，大大降低了发生遗传重组的机会。所以，细菌的原生质体融合最好选用基本培养基。

5. 选择性培养基上划线再生长，挑取融合子进一步实验并保藏

在融合子选择过程中，就体现出遗传标记的重要性了，借助于遗传标记可以减轻很多不必要的麻烦。一般原生质体融合会出现两种情况：一种是产生杂合二倍体或单倍体重组；另一种则是暂时的融合，形成异核体。虽然两种都能在基本培养基上生长，但融合后再生的原生质体只需进行数代自然选择和分离，就可鉴别出真正的融合子，它的遗传性状应是稳定的。

6. 生产性能筛选

原生质体融合所产生的融合子类型是各式各样的，相关的产量、性能指标也有高有低，需通过进一步地对产量或性能指标进行测定，最终筛选出优良菌株。

（三）原生质体制备的影响因素

1. 菌体前处理

选用合适的前处理，会充分发挥酶的作用效果。主要原理是在培养基或悬浮液中加入相关物质，抑制或阻止细胞壁合成，使细胞壁疏松，有利于酶的进入，进行进一步酶解作用。如对于细菌来说，一般用亚抑制剂量的青霉素处理，抑制细胞壁中肽聚糖的形成。另外，在培养基中添加 10～40g/L 的甘氨酸可代替丙氨酸进入细胞壁，从而干扰放线菌细胞壁网状结构的形成。对于酵母菌，可用巯基乙醇或乙二胺四乙酸（EDTA）抑制细胞壁中葡聚糖层的合成，而对于部分丝状真菌可使用含巯基的化合物处理，含巯基化合物可还原细胞壁中的二硫键而使细胞壁变得疏松。对于含有脂多糖和多糖类物质的革兰阴性菌，可用 EDTA 先行处理 1h 左右，进而提高酶解作用。

2. 酶和酶浓度

对于不同的微生物应选择合适的酶和酶浓度进行处理。对于细胞壁主要成分为肽聚糖的细菌和放线菌，可用溶菌酶进行破壁处理，溶菌酶对于细菌的使用浓度为 0.1～0.5mg/

mL。霉菌一般用纤维素酶、蜗牛酶进行酶解破壁。酵母菌可使用蜗牛酶、β-葡聚糖酶破壁。此外，处于不同生长阶段，需要的酶浓度也是不同的，如处于对数期的大肠杆菌需溶菌酶浓度为0.1mg/mL，在饥饿状态下酶浓度则达到0.25mg/mL。

3. 菌体培养时间

一般来说，对数生长期的菌株，细胞代谢旺盛，细胞壁也较为敏感，此时酶解处理易于原生质体化，原生质体制备效果优于菌株其他生长阶段。

4. 酶处理时的温度和pH

酶活本身就受到温度和pH的影响，在控制酶活性较高状态下，同时要避免温度和pH对原生质体的损伤，菌体的处理条件，应该通过多次具体实验操作来进一步确定，以达到酶解的最佳效果。

5. 渗透压稳定剂

失去细胞壁的原生质体易于破裂，故需要在等渗透压的基质即渗透压稳定剂中进行酶解。渗透压稳定剂多采用甘露醇、山梨醇等有机物和氯化钠、氯化钾等无机物，其中细菌多使用氯化钠或蔗糖，放线菌多使用蔗糖，酵母菌则可以使用山梨醇或氯化钾。一般使用浓度为0.3～1.0mg/L，具体依据相应实验结果而定。渗透压稳定剂不仅能够保护原生质体，还能够有助于酶与底物结合。

（四）原生质体融合在选育氨基酸产生菌中的应用

原生质体融合育种打破了微生物的种界界限，可实现远缘菌株的基因重组。原生质体融合育种可使遗传物质传递更为完整，从而获得更多基因重组的机会。另外，原生质体融合育种可与其他育种方法相结合，如把常规诱变和原生质体诱变所获得的优良性状组合到一个单株中。自1979年匈牙利的Pesti首先利用原生质体融合技术提高青霉素产量以来，原生质体融合育种技术在实际工作中的应用越来越多。目前，原生质体融合育种技术已经应用在多个领域，如选育新抗生素产生菌、选育益生菌、选育固氮工程菌和选育污水工程菌等。

原生质体融合技术在选育氨基酸生产菌方面，日本味之素率先利用原生质体融合技术使生产氨基酸的短杆菌杂交，获得比原产量高3倍的赖氨酸高产菌株和苏氨酸高产菌株。随后，采用原生质体融合技术选育氨基酸生产菌的报道越来越多。例如，张惠玲采用原生质体融合技术，以谷氨酸棒杆菌GY360（$Met^-+AEC^R+AHV^R$）为亲株（A）与乳糖发酵短杆菌HS58（Ala^-+AHV^R）为亲株（B）进行原生质体融合，选育出一株产苏氨酸菌NRH66，该菌株遗传标记为$Met^-+Ala^-+AEC^R+AHV^R$，在摇瓶发酵上苏氨酸产量比亲株A提高了17.7%，比亲株B提高64%。

第四节 氨基酸生产菌的新型育种方法

一、利用基因工程技术构建氨基酸工程菌

（一）基因工程技术概述

基因工程（Genetic engineering）亦称为重组DNA技术，它是在分子遗传学理论的基础上发展起来的工程学，是生物工程的一个重要分支，它同细胞工程、酶工程、蛋白质工

程和微生物工程共同组成了生物工程。该技术综合采用了生物化学和微生物学的现代技术和手段，用人工方法将某种生物的基因提取出来，在离体条件下进行切割后，再将它与作为载体的 DNA 分子连接起来，然后导入某一受体细胞中，使之进行复制、繁殖并得以表达，从而使受体细胞获得新的遗传性状。基因工程这种做法就像技术科学的工程设计，按照人类的需要把这种生物的这个“基因”与那种生物的那个“基因”重新“施工”“组装”成新的基因组合，创造出新的生物。应用重组 DNA 技术进行定向育种，具有重要的实际应用价值和理论意义。它不仅可以打破种、属的界限，将不同菌株的优良性状集中到一株菌上，选育出高产、优质、易自动化生产和现代化管理的超级菌，而且在基础理论的研究中，对于了解细胞的代谢调节机制和进行基因定位等都具有重要的作用。此外，基因工程还已经深入到细胞水平、亚细胞水平，特别是基因水平来改造生物的本性，同时大大地扩大了育种的范围，打破了物种之间杂交的障碍，加快了育种的进程。因此，重组 DNA 技术正越来越被育种工作者所重视，可以说它是一种最新、最有前途的育种新技术。

早在 20 世纪 70 年代初，人们就试图将基因工程技术应用于获得氨基酸高产菌种。最初一般采用基因转导技术，分两步进行：首先挑选出各种调节机制完全缺失的突变株，然后将选出的突变株通过共转导技术结合在一起。直接应用基因工程技术获得生产氨基酸的基因工程菌的研究在 20 世纪 80 年代初就已经开始了，最早的工作是由 Aiba 等在 1982 年报道的，他们将色氨酸操纵子缺失的突变株和携带色氨酸操纵子的质粒结合，成功地构建了生产色氨酸的基因工程大肠杆菌。该质粒的邻氨基苯甲酸合成酶和磷酸核糖氨基苯甲酸转移酶对反馈抑制不敏感，而作为宿主细胞的大肠杆菌则是色氨酸阻遏缺陷和色氨酸酶缺陷型的突变株。现在，基因工程菌的宿主细胞已经从革兰阴性菌发展到革兰阳性菌（如谷氨酸棒杆菌）。生产氨基酸的基因工程菌的研究还在深入、持久地开展下去，将为提高氨基酸的发酵水平做出贡献。利用基因工程育种主要手段包括：①细胞代谢关键途径或靶点的识别；②对原有代谢途径的改造；③新代谢途径的构建。采用基因工程选育氨基酸产生菌的最终目的是通过基因工程手段增加目的氨基酸生物合成途径中代谢通量，增加目的氨基酸合成中前体物质的供应以及产物合成过程中辅因子供应，从而增加目的氨基酸的产量。例如，把微生物的氨基酸合成酶的基因连接于特定的质粒上，让它在氨基酸生产菌中转化，使目的基因扩增，酶量增多，从而提高目的氨基酸生产效率。通过特定的质粒阻断副产物合成途径，从而降低副产物产量，提供目的氨基酸生产效率。

（二）基因工程技术的操作步骤

与宏观的工程一样，基因工程的操作也需要经过“切”“接”“贴”和“检查修复”的过程，只是各种操作的“工具”不同，被操作的对象是肉眼难以直接观察的核酸分子。基因工程技术包括以下操作步骤，即工具酶和载体的选择、目的基因的制备、DNA 体外重组、外源基因的无性繁殖与表达，重组 DNA 导入受体菌筛选并鉴定含有外源目的基因的菌体（图 3-19）。

1. 工具酶和载体的选择

工具酶主要有限制性内切酶和 DNA 连接酶等。限制性内切酶可以识别双链 DNA 分子上特异的核苷酸序列，并在该特异性核苷酸序列内切断 DNA 双链，形成一定长度和顺序的 DNA 片段。当将某一 DNA 片段在离体情况下与载体 DNA 一起分别用同一种限制性

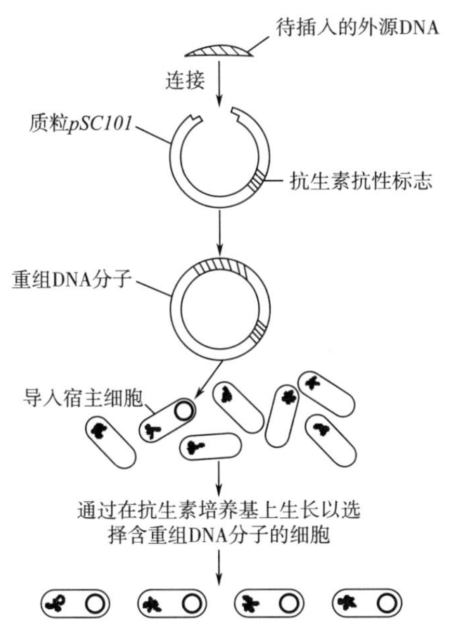

图 3-19　基因工程技术的主要操作步骤

内切酶切断时，会使两个 DNA 分子在断裂处出现相同的黏性末端，通过氢键并合以后，再经 DNA 连接酶处理，就会在相邻接的核苷酸之间形成酯键，从而将两个 DNA 分子连成为一个。

外源 DNA 片段离开染色体是不能复制的。如果将外源 DNA 连接到复制子上，外源 DNA 则可作为复制子的一部分在受体细胞中复制。这种复制子就是克隆载体。重组 DNA 技术中克隆载体的选择和改进是一项极富技术性的专门工作，目的不同，操作基因的性质不同，载体的选择和改建方法也不同。

2. 目的基因的制备

利用重组 DNA 技术构建嵌合 DNA 时，欲插入载体 DNA 的外源 DNA 片段中即含有我们感兴趣的基因或 DNA 序列——目的基因。目前获取目的基因大致有如下几种途径或来源。

（1）化学合成法　如果已知某种基因的核苷酸序列，或根据某种基因产物的氨基酸序列推导出该多肽编码基因的核苷酸序列后，再利用 DNA 合成仪通过化学方法合成目的基因。

（2）鸟枪法　分离组织或细胞染色体 DNA，利用限制性核酸内切酶将染色体 DNA 切割成基因水平的许多片段，其中即含有我们感兴趣的基因片段。将它们与适当的克隆载体拼接成重组 DNA 分子，继而转入受体菌扩增，使每个细菌内都携带一种重组 DNA 分子的多个拷贝。不同细菌所包含的重组 DNA 分子内可能存在不同的染色体 DNA 片段，这样生长的全部细菌所携带的各种染色体片段就代表了整个基因组。存在于细菌内、由克隆载体所携带的所有基因组 DNA 的集合称为基因组 DNA 文库（Genomic DNA library）。建立基因组文库后需要结合适当筛选方法从众多转化子菌落中筛选出含有某一基因的菌落，再进行扩增，将重组 DNA 分离、回收，获得目的基因的无性繁殖系——克隆。

（3）聚合酶链反应（Polymerase chain reaction，PCR）　目前，采用 PCR 获取目的

DNA 十分广泛，应用这一技术可以将微量的目的 DNA 片段在体外扩增 100 万倍以上。PCR 的基本工作原理是以拟扩增的 DNA 分子为模板，以一对分别与模板 5′末端和 3′末端相互补的寡核苷酸片段为引物，在 DNA 聚合酶的作用下，按照半保留复制的机制沿着模板链延伸直至完成新的 DNA 合成，重复这一过程，即可使目的 DNA 片段得到扩增。组成 PCR 反应体系的基本成分包括：模板 DNA、特异性引物、DNA 聚合酶（具耐热性）、dNTP 以及含有 Mg^{2+} 的缓冲液。

（4）反转录法　以 mRNA 为模板，利用反转录酶合成与 mRNA 互补的 DNA（Comple-mentary DNA，cDNA），再复制成双链 cDNA 片段，与适当载体连接后转入受菌体，扩增为 cDNA 文库（cDNA library），然后再采用适当方法从 cDNA 文库中筛选出目的 cDNA。与基因组 DNA 文库类似，由总 mRNA 制作的 cDNA 文库包括了细胞全部 mRNA 信息，自然也含有我们感兴趣的编码 cDNA。当前发现的大多数蛋白质的编码基因几乎都是这样分离的。

3. DNA 体外重组和外源基因的无性繁殖与表达

通过不同途径获取含目的基因的外源 DNA，选择或改建适当的克隆载体后，下一步工作是如何将外源 DNA 与载体 DNA 连接在一起，即 DNA 的体外重组。这种 DNA 重组是靠 DNA 连接酶将外源 DNA 与载体共价连接的。改建载体，着手进行外源基因与载体连接前，必须结合研究目的及感兴趣的基因特性，认真设计最终构建的重组体分子。应该说，这是一项技术性极强的工作，除了技巧问题，还涉及对重组 DNA 技术领域深刻的认识。下面仅就连接方式做简要介绍。

（1）黏性末端连接

①同一限制性酶切割位点连接：由同一限制性核酸内切酶切割的不同 DNA 片段具有完全相同的末端。只要酶切割 DNA 后产生单链突变（5′突出及 3′突出）的黏性末端，同时酶切位点附近的 DNA 序列不影响连接。那么，当这样的两个 DNA 片段一起退火时，黏性末端单链间进行碱基配对，然后在 DNA 连接酶催化作用下形成共价结合的重组 DNA 分子。

②不同限制性内切酶位点连接：由两种不同的限制性核酸内切酶切割的 DNA 片段具有相同类型的黏性末端，即配伍末端，也可以进行黏性末端连接。例如 *Mbo*I（▼GATC）和 *BamH*I（G▼GATCC）切割 DNA 后均可产生 5′突出的 GATC 黏性末端，彼此可互相连接。

（2）平端连接　DNA 连接酶可催化相同和不同限制性核酸内切酶切割的平端之间的连接。原则上讲，限制酶切割 DNA 后产生的平端也属配伍末端，可彼此相互连接；若产生的黏性末端经特殊酶处理，使单链突出处被补齐或削平，变为平端，也可实行平端连接。

（3）同聚物加尾连接　同聚物加尾连接是利用同聚物序列，如多聚 A 与多聚 T 之间的退火作用完成连接。在末端转移酶（Terminal transferase）作用下，在 DNA 片段端制造出黏性末端，而后进行黏性末端连接。这是一种人工提高连接效率的方法，也属于黏性末端连接的一种特殊形式。

（4）人工接头连接　对平端 DNA 片段或载体 DNA，可在连接前将磷酸化的接头（Linker）或适当分子连到平端，使产生新的限制性内切酶位点。再用识别新位点的限制性内切酶切除接头的远端，产生黏性末端。

4. 重组 DNA 导入受体菌

外源 DNA（含目的 DNA）与载体在体外连接成重组 DNA 分子（嵌合 DNA）后，需将其导入受体菌进行繁殖，才能获得大量而且一致的重组 DNA 分子，这一过程即为无性繁殖。因此，选定的宿主必须具备使外源 DNA 进行复制的能力，而且还能表达由导入的重组 DNA 分子所提供的某些表型特征，以利于含有重组 DNA 分子宿主的选择和鉴定。在选择适当的受体菌后，经特殊方法处理，使之成为感受态细胞（Competent cell），即具备接受外源 DNA 的能力的细胞。根据重组 DNA 时所采用的载体性质不同，导入重组 DNA 分子的手段有：结合作用（Conjugation）、转化（Transformation）、转导（Transduction）、显微注射（Micro - injection）和电穿孔法（Electroporation）等。其中在构建氨基酸高产菌株时所采用的方法多是转化法和电穿孔法。

转化是指感受态的大肠杆菌细胞捕获和表达质粒载体 DNA 分子的过程；而转染是指感受态的大肠杆菌细胞捕获和表达噬菌体 DNA 分子的过程，两者并无本质的区别。

电穿孔法是把宿主置于一个外加电场中，通过电场脉冲在细胞壁上打孔，DNA 分子就能够穿过孔进入细胞。通过调节电场强度、电脉冲频率和用于转化的 DNA 浓度，可将外源 DNA 分别导入细菌或真核细胞。用电穿孔法实现基因导入比 $CaCl_2$ 转化法方便、转化率高，尤其适用于酵母菌和霉菌。

5. 重组体的筛选及鉴定

通过转化、转染或电穿孔法，重组体 DNA 分子被导入受体细胞，由于操作失误及不可预测的干扰等，并不能全部按照预先设计的方式重组和表达，真正获得目的基因并能有效表达的克隆分子只是其中的一小部分，绝大部分仍是原来的宿主或者是不含目的基因的重组体。如何将众多的转化菌落或转染噬菌斑区分开来，并鉴定哪一菌落或噬菌斑所含的重组 DNA 分子确实带有目的基因，这一过程即为筛选或选择。根据载体体系、宿主细胞特性及外源基因在受体细胞中表达情况不同，对重组体的筛选和鉴定可采取直接选择法或非直接选择法，即从核酸水平和蛋白质水平进行。从核酸水平筛选重组体可以通过各种核酸杂交的方法；从蛋白质水平上筛选重组体的方法主要有：检测抗生素抗性及营养缺陷型、观测噬菌斑的形成、监测目标酶的活性、目标蛋白的免疫特性和生物活性等。

（1）核酸杂交法　基本原理：具有一定同源性的两条核酸单链在一定条件下（适宜的温度及离子强度等），可按碱基互补配对原则退火形成双链，此杂交过程是高度特异性的。杂交的双方是待测的核酸序列和用于检测的已知核酸片段（核酸探针）。将待测核酸变性后，用一定的方法将其固定在硝酸纤维膜上，用经标记示踪的特异核酸探针与之杂交，该探针只能与互补的特异核酸牢固结合，而其他的非特异结合将被洗去。最后，示踪标记将指示待测核酸中能与探针互补的特异 DNA 片段所在的位置。

（2）营养缺陷检测法　若宿主属于某一营养缺陷型，则在培养这种宿主细胞的培养基中必须加入该营养物质后，细胞才能生长；如果重组后进入这种宿主细胞的外源 DNA 中除了含有目的基因外再插入一个能表达该营养物质的基因，就实现了营养缺陷互补，使得重组细胞具有完整的系列代谢能力，培养基中即使不加该营养物质也能生长。如宿主有的缺少亮氨酸合成酶基因，有的缺少色氨酸合成酶基因，通过选择性培养基，就能将重组体从宿主中筛选出来，这种筛选方法就称为营养缺陷检测法。

（三）基因工程技术的组成元件

从基因工程技术的操作步骤可知，基因工程技术涉及 4 个组成元件：工具酶、载体系统、供体系统和受体系统。

1．工具酶

（1）限制性内切酶　限制性内切酶是一类核酸内切酶，其最大特点是能识别双链DNA分子上的特异核苷酸序列，能在该特异核苷酸序列内切断DNA双链，形成一定长度和顺序的DNA片段。例如，限制性内切酶EcoRI能识别DNA分子上的$\frac{\text{GAATTC}}{\text{CTTAAG}}$序列，切割后使DNA分子成为两个片段，一条单链是AATT，另一条单链是TTAA，它们具有互补的核苷酸序列。当具有互补序列的单链部分的DNA片段相遇时，由于碱基配对中的氢键的作用而合并成双链，因此称该单链部分为黏性末端。在重组DNA技术中要将某一基因与一个载体质粒连接起来，往往先通过限制性内切酶的作用而使它们各自具有相同的黏性末端。可以看出，限制性内切酶在基因工程中的作用正如外科医生的各具特殊用途的多种手术刀一样。

目前已发现的限制性内切酶有200多种，表3-5列出了基因工程中常用的几种限制性内切酶。

表3-5　几种限制性内切酶及其切割序列

微生物来源	限制性内切酶缩写	识别序列
大肠杆菌RY13	EcoR Ⅰ	5′-G↓AATTC CTTAA↑G-5′
解淀粉芽孢杆菌H	BamH Ⅰ	5′-G↓GATCC CCTAG↑G-5′
溶血嗜血菌	Hba Ⅰ	5′-GCG↓C C↑GCG-5′
流感嗜血菌Rd	Hind Ⅲ	5′-A↓AGCTT TTCGA↑A-5′
球芽孢杆菌	Bgl Ⅱ	5′-A↓GATCT TCTAG↑A-5′
斯氏天命菌164	Pst Ⅰ	5′-CTGCA↓G G↑ACGTC-5′
白色链霉菌G	Sal Ⅰ	5′-G↓TCGAC CAGCT↑G-5′
百化短杆菌	Bal Ⅰ	5′-TGG↓CCA ACC↑GGT-5′
埃及嗜血菌	Hae Ⅱ	5′-Pu①GCGC↓Py② Py②↑CGCGPu①-5′

注：①Pu代表任何一种嘌呤；②Py代表任何一种嘧啶。

（2）其他工具酶　除了限制性内切酶外，基因工程中常用的工具酶还有DNA连接酶、末端转移酶、T_4连接酶、反转录酶等。

由同一种限制性内切酶处理而出现相同黏性末端的两个DNA分子，通过氢键相并合以后，如果再经DNA连接酶处理，就会在相邻接的核苷酸之间形成磷酸二酯键，从而将两个DNA分子连成一个。由于在一般情况下，黏性末端的氢键数较少，因而两个DNA分子的连接不很牢固，如果使用末端转移酶，在一个DNA分子上接上几百个A，在另一个 DNA 分子上接上几百个 T，便可以克服上述问题。对于不能产生黏性末端的 DNA 分子（如经 Bal Ⅰ 处理），末端转移酶更显示出其优越性。T_4 连接酶既能催化黏性末端的连接，又能催化齐头末端的连接。反转录酶可以以 RNA 为模板而合成双链相应的 DNA 单链，还可以以 DNA 为模板而合成双链 DNA，因此通过反转录酶的作用可以从某一基因的 mRNA 来合成这一基因。

2. 载体系统

DNA 体外重组首先要解决载体问题。由于脱离染色体的基因不能复制，而质粒等可以复制，并可以通过转化而导入寄主细胞中，因此，只要将所需要的基因通过限制酶和连接酶等的作用，使之与质粒连接在一起并导入寄主细胞，该基因便可随着质粒的复制而复制，并随着细菌的分裂而扩增，成为该基因的无性繁殖系。合适的载体需要有较小的分子质量、选择性标记、高表达的启动子、数种限制性内切酶的单位切点和能在寄主菌中多拷贝复制等特性。氨基酸产生菌主要是棒状杆菌、短杆菌等棒状类细菌，目前已发现了多种质粒，见表 3-6。

表 3-6　在棒状类细菌中发现的质粒

来源菌	质粒名称	片段长度	标记	拷贝数
谷氨酸棒杆菌 T250	*pCG4*	29kb	S_{pc}^R，S_{tr}^R	—
谷氨酸棒杆菌 225－218	*pCG2*	6.6kb	—	—
乳糖发酵短杆菌 ATCC13869	*pAMa30*	4.6kb	—	10～14
谷氨酸棒杆菌 ATCCl3058	*pHM1519*	2.8kb	—	140
帚石南棒杆菌 NRRL B－2244	*pCCl*	4.3kb	—	30
乳糖发酵短杆菌 BLO	*pBL1*	4.3kb	—	30

由于上述质粒不符合上面所提出的要求，不能作为合适的载体，需要对它们进行改造。目前的改造方法将棒状类细菌的质粒与其他已知的质粒进行重组，构建成杂合质粒。已建成的质粒见表 3-7。

表 3-7　建成的载体系统

原始质粒	已知质粒及其标记	内切酶	杂合质粒及其标记
*pCC*1	*pBR329*（*E. coli*） A_p^R，C_m^R，T_c^R	Hind Ⅲ	*pULl93*，A_p^R，C_m^R，T_c^R
*pSR*1	*pBD10*（*B. subtilis*） E_m^R，C_m^R，K_m^R	Bal Ⅰ	*pHY416*，*pHY47* C_m^R，K_m^R
*pBL*1	*pBR322*（*E. coli*） A_p^R，C_m^R	Hind Ⅲ Bal Ⅰ Bal Ⅰ/BamH Ⅰ	*pUL*1 A_p^R *pUL10* A_p^R，T_c^R *pUL20* A_p^R
*pCG*1，*pCG*2	*pGA22*（*E. coli*） K_m^R，T_c^R，C_m^R，A_p^R	Bgl Ⅱ/BamH Ⅰ Pst Ⅰ	*pCE52* K_m^R，A_p^R，C_m^R *pCE54* K_m^R，C_m^R，T_c^R

通过构建杂合质粒，就可使这些质粒满足作为载体的一般要求，而在基因工程中加以

使用。作为基因工程的受体菌，它必须是转化的有效受体，因此往往是限制性内切酶缺陷型。一般谷氨酸产生菌中常存在限制系统，为此必须要除去该限制系统。人们发现，由谷氨酸棒杆菌 T106 诱变出的溶菌酶超敏感性突变（L^S）和限制酶缺陷突变株就是一株很好的基因工程受体菌（有关内容可参考其他书籍）。

3. 供体系统

要将目的基因克隆到载体上，首先要分离到目的基因。那些为基因工程提供目的基因的细胞或个体称之为供体系统。对于氨基酸工程菌株的选育，供体系统一般选择短杆菌属及棒杆菌属的野生菌或变异株。

4. 受体系统

重组 DNA 分子只有导入受体细胞或个体内，才得进行复制、繁殖并形成一个无性繁殖系。这种接受重组 DNA 分子的受体细胞或个体称之为受体系统。对于氨基酸产生菌，受体系统一般选用短杆菌属和棒杆菌属的野生菌或变异株。由于氨基酸产生菌一般为非感受态细胞，因此必须采用原生质体转化的方法。需要注意的是，由于异源 DNA 要受到受体菌的限制修饰系统的作用，往往转化频率较低。人们发现，从供体菌中提出的质粒 DNA 转化到受体菌中，其转化频率为 10^4～10^6 转化子/μgDNA；如果从受体菌的转化子中提取质粒 DNA，对相同的受体菌再转化，则转化频率可提高 2 个数量级。另外，超螺旋质粒 DNA 的转化频率要比线形质粒 DNA 的转化频率约高 2 个数量级。

（四）大肠杆菌和谷氨酸棒杆菌表达系统的影响因素

迄今为止，人们已经研究开发出多种原核和真核表达系统用以表达、生产外源蛋白。其中，大肠杆菌和谷氨酸棒杆菌表达系统因其遗传背景清楚、成本低、生产效率高、特征明确等优点成为目前最常用的外源蛋白原核表达系统。大肠杆菌和谷氨酸棒杆菌优点众多，但并非每一种基因都能在其中有效表达。主要包括以下 4 个方面原因。

1. 外源基因本身的特性

（1）外源基因的结构　外源基因分为原核基因、真核基因。其中原核基因可以在大肠杆菌中直接表达，而真核基因是断裂基因，只能以 cDNA 的形式在大肠杆菌中表达。

（2）外源基因密码子的选择使用　经统计发现大肠杆菌有 8 种稀有密码子：AGA、AGC、AUA、CCG、CCT、CTC、CGA、GTC。由于不同 tRNA 含量上的差异产生了对密码子的偏爱性，若外源基因含有连续或较多的稀有密码子，则翻译减速或中断。

（3）RNA 的一级与二级结构的影响　转录出的 mRNA 5′上游的 SD 序列与起始密码子之间的碱基数目和碱基组成对目的基因的翻译效率有重要影响。一般间距以 6～10 个碱基为宜，而碱基组成以 C+G 比例不超过 50%为宜。另外，降低 5′端翻译起始区（TIR）二级结构稳定性可以提高翻译起始效率，增加 mRNA 稳定性，有利于外源基因表达。

2. 表达系统的特性

（1）表达载体的选择　目前已知的大肠杆菌表达载体有以下 3 种：非融合型表达、融合型表达、分泌型表达。非融合型表达优点在于：表达的非融合蛋白与天然状态下存在的蛋白在结构、功能以及免疫原性等方面基本一致，可以进行后续研究。融合型表达一般模式为：原核启动子－SD 序列－起始密码子－原核结构基因片段－目的基因序列－终止密码子。为减少外源蛋白在宿主体内被蛋白酶降解，或者使蛋白质能够在体外正确折叠和便于提纯，常将被表达的蛋白质分泌到细胞外，因此要用分泌型表达载体。

（2）启动子的结构对表达效率的影响　大多数大肠杆菌启动子都含有-10区（序列为5′-TATAAT）和-35区（序列为5′-TTGACA）两个保守区。研究表明，启动子的这两个区域与上述保守序列的相似程度越高，该启动子的表达能力也就越强。另外，这两个保守区间的距离越是接近于17bp，启动子的活性就越强。

（3）宿主菌的选择　由于大肠杆菌自身防御系统的保护作用，使得细胞内的重组基因和蛋白可能会被其核酸酶和蛋白酶降解。因此表达宿主菌的选择也是在原核蛋白表达过程中必须要考虑的因素。一般选择蛋白酶缺失的宿主菌非常有利于重组蛋白的表达。

3. 外源基因与系统间的相互作用

（1）表达基因的调控　在表达过程中，应采用诱导型的启动子，以便有效地控制表达的时间，防止过早地表达产物对于宿主菌有毒害作用，使生长速率下降，甚至导致宿主菌死亡。

（2）宿主菌对于质粒拷贝数及稳定性的影响　宿主菌生长速率增大，营养的限制和缺乏均会引起质粒的拷贝数下降。

4. 培养条件的控制

培养条件包括培养基成分、温度的选择、诱导条件以及培养时间等。培养基各组分的浓度和比例要适当，营养丰富的培养基，易于细菌的生长和表达。

在基因工程中，大肠杆菌表达系统虽然是最早的表达系统，但还存在一些问题：一是有些真核基因尚未在大肠杆菌中有效表达；二是选择一个合适的载体系统和宿主要经过多次尝试，耗时耗力；三是重组蛋白的分泌表达技术不如胞内表达技术研究得透彻。可以通过以下途径解决这些问题：①通过基因导入将修饰机制引入原核表达系统，如糖基化、磷酸化、乙酰化和酰胺化等；②构建一套适应性和功能强大的表达载体系统，避免大范围尝试；③深入研究表达系统的分泌机制，加强信号肽功能，分子伴侣和转运通路机制的研究。

（五）基因工程技术在选育氨基酸生产菌上的应用

应用重组DNA技术选育氨基酸生产菌，最简单的方法是将氨基酸生物合成中起限速作用的限速酶基因连接在多拷贝的质粒载体上并克隆化，从而发挥该基因的扩增效应，以排除生物合成途径中的“瓶颈”，使氨基酸产量增加。从简单的鸟枪法单基因克隆到整个操纵子的诱变与体外重组，获得了谷氨酸、赖氨酸、苏氨酸、色氨酸、精氨酸、甲硫氨酸、脯氨酸、组氨酸、缬氨酸、高丝氨酸、苯丙氨酸和酪氨酸等12种氨基酸产生菌。下面就选取采用基因工程技术选育几种氨基酸生产菌加以叙述。

1. 谷氨酸生产菌的选育

1995年日本Yoko和Yoshihiro将乳糖发酵短杆菌ATCC13869的α-酮戊二酸脱氢酶基因分离出来，并测出其氨基酸序列。然后通过定点突变改变此基因，钝化α-酮戊二酸脱氢酶的活性，从而构建了一株谷氨酸高产菌，再通过添加过量生物素或表面活性剂或青霉素的方法，使此菌株的谷氨酸产量得到进一步提高。另外，日本Nobubaru等利用大肠杆菌构建出α-酮戊二酸脱氢酶和磷酸烯醇式丙酮酸羧化酶渗漏突变株进行谷氨酸发酵。由于α-酮戊二酸脱氢酶和磷酸烯醇式丙酮酸羧化酶活性降低和减弱，也就相应地提高了谷氨酸脱氢酶的活性，从而使谷氨酸得到大量积累。同理，日本味之素公司研究了一种大肠杆菌属的工程菌株，发现其α-酮戊二酸脱氢酶缺陷或者减少，或者磷酸烯醇式丙酮酸羧化酶和谷氨酸脱氢酶的活性增加，都有助于谷氨酸的积累。

另外，2013年Nishio等以敲除琥珀酸脱氢酶的*E. coli* MG1655ΔsucA为模式菌株，通过动态代谢仿真模型分析了谷氨酸合成途径中各关键酶的作用。结果表明，过表达磷酸甘油酸激酶编码基因*pgk*有利于提高谷氨酸产量，因为过表达菌株可以提高胞内3-磷酸甘油酸的量，而3-磷酸甘油酸会抑制异柠檬酸脱氢酶磷酸化，从而增加异柠檬酸脱氢酶的酶活力，为谷氨酸合成提供更多的前体物质α-酮戊二酸。Nishio等还指出过表达丙酮酸激酶编码基因*pykF*或丙酮酸脱氢酶复合体的调节蛋白编码基因*pdhR*都可以增加谷氨酸产量，其原因是增加了胞内丙酮酸的可用量。

2. 赖氨酸生产菌的选育

在已知的具有赖氨酸生物合成途径的微生物和植物中，可以将赖氨酸生物合成途径划分为两个完全不同的途径，即，氨基己二酸途径（AAA）和二氨基庚二酸途径（DAP）。不同于AAA途径，DAP途径又存在4种不同的途径用于合成内消旋二氨基庚二酸，即脱氢酶途径、琥珀酰化酶途径、乙酰化酶途径和转氨酶途径。但无论通过哪种形式，都是以天冬氨酸为底物，至少经过7步催化反应步骤形成赖氨酸。在谷氨酸棒杆菌中同时存在脱氢酶途径和琥珀酰化酶途径（图3-20），但菌体生长条件为“富铵”培养基时谷氨酸棒杆菌利用脱氢酶途径形成赖氨酸，而当菌体生长在“缺铵”环境下时菌体通过琥珀酰化酶途径合成赖氨酸。需要指出的是，大肠杆菌只存在脱氢酶途径，而不具有琥珀酰化酶途径。

Pette等将编码二氢吡啶二羧酸合成酶的基因*dapA*与具有高拷贝数的质粒*pBR322*连接，获得了重组质粒*pDA1*。质粒*pDA1*在大肠杆菌RDA8菌株中的拷贝数为50左右，含有质粒*pDA1*菌株的二氢吡啶二羧酸合成酶的活力要比野生型$dapA^{+}$的活力高40倍。此外，他们以一株天冬氨酸激酶（AK）同功酶Ⅰ和Ⅱ缺失，但能持续合成赖氨酸且不受赖氨酸抑制的大肠杆菌突变株TOC21R（具有AKⅢ）为受体菌，用重组质粒*pDA*1进行转化，结果转化子合成赖氨酸的量比受体菌TOC21R高8～10倍。

Leverend等用大肠杆菌结构性天冬氨酸激酶Ⅲ脱敏的变异株TOCR21切割出对应于天冬氨酸半醛脱氢酶、二氢吡啶二羧酸合成酶、二氢吡啶二羧酸还原酶、二氨基庚二酸脱羧酶的各基因*asd*、*dapA*、*dapB*、*lysA*，连接于质粒*pBR322*上，制成*pDDl*、*pDAl*、*pDB2*、*pLAl7*等重组质粒，再转化亲株TOCR21。结果各转化菌株的酶活性提高10～20倍。

据报道，在棒杆菌或短杆菌中导入一种反馈敏感的AK基因和二氢吡啶二羧酸（DDP）合成酶基因时，更能高效地生产赖氨酸。这种反馈敏感AK基因来自谷氨酸棒杆菌，转化细胞的活力增加10倍以上。

3. 苏氨酸产生菌的选育

苏氨酸基因工程菌的构建策略包括：①高效表达合成途径中关键酶，增加碳通量；②敲除分支途径或减弱分支途径碳代谢流量，聚拢碳流，减少副产物合成；③阻断或减少苏氨酸胞内降解（如敲除或下调降解酶活性）；④提高苏氨酸向胞外分泌的能力，以免胞内产物浓度积累过高而反馈调节途径中关键酶。

大肠杆菌K12菌株的染色体上存在着苏氨酸操纵子（图3-21）。苏氨酸操纵子的3个基因*thrA*、*thrB*和*thrC*分别编码一个双功能酶，即天冬氨酸激酶-高丝氨酸脱氢酶

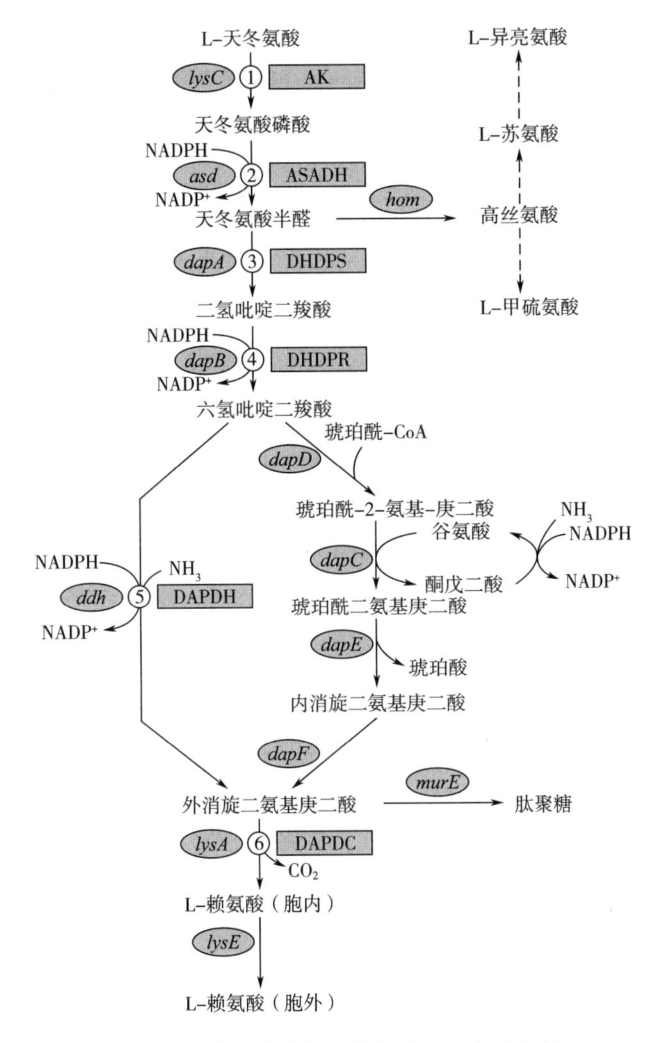

图 3-20　谷氨酸棒杆菌赖氨酸生物合成途径

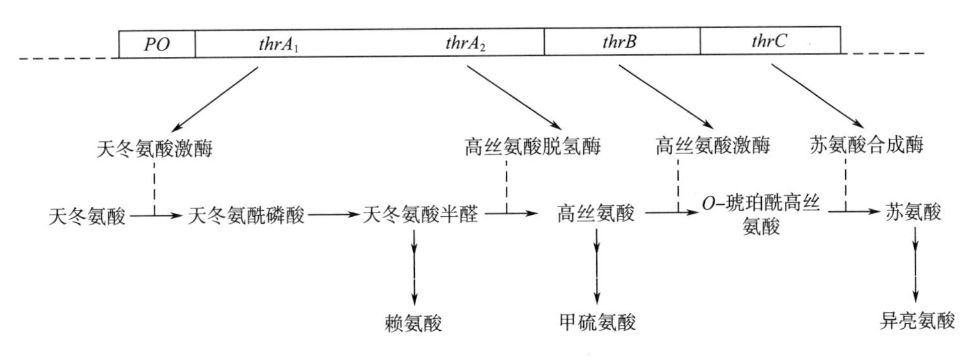

图 3-21　苏氨酸操纵子及苏氨酸生物合成途径

（AkⅠ-HDⅠ）和高丝氨酸激酶及苏氨酸合成酶，参与苏氨酸生物合成的 4 步反应。而天冬氨酰磷酸转为天冬氨酸半醛是由 *asd* 基因产物所催化的，*asd* 基因位于染色体 66min（苏氨酸操纵子在 0min）处，它不是苏氨酸生物合成的限速步骤。因此，通过克隆苏氨酸操纵子的 3 个基因，并对杂种质粒进行羟胺体外诱变，可以大幅度提高苏氨酸产量。

发酵法生产苏氨酸的主要副产物有甘氨酸、异亮氨酸和赖氨酸，其中前两者是苏氨酸降解代谢产物。因此，在减少副产物合成以及苏氨酸胞内降解方面需要阻止上述 3 种氨基酸的合成，从而提供苏氨酸的积累并降低下游提取成本。研究表明，基因 *glyA*（编码丝氨酸羟甲基转移酶，用于催化丝氨酸和甘氨酸之间的相互转化，合成甘氨酸）和 *ilvA*（编码苏氨酸脱氨酶，为异亮氨酸合成途径中的第一限速酶）编码的酶蛋白相互竞争共同底物苏氨酸。Simic 等发现，通过下调 *glyA* 启动子强度以减少其转录水平，可显著降低甘氨酸积累而提高苏氨酸产量。另外，Diesveld 等研究表明，通过定点突变 *ilvA*（将第 287 位碱基 G 突变成碱基 A），弱化苏氨酸脱氨酶，使突变菌株不积累异亮氨酸而显著增加苏氨酸的产量。

胞内过多的苏氨酸不仅会抑制菌体生长，还会因反馈调节作用而抑制苏氨酸的合成，因此需要强化苏氨酸向胞外分泌的能力。基因 *thrE* 是谷氨酸棒杆菌中编码苏氨酸跨膜转运的转运蛋白。Simic 等发现，通过过表达基因 *thrE* 可提供菌株向胞外分泌苏氨酸的能力，同时还能进一步降低甘氨酸的积累。Diesveld 等也发现，在苏氨酸产生菌 *C. glutamicum* DM368－3 中异源表达大肠杆菌中 4 种苏氨酸分泌蛋白编码基因 *rhtA*、*rhtB*、*rhtC* 和 *yeaS*，除基因 *rhtB* 外，其余 3 种分泌蛋白编码基因的过表达都能提高胞外苏氨酸产量，其中过表达基因 *rhtC* 效果最好。

4. 其他氨基酸生产菌的选育

2014 年韩国学者 Park 等以常规诱变选育的精氨酸异羟肟酸和刀豆氨酸抗性菌株 *C. glutamicum* ATCC 21831 为出发菌株（精氨酸的产量为 17g/L），敲除阻遏蛋白基因 *argR* 和 *farR*，下调 *pgi* 基因的表达，过量表达 *tkt*、*tal*、*zwf*、*opcA* 和 *pgl* 基因来提高胞内 NADPH 水平，敲除谷氨酸转运蛋白基因 *NCgl*1221，定点突变关键酶基因 *argB*，过量表达合成精氨酸途径中最后两步酶（*argGH* 基因，分别编码精氨酸琥珀酸合成酶和精氨琥珀酸裂解酶），最终精氨酸产量达到 92.5g/L。在大肠杆菌改造方面，2015 年 Ginesy 等通过敲除 *E. coli* 中编码阻遏蛋白的 *argR* 基因、编码鸟氨酸脱羧酶的 *speC* 和 *speF* 基因以及编码精氨酸脱羧酶的 *adiA* 基因，并过量表达编码乙酰谷氨酸合成酶的 *argA* 基因，调节精氨酸胞外分泌的调节基因 *argP*、编码精氨酸转运蛋白的 *argO* 基因，最终构建的重组菌精氨酸的产量为 11.6g/L。

运用于谷氨酸棒杆菌缬氨酸代谢工程育种一般有 3 个策略，分别是：①缬氨酸生物合成的调节：通常采取的方法是用多拷贝质粒表达 *ilvBNC*、*ilvD* 和 *ilvE* 基因。例如，Blombach 等通过比较分析过表达基因操纵子 *ilvBNCD* 和 *ilvBNCE* 发现，过表达操纵子 *ilvBNCD* 和 *ilvBNCE* 能显著增加缬氨酸产量，但过表达操纵子 *ilvBNCE* 的效果更为明显。需要指出的是，虽然过表达缬氨酸合成途径中关键酶基因可以增加缬氨酸产量，但是副产物如丙氨酸、异亮氨酸、亮氨酸、谷氨酸仍然在一定程度上存在。为此，侯小虎等通过敲除谷氨酸棒杆菌中基因 *avtA* 来降低丙氨酸的积累，并通过定点突变基因 *ilvA* 来降低异亮氨酸的积累。②缬氨酸前体物质供给的调节：在这方面采取的最多方法是运用基因敲除切断旁路代谢以获得更多的前体物质。例如，Blombach 等通过敲除基因 *aceE* 和 *pyc* 来增加前体物质丙酮酸，从而提高了菌株合成缬氨酸的能力。不过 *aceE* 基因敲除后需补充乙酸盐，菌体才能正常生长。③运用启动子的强弱来控制基因的表达：这个策略避免了两个极端，避免了太强的基因过表达会给菌体本身带来压力，也避免了通过基因敲除会彻底切断支路或者相互竞争的路径所带来的麻烦。例如，Holátko 等通过强化基因 *ilvD* 和 *ilvE* 的启动子来增加这个基因的表达，同时弱化基因 *ilvA* 和 *leuA* 的启动子来减弱这两个基因的表达，从而增强菌株合成缬氨酸的能力并降低了胞内异亮氨酸和亮氨酸的积累且对菌株生长影响不大。运用不同强度的启动子，能够保证涉及生物合成的所有基因都会表达在最适宜的代谢流量。

在谷氨酸棒杆菌中，*leu* 操纵子是亮氨酸合成过程中重要的操纵子，然而受到其终产物的阻遏或协同阻遏，其中前导肽介导的转录衰减调节是其主要的调控机制。研究表明，*leu* 操纵子的前导区域存在弱化调控特征，可形成茎环结构的反向重复序列和含有连续亮氨酸残基的前导肽，但是没有明显的转录终止子结构。*leuA* 编码蛋白中只含有 6%的亮氨酸和 *leuA* 转录时对最常用的亮氨酸密码子 CTG 的偏爱性，使其能够对自身的表达调控做出迅速的响应。张跃等发现，通过提高谷氨酸棒杆菌中 *leuA* 基因表达量，可显著增加亮氨酸的合成。Huang 等也指出定点突变基因 *leuA*（第 1586 位碱基 G 突变成 A，第 1595 位碱基 G 突变成 A 和第 1603 位碱基 C 突变成 G），同时将 *leuA* 启动子替换成强启动子 *tac*，可增强基因 *leuA* 的表达，进而显著增加亮氨酸产量。

Sahm 等由赖氨酸高产菌株出发，在其中过表达脱敏（Feedback resistant，Fbr）的高丝氨酸脱氢酶（HD）和高丝氨酸激酶（HT），增加天冬氨酸半醛→→高丝氨酸的代谢流量，使苏氨酸大量积累，并在此基础上过表达苏氨酸脱氨酶（TD^{Fbr}），成功实现将苏氨酸转化为异亮氨酸。Guillouet 等也是由苏氨酸产生菌来构建高产异亮氨酸的菌株，将 HD^{Fbr}、HT^{Fbr}、TD^{Fbr} 整合到质粒 *PAPE*20 中并在苏氨酸产生菌中过表达，4L 发酵罐中可产异亮氨酸 40g/L。另外，在 *E. coli* 中过量表达生物合成途径的关键酶基因同样可以提高异亮氨酸的产量。例如，小野等克隆 L-异亮氨酸合成操纵子 *ilvBNCDEA*，并在体外将其进行羟胺诱变后再重组到 *E. coli*，得到的菌株 *E. coli*600，发酵可积累 32g/L 异亮氨酸。在国内，研究人员构建产异亮氨酸的代谢工程菌株方面也有了较好的进展。例如，尹良鸿等在异亮氨酸产生菌 JHI3-156 中串联表达 TD^{Fbr}、乙酰羟酸合酶（$AHAS^{Fbr}$）基因和过量表达 NAD 激酶基因，异亮氨酸产量可增加到 32.3g/L。笔者还发现在菌株 JHI3-156 中串联表达 *Lrp* 和 *BrnFE* 蛋白基因，摇瓶发酵，异亮氨酸产量较 JHI3-156 提高了 63%；谢希贤等在 *C. glutamicum* YILW 中敲除其输入蛋白 BrnQ，并过量表达其输出蛋白 BrnFE，促进异亮氨酸的胞外分泌，最终可积累 29.0g/L 异亮氨酸；史建明等在同一出发菌株 *C. glutamicum* YILW 中过表达 TD^{Fbr} 基因，异亮氨酸产量提高了 10.3%，同时极大地降低副产物赖氨酸和甲硫氨酸的积累；还晓静等在异亮氨酸生产菌中加强 NAD 激酶基因的表达，使 NADPH 辅因子的含量增加 21.7%，异亮氨酸产量提高了 41.7%。

从色氨酸生物合成途径可知，色氨酸的直接前体物质是磷酸烯醇式丙酮酸和赤藓糖-4-磷酸，增加这两个前体物质的供应可以显著增加色氨酸产量。例如，陈宁等通过过表达大肠杆菌中磷酸烯醇式丙酮酸合酶编码基因 *ppsA* 和转酮醇酶编码基因 *tktA*，分别增加前体物质磷酸烯醇式丙酮酸和赤藓糖-4-磷酸的供应量，从而构建了一株发酵产酸达 40.2g/L 的菌株。陈宁团队还发现，通过失活乙酸激酶和丙酸/乙酸激酶，可减少乙酸积累，从而增加色氨酸转化率。另外，江南大学吴敬团队通过弱化大肠杆菌中乙酸合成途径——Pta-

AckA 途径，也成功实现了阻止乙酸的合成而显著提高色氨酸产量。在谷氨酸棒杆菌改造方面，Katsumata 等将含有编码色氨酸生物合成酶基因（*trpAB* 和 *trpEG*）的质粒 *pDTS9901* 导入谷氨酸棒杆菌 BPS－13 中，成功构建了一株可产 L－色氨酸达 35.2g/L 的菌株。

苯丙氨酸生物合成的关键酶为分支酸变位酶（CM）和预苯酸脱水酶（PDT）。杉本从 *pKB45* 切下编码 3－脱氧－D－阿拉伯庚酮糖酸－7－磷酸（DAHP）合成酶的 *aroF* 基因插入 *pSC101* 构成 *pSy60*－5。将它导入大肠杆菌 AB3257，通过变异处理获得了不受酪氨酸抑制的 *aroF* 基因，得到 pSK－60－14。进而制备了有上述 *pheA* 和 *aroF* 的各种质粒，导入大肠杆菌 CGSC4510（thi^-，*tyrA*），工程菌株苯丙氨酸产量比出发菌株提高了 2 倍多。在谷氨酸棒杆菌改造方面，尾崎等将谷氨酸棒杆菌 K－38 的染色体 DNA 片段与 *pCG11*（Sp^R）相连接，进行苯丙氨酸生产有关基因的克隆，结果获得了具备 Sp^RPFP^R 的转化株，从中分离的质粒与谷氨酸棒杆菌 KY9456 的苯丙氨酸、酪氨酸二重缺陷性互补，且含有 *CM* 基因。将它导入苯丙氨酸生产菌，苯丙氨酸产率提高约 60%。此外，池田等考察了大肠杆菌 *pheA* 基因在谷氨酸棒杆菌中的表达效果。他们将大肠杆菌的 *pheA* 基因插入大肠杆菌-谷氨酸棒杆菌的穿梭载体 *pCE*54，构成 *pEpheA*－1 导入谷氨酸棒杆菌。结果，CM、PDT 活性增加 5～9 倍，确认了大肠杆菌 *pheA* 在谷氨酸棒杆菌中的表达。鉴于上述大肠杆菌 *pheA* 编码的 CM、PDT 活性仍受苯丙氨酸的反馈抑制，诱导了 PFP^R 株，进而构建了 *pEpheA*－22，它所编码的 CM、PDT 活性对苯丙氨酸的抑制完全脱敏，导入苯丙氨酸生产菌后，苯丙氨酸产率从 10g/L 提高到 13.7g/L。

今井等将黏质赛氏杆菌脯氨酸生产菌 DTAr－80 的染色体 DNA 片段与来自 *miniF* 的 *pKP1155*（Ap^R）相连接，获得大肠杆菌脯氨酸缺陷株 HB101（$proA^-$）的互补质粒 *pY1333*，并从 *pY1333* 诱导了更稳定的 *pY1350*，将它导入 *DTAr*－8，脯氨酸产率从 50g/L 提高到 75g/L。另外，Jensen 和 Wendisch 在分析不同来源的鸟氨酸环化脱氨酶发现，过表达谷氨酸棒杆菌中自身的鸟氨酸环化脱氨酶编码基因 *ocd* 并不能增加谷氨酸棒杆菌合成脯氨酸的能力，而异源表达恶臭假单胞菌中的基因 *ocd* 可显著增加谷氨酸棒杆菌合成脯氨酸的能力。在此基础上，过表达解除反馈作用的 *N*－乙酰谷氨酸激酶编码基因 *argB* 可进一步增加菌株合成脯氨酸的能力，同时可显著降低副产物积累（如丙氨酸、苏氨酸和缬氨酸）。

组氨酸操纵子由 9 个结构基因组成，规定了与组氨酸生物合成有关的 9 个酶的分子结构，9 个基因结构按大致的生化顺序在 DNA 上形成一束，集中存在于 DNA 的某一区域内，组成一个组氨酸操纵子，为同一操纵基因所控制（图 3-22）。杉浦等将黏质赛氏杆菌组氨酸产生菌 MPr90 的染色体 DNA 片段与 *pLG339*（Km^R）相连接，获得了 $hisG^-$ 的互补质粒 *Pssioi*（5.1kb）。从 *pSS101* 制备 *EcoRI* 切割片段（4.7kb），用 *pKT1124*（Km^RAp^R）进行次级克隆，获得了 *pSS503*。将 *pSS503* 导入 *MPr90*，组氨酸产率从 23g/L 提高到 36g/L。又将 *pSS503* 导入组氨酸产生菌 L120，组氨酸产率从 28g/L 提高到 41g/L。该菌株的 HisG、D、C、B 酶活性都增加了 2 倍，是因为 *pSS503* 含有基因 *hisG-DCB* 所致。另外，Masaki 等在一个质粒载体 *mini*－*F* 上构建了两个杂交质粒。这两个质粒携带着 *Serratia marcescens* 菌株发生了等位基因突变的 *his* 操纵子。其中一个质粒 *pSH368* 携带有 12kb *EcoRI*－*BamHI* 片段，具有整个 *his* 操纵子。与不带质粒的宿主菌 L120 相比，ATP－磷酸核糖转移酶（*hisG* 编码）、组氨醇脱氢酶（*hisD* 编码）和组氨醇磷酸化酶（*hisB* 编码）的活性都增加了 2 倍。携带 *pSH368* 质粒的组氨酸产生菌 L120 能产 42g/L 的组氨酸，比出发菌提高了约 50%。在谷氨酸棒杆菌改造方面，Kwon 等成功地从谷氨酸棒杆菌中克隆并分析了组氨酸生物合成基因，并通过核苷酸序列分析得知基因组中携带磷酸核糖- ATP 焦磷酸化酶的 *hisG* 基因和编码磷酸核糖- ATP 焦磷酸水合酶的 *hisE* 基因所对应的氨基酸序列和其他细菌具有一定的相似性。随后，Mizukam 等对谷氨酸棒杆菌中 *hisG* 进行分析，他们以谷氨酸棒杆菌 $hisG^-$ 株为宿主，以野生菌 T106 为供体菌克隆 *hisG*，得到了转化株 LH13/pCH13 和 T106/pCH13，邻氨基邻苯甲酸磷酸核糖转移酶（PRT）活力均提高了 3 倍。从 pCH13 中筛选得到了 1，2，4 -三唑丙氨酸抗性质粒 *pCH99*，将其导入组氨酸生产菌 F81 后，PRT 酶对组氨酸脱敏，组氨酸产量从 7.6g/L 提高到 22.5g/L。

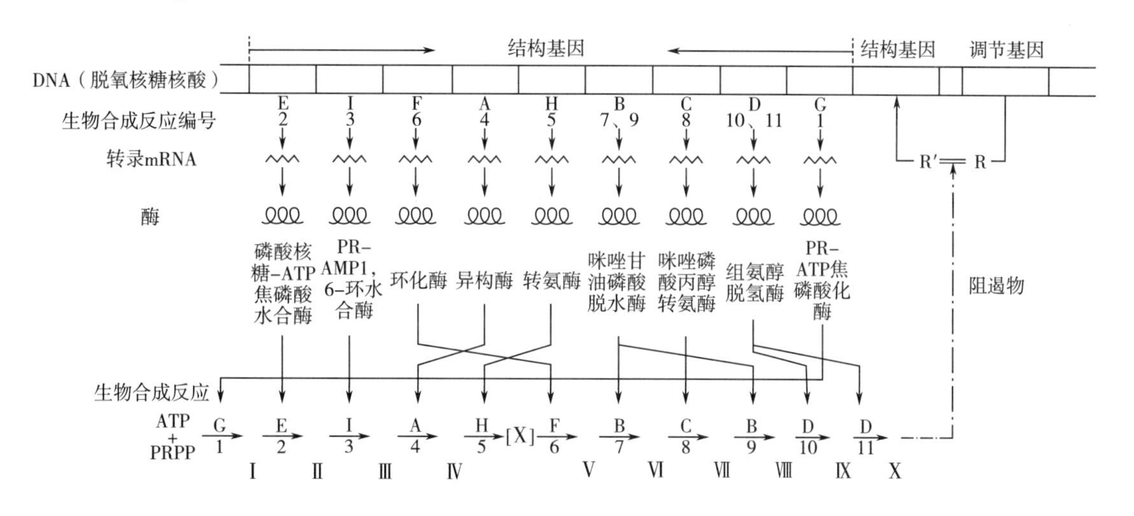

图 3-22　组氨酸生物合成酶系及其遗传控制

Ⅰ—磷酸核糖- ATP　Ⅱ—磷酸核糖- AMP　Ⅲ—磷酸核糖亚胺甲基- 5 -氨基- 4 -甲酰胺咪唑核苷酸
Ⅳ—磷酸核酮糖亚胺甲基- 5 -氨基- 4 -甲酰胺咪唑核苷酸　Ⅴ—咪唑甘油磷酸
Ⅵ—咪唑磷酸丙酮醇　Ⅶ—磷酸组氨醇　Ⅷ—组氨醇　Ⅸ—组氨醛　Ⅹ—组氨酸　QQQ—翻译后的酶

二、用高通量筛选技术构建氨基酸工程菌

（一）高通量筛选技术概述

目前微生物育种技术已经从诱变、推理、重组技术发展到代谢工程、系统生物学和异源生物合成等方法，但传统诱变育种由于其诸多优势仍然是工业生产菌株选育中最常用的标准方法，此方法简单易行，不需要运用分子生物学工具，不需要代谢模型，不需要知道其遗传或生化背景，只需要有效的突变库获得和精确的定向筛选就可以获得目的表型，但其缺点是耗时和费力、随机性大、容易造成优良特性菌株的漏筛。菌种高通量筛选技术的出现弥补了常规育种的不足，并随着组合化学、微芯片技术和基因组学的发展而不断发展。另外，高通量筛选与常规诱变相结合，特别适用于以提高次级代谢产物产量为目标的工业生产菌株选育研究。因为次级代谢产物合成产量性状属于数量性状，受多基因决定，再加上代谢网络的复杂性和多节点特性，决定了诱变后的正突变频率相当低，而且一次突变难有大幅度提高，只有经多轮处理后才能逐步积累高产性状。因此，常规诱变育种方法

必须要有大规模筛选数量作保证，甚至为了尽可能减少漏筛现象发生，要将所有诱变后的样品进行“毫无保留”的彻底筛选。

高通量筛选（High - Through Screening，HTS）技术是以分子水平和细胞水平的实验方法为基础，以微板形式作为实验工具载体，以自动化操作系统执行实验过程，以灵敏、快速的检测仪器采集实验数据，以计算机对实验数据进行分析处理，在同一时间内对数以千（万）计的样品进行检测，并以相应的数据库支持整个体系的正常运转。据报道，20 世纪 90 年代初期，一个实验室采用传统的方法，借助 20 余种药物作用靶位，一年内仅能筛选 7.5 万个样品。到了 1997 年 HTS 发展初期，采用 100 余种靶位，每年可筛选 100 万个样品，而到了 1999 年，由于 HTS 的进一步完善，每天的筛选量就高达 10 万种化合物。高通量技术的发展，极大地提高了对目标菌株、分子、活性物质等的筛选质量。该技术是生物学、分析软件、自动化控制以及显微观测技术最新发展的综合应用，微型化、自动化、高效化、低廉化和微量化成为目前的研究热点。同时，在完善高通量菌种筛选平台的基础上，必须建立相应的菌种库和基因库。

（二）高通量筛选系统的组成

1. 高容量的样品库系统

高容量的样品库及其数据库管理系统是开展 HTS 的先决条件。样品可以是生物样品（包括植物、动物和微生物样品），从生物样品中提取的活性部位或单体化合物以及化学合成（传统化学合成、组合化学合成）的化合物，化合物数量越多，分子多样性越高，筛选的命中率也越高。

2. 自动化的操作系统

自动化操作系统一般包括计算机及其操作系统、自动化加样设备、温孵离心设备和堆栈 4 个部分。也可以根据实验要求，选取不同的组合进行应用。

3. 高特异性的筛选系统

分子水平和细胞水平的实验方法（或称筛选模型）是实现高通量筛选的技术基础。由于高通量筛选要求同时处理大量样品，因此实验体系必须微量化。这些微量化的实验方法有些是应用传统的实验方法加以改进建立的，更多的是根据新的科学研究成果建立的。常用的高通量筛选模型可以根据其生物学特点分为以下几类：受体结合分析法、酶活性测定法、细胞因子测定法、细胞活性测定法、代谢物质测定法、基因产物测定法等。目前，这些模型主要集中在受体、酶、通道以及各种细胞反应等方面。近年来，基因水平筛选模型可在蛋白质芯片、基因芯片上进行，使筛选模型更加多样化。

4. 高灵敏度检测系统

检测系统一般采用液闪计数器、化学发光检测计数器、宽谱带分光光度仪、荧光光度仪以及闪烁亲和分析（Scintillation proximity assay，SPA）等检测方法。

（三）高通量筛选模型的建立

目标物筛选的目的是针对目标物作用的靶点，建立能够反映目标物作用特点的方法，即筛选模型。而高通量筛选要求所建立的方法必须具备微量、灵敏、特异和易于检测，通过该模型的筛选，能够灵敏地反映出目标物与特定靶点的相互作用结果。所以高通量筛选模型的建立必须是以靶点的研究为基础，根据靶点的性质和功能，建立相应的高通量筛选模型。目前体外高通量筛选模型大多建立在分子和细胞水平之上，常见的靶点有受体和酶等，下面将阐述以靶点为基础的高通量模型的建立。

1. 受体配基结合的高通量筛选模型

受体（Receptor）是一种能够识别和选择性结合某种配体（信号分子）的大分子物质，多为糖蛋白，一般至少包括两个功能区域：与配体结合的区域和产生效应的区域。当受体与配体结合后，构象改变而产生活性，启动一系列过程，最终表现为生物学效应。能与此类生物分子特异结合的化学信使均称为配基（Ligand），配基可以是药物、激素、神经递质、抗原和毒素等。受体与其配基的相互作用具有特异性、高亲和力、饱和性、可逆性、生理反应等特点。

根据受体的分子结构，可以将受体分为以下 4 类：①G 蛋白（三聚体 GTP 结合调节蛋白）偶联型受体；②离子通道型受体；③酶偶联型受体；④转录调控型受体，即核受体。基于以上受体-配基相互作用的特点，可以建立以受体为靶点的高通量筛选模型，发现和寻找作用于受体的目标物。

2. 酶抑制剂高通量筛选模型

酶是由活细胞产生，并能在体内外起催化作用的一类特异性蛋白质。生物体内的各种代谢变化过程几乎都需要酶的催化，酶的催化作用是机体实现物质代谢以维持生命活动的必要条件。当某种酶在体内的生成或作用发生障碍时，机体的物质代谢过程常表现失常，从而导致目标物的积累，所以酶是目标物合成过程重要的靶点。酶抑制剂是指某些物质在不引起酶蛋白变性的情况下，引起酶活性减弱，抑制酶的活力，甚至使其消失，这样的物质称为酶抑制剂。基于酶靶标的高通量筛选模型既可以是分子水平，也可以是细胞水平。

3. 基于细胞的高通量筛选模型

细胞水平的目标物筛选是观察被筛选样品对细胞的作用，虽不能反映目标物作用的具体途径和靶点，但能够反映出目标物对细胞生长过程的综合作用。用于筛选的细胞模型包括正常细胞和经过不同手段建立的改造细胞。由于多种细胞筛选模型的检测指标是细胞的生殖状态，所以细胞模型在目标物筛选方面可用于细胞毒性的筛选。通过基因转染，可以将报告基因转入细胞而建立细胞筛选模型，此类细胞模型由于转入了报告基因，可以反映细胞内的信息通路变化，所以目前被广泛地应用于高通量筛选。

建立于分子和细胞水平的高通量筛选模型主要是观察筛选样品与生物特定分子和细胞的相互作用，由于这种作用是在体外微量条件下进行，所以这些模型应该具备以下特性：①灵敏度；②特异性；③稳定性；④可操作性。

（四）高通量筛选检测技术

高通量筛选检测技术是高通量筛选技术体系中重要的环节之一，检测技术的特异性、灵敏度直接决定着所筛选活性化合物的“质量”，因此根据建立的模型，选择合适的检测方法就显得非常重要。高通量筛选检测技术根据待测样品的种类可分为非细胞相筛选、细胞相筛选和生物表型筛选。

1. 非细胞相筛选

（1）Microbead－FCM 联合筛选　流式细胞仪（Flow cytometry，FCM）可根据穿过毛细管的细胞荧光强度或类型分离细胞。由于不同的分子与标记有不同荧光素的受体或抗体结合，利用和细胞大小相似的 Microbead 作为固相载体取代细胞通过 FCM，不同荧光标记的 Microbead 就被分离出来，于是靶分子或目标分子就很容易地被分离、纯化。Microbead - FCM 方法被用于分析 RNA -蛋白质的相互作用。

（2）放射免疫性检测（Radioimmunoassay，RIA） RIA 的基本原理是利用标记抗原（Ag3）和非标记抗原（Ag）对特异性抗体（Ab）发生的竞争性结合。RIA 有更高的灵敏度，但放射性元素的使用使得 RIA 的应用受到较大的限制。

（3）荧光检测（Fluorescence assay，FA） 荧光材料在一定条件下每个分子能释放数千个光子，使理论上的单一分子水平检测成为可能。这种特性以及可采用多种荧光模式，使得荧光检测技术成为高通量筛选必不可少的方法。根据选择的目的不同，荧光检测技术又可以分为：①荧光共振能量转移（Förster resonance energy transfer，FRET）是一种用来确定与不同荧光团结合的两个分子间距离的技术；②与时间相关的荧光技术（Time - resolved fluorescence，TRF）可降低荧光背景，荧光分析的灵敏度常不受来源于试剂和容器等背景信号的影响；③荧光偏振检测（Fluorescence polarized assay，FPA）用于分析多种分子之间的相互作用，如 DNA -蛋白、蛋白-蛋白、抗原-抗体；④荧光相关性光谱（Fluorescence correlation spectroscopy，FCS）是一种通过监测微区域内分子荧光波动来获取分子动态参数或微观信息的灵敏的单分子检测技术；⑤闪烁接近检测（Scintillation proximity assay，SPA）法；⑥酶连接的免疫吸附检测（ELISA）。

2. 细胞相筛选

高通量细胞相筛选在多步信号传递中具有可以同时筛选大量靶蛋白的优点，由于可以同时获得信号传导、物质代谢等关于细胞生命活动的信息，因此可以省去体外筛选过程中的许多步骤。高通量细胞相筛选主要涉及选择性杀死策略、离子通道检测和报告基因分析。

（1）选择性杀死策略 先确定活体生物（通常是芽殖酵母）的类型并选出带有缺陷类型的“癌细胞”目标分子，然后寻找仅杀死缺陷类型目标分子而不伤害正常类型分子的药物。这种方法目前在化学生物学领域广泛使用，以过滤有毒分子并寻找能选择性杀死目标的分子。

（2）离子通道检测 离子通道是细胞信号传递的基本途径之一，也是细胞许多生理活动过程的重要组成部分。电压敏感性染料被用来研究多种药物在细胞内同离子通道的相互作用，对筛选和发现作用于离子通道的药物帮助很大。同时该法还被用来检测钙离子浓度、膜电位、pH 的变化等。

（3）报告基因分析 报告基因（Reporter gene）是一种编码可被检测的蛋白质或酶的基因，是一个其表达产物非常容易被鉴定的基因。把它的编码序列和基因表达调节序列相融合形成嵌合基因，或与其他目的基因相融合，在调控序列控制下进行表达，从而利用它的表达产物来标定目的基因的表达调控，从而筛选得到转化体。

3. 生物表型筛选

伴随着基因组学的发展，人们建立了线虫、果蝇、斑马鱼和小鼠等整体动物模型来研究特定的生理病理学表型和基因突变及表达的关系。因为小鼠较果蝇与人类更近一些，因而具有与人类疾病相似显型的小鼠变异类型将对医疗应用以及新基因功能的发现有重要帮助。研究人员通过用化学诱变剂如 ENU（*N* -乙基- *N* -亚硝基脲）等处理雄鼠，使其精子细胞产生变异，然后产出变异的后代来研究人类遗传疾病基因突变的情况。

（五）高通量筛选技术在选育氨基酸生产菌上的应用

高通量筛选技术是以传统诱变筛选技术或基因工程技术为基础，结合先进的信息技术、自动化技术和仪器分析技术（色谱、光学、质谱、微芯片等多种检测技术）实现菌种的高效筛选，广泛应用于多个领域，如药物筛选（包括基于酵母、细胞和动物的药物筛选）、蛋白质定向进化以及高产菌株筛选（如高产抗生素菌株的筛选）等。

近年来，越来越多的文献报道利用高通量筛选技术来选育氨基酸高产菌株，其筛选检测技术主要依靠荧光激活细胞分选术（Fluorescence - activated cell sorting，FACS）。然而，高通量筛选技术在选育氨基酸产生菌上的应用却十分有限，其主要原因是难以找到或构建合适的生物敏感元件（Biosensor）。目前，作为基于 FACS 的高通量筛选技术选育氨基酸产生菌上生物敏感元件主要有 3 大类：①基于 RNA 的生物敏感元件（RNA - based biosensors）；②基于转录因子的生物敏感元件（Transcription factor - based biosensors）；③基于荧光共振能量转移（Förster resonance energy transfer，FRET）的生物敏感元件。在基于 RNA 的生物敏感元件的应用上，Paige 等通过构建含有一个适配体和绿色荧光蛋白（Green fluorescent protein，GFP）的 RNA－生物传感器，并且适配体直接控制着绿色荧光蛋白的表达。采用这个生物敏感元件，笔者成功筛选出高产甲硫氨酸的大肠杆菌突变株。基于转录因子的生物敏感元件被广泛运用在利用高通量筛选技术来筛选氨基酸高产菌株。例如，Eggeling 等构建了一种基于转录因子 *lysG* 的赖氨酸生物敏感元件，该生物敏感元件是一个含有 *lysG*、*lysE* 启动子以及黄色荧光蛋白基因 *eyfp* 的质粒。当胞内必需氨基酸浓度提高时，转录因子 *lysG* 会激活必需氨基酸转运蛋白 LysE 的表达。通过监测细胞黄色荧光的强弱，从而筛选出高产赖氨酸的菌株。另外，Frunzke 等构建了一种基于转录因子 *lrp* 的亮氨酸生物敏感元件，该生物敏感元件是一个含有 *lrp*、*brnFE* 启动子以及黄色荧光蛋白基因 *eyfp* 的质粒。通过监测细胞黄色荧光的强弱，测定不同突变株胞内甲硫氨酸和支链氨基酸的浓度。同时，Liu 等通过构建一种基于转录因子 cysJp 和 cysHp 的 L -苏氨酸生物敏感元件，结合高通量筛选技术和 ARTP 技术筛选出一株高产苏氨酸的突变株。然而，目前利用基于荧光共振能量转移的生物敏感元件来进行高通量筛选氨基酸高产菌株的应用还不是很多，主要应用在筛选谷氨酸高产菌和色氨酸高产菌。

参考文献

［1］陈宁．氨基酸工艺学［M］．北京：中国轻工业出版社，2007.

［2］于信令．味精工业手册（第二版）［M］．北京：中国轻工业出版社，2009.

［3］张伟国，钱和．氨基酸生产技术及其应用［M］．北京：中国轻工业出版社，1997.

［4］张克旭，陈宁，张蓓．代谢调控发酵［M］．北京：中国轻工业出版社，1998.

［5］诸葛健，李华钟，王正祥．微生物遗传育种学［M］．北京：化学工业出版社，2009.

［6］张虎成，郭进，郑毅．现代生物技术理论及应用研究［M］．北京：中国水利水电出版社，2016.

［7］Ikeda M，Ohnishi J，Mitsuhashi S. Genome breeding of an amino acid－producing *Corynebacterium glutamicum* mutant. In：Barredo JL.（Eds）Microbial processes and products. Methods in Biotechnology ［M］. New Jersey：Humana Press，2005.

［8］ Stephanopoulos GN，Aristidou AA，Nielsen J. 赵学明，白冬梅，等译. 代谢工程——原理与方法［M］. 北京：化学工业出版社，2003.

［9］ Vijayendran C，Polen T，WendischVF. The plasticity of global proteome and genome expression analyzed in closely related W3110 and MG1655 strains of a well－studied model organism，*Escherichia coli* K12 ［J］. Science，2007，128：747－761.

［10］ Yamamoto K，Tsuchisaka A，Yukawa H. Branched－chain amino acids ［J］. Advances in Biochemical Engineering/Biotechnology，2016，159：103－128.

［11］ Schallmey M，Frunzke J，Eggeling L，Marienhagen J. Looking for the pick of the bunch：high－throughput screening of producing microorganisms with biosensors ［J］. Current Opinion in Biotechnology，2014，26：148－154.

［12］ 秦路平. 生物活性成分的高通量筛选［M］. 上海：第二军医大学出版社，2002.

［13］ Liu Y，Li Q，Zheng P，et al. Developing a high－throughput screening method for threonine overproduction based on an artifcial promoter ［J］. Microbial Cell Factories，2015，14：121－132.

第四章　氨基酸发酵原料制备

从微生物的营养要求来看，所有的微生物都需要碳源、氮源、无机元素、水、能源和生长因子，如果是好氧微生物则还需要氧气。碳源是供给菌体生命活动所需的能量和构成菌体细胞以及代谢产物的基础。氮源主要是构成菌体细胞物质和代谢产物，即蛋白质、氨基酸等含氮代谢物。微生物生长发育过程和生物合成过程也需要大量元素和微量元素，如镁、硫、磷、钾、锰等。一些特殊的微量生长因子如生物素、硫胺素、肌醇等，对缺陷型微生物是必不可少的。生物体内各种生化反应必须在水溶液中进行，营养物质必须溶解于水中，才能透过细胞膜被微生物利用。另外有些产品的生产还需要使用诱导剂、前体和促进剂。配制实验室规模的含有纯化合物的培养基是相当简单的，虽然它能满足微生物的生长要求，但在大规模生产上往往是不适合的。

在氨基酸发酵工业中，必须使用廉价的原料来配制培养基，使之尽可能地满足下列条件：①每克底物能产生最大的菌体得率或产物得率；②能产生最高的产品或菌体浓度；③能得到产物生成的最大速率；④副产品的得率最小；⑤价廉并具有稳定的质量；⑥来源丰富且供应充足；⑦通气和搅拌、提取、纯化、废物处理等生产工艺过程都比较容易。

从工艺角度来看，凡是能被生物细胞利用并转化成所需的代谢产物或菌体的物料，都可作为氨基酸发酵工业生产的原料。原料选择时要遵循以下原则：①价格低廉；②因地制宜，就地取材；③资源丰富，容易收集；④要容易贮藏；⑤对人体无害，不含有影响发酵过程的杂质，或者含量极少；⑥适合微生物的需要和吸收利用；⑦对生产中除发酵以外的其他方面，如通气、搅拌、精制、废弃物处理等带来的困难最少。

在选择原料时，还需注意以下问题：①选用的培养基与所使用的发酵罐结构有关；②从实验室规模放大到实验工厂规模，再放大到工业生产规模，都要考虑培养基组分的变化；③培养基的组成，除考虑菌体生长和产物的形成需要外，还要考虑培养基的pH变化、泡沫的形成、氧化还原电位和微生物形态等，还有前体物质和代谢抑制剂的需要。

在氨基酸发酵过程中，普遍以碳水化合物作为碳源。使用最广的碳水化合物是玉米淀粉，也可使用其他农作物，如大米、马铃薯、甘薯、木薯淀粉等。淀粉可通过酶法水解产生葡萄糖，满足生产使用。蔗糖一般来自甘蔗或甜菜，在发酵培养基中常用的甜菜糖蜜或甘蔗糖蜜是在糖精制过程中留下的残液。

工业生产上所用的微生物都能利用无机或有机氮源，无机氮源包括液氨、铵盐或硝酸盐等；有机氮源包括玉米浆、豆饼粉、花生饼粉、棉籽粉、鱼粉、酵母浸出物等。其功能是构成菌体成分，作为酶的组成成分或维持酶的活性，调节渗透压、pH、氧化还原电位等。除玉米浆外，还有其他的一些原料如豆饼粉等，它们既能作为氮源又能作为碳源。

第一节　淀粉水解糖的制备

淀粉是氨基酸生产的主要原料，由其制备所得的葡萄糖是氨基酸发酵生产的主要碳源，因而淀粉制备葡萄糖也是氨基酸工业生产的重要工序。

一、淀粉

（一）淀粉组成

淀粉为白色无定形结晶粉末，存在于各种植物组织中，淀粉颗粒具有一定形态和层次分明的构造，在显微镜下观察淀粉的颗粒是透明的，不同淀粉具有不同的形态和大小。

1. 颗粒

淀粉呈白色粉末状，但在显微镜下观察，是形状和大小都不同的透明小颗粒（图 4-1）。淀粉颗粒的形状可大致分为圆形、卵形（椭圆）和多角形 3 种。马铃薯淀粉颗粒为卵形，玉米淀粉颗粒有圆形和多角形两种，大米淀粉颗粒为多角形，用显微镜观察能鉴别不同的淀粉颗粒品种。在显微镜下观察，有些淀粉颗粒呈若干细纹，称为轮纹。马铃薯淀粉的轮纹最明显，呈螺壳形；木薯淀粉的轮纹也清楚；玉米、小麦和高粱等淀粉没有轮纹。

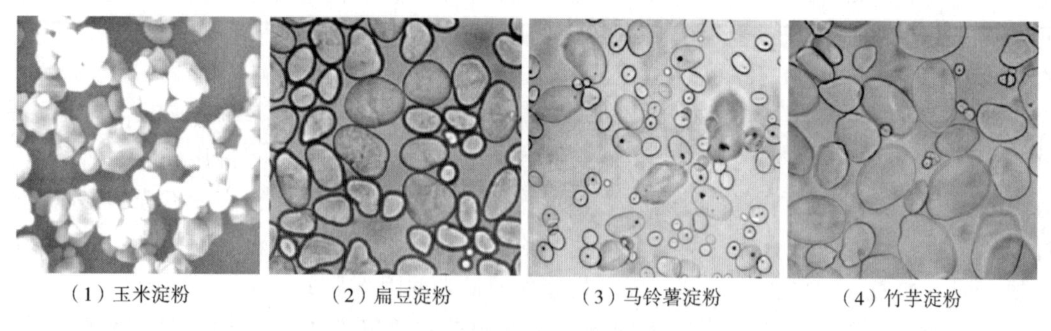

（1）玉米淀粉　（2）扁豆淀粉　（3）马铃薯淀粉　（4）竹芋淀粉

图 4-1　淀粉颗粒显微照片

2. 水分含量

淀粉中含有相当高的水分。玉米淀粉在一般情况下（室温 25℃，相对湿度 50%）含水分约 12%，马铃薯、甘薯淀粉含有水分约 20%。虽然水分含量高，却不显潮湿而呈干燥的粉末状，这是因为淀粉分子中的羟基和水分子相互形成氢键的缘故。淀粉的水分含量受周围空气湿度的影响。在阴雨天，湿度大，淀粉吸收空气中的水汽使水分含量增高；在干燥的天气，湿度小，淀粉散失水分，使水分含量降低。

（二）淀粉化学结构及性质

淀粉是由 D-葡萄糖组成的多糖，组成淀粉分子的葡萄糖单位是 $C_6H_{10}O_5$，淀粉分子的分子式为 $(C_6H_{10}O_5)_n$，n 为一个不定数。根据链是否分支，淀粉可以分为两类：直链淀粉与支链淀粉。直链淀粉是由葡萄糖以 α-1，4-糖苷键结合而成的链状化合物，不分支，通常卷曲成螺旋状。直链淀粉没有一定的分子大小，差别很大，聚合度在几百到几千个葡萄糖单位。支链淀粉中葡萄糖分子之间除以 α-1，4-糖苷键相连外，还在分支处以 α-1，6-糖苷键相连，一般每隔 12～25 个葡萄糖残基就有一个分支。支链淀粉分子是近似球形的庞大分子，聚合度在几千个葡萄糖单位。淀粉的基本结构单元如图 4-2 所示。

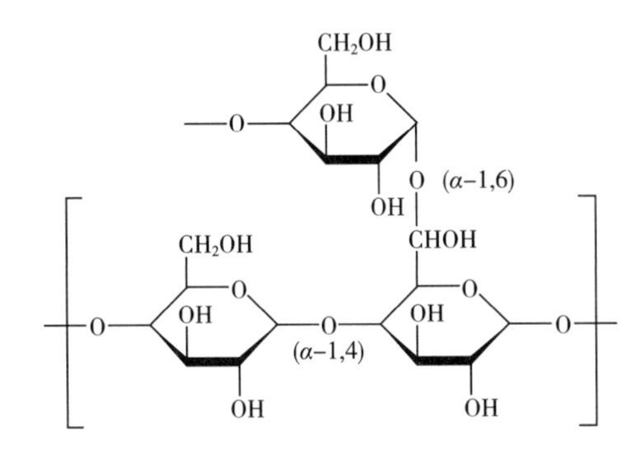

图 4-2　淀粉的基本结构单元

淀粉中直链淀粉和支链淀粉的含量因品种不同而不相同（表 4-1）。普通谷类和薯类淀粉含直链淀粉在 17%～27%，黏玉米、黏高粱和糯米等不含直链淀粉，全部是支链淀粉，不过有的品种也含有很少量的直链淀粉，约在 1%以下。未成熟的玉米含有较多较小的淀粉颗粒，仅含 5%～7%直链淀粉。

表 4-1　若干种淀粉的直链淀粉含量

品种	直链淀粉含量/%	品种	直链淀粉含量/%
玉米	26	糯米	0
黏玉米	0	小麦	25
高链玉米	70～80	大麦	22
高粱	27	马铃薯	20
黏高粱	0	甘薯	18
大米	19	木薯	17

直链淀粉遇碘呈蓝色，支链淀粉遇碘呈紫红色，这些显色反应的灵敏度很高，可以用作鉴别淀粉的定量和定性的方法。这种颜色反应并不是化学反应，而是由于直链淀粉“吸附”碘形成的络合结构。吸附碘的颜色反应与直链淀粉的分子大小有关。在一定的聚合度或相对分子质量范围内，随聚合度或相对分子质量的增加，络合物颜色的变化为无色、橙色、淡红、紫色、蓝色。直链淀粉的聚合度是 200～980，络合物的颜色是蓝色。分支很多的支链淀粉，在支链上的直链平均聚合度 20～28，这样形成的络合物是紫色的。直链淀粉和支链淀粉结构和性质的比较见表 4-2。

表 4-2　直链淀粉和支链淀粉的比较

项目	直链淀粉	支链淀粉
分子形状	直链分子	分叉分子
聚合度	$1\times10^2\sim6\times10^3$	$1\times10^3\sim3\times10^4$
尾端基	一端为非还原尾端基，另一端为还原尾端基	具有一个还原尾端基和许多个非还原尾端基

续表

项目	直链淀粉	支链淀粉
碘着色反应	深蓝色	红紫色
吸附碘量	19%～20%	<1%
凝沉性质	溶液不稳定，凝沉性强	溶液稳定，凝沉性很弱
络合结构	与极性有机物和碘生成络合结构	不能
X光衍射分析	高度结晶结构	无定型结构

（三）淀粉特性

1. 淀粉糊化

淀粉不溶于冷水，混于冷水中经搅拌可形成乳状悬浮液，称为淀粉乳。若停止搅拌，则淀粉颗粒缓慢下沉，经过一定时间后，淀粉沉淀于下部，上部为清水。若将淀粉乳加热到一定温度，淀粉颗粒开始膨胀，偏光十字现象消失。温度继续上升，淀粉颗粒继续膨胀，可达原体积的几倍到几十倍。由于颗粒的膨胀，晶体结构消失，体积增大，互相接触，变成半透明黏稠状液体，虽停止搅拌，淀粉再也不会沉淀，这种现象称为“糊化”，生成的黏稠液体称为淀粉糊，发生此物化现象的温度称为糊化温度。不同淀粉有不同的糊化温度，且糊化温度是一个温度范围。表4-3为几种普通淀粉的糊化温度范围。

表4-3　各种淀粉的糊化温度范围

淀粉来源	淀粉颗粒大小/μm	糊化温度范围/℃		
		开始	中点	终结
玉米	5～25	62.0	67.0	72.0
蜡质玉米	10～25	63.0	68.0	72.0
马铃薯	15～100	50.0	63.0	68.0
木薯	5～35	52.0	59.0	64.0
小麦	2～45	58.0	61.0	64.0
大麦	5～40	51.5	57.0	59.5
黑麦	5～50	57.0	61.0	70.0
大米	3～8	68.0	74.5	78.0
豌豆（绿豆）	—	57.0	65.0	70.0
高粱	5～25	68.0	73.0	78.0
蜡质高粱	6～30	67.5	70.5	74.0

淀粉大多是经糊化成淀粉糊后应用，淀粉糊的性质很重要。不同品种的淀粉糊在许多性质方面有差别，如淀粉糊的透明度、热黏度的高低和稳定性、胶黏性，冷却后生成凝胶体的性质及凝沉性等，这些性质都影响淀粉糊的用途。表4-4为几种普通淀粉糊的性质比较。

表 4-4　　各种淀粉糊的性质比较

淀粉糊	透明度	热黏度	黏度的热稳定性	冷却时结成凝胶体强度
小麦	不透明	低	较稳定	很强
玉米	不透明	较高	较稳定	强
高粱	不透明	较高	较稳定	强
黏高粱	半透明	较高	降低很多	不结成凝胶体
木薯	透明	高	较低	很弱
马铃薯	很透明	很高	降低很多	很弱

2. 淀粉凝沉/老化

淀粉的稀溶液，在低温下放置一段时间后，溶液变浑浊，并有沉淀析出，这种现象称为淀粉的凝沉作用，也称为淀粉老化。淀粉的老化实际上是分子间氢键已断裂的糊化淀粉又重新排列形成新氢键的过程，也就是一个复结晶过程。淀粉的成分对老化的影响为直链淀粉易老化，支链淀粉难老化。对于天然淀粉，分子太大不易老化。分子大小可以用淀粉糊的糊丝长度来表示，老化程度可以通过冷却时结成的凝胶体强度来表示（表 4-5)。由表 4-5 可以看出，小麦、玉米淀粉液化困难等现象，都是由于淀粉糊易老化的影响。

表 4-5　　淀粉糊老化程度比较

淀粉糊名称	糊丝长度	直链淀粉含量/%	冷却时结成凝胶体强度
小麦	短	25	很强
玉米	短	26	强
高粱	短	27	强
黏高粱	长	0	不结成凝胶体
木薯	长	17	很弱
马铃薯	长	20	很弱

(四) 工业淀粉生产

淀粉生产是一种物理的分离过程。在粗原料中与淀粉共存的有蛋白质、纤维素、油脂、无机盐等物质（表 4-6)，生产淀粉的过程是将这些物质与淀粉分开。淀粉的生产方法根据淀粉不溶于冷水，相对密度大于水的特性而进行。

表 4-6　　粮食原料中各成分的含量　　单位：%

种类＼成分	淀粉	蛋白质	水分	脂肪	纤维素	灰分
小麦	66～72	5～8	11～14	1～2	1～2	0.41
玉米	60～72	9～10	12～25	2～4	2	1
籼米	71～73	6～7	12～13	1.52	0.2	0.86

续表

种类＼成分	淀粉	蛋白质	水分	脂肪	纤维素	灰分
木薯	20～30	0～1.1	50～70	0～0.4	1.1	0.2～0.5
木薯干	72.6～76.6	2.8～3.9	13～15	0～0.8	3.3	1.6～2.4
马铃薯	15～20	2～3	75～80	0.1	0.51	1.0～1.5
甘薯	16.2	1.3	81.6	0.1	0.3	0.5
甘薯干	77.8	2.2	13.2	1.1	3	2.9

用玉米、高粱、小麦等谷物和马铃薯、甘薯、木薯等薯类原料生产淀粉都已发展成大的工业体系，特别是玉米淀粉的生产更为普遍。淀粉的生产工艺是将原料中的非淀粉物质如纤维素、蛋白质、油脂、无机灰分和水溶杂质等分离除去，得到纯度相当高的淀粉产品。但这种分离工艺还是不完全的，产品中还含有少量的杂质，不过对于一般应用已无妨害。淀粉的产品质量因原料品种和工艺水平的不同而存在差别，表 4-7 为玉米淀粉工厂产品的一般分析结果。

表 4-7　　玉米淀粉分析

项目	数值/%	项目	数值/%
水分	12	油脂	0.4～0.7
蛋白质总量（$N\times6.25$）	0.3～0.5	粗纤维	0.01～0.02
水溶性蛋白质	0.01～0.02	二氧化硫	0.001～0.003
水溶物	0.07～0.10	pH	4.5～5.5
灰分	0.08～0.10		

生产淀粉水解糖应当选择质量高的淀粉为原料，杂质越少越好。应将淀粉用净水清洗多次，除去水溶性杂质。因为水溶性杂质过滤时不能除掉，进入糖化液中，增加精制的困难，特别是水溶性蛋白质最好能降低到 0.02%以下。不溶性杂质能在过滤工序中除去。玉米等谷类淀粉蛋白质含量较高，不如马铃薯、木薯等淀粉好。马铃薯、木薯淀粉蛋白质含量一般在 0.1%以下，更好的产品只含有痕量。蛋白质为两性物质，能中和一部分无机酸，降低催化效率，增加糖化时间，又能被水解成氨基酸，与糖反应产生有色物质，这都是不利的。采用酶法工艺，液化酶制剂中常含有微量蛋白酶，将蛋白质水解成氨基酸，增加糖化液颜色，也是不利的。碱性的无机盐，如 CaO、Fe_2O_3 等可中和催化用的酸，影响催化效率。有机酸的盐如乳酸钙、钠等也能中和催化用的酸。玉米淀粉的灰分含有少量磷酸盐，来自玉米中的植酸钙镁，对酸也有中和作用。

玉米淀粉中的脂肪酸对淀粉糊的性质有影响。将玉米淀粉的脂肪酸除去，糊化温度降低 3～4℃，所得淀粉糊较透明且糊丝长，接近马铃薯淀粉糊。马铃薯淀粉不含油脂，若加入与玉米淀粉中含量相等的脂肪酸，淀粉糊的透明度降低并且糊丝变短，接近玉米淀粉糊。

下面以玉米淀粉生产为例加以介绍。以玉米为原料制备淀粉的方法很多，基本生产过程如下：玉米→清理→浸泡→粗碎→胚的分离→磨碎→分离纤维→分离蛋白质→清洗→离心分离→干燥→淀粉。

1. 清理

去除玉米原粮中的杂质，通常用筛选、风选、密度分选等方法。

2. 浸泡

玉米籽粒坚硬，有胚，需经浸泡工序处理后，才能进行破碎。浸泡玉米的方法，目前普遍用管道将几只或几十只金属罐连接起来，用水泵使浸泡水在各罐之间循环流动，进行逆流浸泡，浸泡水中通常加 SO_2，以分散和破坏玉米籽粒细胞中蛋白质网状组织，促使淀粉游离出来，同时还能抑制微生物的繁殖活动，但是 SO_2 的浓度最高不得超过 0.4%，否则酸性过大，会降低淀粉的黏度。温度对 SO_2 的浸泡作用具有重要影响，提高浸泡水温度，能促进 SO_2 的浸泡效果。但温度过高，会使淀粉糊化，造成不良后果，一般以 50～55℃为宜，浸泡时间的长短与浸泡作用有密切关系。浸泡时间短，蛋白质网状组织不能分散和破坏，淀粉颗粒不能游离出来。一般需要浸泡 48h 以上。浸泡条件：浸泡水的 SO_2 浓度为 0.15%～0.2%，pH3.5。在浸泡过程中，SO_2 被玉米吸收，浓度逐渐降低，最后放出的浸泡水中含 SO_2 为 0.01%～0.02%，pH3.9～4.1。浸泡条件应根据玉米的品质决定。通常，贮存较久的老玉米和硬质玉米，要求 SO_2 浓度较高，温度也较高，浸泡时间较长。玉米经过浸泡以后，水分应在 40%以上。

3. 粗碎

粗碎的目的主要是将浸泡后的玉米粒破碎成 10 块以上的小块，以便将胚分离出来。玉米粗碎大都使用盘式破碎机。粗碎分两次进行：第一次把玉米粒破碎到 4～6 块，进行胚的分离；第二次再破碎到 10 块以上，使胚全部脱落。

4. 胚的分离

目前国内用来分离胚的设备主要是分离槽。分离槽是一个 U 形的木制或铸铁制的长槽，槽内装有刮板、溢流口和搅拌器。将粗碎后的玉米碎粒与 9°Bé（相当于相对密度 1.06）淀粉乳混合，从分离槽的一端引入，缓缓地流向另一端。胚的相对密度小，漂浮在液面上被移动的刮板从液面上刮向溢流口。碎粒胚乳较重，沉向槽底，经转速较慢（约 6r/min）的横式搅拌器推向另一端的底部出口，排出槽外，从而达到分离胚的目的。

5. 磨碎

为了从分离胚后的玉米碎块和部分淀粉的混合物中提取淀粉，必须进行磨碎，破坏细胞组织，使淀粉颗粒游离出来。磨碎作业的好坏，对提取淀粉影响很大。磨得太粗，淀粉不能充分游离出来，影响淀粉产量；磨得太细，影响淀粉质量。为了有效地进行玉米磨碎，通常采用两次磨碎的方法：第一次用锤碎机进行磨碎，第二次用砂盘淀粉磨进行磨碎。有的用万能磨碎机进行第一次磨碎，再用石磨进行第二次磨碎。生产实践证明，金刚砂磨的硬度高，磨齿不易磨损，磨面不需经常维修，磨碎效率也高，所以现在逐渐以金刚砂磨代替石磨。

6. 纤维的分离

玉米碎块磨碎后，得到玉米糊。玉米糊中除含有大量淀粉以外，还含有纤维和蛋白质等。如果不去除这些物质，会影响淀粉的质量。通常是先分离纤维，然后再分离蛋白质。分离纤维大都采用筛选方法，常用设备有六角筛、平摇筛、曲筛和离心筛等。筛分中，清洗粗纤维和细纤维需用大量水，用水量按 100kg 干物料计算，一般清洗粗纤维需水 230～250L，细纤维需水 110～130L，水温为 45～50℃，且含有 0.05%二氧化硫，pH 为 4.3～4.5。

7. 蛋白质的分离

玉米经破碎并分离纤维后所得到的淀粉乳除含有大量淀粉以外，还含有纤维和蛋白质等，是几种物质的混合悬浮液。这些物质的颗粒虽然很小，但相对密度不同，因此，可用相对密度分选的方法将蛋白质分离出去。分离蛋白质的简单设备为流槽。流槽是细长形的平底槽，总长为 25～30m，宽 40～55cm，槽底斜度为 2/100，槽头高度为 25cm，流槽一般用砖砌成，表面涂层为水泥或环氧树脂，也有用木材制成的。淀粉乳从槽头输浆管流出，呈薄层流向槽尾。淀粉颗粒的相对密度大，沉降速度比蛋白质快 3 倍左右，所以先沉淀于槽底。蛋向质尚未来得及沉淀，就向槽尾流出，使蛋白质和淀粉分开。槽底淀粉可用水冲洗出粉槽，或用人工将淀粉层由流槽内铲下。但是因流槽占地面积大，分离的效率低，现已改用离心机进行分离。

8. 清洗

淀粉乳经分离除去蛋白质后，通常还含有一些水溶性杂质。为了提高淀粉的纯度，必须进行清洗。最简单的清洗方法是将淀粉乳放入淀粉池中，加水搅拌后，静置几小时，待淀粉沉淀后，放去上面的清液。再加水、搅拌、沉淀，放去上清液，如此反复 2～3 次，便可得到较为纯净的淀粉。此法的缺点是清洗时间长，淀粉损失较大，现在多采用旋液分离器进行分离。

9. 脱水

清洗后的淀粉水分相当高，不能直接进行干燥，必须首先经过脱水处理。一般可采用离心机进行脱水。离心机有卧式与立式两种，卧式离心机的离心篮是横卧安置的，转速为 900r/min，篮的多孔壁上有法兰绒或帆布滤布，淀粉乳泵入篮内，借助离心力的作用使水分通过滤布排出，淀粉留在篮内，最后用刮刀将淀粉从篮壁刮下，进行干燥。淀粉乳经脱水后，水分可降低至 37%左右。立式离心机的离心篮是竖立安置的，工作原理和转速都与卧式离心机相同。

10. 干燥

脱水后得到的湿淀粉，水分仍然较高，这种湿淀粉可以作为成品出厂。为了便于运输和贮存，一般进行干燥处理，将水分降至 12%以下。湿淀粉干燥的方法很多，最简单的是日晒，但受天气影响很大，故只适用于手工生产。小型淀粉厂常用烘房干燥，将湿淀粉放在干燥架上，在烘房内进行干燥。这种方法的缺点是：干燥效率低，劳动强度大，而且烘房通风不好，如温度控制不当还会有淀粉糊化的危险。湿淀粉的干燥设备，目前广泛使用的是带式干燥机。它是一条用不锈钢或铜网制成的输送带，带上有许多小孔，孔径约 0.6mm，安装在细长的烘室内。输送带的线速度很低，可由电动机通过减速器来驱动。湿淀粉从输送带的一端卸出。这种设备可连续操作，湿淀粉在干燥过程中不需搅拌，能保持碎块状，含细粉少，有利于减少细粉飞扬。

11. 成品整理

干燥后的淀粉往往粒度很不整齐，必须进行成品整理才能成为成品淀粉，成品整理通常包括筛分和粉碎两道工序。先经筛分处理，筛出规定细度的淀粉，筛上物再送入粉碎机进行粉碎，然后再进行筛分，使产品全部达到规定的细度。为了防止成品整理过程中粉末飞扬，甚至引起粉尘爆炸，必须加强筛分和粉碎设备的密闭措施，安装通风、除尘设备，及时回收飞扬的淀粉粉末。

二、淀粉水解糖制备

微生物大都不能直接利用淀粉。就目前的状况而言，发酵工业所用的碳源以玉米、薯类、小麦、大米等淀粉质原料为主，而许多微生物并不能直接利用淀粉。例如以糖质为原料发酵生产氨基酸，几乎所有的氨基酸产生菌都不能直接利用（或只能微弱地利用）淀粉。这些淀粉必须经过水解制成淀粉糖以后才能被利用。有些微生物能够直接利用淀粉，但这一过程必须在微生物分解出胞外淀粉酶以后才能进行，过程非常缓慢，致使发酵周期过长，实际生产中无法被采用。

淀粉质原料中存在的杂质影响糖液的质量。淀粉质原料带来的杂质（如蛋白质、脂肪等）以及其分解产物也混入可发酵性糖液中。一些低聚糖类、复合糖等杂质则不能被利用，它们的存在，不但降低淀粉的利用率，增加粮食消耗，而且常影响到糖液的质量，降低糖液中可发酵成分的含量。因此，如何提高淀粉的出糖率，保证可发酵性糖液的质量，满足发酵高产的要求，是一个不可忽视的重要环节。

（一）制糖过程测定指标

由淀粉经水解制备葡萄糖（葡萄糖液）过程有以下测定指标。

1. 理论收率

淀粉经完全水解生成葡萄糖可以用下面的反应式来表示。

$$(C_6H_{10}O_5)_n + nH_2O \longrightarrow nC_6H_{10}O_6$$

从该化学反应式可知，由于水解过程中水参与了反应，产物有“化学增生”，糖的理论收率为：

$$\frac{180.16}{162.14} \times 100\% = 111.11\%$$

2. 实际收率

从理论上讲，淀粉水解时可达到完全水解的程度，但是由于水解时存在复合、分解等一系列副反应以及生产过程中的一些损失，葡萄糖的实际收率不能达到理论收率，而仅有105%左右。葡萄糖的实际收率可按下式计算。

$$实际收率 = \frac{糖液量（L）\times 葡萄糖含量（\%）}{投入淀粉量（kg）\times 原料淀粉中纯淀粉含量（\%）} \times 100\%$$

3. 葡萄糖值（Dextrose equivalent value，DE 值）

液化液或糖化液中的还原糖含量（所测得的糖以葡萄糖计算）占干物质的百分比为DE 值。工业上用 DE 值表示淀粉水解程度或糖化程度。

$$DE值 = \frac{还原糖含量（\%）}{干物质含量（\%）} \times 100\%$$

4. DX 值

糖化液中葡萄糖含量占干物质的百分率为 DX 值。糖液中 DX 值稍低于 DE 值，因为还有少量的还原性低聚糖存在，随着糖化程度的增高，二者的差别减小。

$$DE值 = \frac{葡萄糖含量（\%）}{干物质含量（\%）} \times 100\%$$

（二）淀粉水解糖质量要求

因为淀粉水解糖是氨基酸生产菌的主要碳源，其质量好坏直接影响氨基酸发酵过程，关系到产品产率的高低。因此，应合理选择水解工艺，确定相应的水解工艺条件，提高葡萄糖的质量和得率。作为发酵工业原料的淀粉水解糖必须具备以下条件。

（1）糖液中还原糖的含量　要达到发酵用糖浓度的要求，还原糖含量在18%以上，DE值在90%以上。

（2）糖液透光度在60%以上　水解糖液的透光度在一定程度上反映了糖液质量的高低。透光度低，常常是由于淀粉水解过程中发生的葡萄糖复合反应程度高，产生的色素等杂质多，或者由于糖液中的脱色条件控制不当所致。

（3）糖液中不含糊精　若淀粉水解不完全，有糊精存在，不仅造成浪费，而且糊精的存在使氨基酸发酵过程中产生大量泡沫，影响氨基酸发酵的正常进行，甚至有染菌的风险。

（4）淀粉水解不能过度　若淀粉水解过度，葡萄糖发生复合反应生成龙胆二糖、异麦芽糖等非发酵性糖；葡萄糖还会发生分解反应生成羟甲基糖醛，并进一步与氨基酸作用生成类黑素。这些物质不仅造成浪费，而且抑制菌体生长。

（5）蛋白质含量低　若淀粉原料中蛋白质含量多，当糖液中和、过滤时除去不彻底，培养基中含有蛋白质及水解产物时，会使发酵液产生大量泡沫，造成逃液和染菌。

（6）糖液不能变质　这就要求水解糖液的放置时间不宜太长，以免长菌、发酵而降低糖液的营养成分或产生其他的抑制物，一般现做现用。如果必须暂时贮存备用，糖液贮桶一定要保持清洁，防止酵母菌等侵入滋生。一旦侵入杂菌，其便可利用糖产酸、产气、产乙醇，使pH降低，糖液含量减少。有的厂在贮糖桶内设置加热管加热，使水解糖液保持50～60℃，可有效地防止酵母菌等的滋生。

（三）淀粉水解方法

可以用来制备淀粉水解糖的原料很多，主要有玉米、薯类（甘薯、木薯）、大米（也有采用碎米的）和小麦等含淀粉原料。根据原料淀粉的性质及采用的催化剂不同，将淀粉水解为葡萄糖的方法有下列几种。

1. 酸解法

酸解法是一种常用的、也是传统的水解方法。它是以无机酸为催化剂，在高温高压下，将淀粉水解转化为葡萄糖的方法。该法具有工艺简单、水解时间短、生产效率高、设备周转快的优点。但是，由于水解作用是在高温、高压及在一定酸浓度条件下进行的，因此，酸解法要求设备耐腐蚀、耐高温、耐压。此外，淀粉在酸水解过程中，生成的副产物多，影响糖液纯度，使淀粉转化率降低。酸解法对淀粉原料要求较严格，要求用纯度较高的精制淀粉。另外，酸解法淀粉乳浓度不能太高，否则对糖化不利，副产物多，糖液质量受影响。

2. 酸-酶法

酸-酶法是先将淀粉用酸水解成糊精或低聚糖，然后再用糖化酶将其水解为葡萄糖的工艺。采用酸-酶法水解淀粉制糖，酸用量少，产品颜色浅，糖液质量高。

3. 酶-酸法

酶-酸法工艺主要是将淀粉乳先用α-淀粉酶液化，过滤除去杂质，然后用酸水解成葡萄糖的工艺。该工艺适用于大米（碎米）或粗淀粉原料。

4. 双酶法

双酶法是用专一性很强的淀粉酶和糖化酶为催化剂，将淀粉水解成为葡萄糖的工艺。采用双酶法水解制葡萄糖，具有较高的优越性。

（1）由于酶具有较高的专一性，淀粉水解的副产物少，因而水解糖液纯度高，DE 值可达 98%以上，使糖液得到充分利用。

（2）淀粉水解是在酶的作用下进行的，酶解反应条件较温和。如采用 BF7658 细菌 α-淀粉酶液化，反应温度在 85～90℃，pH6.0～6.5，用糖化酶糖化，反应温度仅在 50～60℃，pH3.5～5.0，因而不需要耐高温、耐高压、耐酸的设备。

（3）可以在较高的淀粉浓度下水解。水解糖液的还原糖含量可达到 30%以上。

（4）酸解法一般使用 10～12°Bé 的淀粉乳（含淀粉 18%～20%）；酶解法用 20～23°Bé 的淀粉乳（含淀粉 34%～40%），而且可用粗原料。由于酶制剂中菌体细胞的自溶，使糖液营养物质丰富，可以简化发酵培养基，少加甚至不加生物素，有利于氨基酸发酵稳定，有利于提高糖酸转化率，也有利于后提取。

（5）双酶法制得的糖液颜色浅、较纯净、无苦味、质量高，有利于糖液的充分利用。

（6）双酶法工艺同样适用于大米或粗淀粉原料，可避免淀粉在加工过程中的大量流失，减少粮食消耗。

双酶法的缺点是酶反应时间长，生产周期长，夏天糖液容易变质。酶本身是蛋白质，会引起黏液过滤困难。另外要求设备较多。但是，随着酶制剂生产及应用技术的提高，目前双酶法制糖已成为淀粉水解制糖的主要方法。

不同的水解制糖工艺，各有其优缺点及存在问题，但从水解糖液的质量及降低消耗、提高原料利用率方面来考虑，则是以双酶法最好，其次是酸-酶法，酸解法最差。不同制糖工艺所得糖化液的质量比较见表 4-8。

表 4-8　不同制糖工艺所得糖化液的质量

项目	酸解法	酸-酶法	双酶法
葡萄糖值/%	91	95	98
葡萄糖含量/%	86	93	97
灰分/%	1.6	0.4	0.1
蛋白质含量/%	0.08	0.08	0.10
羟甲基糠醛含量/%	0.30	0.008	0.003
色度	10.0	0.3	0.2
葡萄糖收得率	—	较酸法高 5%	较酸法高 10%

三、双酶法制糖工艺

双酶法生产葡萄糖工艺以专一的酶制剂作为催化剂，反应条件温和，复合分解反应较少，因此采用双酶法生产葡萄糖，提高了淀粉或大米等原料的转化率及糖液浓度，改善了糖液质量，是目前最为理想且常用的制糖方法。双酶法制糖工艺主要包括淀粉的液化和糖化两个步骤。液化是利用液化酶使淀粉糊化，黏度降低，并水解到糊精和低聚糖的过程。糖化是用糖化酶将液化产物进一步彻底水解成葡萄糖的过程。双酶法制糖的工艺流程如图4-3所示。

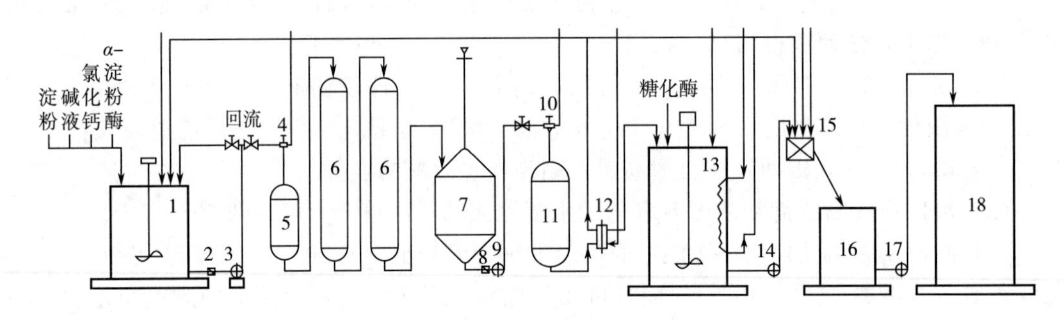

图4-3　双酶法制糖工艺流程

1—调浆配料槽　2，8—过滤器　3，9，14，17—泵　4，10—喷射加热器　5—缓冲器　6—液化层流罐　7—液化液贮槽　11—灭酶罐　12—板式换热器　13—糖化罐　15—压滤机　16—糖化暂贮槽　18—贮糖槽

1. 淀粉液化

淀粉颗粒的结晶性结构对于酶作用的抵抗力强。例如，细菌α-淀粉酶水解淀粉颗粒和水解糊化淀粉的速度比约为1∶20000。因此，不能使液化酶直接作用于淀粉，需要先加热淀粉乳使淀粉颗粒吸水膨胀、糊化，破坏其结晶结构。淀粉乳糊化是双酶法工艺的第一个必要步骤。淀粉乳糊化，黏度很大、流动性差、搅拌困难，也影响传热，难获得均匀的糊化结果，特别是在较高浓度和大量物料的情况下操作困难。

α-淀粉酶对于糊化的淀粉具有很强的催化水解作用，能很快水解到糊精和低聚糖范围大小的分子，黏度急速降低，流动性增高。工业生产上，将α-淀粉酶先混入淀粉乳中，加热，淀粉糊化后立即液化。虽然淀粉乳浓度高达40%，但液化后的流动性高，操作方便。液化的另一个重要目的是为下一步的糖化创造有利条件。糖化使用的葡萄糖酶和麦芽糖酶都属于外切酶，水解作用从底物分子的非还原末端进行。在液化过程中，分子被水解到糊精和低聚糖范围，底物分子数量增多，尾端基增多，糖化酶作用的机会增多，有利于糖化反应。

（1）液化酶　淀粉液化使用α-淀粉酶（EC3.2.1.1），α-淀粉酶属于内切酶，水解淀粉和其水解产物分子中的糖苷键使分子断裂，黏度降低。α-淀粉酶可由微生物发酵产生，也可从植物和动物中提取，目前工业生产上都以微生物发酵法进行大规模生产。α-淀粉酶产品也由单一的工业用常温α-淀粉酶，发展到现在既有工业用也有食品级，既有常温也有耐热的，剂型上既有固体的也有液体的。

α-淀粉酶作用于淀粉与糖原时，可从底物分子内部不规则地切开α-1，4-糖苷键，但不能切开支链淀粉分支点的α-1，6-糖苷键，也不能切开紧靠分支点α-1，6-糖苷键附近的α-1，4-糖苷键，但能越过分支点切开内部的α-1，4-糖苷键，从而使淀粉黏度减小，因此，α-淀粉酶又称液化酶。α-淀粉酶除了具有酶的一般性质外，还具有以下特性。

①在60℃以下较为稳定，超过60℃，酶明显失活。在60～90℃，温度升高，反应速

度加快，失活速度也加快。

②最适作用温度为60～70℃，耐高温酶的最适作用温度90～110℃。

③最适作用pH为6.0，在pH6.0～7.0时较为稳定，pH5.0以下失活严重。

④淀粉和淀粉的水解产物糊精，对酶活力的稳定性有很大的提高作用。淀粉浓度增加，酶活力稳定性增加。

⑤α-淀粉酶是一种金属酶，Ca^{2+}使酶分子保持适当的构象，从而可维持其最大活性与稳定性。许多添加物如钠、钾、硼砂、硼酸氢钠、巯基乙醇也是α-淀粉酶良好的稳定剂。乙二醇、甘油、山梨醇等一些非酶底物的糖类也可提高α-淀粉酶的热稳定性。

⑥当有钙离子存在时拥有酶活力的pH范围较广，没有钙离子时酶活力的pH范围狭窄。

⑦Ca^{2+}、Zn^{2+}、Cl^-对α-淀粉酶有激活作用；Fe^{2+}、Cu^{2+}则对α-淀粉酶有抑制作用。

α-淀粉酶的用量随酶制剂活力的高低而定，活力高则用量低。优质的α-淀粉酶制剂要求没有蛋白酶混杂，因为蛋白酶能水解蛋白质成氨基酸与糖起反应产生有色物质，影响产品质量。

（2）液化程度　淀粉液化要达到以下几个标准：①液化要均匀；②蛋白质絮凝效果好；③液化要彻底。在60℃时液化液要稳定，不出现老化现象，不含不溶性淀粉颗粒，液化液透明、清亮。

在液化过程中，淀粉糊化、水解成较小的分子，应当达到何种程度则需要考虑不同的因素。首先，液化程度不能太低，因为：①液化程度低，黏度大，难以操作；②葡萄糖淀粉酶属于外切酶，水解过程只能由底物分子的非还原尾端开始，底物分子越少，水解机会越少，影响糖化速度；③液化程度低，易老化，对于糖化，特别是糖化液过滤性相对较差。液化程度也不能太高，因为葡萄糖淀粉酶是先与底物分子生成络合结构，而后发生水解催化作用。液化超过一定程度，不利于糖化酶生成络合结构，影响催化效率，糖化液的最终DE值低。液化DE值与糖化DE值的关系如图4-4所示。液化程度应该是：在碘试显本色的前提下，液化DE值越低越好。根据生产实践，淀粉在酶液化工序中水解到DE值控制在12%～18%。不同液化程度的糖分组成见表4-9。

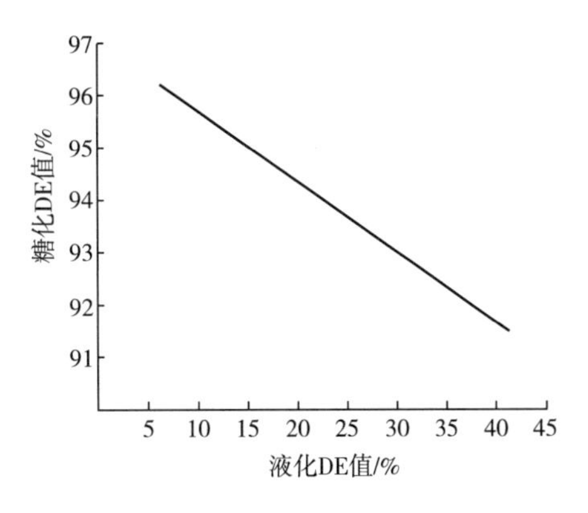

图4-4　液化DE值与糖化DE值的关系

表 4-9　　不同液化液的糖分组成　　单位：%（质量分数）

DE 值	葡萄糖	麦芽糖	麦芽三糖	麦芽四糖	麦芽五糖及以上
15	1.0	3.5	7.5	6.0	82.0
20	1.4	8.1	10.1	9.1	71.3
25	2.6	11.6	15.2	10.0	60.6
31	5.7	13.9	16.7	9.4	54.3

（3）不同淀粉的液化性质　液化所处理的原料主要分为两大类：一类是薯类淀粉，如木薯、马铃薯及甘薯；另一类是谷物类淀粉，如玉米、大米、小麦等。这两类淀粉组成及性质有如下区别。

①蛋白质含量：薯类淀粉含蛋白质含量≤0.1%，而谷物类淀粉中蛋白质含量一般情况下≥0.5%。

②不溶性淀粉颗粒含量：不溶性淀粉颗粒是直链淀粉与脂肪酸形成的络合物，呈螺旋结构，组织紧密，在糖化过程中不能水解。它的存在不但降低了糖化率，而且造成过滤困难，滤液浑浊。谷物类淀粉能产生约 2%的不溶性淀粉颗粒（内含脂肪酸 0.4%～0.5%，蛋白质 0.2%～0.4%，其余为淀粉 1.2%～1.5%），而薯类淀粉只产生 0.25%的不溶性淀粉颗粒。

③淀粉老化产生凝胶体强度：谷物类淀粉产生的凝胶体强度大，特别是小麦淀粉，淀粉糊冷却时结成的凝胶体强度很强，而薯类淀粉的凝胶体强度很弱。

④淀粉颗粒大小与坚硬程度：谷物类淀粉颗粒小且坚硬，而薯类淀粉颗粒大且疏松。

不同品种淀粉在酶液化性质方面存在差别。将各种淀粉（木薯、马铃薯、甘薯、玉米、小麦和蚕豆）分别配成 20%（体积分数）的淀粉乳，用缓冲液调节 pH 至 5.6，加入 BF－7658 淀粉酶（30U/g 淀粉），开始搅拌，升温到 90℃，测定淀粉乳的黏度变化（表 4-10）。由表 4-10 的数据可看出，薯类淀粉较谷类和豆类淀粉容易液化。

表 4-10　　几种淀粉液化黏度比较

淀粉	最高黏度/BU	最低黏度/BU	达到最低黏度时间/min
木薯	90～95	20～25	12
马铃薯	150～180	35	10.5～11.0
甘薯	215～240	35	12.0～12.5
玉米	955	100	12.5
小麦	400	40	12.5
蚕豆	500	120	17

由于不同淀粉的酶液化难易有差别，采用不同淀粉为原料时，有时需要改变液化工艺条件或液化方法。例如，马铃薯淀粉液化容易，淀粉乳可使用 40%的浓度。玉米淀粉液化较难，淀粉乳浓度以 30%左右为宜，更高的浓度则需要提高酶用量。谷类淀粉酶液化较困难，需要采用分段液化法，即液化操作分段进行，中间加热处理。这种分段液化法将在液化方法中介绍。酸液化法不受淀粉种类的影响，无论何种淀粉都能获得良好的效果。

（4）淀粉液化方法　实际生产中，酶法液化的方法很多（图 4-5）。以生产工艺不同分为间歇式、半连续式和连续式；以设备不同分为管式、罐式、喷射式；以加酶方式不同分为一次加酶液化法、二次加酶液化法、三次加酶液化法；以酶制剂耐温不同分为中温酶法、耐高温酶法及中温酶与高温酶混合法等。这些方法虽然不同，但其最终目的都是为了使原料得到最理想的液化效果。以下介绍几种升温方式不同的淀粉酶液化方法。

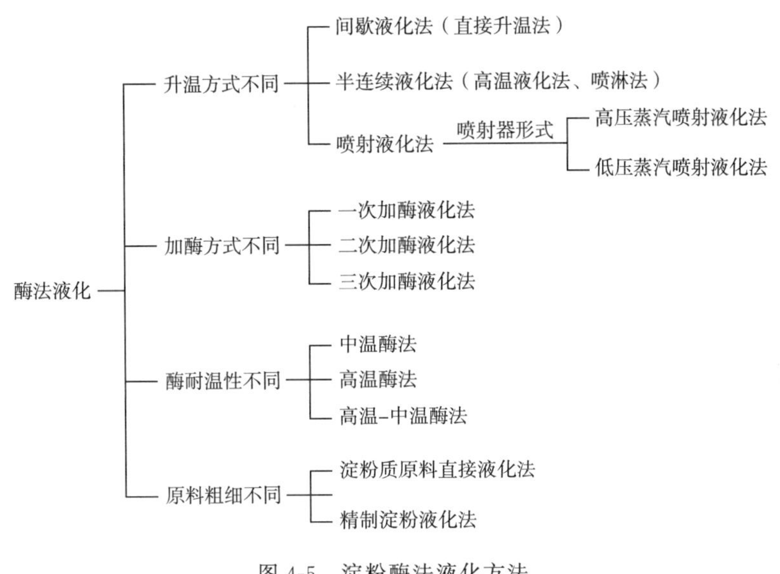

图 4-5　淀粉酶法液化方法

①间歇液化法（又称直接升温液化法）：此法为酶法液化中最简单的一种，具体工艺过程为：将 30%浓度的淀粉乳 pH 调为 6.5，加入所需要的钙离子（0.01mol/L）和液化酶，在剧烈的搅拌下加热到 85～90℃，并维持 30～60min，以达到所需的液化程度（DE 值为 15%～18%），碘试反应呈棕红色（或称碘液本色）。若搅拌不足，则需要分段液化加热。如液化玉米淀粉，先加热到约 72℃，黏度达到最高，保温约 15min，黏度下降，再继续升温至 85～90℃。

间歇液化法需要的设备简单、操作容易、投资费用少，但也存在一些不足。这种方法的生产能力低，液化浓度不能太高，否则会出现液化困难的情况。由于间歇液化使用中温淀粉酶，液化温度较低，淀粉不能完全糊化，液化效果一般。同时，中温淀粉酶与高温淀粉酶相比，其液化速度较快，特别是在液化初期，当达到糊化温度时，DE 值上升很快，而温度上升较慢，液化的 DE 值不易控制。另外，间歇液化法的料液和蒸汽混合不均匀，料液内部受热程度不一，液化不容易控制，所得糖液过滤效率差，糖的浓度也低。

②半连续液化法（又称高温液化法或喷淋液化法）：在液化桶内放入底水并加热到 90℃，然后将调配后待液化的淀粉乳，用泵送经喷淋头引入液化桶内，并使桶内物料温度始终保持在（90±2）℃，淀粉受热糊化、液化，由桶底流入保温桶中，在（90±2）℃时，维持 30～60min，达到所需的液化程度。对液化困难的玉米等谷物淀粉，液化后最好再加热处理（140℃加热 3～5min），以凝聚蛋白质，改进过滤性能。

半连续液化法的设备和操作较简单，效果比直接升温法要好，但也存在一些缺点。由于喷淋液化在开口的容器内进行，料液溅出而烫伤操作人员的事故时有发生，安全性差。其次，由于喷淋液化在开口容器内进行，蒸汽用量大。最后，因为喷淋液化是开口的原因，液化温度无法达到耐高温 α -淀粉酶最佳温度所处的范围。因此液化效果较差，糖化液过滤性能也差。

③喷射液化法：目前比较常用的是喷射液化技术。喷射液化法是淀粉调浆加酶后，通过蒸汽喷射器使淀粉受热，引起糊化、液化。蒸汽喷射产生的湍流使淀粉受热快而均匀，黏度降低也快。物料在喷射器内产生强烈的挤压作用，与 α -淀粉酶紧密接触，喷出的物料受压力变化，所产生的剪切力打开淀粉颗粒（细胞）；在通过喷射器后，急速膨化减压，出现较松散和比表面积增大效果，在较短时间保压后，流入常压的后液化罐内，使之彻底完成液化工作。此法的优点是液化效果好，蛋白质类杂质的凝结效果好，糖化液的过滤性质好、设备少，也适于连续操作。与升温液化法相比，喷射液化法获得的糖液质量更好（表 4-11）。

表 4-11　　喷射液化法和升温液化法比较

指标	喷射液化	升温液化	指标	喷射液化	升温液化
滤液 DE 值/%	97.1	96.9	滤饼不溶物/%	0.7	2.67
滤液比旋光度/°	56.7	57.2	过滤速度/［L/（h·m²）］	630	183

喷射液化技术的关键设备——喷射液化器，根据推动力不同，主要分为两大类：一类是高压蒸汽喷射液化器；一类是低压蒸汽喷射液化器。高压蒸汽喷射液化器采用以汽带料的方式进行，推动力为高压蒸汽（0.4～0.6MPa），以高压蒸汽带动物料使液化更均匀、更充分。但是对于一些蒸汽压力不稳定或蒸汽压力低的工厂来说，如果采用高压蒸汽喷射器则难以工业化生产，而且锅炉需要高压蒸汽锅炉。低压蒸汽喷射液化器从结构原理上与高压蒸汽喷射液化器相反，采用以料带液的方式进行喷射液化，推动力为料液。采用低压蒸汽喷射液化器进行液化不仅适合低压蒸汽，而且也适合过热蒸汽喷射液化，蒸汽压力仅需要 0.05～0.1MPa。

喷射液化有许多分类方法，可根据喷射液化的次数分为一次喷射液化和二次喷射液化。也可按照加酶的方式不同分为一次加酶法和二次加酶法，具体流程如图 4-6 和图 4-7 所示。一次加酶、一次喷射液化工艺是一种常规的液化工艺，最显著的特点就是工艺简单、操作方便、节约蒸汽、效果稳定。它利用喷射器只进行一次高温喷射，在耐高温 α -淀粉酶的作用下，通过高温维持、闪蒸和层流罐液化，完成对淀粉的液化。在实际生产中，采用低压蒸汽喷射器，二次加酶的液化方法更普遍。为了提高液化的质量，需要将液化温度控制在 108～110℃，这样的高温对酶的热稳定性也有一定影响，可能会影响到整个液化效果。为此，将酶制剂的添加分为两步，即在调浆时加入 1/2 或 2/3 的酶，在闪蒸后进入层流罐之前再加入余下的酶。这种改进既保证了酶制剂最小程度的失活，又不会影响到整个液化的效果。

目前工业生产上使用的 α -淀粉酶主要包括耐高温 α -淀粉酶和中温 α -淀粉酶。相比中温 α -淀粉酶，采用耐高温 α -淀粉酶在高温下喷射液化，蛋白质絮凝效果好，不产生不溶

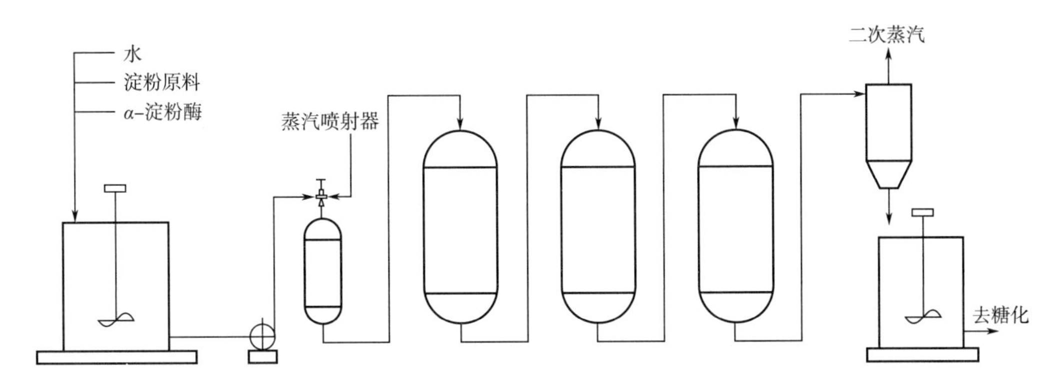

图 4-6　一次加酶喷射液化工艺流程

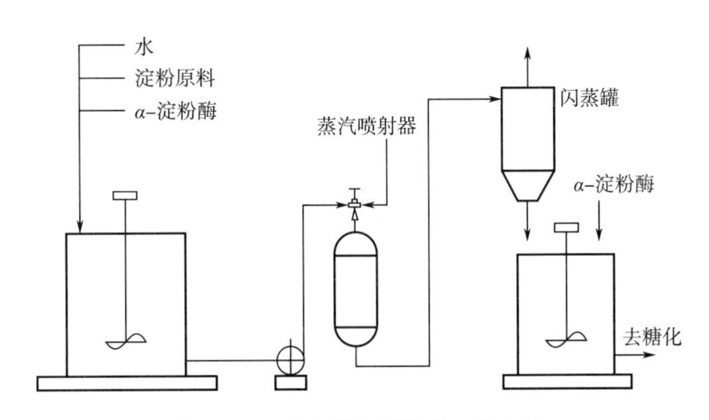

图 4-7　二次加酶喷射液化工艺流程

性淀粉颗粒，不发生老化现象，液化液清亮透明；并且在高温下喷射液化还可阻止小分子（如麦芽二糖、麦芽三糖等）前体物质的生成，有利于提高葡萄糖的收率。目前耐高温 α -淀粉酶已获得了广泛的应用。

2. 淀粉糖化

在液化工序中，淀粉经 α -淀粉酶水解成糊精和低聚糖等小分子产物，而糖化是利用葡萄糖淀粉酶进一步将这些产物水解成葡萄糖。糖化操作比较简单，将淀粉液化液引入糖化桶中，调节到适当温度和 pH，混入需要量的糖化酶制剂，保持 2～3d 达到最高的葡萄糖值，即得糖化液。

（1）糖化酶　糖化酶又称葡萄糖淀粉酶（EC3.2.1.3），它能将淀粉从非还原性末端水解 α－1，4 -糖苷键，产生葡萄糖。对于支链淀粉，当遇到分支点时，它也可以水解 α－1，6 -糖苷键，但速度较慢。糖化酶也能微弱地水解 α－1，3 -糖苷键。

糖化酶在微生物中的分布很广，在工业中应用的糖化酶主要是从黑曲霉、米曲霉和根霉等丝状真菌和酵母中获得。从细菌中也分离到了热稳定的糖化酶，人的唾液、动物的胰腺中也有糖化酶。不同来源的糖化酶其结构和功能有一定的差异，对淀粉的水解能力也有较大的区别。工业应用的糖化酶一般具有以下特性。

①糖化酶的 pH 为 3.0～5.5，最适 pH 为 4.0～4.5。

②糖化酶温度为 40～65℃，最适温度为 58～60℃。

③大部分重金属，如铜、银、汞、铅等都能对糖化酶产生抑制作用。

（2）糖化程度　双酶法工艺的现有水平，尚不能达到淀粉完全水解的程度，因为会有水解不完全的剩余物和复合产物，如低聚糖和糊精等。糖化液中葡萄糖的实际含量稍低于葡萄糖值，因为还有少量的还原性低聚糖存在。随着糖化程度的增高，二者的差别减小。表 4-12 为双酶法糖化液的糖分组成。

表 4-12　　双酶法糖化液的糖分组成　　单位：%（质量分数）

DE 值	DX 值	麦芽糖	异麦芽糖	麦芽三糖	麦芽四糖以上
97.4	95.3	1.9	0.9	0.5	1.4
97.6	95.9	1.3	0.9	0.2	1.7
98.1	96.3	1.4	1.2	—	1.1

影响糖化 DE 值的主要因素包括：淀粉乳浓度、糖化时间、液化 DE 值、糖化酶用量和糖化工艺，具体如下。

①降低淀粉乳浓度能提高糖化程度，但考虑到蒸发费用，浓度也不能降低过多，一般采用浓度约 30%。

②在糖化的初始阶段，速度快，约 24h 后 DE 值达到 90%以上，以后糖化速度变慢。达到最高的 DE 值后，应停止反应，否则 DE 值趋向降低，这是因为葡萄糖发生复合反应，一部分葡萄糖又重新结合生成异麦芽糖等复合糖类。这种反应在较高的酶浓度和底物浓度情况下更为显著。葡萄糖淀粉酶对于葡萄糖的复合反应具有催化作用。

③在碘试显本色的前提下，液化液 DE 值越低，糖化液最高 DE 值越高（图 4-4）。

④糖化酶的用量决定于酶活力的高低，活力高则用量少。提高用酶量能加快糖化速度，但考虑到生产成本和复合反应，不能增加过多。

⑤糖化的温度和 pH 决定于所用糖化酶制剂的性质。根据酶的性质选用较高的温度，因为糖化速度较快，感染杂菌的风险较小。选用较低的 pH，因为糖化液的着色浅，易于脱色。加入糖化酶之前要注意先将温度和 pH 调节好，避免酶在不适当的温度和 pH 环境中活力受影响。在糖化反应的过程中，pH 稍有降低，可调节 pH，也可将开始的 pH 稍调高一些。与液化酶不同，糖化酶不需要钙离子。

使用不同原料、不同糖化工艺及不同 DE 值的液化液，糖化时间与糖化酶用量需要适度调整。在实际生产中，应充分利用糖化罐的容量，尽量延长糖化时间，减少糖化酶用量，如此，糖化液 DE 值最高，酶成本最低，糖液中酶蛋白最少。

由于葡萄糖淀粉酶对于 $\alpha-1, 6$-糖苷键的水解速度慢，因此用能水解 $\alpha-1, 6$-糖苷键的异淀粉酶或普鲁兰酶与黑曲霉糖化酶合并糖化，能提高糖化程度。表 4-13 为 $\alpha-1, 6$ 葡萄糖苷酶与葡萄糖淀粉酶合并糖化的结果。单独使用葡萄糖淀粉酶，增加酶用量也不能提高葡萄糖产率，但加用 $\alpha-1, 6$-葡萄糖苷酶合并糖化，虽然葡萄糖淀粉酶的用量低，但能提高葡萄糖产率到 99%以上。在 pH6.0 左右糖化，有抑制葡萄糖淀粉酶催化复合反应的效果。

表 4-13　　α-1，6-葡萄糖苷酶与葡萄糖淀粉酶合并糖化

葡萄糖淀粉酶用量/（U/g）	α-1，6-葡萄糖苷酶用量/（U/g）	浓度/%	pH	温度/℃	时间/h	葡萄糖/%
10	—	30	4.2	55	96	95.7
10	—	30	6.0	55	96	91.7
15	—	30	6.0	55	96	94.5
20	—	30	6.0	55	96	95.4
30	—	30	6.0	55	96	95.6
40	—	30	6.0	55	96	95.6
9	3	30	5.8	50	96	99.3
9	3	30	6.1	50	72	99.0

（3）糖化工艺流程

一般的糖化工艺流程为：液化液→糖化→灭酶→过滤→贮罐计量→发酵。糖化工艺主要步骤的操作规程如下。

①糖化条件：pH（4.2±0.1），温度（60±1）℃。为防止糖焦化，用热水循环保温。糖化酶用量 150U/g 淀粉，糖化酶越少，副反应越少，且可溶性蛋白越少。糖化时间 32～40h，糖化时间增加可以达到较高的 DE 值。当用无水酒精检验有无糊精存在时，糖化结束，然后调到 pH4.8～5.0，并加热至 70～80℃，维持 15min。

②过滤：过滤前将料液冷却至 65～70℃，过滤时所有板框压滤机同时使用。滤布为两套，以减少过滤及贮糖时间。过滤时，通过调节回流，使过滤压力线性增加。为了减少滤液中的悬浮物及缩短过滤时间，过滤压力不能超过 2MPa。过滤困难时，可以通蒸汽，以疏通滤渣；为防止糖液变质，在糖化料液过滤完时清洗糖化罐，洗液也要用泵送去过滤；过滤结束后用热水洗涤，温度 65～70℃，用水量为 1.65～2.0t/m^3 板框空隙体积；过滤洗涤后，用风将滤渣吹干。

③贮糖计量：贮糖时间不宜过长，并且糖液在贮存时，维持在 60℃以上，糖液送入发酵罐后，糖化计量罐要清洗干净，洗液排掉。

第二节　有机氮源的制备

氮是活细胞生存所必需的营养元素，氮的吸收是微生物代谢的关键步骤。常用的氮源可分为两大类：无机氮源和有机氮源。无机氮源是微生物生长的速效氮源，如硫酸铵、液氨、氨水、碳酸氢铵、硫酸铵、氯化铵、硝酸盐和尿素等。有机氮源能够为菌体生长提供氮元素及必需的生长因子，是影响发酵效率的重要因素，也是发酵成本的主要组成之一。目前工业上常用的有机氮源种类可按原料来源分为动物源、植物源和微生物源 3 类。

①动物源：牛骨蛋白胨、胰蛋白胨、牛肉膏和鱼胨等。

②植物源：玉米浆、豆粕、黄豆饼粉、棉籽饼粉和大豆蛋白胨等。

③微生物源：包括面包酵母、假丝酵母和啤酒酵母等有机氮源。

即使是以同类面包酵母菌种作为原料，也可衍生出不同类型有机氮源产品，如酵母浸粉、酵母粉、酵母膏、酵母自溶粉等。

有机氮源是氨基酸发酵生产的重要原料，其质量好坏、营养成分组成与稳定性以及自身成本直接决定了氨基酸发酵生产的产率与成本，因此寻找合适的有机氮源是所有氨基酸发酵工厂必须首要解决的课题。各企业需根据自己发酵生产菌种的特点和需求，结合本地原料供应的充足与否、采购成本高低和运输成本影响，来选择适合自己生产的原料作为有机氮源。豆粕、玉米浆等产品在未做进一步处理前，由于含有大分子的蛋白质，一般不能直接作为有机氮源提供给发酵生产，否则在后续的高温灭菌等工艺过程中，由于蛋白质遇热变性，会影响使用效果，甚至导致灭菌不彻底造成发酵染菌。在大生产中，一般要对其进行水解，将大分子的蛋白质水解为小分子的氨基酸后才能作为发酵生产的有机氮源使用。本节主要介绍几种常用有机氮源的制备工艺。

一、酵母类有机氮源

酵母类有机氮源中蛋白质含量高（蛋白质占干菌体总重50%以上），含有18种氨基酸，种类齐全，维生素和矿物质等含量丰富，是氨基酸发酵过程中菌体培养与产物发酵的优质有机氮源。

（一）酵母浸出物

酵母浸出物，又称酵母抽提物，是以高蛋白面包酵母、啤酒酵母等为原料，在特定的时间、温度、pH等条件下，利用酵母自溶的特性，通过酵母体内以及外加的多种酶系促进蛋白质降解成多肽和氨基酸，核酸降解成核苷酸，并与其他有效成分一起被浓缩成可溶性营养物质的产品。酵母浸出物等酵母产品作为种子培养基和发酵培养基主要原料，广泛应用于各种氨基酸发酵领域。因不同菌种生长需求，目前应用于生物发酵领域的产品主要有：酵母粉（灭活干菌体）、酵母自溶粉、酵母浸粉（膏）、酵母蛋白胨等。相对其他种类的有机氮源，酵母浸出物有如下优点。

（1）品质稳定，适用面广　酵母浸膏原料来源清楚，均为发酵培养的面包酵母或啤酒酵母，产品的稳定性能够给予很好的保证。其丰富的营养成分可以满足真核细胞、霉菌和细菌等多种微生物的生长需要，是适用范围很广的微生物有机氮源。

（2）成分已知，安全性好　酵母浸出物成分大多已被查明，可以做到定性、定量，是研究微生物氨基酸代谢途径的优良氮源。

（3）溶液澄清，利于提取　酵母浸出物溶于水可配制成澄清透明的黄色至浅棕色溶液，引入固形物和有色物质少，有利于发酵产品提取。

（二）酵母浸出物生产方法

目前生产酵母浸出物的原料主要来自啤酒酵母和面包酵母，其中主要以啤酒废酵母为主。啤酒废酵母通过深加工可有效减轻污染，实现资源的二次转化，也可产生巨大的经济效益。利用啤酒废酵母的关键问题是细胞破壁，使酵母细胞内物质释放出来。酵母破壁方法大体分为：化学法（酸解、碱解）、物理法（液体剪切、固体剪切等）、生物法（酶解、自溶）。其中，化学法会造成一些营养成分的破坏，而且为有效成分的提取增加困难；物理法虽然方法简单、成本低，能完好保存营养成分，但其破壁效果较差；生物法中的酶解法反应条件温和，破壁比较彻底，破壁率显著高于其他破壁方法。

1. 酸解法

酸解法是以干酵母为原料，用盐酸或硫酸进行分解。其基本工艺是在一定的酸浓度、温度、压力和pH条件下水解酵母液，然后进行过滤、脱色、除臭、碱中和，最后浓缩或喷雾干燥制成酵母膏或酵母粉。酸解法的优势是提取物得率高，游离氨基酸量大，然而其盐含量高、后处理成本高、污染程度大，现在生产中很少采用。

2. 自溶法

酵母自溶是指酵母在自身水解酶类（蛋白酶、核酸酶、糖水解酶等）的作用下细胞自我消解，将酵母体内高分子物质水解成为可溶性小分子物质的过程。自溶一般分为诱导自溶和自然自溶。由于自然自溶持续周期长，容易产生呈苦味的氨基酸，因此工业上一般通过改变自溶条件（温度、pH、自溶促进剂）以诱导其自溶。

3. 酶解法

酶解法首先通过高温使酵母菌菌体内酶失活，然后加入外源酶如破壁酶、蛋白酶、糖酶以及核酸酶等，并控制一定的温度和pH，使得酵母释放内含物质并分解成小分子糖类、氨基酸、肽类等呈味物质，经过下游一系列的处理得到酵母抽提物的方法。

（三）酵母浸出物自溶-酶联生产工艺

酶解法得到的酵母抽提物品质较好，但是成本高。现在生产中大多采用自溶-酶联法。该方法综合了自溶法和酶解法，即先控制在一定的条件下进行酵母自我降解，然后通过外加酶系使自溶液中的物质向高营养的方向转变。虽然在具体的工艺如外加酶的选择，下游澄清自溶液的方法上有差异，但工艺流程基本一致，如图4-8所示。

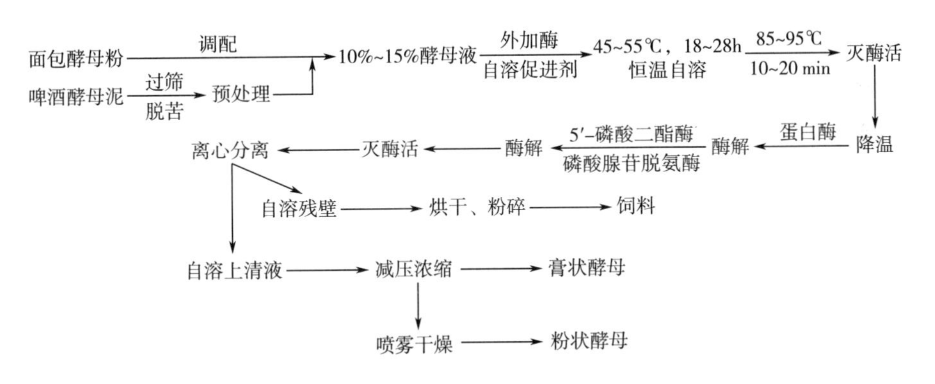

图4-8　酵母浸出物自溶-酶联生产工艺流程

1. 前处理工艺

（1）啤酒酵母脱苦　啤酒酵母是啤酒生产过程中产生的泥状酵母，由于存在酒花树脂、酒花以及其他较大的杂物而呈苦味，因此其相比面包酵母需要进行过筛去酒花和脱苦处理。$NaHCO_3$能使酒花成分皂化，除去酵母味和其他异味，而且成本低，因此工业上大多用$NaHCO_3$来脱苦。采用0.5% $NaHCO_3$溶液搅拌处理1h对啤酒酵母的脱苦效果最好，也有在生产的下游阶段利用吸附树脂来脱苦。

（2）酵母破壁　酵母菌的细胞壁厚约为1.2μm，主要成分是葡聚糖和甘露聚糖。要获得较高的酵母抽提物得率和较大的氨基氮浓度需要增大自溶过程中细胞的通透性，而破壁处理利于直接释放胞内小分子可溶性蛋白质、氨基酸和核酸等物质。同时大分子蛋白质、糖类通过酵母自身的酶解系统降解成小分子物质后由壁膜释放出来。自溶过程中细胞壁膜通透性的增高一般也会增加胞内物质溢出得率。目前酵母细胞破壁主要有热解法、化学法、酶法和机械法。由于不同的破壁工艺会导致自溶成分的不同和细胞壁破碎程度的不同，因此选择破壁方法时需结合下游分离工艺综合考虑。

2. 酵母自溶过程工艺

在自然情况下，酵母自溶能持续 1 周甚至更久，但是酵母自溶时间过长，会使蛋白质水解程度增大而导致疏水性苦味短肽的出现，这样酵母抽提物就会产生苦味。因此为了保证产品质量，生产上通过加入自溶促进剂，控制自溶条件以缩短自溶时间。工业上自溶时间一般控制在 18～28h。

自溶促进剂主要是激活或者增加酵母内各种降解酶的活力，使酵母体内生物大分子物质更好地水解成小分子物质，提高产品的得率和质量。自溶促进剂的种类有很多，理论上凡是能使酵母生理状况产生混乱的物质都能促进酵母的自溶。一般有乙醇、乙酸乙酯、食盐、半胱氨酸、吡啶醇、硫胺素、甘油酯和 EDTA 等。工业生产中食盐和乙醇是最常用的自溶促进剂。

一般来说，酵母自溶过程中酵母的浓度越高，得率越高，但同时反应时间会显著增加，因此选择适合的浓度很重要。工业生产上，酵母浓度基本都控制在 10%～15%。酵母细胞中主要有 4 种酵母蛋白酶参与酵母自溶过程，其中酶 A 是外切肽酶，最适温度 30～35℃；B、C、D 都是内切酶，最适温度 50℃、50℃、60℃。研究发现，50℃下自溶 24h，酵母自溶固形物得率、α-氨基氮和蛋白质等指标的含量能达到最高。目前，生产工艺上酵母的自溶温度一般采用 50～60℃。

外加酶能改善酵母抽提物的得率。国内外对酵母自溶过程的外加酶的选择做了大量的研究。研究发现外加 2.5%的木瓜蛋白酶和 0.025%的溶壁酶对酵母抽提物固形物、蛋白质和碳水化合物含量的影响最大。添加 1%的蛋白水解酶对氨基氮和固形物得率的效果最好。

3. 酵母抽提物下游工艺

澄清度是保证酵母抽提物品质的一个重要指标。微生物培养基要求酵母抽提物溶液色泽浅、无杂质。一般而言，酵母自溶结束后，将用各种方法来增加溶液的澄清度和最终产品的稳定性。微膜过滤是一种有效的方式，然而这种技术用于工业生产会有相对较高的花费。可选择使用四硼酸钠和聚乙烯亚胺等作为选择性絮凝剂来保证酵母壁和酵母液分离时溶液的澄清度，具有操作简单和费用较低的优势。

物理破壁法如高压均质能够较好地使酵母细胞壁瓦解，然而大量的破碎细胞使得细胞壁与可溶性物质的完全分离显得十分困难。采用酶解破壁法更适合酵母的自溶，因为酶系破壁法更加温和，酵母细胞的破碎程度小，因此在相对较低的转速下就可以完成可溶性物质与细胞壁的分离。细胞壁也能通过过滤的方式分离，微膜过滤法相比离心法在分离可溶性物质中的蛋白质时效果更好。

由于自溶得到的酵母抽提液含有大量水分，要得到膏状或者粉状的产品就需要对其进行浓缩或干燥。工业上浓缩和干燥技术已经很成熟，对于酵母抽提物来说，浓缩一般是用多级降膜蒸发器，然后使用喷雾干燥机进行干燥。

二、蛋白胨

蛋白胨是由蛋白质经酶、酸水解或碱水解而获得的一种由胨、肽和氨基酸组成的水溶性混合物。它主要是由胨、䏡、氨基酸和肽组成，胨和䏡的含量较多，故被称之为蛋白胨。作为微生物培养基的基础成分，蛋白胨可以提供大部分微生物生长、发育、繁衍所需要的营养氮源。它是微生物培养基的主要基础成分，在培养基中的主要作用是为微生物生长提供氮源。

1. 生产蛋白胨的原料

生产蛋白胨的原材料很多，凡是含有蛋白质的物质均可制造蛋白胨，主要有 3 类。

（1）动物组织蛋白　常用于生产蛋白胨的动物组织蛋白有肌肉蛋白、胶原蛋白、角蛋白、血浆蛋白、乳蛋白、卵蛋白等。

（2）植物蛋白　生产蛋白胨的植物蛋白主要是大豆，它的蛋白质含量很高，达 40%以上，氨基酸组成齐全。除此以外，还有玉米、花生、向日葵籽、棉籽作为蛋白胨的原料。

（3）微生物蛋白　由于动物、植物蛋白的生产受很多自然条件的限制，而且生长周期长，一些微生物（如酵母）来源的蛋白也常被用作蛋白胨原料。

通过控制蛋白质的水解条件可以得到蛋白胨，使其水解在“胨”的阶段就不再往下进行。根据蛋白胨生产原料的不同，采用不同的水解方法和不同的水解剂。

2. 生产蛋白胨的方法

近年来人们开发了许多蛋白胨的生产工艺，生产方法主要是 3 种，即酸水解、碱水解和酶解法。

（1）酸水解　使用盐酸、磷酸、硫酸等作为水解剂，产品颜色深，盐含量和灰分很高。对于一些对盐含量要求较高的应用，需进行脱色、脱盐处理。

（2）碱水解　使用氨水、石灰水、稀 NaOH 等作为水解剂。此法得到的产品与酸水解同样灰分很高，颜色较深，现在一般不采用此方法生产蛋白胨。

（3）酶水解　酶水解法多采用胃蛋白酶、中性蛋白酶、胰蛋白酶、木瓜蛋白酶、胰酶和胃酶。由于酶的作用温和，可避免酸、碱水解法的缺点，是生产蛋白胨的常用方法。根据水解程度的不同，蛋白质可被水解为不同产物，蛋白胨是其中之一。使用酶水解法生产的蛋白胨品质优良，颜色浅，适于培育微生物。蛋白酶根据蛋白质酶解方法的不同，分为外切酶和内切酶。外切酶能够切断蛋白质，并作用于多肽羧基末端（羧肽酶）或氨（氨肽酶）的肽键，使氨基酸游离。外切酶能够水解疏水性的氨基酸，降低了苦味。内切酶将蛋白质分解为较多分子质量小的多肽，切断其内部肽键。在单酶水解的基础上，也产生了较多使用双酶水解的工艺。一般蛋白胨的酶水解生产工艺流程如下：蛋白原料→溶解→酶解→分离→浓缩→干燥→蛋白胨产品。

三、玉米浆

玉米浆是以玉米制淀粉或制糖中的玉米浸泡水制得的，主要成分为玉米可溶性蛋白质及其降解物（如肽类和各种氨基酸等），另外还含有乳酸、植物钙镁盐和可溶性糖类等。玉米在浸渍过程中，由于使用了一定浓度的亚硫酸，使种皮成为半透性膜，一些可溶性蛋白质、生物素、无机盐和糖进入浸渍水中，因而玉米浆含有丰富的营养物。玉米浆作为一种廉价的有机氮源，广泛应用于氨基酸产品的发酵中。

玉米浸渍液一般需要通过真空浓缩，制备成含干物质50%左右的玉米浆。目前普遍使用的生产工艺有两种：间歇式蒸发浓缩生产工艺和连续式蒸发浓缩生产工艺。这两种工艺中又有单效、二效、三效之分。玉米浸渍液进入贮罐后，用盐酸或硫酸调节 pH，再进入预热器，预热器内的物料在压力作用下顺次流入多效蒸发器，由多效蒸发器流出的液体经平衡罐冷却后进入成品贮罐，便得到玉米浆产品。

由于直接浓缩的玉米浆中大部分氨基酸是以大分子的蛋白质形式存在，微生物细胞对其利用较为困难。另外玉米浆中不溶性颗粒及部分不易高温杀灭的微生物芽孢增多，增加了氨基酸发酵染菌的风险。此外，玉米浆中大量未被利用的杂质也随着发酵液进入了提取环节，加大了提取难度和废液处理难度。对浓缩的玉米浆进行适度的酸水解处理，可获得质量更好、更易使用的玉米浆水解液，其工艺路线如图 4-9 所示。

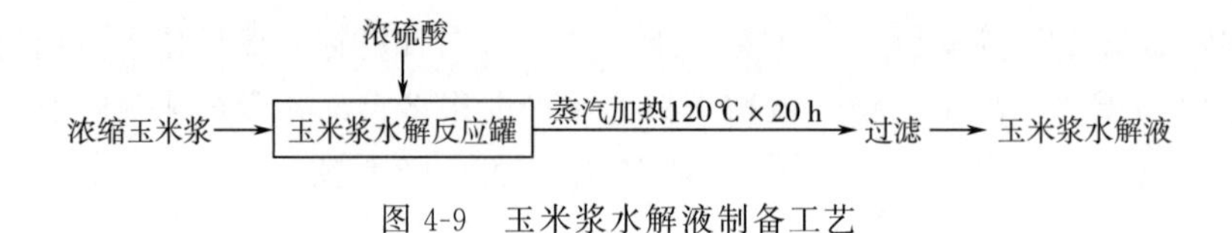

图 4-9　玉米浆水解液制备工艺

四、黄豆饼粉

黄豆饼粉是黄豆榨油后的豆粕粉碎烘干后的粉末。在氨基酸发酵中，玉米浆和黄豆饼粉的组合使用，可以促进菌体生长，显著提高发酵效率，是发酵培养基中较好的氮源。黄豆饼粉含有较多蛋白质，可用下面方法提取豆饼中的蛋白质。

①原料豆饼去杂：用溶剂（正己烷）脱除残余油脂，80℃以下烘干获得蛋白质含量高（48%以上）、质量好的原料。

②提取：将豆饼粉碎过 80 目筛，加入 8～10 倍水，用烧碱溶液调节 pH 为 6.8～8.0，在 40～50℃下提取 20min，再用离心分离法除去饼渣，收集蛋白质滤液。为改变成品色泽，提取时可加入少量石灰浆作为漂白剂。

③酸沉淀：用纯盐酸调节 pH 为 4.2～4.5，在 50℃时搅拌，蛋白质凝聚沉淀，分离清液，收集蛋白质凝乳，并用水洗涤。

④中和：将水洗过的蛋白质凝乳加碱中和，调节 pH6.5 以上。

⑤加热改性：中和后的蛋白质凝乳加热到 140℃，20s，改善产品性能。

⑥干燥：用喷雾干燥法使改性后的蛋白质凝乳干燥成粉末状产品。

黄豆饼粉（豆粕）中的大分子蛋白质不易吸收和利用，可以将黄豆饼粉进行酸性水解，把大分子蛋白质断裂成易溶于水的小分子多肽和游离的单体氨基酸。具体工艺如下：豆粕与硫酸按 2.9∶1（质量比）加水拌匀升温至 100℃，乳化 4h，以使豆粕尽可能鼓胀。不断搅拌并保持稳定的温度。乳化效果直接影响氨基氮的含量。乳化后升温至 110～115℃，保压 1.5kg/cm^2 水解 22h，然后真空减压冷却至 60℃。板框过滤后滤液即为豆饼水解液。豆饼水解液含有丰富的氨基酸，也是氨基酸发酵工业中最常用的一种高效有机氮源。

五、棉籽饼粉

棉籽榨油加工利用后得到大量的副产物棉籽饼粉，棉籽饼粉中含有大量的蛋白质，可作为迟效性氮源，已经在谷氨酸、苏氨酸等发酵中应用。和黄豆饼粉一样，通过酸水解可将棉籽饼粉中的蛋白质分解为游离氨基酸。由于棉籽饼粉水解液价格低廉、来源广泛，因此在氨基酸发酵领域中具有广阔的应用前景。通过分析棉籽饼粉水解液和豆饼水解液中氨基氮含量和总氨基酸含量可知，二者营养成分接近，适合作为速效有机氮源应用于氨基酸发酵。以谷氨酸发酵为例，采用棉籽饼粉水解液和豆饼水解液作为有机氮源，两种水解液的发酵效果相当，说明棉籽饼粉水解液可以作为有机氮源应用于谷氨酸发酵生产中，在其他氨基酸产品发酵中也具有应用潜力。虽然棉籽饼富含蛋白质粉，但它含有棉酚。棉酚是有毒物质，会影响微生物细胞生长，因此制备棉籽饼粉水解液前需要进行脱酚处理。常用的脱酚方法有硫酸亚铁法和溶剂浸提法。

光棉籽制备棉籽蛋白水解液成品流程见图 4-10。棉籽饼粉水解液制备工艺见图 4-11。

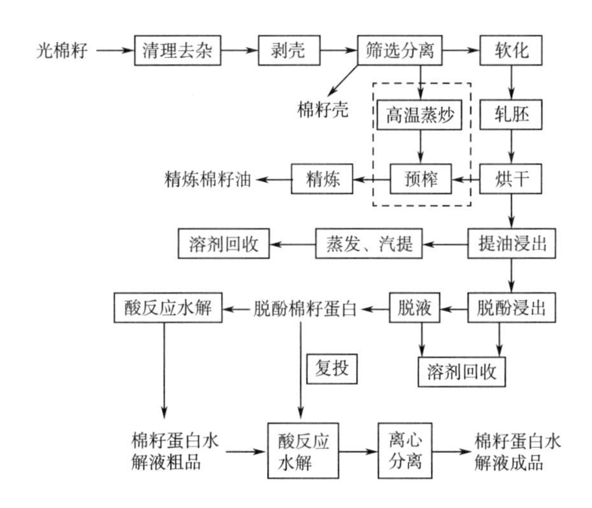

图 4-10　光棉籽制备棉籽蛋白水解液成品流程

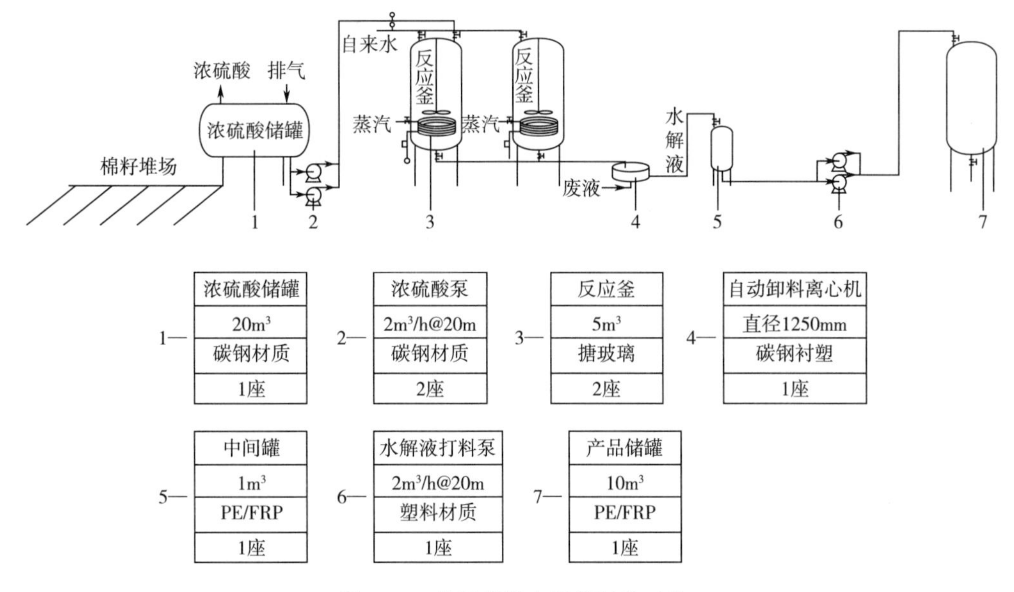

图 4-11　棉籽饼粉水解液制备工艺

具体的棉籽饼粉水解液制备工艺如下。

工艺参数：3∶3∶7（棉籽蛋白粉∶浓硫酸∶水的质量比），即投3.0t棉籽蛋白粉、3.0t浓硫酸（98%）、7.0t自来水。操作时先往反应釜内加入自来水，缓慢加入浓硫酸，然后倒入棉籽蛋白粉，边加入边搅拌，投料完成后通过蒸汽加热至95～99℃，自动控制保温24～26h，反应完成后降温，将温度降至50～60℃开始板框过滤，滤液即成品。

六、花生饼粉

花生饼粉呈纯白色，无味。提取花生油以后的花生饼粉含60%的蛋白质和各种维生素。花生饼粉的制法如下：先把花生饼研磨成稠糊状，再加压蒸煮，然后经过鼓风干燥即成花生饼；取无霉变的花生饼，粉碎并通过网筛，取筛下物，得花生饼粉；将花生饼粉与工业酶制剂混合，混合均匀后送入双螺杆挤压膨化机，干燥挤压膨化后的原料，使原料的含水量小于12%；将干燥后的原料经微粉机粉碎，粉碎过程温度控制在80℃以下，得到发酵专用花生饼粉。

花生饼粉的使用效果缺乏稳定性，这可能与所用花生饼粉的蛋白质品质有关。工业上采用液压预压榨法、连续式水平螺旋压榨法或预压榨溶剂提取法将花生压碎，榨取花生油，并制成花生饼粉。由于加工过程中包括热处理，花生饼粉的蛋白质质量可能会因热处理过度而降低。现已证实，过量的热处理降低了花生饼粉中一些氨基酸，特别是赖氨酸在活体内的利用率。因此，花生饼粉的过度处理会极大地影响其营养价值，主要是因为花生饼粉蛋白质中缺乏赖氨酸。

参考文献

[1] 陈宁．氨基酸工艺学［M］．北京：中国轻工业出版社，2007.

[2] 张力田，高群玉．淀粉糖（第3版）［M］．北京：中国轻工业出版社，2011.

[3] 陈坚，堵国成．发酵工程原理与技术［M］．北京：化学工业出版社，2012.

[4] 李学如，涂俊铭．发酵工艺原理与技术［M］．武汉：华中科技大学出版社，2014.

[5] 邓毛程．氨基酸发酵生产技术（第2版）［M］．北京：中国轻工业出版社，2014.

[6] 程建军．淀粉工艺学［M］．北京：科学出版社，2011.

[7] 陈亮亮，蔡芷荷，卢勉飞，等．酵母抽提物生产工艺的研究进展［J］．广东农业科学，2013，40（3）：85—88.

第五章　氨基酸菌种特征、分离复壮与扩大培养

第一节　氨基酸生产菌种的特征

目前发现的几乎所有的微生物都能在其代谢途径中合成氨基酸，但是由于受到产物的反馈调节，细胞内的各种氨基酸的浓度维持在生理浓度范围内，仅满足细胞生长的基本需要，没有过量累积。1950 年科学工作者发现大肠杆菌能分泌少量的丙氨酸、谷氨酸、天冬氨酸和苯丙氨酸，以及加入过量的铵盐可增加氨基酸积累量的现象。1957 年，日本学者发现谷氨酸棒杆菌能够直接利用糖类产生谷氨酸，并成功进行了工业化生产。谷氨酸的发酵工业化生产促进了世界各国对谷氨酸以及其他氨基酸生产菌的研究工作，推动了氨基酸发酵的技术研究和工业化生产，至今大部分氨基酸已经可以通过发酵法进行生产。早期的氨基酸生产菌的研究主要是从自然界筛选谷氨酸生产菌，已经证实在棒状杆菌属、短杆菌属、小杆菌属、节杆菌属等菌属中有许多菌株能产生谷氨酸。通过对谷氨酸生产菌进行诱变选育，可以获得生产其他氨基酸的突变株。随着微生物代谢调控技术的发展和基因工程重组技术的日趋完善，科技工作者利用大肠杆菌载体-受体系统和棒杆菌载体-受体系统，通过基因重组和系统生物学的方法构建了氨基酸基因工程菌，大幅度提高了氨基酸生产菌的发酵生产水平。目前，氨基酸发酵工业化生产应用比较广泛且生产技术水平较高的菌种主要为谷氨酸棒杆菌和大肠杆菌。

一、谷氨酸棒杆菌的特征

谷氨酸棒杆菌是最早进行氨基酸工业化生产的微生物菌株，在氨基酸工业化生产发展过程中占有举足轻重的作用，近年来已被广泛用于生产各种天然和非天然氨基酸。

（一）形态特征

用普通显微镜观察，细胞通常为直的短杆至小棒状，有时呈微弯曲状，具有渐尖或棒端钝圆的两端，不分支，细胞呈单个、成对、“V”形（或称“八”字形）或几个平行细胞的栅状排列，培养至 6h 细胞有延长现象，细胞大小为（0.3～0.8）μm×（1.5～8.0）μm。

该菌为革兰阳性，在培养过程中革兰染色反应不发生变化，细胞内次极端常有明显的异染粒或聚-β-磷酸盐颗粒存在。在营养丰富的培养基上菌落呈现凸起、毛玻璃状、半透明表面。胞壁染色法可以观察到细胞内有明显的横隔。不运动，不形成芽孢，抗酸性反应为负反应。

（二）培养特征

在普通肉汁琼脂斜面划线培养，菌苔呈线状，随着培养时间的延长颜色稍微逐渐增深，培养 24h 为白色，至 48h 后呈淡黄色。菌落表面光滑、湿润、无黏性，不产生水溶性色素。

在普通肉汁琼脂平板中培养，菌落呈圆形，培养24h菌落为白色，直径约1mm，至48h后菌落呈淡黄色，直径约为2.5mm，继续延长培养至一周可达4.5～6.5mm。菌落中间隆起，边缘整齐，呈半透明状，表面光滑、湿润且有光泽，无黏性，不产生水溶性色素。

在普通肉汁液体中培养，菌落表面沿管壁呈薄环状，稍浑浊，培养管底部有粒状沉渣。

在普通肉汁琼脂中穿刺培养，表面发育良好，沿穿刺线生长弱，且不向四周扩展。

（三）生理特性

在液体培养基中通气培养较静置培养生长迅速，在0.4%葡萄糖琼脂肉汁半固体培养基中穿刺接种后加入无菌凡士林隔绝空气，在30℃培养24h后，发酵产酸明显，表现为好氧及兼性厌氧。

培养温度控制在26～37℃时菌株生长良好，培养温度41℃时菌株生长明显较弱；将菌株在45℃、50℃、55℃、60℃、75℃及80℃下持续10min后迅速冷却至30℃，培养48h，发现在55℃下持续10min后菌体已不再生长。在脱脂牛奶中，加热至72℃持续15min，菌体也不再生长。

菌体在pH6.5～7.5生长良好，pH5～10均可生长。

碳源产酸试验：配制休-利夫森（半固体）培养基，加入1%糖类等碳源，灭菌冷却后，将幼龄菌种穿刺接种于上述培养基中，于恒温培养箱中37℃培养72h后观察，结果如表5-1所示。

表5-1　谷氨酸棒杆菌产酸试验特征

糖类等碳源	产酸试验	糖类等碳源	产酸试验	糖类等碳源	产酸试验
葡萄糖	+	乳糖	−	菊糖	−
果糖	+	棉籽糖	−	肝糖	−
甘露糖	+	水杨苷	−	肌醇	+
麦芽糖	+	糊精	−	甘露醇	−
蔗糖	+	淀粉	−	山梨醇	−
海藻糖	+	纤维二糖	−	半乳糖醇	−
阿拉伯糖	−	赤藓糖	−	阿东糖醇	−
木糖	−	山梨糖	−	甘油	−
鼠李糖	−	蜜二糖	−	甲基葡萄糖	−
半乳糖	−	D-（+）-松三糖	−		

注："+"表示阳性反应；"−"表示阴性反应。

氯化铵、硫酸铵、磷酸氢二铵、酒石酸铵和尿素均可作为发酵的氮源。

肉汁培养基中NaCl含量在7.5%时生长良好，如NaCl含量增至15%则菌体生长较弱；还原硝酸盐至亚硝酸盐反应强烈；使用改良的Frazier's明胶平板培养，试验结果为不液化明胶；在Koser培养基中加入生物素培养时，可利用柠檬酸盐；石蕊牛乳培养7d后微产碱；接触酶试验为阳性，脲酶试验为阳性，V.P.试验阴性反应，M.R.试验阳性反应，不水解淀粉，不分解纤维素，不水解油脂，不同化酪蛋白，不产生吲哚（靛基质）。

二、大肠杆菌的特征

1973年第一个重组成功的目的基因，打开了微生物发酵技术中构建基因工程菌的大门，随着基因工程理论及其实际应用不断推广，科技人员在利用大肠杆菌构建氨基酸基因工程菌方面取得了较大突破，大幅度地提高了氨基酸发酵的生产水平。

（一）形态特征

大肠杆菌在普通显微镜下观察，为直杆状，活菌大小为（1.1～1.5）μm×（2.0～6.0）μm，干燥和染色后的菌体为（0.4～0.7）μm×（1.0～3.0）μm，单个或成对排列。周生鞭毛，可以运动。许多菌株有荚膜和微荚膜，无芽孢。革兰染色呈阴性反应。

（二）培养特征

在简单营养培养基上容易生长。在肉汁培养中，菌液表现普遍浑浊，并有浓厚沉淀，摇动培养瓶沉淀容易完全散开，也有菌液表现为清澈的上清液伴有颗粒状沉淀，摇动培养瓶沉淀不能完全散开。在营养琼脂培养基上的菌落低凸、湿润、光滑、呈灰色、表面有光泽、全缘，在生理盐水中容易分散乳化；部分菌落也会出现粗糙、干燥，在生理盐水中难以分散，不易乳化；或者为上述范围的中间形态。也出现不黏或产黏液型。在伊红美蓝培养基中，大肠杆菌菌落呈深紫色，有金属光泽，此法可用来鉴别大肠杆菌。

（三）生理特性

大肠杆菌的代谢类型是异养兼性厌氧型，在氧气充足的条件下生长良好，在厌氧状态下，可以发酵乳糖，也可以延迟或不发酵。最适宜的生长温度为36～39℃，培养温度高于40℃时菌体不易存活。最适宜生长的pH为6.8～8.0，当pH在5.35～9.72外时，大肠杆菌不易生长。

碳源产酸试验：配制休-利夫森（半固体）培养基，加入1%糖类等碳源，灭菌冷却后，将幼龄菌种穿刺接种于上述培养基中，于恒温培养箱中37℃培养72h后观察，结果如表5-2所示。

表5-2　大肠杆菌产酸试验特征

糖类等碳源	产酸试验	糖类等碳源	产酸试验	糖类等碳源	产酸试验
葡萄糖	+	乳糖	+	肌醇	−
甘露糖	+	棉籽糖	(+)	甘露醇	+
麦芽糖	+	水杨苷	(+)	山梨醇	+
蔗糖	(+)	纤维二糖	−	半乳糖醇	(+)
海藻糖	+	蜜二糖	+	水杨苷	(+)
阿拉伯糖	+	α-甲基-D-葡萄糖	−	D-（−）水杨苷	(+)
木糖	+	阿拉伯糖醇	−		
鼠李糖	+	阿东糖醇	−		

注："+"表示阳性反应；"−"表示阴性反应；"（+）"表示部分菌株阳性反应。

此外，作为唯一碳源，醋酸盐可以被大肠杆菌利用，但柠檬酸盐、丙二酸盐不能被利用。

可以分解培养基中的色氨酸生成吲哚，与二甲基氨基苯甲醛作用生成玫瑰吲哚而显红色，即吲哚试验阳性；发酵葡萄糖，产酸，使甲基红指示剂显红色；使用改良的Frazier's明胶平板培养，试验结果为不水解明胶；在TSI培养基上不产H_2S；可以还原硝酸盐至亚硝酸盐；脲酶试验为阴性，脂酶反应为阴性，氧化酶反应为阴性，接触酶反应为阳性，25℃时DNA酶反应为阴性，β-半乳糖苷酶试验为阳性，赖氨酸脱羧酶反应为阳性，苯丙氨酸脱氨酶反应为阴性，精氨酸双水解酶反应为阴性，V. P. 试验阴性反应，M. R. 试验阳性反应，KCN生长试验为阴性，不水解尿素，不水解谷氨酸，不水解苯丙氨酸。

三、国内其他氨基酸生产菌的特征

除了谷氨酸棒杆菌和大肠杆菌，目前国内一些研究机构和工厂中还使用一些其他的氨基酸生产菌，这些氨基酸生产菌很大一部分是从早期的谷氨酸生产菌进行选育、突变以及基因改造而来。在此主要介绍一下天津短杆菌和钝齿棒杆菌的形态和生理特征。

（一）天津短杆菌的形态和生理特征

1. 形态特征

使用普通光学显微镜观察，在普通肉汁斜面上培养的细胞通常为典型的短杆状，有时呈微弯曲状，不分支，两端稍钝圆，在培养过程中形态变化不大，细胞成单个、成对及"V"形排列。细胞大小为（0.7～1.0）μm×（1.2～3.0）μm。革兰阳性，无运动能力，无芽孢。细胞内有明显的易染粒。

2. 培养特征

在普通肉汁琼脂斜面中划线培养，菌苔呈线状、隆起、浅黄色，培养时间延长菌苔颜色也逐渐加深，表面光滑、湿润、有光泽，不透明，不产生水溶性色素。在普通肉汁琼脂平板中培养，菌落呈圆形、中央隆起、边缘整齐、浅黄色，直径约1mm，表面光滑、湿润，不产生水溶性色素。在普通肉汁液体中培养，培养液浑浊，表面沿管壁有一圈菌膜，没有菌盖，底部有棉絮状和粒状的沉淀。在普通肉汁琼脂中穿刺培养，表面生长良好，沿穿刺线生长较弱，且不扩散。在明胶培养基中穿刺培养，表面生长良好，沿穿刺线生长不明显，不液化明胶。

3. 生理特性

在液体培养基中，通气培养生长迅速，静置培养生长变缓。在含有0.4%琼脂肉汁葡萄糖半固体培养基中穿刺接种后加入无菌凡士林隔绝空气，培养过程中可强烈地发酵产酸，表现为好氧及兼性厌氧。培养温度控制在26～37℃时菌株生长良好，培养温度在20℃或38.5℃时生长较弱，75℃热处理10min后菌株几乎不再生长。培养基pH6～10时菌株生长良好，pH5时生长较弱，pH1～4时菌株基本不生长。

碳源产酸试验：配制休-利夫森（半固体）培养基，加入1%糖类等碳源，灭菌冷却后，将幼龄菌种穿刺接种于上述培养基中，于恒温培养箱中37℃培养72h后观察，结果如表5-3所示。

表 5-3　　天津短杆菌产酸试验特征

糖类等碳源	产酸试验	糖类等碳源	产酸试验	糖类等碳源	产酸试验
葡萄糖	+	乳糖	-	赤藓糖	-
果糖	+	半乳糖	-	山梨糖	-
甘露糖	+	鼠李糖	-	蜜二糖	-
麦芽糖	+	棉籽糖	-	肝糖	-
蔗糖	+	水杨苷	+	肌醇	-
海藻糖	-	糊精	-	甘露醇	-
阿拉伯糖	-	淀粉	-	山梨醇	-
木糖	-	纤维二糖	-	甘油	-

注："+"表示阳性反应；"-"表示阴性反应。

尿素是最佳的氮源，其次是磷酸氢二铵，而硫酸铵、氯化铵、酒石酸铵产酸水平不高。在含有0.5%～3.5%尿素的普通肉汁琼脂平板上培养，菌体生长旺盛，含有4%尿素时生长良好，含有5%尿素时生长较弱。

生物素是必需的生长因子，同时加入硫胺素或胱氨酸、半胱氨酸、天冬氨酸、丝氨酸、组氨酸、甘氨酸、色氨酸、苏氨酸中任何一种时，有明显的促进生长作用。

在肉汁培养基中添加10%的NaCl进行培养，菌体生长良好，如NaCl含量增至12.5%则菌体生长较弱；能利用醋酸发酵；还原硝酸盐至亚硝酸盐反应强烈；在改良的弗氏明胶平板中培养结果显示不液化明胶；在TSI培养基上产生H_2S；过氧化氢酶试验为强阳性反应，脲酶试验为强阳性反应，V. P. 试验为阴性反应，M. R. 试验为阳性反应，不水解油脂，不水解淀粉，不分解纤维素，不水解酪蛋白，不产生靛基质。

(二) 钝齿棒杆菌的形态和生理特征

1. 形态特征

使用普通光学显微镜观察，在普通肉汁斜面上培养，一般为短杆至棒状，有时呈微弯曲状，具有钝圆的两端，不分支；细胞呈单个、成对及"V"形排列；折断分裂；细胞大小为（0.7～0.9）μm×（1.0～3.4）μm。革兰阳性，在培养的过程中革兰染色反应不发生变化。细胞内有明显的异染粒存在。使用胞壁染色法可以观察到细胞内有1～3个或更多较为明显的横隔。无运动能力，无芽孢。

2. 培养特征

在普通肉汁琼脂斜面中划线培养，菌苔呈线状、中度生长、表面湿润、浑暗细粒状、近草黄色、无光泽、边缘钝齿状、较薄、半透明、无黏性，不产生水溶性色素。在普通肉汁琼脂平板中培养48h，菌落为圆形、扁平、表面湿润、浑暗细粒状、近草黄色、无光泽，直径为3～5mm，边缘钝齿状、较薄、半透明、无黏性，不产生水溶性色素。在普通肉汁液体中培养，培养液浑浊，表面有薄菌膜，下部沉渣较多。在普通肉汁琼脂中穿刺培养，在表面及沿穿刺线生长，无扩展现象。在明胶培养基中穿刺培养，在表面及沿穿刺线生长，不液化明胶。

3. 生理特征

在0.4%的琼脂蛋白胨葡萄糖半固体培养基中穿刺接种，然后加入无菌凡士林隔绝空气，30℃培养24h，强烈发酵产酸，表现为好氧及兼性厌氧。

培养温度在20～37℃下菌株生长良好，最适宜的生长温度为30℃，培养温度到39℃时菌体生长极弱，到42℃菌体几乎未见生长。菌株在45℃、50℃、55℃及60℃处理10min后迅速冷却至30℃继续培养72h，观察到菌株在55℃以上处理10min后菌株不再生长。在脱脂牛奶中，72℃热处理15min后菌体也不再生长。

在pH6～9的培养基中菌体生长良好，培养基pH10时菌体生长稍弱，培养基pH4～5时菌体基本不生长。

碳源产酸试验：配制休-利夫森（半固体）培养基，加入1%糖类等碳源，灭菌冷却后，将幼龄菌种穿刺接种于上述培养基中，于恒温培养箱中37℃培养72h后观察，结果如表5-4所示。

表5-4　钝齿棒杆菌产酸试验特征

糖类等碳源	产酸试验	糖类等碳源	产酸试验	糖类等碳源	产酸试验
葡萄糖	+	乳糖	−	菊糖	−
果糖	+	棉籽糖	−	肝糖	−
甘露糖	+	水杨苷	+	肌醇	+
麦芽糖	+	糊精	+	甘露醇	−
蔗糖	+	淀粉	−	山梨醇	−
海藻糖	+	纤维二糖	+	半乳糖醇	−
阿拉伯糖	−	赤藓糖	−	阿东糖醇	−
木糖	−	山梨糖	−	甘油	−
鼠李糖	−	蜜二糖	−	甲基葡萄糖	−
半乳糖	−	松三糖	−		

注：“+”表示阳性反应；“−”表示阴性反应。

此外，在含0.2%可溶性淀粉的普通肉汁培养基中培养2周，能微弱水解淀粉；由葡萄糖酸、乳酸、醋酸、柠檬酸、延胡索酸作为唯一碳源时，菌体生长良好；由酒石酸、顺乌头酸、苹果酸、酮戊二酸作为唯一碳源时，菌体生长较弱；由琥珀酸作为唯一碳源时，菌体生长极弱。

在肉汁培养基中加入NaCl使NaCl在培养基中的含量为7.5%，菌体生长良好，如NaCl含量增至培养基的10%则菌体生长较弱。菌体在普通肉汁琼脂培养基中含2.5%的尿素时生长良好，在含3.0%尿素时生长稍弱，含尿素3.5%～4.0%时生长受到抑制。硝酸盐还原为亚硝酸盐为强烈阳性反应，抗酸性染色为负反应，不产生H_2S，过氧化氢酶试验为强阳性反应，脲酶试验为强阳性反应，还原美蓝染料的能力强烈，V.P.试验阴性反应，M.R.试验阳性反应，不水解油脂，不分解纤维素，不水解酪蛋白，不产生吲哚。

第二节　氨基酸菌种的分离复壮

氨基酸生产菌在生产和保藏过程中，个别菌体会发生基因突变甚至引起性状改变，这种情况属于菌种的自然变异。当自然变异的菌种经历分裂繁殖或连续接种传代后，自然突变基因的菌体在数量上占优势，就呈现出菌种退化现象，自然变异的结果往往是导致菌种退化。菌种退化可以在自然条件下发生，更因菌种使用不当、保藏不善等因素而增加发生的几率，此外还与菌种的遗传稳定性有关。为有效防止菌种退化，除控制传代次数、妥善保藏以及选择遗传稳定性高的菌种外，还必须经常开展有效的菌种分离纯化复壮工作。

一、菌种退化的原因

菌种退化是指菌种在培养或保藏过程中，由于自然突变的存在，出现某些生理特征或形态特征逐渐减退或丧失，使原有优良生产性状劣化，遗传标记丢失等现象。菌种退化不是突然发生的，而是一个从量变到质变的逐步演变过程。起初，在菌群细胞中仅有个别细胞发生自然变异，这些自然变异中一般发生负变的几率较高，但因开始时负变细胞较少，群体细胞的形态特征及菌体性能变化不大，经过连续传代后，负变细胞繁殖增多，达到一定数量后，负变细胞逐步发展成优势群体，整个群体细胞的表型就出现严重的退化。

导致菌种退化的原因主要有以下几方面。

（一）菌株的相关基因发生自然突变或回复突变

菌种衰退的主要原因是相关基因发生自然突变或回复突变，这些负突变会造成菌体自身的调节和 DNA 的修复。如果控制产量的基因发生负突变或因菌体自身的修复而恢复为低产菌株原型，则菌种的退化就表现为产量下降。虽然菌种发生自然突变的概率很低，某一特定基因的自然突变几率更低，但是微生物具有极高的分裂繁殖能力，随着移种传代次数的增加，发生负突变的细胞由一变二，会呈几何级数增长，最终会在数量上逐渐占据优势，使菌种群体表现为衰退。

（二）相关质粒脱落或核内 DNA 和质粒复制不一致

在一些代谢合成受质粒控制的菌株中，菌株细胞因自然突变或外界环境影响，使控制代谢合成的关键质粒脱落，或者核内 DNA 复制的速率超过质粒，经过多次传代后，菌株细胞中将不具有对合成代谢产物起决定作用的质粒，这类细胞不断繁殖达到数量优势后，菌种群体就表现出退化。

（三）移接传代次数过多

虽然基因自然突变是引起菌种退化的根本原因，但连续传代是加速菌种退化的一个重要原因，传代次数越多，发生自然突变的概率就越高，连续传代也会使菌种群体中个别的退化细胞分裂倍增，逐渐在数量上占据优势，致使整个菌种群体表现出退化。

（四）培养和保藏条件不适宜

培养和保藏条件的不适宜也是加速菌种退化的重要原因。不良的培养和保藏条件比如营养成分、温度、pH、溶氧等，不仅容易诱发细胞自然突变的出现，还会促进退化细胞繁殖，延迟和影响正常细胞的生长，加速退化细胞在数量上超过正常细胞，加速菌种表现出退化特征。

二、菌种的分离复壮

在氨基酸生产和菌种保藏过程中，自然变异的结果往往导致菌种退化。虽然菌种退化是必然的，但通过一些措施比如选择适宜的培养条件、进行科学保藏、减少传代次数、定期分离复壮等，可以保持菌种的优良特性，有效避免菌种退化造成的不良后果。如果能及时发现氨基酸生产菌株出现退化的特征，菌株群体中除了部分退化的细胞，还存有正常的菌体细胞，马上采取分离复壮措施，可以从菌群中筛选出正常的菌株或性状更好的菌株。但是在菌种已经出现明显退化的状态下进行复壮显然是一种比较消极的措施，而在实际生产过程中更要积极定期采取分离复壮措施，即在菌种性能未退化之前，就定期有计划地进行菌种的分离与性能的测定，以保证菌株稳定的生产特性，甚至通过定期积极有效地分离复壮还会获得性能更加优良的菌株。工业化生产上的氨基酸生产菌需要定期分离复壮，正常情况下间隔 2～3 个月分离复壮一次，当生产出现异常情况时，需要每个月对氨基酸生产菌进行一次分离复壮，目的是淘汰退化的菌株，挑选高产优良的菌株供生产上使用。

氨基酸菌种的分离复壮操作一般分为两个步骤进行：第一个步骤是将菌种进行平板稀释涂布分离或平板划线分离；第二个步骤是挑选单菌落进行氨基酸发酵筛选，选择产酸高的菌种给生产备用。平板稀释涂布分离或平板划线分离的目的是将菌株分离培养出单细胞菌落，一般是在三角瓶中加入无菌生理盐水，将待分离的菌株制成菌悬液，加入 3～5 颗玻璃珠，充分振荡三角瓶，通过玻璃珠的滚动来促进菌体细胞的分离，然后按平板稀释涂布分离操作或平板划线操作分离成单菌落培养。第一个步骤分离的单菌落在培养过程中菌体形态会出现不同程度的差异，第二个步骤就是从这些单菌落里面挑选菌体形态符合要求、生长快、菌落大的单菌落移接于斜面培养基上，注意移接时不要污染杂菌；将移接的斜面在适宜的培养温度培养成熟后，将菌种接入三角瓶中进行摇瓶发酵，通过摇瓶发酵比较菌种生长情况以及产酸情况，经过初筛获得的菌种进一步在小发酵罐中进行复筛，将生长稳定、产酸高的菌株保藏供生产使用。筛选时要配合噬菌体检查，确定保藏的菌株无噬菌体污染。

（一）平板稀释涂布分离法

1. 准备平板

加热牛肉膏蛋白胨琼脂培养基，熔化后冷却至 45℃左右，倒入平板中，凝固待用。将凝固后的平板分别编号为 10^{-6}、10^{-7}、10^{-8}，每个稀释度各 3 只平板。

2. 准备稀释试管

取 7 支无菌空试管（18mm×180mm），依次编号为 10^{-2}、10^{-3}……10^{-8}，在无菌操作台上用灭菌后的移液管分别吸取 9mL 无菌水于编好号的各无菌空试管中。

3. 稀释菌液

向无菌三角瓶（250mL）中加入 90mL 无菌水，用无菌移液管吸取 10mL 菌液，加入三角瓶中，并放入消毒后的小玻璃珠，用手或置摇床上振荡 20min，使菌液分散，静置 10～20s，该三角瓶即为 10^{-1} 稀释菌液；用无菌移液管在三角瓶 10^{-1} 菌液中来回吹吸数次，再精确吸取 1mL 菌液移入装有 9mL 无菌水的编号“10^{-2}”试管中（注意：操作时该移液管不能接触“10^{-2}”试管的液面），摇匀试管即成 10^{-2} 稀释菌液；另取一支无菌移液管，以同样方式，在“10^{-2}”的菌液管中来回吹吸 3 次以上，精确吸取 1mL 菌液移入“10^{-3}”试管中，制成 10^{-3} 稀释菌液，其余依次类推，连续稀释，直至 10^{-8} 时为止。稀释流程如图 5-1 所示。

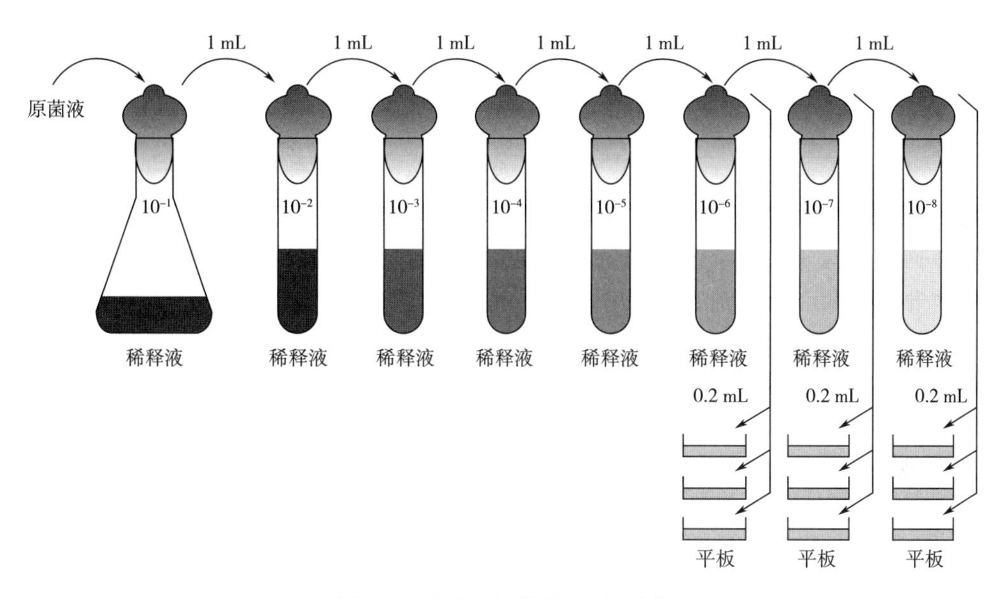

图 5-1　菌液逐级稀释过程示意图

4. 涂布平板

分别用 3 支无菌移液管精确吸取 10^{-6}、10^{-7}、10^{-8}3 个稀释度的菌液 0.2mL，分别加至对应编号 10^{-6}、10^{-7}、10^{-8} 的已凝固平板上。将菌液加入平板后迅速用涂布棒将菌液涂匀。涂布操作时将培养皿盖打开一条缝，将涂布棒伸入培养皿在培养基表面小心涂布，注意不要因用力过猛将培养基划破。

5. 培养

将涂布菌液后的平板倒置于恒温培养箱中培养，将恒温培养箱温度调至菌株适宜生长温度，24h 后观察菌落生长情况。

6. 挑取单菌落

在平板上挑选菌体形态良好的单菌落，将挑选的单菌落分别移接到斜面培养基上，并对斜面菌种进行编号，培养成熟后观察菌体形态特征，挑选菌体形态符合要求、生长快、菌落大的纯化菌种进行保藏备用。

7. 摇瓶发酵

将挑选的培养成熟的纯化菌种接入摇瓶液体培养基中进行发酵培养，发酵结束考察菌体生长和发酵产酸情况，挑选菌体生长旺盛、产酸高的菌种进行保藏以备生产使用。必要时，可以进行多次摇瓶和小发酵罐试验，进行初筛、复筛，最终挑选菌体活力好、产酸高、遗传稳定的菌种进行保藏备用。

（二）平板划线分离法

1. 准备平板

加热牛肉膏蛋白胨琼脂培养基，熔化后冷却至 45℃左右，倒入平板中，水平静置凝固。

将凝固后的平板贴上标签，在平板底部用记号笔将平板预先分为 4 个面积不同的区，分别编号 A、B、C、D，面积大小为 D>C>B>A，D 区面积最大，是单菌落的主要分布区。

2. 划线

将待划线分离的平板倒置于酒精灯的左侧，将接种环在酒精灯火焰中烧红，伸入菌种管内冷却，挑取少量菌体，左手拿培养皿底部靠近酒精灯火焰，在火焰保护的情况下打开培养皿，将接种环上的菌种在平板的 A 区划线 3～5 条平行线，然后将接种环烧红去除剩余菌种；将平板转动一定角度，将 B 区转到上方，在平板培养基的边缘将烧红的接种环进行冷却，用接种环从 A 区划向 B 区，即用接种环将 A 区菌带到 B 区进行平行划线，划数条平行线，B 区平行线与 A 区平行线成 120°夹角。同样再从 B 区向 C 区做划线，最后从 C 区做 D 区的划线，各区线条间的夹角均为 120°，最终使 D 区的线条与 A 区线条相平行，D 区为关键区，D 区内的划线一定不能同 A、B 区的线条相接触。注意事项：平板划线用的接种环要圆滑，划线时接种环与平板培养基平面之间的夹角要小些，划线时动作要轻巧，要充分利用平板培养基的表面，划线线条应尽可能平行且密集，划线操作平板分区见图 5-2。

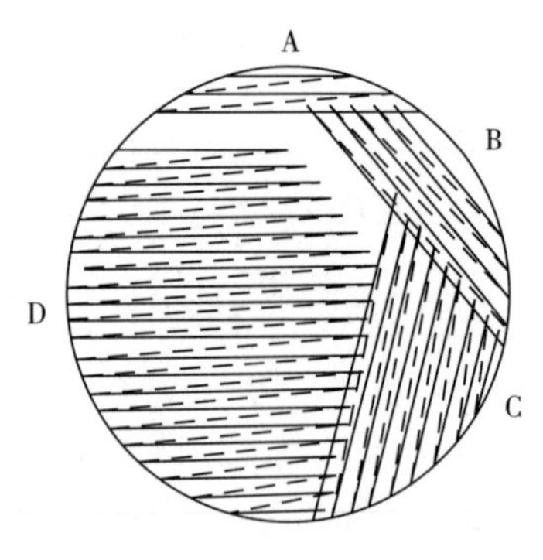

图 5-2　平板划线分离法

3. 培养

将划好线的培养皿倒置于恒温培养箱中培养，调节恒温培养箱温度为菌体适宜培养温度，24h 后观察菌体形态及分离情况。

4. 挑取单菌落

重点从 D 区或 C 区挑选明显的典型单菌落，重点挑选菌体形态良好、生长快的菌落，并用记号笔在培养皿底部做好标记。将做好标记的菌落挑选在无菌操作台上分别移接至斜面培养基上，并对斜面菌种进行编号，培养成熟后观察菌体形态特征，挑选菌体形态符合要求、生长快、菌落大的斜面纯化菌种进行保藏备用。

5. 保藏传代

上一步平板划线分纯后的优良斜面菌种一般称为第一代（原种），可制成甘油管、冻干管等进行保藏，此菌株也可传至第二代斜面菌种，在生产使用前再传至第三代斜面菌种，然后进一步对菌种进行扩大培养（一级种子），一般情况下第二代斜面菌种可满足 2～3 个月生产的菌种供给。

第三节　氨基酸菌种的扩大培养

随着氨基酸工业的不断发展，氨基酸发酵的生产规模越来越大，发酵罐的体积也不断增加，从几十立方米发展到几百立方米，巨大体积的发酵培养需要足够数量的菌种才能充分发挥发酵罐的体积优势，菌种从实验室斜面培养到几百立方米的发酵罐培养需要一个扩大培养的过程。

一、菌种扩大培养的目的与任务

由于发酵罐体积的增大，每次发酵所需的菌种数量就会增多。一般情况下，几百立方米的发酵罐按10%的接种量计算需要几十立方米的菌种量。因此，氨基酸菌种扩大培养的目的就是为了每次氨基酸发酵培养提供足够数量的代谢旺盛的高产菌种。氨基酸发酵培养的周期与接种量的大小密切相关，接入足够数量成熟的菌种有利于缩短发酵周期，提高发酵罐的设备利用率，增加产能，同时也有利于减少染菌的几率。因此，氨基酸菌种扩大培养的任务，不但要得到成熟的纯种菌种，还要获得足够数量的活力旺盛的菌种。

二、菌种扩大培养的方式

氨基酸菌种扩大培养的方式一般是将保藏的处于休眠状态的氨基酸生产菌种接入试管斜面活化，再经过摇瓶液体培养或斜面放大培养，然后再接入生产车间的种子罐逐级放大培养，从而为发酵罐培养准备足够数量的活力旺盛的菌种。对于不同氨基酸品种的发酵过程来说，种子扩大培养的级数取决于菌种的生长繁殖速度。目前氨基酸发酵所采用的菌种一般为细菌，细菌的生长繁殖速度较快，所以多数企业采用二级扩大培养的方式，也有部分企业采用三级扩大培养的方式。二级扩大培养的优点是操作简单，不易染菌；缺点是一级种量占二级种子培养的比例较少，二级种子的扩大倍数过大，致使二级种子的种龄较长，发酵菌种的活力会受到影响。三级扩大培养的优点是一级种子到二级种子的扩大倍数小，二级种子的种龄缩短，菌种活力较好；缺点是比二级扩大培养增加一道工序，设备投资增多，操作繁琐，且移种过程造成染菌的概率增大。此外，发酵罐体积的不同也会是菌种扩大培养采用不同级数方式的一个原因。比如，对于同一个氨基酸菌种的发酵过程，$100m^3$ 的发酵罐可采用二级扩大培养菌种的方式，一级种子用摇瓶培养，二级种子用 $10m^3$ 种子罐培养；而 $500m^3$ 的发酵罐可采用三级扩大培养菌种的方式，一级种子用摇瓶培养，二级种子用 $5m^3$ 种子罐培养，三级种子用 $50m^3$ 种子罐培养。

三、菌种扩大培养的过程

氨基酸菌种扩大培养的过程一般可以分为两个阶段：实验室菌种制备阶段和生产车间菌种放大培养阶段。实验室菌种制备阶段一般包括斜面种子活化培养、摇瓶液体放大培养或斜面放大培养；生产车间菌种放大培养阶段一般是在生产车间利用种子罐将实验室制备的菌种进一步放大培养的过程。国内氨基酸发酵种子扩大培养的一般流程如下。

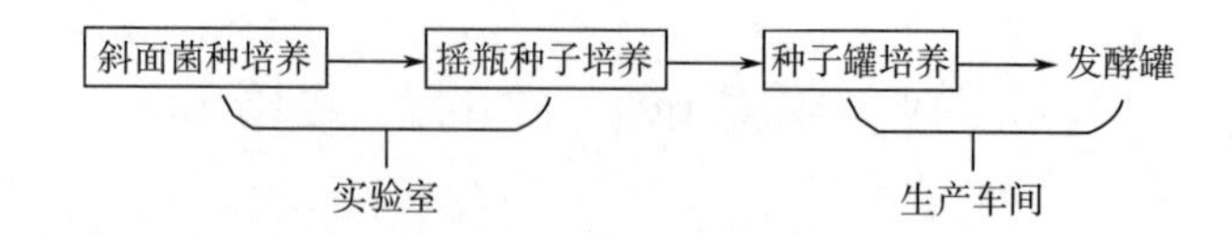

（一）斜面菌种培养

在实验室菌种制备阶段，首先需要将保藏的菌种进行活化，经无菌操作将保藏的菌种接入斜面培养基中培养，将培养成熟的菌种再一次转接入斜面培养基中，培养成熟后即完成菌种的活化过程。活化的成熟菌种可连同试管斜面置于4℃冰箱内保存备用，一般活化斜面保存时间不超过一周。菌种的斜面培养条件一般需要有利于菌种生长而不产酸，并必须保证斜面菌种为纯种培养，不得混有任何杂菌或噬菌体。培养基应多含有机氮而少含糖为原则，培养基组成应利于菌种繁殖。为氨基酸生产制备的斜面菌种一般只移接三代，应避免传代更多次数，防止自然变异的菌种经传代繁殖引起菌种退化。因此，一般生产使用的菌种要经常进行分离纯化，不断地为生产提供新的有活力的高产菌株。

1. 斜面培养基制备

斜面培养基配方：牛肉膏1.0%、蛋白胨1.0%、酵母膏0.5%、葡萄糖0.1%、氯化钠0.25%、琼脂2.0%、pH7.0～7.2（传代和保藏斜面不加葡萄糖，不同品种氨基酸菌种的培养基组成会略有不同）。按配方配制斜面培养基，加热熔化，调节pH7.0，分装到试管中，分装量为试管容量的1/4，用棉花塞将试管口塞紧，并用牛皮纸进行包扎，置于灭菌锅中用蒸汽控制温度121℃灭菌20min，灭菌后取出，按照一定坡度整齐摆放斜面，待斜面冷却凝固后放入培养箱中，于32～37℃培养1～2d，进行空白斜面的无菌检查，将无染菌的斜面置于4℃下保存备用或直接进行接种培养。

2. 斜面菌种接种培养

斜面菌种的制备是氨基酸发酵生产过程中菌种扩大培养的第一步，操作必须严格认真，不能产生杂菌污染。无菌室要经常进行清洁和消毒，净化空调要保持正常运行，定期进行环境杂菌检测，杜绝杂菌和噬菌体的污染。接种操作需要在无菌工作台上进行，使用酒精灯进行火焰保护，使用接种环挑取少量菌体，在需要接种的试管斜面底部进行自下而上的“Z”形划线，划线后塞上棉塞，放入培养箱，调节培养箱温度为菌体最适宜生长温度，定期观察菌体生长情况及形态特征，仔细检查是否有杂菌污染，菌体生长成熟后即可接种至下一级培养或置于4℃冰箱中保存备用。

（二）摇瓶种子培养

摇瓶种子培养的目的是在斜面菌种的基础上放大培养大量繁殖活力强的菌种，培养基组成应以少糖、多有机氮为主，培养条件主要考虑有利于菌体生长繁殖。

1. 摇瓶种子培养基

蛋白胨1.0%、酵母粉0.5%、葡萄糖2.5%、尿素0.5%、硫酸镁0.04%、磷酸氢二钾0.1%、硫酸亚铁2mg/L、硫酸锰2mg/L、pH7.0（培养基成分可根据菌种不同及原料质量进行酌情调整）。将配制的培养基装入1000mL三角瓶中，每个三角瓶分装200mL培养基，用棉塞或纱布包扎瓶口，瓶口最外层再用牛皮纸包扎，放入灭菌锅中蒸汽灭菌控制温度121℃维持20min。

2. 接种培养

用接种环从斜面菌种中挑取一环菌体接入三角瓶培养基中，用棉塞或纱布包扎好瓶口，置于摇床上恒温振荡培养，控制培养温度为菌株适宜生长温度。培养时间一般根据多次试验积累的经验来确定，一般为菌种达到对数生长期，通过调整培养基配方，使下摇床停止培养时 pH 下降至 6.5～6.8、残糖降至 5g/L 左右。

3. 培养结束

摇瓶种子培养结束，取样检测 OD、pH、残糖、产酸，进行镜检和无菌检查。有时候为了给下一级种子扩大培养提供更多的接种量，摇瓶种子培养结束还需要并瓶操作，确认各个需要并瓶的摇瓶菌种正常、无污染后，在无菌操作条件下进行并瓶操作，将多瓶摇瓶种子合并倒入一个种子瓶中，以便于进行下一步种子扩大培养时进行接种操作，并瓶结束后将菌种置于 4℃冰箱冷藏备用。

4. 摇瓶种子质量要求

种龄 9～12h，pH6.5～6.8，光密度 OD 值净增 0.5 以上，残糖 0.5%左右，镜检菌体形态良好，菌体大小均匀、粗壮、排列整齐、无杂菌，革兰染色反应结果与生产菌一致、无异常，无菌平板检测正常，噬菌体检查正常。

（三）种子罐培养

摇瓶种子的菌种量完全不能满足大型发酵罐的接种量，因此在生产车间还需要将摇瓶种子进行种子罐的扩大培养。种子罐容积大小一般取决于发酵罐体积的大小和接种量的比例。有的发酵罐体积过大，种子罐体积也较大，摇瓶种子接种后种子罐培养周期较长，为了缩短种龄、缩短周期，有的企业会采用多增加一级种子罐培养的方式。

1. 种子罐培养基

在实际生产中，根据不同的菌种和不同的氨基酸产品使用不同的种子培养基配方。

2. 种子罐操作过程

（1）洗罐　种子罐在投入使用前或空罐后要进行洗罐操作，确保罐内清洁。

（2）空消　种子罐洗罐完需要进行空罐灭菌，检查种子罐各阀门状态，关闭空气阀门，打开蒸汽阀门，打开种子罐各排汽阀、排污阀至合适开度（一般 1/4～1/3 开度），控制罐内蒸汽压力 0.15MPa 左右、温度 125～128℃，计时维持 20～60min（根据生产具体情况确定空消温度和维持时间，染菌罐可适当提高空消温度和延长空消维持时间）。空消时要注意排净罐内冷凝水。

（3）配料　配料罐在使用前要清洗干净。在配料罐中先加入适量热水，然后按照培养基配方依次加入各种物料，启动搅拌，将各种物料溶解混合均匀，用 NaOH 或液氨调节 pH，加入消泡剂，加水定容至规定体积。种子罐空消结束后，即可将培养基底料打进种子罐内。

（4）实消　打料完毕，实消开始，打开种子罐搅拌，打开夹层或列管蒸汽阀门进行预热，打开种子罐各路排气阀，当罐内料液温度达到 90℃左右时，关闭夹层或列管蒸汽阀门，打开种子罐各路进罐的蒸汽阀门，直接将蒸汽通入种子罐内进行灭菌，关小各路排气阀，控制实消温度 118～125℃，计时维持 20～30min（根据培养基的不同性质选择适宜的实消温度及维持时间）。计时结束，关闭实消进罐蒸汽阀门，打开空气阀门进空气，设定罐压 0.05MPa，将各路小排气阀在蒸汽排空后关闭，主排空阀设置培养初始时流量开度，打开循环水进水阀、回水阀冷却灭菌后的培养基，设置冷却目标温度为菌种生长适宜温度。冷却至适宜温度后，使用液氨或液碱调节培养基pH至菌种生长适宜pH。要注意培养基配方中是否存在两种或两种以上的物料在实消时发生不良反应的情况，若存在不良副反应，需要对可能发生反应的物料分开实消。如果种子罐容积较大，也可采用连续无菌（连消）的方式进行培养基灭菌。

（5）接种　种子罐的接种需要在生产车间现场进行，操作空间的无菌环境很难达到实验室或无菌室的水平，因此摇瓶种子需要在实验室提前进行并瓶操作，将多个摇瓶种子合并到一个无菌种子瓶中，然后再将合并瓶中的种子接入种子罐。一般种子合并瓶需要特殊定制，接种方法通常采用针孔接入法或压差接入法。接种前，需要对种子罐接种操作空间的环境进行必要的消毒，并采取措施避免操作区域的空气流动。接种时，在接种口周围点燃酒精棉球，使火焰笼罩接种口，降低罐压至可操作压力，在火焰保护下将种子瓶与接种口连接，将种子瓶菌液接入种子罐内。压差接种法是在种子瓶与种子罐连接后，提高罐内压力使种子瓶和种子罐内压力平衡，然后迅速降低种子罐压力，使种子瓶内压力瞬间高于种子罐内压力，形成气压差，从而把种子瓶内菌液压入种子罐内，进行此操作时注意一定不能将种子罐压力降零。目前也有企业使用外源无菌空气接入种子瓶内，通过通入无菌空气使种子瓶内的压力高于种子罐内的压力，从而将菌液接入种子罐内。整个接种操作，要注意操作的先后顺序，保证无菌操作。

（6）培养　种子罐接种后即开始种子罐的放大培养，要控制适宜的培养温度、pH和溶氧等参数。大型种子罐培养温度的控制一般采用从夹套或列管中通入冷却水进行循环冷却的方式，通过调节冷却水的流量进行培养温度的控制。氨基酸生产菌培养的pH调节一般是通过向培养基中流加液氨或液碱进行调节，液氨同时还能提供给菌体生长所需的氮源。溶氧的控制一般是通过调节搅拌转速和通气量进行，现在种子罐的搅拌系统一般可以变频调节，在培养的起始阶段溶氧需求不高的情况下，搅拌系统可以低频运行，随着菌体繁殖旺盛，逐步提高搅拌的频率，一方面种子罐培养前期可以有效节省搅拌系统的用电量，低速的搅拌也可以减少对菌体的剪切损伤，另一方面又可以根据菌体生长情况逐步提高搅拌转速和通风量来满足菌体生长对溶氧的需求。一般情况下种子罐培养的温度、pH和溶氧等参数均为在线检测和自动控制。另外在种子罐培养过程中，还需要定期取样检测OD和残糖等参数，有些氨基酸生产菌品种的种子罐培养还需要进行补糖操作，可以适当延长培养时间，以获得更大的菌体浓度。

（7）移种　种子罐菌种培养成熟后，需要移入发酵罐。移种前需要对移种管道进行灭菌，打开蒸汽阀门，将蒸汽通入移种管道，移种管道灭菌时注意各小排阀要充分排汽，避免消毒死角。有的移种管道采用分配盘的形式，在灭菌前要连接好分配盘，并进行试漏，确保连接完好后开入蒸汽对移种管道进行灭菌。移种管道灭菌温度控制在121℃以上维持30min。移种管道灭菌完毕，先关闭各小排阀，然后关闭蒸发阀门，打开发酵罐移种阀，使发酵罐内的无菌空气进入移种管道进行保压。种子罐菌种染菌检查正常后即可进行移种操作，首先提高种子罐压力至0.15MPa，打开种子罐流向发酵罐的出料移种阀，利用压差将种子罐内菌液压至发酵罐内（移种时发酵罐压力控制在0.03～0.05MPa）。移种完毕，首先关闭发酵罐接种阀，关闭种子罐进气阀，打开移种管道排污阀，在种子罐空消时连同移种管道一起空消。

3. 种子罐菌种质量要求

种龄根据不同氨基酸品种和培养工艺而定；光密度 OD 值一般净增 0.5 以上，个别品种和培养工艺稍有不同；pH 一般在 6.8～7.2；残糖一般在 0.5%～1.0%；镜检菌体粗壮、大小均匀、形态良好，无可见杂菌；革兰染色反应正常；无菌平板检测正常；噬菌体检查正常。

四、影响菌种质量的主要因素

菌种扩大培养的目的就是为了给氨基酸发酵提供足够数量的质量优良的高产菌种。菌种质量是影响氨基酸发酵生产水平的关键因素，菌种质量的优劣，主要取决于菌种本身的遗传特性和培养条件两个方面。菌种的扩大培养应根据菌种特性创造一个最合理的扩大培养条件，以获得质量优良的足量菌种。影响菌种质量的主要因素包括营养条件、培养条件、染菌的控制、种子罐的级数和接种过程等。在种子扩大培养的过程中主要应考虑的影响因素如下。

1. 培养基组成

培养基为菌种生长提供主要的营养物质，对于菌种的生长繁殖有着直接的影响。氨基酸菌种生长所需的营养成分基本上是一致的，主要是以碳源、氮源、无机盐、生长因子等组成。不同的氨基酸菌种所需要的营养成分会有一些差别，浓度配比也不完全相同，要根据菌种的特性来选择一些有利于菌体生长的培养基组分，使菌体容易吸收和利用。菌种放大培养是以培养菌体为目的，因此种子培养基应利于菌体的生长繁殖，多以“少糖分多氮源”为主要配方，无机氮源比例也要相对较大。在菌种多级扩大培养的过程中，最后一级接入发酵罐的种子罐培养基成分应接近发酵培养基的成分或者与发酵培养基的成分相同，这样有利于菌种接入发酵罐后容易适应发酵培养基的环境，大大缩短菌种进入新环境后的延滞期，这是由于在培养过程中参与细胞代谢活动的酶系在种子放大培养的过程中就已经形成，对于发酵罐培养基内相同的环境可以立即适应和代谢生长。但是种子罐和发酵罐培养的目的毕竟不同，种子罐是为了增加菌体量，而发酵罐是为了提高产物的累积，因此在种子培养基的选择上，一方面要接近发酵培养基组分，另一方面也要根据种子扩大培养的目的来考虑多个因素优选种子培养基的组分。同时，还要考虑培养基的成分尽量组成简单、来源丰富、价格低廉、取材方便等方面。此外，如果菌种的特性和设备条件等变化较大，种子培养基的成分配比也要通过试验相应调整，以达到最适宜的培养基环境，才能使菌种的优良特性最大程度地发挥，得到质量优良的菌种，从而提高氨基酸发酵产量。

2. 温度

任何微生物的生长都有一个最适宜的温度范围，在此温度范围内，微生物的生长繁殖、菌种特性以及遗传稳定性等均达到最优水平。微生物的生命活动与体内的各种酶反应是密不可分的，温度对微生物的影响不仅作用在细胞的表面，而且传递至细胞内部，影响着胞内各种酶的合成和酶反应的速率，从而影响着整个微生物的生命活动。一般情况下，在氨基酸生产菌生长的最适宜温度范围内，提高温度会使菌种生长代谢加快，降低温度会使菌体生长变缓。如果超过菌种培养的最适宜温度范围，温度过高会加速菌种的老化、死亡、出现退化，温度过低会使菌体生长受到抑制，甚至停滞。不同生长阶段，温度对菌种生长的影响也不相同。处于延滞期的菌种对温度相对比较敏感，处于最适宜温度附近会大大缩短延滞期，如果温度较低会使延滞期加长。处于对数生长期的菌种，培养过程中放热明显，如果控制培养温度略低于最适宜温度，可以大大减少菌体代谢放热产生的热损伤。因此，在氨基酸菌种扩大培养的过程中，要根据菌种不同阶段的不同特性选择适宜的温度进行控制，应避免温度过高和波动过大，生产上种子罐培养一般使用冷却水通入种子罐夹套、盘管或列管进行温度控制，采用自动调节阀控制进水量实现对温度的自动调节，自动控制下的温度上下波动范围一般不超过 2℃。

3. pH

任何微生物都有一个最适宜生长的 pH。微生物的生命活动和自身酶系与培养环境中的 pH 密切相关，不同的 pH 不仅影响着微生物的代谢，而且对微生物体内的酶系合成和反应都会产生较大影响。不适宜的 pH 会抑制菌体生长代谢的某些酶的活性，从而使菌种的生长代谢受阻；不适宜的 pH 会影响菌种细胞膜的电荷及通透性，影响菌体对营养物质的吸收及代谢物的排放，从而影响菌体的生长代谢；不适宜的 pH 也会影响培养基中的酸碱环境及某些成分和代谢产物的解离，从而影响微生物对营养物质的利用；不适宜的 pH 往往影响菌体正常代谢途径，使菌体产生变异，造成代谢产物的改变。同时，微生物的生长代谢活动又反过来影响培养基的 pH，比如微生物代谢利用了阴离子（如磷酸根、硫酸根等）或氮源，产生 NH_3，会造成培养基的 pH 上升，微生物吸收利用阳离子（NH_4^+、K^+）或有机酸的大量积累，会造成培养基的 pH 下降。因此，在氨基酸菌种扩大培养过程中一定要保持稳定适宜的 pH，才能保证菌种的正常繁殖和代谢。调节种子培养基 pH 的方法一般有流加酸碱溶液、缓冲溶液以及各种生理缓冲剂等方法，氨基酸菌种扩大培养一般情况下都采用流加液氨或液碱的方式调节 pH。

4. 溶解氧

微生物生长代谢的同时伴随着能量的代谢，而氧是生物体能量代谢不可缺少的重要元素。氧气的供给对于好氧菌或兼性好氧菌来说相当重要。在氨基酸菌种培养过程中（某些厌氧发酵生产的氨基酸品种除外），通入无菌空气是供给菌体生长代谢所需氧的主要方式，而搅拌主要是将空气泡打碎分散，与培养基混合均匀，提高氧气的溶解效果。此外，种子罐的结构、罐内挡板、通气管的形式、培养基的性质等多种因素都会对溶解氧产生影响。菌种培养过程中，菌体生长会不断消耗培养液中的氧，会使溶解氧浓度降低，同时通过通气和搅拌可以增加溶解氧浓度，实际的溶解氧浓度是这两个过程相互作用的结果。如果溶解氧的速率等于菌体的摄氧速率，那么溶解氧的浓度就保持恒定；如果溶解氧的速率小于菌体的摄氧率，就会造成供氧不足，发酵液中溶解氧的浓度就会降低，当降到某一浓度（称临界氧浓度）时，菌体正常呼吸代谢就会受到影响，菌体生长开始减慢。菌种扩大培养的过程中溶解氧的速率必须大于或等于菌体摄氧速率，才能保证菌种的正常生长代谢繁殖。不同的菌株，不同的生理阶段，对溶解氧浓度的需求是不同的，有一个适宜的范围，并不是越高越好，必须考虑多种因素，通过试验来确定临界氧浓度和适宜范围，并在菌种培养过程中维持最适的氧浓度。一般菌种培养的前期需氧量较少，应注意避免溶解氧浓度过高对菌体生长造成抑制，搅拌转速也不易过快，容易造成菌体细胞的物理损伤；菌体培养到对数生长期后，随着菌体量的增大，呼吸强度也增大，需氧量较多，必须相应地增大通气量和搅拌转速，提高溶解氧的量。同时需要注意过高的溶解氧浓度同样会对对数生长期的菌体代谢繁殖造成抑制，而且过大的通气量和过度剧烈的搅拌不仅造成能耗的增加和浪费，而且会使培养液产生大量的泡沫，造成逃液，增加污染杂菌的风险。

5. 接种量

接种量是指接入的种子液体积和接种后培养液总体积的比值。接种量的大小影响着种子培养和发酵培养的周期。增大接种量，菌种在培养基中的初始浓度较大，可以减少菌体繁殖分裂的时间，缩短发酵周期，节约发酵培养的动力消耗，提高设备利用率，同时有利于减少染菌风险。但是，过大的接种量，必然要求种子罐容积相应增大或增加种子扩大培养的级数，会造成设备投资和运行费用增多，并且过大的接种量还会造成发酵培养菌体的增多，培养基消耗增多，产物转化率反而降低。接种量过小，发酵前期菌体生长繁殖的时间较长，使发酵周期延长，菌体活力下降，影响氨基酸发酵的最终产量。因此，应该根据实际情况通过不断试验选择合适的接种量。

6. 种龄

种龄即种子的培养时间。种龄的长短会对氨基酸发酵培养的过程产生明显的影响。在种子培养过程中，随着培养时间的延长，菌体数量会不断增加，菌体繁殖到一定程度，培养基中的营养物质会逐渐消耗完毕，使菌体数量无法继续增长，甚至出现老化、衰亡，此外菌体生长过程中代谢产物的不断积累，也会对菌体生长产生抑制作用。因此，种子培养的种龄不宜过长，种龄过长的菌种移入发酵罐，发酵培养的过程中菌种衰老也比较快，造成发酵生产能力下降。如果种子培养的种龄过短，菌体数量较少，接入发酵罐后，前期会出现菌种生长缓慢，繁殖期较长，而使发酵周期延长，造成氨基酸产量下降。在菌种生长代谢过程中，不同阶段菌种的生理活性具有明显差别，接种种龄的控制就显得非常重要，一般种龄都选在菌种繁殖能力较强的对数生长期进行移种，此时的菌种生命力旺盛，能较快适应新的培养基环境，生长繁殖快，大大缩短在发酵罐中的适应调整期，使菌体生长期和代谢产物积累期都相应提前，能明显提高氨基酸发酵生产能力，提高设备利用率。因此，应根据实际情况，通过多次试验，特别要根据菌种的特性和种子的质量来确定适宜的种龄。

7. 泡沫

在菌种培养过程中，由于菌种的呼吸活动、通气与搅拌，培养基中存在蛋白质等一些容易产生气泡的物质，菌种培养到中后期，种子罐内会形成较多泡沫。泡沫的持久存在会影响菌种的正常生理代谢活动，阻碍二氧化碳的排放，抑制菌体对氧气的吸收。泡沫的大量存在会导致种子罐的实际装液量下降，影响设备的利用率，若泡沫不断增多，还会导致逃液，容易造成染菌等。在种子培养过程中有效地控制泡沫的形成，不仅可以增加种子罐的装液量，提高种子罐的利用率，同时也有利于菌种代谢过程中气体的及时排除，利于菌种的正常生理代谢活动。对种子培养过程中产生的泡沫加以控制，首先需要从培养基的成分进行分析，尽量选用不易产生泡沫的原料，在培养基配制时添加适量的消泡剂，可以起到抑制培养过程中泡沫形成的作用；其次，在培养过程中通过化学方法或机械方法来消除泡沫，在培养过程中如果泡沫较多，可以适当添加已灭菌的消泡剂进行消泡，种子罐一般也会在适当位置设置消泡桨通过物理的方式进行消泡。需要注意的是消泡剂不适宜过多添加，会对菌体生长产生抑制，因此在进行泡沫控制的时候需要进行合理的评估，综合考虑。

8. 种子罐级数

现在氨基酸工业生产中发酵罐的体积越来越大，菌种的扩大培养也出现了二级放大培养、三级放大培养，种子放大培养的级数主要取决于氨基酸菌种的特性、发酵培养的接种量以及种子罐和发酵罐的容积比等因素。菌种扩大培养的级数越少，越有利于简化工艺控制过程，降低杂菌污染的几率，减少菌种培养的工作量。但是级数过少，会使菌种培养的种龄较长，菌种活力会受到影响，最终影响到氨基酸发酵的生产水平。

9. 染菌控制

控制染菌是菌种扩大培养过程中的头等大事，染菌相比菌种退化，会给氨基酸发酵生产造成更大损失，尤其是菌种发生染菌，扩大培养后会使多个发酵罐产生染菌，造成不可估量的损失。因此，一旦发现菌种染菌，应该及时进行相应的处理措施，避免造成更大的损失。一方面，在菌种扩大培养过程中，要严格控制各步工艺操作，加强对环境的消毒管理工作，定期检查消毒效果，对菌种质量严格掌握，定期分纯筛选菌种，加强无菌操作；另一方面，要定期检查设备、管道、阀门等是否有渗漏，空气净化系统的效果要定期检查验证，一旦发生染菌要及时查处染菌原因，并执行整改措施，避免再次染菌。在接种前，种子和培养基都要取样进行无菌检查，无菌检查正常后方可进行移种操作。

参考文献

[1] 薛群，应向贤，杨池等．系统生物学技术在氨基酸生产菌种改良中的应用［J］．发酵科技通讯，2011，40（3）：18－20.

[2] R. E. 布坎南，N. E. 吉本斯．伯杰细菌鉴定手册（第八版）［M］．北京：科学出版社，1984.

[3] 东秀珠，蔡妙英．常见细菌系统鉴定手册［M］．北京：科学出版社，2001.

[4] 陈宁．氨基酸工艺学［M］．北京：中国轻工业出版社，2007.

[5] 张克旭．氨基酸发酵工艺学［M］．北京：中国轻工业出版社，1992.

[6] 于信令．味精工业手册（第二版）［M］．北京：中国轻工业出版社，2009.

[7] 邓毛程．氨基酸发酵生产技术（第二版）［M］．北京：中国轻工业出版社，2014.

[8] 张伟国，钱和．氨基酸生产技术及其应用［M］．北京：中国轻工业出版社，1997.

[9] 陈坚，堵国成，李寅等．发酵工程实验技术［M］．北京：化学工业出版社，2003.

[10] 李向阳，邵卫华，刁恩杰等．温度、pH、药物对大肠杆菌抑制作用的量热法研究［J］．食品科学，2007，28（6）：252－255.

[11] 张蓓．代谢工程［M］．天津：天津大学出版社，2001.

[12] 郑集，陈钧辉．普通生物化学（第三版）［M］．北京：高等教育出版社，1998.

[13] 陶文沂．工业微生物生理与遗传育种学［M］．北京：中国轻工业出版社，1997.

[14] 储炬，李友荣．现代工业发酵调控学（第二版）［M］．北京：化学工业出版社，2006.

[15] 周德庆．微生物学教程［M］．北京：高等教育出版社，2002.

[16] 廉立伟，谭玉晶，刘巍等．细菌鉴定在谷氨酸发酵生产中的应用［J］．发酵科技通讯，2004，33（4）：14－15.

第六章　氨基酸发酵过程控制

氨基酸发酵过程优化是指在已经获得氨基酸高产菌种或基因工程菌的基础上，在发酵罐中通过操作条件的控制或发酵装备的改型改造提高目的代谢产物的产量（即目的产物的最终浓度）、转化率（即基质或者是反应底物向目的产物的转化百分数）以及生产强度（即指目的产物在单位时间内、单位生物反应器体积中的产量），这是发酵过程优化与控制最基本的三个目标。通常情况下，目的代谢产物的浓度比较低，而通过发酵过程优化提高目的代谢产物的最终浓度，可以极大地减少下游分离精制过程的负担，降低整个过程的生产费用。起始反应底物对目的产物的转化率，考虑的是原料使用效率的问题。在使用价格昂贵的起始反应底物或者使用对环境存在污染的反应底物的发酵过程中，原料的转化效率至关重要，转化率通常要求尽可能地高。产物的生产强度是生产效率的具体体现。在氨基酸发酵生产过程中，虽然其下游分离精制过程相对容易，但仍必须要同时考虑产物的生产强度和最终浓度，这样才能够从商业角度上与化学合成法相竞争。通过优化发酵过程的环境因子、操作条件以及操作方式，可以得到所期望的目的产物的最大浓度、最大转化率以及最大生产效率。但是，通常情况下这三项优化指标不可能同时取得最大数值。提高某一项优化指标，往往需要以牺牲其他优化指标为代价，这时就需要对发酵过程进行整体的性能评价。

以获得高产量、高底物转化率和高生产强度相对统一为目标的发酵过程优化与控制技术，是氨基酸发酵的核心。氨基酸发酵过程优化与控制技术在整个氨基酸产品的研发过程中具有承上启下的作用，在国内外发酵工程学者的重视和努力下，目前已取得了很大的技术突破和迅速发展。其研究不仅关系到能否发挥氨基酸生产菌种的最大生产性能，而且会影响下游处理的难易程度，因而在整个氨基酸产品的研发过程中具有特别重要的作用。本章概述了氨基酸发酵过程优化与控制的策略，包括基于微生物反应原理的培养环境优化技术，基于微生物代谢特性的分阶段培养技术，基于反应动力学的流加发酵优化技术和基于代谢通量分析的过程优化技术。

传统的氨基酸发酵过程优化与控制技术是以基于参数离线检测的培养条件优化和过程建模为主导，具有一定的时效滞后性。目前，随着组学技术（如基因组学、代谢组学和蛋白质组学）以及实时检测技术和工具的快速发展，基于微生物生理特性实时分析的发酵过程优化与控制技术将成为未来的一个重要发展方向，同时组学和代谢通量实时在线测量的整合将会使氨基酸发酵过程优化和控制的目标更加微观化（如以某一个或几个胞内代谢途径通量为优化目标，而不仅仅是宏观性的代谢产物的产量），控制效率更高，优化效果更好。

针对氨基酸发酵过程中微生物生理特性的理解与代谢能力的调控这一关键问题，本章综合运用系统生物学知识、代谢调控理论、基因工程策略和生化工程方法，以典型氨基酸生产菌为对象，从代谢能力和环境适应性等入手，阐释影响微生物生理特性的关键因素，提出并实践全局高效调控微生物代谢功能的新方法。介绍的氨基酸发酵过程的优化控制策略包括：①基于微生物反应计量学的培养环境优化技术；②基于微生物代谢特性的分阶段培养技术；③基于反应动力学模型的发酵过程优化技术；④氨基酸发酵过程的稳定措施；⑤氨基酸发酵过程中杂菌及噬菌体污染的防治技术。发酵过程优化控制策略已广泛应用于多种氨基酸产品的工业化生产中。

第一节　氨基酸发酵培养基优化

与种子培养基不同，发酵培养基不仅是供给菌体生长繁殖所需要的营养和能源，而且是构成氨基酸的碳架来源。要积累大量氨基酸，就要有足够量的碳源和氮源，其用量大大高于种子培养基。对于氨基酸生产菌的生长及发酵，其培养基成分非常复杂，特别是有关微生物发酵的培养基，各营养物质和生长因子之间的配比，以及它们之间的相互作用是非常微妙的。面对特定的氨基酸生产菌，人们希望找到一种最适合其生长及发酵的培养基，在原来的基础上提高发酵产物的产量，以期达到生产最大发酵产物的目的。发酵培养基的优化在氨基酸产业化生产中占举足轻重的地位，是从实验室到工业生产的必要环节。能否设计出一个好的发酵培养基，是氨基酸产品工业化成功中非常重要的一步。选育或构建一株优良的氨基酸生产菌仅仅是一个开始，要使优良菌株的潜力充分发挥出来，还必须优化其发酵过程，以获得较高的产物浓度（便于下游处理）、较高的底物转化率（降低原料成本）和较高的生产强度（缩短发酵周期）。另外，氨基酸发酵培养基的设计还应充分考虑工业应用的目的。

一、氨基酸发酵培养基成分

氨基酸生产菌绝大部分是异养型微生物，它需要碳水化合物、蛋白质和前体等物质提供能量和构成特定产物。其营养物质一般包括碳源、氮源（有机氮源、无机氮源）、无机盐及微量元素、生长因子、前体、产物促进和抑制剂等。在确定产物结构或者产物合成途径的情况下，可以有意识地加入构成产物和合成途径中所需的特定结构物质，也可以结合某一菌株的特定代谢途径，加入阻遏或者促进物质，使目的产物过量合成。另外，在设计培养基时还必须把成本和原材料的供应等因素一起考虑在内。

氨基酸生产菌需要从外界获得营养物质，而这些营养物质主要是以有机和无机化合物的形式为氨基酸生产菌所利用，也有小部分以分子态的气体形式被氨基酸生产菌利用。发酵培养基不仅是供给菌体生长繁殖所需的营养和能源，而且还是构成氨基酸碳架的来源，要积累大量氨基酸，就要有足够的碳源和氮源，同时还需要无机盐、生长因子以及水等。发酵工业原料主要是指发酵培养基中比较大宗的部分，这些原料的选择既要考虑到菌体生长繁殖的营养要求，更重要的是考虑有利于目标氨基酸大量积累，还要注意到原料来源丰富、价格便宜、发酵周期短，对氨基酸提取的影响等。根据营养物质在机体中生理功能的不同，可将它们分为碳源、氮源、无机盐、生长因子、相容性溶质和水 6 大类。

（一）碳源

碳源是在氨基酸生产菌生长过程中为氨基酸生产菌提供碳元素来源的物质。碳源在细胞内经过一系列复杂的化学反应成为微生物自身的细胞物质（如糖类、脂类以及蛋白质等）和代谢产物，碳元素一般可占菌体细胞干重的一半。同时，由于绝大部分碳源在细胞内通过生化反应为有机体提供维持生命活动所需的能源，因此碳源通常也是能源物质。碳源是供给菌体生命活动所需的能量和构成菌体细胞以及合成氨基酸的基础。通常用作碳源主要是糖类、脂肪、某些有机酸、有机醇和烃类。不同种类微生物利用碳源的能力也有差别。有的微生物可以广泛利用各种类型的碳源，而有些微生物可利用的碳源则比较少。例如假单胞菌属中的某些种可以利用多达 90 种以上的碳源，而一些甲基营养型微生物只能以甲醇或甲烷等一碳化合物作为碳源。微生物可利用的碳源主要有糖类、有机酸、醇、脂类、烃、CO_2 及碳酸盐等（表 6-1）。

表 6-1　微生物利用的碳源

种类	碳源	备注
糖	葡萄糖、果糖、麦芽糖、蔗糖、淀粉、半乳糖、乳糖、甘露糖、纤维二糖、纤维素、半纤维素、甲壳素、木质素等	单糖优于双糖，己糖优于戊糖，淀粉优于纤维素，纯多糖优于杂多糖
有机酸	糖酸、乳酸、柠檬酸、延胡索酸、低级脂肪酸、高级脂肪酸、氨基酸等	与糖类比较效果较差，有机酸较难进入细胞，进入细胞后会导致 pH 下降。当环境中缺乏碳源时，氨基酸可被微生物作为碳源利用
醇	乙醇	在低浓度条件下被某些酵母菌和醋酸菌利用
脂	脂肪、磷脂	主要利用脂肪，在特定条件下将磷脂分解为甘油和脂肪酸而加以利用
烃	天然气、石油、石油馏分、石蜡油等	利用烃的微生物细胞表面有一种由糖脂组成的特殊吸收系统，可将难溶的烃充分乳化后吸收利用
CO_2	CO_2	为自养微生物所利用
碳酸盐	$NaHCO_3$、$CaCO_3$、白垩等	为自养微生物所利用
其他	芳香族化合物、氰化物、蛋白质、肽、核酸等	利用这些物质的微生物在环境保护方面有重要作用，当环境中缺乏碳源时，可被微生物作为碳源而降解利用

氨基酸生产菌是异养微生物，只能从有机化合物中取得碳元素的营养，并以分解氧化有机物产生能量供给细胞在合成反应中所需能量。由于各种氨基酸生产菌所具有的酶系不同，因此所能利用的碳源往往不同。目前，在氨基酸工业发酵中所利用的碳源主要包括单糖、糖蜜、淀粉等。

氨基酸生产菌利用碳源具有选择性，糖类是一般微生物较容易利用的良好碳源和能源物质，但微生物对不同糖类物质的利用次序也存在差异。例如在以葡萄糖和半乳糖为碳源的培养基中，大肠杆菌优先利用葡萄糖，然后利用半乳糖，前者称为大肠杆菌的速效碳源，后者称为迟效碳源。

培养基中糖浓度对氨基酸发酵有很大影响，在一定范围内，氨基酸产量随糖浓度提高而增高，但是糖浓度过高，由于渗透压增大，对菌体生长和发酵均不利，当工艺条件配合不当时，导致糖的转化率降低，发酵周期延长，产酸不易稳定。同时培养基浓度大，氧溶解阻力增大，从而影响供氧效率。为了降低培养基中糖浓度而又提高产酸水平，就必须采取低浓度糖的流加糖发酵工艺。目前，氨基酸发酵行业多采用连续流加糖发酵工艺，残糖大多控制在0.5～3.0g/100mL，前期长菌阶段残糖控制较高，有利于菌体增殖，中后期菌体增殖速率降低，酶活性下降，降低残糖可以减少杂酸产生，提高糖酸转化率。

淀粉水解糖质量对氨基酸发酵的影响很大。如果淀粉水解不完全，有糊精存在，不仅造成浪费，而且会使发酵过程产生很多泡沫，影响发酵的正常运行。若淀粉水解过度，葡萄糖发生复合反应生成龙胆二糖、麦芽糖等非发酵糖，同时葡萄糖发生分解反应，生成5-羟基甲糠醛，并进一步分解生成有机酸等物质。这些物质的生成不仅造成碳源的浪费，而且这些物质对菌体生长和氨基酸生成均有抑制作用。此外，淀粉水解糖中生物素含量不同，会影响培养基中生物素含量的控制。

（二）氮源

氮源是合成菌体蛋白、核酸等含氮物质和合成氨基酸中氨基的来源，同时，在发酵过程中一部分氨用于调节pH，形成氨基酸铵盐，因此，氨基酸发酵需要的氮源比一般的发酵工业高，碳氮比大多在100∶(15～30)。在氨基酸发酵中用于合成菌体的氮仅占总氮消耗的3%～8%，而30%～80%用于合成氨基酸。在实际生产中，采用液氨、尿素、硫酸铵等作为氮源，培养基检测铵态氮在0.1～0.45g/dL。在碳源匮乏的状况下，某些微生物在厌氧条件下可以利用某些氨基酸作为能源物质。能被微生物利用的氮源主要包括蛋白质及其不同程度的降解产物、铵盐、硝酸盐、分子氮、嘌呤、嘧啶、脲、胺、酰胺、氰化物等（表6-2）。

表6-2　微生物利用的氮源

种类	氮源	备注
蛋白质类	蛋白质及其不同程度降解产物	大分子蛋白质难以进入细胞，一些真菌和少数细菌能分泌胞外蛋白酶，将大分子蛋白质降解利用，而多数细菌只能利用相对分子质量较小的降解产物
氨及铵盐	NH_3、$(NH_4)_2SO_4$ 等	容易被微生物吸收利用
硝酸盐	KNO_3 等	容易被微生物吸收利用
分子氮	N_2	固氮微生物可利用，但当环境中有化合态氮源时，固氮微生物就失去固氮能力
其他	嘌呤、嘧啶、脲、胺、酰胺、氰化物	大肠杆菌不能以嘧啶作为唯一氮源，在氮限量的葡萄糖培养基上生长时，可通过诱导作用先合成分解嘧啶的酶，然后再分解并利用嘧啶，可不同程度地被微生物作为氮源加以利用

微生物吸收利用铵盐和硝酸盐的能力较强，NH_4^+被细胞吸收后可直接被利用，因而$(NH_4)_2SO_4$等铵盐一般被称为速效氮源，而NO_2^-被吸收后需要进一步还原成NH_4^+后被微生物利用。许多微生物可利用铵盐或硝酸盐作为氮源，例如大肠杆菌、产气肠杆菌、枯草芽孢杆菌、铜绿假单胞菌等均可以硫酸铵和硝酸铵作为氮源。以$(NH_4)_2SO_4$等铵盐为氮源培养微生物时，由于NH_4^+被吸收，会导致培养基pH下降，因而将其称为生理酸

性盐；以硝酸盐（$NaNO_3$）为氮源培养微生物时，由于 NO_3^- 被吸收，会导致培养基 pH 升高，因而将其称为生理碱性盐。为避免培养基 pH 变化对微生物生长造成不利影响，常常需要在培养基中加入缓冲物质来维持稳定的 pH。

氮源包括有机氮和无机氮（如液氨、氨水、硫酸铵等），菌体利用无机氮源比较迅速，利用有机氮源比较缓慢。液氨、铵盐、尿素等比硝基氮优先利用，因为硝基氮需要先经过还原才能被利用。采用不同形式的氮源，其添加方式也不同，例如液氨可采用流加方式。液氨含氨量为 99%～99.8%。也可用氨水，含氨量为 20%～25%。目前，在氨基酸工业化生产中主要采用液氨。硫酸铵等生理酸性盐适用于碱性氨基酸发酵时流加，如精氨酸、赖氨酸、组氨酸发酵。

有机氮主要是蛋白质、肽、氨基酸等，氨基酸发酵工业中常用的有机氮源包括玉米浆、麸皮水解液、酵母浸出物、豆粕水解液、糖蜜等，培养基中有机氮丰富有利于菌体生长。

碳氮比对氨基酸发酵影响很大，在发酵的不同阶段，控制碳氮比以促进生长型向产酸型转变，在氨基酸生产菌生长阶段若氨态氮过高，则会抑制菌体生长；在产酸阶段若氨态氮不足，α-酮戊二酸不能还原并氨基化为谷氨酸，则导致合成其他氨基酸时没有足够的谷氨酸完成转氨基的作用。

（三）无机盐

无机盐是微生物生长必不可少的一类营养物质，它们在机体中的生理功能主要是作为酶活性中心的组成部分、维持生物大分子和细胞结构的稳定性，调节并维持细胞的渗透压平衡，控制细胞的氧化还原电位和作为某些微生物生长的能源物质等（表 6-3）。一般微生物所需要的无机盐为硫酸盐、磷酸盐、氯化物和含钾、钠、镁、铁的化合物，还需要一些微量元素，如铜、锰、锌、钴、钼等，微生物对无机盐的需要量很少，通常需要量在 10^{-8}～10^{-6}mol/L（培养基中含量），但无机盐含量对菌体生长和代谢产物的生成影响很大，因此必须将培养基中微量元素的浓度控制在正常范围内，并注意各种微量元素之间保持恰当比例。

表 6-3　　无机盐及其生理功能

元素	化合物形式（常用）	生理功能
磷	KH_2PO_4、K_2HPO_4	核酸、核蛋白、磷酸、辅酶及 ATP 等高能分子的成分，作为缓冲系统调节培养基 pH
硫	$(NH_4)_2SO_4$、$MgSO_4$	含硫氨基酸（半胱氨酸、甲硫氨酸等）、维生素的成分，谷胱甘肽可调节胞内氧化还原电位
镁	$MgSO_4$	己糖磷酸化酶、异柠檬酸脱氢酶、核酸聚合酶等活性中心组分
钙	$CaCl_2$、$Ca(NO_3)_2$	某些酶的辅因子，维持酶（如蛋白酶）的稳定性，芽孢和某些孢子形成所需，建立细菌感受态所需
钠	NaCl	细胞运输系统组分，维持细胞渗透压，维持某些酶的稳定性
钾	KH_2PO_4、K_2HPO_4	某些酶的辅因子，维持细胞渗透压，某些嗜盐细菌核糖体的稳定因子
铁	$FeSO_4$	细胞色素及某些酶的组分，某些铁细菌的能源物质

续表

元素	化合物形式（常用）	生理功能
锌	$ZnSO_4$	存在于乙醇脱氢酶、乳酸脱氢酶、碱性磷酸酶、醛缩酶、RNA 与 DNA 聚合酶中
锰	$MnSO_4$	存在于过氧化氢歧化酶、柠檬酸合成酶中
钼	$(NH_4)_2MoO_4$	存在于硝酸盐还原酶、甲酸脱氢酶中
钴	$Co(NO_3)_2$、$CoSO_4$	存在于谷氨酸变位酶中
铜	$CuSO_4$	存在于细胞色素氧化酶中
钨	$Na_2WO_4 \cdot 2H_2O$	存在于甲酸脱氢酶中

1. 磷酸盐

磷是某些蛋白质和核酸的组成成分。ADP、ATP、GTP 是重要的能量传递者，参与一系列的代谢反应。磷酸盐在培养基中还具有缓冲作用。微生物对磷的需要量一般为 0.005～0.01mol/L。氨基酸工业生产上常用磷酸二氢钾、磷酸氢二钾、磷酸二氢钠、磷酸氢二钠、磷酸氢二铵、磷酸二氢铵，也可直接添加磷酸。例如，磷酸氢二钾含磷 17.82%，当培养基中使用 1.0～2.0g/L 时，磷浓度为 0.005～0.01mol/L。可以通过磷浓度控制菌体增殖量，便于代谢向产物积累方向进行，从而提高转化率。另外，玉米浆、糖蜜、淀粉水解糖等原料中还有少量的磷。磷酸含磷为 31.6%，当培养基中配用 0.5～0.7g/L 时，磷浓度为 0.005～0.007mol/L。如果使用磷酸，应先用 NaOH 或 KOH 中和后加入。

2. 硫酸镁

镁是某些细菌的叶绿素的组成部分，除此之外并不参与任何细胞结构物质的组成，但它的离子状态是许多重要酶（如己糖磷酸化酶、异柠檬酸脱氢酶、羧化酶等）的激活剂，如果镁离子含量太少，会影响基质的氧化。一般革兰阳性菌对镁离子浓度要求为 25mg/L，革兰阴性菌要求为 4～5mg/L。

硫存在于细胞的蛋白质中，是含硫氨基酸的组成成分，构成一些酶的活性基。培养基中的硫已经在硫酸镁中供给，不必另加。

3. 钾盐

钾不参与细胞结构物质的组成，它是许多酶的激活剂，发酵中氨基酸积累需要的钾盐比菌体生长需要的钾盐高，菌体生长需要钾盐量约为 0.1g/L，氨基酸生产需要钾盐量为 0.2～1.0g/L。

4. 微量元素

微生物需要量非常少但又不可完全没有的元素称为微量元素，如锰是某些酶的激活剂，羧化反应需要锰，一般配比为 2mg/L。铁是细胞色素氧化酶、过氧化氢酶的组成部分，也是一些酶的激活剂，配比为 2mg/L。

一般作为碳氮源的农副产物天然原料中，本身就含有某些微量元素，不必另加。而某些金属离子，特别是汞和铜离子，具有明显的毒性，会抑制菌体生长和影响氨基酸的合成，因此，必须避免有害离子加入培养基中。

（四）水

水是发酵培养基不可缺少的物质，水参与菌体代谢，是物质转运、温度控制、pH控制必不可少的介质，生物发酵中所有反应都是在水溶液中进行的。氨基酸发酵培养基应选用清洁度高、杂质少、pH中性的水，防止水中杂质影响菌体代谢，营养物质稳定性，营养物质吸收利用。

（五）生长因子

生长因子通常指微生物生长所必需的一类微量的、微生物自身不能合成或合成量不足以满足机体生长需要的有机化合物。各种微生物需求的生长因子的种类和数量是不同的。由于对某些微生物所需的生长因子的本质还不清楚，通常在培养基中人为添加酵母浸膏、牛肉浸膏及动植物组织液等天然物质以满足其生长需要。根据生长因子的化学结构和它们在机体中生理功能的不同，可将生长因子分为维生素、氨基酸、嘌呤和嘧啶4大类。最早发现的生长因子在化学本质上是维生素，目前发现的许多维生素都能起到生长因子的作用。虽然一些微生物能自身合成维生素，但大多数微生物仍然需要外界提供维生素才能生长。维生素在机体中所起的作用主要是作为酶的辅基或辅酶参与新陈代谢。

1. 生物素

生物素是B族维生素的一种，又称维生素H或辅酶R，是一种弱一元羧酸（电离常数 $K_a=6.3\times10^{-6}$）。在25℃时，在水中的溶解度为22mg/100mL，在酒精中的溶解度为80mg/100mL。它的钠盐溶解度很大。在酸性或中性水溶液中对热较稳定。生物素作为酶的组成部分，参与机体的三大营养物质糖、脂肪、蛋白质的代谢，是机体不可缺少的重要营养物质之一。氨基酸发酵生产上可作为生物素来源的原料及其生物素含量见表6-4。此外，酵母中含量为600～1800μg/kg，豆饼水解液中含量为120μg/kg。

表6-4　　某些有机氮源的主要成分

成分	玉米浆	麸皮	甘蔗糖蜜	甜菜糖蜜
干物质/%	>45	—	81	70
水分/%	—	13	—	—
蛋白质/%	>40	16.4	4.4	5.5
脂肪/%	—	3.58	—	—
淀粉/%	—	9.03	—	—
还原糖/%	8	—	—	—
转化糖/%	—	—	50	51
灰分/%	<24	—	10	11.5
生物素/（μg/kg）	180	200	1200	53
维生素 B_1/（μg/kg）	2500	1200	8300	1300

在氨基酸发酵中生物素影响着氨基酸生产菌细胞膜的通透性，同时也影响着菌体的代谢途径。菌体从培养液中摄取生物素的速度是很快的，菌体内生物素含量由丰富向贫乏过渡。如果生物素含量过高，会造成乳酸、乙酸、琥珀酸等杂酸产生，生产中表现为长菌快、耗氧快、pH低、液氨消耗多，若生物素不足会导致菌体生长不好，氨基酸产量低，

长菌慢、耗糖慢、发酵周期长。

2. 维生素 B_1

维生素 B_1 是由嘧啶环和噻唑环结合而成的一种 B 族维生素，又称硫胺素或抗神经炎素。维生素 B_1 为无色结晶体，溶于水，在酸性溶液中很稳定，在碱性溶液中不稳定，易被氧化和受热破坏。维生素 B_1 主要存在于种子的外皮和胚芽中，如米糠和麸皮中含量很丰富，在酵母菌中含量也极丰富。维生素 B_1 对某些氨基酸生产菌的发酵有促进作用。

3. 烟酰胺（维生素 B_3）和氯化胆碱（维生素 B_4）

烟酰胺是辅酶Ⅰ和辅酶Ⅱ的重要组成成分，其在糖酵解途径中扮演重要角色，并参与细胞内的氧化过程。氯化胆碱是磷脂类物质的重要组分，用于合成细胞膜，在维持细胞的通透性中起重要作用，能够增加细胞膜的流动性，有利于氨基酸的胞外分泌。同时，氯化胆碱又能为菌体提供活性甲基。氯化胆碱是甜菜碱的前体物质，为结构复杂化合物的合成扮演着压力保护剂或甲基供体的角色，并且氯化胆碱具有保护氨基酸合成相关酶活性的作用。

4. 提供生长因子的农副产品原料

玉米浆是一种用亚硫酸浸泡玉米而得的浸泡水浓缩物，含有丰富的氨基酸、核酸、维生素、无机盐等。玉米浆的成分因玉米原料来源及处理方法不同而变动，每批原料变动时均需进行小型试验，以确定用量。玉米浆用量还应根据淀粉原料、糖浓度及发酵条件不同而异。

麸皮水解液可以代替玉米浆，但蛋白质、氨基酸等营养成分比玉米浆少。麸皮水解条件如下。

（1）以干麸皮：水：HCl＝4.6：26：1 配比混合，装入水解锅中以 0.07～0.08MPa 表压加热水解 70～80min。

（2）以干麸皮：水＝1：20，用盐酸调 pH1.0，以 0.25MPa 表压加热水解 20min，然后过滤取滤液。

甘蔗糖蜜含较高生物素，可代替玉米浆，但氨基酸等有机氮含量较低。甘蔗糖蜜中的生物素含量也会因产地、处理方法、新/旧蜜、贮存期长短、腐坏与否而异，故每批原料变动时均需小试以确定用量。

（六）相容性溶质

细胞功能的正常运转需要维持稳定的内环境，然而外界环境的变化总会引起微生物细胞内各种各样的扰动，从而破坏原本正常的内环境。在工业氨基酸发酵，特别是大宗氨基酸产品的发酵过程中，高浓度的底物消耗，产物以及中间代谢物的积累，会使整个发酵体系的渗透压升高，导致生产菌株的代谢失衡，进而影响生产速率以及目的产物的积累量。

当微生物细胞处于高渗环境中时，胞内水的溢出引起膨压减小，细胞体积缩小，相应地胞内所有代谢物的浓度均升高而造成胞内水活度下降。这时微生物通过在胞内积累有限的几种小分子溶质，如糖醇（山梨醇）、有机碱（甜菜碱、胆碱）和氨基酸（脯氨酸、四氢嘧啶）等以提高细胞内水活度，使细胞的体积和膨压达到正常水平，并避免细胞内所有物质浓度的升高。由于这类溶质的高浓度积累可使细胞内外渗透压达到平衡，并且不妨碍细胞正常的代谢活动，因而被称为“相容性溶质”。

甜菜碱是在甜菜糖蜜中发现的季铵型生物碱，化学名称为三甲铵乙内酯或三甲基甘氨酸，分子结构比较简单，与胆碱化学结构比较相似。甜菜碱普遍存在于动植物体内，具有维持和调节细胞渗透压、保护酶以及参与甲基化反应等重要功能，在营养物质的代谢中起着十分重要的作用。甜菜碱工业化生产方法包括以甜菜糖蜜或蔗糖渣为原料的提取法和化学合成法，国内主要采用化学法合成甜菜碱。研究发现，甜菜碱可以维持和调节细胞渗透压。当外界渗透压发生剧烈变化时，细胞吸收或合成的甜菜碱通过稳定蛋白质结构、提高钾钠泵功能、阻止胞内水分丢失等方式增加细胞对渗透压的抗性，从而促进菌体的生长以及产物的积累。甜菜碱还与很多酶的功能保持高度的一致性，对稳定细胞生长和代谢起到积极的作用。现有研究发现，微生物在高渗透压胁迫下，会激活甜菜碱转运蛋白，将环境中的甜菜碱运输到胞内调节渗透平衡。因此，可将甜菜碱作为渗透压调节剂，应用于大宗氨基酸产品的发酵过程中。同时，甜菜碱还参与甲基化反应，因为甜菜碱分子中含有 3 个甲基，因此是高效的甲基供体。在甲基化反应中，甜菜碱-高半胱氨酸甲基转移酶能够催化甜菜碱向高半胱氨酸转移一个甲基，分别生成二甲基甘氨酸和甲硫氨酸，后者为维生素 B_{12} 的合成提供甲基。甜菜碱为菌体合成蛋白质提供活性甲基，减少对氨基酸的利用，增加蛋白质的沉积。甜菜碱因具有提高目的产物产量并提高菌体抗逆性的特性，已广泛应用于氨基酸发酵生产中。研究发现，在谷氨酸发酵过程中，在种子培养基添加甜菜碱磷酸盐 0.1g/L，发酵培养基中添加 0.5g/L 并随糖流加 2g/L 甜菜碱磷酸盐，谷氨酸产率和糖酸转化率可明显提高。在赖氨酸、苏氨酸发酵过程中，在发酵培养基中添加 0.5g/L 并随糖流加 2g/L 甜菜碱盐酸盐，赖氨酸、苏氨酸的产率和糖酸转化率均可明显提高。

二、氨基酸发酵培养基的设计和优化

要使优良的氨基酸生产菌株的潜力充分发挥出来，必须优化其培养基，以获得较高的产物浓度（便于下游处理）、较高的底物转化率（降低原料成本）和较高的生产强度（缩短发酵周期）。因此，如何设计并优化发酵培养基就显得至关重要，因为发酵培养基所消耗成本的大小不仅直接影响到整个氨基酸发酵工艺的成本，而且培养基组成也会影响到下游过程中氨基酸的分离和提取。

由于氨基酸发酵培养基成分众多，且各因素常存在交互作用，很难建立理论模型。另外，由于测量数据常包含较大的误差，也影响了培养基优化过程的准确评估，因此培养基优化工作的工作量大且复杂。需要注意的是，几乎所有氨基酸的合成都需要谷氨酸转氨基，因此，无论培养基配方如何优化，都应保证 TCA 循环的最低水平循环，保证菌体代谢能量供给和氨基酸合成转氨基所需谷氨酸的供给。许多实验技术和方法都在氨基酸发酵培养基优化上得到应用，例如，生物模型、单次试验、全因子法、部分因子法、Plackett-Burman 法等。但每一种实验设计都有它的优点和缺点，不可能只用一种实验设计来完成所有的工作。

（一）单次单因子法

实验室最常用的优化方法是单次单因子法，这种方法是在假设因素间不存在交互作用的前提下，通过一次改变一个因素的水平而其他因素保持恒定水平，然后逐个因素进行考察的优化方法。但是由于考察的因素间经常存在交互作用，使得该方法并非总能获得最佳的优化条件。另外，当考察的因素较多时，需要太多的实验次数和较长的实验周期。所以现在的培养基优化实验中一般不采用或不单独采用这种方法，而采用多因子实验。

依据代谢流中关键限制性酶系分析可知，镁离子、磷酸能促进糖酵解途径代谢加速；生物素有利于丙酮酸固定二氧化碳生成草酰乙酸，有利于天冬氨酸族氨基酸的代谢积累，生物素用量过大，不利于代谢产物从胞内向胞外的转移；烟酰胺作为 NADPH、NADH、FADPH 等还原性辅酶的组成部分，用量对菌体生长及氨基酸积累有很大影响；泛酸钙为乙酰辅酶 A 的组成部分，影响丙酮酸向乙酰辅酶 A 转变，进而影响糖酵解产物丙酮酸的进一步有氧代谢，对目的氨基酸的积累及菌体生长繁殖有很大影响。因此，可以考虑采用单次单因子法研究其合适用量。

（二）正交实验设计法

多因子实验可以解决两个问题：一是哪些因子对响应具有最大（或最小）的效应，哪些因子间具有交互作用；二是感兴趣区域的因子组合情况，并对独立变量进行优化。正交试验设计法（简称正交法）是安排多因子实验的一种常用方法，通过合理的实验设计，可用少量的具有代表性的实验来代替全面试验，较快地取得实验结果。正交实验设计是以概率论数理统计、专业技术知识和实践经验为基础，充分利用标准化的正交表来安排实验方案，并对实验结果进行计算分析，最终达到减少实验次数、缩短实验周期、迅速找到优化方案的一种科学实验安排方法。正交实验设计经常用到以下几个术语。

1. 指标

在实验中需要考察的效果的特性值，简称为指标。指标与实验目的是相对应的。例如，实验目的是提高氨基酸产量，则氨基酸产量就是实验要考察的指标；如果实验目的是降低成本，则成本就成了实验要考察的指标。总之，实验目的多种多样，而对应的指标也各不相同。指标一般分为定量指标和定性指标。正交实验需要通过量化指标以提高可比性，所以，通常把定性指标通过评分定级等方法转化为定量指标。

2. 因素

因素也称因子，是实验中考察对实验指标可能有影响的原因或要素，它是实验中重点要考察的内容。因素又分为可控因素和不可控因素。可控因素是指在现有科学技术条件下，能人为控制调节的因素；不可控因素是指在现有科学技术条件下，暂时还无法控制和调节的因素。正交实验中，首先要选择可控因素列入实验当中，而对不可控因素，要尽量保持一致，即在每个方案中，对实验指标可能有影响的不可控因素，尽量要保持相同状态。这样，在进行实验结果数据处理的过程中，就可以忽略不可控因素对实验造成的影响。

3. 水平

实验中选定的因素所处的状态和条件称为水平或位级。例如，葡萄糖浓度为 50g/L、60g/L 和 70g/L 这 3 个状态，可分别用“水平 1”“水平 2”和“水平 3”来表示。又如 1 个因素分为 2 水平，用“水平 1”和“水平 2”来表示。同理，一个因素也可分为 4 水平、5 水平或更多水平，以此类推。

正交实验的实质是选择适当的正交表，合理安排实验并分析实验结果。具体可以分为下面 4 步。

（1）根据问题的要求和客观的条件确定因子和水平，列出因子水平表。

（2）根据因子和水平数选用合适的正交表，设计正交表头并安排实验。

（3）根据正交表给出的实验方案，进行实验。

（4）对实验结果进行分析，选出较优的实验条件以及对结果有显著影响的因子。

正交实验设计注重如何科学合理地安排实验，可同时考虑几种因素，寻找最佳因素水平结合，但它不能在给出的整个区域上找到因素和响应值之间的一个明确的函数表达式即回归方程，从而无法找到整个区域上因素的最佳组合和响应值的最优值。

正交实验方法可以用来分析因素之间的交叉效应，但需要提前考虑哪些因素之间存在交互作用，再根据考虑来设计实验。因此，没有预先考虑的两因素之间即使存在交互作用，在结果中也得不到显示。对于多因素、多水平的实验来说，正交实验法需要进行的次数仍太多，应用范围受到限制。

（三）均匀实验设计法

如果仅考虑“均匀分散”，而不考虑“整齐可比”，完全从“均匀分散”的角度出发的实验设计，称为均匀设计法。均匀设计法按均匀设计表来安排实验，均匀设计表在使用时最应注意的是均匀设计表中各列的因素水平不能像正交表那样任意改变次序，而只能按照原来的次序进行平滑，即把原来的最后一个水平与第一个水平衔接起来，组成一个封闭圈，然后从任一处开始定为第一个水平，按圈的原方向和相反方向依次排出第二、第三水平。均匀设计只考虑实验点在实验范围内均匀分布，因而可使所需实验次数大大减少。例如一项 5 因素 10 水平的实验，若用正交设计需要做 102 次实验，而用均匀设计只需做 10 次。随着水平数的增多，均匀设计的优越性就越突出，这就大大减少了多因素多水平实验中的实验次数。

（四）Plackett – Burman 设计法

Plackett – Burman 设计法是一种两水平的实验优化方法，它试图用最少的实验次数达到使因子的主效果得到尽可能精确的估计，适用于从众多的考察因子中快速有效地筛选出最为重要的几个因子，供进一步优化研究用。理论上 Plackett – Burman 设计法可以达到 99 个因子仅做 100 次试验，但该法不能考察各因子的相互交互作用。因此，它通常作为过程优化的初步实验，用于确定影响过程的重要因子。

（五）部分因子设计法

部分因子设计法与 Plackett – Burman 设计法一样，是一种两水平的实验优化方法，能够用比全因子实验次数少得多的实验，从大量影响因子中筛选出重要的因子。根据实验数据拟合出一次多项式，并以此利用最陡爬坡法确定最大响应区域，以便利用响应面法进一步优化。部分因子设计法与 Plaekett – Burman 设计法相比实验次数稍多，如 6 因子的部分因子设计法需要进行 20 次实验，而 Plackett – Burman 设计法只需要 7 次实验。

（六）响应面分析法

响应面分析法（Response surface methodology，RSM）是数学与统计学相结合的产物，和其他统计方法一样，由于采用了合理的实验设计，能以最经济的方式、用很少的实验数量和时间对实验进行全面研究，科学地提供局部与整体的关系，从而取得明确的、有目的的结论。与正交设计法不同，响应面分析方法以回归方法作为函数估算的工具，将多因子实验中，因子与实验结果的相互关系用多项式近似，把因子与实验结果（响应值）的关系函数化，依此可对函数的面进行分析，研究因子与响应值之间、因子与因子之间的相互关系并进行优化。近年来较多的报道都是用响应面分析法来优化发酵培养基，并取得比较好的成果。

RSM 有许多的优点，但它仍有一定的局限性。首先，如果将因素水平选得太宽，或选的关键因素不全，将会导致响应面出现“吊兜”和“鞍点”。因此事先必须进行调研，查询和充分的论证或者通过其他试验设计得出主要影响因子。其次，通过回归分析得到的结果只能对该类实验做估计。第三，当回归数据用于预测时，只能在因素所限的范围内进行预测。响应面拟合方程只在考察的紧接邻域里才充分近似真实情形，在其他区域，拟合方程与被近似的函数方程毫无相似之处，几乎无意义。

中心组合设计是一种国际上较为常用的响应面法，是一种 5 水平的实验设计法。采用该方法能够在有限的实验次数下，对影响因子及其交互作用进行评价，而且还能对各因子进行优化，以获得影响发酵过程的最佳条件。

培养基的优化通常包括以下几个步骤：①所有影响因子的确认；②影响因子的筛选，以确定各个因子的影响程度；③根据影响因子和优化的要求，选择优化策略；④实验结果的数学或统计分析，以确定其最佳条件；⑤最佳条件的验证。

经以上几种方法的比较，可以通过把几种实验方法加以结合，减少实验工作量，但又得到比较理想的结果。首先在充分调研和以前实验的基础上，用部分因子设计对多种培养基组分对响应值的影响进行评价，并找出主要影响因子；再用最陡爬坡路径逼近最大响应区域；最后用中心组合设计及响应面分析确定主要影响因子的最佳浓度。已经有许多报道利用这几种实验相结合的方法成功地优化了目的菌株的发酵培养基。

另外，在缺乏某一菌株的生理代谢和合成调控机制时，可通过摇瓶实验先用 Plackett - Burman 设计法从手边可获得的多种培养基配比中确定出重要因素，然后用响应面优化设计法或均匀设计法得到各重要因素的最佳水平值。

（七）响应面法优化谷氨酸发酵培养基实例

本章以谷氨酸棒杆菌产谷氨酸为例介绍如何采用响应面设计法进行发酵培养基诸多因素考察和评价，对筛选得到的重要因素进行优化，确定最佳发酵培养基配比。

选用实验次数 $N=12$ 的试验方法，以发酵培养基的 8 种成分（糖蜜、玉米浆、葡萄糖、豆粕水解液、$MnSO_4$、$MgSO_4$、Na_2HPO_3、KCl）作为 8 个因素（X_1，X_2，X_3，X_5，X_6，X_7，X_8，X_{10}），并设计 2 个空白（X_4，X_9）作为误差分析项。每个因素取高（+）、低（−）两个水平，响应值为谷氨酸产量，自变量、编码和水平因素及谷氨酸发酵结果见表 6-5。

表 6-5　Plackett - Burman 实验设计及结果

处理	X_1	X_2	X_3	(X_4)	X_5	X_6	X_7	X_8	(X_9)	X_{10}	谷氨酸产量/(g/L)
1	1	−1	1	1	1	1	1	1	1	1	170
2	1	1	1	1	1	1	1	1	1	1	154
3	−1	1	1	1	1	1	1	1	1	1	110
4	1	1	1	1	1	1	1	1	1	1	130
5	1	1	1	1	1	1	1	1	1	1	170
6	1	1	1	1	1	1	1	1	1	1	155

续表

处理	X_1	X_2	X_3	(X_4)	X_5	X_6	X_7	X_8	(X_9)	X_{10}	谷氨酸产量/(g/L)
7	−1	1	1	1	1	1	1	1	1	1	142
8	−1	1	1	1	1	1	1	1	1	1	123
9	−1	1	1	1	1	1	1	1	1	1	112
10	1	1	1	1	1	1	1	1	1	1	145
11	−1	1	1	1	1	1	1	1	1	1	132
12	−1	1	1	1	1	1	1	1	1	1	95

运用SAS软件分别计算各因素效应进行 t 检验，选择置信度较高的因素作为显著因素做进一步考察。利用SAS软件对Plackett－Burman实验结果进行方差分析，结果见表6-6。

表6-6　Plackett－Burman实验设计的因素水平及效应分析

编号	因素/(g/L或mL/L)	水平 低(−1)	水平 高(+1)	t-检验	P	意义
X_1	糖蜜	10	50	31.5	0.020203	*
X_2	玉米浆	10	50	15.5	0.041015	*
X_3	葡萄糖	10	50	3	0.204833	NS
X_4	空白	—	—	1.5	0.374334	NS
X_5	豆粕水解液	10	50	−1	0.5	NS
X_6	$MnSO_4$	0.1	0.05	0.5	0.704833	NS
X_7	$MgSO_4$	1	5	17.5	0.036339	*
X_8	Na_2HPO_3	1	5	6	0.105237	NS
X_9	空白	—	—	5	0.155958	NS
X_{10}	KCl	0.5	2.5	−4.5	0.139209	NS

注：*，显著；NS，不显著；—，未检测到。

P 值的大小表明各个考察因素的显著水平。P 值小于0.05，表明各因素有显著影响。由表6-6可知，对谷氨酸产量有显著影响的因素包括：糖蜜、玉米浆和 $MgSO_4$，选取这3个影响因素进行最陡爬坡实验。根据这3个因素效应大小比例设定其变化方向及步长进行实验，设计及结果如表6-7所示。

表6-7　最陡爬坡实验设计

处理	糖蜜/(mL/L)	玉米浆/(mL/L)	$MgSO_4$/(g/L)	谷氨酸/(g/L)
1	10	10	1	108
2	20	20	2	132
3	30	30	3	174

续表

处理	糖蜜/（mL/L）	玉米浆/（mL/L）	$MgSO_4$/（g/L）	谷氨酸/（g/L）
4	40	40	4	162
5	50	50	5	128

可见最优产酸条件在处理 3 与处理 4 之间，故以处理 3 条件为后续实验中心点。采用 Box - Behnken 实验设计三因素三水平的响应面分析实验，以谷氨酸产量 Y 作为响应值，以糖蜜 30mL/L，玉米浆 30mL/L，$MgSO_4$ 3g/L 为中心点实施响应面分析。实验设计及结果见表 6-8。

表 6-8　Box - Behnken 实验设计及其结果

处理	糖蜜/（mL/L）		玉米浆/（mL/L）		$MgSO_4$/（g/L）		谷氨酸/（g/L）
	X_1	编码 X_1	X_2	编码 X_2	X_3	编码 X_3	
1	−1	20	−1	20	0	3	126
2	1	40	−1	20	0	3	136
3	−1	20	1	40	0	3	162
4	1	40	1	40	0	3	160
5	−1	20	0	30	−1	2	158
6	1	40	0	30	−1	2	154
7	−1	20	0	30	1	4	152
8	1	40	0	30	1	4	166
9	0	30	−1	20	−1	2	134
10	0	30	1	40	−1	2	164
11	0	30	−1	20	1	4	138
12	0	30	1	40	1	4	158
13	0	30	0	30	0	3	172
14	0	30	0	30	0	3	178
15	0	30	0	30	0	3	176

运用 SAS 软件响应面分析程序对 15 组试验的响应值进行回归分析，经过回归拟合，各试验因子对响应值的影响可以用以下函数表示：

$$Y=178.3333+6.875X_1+0.875X_2+0.5X_3-8.916667X_1^2-1.5X_1X_2-1.25X_1X_3-4.416667X_2^2+2.25X_2X_3-3.166667X_3^2$$

回归方程的方差分析及模型可信度分析结果见表 6-9 和表 6-10。从回归方程的方差分析表中可以看出，用上述回归方程描述各因子与响应面之间的变化关系时，方程的 F 值为 51.83608，大于 F 的概率（$P>F$）为 0.00021，说明该方程是显著的。由模型的可信度分析表可知，该方程的决定系数 $R^2=98.94\%$，说明模型可以解释 98.94%的实验所得的谷氨酸产量变化，表明方程拟合良好。CV 表示实验的精确度，CV 值越低，实验的可靠性越高，本设计实验中 CV＝1.673388，说明实验操作可信。

表 6-9　　回归方程的方差分析

方差来源	自由度	总偏差平方和	平均偏差平方和	F	P
模型	9	785.3167	87.25741	51.83608	0.00021
误差项	5	8.416667	1.683333		
总和	4	793.7333			

表 6-10　　模型可信度分析

名称	数值
平均值	155.06
决定系数	98.94％
调整后的决定系数	97.03％
模型误差平方根	1.297433
变异系数	1.673388

利用 SAS 软件对二次回归模型进行规范分析，得到 3 个重要影响因子之间的响应面立体分析（图 6-1）。

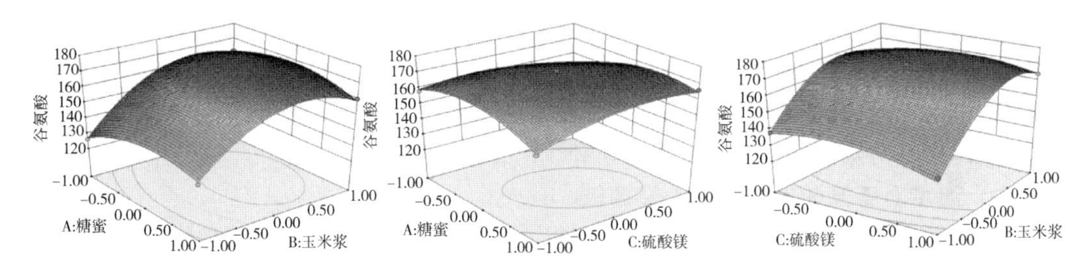

图 6-1　三因素响应面立体图

可以看出，响应值存在最大值，进一步通过软件分析计算，预测得到最大谷氨酸产量为 179.68g/L，此时：X_1＝0.06，X_2＝0.38，X_3＝－0.02；相当于糖蜜 30.59mL/L，玉米浆 33.82mL/L，$MgSO_4$ 2.99g/L。

为了验证模型的准确性和有效性，用预测的最佳培养基和初始发酵培养基分别进行发酵实验，结果发现，由回归方程所得出的最高产量的预测值与验证实验的平均值接近，说明模型能够比较真实地反映筛选因素对谷氨酸产量的影响，证明用响应面法寻求最佳培养基组成是可行的。

第二节　氨基酸发酵过程调控

与其他微生物发酵一样，氨基酸发酵是一个复杂的生化过程，涉及诸多因素，如氨基酸生产菌种、培养基的组成、发酵条件的控制等。常见的发酵过程控制参数有温度、压力、pH、溶解氧、搅拌转速、空气流量、液位、补糖、补培养基或前体等。通过对发酵条件的工艺控制，直接影响着氨基酸生产菌的代谢活动，进一步通过发酵液的各种检测指标反映出来。这些检测指标主要有发酵液的pH、温度、菌体浓度、溶解氧浓度、糖浓度、氮浓度、产物浓度和尾气中CO_2含量等。依据这些指标，运用代谢组学和发酵动力学方法对氨基酸发酵过程进行分析，预测氨基酸生产菌的代谢方向，从而进一步指导优化氨基酸发酵过程调控。

一、发酵过程调控的基本概念

发酵过程调控是根据对发酵过程参数的有效检测及微生物代谢过程变化规律的科学分析，对发酵过程中的各种参数条件进行有效调控，从而使发酵过程正常、高效进行。

发酵过程调控的最终目的是为微生物生长代谢创造良好条件，使微生物处于最适宜的生长状态或分泌目的产物的状态，使微生物能够进行快速、高效的生物代谢活动，从而降低消耗、提高目的产物的产率。

发酵过程调控一般包括3个步骤：①对发酵过程的未来状态产生影响的参数进行检测，如温度、pH、溶解氧等；②通过选择性地控制操作调整发酵参数，如阀门的开/关、泵的启/停、流量大/小等；③建立控制模型，分析发酵过程参数，通过发酵过程模型预测控制操作对发酵状态产生的影响，进一步指导发酵过程调控。

二、氨基酸发酵过程调控的主要内容

在氨基酸发酵生产过程中，应用已优化的培养基配方，为获得最大的生产效率而确定的发酵最优操作参数进行的生产调控就是氨基酸发酵过程调控的主要内容，如通过研究发酵过程中温度、pH、溶解氧等参数对发酵生产过程的影响，采取控制合适的参数的策略可以有效提高目的氨基酸的产率、转化率和生产强度。

（一）温度对氨基酸发酵的影响及调控

在氨基酸发酵过程中，氨基酸生产菌的生长繁殖和产物合成都需要维持在适当温度，通常情况下这两个温度是不同的。微生物体内各种酶的活性会直接受到温度的影响，因此，在氨基酸发酵过程中必须保证稳定和适宜的温度范围。

氨基酸发酵过程中，随着菌体代谢活动的增加，对培养基的利用，以及机械搅拌的动能转化，都会产生一定的热量，同时，因发酵罐与环境的温差、水分蒸发等也会带走部分热量。发酵培养的温度主要受发酵过程中产生的净热量的影响。发酵净热量的通式表示为。

$$Q_{发酵}=Q_{生物}+Q_{机械}\pm Q_{辐射}-Q_{蒸发}$$

式中，$Q_{生物}$是指氨基酸生产菌在生长繁殖中，代谢分解培养基中的碳水化合物、脂肪和蛋白质以及呼吸作用释放出的生物热；$Q_{机械}$是指在机械搅拌发酵罐中，机械搅拌转动并带动发酵液做机械运动，造成液体之间、液体与搅拌装置及设备之间的摩擦而产生的机械热；$Q_{辐射}$是指由于发酵罐内液体温度与罐外环境不同，发酵液中部分热量向外辐射或外界热量向发酵罐辐射所产生的热量；$Q_{蒸发}$是指发酵过程中通气时，引起发酵液水分的蒸发，被空气和水分带走的蒸发热，也称为汽化热。

生物热（$Q_{生物}$）一部分用来合成供氨基酸生产菌合成和代谢活动需要的化合物，一部分用来合成最终代谢产物，其余部分则以热量的形式散发出来。发酵过程中的生物热与菌株和培养基等多种因素有关。一般情况下，培养基营养成分越丰富，菌株对营养物质的利用速度越快，产生的生物热也就越大。在发酵培养的不同阶段，菌体的代谢活动和呼吸强度不同，所产生的生物热也不同。发酵初期阶段，菌体处在适应期，菌体数量少，呼吸作用缓慢，产生的热量较少，对温度的影响有限。当菌体处在对数生长期，菌体繁殖旺盛，菌体数量大量增加，呼吸作用强烈，产生的热量多，会促使温度上升，因此，生产上必须严格控制温度，采取必要的降温措施。在发酵培养后期，菌体开始衰老，繁殖停滞，主要依靠胞内酶进行发酵作用，产热较少，且逐渐减弱。生物热在整个发酵过程中是影响发酵培养温度的主要因素。

发酵培养温度对氨基酸生产菌的生长代谢和发酵过程具有着非常重要的影响。温度是影响氨基酸发酵过程的各种因素中最为重要的因素。温度对氨基酸发酵的影响不仅表现为对菌体表面的作用，而且对菌体内部所有物质和结构都有作用。温度通过影响生物体内的各种酶反应而影响整个生物体的生命活动。温度不但决定一种微生物的生长发育旺盛与否，而且还决定其是否能生长发育。各种微生物在一定的条件下都有一个最适的生长温度范围，在此温度范围内，微生物生长繁殖最快。最适合的温度是指在该温度下，最适合于菌体的生长和产物的生成。它是在一定条件下测得的结果。大多数氨基酸生产菌株的最适生长温度都在 28～37℃。

温度和微生物的生长有密切关系：一方面在最适温度范围内，生长速度随温度升高而增加，适当提高温度，可以缩短微生物的生长周期；另一方面，不同生长阶段的微生物对温度的反应不同。处于适应期的氨基酸生产菌对温度十分敏感，因此，最好将其置于最适生长温度范围内，这样可以缩短其生长的适应期。

温度对氨基酸发酵的影响是多方面的。从酶反应动力学来看，温度升高，酶反应速度加快，生长代谢加快，产物生成提前。但是，温度越高，酶失活越快，菌体越容易衰老，影响产物的合成。温度还能改变发酵液的溶解氧从而影响发酵。另外，温度也影响生物合成方向。此外，温度还会影响发酵液的物理性质，以及菌种对营养物质的分解吸收等。因此，要保证正常的发酵过程，就需维持最适温度。近年来对氨基酸代谢调节的研究发现，温度与菌体的调节机制关系密切。例如，在 20℃时，氨基酸合成途径的终产物对前端酶的反馈抑制比在正常温度时更大。温度除对氨基酸生产菌种的生长和发酵过程的影响外，还影响组成及酶的特性。同一菌种的生长和产物合成的最适温度也往往不同。例如，谷氨酸生产菌（生物素亚适量法）的最适生长温度为 30～32℃，积累谷氨酸的最适温度为 34～37℃。

为了使氨基酸生产菌的生长速率最快、代谢产物的产率最高，在氨基酸发酵过程中必须根据菌种的特性，严格选择和控制最适合的温度。不同的菌种和不同的培养条件以及不同的酶反应和不同的生长阶段，最适宜的生长温度均有所不同。

因为最适合菌体生长的温度与最适合产物合成的温度有时存在差异，所以，在整个氨基酸发酵过程中，往往不能仅控制在同一个温度范围内。温度的选择还要参考其他发酵条件综合掌握。例如，在通气条件较差的情况下，最合适的氨基酸发酵温度也可能比正常良好通气条件下低一些。这是由于在较低的温度下，氧溶解度相对大些，菌体的生长速率相对小些，从而弥补了因通气不足而造成的代谢异常。又如，培养基成分和浓度也对改变温度的效果有一定的影响。在使用较稀或易被利用的培养基时，降低培养温度，限制氨基酸生产菌种的生长繁殖，可防止养料过早耗竭，菌体过早自溶，从而提高代谢产物的产量。

需要注意的是，氨基酸发酵现多采用基因工程菌，菌体内含有导入大量外源基因的质粒，因此，无论在种子保藏还是发酵过程中一般都选择较低温度，目的就是减缓菌体繁殖速率，避免因繁殖速率过快而导致外源基因的丢失或复制不完整，造成发酵过程中OD值高、产酸低、产量下降等现象。发酵中后期菌体繁殖速率减弱，可以适当提高温度，增加酶的活性，提高设备利用率，降低能耗。

（二）pH对氨基酸发酵的影响及调控

pH是氨基酸生产菌种生长和产物合成非常重要的参数，是代谢活动的综合指标，对于氨基酸发酵过程具有十分重要的意义。大多数氨基酸生产菌的最适pH为6.5～7.5。如果pH范围不合适，则氨基酸生产菌种的生长和产物的合成都要受到抑制。菌种生长的最适pH和产物合成的最适pH有时候不一定是相同的，大部分氨基酸生产菌是一致的，但也有例外。比如，色氨酸生产菌最适生长pH为6.8～7.0，而发酵产物合成最适pH为6.5。这不仅与菌种特性有关，也与产物的化学性质有关。所以，根据不同菌种和产物的特性，在发酵过程中控制pH是非常重要的。

pH的改变对氨基酸生产菌种的生长繁殖和代谢产物形成的影响主要有以下几个方面。

1. 使氨基酸生产菌种细胞原生质膜的电荷发生改变

原生质膜具有胶体性质，在一定pH时可以带正电荷，而在另一pH时则带负电荷，在电荷改变的同时，会引起原生质膜对某些离子渗透性的改变，从而影响氨基酸生产菌种对培养基营养物质的吸收和代谢产物的外排，从而影响新陈代谢活动的正常进行。

2. 直接影响酶的活性

由于酶的作用均有其最适合的pH，所以在不适宜的pH下，氨基酸生产菌细胞中的某些酶的活性受到抑制，氨基酸生产菌的生长繁殖和新陈代谢也会因此而受到影响。

3. 直接影响代谢过程

发酵液的pH直接影响培养基某些重要的营养物质和中间代谢产物的解离，从而影响氨基酸生产菌对这些物质的利用。构成微生物的各种物质大多在水中一边解离，同时又保持一定的平衡。水的解离和氢离子有关，因而氢离子的浓度对这些物质的解离影响很大，从而影响氨基酸生产菌的营养吸收、酶的活性，影响其分解和合成代谢。因此，pH的改变往往引起氨基酸生产菌的代谢过程的改变，从而使代谢产物的质量和比例发生改变。

在氨基酸发酵过程中，pH往往处于动态变化之中。pH的这种变化取决于氨基酸生产菌的种类、基础培养基的组成和发酵条件。在菌体代谢过程中，自身有维持其最适生长pH的能力，但外界条件发生较大变化时，pH将会不断波动。氨基酸生产菌种一方面通过代谢活动分泌氨基酸，氨基酸有酸性的、中性的或者碱性的，当某一种氨基酸富集时，会导致发酵环境的pH变化；另一方面，氨基酸生产菌种通过利用发酵培养基中的酸性物质或碱性物质从而引起发酵液的pH变化。

基础培养基的氮源对氨基酸发酵液的pH有较大的影响。如以氨作为氮源，NH_3在溶液中以NH_4^+的形式存在，它被利用成为$R-NH_3^+$后，在培养基中生成H^+，会使pH下降；如以氨基酸作为氮源，氨基酸被利用后产生H^+，会使pH下降。培养基中的pH变化有时还是波动的。例如，培养基中的蛋白质、其他含氮有机物或谷氨酸亚适量法发酵中尿素被尿酶水解放出氨，pH 可迅速上升，当氨被菌体利用后，pH 则又会下降。在氨基酸发酵过程中补加氮源也会出现 pH 波动的情况，如补加氨，发酵液的 pH 先迅速上升，当氨开始被利用后，pH 又逐渐下降。此外，在发酵中一次加糖过多，氧化不完全就会使有机酸积累，造成 pH 下降。实际上，氨基酸发酵液内测得的 pH 变化是各种反应的综合性结果。

由于氨基酸生产菌种不断地吸收、同化营养物质并排出代谢产物，因此，在氨基酸发酵过程中，发酵液的 pH 是不断变化的。这不但与发酵培养基的组成有关，而且与氨基酸生产菌的生理特性有关。各种微生物的生长和发酵都有各自最适 pH。为了使氨基酸生产菌种能在最适 pH 范围内生长、繁殖和发酵，应根据氨基酸生产菌的特性，不仅要在初始培养基中控制适当的 pH，而且要在整个发酵过程中，随时检查 pH 的变化情况，并进行相应的调控。

在实际生产中，调节控制 pH 的方法应根据具体情况加以选用。如调节培养基的初始 pH，或加入缓冲剂（如磷酸盐）制成缓冲能力强、pH 改变不大的培养基（必须注意灭菌对 pH 的影响），若能使盐类和碳源的配比平衡，则不必加缓冲剂。也可在发酵过程中加弱酸或弱碱调节 pH，合理地控制发酵条件。此外，若仅用酸或碱调节 pH 不能改善发酵情况，进行补料则是一个较好的办法，既可调节培养液的 pH，又可补充营养，增加培养基的碳、氮浓度，减少阻遏作用，从而进一步提高发酵产物的产率。

在氨基酸发酵的初始培养基中，一般调节 pH 在 7.0 左右。在斜面培养、种子培养和发酵的长菌阶段，由于产物很少，pH 变化不是很大，一般不用调节 pH；而在发酵阶段，由于氮源被消耗和氨基酸的积累，pH 变化较大，则必须予以调节和控制。例如，谷氨酸发酵过程中，不同培养时期对 pH 的要求不同，发酵前期，幼龄菌体细胞对氮源的利用率高，pH 变化波动大，如果发酵前期 pH 偏低，则菌体生长旺盛，消耗营养成分快，菌体转入正常代谢，菌体大量生长繁殖而不产生谷氨酸；当 pH 偏高，对菌体生长不利，糖代谢缓慢，发酵时间延长。但是，在发酵前期，如 pH 稍高些（pH7.5～8.0）对抑制杂菌生长有利。因此，发酵前期宜控制 pH 在 7.5 左右，发酵中后期宜控制 pH 在 7.2 左右，原因是谷氨酸脱氢酶的最适 pH 为 7.0～7.2，氨基酸转移酶的最适 pH 为 7.2～7.4。在谷氨酰胺转氨酶的发酵中，前期控制适当较高 pH（7.0）可缩短细胞生长的延滞期，对酶的合成有利，在发酵的中后期，适当降低 pH 可进一步促进细胞的生长并维持较高的产物合成速率。

在氨基酸发酵过程中一般采用液氨流加法调节控制 pH，即在氨基酸发酵过程中，根据 pH 的变化流加液氨（或氨水）调节 pH，且作为氮源，供给 NH_4^+。氨价格便宜，来源容易。但氨作用快，对发酵液的 pH 波动影响大，应采用少量多次流加，以免造成 pH 过高，抑制菌体生长，也应防止 pH 过低、NH_4^+ 不足等现象的出现。具体流加方法应根据氨基酸生产菌种特性、长菌情况、耗糖等情况来确定，一般控制 pH 在 7.0～7.5，最好采用自动控制连续流加方法。发酵过程中使用氨来调节 pH 需谨慎，过量的氨会使微生物中毒，导致呼吸强度急速下降。因此在需要用通氨来调节 pH 或补充氮源的氨基酸发酵过程中，必须通过监测氨氮和溶解氧浓度的变化防止菌体出现氨过量中毒。

尿素流加法是以前国内味精厂普遍采用的方法。以尿素作为氮源进行流加调节 pH，pH 变化具有一定的规律性，且易于操作控制。首先由于通风、搅拌和菌体中尿酶作用使尿素分解释放出氨，pH 上升；氨和培养基成分被菌体利用并形成氨基酸等中间代谢物，pH 降低，这时就需要及时流加尿素，以调节 pH 和补充氮源。当流加尿素后，尿素被菌体尿酶分解，放出氨使 pH 上升，氮被菌体利用并形成代谢产物又使 pH 下降，反复进行流加以维持一定的 pH。流加时除主要根据 pH 的变化外，还应当考虑菌体生长、耗糖、发酵的不同阶段来采取少量多次流加，维持 pH 稍低些，以利于微生物的生长。当菌体生长加快、耗糖加快时，流加量可适当多些，pH 可略高些，发酵后期有利于促进产谷氨酸，维持 pH7.2 左右为好。当残糖量很少，接近放罐时，以不加或少加为好，以免造成浪费。

目前氨基酸生产厂家主要通过补料方法控制 pH，即将 pH 控制与代谢调节相结合，通过补料控制实现 pH 控制，按氨基酸生产菌的生理代谢需要，通过调节流加糖速率来控制 pH。在氨基酸发酵中，如果发酵液中的糖分缺乏，发酵液的 pH 会显著升高，此时应及时补入糖液以降低氨基酸发酵液的 pH。

（三）溶解氧对氨基酸发酵的影响及调控

大部分氨基酸生产菌的生长发育和产物合成都需要消耗氧气，它们只有在氧分子存在的情况下才能完成生物氧化作用，因此，供氧对氨基酸发酵必不可少。氨基酸生产菌只能利用溶解于液体中的氧，而氧在水中的溶解度很低，这就使溶解氧（DO）成为氨基酸发酵过程中最重要的控制因素。28℃时氧在发酵液中 100％的空气饱和浓度只有 7mg/L 左右，比糖的溶解度小 7000 倍。在对数生长期，即使发酵液中的溶解氧能达到 100％空气饱和度，若此时中止供氧，发酵液中的溶解氧可在几分钟之内耗竭，使溶解氧成为限制因素。在氨基酸工业发酵中产率是否受氧的限制，只靠通气量的大小是难以确定的。因为溶解氧的高低不但取决于供氧、通气搅拌等，还取决于氨基酸生产菌的需氧状况。判断溶解氧是否能够满足微生物的需求最简便又有效的方法是实时监测发酵液中的溶解氧浓度。从溶解氧变化的情况可以了解氧的供需规律及其对氨基酸生产菌生长和产物合成的影响。

1. 微生物的临界氧浓度

目前，最常用的测定溶解氧的方法是基于极谱原理的电流型测氧复膜电极法，即在发酵罐中安装溶氧电极进行溶解氧的测定。微生物的耗氧速率受发酵液中氧的浓度的影响，各种微生物对发酵液中溶解氧浓度有一个最低要求，这一溶解氧浓度称为临界氧浓度 $C_{临界}$。各种微生物的临界氧值以空气氧饱和度（％）来表示，这只能在一定的条件下，在同样的温度、罐压、通气搅拌下进行比较。因此，在应用时，必须在接种前标定电极。方法是在一定的温度、罐压、通气搅拌下以消毒后培养基被空气 100％饱和为基准。临界氧是指不影响呼吸所允许的最低溶氧浓度，呼吸临界氧值可用尾气 O_2 含量变化和通气量测定。

微生物的呼吸临界氧值不一定与产物合成临界氧值相同，生物合成临界氧浓度并不等于其最适氧浓度。前者是指溶氧值不能低于其临界氧值，后者是指生物合成有一最适溶解氧范围。溶解氧浓度并非越高越好，过高的溶解氧对微生物生长不利的原因是形成超氧化物基、过氧化物基或羟自由基，破坏细胞及细胞膜，而有些带有巯基的酶对高浓度的氧十分敏感。

2. 溶解氧的控制

溶解氧是氨基酸发酵控制最重要的参数之一。由于氧在水、发酵液中的溶解度都很小，因此，需要不断通风和搅拌，才能满足氨基酸发酵过程对氧的需求。

溶解氧的大小对菌体生长和产物合成以及产量都会产生不同的影响。不同种类的微生物需氧量不同，一般为25～100mmol/（L·h）。同种微生物的需氧量，随菌龄和培养条件的不同而异。菌体生长和产物合成时的耗氧量也往往不同，一般幼龄菌生长旺盛，其呼吸强度大，但是种子培养阶段由于菌体浓度低，总的耗氧量也比较低；但在发酵阶段，由于菌体浓度高，耗氧量加大。发酵后期菌种的呼吸强度则较弱。如谷氨酸发酵时，若供氧不足，谷氨酸积累就会明显降低，产生大量乳酸和琥珀酸。谷氨酸生产菌在种子培养7h的耗氧速率为13mmol/（L·h），发酵13h的耗氧速率为50mmol/（L·h），发酵18h的耗氧速率为51mmol/（L·h）。为避免发酵过程中供氧不足，需要考查每一种发酵产物的临界氧浓度和最适氧浓度，并使发酵过程保持在最适浓度。最适溶氧浓度的大小与菌体和产物合成代谢的特性有关。属于初级代谢产物的氨基酸发酵，其需氧量的大小与氨基酸的合成途径密切相关。根据发酵需氧要求不同可分为3类：第一类包括谷氨酸、谷氨酰胺、精氨酸和脯氨酸等谷氨酸系氨基酸发酵，它们在菌体呼吸充足的条件下，目的氨基酸产量最大。如果供氧不足，氨基酸合成就会受到强烈抑制，大量积累乳酸和琥珀酸。第二类包括异亮氨酸、赖氨酸、苏氨酸和天冬氨酸，即天冬氨酸系氨基酸发酵，供氧充足可达到最高产量，但供氧受限，产量受到的影响并不明显。第三类包括亮氨酸、缬氨酸和苯丙氨酸发酵，仅在供氧受限、细胞呼吸受到抑制时，才能获得最大的氨基酸产量，如果供氧充足，产物合成反而受到抑制。氨基酸生物合成途径的不同引起需氧量的不同，因为不同代谢途径产生不同数量的NAD(P)H，则进行氧化所需溶解氧量也就不同。第一类氨基酸是经过乙醛酸循环和磷酸烯醇式丙酮酸羧化系统两个途径形成的，产生的NADH量最多，因NADH氧化反应的需氧量也最多，所以供氧越多，合成氨基酸越顺利；第二类氨基酸的合成途径是产生NADH的乙醛酸循环或消耗NADH的磷酸烯醇式丙酮酸羧化系统，产生的NADH量不多，因而与供氧量关系不明显；第三类氨基酸的合成并不经TCA循环，NADH产量很少，过量供氧反而起抑制作用。由此可知，供氧大小与产物的合成途径密切相关。

正常条件下，每种产物发酵的溶解氧浓度变化都有各自的规律。在谷氨酸发酵前期，产生菌大量繁殖，需氧量不断增大，此时的需氧量超过供氧量，使溶解氧浓度明显下降，出现一个低峰，同时谷氨酸产生菌的摄氧率出现一个高峰，发酵液的菌浓度也不断上升，并出现一个高峰。黏度一般在这个时期也会出现一个高峰阶段。这都说明谷氨酸产生菌正处于对数生长期。谷氨酸生产菌过了生长阶段需氧量就会有所减少，溶解氧经过一段时间的平稳阶段或随之上升后，谷氨酸生产菌发酵过程就开始富集产物，溶解氧也不断上升。谷氨酸发酵的溶解氧低峰在6～20h，低峰出现的时间和低峰溶解氧随菌种、工艺条件和设备供氧能力的不同而异。在发酵中后期，对于分批发酵来说，溶解氧变化比较小。因为菌体已繁殖到一定浓度，进入静止期，呼吸强度变化也不大，如不补加基质，发酵液的摄氧率变化也不大，供氧能力仍保持不变，溶解氧变化也不大。当外界进行补料（包括碳源、前体、消泡剂）时，溶解氧发生改变，其变化大小和持续时间的长短随补料时的菌龄、补入物质的种类和剂量不同而不同。如补加糖后，发酵液的摄氧率增加，引起溶解氧下降，经过一段时间后又逐步回升；继续补糖，溶解氧下降，甚至降至临界氧以下，成为生产上的限制因素。在生产后期，由于菌体衰老，呼吸强度减弱，溶解氧也会逐渐上升，一旦菌体自溶，溶解氧更会明显上升。

在发酵过程中，有时会出现溶解氧明显上升或下降的异常变化，常见的是溶解氧下降。造成异常变化的原因有两个方面：耗氧或供氧发生异常或发生障碍。据资料报道，引起溶解氧异常下降可能有下列原因：①污染了好气性杂菌，大量的溶解氧被耗掉，可能在短时间内（一般2～5h内）使溶解氧接近到零，并长时间不回升；②菌体代谢发生异常现象，需氧量增加，使溶解氧下降；③某些设备或工艺控制发生故障或变化，如搅拌功率消耗变小或搅拌速度变慢，影响供氧能力，使溶解氧降低。又如消泡剂因自动流加失灵或人为加入量过多，也会引起溶解氧迅速下降。其他影响供氧的工艺操作，如停止搅拌、罐排气封闭等，都会使溶解氧发生异常变化。引起溶解氧异常升高的原因，在供氧条件没有发生变化的情况下主要是耗氧出现改变，如菌体代谢出现异常，耗氧能力下降，使溶解氧上升，直到菌体破裂后，完全失去呼吸能力，溶解氧就直线上升。因此，从发酵液中溶解氧浓度的变化，就可以了解氨基酸生产菌生长代谢是否正常，工艺控制是否合理，设备供氧能力是否充足等问题，查出发酵不正常的原因，控制好发酵生产。

发酵液中溶解氧的任何变化都是氧的供需不平衡所造成的结果。因此控制溶解氧水平与氧的供需两方面因素都有关。原则上发酵罐的供氧能力无论提得多高，若工艺条件不配合，还会出现供氧不足的现象。要有效利用现有设备条件便需适当控制氨基酸生产菌的摄氧率。工艺方面有许多行之有效的措施，如控制加糖或补料速率、改变发酵温度、液化培养基、添加表面活性剂等。只要这些措施运用得当，便能改善溶解氧状况和维持合适的供氧水平。

增加氧气在水中的饱和浓度可采用以下方法：①在通气中加入纯氧或富氧，使氧分压提高；②提高罐压，这虽然能增加氧气在水中的饱和浓度，但同时也会增加 CO_2 的浓度，因为后者在水中的溶解度是氧的30倍，这会影响pH和菌种的生理代谢，还会增加对设备的强度要求；③改变通气速率，其作用是增加液体中夹持气体体积的平均成分。在通气量较小的情况下增加空气流量，溶解氧提高的效果显著，但在流量较大的情况下再提高空气流速，对溶解氧的提高并不明显，反而使泡沫大量增加，导致逃液。

好气性发酵罐通常设有通风搅拌装置。通风是为了供给氨基酸生产菌适量的空气，以满足菌体生长繁殖和积累代谢产物的需要。搅拌的作用是把气泡打碎，强化流体的湍流程度，使空气与发酵液充分混合，气、液、固三相更好地接触，一方面增加溶氧速率，另一方面使微生物混合均匀，促进产物代谢。提高设备的供氧能力，从改善搅拌考虑，更容易收效。然而，过度强烈的搅拌，产生的剪切作用大，对细胞造成损伤。另外，搅拌器的形式、直径大小、转速、组数、搅拌器间距以及在罐内的相对位置等因素都对氧的传递有影响。

机械搅拌通风发酵罐的溶氧系数或通气效率是随空气量增多而增加的。当增加通风量时，空气线速度相应增加，从而增大溶解氧；但是，只增加通风量而转速不变时，功率会降低，又会使溶氧系数降低。同时，空气线速度过大时，会发生“过载”现象，这时，桨叶不能打散空气，气流形成大气泡在轴的周围逸出，使搅拌效率和溶解氧效率大大降低。

空气分布管的形式、喷口直径及管口与罐底的相对位置对氧的溶解速率有较大的影响，在机械搅拌通风发酵罐中采用的空气分布装置有单管、多孔环管及多孔分支管等几种。当通风量小（0.02～0.5mL/s）时，气泡的直径与空气喷口直径的1/3次方成正比，就是说，喷口直径越小，气泡直径越小，溶氧系数就越大。但是，一般氨基酸发酵工业的通风量都远远超过这个范围。这时，气泡直径与通风量有关，而与喷口直径无关。即在通风量大时，采用单管或环形管，其通风效应不受影响。氨基酸发酵工业大多采用空气分布器，空气分布器在搅拌器下方的罐底中间位置，使空气喷出后就被搅拌器打碎，从而提高了通气效率。

发酵罐内的液位高度和发酵罐体积也是影响溶解氧的因素。一般在不增加功率消耗和空气流量时，增加发酵液体积会使通风效率下降，特别是在通风量较小时更显著。但是，在空气流量和单位发酵液体积消耗功率不变时，通风效率随罐的高径比（H/D）的增加而增加。根据经验数据，当 H/D 从 1 增加到 2 时，溶氧系数可增加 40%左右；当 H/D 从 2 增加到 3 时，溶氧系数增加 20%左右。由此可见，罐的高径比 H/D 小则氧的利用率差，因而国外倾向于采用较高的 H/D。据报道，国外通常采用 $H/D=3\sim5$，国内有些工厂采用 $H/D=3$，使用效果良好。但 H/D 太大，溶氧系数反而增加不大；相反，由于罐身过高，罐内液柱过高，液柱压差增大，气泡体积缩小，有气液界面积小的缺点，且 H/D 太大，对厂房要求也提高。一般罐高径比在 2～3 为宜。通常，发酵罐体积大的氧利用率高，体积小的氧利用率低。在几何形状相似的情况下，发酵罐体积大的氧利用率可达 7%～10%，而体积小的氧利用率只有 3%～5%。发酵罐大小不同，所需的搅拌转速、通风量不同，大罐的转速较低，通风量较小。因为若溶氧系数保持一定，大罐气液接触时间长，氧的溶解率高，搅拌和通风均可小些。

发酵液的物理性质与溶解氧也有关系。在氨基酸发酵过程中，微生物分解并利用培养液中的基质，大量繁殖菌体、积累代谢产物等都引起发酵液物理性质的改变，特别是黏度、表面张力、离子浓度等，从而影响气泡的大小、气泡的稳定性和氧的传递速率。此外，发酵液黏度的改变，还影响液体的湍流性、界面或液膜阻力，从而影响溶氧速率。通常，发酵液浓度增大、黏度增大时，溶氧系数降低。氨基酸发酵过程中产生大量泡沫，菌体与泡沫会形成稳定的乳浊液，影响氧的传递。此时，可加入适量的消泡剂进行消泡。

影响溶解氧的因素见表 6-11。

表 6-11　　影响溶解氧的因素

项目	影响因素
菌种特性	好气程度 菌龄、数量 菌种富集状态
培养基	培养基的组成、配比 培养基的物理性质
发酵控制	补料或补糖：配方、次数和频率 温度：恒温或变温控制 尾气：CO_2 水平
消泡剂	种类、数量、次数和流加时机

提高溶解氧的措施需要从影响氧溶解和传递的因素来考虑。由前所述，氨基酸工业发酵中通常采用搅拌、控制培养基浓度、控制空气流速、改善发酵罐的结构等方面提高溶解氧。

（1）提高溶解氧的措施　在氨基酸发酵中溶解氧水平对产物合成有很大的影响。氨基酸生产菌只能利用溶解于培养基中的氧，只有通过搅拌，均匀地溶解于培养基内的一部分氧分子才能透过细菌细胞膜进入细胞内被利用，而溶解氧大小主要是由通气量、搅拌、罐压、温度几个因素决定的，搅拌转速影响最大、罐压次之，最后是通风量的影响，同时培养基的温度也对溶解氧有一定影响。除此之外，培养基中溶解氧的多少还取决于发酵罐的高径比、液层高度、搅拌器形式、搅拌叶直径大小等因素。同样容积的发酵罐，高径比大的溶解氧高；液层深的溶解氧高，装挡板的比只装列管的溶解氧高。

通常在氨基酸发酵 12～50h 溶解氧下降明显。通过提高溶解氧，有利于氨基酸的合成。

（2）限制培养基的养分　限制养分的供给以降低氨基酸生产菌的生长速率，也可限制氨基酸生产菌对氧的大量消耗，从而提高溶解氧水平。这看来有些“消极”，但从总的经济效益来看，在设备供氧不理想的情况下，控制菌量，使发酵液的溶氧值不低于临界溶氧值，从而提高氨基酸生产菌的生产能力，也能达到高产目标。

（3）改善发酵液的黏度尤其是溶解氧能有效提高传质　值得指出的是，溶解氧只是发酵参数之一，它对氨基酸发酵过程的影响还必须与其他参数配合起来分析。如搅拌对发酵液的溶解氧和氨基酸生产菌的呼吸有较大的影响，但分析时还要考虑到它对菌体形态、泡沫的形成、CO_2 的排除等其他因素的影响。对溶解氧参数的监测，发酵过程溶解氧的变化规律研究，改变设备或工艺条件，配合其他参数的应用，必然会对发酵过程控制、增产节能等方面起重要作用，产生较大的效益。

氨基酸发酵所用菌种大多都是好氧或兼性厌氧菌，较常见的有大肠杆菌、谷氨酸棒杆菌等，大多数是有氧发酵如谷氨酸、赖氨酸、精氨酸、苯丙氨酸、苏氨酸、色氨酸等，也有部分有氧培养菌体，当菌体浓度达到工艺值时转厌氧发酵的，如丙氨酸、缬氨酸等。菌体生长繁殖阶段对溶解氧需求是最大的，因此发酵 OD 达到峰值之前，菌体不断增殖，要及时地提高搅拌转速、风量、罐压等条件，保证培养基中的溶解氧供给。此阶段供氧不足，就导致菌体生长受到抑制，表现为 OD 增长缓慢、耗糖慢、耗氨慢，严重时菌体出现变异、代谢紊乱，导入的过表达质粒基因丢失，造成后期产酸低，转化率下降。如果供氧量过大，会导致菌体过氧化而提前衰老，同时造成能源的浪费。一般种子培养溶解氧控制在 35%～45%，发酵罐 OD 达到峰值之前控制溶解氧在 25%～35%即可。当发酵进入稳定期，菌体需氧量较对数生长期下降，此时耗氧主要是满足氨基酸代谢需要，因此发酵进入稳定期后溶解氧会自动回升，对于耗氧型氨基酸发酵控制过程中要注意及时交叉降低风量、转速、罐压，将溶解氧控制在 15%～25%即可，防止溶解氧含量过高造成菌体早衰。厌氧氨基酸发酵进入稳定期后应关闭发酵罐底风，开少量顶风保持发酵罐正压即可。

（四）补料对氨基酸发酵的影响及调控

目前氨基酸发酵工业生产普遍采用的是补料分批培养的方式，其实质是分批培养，是在分批培养的过程中添加新鲜的培养基（如对于菌体生长限制性的底物）或添加剂（如生成产物的前体物质），俗称“流加补料”，是一种介于分批发酵和连续发酵的特殊培养模式。在培养的不同时间不断补加一定的养料，可以延长氨基酸生产菌的对数生长期和稳定期的持续时间，增加生物量的积累和稳定期细胞代谢产物的积累。补料在氨基酸发酵过程中的应用是培养技术上一个划时代的进步。补料技术本身由少次多量、少量多次，逐步改为流加，近年又实现了流加补料的微机控制。

在发酵开始时投入一定量的基础培养基，到发酵过程的适当时期，开始连续补加碳源和（或）氮源和（或）其他必需的基质，直到发酵液体积达到发酵罐最大工作容积后，停止补料，最后将发酵液一次全部放出。这种操作方式称为单一补料分批培养。由于受发酵罐工作容积的限制，培养周期只能控制在较小的范围内。

重复补料分批发酵是在单一补料分批培养的基础上，每隔一定时间按一定比例放出一部分培养液，使发酵液体积始终不超过发酵罐的最大工作容积，从而可以延长培养周期，直至培养产率明显下降，才最终将培养液全部放出。这种操作方式既保留了单一补料分批培养的优点，又避免了它的缺点。

补料分批培养技术介于分批培养和连续培养，兼有两者的优点，而且克服了两者的缺点。同传统的分批发酵相比，补料分批发酵的优越性很明显：首先它可以解除底物的抑制、产物的反馈抑制和葡萄糖分解阻遏效应。对于好氧发酵，补料分批发酵可以避免在分批发酵中因一次性投糖过多所造成细胞大量生长、耗氧过多以至通风搅拌设备不能匹配的状况，还可以在某些情况下减少菌体生成量，提高有用产物的转化率。在补料分批发酵中菌体可被控制在一系列的过渡态阶段，可用来作为控制细胞质量的手段。用补料分批发酵技术可以重复某个时间细胞培养的过渡态。同时研究补料分批发酵是达到自动控制和最优控制的前提。

与连续发酵相比，补料分批发酵不需要严格的无菌条件，也不会产生菌种老化、变异、污染等问题；最终产物浓度较高，有利于产物的分离；使用范围也比连续发酵更为广泛。

但是补料分批发酵并非十全十美，它也有一些缺点：①用于反馈控制的附属设备比较贵；②在没有反馈控制的系统中料液的添加程序是预先固定的，当微生物的生长方式（即菌体生长）随时间变化的情况与预想的不一致时，不能进行有效的调节；③要求操作者具有较高的操作技能。另外，补料分批发酵要解决的一个重要问题是向发酵罐中加入什么物质以及如何加入这些物质。目前在氨基酸生产上还只是凭经验确定或根据少数几次检测的静态参数设定控制点，带有一定的盲目性，很难同步地满足微生物生长和产物合成的需要，也不可能完全避免基质的调控反应。

补料分批发酵可以对氨基酸发酵培养液中的基质浓度加以控制，提高产物的生产效率。采用补料发酵法，可以使基质浓度保持在较低水平，可以缩短迟缓期和减小其对菌体生长的抑制作用。通过流加高浓度的营养物质，培养液中细胞浓度可以达到非常高的程度，如大肠杆菌的菌体浓度可以达到 $125kg/m^3$（干重），而补料分批发酵可以使其菌体得率增大 10 倍。因此，补料分批发酵十分适合于胞内产物和生长耦联产品的生产过程。在补料发酵系统中先将进料速度控制在菌体能够进行大量繁殖的水平；然后当微生物进入稳定状态，生长速度缓慢时逐渐减少料液的供给量；最后使所加料液仅能满足菌体维持生长的基本所需而又能形成产物。

在大肠杆菌等细菌的好氧发酵中，糖浓度过高时生成副产物乙酸、乳酸等有机酸，抑制菌体生长或对代谢过程产生不利影响，这种现象称为细菌葡萄糖效应。在基因重组大肠杆菌培养系统中，为了抑制乙酸等有机酸的生成，需要将糖浓度降低到不至于使菌体得率减小的程度，因此适宜采用流加法补糖。

在反应中过量加入营养物，只使菌体迅速生长，却使目的代谢产物的产量减少。相反，营养物严重缺乏时菌体生长受抑制，代谢产物的产量也会减小。可见，在这两种情况之间存在一个最适营养物浓度。为了在最适浓度下反应，可采用流加法加以控制。

一些营养缺陷型菌株可以积累某种产物，利用这类菌株进行氨基酸生产时需补充其不能合成的物质供生长之需。但这些物质过量存在时可能产生反馈抑制或阻遏作用，影响产物的合成。采用补料培养法可使这些物质保持在低浓度水平，从而提高产物的生产率。

某些氨基酸生产过程中加入前体物质可使产物的产率大大增加，但如果前体物质对细胞有毒性，就不能在培养基中大量加入前体物质。在培养中补入前体物质可使其在培养液中浓度维持在较低水平，但不影响产物的合成。

近年来，随着理论研究和工业应用的不断发展，补料分批发酵的类型从补料方式到计算机最优化控制等方面都取得了很大的发展。尽管它属于分批发酵到连续发酵的过渡类型，但在某些情况下几乎不再含有分批的概念而逼近连续操作，例如，多级的重复补料分批发酵。目前，补料分批发酵的类型很多，就补料方式而言，有连续补料、不连续补料和多周期补料；每次补料又可分为快速补料、恒速补料、指数补料和变速补料；从反应器中发酵体积分，又可分为变体积补料和恒体积补料；从反应器数目分类又有单级和多级之分；从补加的培养基成分来区分，又可分成单一组分补料和多组分补料；也可从物料流入速率和流出速率来分类。

补料分批发酵的优点是能够人为地控制流加底物在培养液中的浓度。分批操作中一次加入的底物在补料分批发酵中逐渐流加，因而可根据流加底物的流量及其被微生物消耗的速率，将该底物的浓度控制在目标值附近。这就是补料分批发酵控制技术所要解决的关键和核心问题。

补料分批发酵的核心是控制底物浓度，操作的关键就是流加什么物质和怎样流加。对于前者，应该流加关键底物，但要寻找这种关键底物，则需要微生物生理学、生物化学以及遗传学等方面的知识以及具体氨基酸代谢过程，因此在工程上更关心怎样流加的问题。

氨基酸补料分批发酵可分为两个阶段：一是生长阶段，即细胞生长到所需浓度的过程；然后进入生产阶段（产物形成阶段），即在此阶段以预定的速度向发酵罐中加入浓度较高的生产用碳源和其他物质。最后，当由于细胞死亡而导致生产速率下降（或发酵罐产生溢流）时，分批发酵就宣告结束。如果微生物对培养条件要求较粗放，则可采用重复补料分批发酵系统。

近年来，氨基酸发酵产率有了大幅度提高，一方面是由于高产菌株的不断更新，另一方面则是发酵工艺和设备条件的相继改进。补料通氨工艺的采用，促进了发酵单位的提高。这种中间控制的显著优势是，氨基酸生产菌的自溶期延退，生物合成期延长，能维持较高的产物增长幅度和较大的发酵液总体积，从而使产物的产率大幅度提高。有些品种采用通氨工艺后，在其他条件配合下发酵单位能提高50%左右。目前大部分发酵品种如谷氨酸、赖氨酸、苏氨酸、色氨酸等均采用补料措施。在氨基酸工业生产上补料还经常作为纠正遗传性异常发酵的一个重要手段。

所谓补料，顾名思义是在发酵过程中补充某些营养成分，以维持菌种的生理代谢活动和产物合成的需要。补料的内容大致可分为以下几个方面：①补充微生物能源和碳源，如在发酵液中添加葡萄糖、麦芽糖等。作为消泡剂的天然油脂，有时也能同时起到补充碳源的作用。②补充菌体所需要的氮源，如在发酵过程中添加蛋白胨、豆饼水解液、花生饼水解液、玉米浆、酵母膏和尿素等有机氮源。有的发酵过程采用通入液氨和添加氨水等方法来补充氮源。由于其本身和代谢后的终产物具有一定的酸/碱度，以上氮源也可用于将发酵液控制在适宜的 pH 范围。③加入某些微生物生长或合成需要的微量元素或无机盐，如磷酸盐、硫酸盐、氯化盐等。

早期的氨基酸发酵生产是采用一次投料发酵，直到放罐结束。这里存在着菌体生长和代谢的调节问题。菌体的生理调节活动和产物合成，除了决定于本身的遗传特性外，还决定于外界的营养环境条件，其中一个重要的条件就是培养基的组成和浓度。若在菌体的生长阶段，碳源和氮源过于丰富，就会使菌体向大量繁殖的方向发展，使营养成分主要消耗在菌体生长上；而在产物合成阶段营养成分便不足以维持正常的生理代谢和合成的需要，从而导致菌体过早自溶，使生物合成阶段缩短。在补料工艺未采用之前，氨基酸工业生产的发酵周期一般只能维持在 2～5d，并且产量很低，采用补料工艺以后发酵周期都相应延长、产品的发酵单位也提高了很多。因此，氨基酸发酵补料的原则就在于控制氨基酸生产菌种的中间代谢，使之向着有利于产物积累的方向发展。利用中间补料的措施给氨基酸生产菌的生长条件进行适当调节，使其在产物合成阶段具有足够而又不过剩的养料供给，以满足其进行产物合成和维持正常新陈代谢的需要。所补加的物料可以是单一的营养物，也可以是多种营养物。

在氨基酸分批补料发酵中，营养物的补入速率不一定是恒速的，根据不同的目的要求，可以设计成多种方式，诸如周期补料、恒速补料、线性补料、指数补料及对数补料等以及它们的不同组合。周期补料，又称间断补料，即每隔一定时间补入一次料；恒速补料，是指以一定的速度连续补料；线性补料、指数补料及对数补料则是指补料速度分别随时间呈线性、指数或对数关系递增。采用这种变速补料的意图，旨在使营养物的补入能够恰到好处，与发酵各时间的不同需求相配合，以便收到良好的效果。

1. 补糖的控制

在确定补料的内容后选择适当的补料时间是相当重要的。补料的时间过早或过晚对氨基酸发酵过程都是不利的。过早补糖会刺激菌体的生长，从而加速糖的利用，在相同的糖耗速度下发酵产物的产量明显低于加糖时间适当的批次。

补糖的时机不能单纯以培养时间作为依据，还要根据基础培养基的碳源种类、用量和消耗速度、前期发酵条件、菌种特性和种子质量等因素来判断。因此，根据代谢变化如残糖含量、pH、菌体形态来考虑，比较切合实际。

在确定补糖开始时间后补糖的方式和控制指标也有讲究。补糖方法控制不好，难以收到应有的效果。补糖的方式一般都以间歇定时加入为主，但近年来也开始注意用定时连续流加的方式进行补料。连续流加比分批加入的控制效果好，可以避免由于一次性大量加入而引起菌体代谢受到环境突然改变的影响。当一次性补料过多时会出现发酵产物的产量在十几个小时以内都不增加的现象，其原因可能在于菌体对环境的突然变化有一个更新适应的过程。这种突然改变有时还有可能导致生物合成方向的改变，使发酵液中的产物积累量受到影响。为了便于连续流加，有的氨基酸发酵工厂采用简单的流加装置，可以计算流加速率和加入的总量。

在有些氨基酸发酵过程的控制中还需参考糖的消耗速度、pH 变化、菌体发育情况、发酵液黏度、发酵罐的实用体积等参数。

2. 补充氮源及无机盐

流加液氨或氨水是目前氨基酸发酵生产补料工艺中普遍采用的措施，它起着补充菌体生产所需无机氮源和调节 pH 的双重作用。流加液氨或氨水时要做到缓慢加入，并注意泡沫的产生情况。为了避免一次加入过多而造成局部碱性过大的现象，也有把液氨管道接到空气分流管内，借着气流的进入而带入，从而可与培养液进行迅速混合。

有些工厂根据发酵代谢过程的具体情况，中间添加某些具有调节生长代谢作用的物料，如磷酸盐、尿素、硝酸盐、硫酸钠、酵母粉或玉米浆等。如果有生长迟缓、耗糖低的情况出现，则可补充适量的磷酸盐，以促进糖的利用，但需注意培养时间和空气流量间的相互配合。

总之，补料操作是灵活控制中间代谢的有效措施。补料的控制方法应依微生物种类、菌种和培养条件的不同而有所差异，不能照搬套用。在实际应用过程中应根据具体情况，通过实践确定出最适的中间控制方法。

补料操作中应注意以下几个问题：料液配比要适合，浓度过高不利于料液的消毒及输送；过低则会引起料液体积增大，从而带来一系列问题，如发酵单位稀释、液面上升、加消泡剂量增加等。由于经常性添加物料，应注意加强无菌控制，对设备和操作都必须从严管理。此外，应考虑经济核算，节约粮食，注意培养基的碳氮平衡等。

（五）菌体浓度对氨基酸发酵的影响及调控

菌体浓度是指单位体积中菌体的含量，它是氨基酸发酵生产过程中一个重要的工艺参数。它不仅代表菌体细胞的多少，而且反映菌体细胞生理特性不完全相同的分化阶段。在发酵动力学研究中，常利用菌体浓度来计算菌体的比生长速率和产物的比生产速率等动力学参数以及相互关系。

菌体浓度与菌体生长速率直接相关，而菌体生长速率与微生物的种类和自身的遗传特性有关。菌体生长速率首先取决于细胞结构的复杂程度和生长机制，即随着物种等级的升高，细胞结构越复杂，细胞增殖速率越慢。其次，菌体生长速率与营养物质和环境条件有密切关系，营养物质丰富有利于细胞的生长，但也存在基质抑制作用，即营养物质存在上限，当超过此上限时会引起生长速率的下降，可能引起高渗透压、抑制关键酶或细胞结构的改变。总之，控制营养条件是氨基酸发酵过程控制中的重要环节。

菌体浓度的大小对氨基酸发酵产物得率会产生重要的影响。一般情况下，氨基酸的产率与菌体浓度成正比，但有时候菌体浓度过高可能引起培养液中营养成分明显改变和有毒物质积累，导致菌体代谢途径发生改变，特别是溶解氧传递的限制，甚至糖耗增加高于正常水平，造成发酵生产转化率较低。因此，采用临界菌体浓度、摄氧速率与传氧速率相平衡时的菌体浓度，即摄氧速率随菌体浓度变化的曲线与传氧速率随菌体浓度变化的曲线交点所对应的菌体浓度，来获得最高生产率。生产上常采取调节补料速度的方法来控制氧的消耗和菌体的生长，使氨基酸生产菌处于半饥饿状态，使得氨基酸发酵液有足够的氧浓度，从而达到高产的目标。

氨基酸发酵过程控制应设法控制菌体浓度在合适的范围内，主要通过接种量和培养基中营养物质的含量来控制菌体浓度。接种量是指种子液体积和培养液体积之比。一般氨基酸发酵常用的接种量为 10％～20％。接种量的大小由发酵罐中菌体的生长繁殖速度决定。一般情况下，采用较大的接种量可缩短生长到达高峰的时间，使产物的合成提前。这是由于种子量多，同时种子液中含有大量的胞外酶，有利于基质的利用，并且氨基酸生产菌在整个发酵罐内迅速占优势，从而减少杂菌生长机会。但接种量过大，也可能使菌体生长过快，培养液黏度增加，导致溶解氧不足，影响产物合成。对于通过培养基中营养物质的含量来控制菌体浓度，首先要确定培养基中各种成分的配比，其次要采用中间补料的方式进行控制。在生产上可采用测定菌体代谢产生的二氧化碳量来控制生产过程的补糖量，以控制菌体的生长和浓度。总之，可根据不同的菌种和产品，采用不同的方法控制最适的菌体浓度。

需要注意的是，可靠的活细胞量是发酵过程中重要的参数之一，有代谢活力的细胞量才与生产效率密切相关。发酵过程中常根据菌体浓度来调节补料，传统的补料策略通常是根据发酵液的菌体浓度（吸光度）来调节，但吸光度反映的是发酵液中的细胞总量，包括死细胞和活细胞，同时它的数值会在一定程度上受培养基成分的影响，所以单纯根据吸光度并不能对发酵过程进行准确的调控。采用活细胞在线检测仪能够实时监测发酵过程中的电容，只有具有完整细胞膜的活细胞才能被极化形成电容，而细胞膜破裂的死细胞和发酵液中的培养基颗粒等不会形成电容，所以不会被检测到，且电容值和活细胞数量之间存在线性关系，根据该数值调控氨基酸发酵过程，能够有效地控制发酵过程中副产物的形成，提高产品产量和糖酸转化率。

（六）排气中 CO_2 对氨基酸发酵的影响及调控

排气中 CO_2 含量是菌体呼吸的反映。研究表明，CO_2 对氨基酸发酵有一定影响。例如，谷氨酸生物合成需要有 CO_2 固定反应，由磷酸烯醇式丙酮酸羧化生成草酰乙酸，提供合成谷氨酸所必需的C4 二羧酸，无 CO_2 存在时这一步反应将无法进行。排气 CO_2 含量过高也影响菌体正常的呼吸作用。已知谷氨酸发酵在菌体呼吸充足时显示最大产量，因此在发酵过程中必须供给菌体充足氧气。生产上可以采用间断或连续测定排气中 CO_2 浓度的办法来调节通气量，以满足供氧要求。一般控制排气 $CO_2$10%左右，发酵开始 4～5h 排气中 CO_2 迅速上升至 10%以上，通过加大通风，以保持排气 CO_2 含量为 10%；到发酵中期至后期，由于呼吸作用减弱，通风需下降，才能保持排气中 CO_2 在 10%左右。发酵后期可降到 10%，最后放罐前也要控制在 8%以上，绝不能降到 0，以免后期通风过大而影响产酸。若排气 CO_2 一反常态，迅速下跌，说明菌体污染了噬菌体。因为菌体一死，立即停止呼吸，不再放出 CO_2，故 CO_2 在正常通风条件下迅速下跌。若排气 CO_2 上升并连续上升，不符合正常发酵过程中排气 CO_2 规律，说明发酵很可能污染了杂菌，要及早采取措施。因此，在氨基酸发酵过程中，排气中 CO_2 含量可以作为氨基酸发酵过程控制的一个重要指标。

（七）泡沫对氨基酸发酵的影响及调控

在氨基酸发酵过程中，为了适应氨基酸生产菌的生理特性，并取得较好的发酵效果，要通入大量的无菌空气。同时，为了加速氧气在水中的溶解度，必须加以剧烈的搅拌，使气泡被分割成无数小气泡，以增加气液接触面积，气泡必须在培养液中停留一定的时间。同时菌体代谢会产生 CO_2，加上发酵液中糖、蛋白质和代谢物等发泡物质的存在，会使发酵液含有一定数量的泡沫。适量泡沫的存在可以增加气液的接触面积，有利于氧的传递。

泡沫是气体被分散在少量液体中的胶体体系，泡沫间被一层液膜隔开而彼此不相连通。氨基酸发酵过程中所遇到的泡沫，其分散相是无菌空气和代谢气体，连续相则是发酵液。

按氨基酸发酵液的性质分为两种泡沫：一种存在于发酵液的液面上，这种泡沫气相所占比例特别大，并且泡沫与它下面的液体之间有能分辨的界线，如在某些稀薄的前期发酵液或种子培养液中所见到的；另一种泡沫出现在黏稠的菌体发酵液当中，这种泡沫分散很细、很均匀、很稳定，泡沫与液体间没有明显的界线，在鼓泡的发酵液中气体分散相所占的比例由下而上逐渐增加。

氨基酸发酵液的理化性质对泡沫的形成起决定性的作用。气体在纯水中鼓泡，生成的气泡只能维持瞬间，其稳定性等于零。这是由于其力学上的不稳定和围绕气泡的液膜强度很低的缘故。氨基酸发酵液中的玉米浆、皂苷、糖蜜所含的蛋白质和细胞本身具有稳定泡沫的作用。多数起泡剂是表面活性物质，它们具有一些疏水基团和亲水基团。分子带极性的一端向着水溶液，非极性一端向着空气，并力图在表面做定向排列，增加了泡沫的机械强度。起泡分子通常是长链形的。其烃链越长，链间的分子引力越大，膜的机械强度就越强。蛋白质分子中除分子引力外，在羧基和氨基之间还有电荷力，因而形成的液膜比较牢固，泡沫比较稳定。此外，发酵液的温度、pH、基质浓度以及泡沫的表面积对稳定性都有影响。

好气性氨基酸发酵过程中泡沫的形成是有一定规律的。泡沫的形成一方面与通风、搅拌的程度有关，搅拌所引起的泡沫比通气更大；另一方面与培养基所用的原材料的性质有关，玉米浆、酵母粉等是主要的起泡因素，其起泡能力随品种、产地、加工、贮藏条件而有所不同，还与培养基配比有关。通常培养基的配方含蛋白质多，浓度高、黏度高，则容易起泡，且泡沫多而持久稳定。胶体物质多、黏度大的培养基更容易产生泡沫，如糖蜜原料，发泡能力特别强，泡沫多而持久稳定。淀粉水解不完全，糊精含量多，也容易引起泡沫的产生。此外，培养基的灭菌方法、灭菌温度和时间依然会改变培养基的性质，从而影响培养基的起泡能力。如糖蜜培养基的灭菌温度从 110℃升高到 130℃，灭菌时间为半个小时，发泡系数几乎增加 1 倍，这是由于形成大量蛋白黑色素和 5-羟甲基糠醛所致。由此可见，发酵过程中泡沫的稳定性与培养基的性质有着密切的关系。发酵过程中，培养液因微生物的代谢活动而处于运动变化中，也会影响泡沫的形成和消长。

氨基酸发酵生产过程中持久性泡沫的存在会给发酵带来许多不利的影响。主要表现为：①发酵罐的装料系数减少。装料系数是装量与容量的比，发酵罐的装料系数一般取 70%左右，通常充满余下空间的泡沫约占整个培养基的 10%，且其成分也不完全与主体培养基相同；②若泡沫过多不加以控制，还会造成排气管有大量逃液，导致产物损失。泡沫升到罐顶有可能从封轴渗出，增加污染杂菌的机会；③泡沫严重时会影响通气搅拌的正常运行，妨碍菌体的呼吸，造成代谢异常，并导致终产物产量下降或菌体提早自溶，后一过程还会促使更多的泡沫形成；④泡沫的产生增加了菌群的非均性，由于泡沫高低的变化和处在不同生长周期的微生物随泡沫漂浮或黏附在罐壁上，使这部分菌体有时在气相环境中生长，引起菌体的分化甚至自溶，从而影响了菌群的整体效果；⑤消泡剂的加入有时会影响发酵或给下游提取工作带来困难。

由于泡沫会给发酵过程造成许多不利的影响，因此，必须控制和消除发酵过程中的泡沫，这也是能否取得高产的重要控制环节。氨基酸发酵工业中常用的两种消泡方式是：化学消泡和机械消泡。化学消泡是一种使用化学消泡剂的消泡法，也是目前应用最广的一种消泡方法。其优点是化学消泡剂来源广泛，消泡效果好、作用迅速可靠，尤其是合成消泡剂效率高、用量少，安装测试装置后容易实现自动控制等。

化学消泡剂消泡的作用机理主要表现在以下几个方面：当化学消泡剂加入起泡体系后，由于消泡剂本身的表面张力比较低，使气泡膜局部的表面张力降低，力的平衡受到破坏，此处被周围表面张力比较大的膜所牵引因而气泡破裂，产生气泡合并，最后导致泡沫破裂；当气泡表面存在着极性的表面活性物质而形成双电层时，可以加一种具有相反电荷的表面活性剂，以降低液膜的弹性，或加入某些具有强极性的物质与起泡剂争夺液膜上的空间，并使液膜的机械强度降低，进而促使泡沫破裂；当泡沫的液膜具有较大的表面黏度时，可加入某些分子内聚力较弱的物质，以降低液膜的表面黏度，从而促使液膜的液体流失使泡沫破裂。通常，一种好的化学消泡剂同时具有降低液膜的机械强度和表面黏度的双重性能。

选择消泡剂时要根据消泡原理和发酵液的性质进行选择，消泡剂必须具有以下特点：①消泡剂必须是表面活性剂，具有较低的表面张力，消泡作用迅速、效率高；②消泡剂在气液界面的扩散系数必须足够大，才能迅速发挥它的消泡活性，这就要求消泡剂具有一定的亲水性；③消泡剂在水中的溶解度较小，以保证其持久的消泡或抑泡性能；④对发酵过程无毒，对人、畜无害，不被微生物同化，对菌体生长和代谢无影响，不影响产物的提取和产品质量；⑤不干扰溶解氧、pH 等测定仪表使用，最好不影响氧的传递。

许多物质都具有消泡作用，但消泡程度不同。微生物工业上常用的消泡剂主要有 4 类：天然油脂类；高级醇类、脂肪酸和酯类；聚醚类；硅酮类。应用较多的是聚醚类的聚氧丙烯甘油和聚氧乙烯丙烯甘油（俗称“泡敌”），用量为 0.03%～10%，消泡能力比植物油大 10 倍以上。泡敌的亲水性好，在发泡介质中易铺展，消泡能力强，但其溶解度也大，消泡活性维持时间较短。消泡剂特别是合成消泡剂的消泡效果与使用方法密切相关。消泡剂加入发酵罐内能否很快产生效果取决于消泡剂的性质和扩散能力。增加消泡剂的扩散可通过机械分散，也可借助某种称为载体或分散剂的物质，使消泡剂更易于分散均匀。

消泡作用的持久性与本身的性能、加入量和加入的时间有关。过量的消泡剂通常会影响菌的呼吸活性和物质（包括氧）透过细胞壁的运输。因此，应尽可能减少消泡剂的用量。在应用消泡剂前需做比较性试验，找到一种对微生物生理、产物合成影响最小，消泡效果最好，且成本低的消泡剂。另外，化学消泡剂应制成乳浊液，以减少同化和消耗。在使用化学方法控制泡沫的同时要利用机械方式来消泡，并采用自动监控系统。

机械消泡是一种物理作用，靠机械强烈振动、压力的变化，促使气泡破裂，或借机械力将排出气体中的液体加以分离和回收。其优点是不用在发酵液中加入其他物质，节省原料（消泡剂），减少由于加入消泡剂所引起的污染机会。缺点是效果往往不如化学消泡迅速可靠，需要一定的设备和消耗一定的动力，并且不能从根本上消除引起泡沫稳定的因素。理想的机械消泡装置必须满足以下几个条件：动力小、结构简单、坚固耐用、清洗杀菌容易、维修保养费用少。机械消泡的方法有多种：一种是在发酵罐内将泡沫消除；另一种是将泡沫引出发酵罐外，当泡沫消除后，再将液体返回发酵罐内。罐内消泡法最常用的消泡装置是耙式消泡桨。它装于发酵罐内搅拌轴上，齿面略高于液面，当产生少量泡沫时耙齿随时将泡沫打碎；但当产生大量泡沫、上升很快时，耙桨来不及将泡沫打碎，就失去消泡作用，此时需添加消泡剂。所以，这种装置的消泡作用并不完全，只是一种简单的措施而已。消泡桨的直径一般取0.8～0.9倍罐径，以不妨碍旋转为原则。除了耙式消泡桨外，罐内机械消泡的方法还有旋转圆板式的机械消泡、流体吹入式消泡、气体吹入管内吸引消泡、冲击反射板消泡、超声波消泡等。

罐外消泡法最常用的消泡装置为旋转叶片。这是一种最简单的罐外机械消泡装置。它的工作原理是将泡沫引出罐外，罐外消泡装置的旋转叶片由马达带动，利用旋转叶片所产生的冲击力和剪切力进行消泡，消泡后，液体再回流到发酵罐内。其他的罐外消泡方法还包括有喷雾消泡、离心力消泡、旋风分离器消泡、转向板消泡等。

三、发酵过程调控实例——谷氨酸温度敏感突变株发酵过程调控

在谷氨酸发酵行业，几年前大多数生产企业采用的谷氨酸棒杆菌是以淀粉水解糖等为主要原料，通过控制生物素“亚适量”进行发酵生产。近年来，国内味精厂在谷氨酸生产上由传统的亚适量菌株生产工艺成功转型为谷氨酸温度敏感突变株生产工艺，并实现稳定生产，谷氨酸发酵技术指标大幅度提高，吨谷氨酸的生产成本大幅度下降。科学研究和生产实践已表明，采用谷氨酸温度敏感突变株强制发酵谷氨酸不需要控制生物素“亚适量”，仅需要通过温度转换即可完成细胞转型，并能实现高产酸和高转化率。谷氨酸温度敏感突变株的突变位置是在决定与谷氨酸分泌有密切关系的细胞膜结构基因上，发生碱基的转换或颠换，一个碱基为另一个碱基所置换，这样该基因所指导的酶，在高温下失活，导致细胞膜某些结构的改变。当控制培养温度为最适生长温度时，谷氨酸温度敏感突变株菌体正常生长；当温度提高到一定程度时，菌体便停止生长而大量产酸。

（一）菌种

谷氨酸温度敏感突变株（*Corynebacterium glutamicum*）。

（二）培养基

种子培养基：淀粉水解糖60g/L，玉米浆20mL/L，豆粕水解液40g/L，硫酸镁1g/L，磷酸二氢钾3g/L，硫酸锰0.02g/L，硫酸亚铁0.02g/L，生物素500μg/L，硫胺素200μg/L，pH7.0～7.2。

发酵培养基：淀粉水解糖30g/L，糖蜜30.59mL/L，玉米浆33.82mL/L，硫酸镁2.99g/L，磷酸二氢钾3g/L，硫酸锰0.02g/L，硫酸亚铁0.02g/L，生物素500μg/L，硫胺素200μg/L，消泡剂0.1mL/L，pH7.0～7.2。

（三）发酵过程调控

1. 温度控制

对于谷氨酸温度敏感突变株来说，菌体生长最适温度为30～34℃，谷氨酸合成的最适温度为35～38℃，到后期谷氨酸脱氢酶的最适温度比菌体生长、繁殖的温度要高，因而在发酵后期阶段要适当提高发酵温度以提高酶的活性，更有利于提高发酵过程的产酸率。温度转换方式和温度转换后菌体的适度剩余生长是谷氨酸温度敏感突变株发酵控制的关键。

在谷氨酸发酵前期长菌阶段应采用与种子扩大培养时相应的温度，以满足菌体生长最

适温度；若温度过高，菌体容易衰老，生产上常出现前劲大后劲小，后期产酸缓慢，菌体衰老自溶，周期长、产酸低，并影响提取，应及时降温，采用小通风，必要时可补加玉米浆以促进生长。若前期温度过低，则菌体繁殖缓慢、耗糖慢、发酵周期延长，必要时可补加玉米浆，以促进生长。在发酵中、后期，菌体生长已停止，由于谷氨酸脱氢酶的最适温度比菌体生长繁殖的温度要高，为了大量积累谷氨酸，需要适当提高温度，有利于提高谷氨酸产量。

谷氨酸温度敏感突变株发酵培养过程中，温度转换主要是为了控制菌体由谷氨酸非积累型细胞向积累型细胞的转变，转化时间不同，产酸的变化非常明显。因此，菌株生长到什么阶段进行温度转换是影响谷氨酸温度敏感突变株产酸的关键。温度转换后要求有一定量的剩余生长，剩余生长的多少将直接影响到菌株细胞的活性，剩余生长太少，将无法完成这种转变，剩余生长太多，则意味着菌体未能进行有效的生理变化。

研究表明，谷氨酸温度敏感突变株通过温度改变，控制某些与细胞膜结构改变相关酶的活性，这些酶在低温下正常表达，高温下失活，导致细胞膜某些结构改变，从而实现菌体由长菌期到产酸期的转换。谷氨酸温度敏感突变株发酵变温的时间点选择非常关键，通过发酵时间、菌体密度或者产酸量来决定升温时间。实验表明，生产线在稳定情况下，通过不同时间提高温度，温度的变化时间节点优化选择能够有效提高生产指标。谷氨酸温度敏感突变株发酵控制温度的另一个关键因素在于控制温度稳定性，温度波动大会造成谷氨酸温度敏感突变株菌体密度偏低，耗糖偏慢，产酸低等。

2. pH 控制

pH 对谷氨酸温度敏感突变株的生长和代谢产物的形成都有很大影响。不同种类的微生物对 pH 的要求不同，谷氨酸温度敏感突变株的最适生长 pH 为 6.5～7.5。pH 主要通过以下几方面影响谷氨酸温度敏感突变株的生长和代谢产物形成：①影响酶的活性。pH 的高或低能抑制谷氨酸温度敏感突变株某些酶的活性，使细胞的代谢受阻。②影响谷氨酸温度敏感突变株细胞膜所带电荷。细胞膜的带电荷状况如果发生变化，细胞膜的渗透性也会改变，从而影响谷氨酸温度敏感突变株对营养物质的吸收和代谢产物的分泌。③影响培养基某些营养物质和中间代谢产物的分离，影响谷氨酸温度敏感突变株对这些物质的利用。④pH 的改变往往引起菌体代谢途径的改变，使代谢产物发生变化。例如，谷氨酸温度敏感突变株在中性和微碱性条件下积累谷氨酸，在酸性条件下形成谷氨酰胺和 *N*-乙酰谷氨酰胺。因此，在谷氨酸温度敏感突变株发酵过程中应严格控制发酵的 pH。

谷氨酸温度敏感突变株发酵在不同阶段对 pH 的要求不同，需要分别加以控制。发酵前期，幼龄菌对氮的利用率高，pH 变化大。如果 pH 过高，则抑制菌体生长，糖代谢缓慢，发酵时间延长。在正常情况下，为了保证足够的氮源，满足谷氨酸合成的需要，发酵前期控制 pH 在 7.3 左右，发酵中期控制 pH7.2 左右，发酵后期控制 pH7.0 左右，在将近放罐时，为了后工序提取谷氨酸，控制 pH6.5～6.8 为好。

在谷氨酸温度敏感突变株发酵过程中，由于菌体对培养基中营养成分的利用和代谢产物的积累，使发酵液的 pH 不断变化，表现为发酵液 pH 的升/降。当氨被菌体利用以及糖被利用生成有机酸等中间代谢产物时，使 pH 下降，同时谷氨酸的形成耗用大量氨也使 pH 下降。因此，要不断补充液氨作为氮源和调节 pH。当流加液氨后，会使发酵液 pH 升高，氨被利用和产物生成又使 pH 下降，这样反复进行直至发酵结束。因此，pH 的变化被认为是谷氨酸温度敏感突变株发酵的重要指标。然而，pH 的变化取决于菌体的特性、培养基的组成和工艺条件。pH 的变化规律同菌种、所含酶系、培养基成分和配比、通风、搅拌强度以及调节 pH 方法等具有紧密的联系。

3. 溶氧控制

谷氨酸温度敏感突变株和其他好气性微生物一样，对培养液中的溶解氧浓度有一个最低的要求。在此溶解氧浓度以下，谷氨酸温度敏感突变株的呼吸速率随溶解氧浓度降低而显著下降，此溶解氧浓度称为临界溶解氧浓度，以 $c_{临界}$ 表示（或以临界溶解氧分压 p_L 表示）。

在临界溶解氧浓度以下，氧成为谷氨酸温度敏感突变株生长的限制性基质，在此范围内谷氨酸温度敏感突变株的耗氧速率符合米氏方程（Michaelis－Menten equation）。

$$r_{ab}=\frac{Q_{O_2}\rho c}{K_m+c}$$

式中，r_{ab}——耗氧速率，mol/（mL・min）

Q_{O_2}——当 $c \geqslant c_{临界}$ 时细胞的呼吸速率，mol/（g・min）

ρ——细胞浓度，g/mL

K_m——米氏常数

谷氨酸温度敏感突变株发酵的临界溶解氧浓度都很低。一般溶解氧分压在 1kPa 以上时，可用氧膜电极测定；在 1kPa 以下时，氧膜电极测定为“0”，即不能测定。在一定的pH、温度培养条件下，通过同时测定培养液中的溶解氧分压、氧化还原电位和细胞呼吸速率，就可以计算出临界溶解氧分压。细胞呼吸速率为：

$$r_{ab}=\left[Q_1\cdot\frac{273}{273+t_1}\cdot p_1\cdot f_{O_1}-Q_2\cdot\frac{273}{273+t_2}\cdot p_2\cdot f_{O_2}\right]\times\frac{1}{V}\times\frac{1}{22.4}\times 60\times 10^3\ \text{mmol/(L}\cdot\text{h)}$$

式中　Q_1、Q_2——进气量和排气量，（L/min 或 m^3/h）

V——发酵液体积，L

p_1、p_2——进气和排气压力，atm

f_{O_1}、f_{O_2}——进气和排气中 O_2 含量，%

t_1、t_2——进气和排气温度，℃

当 $p_1=p_2=1$，$t_1=t_2=t$ 时，上式可简化为：

$$r_{ab}=\frac{273}{273+t}\left[Q_1\cdot f_{O_1}-Q_2\cdot f_{O_2}\right]\times\frac{1}{V}\times\frac{1}{22.4}\times 60\times 10^3$$

$$=\frac{273}{273+t}\times\frac{Q_1}{V}\left[f_{O_1}-\frac{f_{N1}}{1-f_{O_2}-f_{CO_2}}\right]\times\frac{1}{22.4}\times 60\times 10^3\ \text{mmol/(L}\cdot\text{h)}$$

式中　f_{N1}——进气中氮的含量，%

f_{CO_2}——排气中 CO_2 含量，%

当溶解氧分压在 100Pa 以上，测定的氧化还原电位与溶解氧分压的对数值成直线关系。假定溶解氧分压在 1kPa 以下，都存在直线关系，这样在 1kPa 以下的溶解氧分压，也可以通过测定氧化还原电位进行估算。当溶解氧分压 $p_L < p_{L临界}$ 时，细胞呼吸被抑制。培养液中氧化还原电位（E）与溶解氧分压（p）的关系如下式所示：

$$E=-0.033+0.039\log p_L$$

在无微生物的磷酸缓冲液中，E 是 pH 和 p_L 的函数，如下式所示

$$E=E_0-0.0605\text{pH}+0.015\log p_L$$

式中，E_0 为零时的氧化还原电位。从图 6-2 可看出，当 $p_L \geqslant p_{L临界}$ 时，细胞呼吸速率不受影响，此时为最大呼吸速率，即，

$$r_{ab}=Q_{O_2}\cdot X=8.5\times10^{-7}\ [\text{mol/(mL}\cdot\text{min)}]$$

当 $p_L < p_{L临界}$ 时，细胞呼吸受抑制，$r_{ab} > Q_{O_2}\cdot X$

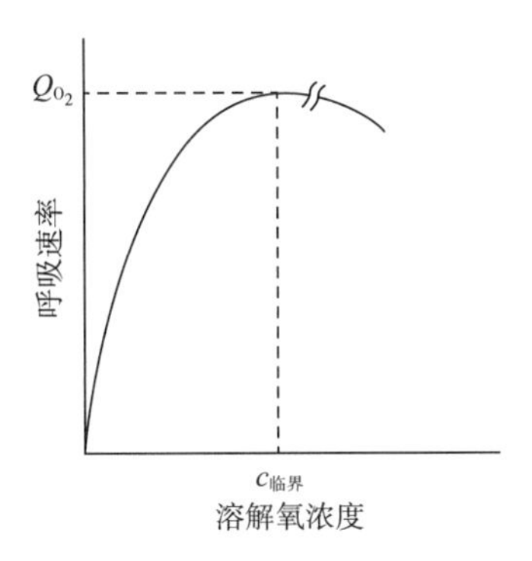

图 6-2　细胞呼吸速率与溶解氧浓度之间的关系

从葡萄糖氧化的需氧量来看，1mol 的葡萄糖彻底氧化分解需 6mol 的氧；当葡萄糖用于合成代谢产物时，1mol 葡萄糖约需 1.9mol 的氧。因此，谷氨酸温度敏感突变株对氧的需要量是很大的，但在发酵过程中谷氨酸温度敏感突变株只能利用发酵液中的溶解氧。然而，氧在水中是很难溶解的。在 101.32kPa，25℃ 时，空气中的氧在水中的溶解度为 0.26mmol/L。在同样条件下，氧在发酵液中的溶解度仅为 0.20mmol/L，如此微量的氧在谷氨酸温度敏感突变株发酵过程中很快就被耗尽，而随着发酵温度的升高，溶解度还会下降。因此，在谷氨酸温度敏感突变株发酵过程中必须向发酵液中连续补充大量的氧，并要不断地进行搅拌，这样可以提高氧在发酵液中的溶解度。由于氧难溶于水使发酵中氧的利用率低，因此提高氧传递速率和氧的利用率，对降低动力费、操作费从而提高经济效益是很重要的。

在谷氨酸温度敏感突变株发酵中，供氧对菌体的生长和谷氨酸的积累都有很大的影响。供氧量多少应根据不同发酵条件和发酵阶段等具体情况决定。在菌体生长期，糖的消耗最大限度地用于合成菌体；在谷氨酸生成期，糖的消耗最大限度地用于合成谷氨酸。在菌体生长期，供氧必须满足菌体呼吸的需氧量，即 $r=Q_{O_2}\cdot X$，$p_L \geqslant p_{L临界}$。当 $p_L < p_{L临界}$ 时，菌的需氧量得不到满足，菌体呼吸受到抑制，从而抑制菌体的生长，引起乳酸等副产物的积累，菌体收率减少。但是供氧并非越大越好，当 $p_L \geqslant p_{L临界}$ 时，供氧满足菌体的需氧量，菌体生长速率达最大值。如果再提高供氧，不但不能促进生长，反而造成浪费，而且由于高氧水平反而抑制菌体生长，同时高氧水平下生长的菌体不能有效地合成谷氨酸。与菌体生长期不同，谷氨酸生成期需要大量的氧。谷氨酸温度敏感突变株发酵在细胞最大呼吸速率时，谷氨酸产量大。因此，在谷氨酸生成期要求充分供氧，以满足细胞最大呼吸的需氧量。在条件适当时，谷氨酸温度敏感突变株将 60% 以上的葡萄糖转化为谷氨酸，耗氧速率 r_{ab} 高达 60mmol/(L·h) 以上。目前在生产实践

中，控制溶解氧主要是通过改变通风量、改变搅拌转速以及调整罐压的方式进行控制，在整个谷氨酸温度敏感突变株发酵过程中，采用阶梯式交替提高搅拌转速和通风量并辅助提高罐压的方式调节溶解氧。某发酵车间 350m³ 发酵罐谷氨酸温度敏感突变株发酵过程溶氧控制如表 6-12。

表 6-12　350m³ 发酵罐谷氨酸发酵过程溶氧控制

周期/h	搅拌频率/Hz	风量/（kL/h）	罐压/kPa	DO 值/%
0	30	5400	50	88
4	35	5400	80	11.1
6	40	7200	100	12.3
8	40	9000	120	10.4
10	45	9000	120	17.7
12	50	9900	120	16.2
14	50	10800	120	12.2
16	55	10800	120	14.9
18	55	10800	120	10.5
20	50	10800	120	13.1
22	50	9000	120	13.4
24	45	8100	120	10.3
26	45	7200	120	16.6
28	35	6300	120	11.7
31	30	5400	120	13.4

4. 谷氨酸温度敏感突变株发酵过程稳产控制

根据谷氨酸温度敏感突变株的特性，发酵 0h 或很短时间内菌体就开始进入对数生长期，单位细胞的生长速率达到并保持最大值，具有很高的耗糖速率和一定的谷氨酸积累能力。及时转换温度后，在保证足够的流加糖量和充分溶解氧、通氨正常情况下，产酸速率明显加快。这明显区别于以往国内传统的生物素亚适量发酵工艺，大大缩短了菌体生长的适应期，使菌体提前进入产酸期，在发酵后期菌体仍能保持较强的活力，便于自动化优化控制。通过大量的实验探索，总结出了较合理的工艺控制参数：种子培养温度 29～30℃，pH6.7，OD 值 1.15～1.2，周期控制在 26～32h；发酵初糖控制在 3～6g/dL，前期菌体适应期温度控制在 32～33℃，OD 值 1.0～1.1 时升温至 37℃，OD 值 1.2～1.3 时升温至 38～38.5℃，产酸期的温度可根据生产情况进行适当调整；培养基葡萄糖浓度为 1.0g/dL 左右时连续流加不低于 400g/L 的浓缩糖液，整个发酵过程 pH 维持在 6.8～7.2。某发酵车间 350m³ 发酵罐谷氨酸温度敏感突变株发酵过程曲线如图 6-3 所示。

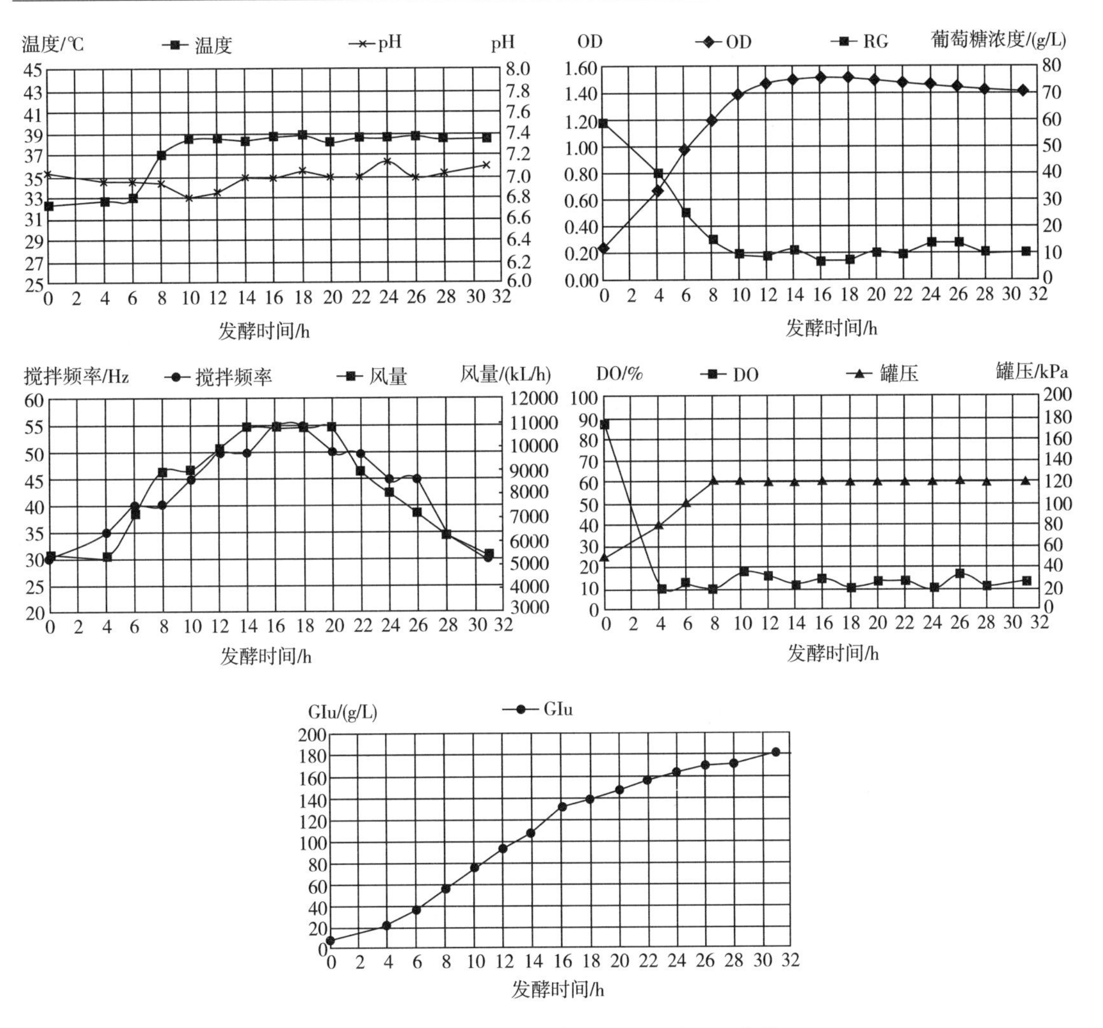

图 6-3　谷氨酸温度敏感突变株发酵过程曲线

四、发酵过程调控实例——L-苏氨酸发酵过程调控

目前L-苏氨酸工业化发酵生产主要使用的是大肠杆菌基因工程菌株，大肠杆菌由于其繁殖迅速、发酵温度高、生理生化基础研究较为深入等特征，已成为L-苏氨酸发酵生产的最常用菌株。

（一）菌种

大肠杆菌（*Escherichia coli*）。

（二）培养基

种子培养基（g/L）：淀粉水解糖 10，磷酸二氢钾 1.67，硫酸铵 1，酸化玉米浆 33.3，酵母粉 1.33，硫酸镁 0.5，泡敌 0.1，pH7.0～7.2。

发酵培养基（g/L）：淀粉水解糖 20，氯化钾 0.98，硫酸镁 0.73，硫酸铵 2.93，玉米浆 22，糖蜜 14.6，甜菜碱 0.25，磷酸 1.2，硫酸亚铁 0.024，硫酸锰 0.024，生物素、维生素 B_1 若干，泡敌 0.015，pH7.0～7.2。

（三）发酵过程调控

1. 温度控制

微生物的生长和产物的合成都是在各种酶的催化下进行的，温度是保持酶活性的重要条件。温度影响营养物和氧在发酵液中的溶解、菌体生物合成方向以及菌体的代谢调节。微生物的生长温度在微生物所处的不同生长时期会对微生物的压力抗性产生影响，大肠杆菌对数期细胞的压力抗性随着培养温度的升高呈下降的趋势。而稳定期的细胞随着培养温度的升高，压力抗性呈增加趋势。

L-苏氨酸发酵过程中，在对数生长期和稳定期随温度控制模式的不同，菌体生长、耗糖强度及产酸表现出较大差异。从酶动力学来看，微生物培养温度的提高，将使反应速度加快，生产期提前。但温度提高，酶的失活也将加快，菌体易于衰老而影响产物的生成。不同生长时期其最适生长温度范围往往不同。在L-苏氨酸发酵前期，温度的提高虽可以显著提高菌体生长速率，而耗糖强度和L-苏氨酸的产酸速率提高却不是十分显著。如表6-13。L-苏氨酸发酵温度控制见方案1：由于初始发酵温度低，底物利用缓慢，致使L-苏氨酸菌种生长缓慢，其产酸和耗糖强度在4种温度控制方案中最低。温度控制方案2在经历第一次变温以后，对数生长期菌体生长及耗糖速率明显加快，在经历第2次变温以后，随着温度的降低，导致菌体内部的各种酶活性降低，其生长速率明显下降，底物利用速率和产酸速率也随之下降；温度控制方案4随着发酵中后期温度不断提高，导致胞内酶失活，进而使菌株停止生长，底物利用速率迅速降低，产酸停滞。而温度控制方案3在12h后升温至39℃，在菌体量提高的同时，产酸持续稳定增加，40h发酵结束产酸质量浓度最高。

表6-13　L-苏氨酸发酵温度控制方案

发酵周期/h	控制温度/℃			
	方案1	方案2	方案3	方案4
0～12（前期）	34	37	37	37
12～24（中期）	34	39	39	39
24～放罐（后期）	37	37	39	41

2. 溶解氧控制

溶解氧是L-苏氨酸发酵过程中的诸多影响因素中最容易成为发酵过程的限制因素。这是由于氧气在水中的溶解度较低。在发酵液中溶解氧的变化是由于氧的供需不平衡造成的，控制溶解氧就可以从氧的供需两方面考虑。在L-苏氨酸发酵过程中，不同阶段的溶解氧要求不一样。在延迟期时，菌体需氧较少，溶解氧较高，此时不需要增大通气量。到了发酵对数期后，菌体由于生长繁殖以及产物合成，需要消耗大量的溶解氧，此时溶解氧下降，必须采取一些措施增大通气量，以促进细胞生长及产物的产量。此外，L-苏氨酸发酵可分为4个阶段，前6h主要为菌体生长阶段，菌体生长缓慢，对溶解氧需求较低；6～20h为菌体生长及产物合成阶段，菌体增殖迅速，产物大量合成，溶解氧急剧下降，在18h左右溶解氧接近于0；20h以后菌体增殖速度放慢，产物仍继续合成，溶解氧稳定在5%左右；32h后溶解氧逐步回升，表明菌体已处于衰亡期，呼吸作用不再旺盛。可以采取分段控制供氧模式，在延迟期维持溶解氧 30%，对数期时维持溶解氧 50%，稳定期时维持溶解氧 20%，通过补料分批发酵 36h 后产酸达 138.5g/L，糖酸转化率为 57.6%。

从 L-苏氨酸发酵过程可以看出，大肠杆菌对氧需求旺盛。当通气量不足，培养基中溶解氧过低，将会导致 L-苏氨酸生产菌的代谢异常并造成副产物乙酸的积累，乙酸过量积累反过来抑制菌体生长及目的产物的合成。因此，控制溶解氧是大肠杆菌发酵生产 L-苏氨酸的重要条件。在 L-苏氨酸发酵过程中，乙酸的产生是一个关键制约因素。当乙酸大量生成，菌体的生长和氨基酸的合成都会受到严重抑制。乙酸的生成是大肠杆菌呼吸受限时的一种补救措施，其生成速度与培养条件有直接关系。

L-苏氨酸是天冬氨酸族氨基酸，其前体物质草酰乙酸主要由对氧浓度要求高的 TCA 循环和磷酸烯醇式丙酮酸羧化反应提供，充分供氧，可使菌体呼吸充足，将有利于提高产酸和糖酸转化；当溶解氧过低时，菌体基本的生长呼吸需要都不能满足，菌体生长受到限制，同时影响 TCA 循环和磷酸烯醇式丙酮酸羧化反应，导致葡萄糖通过其他途径转化成乙酸，乙酸浓度较高对 L-苏氨酸生产菌存在抑制作用。同时，供氧不足的情况下发酵液中 NH_4^+ 含量升高，菌体生长受到抑制，大量氮源不能为菌体所利用，严重浪费了流加的液氨，最终影响了 L-苏氨酸的产生。由于生产设备条件的限制，决定了空气供给最大值。因此，在实际生产过程控制中，一般采取在发酵前期和后期控制适量风量，中期则加大风量至最大值、转速最大值来保持溶解氧的平衡，以达到总体发酵水平的稳定。研究表明，当保持溶解氧在 20%～30%时，既可满足菌体生长需要，同时产酸相对来说也比较高。因此，综合考虑，提供 20%～30%的溶解氧，有利于 L-苏氨酸的产生和空气的利用率，同时也保证了生产工艺和成本的最优化。

3. pH 控制

pH 是 L-苏氨酸发酵的综合指标之一，是重要的发酵参数。pH 对菌体生长和目的产物的积累具有很大的影响。通过及时监测发酵过程中的 pH 变化并进行控制，有利于菌体生长和 L-苏氨酸的积累。pH 对 L-苏氨酸代谢过程中的许多酶的催化过程和许多细胞之间的特性传递过程有很大的影响，pH 的变化能改变体系的酶环境和营养物质的代谢流，使得诱导物和生长因子在活性和非活性之间变化。L-苏氨酸发酵过程中 pH 控制为 6.3 以下时，菌体浓度相对较低，葡萄糖消耗速率相对较低，最终的 L-苏氨酸产量＜80g/L；pH 控制为 7.2 时，菌体生长较好，残糖较低（最终残糖只有 5g/L 左右），L-苏氨酸的生产速率发酵前期较快，而后变得缓慢，最终 L-苏氨酸产量为 89g/L；当 pH＞7.2 时，对菌体生长和产酸有明显的抑制作用；pH 控制为 7.0 时，菌体前期生长良好，32h 后菌体浓度略有下降，葡萄糖的消耗速率相对较高，L-苏氨酸的产量相对较高。

L-苏氨酸发酵生产中常用的 pH 调控手段有：①通过补加氨来调节 pH，氨还可以充当氮源；②通过改变补糖速率来控制 pH。

4. 补料控制

目前 L-苏氨酸发酵多采用流加的方式进行发酵生产，又称为补料分批发酵。补料分批发酵可以使发酵体系中保持较低浓度的营养物质，一方面避免了因碳源的快速利用而引起的阻遏作用，另一方面也避免了培养基中某些成分的毒害作用，再者能稀释发酵液从而降低黏度。由于这种发酵方式可以延长细胞对数期和稳定期的持续时间，增加生物量和产物产量，因此目前 L-苏氨酸发酵实际生产中多采用流加补糖的方式进行生产。溶解氧、

pH 是发酵过程中两个关键的参数，可以作为补糖控制的指导指标。

溶氧补料培养模式就是在发酵过程中，把溶解氧的浓度作为指示参数来控制补料的速率。在 L-苏氨酸发酵的后期，由于菌体密度的快速增加导致氧摄取速率下降，从而浓度上升，当上升超过设定值时，就启动了补料，这样可以使菌体保持在一定的比生长速率。

pH 补料培养模式与溶氧补料培养模式相似，只是它是指示参数。在发酵过程中，当 pH 上升到一定值时就启动补糖；当下降到下限值时就停止补糖，当降到一定值后可以通过流加氨回升 pH。

L-苏氨酸生产菌对糖类的摄取是通过基团转移的方式进行的。L-苏氨酸生产菌对糖类的转运能力很强，而且在糖进入细胞的同时，糖酵解作用就已经开始了，使得大量的碳源涌入细胞。由于 L-苏氨酸生产菌的氧化磷酸化和 TCA 循环的能力有限，造成碳代谢流在糖酵解途径中过量，必须通过分泌部分氧化的副产物使碳代谢流得到平衡，而乙酸就是其中的主要副产物。一般，L-苏氨酸生产菌可将来自葡萄糖代谢流的 10%～30%转化为乙酸。然而，基质中乙酸浓度过高对生物产能具有抑制作用，最终将导致细胞生长停滞。此外，当乙酸的浓度超过一定数值时，目的基因的表达会大幅度降低。研究表明，较高浓度的葡萄糖对 L-苏氨酸的发酵有抑制作用，而在较低的初糖浓度（≤40g/L）时，菌体中期增殖无力，发酵结束时生物量偏低。当 L-苏氨酸生产菌的比摄糖速率超过一定的临界值时，即使供氧充足也会产生乙酸，这是因为葡萄糖的摄入速率大于 TCA 循环的周转能力而使中间产物乙酰辅酶 A 通过乙酰磷酸途径产生乙酸。控制葡萄糖的流加速率可把菌体的比生长速率和发酵液中的葡萄糖浓度控制在一定的阈值内，避免乙酸的产生。L-苏氨酸生产菌在低的葡萄糖浓度下生长速率受限，当有葡萄糖补入时，L-苏氨酸生产菌的比摄糖速率增加，比摄氧速率也随之增加，溶氧值相应降低，补料过后，随葡萄糖浓度的降低，L-苏氨酸生产菌的比摄糖率下降，溶氧值升高。但如果葡萄糖浓度过高，L-苏氨酸生产菌的摄糖速率超过 TCA 循环的周转能力时，涌向 TCA 循环的代谢流向乙酰磷酸途径溢流而产生乙酸，摄氧能力饱和，溶氧水平较低且不随补料而振荡。控制残糖浓度在 2g/L 时，溶氧水平虽然较高且乙酸生成量少，但 L-苏氨酸生产菌处于饥饿状态，生物量和 L-苏氨酸产量偏低；当残糖浓度高于 10g/L 时，整体溶氧水平偏低，乙酸生成量多且溶氧不随葡萄糖的补入而振荡变化；当残糖浓度控制在 5g/L 时，发酵高峰期溶解氧值可维持 20%左右，并随葡萄糖的补入呈现节律性振荡，振幅为 5%左右。由此可见，维持 5g/L 的残糖浓度既可维持较高的溶解氧水平减少副产物乙酸的生成，又可以根据溶氧和 pH 的波动情况对残糖浓度进行预测并及时调整补料速率。

5. L-苏氨酸发酵过程稳产控制

通过大量的生产实践，总结出了较合理的 L-苏氨酸工艺控制参数：种子培养温度 37℃，pH7.0，OD 值 1.0～1.3，周期控制在 8～10h；发酵初糖控制在 5～8g/dL，温度控制在 37℃，前期 DO 控制在 20%～30%，中期 DO 控制在 30%～40%，后期 DO 控制在 20%～30%；发酵液中总糖浓度低于 5.0g/L 时连续流加不低于 500g/L 的浓缩糖液，整个发酵过程 pH 维持在 6.9～7.0。某发酵车间 350m^3 发酵罐 L-苏氨酸发酵过程曲线如图 6-4 所示。

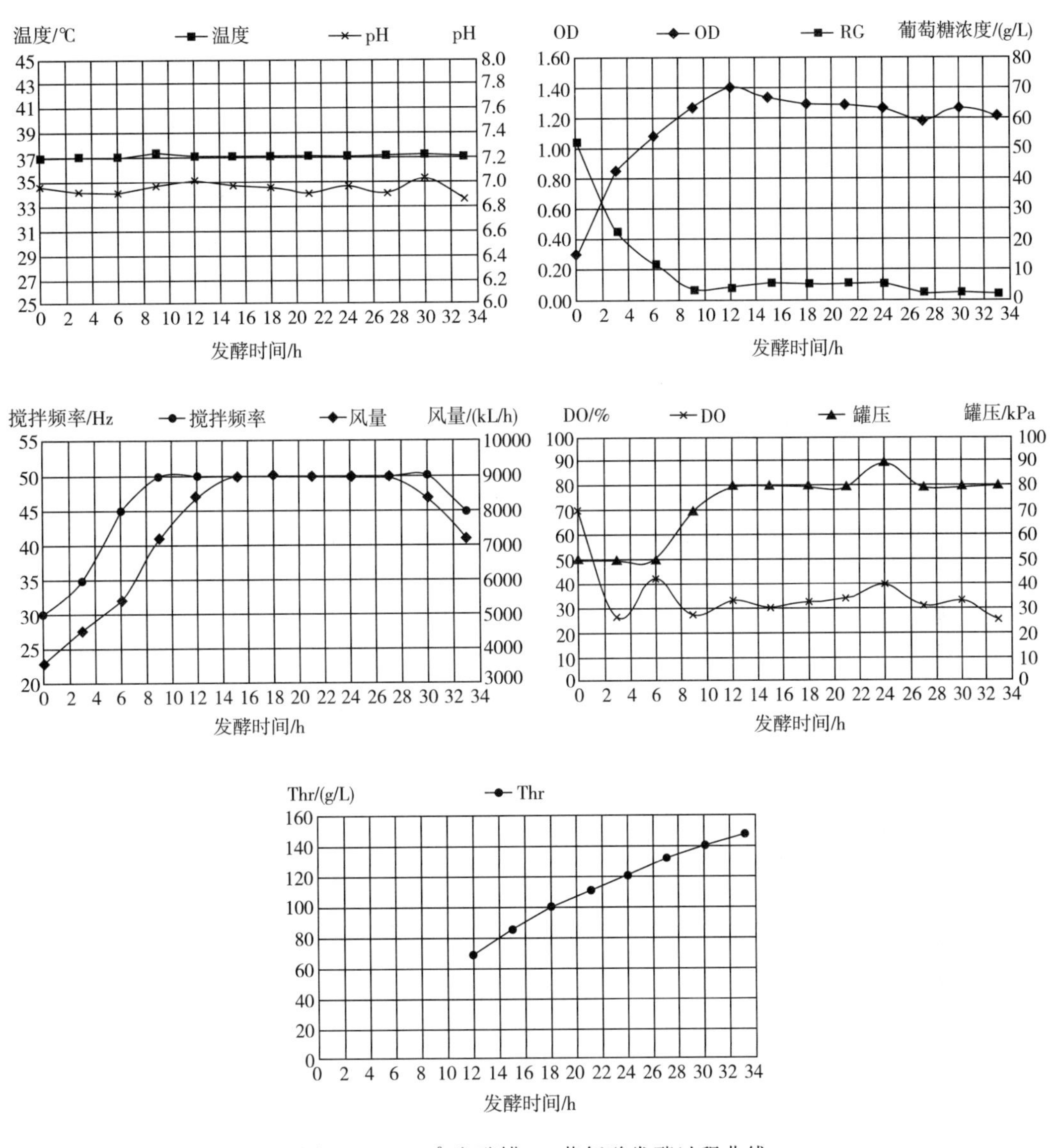

图 6-4 350m³ 发酵罐 L-苏氨酸发酵过程曲线

第三节 噬菌体和杂菌的防治

在氨基酸发酵工业中常存在噬菌体和杂菌的污染，噬菌体会使氨基酸生产菌的菌体发生自溶而危害生产。其他杂菌或消耗大量营养破坏原有营养条件，导致氨基酸生产菌营养不足；或产生代谢产物改变环境的理化条件，抑制氨基酸生产菌形成目标产物；或破坏发酵产物或将其当成营养物质消耗而造成目的产物损失。因此，污染直接影响氨基酸发酵的产量，甚至导致“倒罐”而一无所获。此外，污染还会使氨基酸发酵液难以过滤杂质而影响产品质量。由此可见，在氨基酸发酵生产过程中，必须防止噬菌体与杂菌污染，只有杜绝污染才能实现氨基酸发酵工艺的最优化控制。

一、噬菌体的污染与防治

在氨基酸发酵生产中，普遍存在噬菌体危害。由于现代氨基酸发酵工业的发展趋势都倾向于利用大容积发酵罐，或利用连续发酵工艺，这无疑是降低成本、节约能源和人力、充分利用设备，同时又能提高产量和保持稳产的有效措施，但也为噬菌体的传播提供了有利条件。噬菌体污染是对氨基酸发酵的最大危害，一旦发生噬菌体污染，往往造成“倒罐”，使生产紊乱，甚至短期停产，在经济上将造成重大损失。为此，如何防治噬菌体的污染受到氨基酸发酵行业的高度重视，对噬菌体的防治仍然是氨基酸发酵工业普遍关注的课题。

（一）氨基酸发酵噬菌体的主要特性

噬菌体（Phage）是侵染细菌、放线菌等微生物并使其细胞裂解死亡的一类病毒。它在自然界分布很广，从土壤、污水、粪便中均可分离到。但各种噬菌体的感染作用有严格的专一性。一种噬菌体往往只侵染一种细菌，或只侵染某一菌株。它个体微小，须用电子显微镜观察。噬菌体无细胞结构，但具有一定的形态结构。噬菌体基本形态为蝌蚪状、微球状和丝状，多数呈蝌蚪形，由头部和尾部两部分组成。核酸是噬菌体的遗传物质，由头部的蛋白质衣壳包绕。噬菌体的核酸为DNA或RNA，并由此将噬菌体分为DNA噬菌体和RNA噬菌体。蛋白质构成噬菌体头部的衣壳和尾部，起着保护核酸的作用，并决定噬菌体外形和表面特征。

噬菌体对理化因素的抵抗力强，如能耐受乙醚、氯仿、乙醇等，能耐受低温、冷冻，但对紫外线、X射线等敏感，易受热变性（60～70℃，10～15min）。

在含细菌的固体培养基上，噬菌体使细菌细胞裂解而形成的空斑，称为噬菌斑。一般认为，每个空斑都是由一个噬菌体颗粒经侵染、增殖、裂解所形成的，故可用于进行噬菌体的计数。噬菌斑的形态多样，有的形成晕圈，有的呈大量同心圆，也有的近似圆形，大小不一。

噬菌体缺乏独立代谢的酶体系，不能脱离宿主而自行生长繁殖；缺乏细胞结构，是非细胞类型。因此，噬菌体具有严格的活组织寄生性，这种寄生性具有高度的特异性。从噬菌体吸附到细菌裂解释放出子代噬菌体的过程称为噬菌体复制周期，又称溶菌周期或裂解周期。噬菌体复制周期包括以下4个阶段：吸附—侵入—增殖—成熟。

1. 吸附

敏感的细胞壁上具有吸附噬菌体的特异性位点，噬菌体尾部由此吸附侵入。在吸附时，一般必须存在Ca^{2+}、Mg^{2+}等阳离子。阳离子的作用在于中和噬菌体及细菌表面的阴性电荷，以防止因静电排斥力而发生相斥。Ca^{2+}、Mg^{2+}是噬菌体的激活剂和吸附剂，促进噬菌体的吸附作用，但Fe^{2+}和Cu^{2+}对吸附有抑制作用。

2. 侵入

噬菌体尾部的前端含有溶菌酶类，当吸附后尾髓贯通细胞壁时，切断细胞壁中的黏肮聚合体坚实层的糖苷键，以起到打洞的作用。通过尾鞘收缩，将头部的DNA或RNA射入胞内。侵入细胞部分仅仅是核酸，而蛋白质外壳仍留在细胞壁外，不参与增殖过程。从吸附到侵入的时间很短，T4噬菌体在33℃时需要3min，降温至15℃时，则延长至7min。由于噬菌体的侵入使整个细胞合成受到抑制，噬菌体逐渐控制着细胞的代谢，并按它的要求变化。

3. 增殖

噬菌体的DNA或RNA进入细胞后，起着支配的作用，大量复制子代噬菌体的DNA或RNA以及噬菌体的蛋白质，并形成完整的噬菌体颗粒。子代噬菌体的合成原料来自入侵的个体以及细胞降解物和培养基介质，噬菌体的合成是借助细胞的代谢机构，由本身的核酸物质操纵。

4. 成熟

噬菌体DNA或RNA的合成从感染后5～7min开始，其速度竟达细菌本身DNA合成的5～10倍。8～10min时头部蛋白质、尾髓、尾鞘、基板、尾丝等的合成依次开始，10～12min在细胞内开始出现成熟噬菌体。当噬菌体成熟时，溶解宿主细胞壁的溶菌酶逐渐增加，促使细胞裂解，释放子代噬菌体。

从吸附到放出时间称为潜伏期。一般为30～120min。每个细胞放出的噬菌体的平均数为8～150个。在上述时间里，细菌增殖2～8倍，而噬菌体则增殖数十倍至数百倍，可见噬菌体的增殖速度比细菌快得多。当成熟噬菌体达到一定数量时，宿主细胞裂解，而释放出成熟的子代噬菌体。感染噬菌体的一个宿主细胞，经过十几分钟至1h左右的繁殖，就可产生数十个至数百个子代噬菌体。噬菌体的增殖速度比细菌体快百倍，所以危害极大。

5. 分类

根据噬菌体与宿主细胞的关系，可将噬菌体分为烈性噬菌体和温和噬菌体。侵染宿主细胞后使细胞裂解的，称为烈性噬菌体，又称为毒性噬菌体（Virulence phage）；不裂解宿主细胞，并随宿主细胞分裂而传递其遗传物质的，称为温和噬菌体（Temperate phage），又称为溶原性噬菌体（Lysogenic phage）。

（1）烈性噬菌体　噬菌体侵染细菌细胞后，增殖很快，在较短时间内使细菌裂解。一般称这种噬菌体为烈性噬菌体。在氨基酸发酵生产中遇到的多数为烈性噬菌体。一般可通过琼脂平板检查来发现证实。

（2）溶原性细菌和溶源性检查　有些细菌遭受噬菌体浸染后，并不立即裂解死亡。噬菌体的遗传物质侵入细胞后和宿主的遗传物质紧密结合在一起，在没有再度感染的条件下，能随着细胞的繁殖，在子代细菌中代代相传，不断延续，这种细菌称为溶源性（Lysogency）细菌。

在溶原性细菌中，噬菌体是以形成噬菌体的结构单位存在，即称为原噬菌体。溶原性细菌通常可以自发地释放噬菌体，每一代有10^{-5}～10^{-2}细胞发生裂解，释放出具有感染能力的噬菌体。

在溶原性细菌中，噬菌体除了自发产生外，还可以通过一些物理和化学因子处理后，引起溶原性细胞中噬菌体的产生，如用紫外线照射，原噬菌体便会进行复制繁殖，使细胞裂解释放出来。这一过程称作诱导。被诱导的噬菌体称作诱导性噬菌体。

溶原性细菌不能再感染与溶原性细菌原噬菌体同源的或近缘的噬菌体。即使所释放的噬菌体能够吸附于溶原性细菌细胞，甚至感染，但不能在细胞中增殖，这种特征称作免疫性。溶原性细菌不仅对同一类型噬菌体是免疫的，而且对其大部分突变种也是免疫的。

当敏感细菌发生突变而不再被某一噬菌体吸附时，便成为该噬菌体的抗性菌株。

溶源性细菌群体在增殖过程中，有极少数的个体会丧失原噬菌体，而成为非溶源性细菌，此过程称为复愈。自发复愈的发生频率很低，一般约为 10^{-5}。

在氨基酸工业化生产中，对溶原性菌株要引起足够重视。往往发酵出现噬菌体污染现象（如周期长、耗糖慢、产酸低、pH 高等），但常规的平板法又检不出噬菌斑。此菌株就有可能是溶原性菌株，一般表现为菌种退化现象。

溶源性检查方法如下：在琼脂平板培养基上涂两条指示菌悬浮液，对每条指示菌直线横向地划 7～8 道被检验菌的悬浮液，与之相交。当被吸收后，经适量紫外线照射之后进行培养，在与产生噬菌体菌（溶原性菌）交叉的点上可看到噬菌斑。也可在琼脂平板培养基的整个表面涂布指示菌，干燥后用接种环点 20～25 个被检菌培养液，经 UV 照射后培养，检查噬菌斑。

（3）温和性噬菌体　产生噬菌体的潜在能力称作溶源性。将具有溶源性的细菌称作溶原性细菌，它所产生的噬菌体称为温和性噬菌体，也称为溶原性噬菌体。当温和性噬菌体感染敏感细菌时，在一部分细胞中就和烈性噬菌体感染一样，噬菌体得到增殖，发生溶菌；而在另一部分细胞中，所注入的噬菌体遗传物质插入于细菌染色体中，菌体细胞依然可继续生存（溶源化）。随着菌体的传代而传代，但不造成菌体破坏。

溶原性细胞中不含有噬菌体粒子，但是具有形成噬菌体的能力。每个溶原性细胞至少含有一个这种单位，这就称为前噬菌体（Prophage）。

温和性噬菌体形成的噬菌斑是浑浊的，因为中央有溶原性细胞生成。反之，某些突变所形成的噬菌斑是清澈透明的。

一般常规平板法很难把温和性噬菌体检查出来，只是在适当条件下将其转化为烈性噬菌体才易查出。

6. 氨基酸发酵噬菌体的主要特性可以归纳如下。

（1）具有非常专一的宿主性　氨基酸发酵噬菌体必须在专一的宿主细胞中生长繁殖，不能脱离宿主而自行生长繁殖，也不能在培养基上增殖，只能在活的、处于繁殖阶段中的宿主细胞（即幼龄细胞）中生长繁殖，在死的、衰老的、处于休眠状态的或产酸型的细胞中以及细胞外都不能繁殖。

（2）不耐热性　不同噬菌体对热稳定性是不同的，但一般噬菌体都是不耐热的，会受热变性死亡。一般氨基酸生产菌在 60～65℃下，10min 全部致死，其噬菌体在 70℃下，5～10min 全部致死。

（3）对 pH 的稳定性　在 pH7.0～9.0 时稳定，在 pH6.0 以下和 pH10.0 以上时不稳定，容易失活，小于 pH4.0 时，更容易失活。

（4）嗜氧性　在低溶氧的条件下，氨基酸发酵噬菌体的活性被抑制。

（5）干燥条件下的稳定性　在非常干燥的状态下，氨基酸发酵噬菌体 5 个月以上仍然稳定。就总体来说，噬菌体在干燥状态（相对湿度 10%、30℃）比在湿润状态（相对湿度 90%、30℃）稳定。

（6）不耐药性　氨基酸发酵噬菌体对药物很敏感，0.5%甲醛、0.5%苯酚、1.5%漂白粉、1%石灰、1%双氧水、0.5%高锰酸钾、1%新洁而灭消毒液，都可使氨基酸发酵噬菌体失活。

（7）传播性　由于噬菌体极小，质量很轻，存活期长，所以地面上一旦存在噬菌体，则在一定范围的空气中必有噬菌体，空气的流动使噬菌体得以传播。

(8) 在紫外线照射下失活　在液层5mm，距UV-15W灯15cm，照射2min，噬菌体完全失活。

(二) 噬菌体的感染途径和感染规律

噬菌体在自然界中分布很广，在土壤、污水、腐烂的有机物和大气中均存在，因此凡是有宿主细胞存在的地方，一般都有它们，发酵车间、提取车间及其周围更有机会积累噬菌体。

造成噬菌体污染，必须具备3个条件：一是有噬菌体；二是有活菌体；三是有使噬菌体与活菌体接触的机会和适宜条件。

感染噬菌体的最初发源点，一是菌株携带噬菌体或菌株本身就是溶原性菌株。因为溶原性菌株在自然环境中是广泛存在的，氨基酸发酵生产上使用的原始菌株本来就是由自然界筛选得到的，由于一部分溶原性细胞诱发成温和噬菌体再经过变异就可能成为烈性噬菌体，导致使用菌株感染，引起危害。更主要的原因是往往人们不加注意地把活菌体排放到环境中，使生产环境中存在的噬菌体（大部分是随着菌体排至环境中的）有了宿主而不断增殖，结果使环境中噬菌体的密度增高而形成污染源。此外，活菌体与其有关的其他溶原性菌株接触，经过变异、杂交，最终产生使氨基酸生产菌株溶菌的烈性噬菌体，逐渐增殖并污染环境。

污染的噬菌体在环境中所以能够长期存在，是由于作为宿主的氨基酸生产菌株经常大量存在，并且噬菌体对于干燥有相当强的抗性，有时虽然使用了抗性菌株，但还会继续发生噬菌体的污染，这是由于噬菌体宿主范围发生了变异，而出现能侵入抗性菌体的噬菌体，这种情况在实际生产中常会遇到。由于空气的传播，使噬菌体潜入氨基酸发酵生产的各个环节，造成污染。可见，环境污染是氨基酸发酵污染噬菌体的主要根源。经实际调查研究证实，通常在工厂投入生产的初期，并不会感到噬菌体的危害，特别是环境洁净、生产布局合理和管理严格的工厂更是如此。可是在连续使用单一菌株达半年或一年后，往往出现异常的情况。首先是空气中的噬菌体浓度上升，当空气中噬菌斑达到10PFU/mL（Plaque forming unit，噬菌斑生成单位）时，种子罐中的噬菌体浓度达到40～50PFU/mL，其后增加到10^2PFU/mL，出现了污染噬菌体的预兆。

在氨基酸发酵生产中，往往在环境中噬菌体密度增高7～10d后，在种子罐中发生噬菌体污染；再经过3～5d，主发酵罐即出现溶菌等异常情况。再过5～7d，有1个乃至数个菌种培养瓶（一级种子）有溶菌现象出现，最后导致大面积噬菌体污染。

一般来看，当环境中噬菌体浓度（采环境土样检测）达到10^2～10^3PFU/mL，种子罐的噬菌体浓度达到10^4PFU/mL，主发酵罐的噬菌体浓度可达到10^5～10^7PFU/mL。严重溶菌时，其浓度可达10^{10}PFU/mL以上。

空气和种子罐的噬菌体污染度，是预知发酵罐是否会遭受噬菌体污染的标志，因此检测空气和种子液中的噬菌体污染度，是预防噬菌体的一项重要措施。同时也说明空气净化和消灭环境中的噬菌体，是防治噬菌体的重要环节。

研究表明，噬菌体能在空气中长期悬浮飘移，即可脱离宿主几个月而不失活。地面上的噬菌体必然会飘移到空气中去，通过空气的渠道穿过纱布感染一级种子，或通过空气过滤器钻进种子罐和发酵罐，经过罐内繁殖又大量向环境传播扩散，形成恶性循环。由此可见，空气是传播噬菌体的媒介，是噬菌体污染的主要途径。

但是，也有在空气中的噬菌体和种子罐的噬菌体浓度没有达到一定程度时，就在发酵罐中突然发生溶菌的现象，这可能是空气过滤线速度过大，灭菌不完全，发酵罐壁有“脓包”等死角，或者是培养基以及水质不好等因素引起的。

（三）氨基酸发酵感染噬菌体时出现的主要症状

氨基酸发酵中出现噬菌体，由于侵染的时间不同，程度不同，以及噬菌体的“毒力”和菌株的敏感性不同，表现的症状也往往不同，一般会出现“二高三低”，即 pH 高、残糖高；OD 值低、温度低、氨基酸产量低。一般说来，氨基酸发酵中噬菌体污染引起的异常发酵有以下几种表现。

1. 二级种子污染噬菌体

二级种子 0～3h 感染噬菌体，泡沫大、pH 高，种子基本不长；6h 以后感染噬菌体，泡沫多、pH 偏高，种子生长较差；轻度感染或后期感染常看不出异常变化，可用快速检测法，半小时就能确定是否污染噬菌体。然而二级种子无论何时感染，甚至 8～9h 感染，接至发酵即产生 OD 值不增、pH 上升、泡沫大、耗糖慢、不产酸等典型的噬菌体污染现象。

2. 发酵前期（0～12h）污染噬菌体

（1）吸光度开始上升后下降、不升或回降，甚至 4～8h 内 OD 值竟下降到零以下。

（2）pH 逐渐上升，升到 8.0 以上，不再下降；排气 CO_2 一反常态，CO_2 迅速下降，相继出现 OD 值下跌、pH 上升、耗糖慢等异常现象。

（3）耗糖缓慢或停止，也有时出现睡眠病现象，发酵缓慢、周期长、提取困难。

（4）产生大量泡沫；发酵液黏度大，甚至呈现黏胶状，可拔丝；发酵液发红、发灰；有刺激气味。

（5）氨基酸产量甚少，或增长极为缓慢，或不产酸；也会出现产酸反而偏高或一段时间内忽好忽坏的现象。

（6）镜检时可发现菌体数量显著减少，菌体不规则，缺乏“八”字排列，发圆；细胞核染色，部分细胞核消失；革兰染色后，呈现红色碎片；更严重时，拉丝、拉网，互相堆在一起，呈鱼翅状或蜘蛛网状，完整菌体很少。

（7）平板检查有噬菌斑；摇瓶检查发酵液清稀；快速检测法检查 $OD_2^{420} \gg OD_1^{650}$。具体方法是：取不同时间需检查的种子液或发酵液，在 650nm 下测定 OD，记为 OD_1^{650}；然后将种子液或发酵液离心，3500rpm，20min，取上清液，在 420nm 下测定 OD，记为 OD_2^{420}。若 $OD_2^{420} \approx OD_1^{650}$，则正常；若 $OD_2^{420} \gg OD_1^{650}$，说明污染噬菌体。该法适用于检查一级种子、二级种子和不同发酵时间的发酵液。

（8）二级种子营养要求逐渐加多，种龄延长；发酵周期逐罐延长，对生物素等生长因子的要求越来越大，产酸缓慢或下降；提取困难，收率降低。

（9）送往提取车间的发酵液，发红、发灰、残糖高、有刺激性臭味，泡沫大、黏度大、难中和，中和时易出现 β-型结晶，过滤困难、收率低。结晶出的氨基酸晶体，质量差、黏、色素深等；有时氨基酸成湿泥状、发黏等。

（10）精制中和时，色素深、泡沫大，碱加不进去，过滤也有困难，过滤时间明显增加；成品色重、透光差，收率低。

3. 发酵后期（12h 以后）污染噬菌体

发酵后期污染噬菌体常对产酸影响不大，甚至有时竟有提高产酸的趋势，这可能是因为噬菌体对释放菌体中的部分氨基酸有积极作用。尽管发酵后期污染也会呈现前期污染的很多异常现象，尤其是上述（9）、（10）的异常现象，但由于不影响产酸，常常被人忽略。噬菌体的污染，不仅是致使发酵液黏度加大、色素重、泡沫大，难以中和，难以过滤，严重影响等电点收率和氨基酸质量，更重要的是，如果不对后期污染进行必要的善后处理，就会造成后期污染前移，引起更严重的危害。

（四）噬菌体感染因素分析

氨基酸发酵感染噬菌体的主要因素包括。

（1）环境污染，噬菌体浓度增高。

（2）空气净化系统侵入噬菌体。

（3）设备管道（含种子罐、连消系统）有死角、穿孔、渗漏等。

（4）菌种（含斜面、一级、二级）带进噬菌体或本身是溶原性菌株。

（5）补料（消泡剂、抑制剂、糖液）过程侵入噬菌体。

（6）培养基灭菌不彻底。

（7）操作失误。

上述各因素的危害程度为：（1）＞（2）＞（3）＞（4）＞（5）＞（6）＞（7）。

（五）噬菌体的防治措施

解决噬菌体对氨基酸发酵的危害，必须采取防治结合、以防为主、防重于治的方针。具体措施主要有使用抗性菌株、利用药物和净化环境等，其中采用菌株管理和环境净化为中心的综合防治措施，是根本的防治方法。

1. 合理使用抗性菌株

预防噬菌体危害，最简单的办法是使用噬菌体抗性菌种，即对噬菌体不敏感的菌种，也可以轮换使用对噬菌体敏感性弱的菌种。选育和使用抗噬菌体菌株是一种经济而有效的防治手段，早已被人们所认识。选育抗性菌株应注意以下标准：①对以前出现过的噬菌体都具有抗性；②不是溶原性菌株；③具有与原菌株相当或更高的生产能力；④不易发生回复突变。选育的步骤和方法应根据要求，首先考虑抗性和生产能力，此外也应照顾到发酵和提取的要求，选育成功的几率不仅与方法有关，也与出发菌株有关。初步选出的抗噬菌体菌株应用前应先进行环境中的再分离和测定，便于补充遗漏未收集到的噬菌体，通过再选育而获得真正实用的抗性菌株。

利用噬菌体处理敏感菌株可以得到抗性突变株。氨基酸生产菌等菌种出现抗性突变的频率不高，可以用物理和化学诱变剂或多种理化因子复合处理，但选育发酵能力与原菌株相当的抗性菌株一般不那么容易。

如果有生产能力近似的另一菌株，也可像抗性菌株一样轮换使用。不论使用抗性菌株或使用不同菌株轮换，其目的在于暂时抑制噬菌体的发生，减少噬菌体增殖的机会，设法清除存在的噬菌体，为恢复正常生产创造必需条件。待相应检查后认为可以换用原种生产时，更换并保存抗性菌株，或定期轮换使用，其目的是设法减少环境中噬菌体的存在。这也是保持长期使用抗性菌株的一种手段。在不少地区出现季节性噬菌体污染时，阶段性使用抗性菌株具有更现实的意义。

但是，噬菌体本身会发生变异，已存在的噬菌体会在菌体内杂交产生新的噬菌体，仍有可能侵染抗性菌和弱敏感性菌。再者，抗性菌和弱敏感性菌也有可能发生变异而成为敏感菌，而且抗性菌的发酵水平往往降低，即不易获得具有原发酵水平而对噬菌体又有抗性的菌种。

2. 利用药物防治噬菌体

至今所用的药物分为两类：一类是阻止噬菌体吸附的药物，多为螯合剂；另一类是抑制噬菌体蛋白质合成或阻断其复制的药物，多为抗生素（可阻断其在宿主中的复制）。此外，也可利用染料、抗坏血酸、杂蒽类等药物进行防治。使用药物进行防治，应该考虑到有效和实用。所选择的药物的有效性，应针对具体情况进行研究和决定。如果噬菌体在吸附时需要二价阳离子或其他物质作为辅助因子，就可以添加螯合剂来阻止吸附。利用抗生素抑制噬菌体增殖较为复杂，由于抗生素成本高，不可能大罐使用，仅限于种子罐使用。在具体应用时，首先应选出耐药的生产菌，同时确定噬菌体在耐药生产菌正常生长的药物浓度内能受到抑制。不论使用哪一种抗生素或螯合剂，一定先要搞清通常污染的噬菌体及其受抑效果和浓度，其次需要考虑所选择的药物是否符合卫生和安全要求，凡对人体健康有害的药物，即使对防治噬菌体有显著效果，也不应该考虑使用。

在噬菌体感染频繁发生期间，如在一定时间内不能彻底解决，可采取在二级种子培养基中加入0.3%～0.4%草酸或柠檬酸的办法。在培养基中加入0.3%～0.4%草酸或柠檬酸，也有抑制噬菌体活力的作用，但药物用量大，仅适用于种子扩大培养而不适用于发酵。在环境防治方面常用的药物是甲醛、漂白粉、新洁尔灭消毒液等。甲醛主要用在空罐消毒，或者当无菌室、摇瓶间严重污染时，也可用甲醛熏蒸；漂白粉主要用在环境污染、下水道消毒和空气中大面积喷洒；新洁而灭消毒液主要用在各种玻璃器皿、设备表面的消毒以及空气喷洒。

3. 采取以环境净化为中心的综合防治措施

采取以环境净化为中心的综合防治措施是防治噬菌体危害的根本措施。尽管采用噬菌体抗性菌株的方法是有效的，但综合防治措施已越来越受到工厂的重视。许多有经验的氨基酸生产厂家，根据本身情况制定一套有效的综合措施，关键是对净化空气高温处理杀灭噬菌体；严格无菌操作并向操作室通入高效过滤的空气，防止噬菌体侵入菌种培养物；严禁活菌体任意排放和杀灭环境噬菌体，不让噬菌体有滋生的机会；设备无渗漏，保持无菌部位正压，不让噬菌体有入侵机会。

（1）定期检查噬菌体　定期检查包括空气在内的环境中的噬菌体，以便了解噬菌体污染及其程度（数量的变化和分布），及时采取防治措施。通过双层或单层平板法检查，找出噬菌体较集中的地方，计算发酵液中噬菌体的数量，从而做出正确判断和采取相应的措施。具体包括：

①经常进行检测工作，以便了解噬菌体的分布和发展趋势。

②监测点要有代表性，发酵罐、种子罐、取样口、排污口、配料间、提取车间、中和脱色工序和空压机附近是噬菌体检出频率较高的部位。

③采样方法：一般采用平板空气暴露3min的方法。此法不够准确，可用采土尘样的方法检测。

④检测结果须及时报告。

特别地，应注意溶原性噬菌体的检测，因为这种噬菌体侵染菌体后，隐藏在菌体的染色体 DNA 中，只引起部分菌体细胞破裂或不裂解菌体细胞，因此比较难发现其侵染。但是这种不增殖、无感染性的温和噬菌体一旦发生变异，就有可能转变成裂解菌体的烈性噬菌体，给氨基酸生产带来很大的损失。此外，如果噬菌体污染严重，生产无法继续进行，可及早停产 1～4 周，待噬菌体自行灭亡后再生产，也能收到一定的防治效果。

（2）严禁活菌体任意排放　凡是污染噬菌体的发酵液、洗罐水、取样液等，都必须加热 80℃以上或煮沸再排放；污染噬菌体的发酵罐排气时应将排出气体与蒸汽或与碱液、漂白粉液充分混合，以蒸汽混合对噬菌体的杀灭效果最好；发酵罐和种子罐排气口用蒸汽消毒；各发酵罐尾气集中后用水或药液洗涤吸收后再排放；严禁逃液；化验及菌种试样必须灭菌后排放；染菌或染噬菌体的发酵液必须经加热到 105℃灭菌 30min 后出料；倒罐的要煮沸 60min 后小心地排入下水道，放罐后尚须用稀碱水加热煮沸；取样口处除用蒸汽外，还辅以药剂喷洒；发酵罐和种子罐轴封必须严密，不得泄漏。一切带有生产菌活体的液体，包括提炼后的废液、发酵“跑液”、采样时排出的发酵液、洗罐水等，即使无菌体也应引入下水道排放至远处；凡沾污发酵液的地面、墙壁、设备都应及时冲净，并将污水排入下水道；严防下水道堵塞或沉积污物。

（3）杀灭环境中噬菌体　彻底做好全厂卫生是防止噬菌体污染的最根本措施，使用药物消毒是辅助性的。只有在做好卫生的基础上，再使用药物消毒才是有效的，否则事倍功半。

①发酵车间的厂房、设备、管道阀门都要清洁整齐，地沟疏通。有碍卫生的物品、机件都要清除，无死角处。菌种室（包括无菌室、摇瓶间、杂菌检查室等）卫生和消毒更须严格。

②把环境卫生和消毒工作延伸到提取精制等下游工程。因我国现行提取工艺中，多数发酵液是不经灭菌而直接提取氨基酸的，这就为噬菌体向下游工程的传播带来机会和条件。因为下游工程也是处在发酵生产的大环境之中，时时威胁着发酵生产。为彻底消灭污染源，必须做好下游工程和全厂的卫生和消毒工作。

③环境消毒使用的药物：一般用 0.1%以上的新洁而灭或 0.5%～1.0%的苯酚、来苏尔等；地沟、地面消毒用漂白粉，但因漂白粉对设备有腐蚀性，不要用于设备消毒。发酵车间、空压机房以及周边环境，在平时应定期向地面喷洒漂白粉液（有效氯为 0.5%）或次氯酸液，在噬菌体污染期间应定时喷洒这些药物；房间内杀灭噬菌体，经喷 0.05%新洁尔灭、0.1%甲醛、0.05%高锰酸钾、0.5%来苏尔以及二氧化氯效果较好。

（4）杀灭压缩空气中噬菌体　据报道，空气压缩后 150～180℃保持 0.6s，可利用压缩空气本身高温做瞬间灭菌，能有效地杀灭杂菌和全部噬菌体。如果按气体经总过滤器后流速 0.2～0.5m/s 计（通常要求），只需在 150℃高温下使气体在保温管道流通 0.3m，便能灭菌。当压缩空气为 130℃时，灭菌时间是 150℃时的 50 倍，压缩空气需在保温管道流通 15m。由此可见，将空压机排出气体一端的管道加保温层达 20m 而气体温度能保持在 130℃左右，就能有效地净化空气中所污染的噬菌体。也可以利用空压机余热将空气加热达到 120～130℃，不经冷却，进入列管式加热器再加热到 150℃，经贮罐维持

20～30s，再冷却至70℃，进入空气过滤器，此项净化工艺在氨基酸生产上已取得明显效果。

另外，每台发酵罐应单独匹配空气过滤器，而不使用共用的总空气过滤器，可在不影响生产的情况下，随时对发酵罐空消的同时也可对匹配的空气过滤器进行消毒，效果较好。空压机的吸风口（采风塔）应设在30m以上高处，离地面越高，空气清洁度越高，空气中含有噬菌体越少。一般来说，离地面每升高3.048m，空气含菌量可减少一个对数级。

4. 避免噬菌体侵袭菌种

菌种培养无菌操作时很难完全避免噬菌体入侵，一旦污染噬菌体，将会造成巨大损失，甚至停产（污染烈性噬菌体）。对此，必须严格达到以下两项要求：一是严格无菌操作，应在管口紧贴火焰的条件下移种；二是无菌操作室内需流通高效过滤空气（如用聚四氟乙烯过滤器过滤空气），人员进入无菌室后应在一定时间流通无噬菌体空气（排出原来空气，具体时间由检测噬菌体试验决定），然后再进行无菌操作，只有这样才能避免菌种培养物污染噬菌体。

要保证纯菌培养，应做到种子本身不带噬菌体。

（1）对保存的氨基酸生产菌种要定期分纯，分纯的优良菌种可用真空冻干法保存。需要时开启安瓿使用，这样做可减少分纯次数、污染机会也降低。

（2）对菌株进行诱发处理，如果属溶原性菌株，经过诱发处理，使其释放出噬菌体。诱发方法如下。

①紫外线处理：菌株经活化后上摇床培养，取对数期培养液，用灭菌的1%蛋白胨或生理盐水稀释成含细胞约10^8个/mL。取其5mL置于平皿中，以15W紫外灯距30cm，照射若干分钟，一边照射，一边摇动平皿。然后取照射液上摇床培养，测定OD值，当OD值下降时，取样用抗血清中和，除去释放出来的噬菌体，再经平皿分离。分离出来的菌落进行发酵试验和噬菌斑检测，择优保存菌种。

②用化学物质处理：按①方法取对数期培养液，加丝裂霉素C 1～2μg/mL上摇床培养，当OD值下降时，取样用抗血清中和，除去释放出来的噬菌体，再进行平皿分离，择优留用。

（3）严格隔离措施　菌种室、无菌室要与发酵现场隔离；减少种子室与外界的接触，控制人员进出；车间用的器皿和检样不得带入种子室。种子室要经常进行噬菌体检测。

（4）加强对各级种子噬菌体的检测　有的工厂对一、二级种子经冷却（保压），检测证实无噬菌体再接种。有的还对种子培养液进行继续培养试验。

5. 避免噬菌体侵入设备

不论任何时候，凡是无菌设备及其无菌管路，均必须保持正压，并确保无任何渗漏，以免外界空气被抽吸，带入噬菌体。

要全面消除由于设备管道设计或安装不合理，或者设备腐蚀渗漏所造成的死角；力求简化管路，合理选用可靠阀门，实行定时检查制度；改空压机有油润滑为无油润滑，减少油水，提高空气过滤效能。发酵罐要每罐清洗，防止结垢，经常除锈，防止产生“脓包”，杜绝隐患。

6. 车间合理布局

种子室要与发酵车间分开，最好设在与发酵罐完全隔离的有较长距离的地方，以防止发酵排气的影响。发酵、提取与空压机三者场地应彼此分隔，尽量远离，特别是要拉长发酵罐排气口与空气压缩机进风口的距离，并考虑风向。

铺设水泥地面，道路、车间地面和厂区道路，应铺设水泥或沥青等光滑地面，避免用砂石、煤渣等铺路，以便于经常清扫、冲刷地面，有利于消毒，保持厂区及车间的清洁卫生。

搞好厂区绿化，建设花园式工厂，工厂空地都应种树、种花、种草，扩大绿化覆盖面积，可以防止尘土飞扬，减少噬菌体和杂菌的传播机会。实践证明，花园式工厂染菌率都比较低。

7. 防止操作失误

发酵过程中防止突然失压、负压操作。

连消过程中防止停泵、停汽，确保培养基灭菌彻底，避免冷空气侵入而带进杂菌和噬菌体。

补料过程要严格执行消毒制度。

8. 放罐的发酵液经灭菌处理

无论是否感染杂菌或噬菌体的发酵液，均经过板式换热器加热灭菌，再经冷却后放到提取工序。也可以采取发酵液加热浓缩工艺，从而避免噬菌体传播到下游工程中去。

9. 发现感染噬菌体预兆立即停运，进行灭菌处理

当发酵（或二级种子）培养过程中发现泡沫过大，加消泡剂后仍有逃液，pH 升高，菌体（OD）不长或下降等现象，确认为感染噬菌体，立即停止发酵，直接开蒸汽使发酵液在 105～110℃密闭煮沸 60min 后弃去。不进行任何挽救，也不提取氨基酸。这样做可以彻底消灭污染源，防止噬菌体扩散，能避免环境大面积污染，切断噬菌体污染恶性循环。

(六) 发酵感染噬菌体的挽救

生产实践表明，发酵感染噬菌体，不管采用哪种挽救方法，其结果多数是不理想的。有时尽管本罐次挽救了，但对以后的罐次却带来不利影响。氨基酸发酵在采取“挽救”措施时必须要十分小心，千万不要在“挽救”的同时又使噬菌体扩散，反而造成更大危害和损失。

氨基酸发酵感染噬菌体时间不同，采取挽救的方法也有所不同。一般来说，感染越早，危害越大；挽救越早，效果越好。若检查确认是污染了噬菌体，则应尽快采取措施。

1. 回料分罐重配重消法

将感染噬菌体的发酵液放罐后，空罐灭菌，把回料一分为三（分成三罐），每罐补加水解糖至规定初糖浓度，其他培养基一律按常规比例重新加入，用酸调整 pH 至 6.8 左右，然后按常规灭菌，接入二级种子，然后重新发酵。

2. 低温重消接种法

将发酵罐升温至 80℃，保温 10min 灭菌，冷却后重新接入种子培养液。如遇 pH 过高，可停止搅拌，小量通风，降低 pH，至 pH 正常后再进行搅拌和正常通风。接种前要

对发酵罐空间及其管道、阀门、仪表开蒸汽灭菌。

3. 补加不同类型的种子培养液

当发酵初期发现感染噬菌体后立即停止搅拌，小量通风，降低 pH，然后接入不同类型的种子培养液，同时补充生长因子和磷盐、镁盐（均须灭菌后加入）。

4. 放罐重消法

一般适用于连消工艺。当发现噬菌体后，应立即放罐，用酸调低 pH，补加 1/3 营养盐，重新灭菌，重新接入种子培养液，重新发酵。凡感染噬菌体物料经过的管道设备，均应洗刷干净并进行消毒处理。

5. 抗性菌法

发现污染噬菌体后，停止搅拌，小量通风，降低 pH，立即培养抗性种子，培养好后接入发酵罐，并补加 1/3 生长因子和磷盐（不调 pH，灭菌后加入）。

6. 化学药剂抑制法

柠檬酸、草酸、植酸钠在 0.1%～0.5%浓度下，对氨基酸生产菌噬菌体有抑制效果。生产上一般采用草酸为抑制剂，常用的草酸浓度为 0.3%。

7. 低温重消对压法

当发酵初期 pH 下降，不产酸、不耗糖时，即可将此罐发酵液加热至 75℃，保持 5～10min，并添加经灭菌的适量生长因子、磷盐和镁盐，同正处于发酵对数期的正常发酵液（可选择发酵 18h 左右的、经过镜检没有污染杂菌和噬菌体的正常发酵罐）等体积对压混合后分别发酵。对压用的有关管道，一定要充分灭菌，确保无菌。由于对压时存在污染的可能性较大，所以该法不常被采用。

8. 发酵后期感染噬菌体的处理

发酵后期感染噬菌体一般对产酸影响不大，只要调节风量，控制液氨流加量，或提早放罐（经灭菌）即可，不需要采取特殊措施。但放罐前须灭菌处理。

（七）噬菌体的检测方法

1. 单层平板法

（1）培养基成分　蛋白胨 1.0%；酵母膏 0.5%；氯化钠 0.3%；琼脂 1.5%；牛肉膏 0.5%；磷酸氢二钾 0.1%；硫酸镁 0.04%。用 NaOH 调 pH 至 7.0，自来水定容。120℃灭菌 30min，冷却至 40～45℃备用。

（2）胨液的制备　将蛋白胨制成 1%的胨液，调 pH 至 7.0，装于试管内（每支装 4.5mL），120℃灭菌 20min，备用。

（3）指示菌液的制备　在无菌操作下，用接种环刮取斜面菌苔，溶混在 5mL 无菌生理盐水中，作为指示菌备用。

（4）待检测样品的稀释　将待检测样品用 1%的胨液稀释至 10^{-6}～10^{-5}（根据污染程度而定）。

（5）噬菌体检查　无菌操作下吸取稀释液 1mL，指示菌液 0.5mL 于平皿内，将冷却至 45℃的上述培养基倒入约 10mL，摇匀放冷，在 32℃恒温箱内培养 18～24h，细心观察有无噬菌斑。平板噬菌斑形态有圆形的，有的形成晕圈，有多重同心圆等。

为了快速检测，可在 37℃下培养，7～8h 即开始观察。

观察时要注意，如发现平板完全透明，往往误认为未染噬菌体，恰恰相反，说明菌体被“吃光”，表明噬菌体浓度过大，需加大稀释度方可做出噬菌斑。

2. 双层平板法

（1）培养基成分（可按实际情况变动）　双层平板法培养基成分见表6-14。

表6-14　双层平板法培养基成分表

成分	上层/%	下层/%
葡萄糖	0.1	0.1
牛肉膏	1.0	1
蛋白胨	1.0	1
硫酸镁	0.06	0.06
氯化钠	0.5	0.5
琼脂	1.0	2

（2）配制操作　上述培养基计算好用量后，分别称取加水溶解，然后混合，调pH至7.0，定容至所需体积，装于三角瓶中，包扎后于0.1MPa表压灭菌30min。冷却至45～50℃时，以无菌操作倒入平皿内（平皿须经预先空消）。每只平皿倒入量为10mL左右，下层培养基凝固后移入32℃恒温箱内，空白培养48h，检查无异备用。

（3）噬菌体检查操作　用无菌吸管吸取0.5mL待检样品于无菌空白试管内，再加入指示菌液0.5mL，倒入事先溶解好的冷至45～50℃的装有5mL上层培养基的试管中，混匀后倒入下层平皿内，冷后于32℃恒温下培养20h，观察有无噬菌斑。

3. 液体培养检查法

用500mL三角瓶，装50mL一级种子培养基，经灭菌后接入0.5mL新鲜种子及0.5～1mL待检液，置摇床上培养10～12h，观察液体浑浊度。如OD值正常，且镜检无杂菌，说明正常；如培养液变清，则说明感染了噬菌体。

4. 平板交叉划线法

（1）培养基成分　葡萄糖0.1%；蛋白胨1.0%；氯化钠0.5%；牛肉膏1.0%；琼脂2.0%，用NaOH调pH至7.0。

（2）操作程序

①取平皿按常规倒入培养基，制成平板。

②先取无噬菌体的指示菌液划线，然后再取待检查的发酵液与其交叉划线。

③32℃保温箱培养10～12h。

（3）检查结果　这种平板交叉线检查法，当噬菌体量较少时能发现噬菌斑，如果噬菌体量过多，则发现交叉处透明，且可看到由含噬菌体胶液线向敏感菌线析展的一条亮线（噬菌带）。此法既可检查噬菌体，又可检查杂菌污染。

5. 载玻片快速法

将被检样品与菌悬液及含有0.5%～0.8%琼脂培养基混合，涂于灭菌玻片上，凝固后培养数小时，在显微镜下观察是否出现噬菌斑。

必须注意，往往生产上出现感染噬菌体的现象，却检查不出噬菌斑，这可能是由于某些培养条件不适宜噬菌体生长繁殖的缘故。在常用的培养基中，加入 Mg^{2+} 和 Mn^{2+}（浓度为 0.02%～0.1%）后，有利于噬菌体增殖，对促进噬菌体形成噬菌斑有明显的效果。

6. 检查噬菌体应注意的问题

（1）培养基应用自来水配制，不能用无离子水或蒸馏水配制，否则不易检出污染的噬菌斑。

（2）如果在自来水中加入 0.02%镁离子配制噬菌体检查培养基，则效果比自来水显著。

（3）Mg^{2+}、Mn^{2+} 对噬菌体繁殖是不可缺少的因子，而 Cu^{2+}、Fe^{2+} 对噬菌体有抑制作用。

7. 噬菌斑的形状

噬菌斑是平板检查时出现的圆形空斑，它是噬菌体的一种特性标志，在一定条件下是相对稳定的。但是它又随宿主生理状态、菌龄以及培养条件不同而变化，噬菌斑的形态，有的形成晕圈，有的形成多重同心圆斑，也有的近似圆形，噬菌斑的大小差异悬殊，一般直径在 0.1～2mm。

小噬菌体形成大噬菌斑，对声波不敏感；大噬菌体形成小噬菌斑，对声波较敏感。

8. 噬菌体的效价

噬菌体效价是指每毫升液体中含有噬菌体的数量，实际上以其形成噬菌斑的个数作为计算单位。

测定时应用 1% pH7.0 的蛋白胨液作为稀释剂。要求每一稀释样用 3 个双层平板培养基计数，再以 3 个平板的平均值计算效价。

效价（单位/mL）＝培养皿噬菌斑数（平均值）×稀释倍数×取样量折算数

上述效价是以噬菌斑数/mL 表示。

平板中每一个噬菌斑含 10^7～10^9 噬菌体颗粒。

（八）噬菌体的普查方法

为了主动、有效地控制噬菌体的蔓延，避免给氨基酸生产造成损失，必须对噬菌体存在、传播情况进行全面普查，借以掌握噬情和动态，以便采取相应对策。

1. 采样

容器和工具要求无菌；固体样称取 5g；液体样吸取 5mL；无法刮取的样品（如罐壁）用浸湿的无菌棉花揩抹，作为待检样品；空气系统的空气样，可将空气直接通入肉汤培养基或无菌水中即成为样品；空间空气样用盛有琼脂肉汤培养基的平板暴露 1～2h。

样品处理程序：称取 5g 样品置于无菌离心管内，加无菌水 5mL，搅拌数分钟后，高速离心 20min（2500r/mim）。取上清液，加 5%氯仿处理（3 滴），充分振荡 5min，再离心 20min，取上清液置于另一无菌管中，在 37℃下蒸发氯仿（或不蒸发也可）即为原液。

2. 富集

吸取原液 2mL 置于 9mL 肉汤培养基中，同时接入指示菌 0.5mL（取指示菌新鲜斜面两环，接入 10mL 无菌水中，摇匀即为指示菌液），摇瓶培养 16h 即成。

3. 平板涂布

吸取富集液的离心上清液0.5mL，指示菌液0.5mL，加入45℃ 5mL上层琼脂培养基内，摇匀，迅速倒入已经有下层培养基（15～20mL）的平板内，32℃恒温培养12h，观察噬菌斑。也可在37℃培养7～8h后观察。

4. 肉汤培养基配方

牛肉膏1.0%；蛋白胨1.0%；氯化钠0.5%；葡萄糖0.1%。

用NaOH调pH至7.0，0.1MPa表压灭菌30min。

5. 噬菌体的保藏方法

(1) 原液保藏法　通常将原液分装于安瓿中密封，放在4℃冰箱内，可长期保存。

(2) 干燥状态保藏法　利用脱脂牛奶作为保护剂，进行冷冻干燥后4～6℃保存。

(3) 用无菌滤纸吸附噬菌体原液，放在2～5℃装有无水氯化钙的真空干燥器内干燥保存，不易失活。

效价在10^{10}PPU/mL以上的原液适宜保存，低效价的须经过纯化增殖富集浓缩后再保存。

二、杂菌的污染与防治

除噬菌体外，一般杂菌对氨基酸发酵过程的污染与防治也是十分重要的问题。所谓杂菌污染，是指在氨基酸发酵过程中，氨基酸生产菌以外的其他微生物侵入了发酵培养液。染菌结果，轻者造成氨基酸产率下降，重者导致倒罐。氨基酸发酵要求纯种培养，在整个发酵过程中必须防止杂菌的侵入。尽管氨基酸发酵周期不长，但是由于培养液营养比较丰富，产物又无抑菌能力，因此，各个环节均须加强控制，严格无菌操作。

(一) 染菌原因分析

引起染菌的因素很多，其中有些是比较容易发现的，如管路穿孔、法兰、阀门渗漏，空气过滤不严等，这些问题也是不难解决的。但有些问题比较复杂，一时也难以找到确切的原因。研究结果表明，染菌主要原因表现在环境、空气系统、设备、管理操作和种子带菌几个方面。

1. 从染菌的时间分析

早期染菌可能是由于种子带菌，接种操作不当，或培养基灭菌不透，环境污染和设备因素所致。

中、后期染菌多数是空气过滤不严或者泡沫顶盖、设备渗漏、补料操作不当所引起。

2. 从污染的杂菌类型分析

污染耐热的芽孢杆菌多数是由于培养基灭菌不彻底或设备存在死角所造成。

污染球菌、无芽孢杆菌等不耐热菌主要来自空气系统净化效果低，灭菌不好。或由于阀门渗漏带入。

感染浅绿色菌落（革兰阴性杆菌、球菌）一般来自设备渗漏或冷却器穿孔，培养基中渗入冷却水所致。

感染霉菌多数是由于无菌室灭菌不彻底或无菌操作不规范造成。

感染酵母菌主要由于糖液灭菌不彻底，特别是放置时间较长的稀糖液。

3. 从染菌的程度分析

多数发酵罐大面积染菌如果发生在早期，可能是种子带菌或连消设备问题而引起，如果染菌发生在中、后期，而且污染的是同一种菌，很有可能是空气过滤器除菌不净，无菌空气带菌造成的。

个别发酵罐连续染菌多数是由于设备问题造成的，如阀门的渗漏、罐体的腐蚀破损、盘管的穿孔或法兰橡皮垫圈的老化所致。一般设备破损引起的染菌，会出现每批染菌时间向前推移的现象。

（二）检查杂菌的常用方法

1. 显微镜检查

按照革兰染色法涂片镜检，观察氨基酸生产菌的形态特征，如发现有红色阴性菌、长杆菌、球菌、芽孢菌或菌体碎片等，说明污染了杂菌。此法是检查杂菌最简单、最直接，也是最常用的方法。

2. 平板划线培养检查（或先经肉汤增殖后再划线）

先将灭菌后的培养基倒入培养皿内，冷却后置于37℃恒温箱内无菌培养24h，挑选无菌落出现的平板备用。将要检查的样品划线接种，然后再置于37℃恒温箱内培养24h后进行镜检。为了提高平板检查的灵敏度，也可以将需要检查的样品先置于37℃条件下培养6h，使细菌迅速增殖后再划线培养。

3. 肉汤培养检查

主要用于检查空气系统及培养基是否带菌。先将营养丰富的培养液（牛肉膏0.5%、蛋白胨1%、氯化钠0.5%、葡萄糖0.5%，pH7.2～7.4）装入抽滤瓶内，经严格灭菌后，置37℃无菌培养24h，如无浑浊，即可用于空气无菌检查。

在无菌操作下，将空气引入，也可连续通气，然后保温培养，观察是否有浑浊现象发生。如呈现浑浊，则说明有菌。

4. 取无菌样操作

在取无菌样时，要注意取样操作中造成污染而产生的染菌。因为一般车间含有的杂菌较多，在自然环境下取样，极易从空气中污染杂菌，因此取样动作要敏捷，取样口要事先用蒸汽充分灭菌，取样时要防止发酵液溅在棉塞上，要迅速塞上棉塞。还应注意关闭周围窗户及排气扇等，以减少空气流动。

5. 确定是否染菌

所取样品检查后必须有两只或两只以上的平板染菌，并且菌落形态和镜检形态前后一致，方可确定为染菌。平板检查反应慢，如对染菌怀疑时，应延长培养时间24～48h或用液体培养验证。

（三）杂菌检查的取样时间

氨基酸发酵过程中杂菌和噬菌体检查取样时间的规定，可参见表6-15。

表6-15　杂菌和噬菌体检查取样时间表

工序	取样时间	被检物	检查方法
斜面种子	普查	空白斜面	肉眼观察
	抽查	长好斜面	染色镜检

续表

工序	取样时间	被检物	检查方法
一级种子	接种后	接种子罐后剩余液	平板划线（配合镜检）并进行噬菌体检测
二级种子	灭后	培养液	
	0h	培养液	
	6～7h	种子液	
发酵	灭后	培养液	
	0h	培养液	
	6 或 8h	培养液	
	12 或 16 或 18h	培养液	
	24h	培养液	
	放罐前	培养液	
总过滤器	必要时	无菌空气	肉汤培养
分过滤器	必要时	无菌空气	肉汤培养

（四）防止染菌的措施

1. 严格执行无菌操作制度，严防种子带菌

各级种子、培养液都必须经过严格无菌检查，杜绝种子污染杂菌。

（1）空白斜面必须在 37℃ 无菌培养 48h 后，经严格检查确认无菌后才可以移接，以确保纯种培养。

（2）活化好的斜面菌种经仔细观察菌落形态正常无异后才可接入一级种子。

（3）一级种子经镜检确认无杂菌后，才可接种（或放冰箱内，待平板检查确认无杂菌后接种）。

（4）二级种子必须经镜检确认无杂菌后，才可接入发酵罐。

（5）防止螨（Mites）的入侵　螨很小，肉眼几乎看不见。螨活动在无菌室、培养箱、摇瓶间、菌库等场所，喜食微生物孢子，毁坏斜面并带入杂菌，污染斜面和培养皿，对螨的危害要引起高度警惕。防止螨的入侵主要是加强清洁卫生工作，同时要以樟脑等药物杀灭。对斜面和培养皿经常性地检查也是有效的方法。

2. 确保无菌室环境及操作无菌

（1）接种前，先把接种的瓶、皿、吸管等用 75％酒精擦拭表面，去掉第一层油纸后一次带入无菌室，打开紫外线灯消毒 20～30min。

（2）操作前必须先洗手，换上无菌衣帽和鞋，戴上口罩，用 75％酒精擦一遍操作台和双手，然后才能操作。

（3）当换上无菌衣帽进入无菌室后，不得擅自离室。操作时不得随便讲话，行动要做

到轻手轻脚。

（4）接种时要充分利用火焰灭菌，尽可能保持在火焰口操作，动作要迅速，时间不宜过长。

（5）进入无菌室前后，需打开紫外线灯消毒20～30min，或者每天上班后开一次，接种操作后开一次。

（6）采用0.25％新洁而灭溶液（原液浓度是5％）和5％苯酚溶液轮换使用，揩擦无菌室地面和墙壁，再用灭菌溶液喷射，两者以揩擦为主。

（7）室内空气无菌检查，每周一次。方法可采取在接种操作的同时，打开平板10min，经37℃无菌培养24h，观察菌落多少（要求每次不超过2个菌落）。

（8）每周进行一次以擦、抹为主的大扫除，无菌衣帽每周清洗一次，经消毒后放入烘箱内烘干备用。

现在氨基酸生产厂家的无菌室已广泛使用超净工作台。超净工作台是应用层流技术结合高效空气过滤技术而制成的。层流技术是使空气在整个空间匀速平行地流动达到指定面积的操作技术，空气流速为0.05m/s。空气经过高效过滤器，其过滤效率可达99.99％～99.9999％。超净工作台能在工作室内产生一个局部的超净工作区域。空气经净化后，以层流状态正压进入超净工作台的操作区，并形成洁净空气幕，以阻止含菌空气进入操作区，保证无菌操作效果。

超净工作台对移种、分纯、菌种筛选、检测等需要无菌的操作均适用。

3. 消灭设备死角与隐患

在氨基酸发酵设备设计、加工和安装过程中，必须避免死角存在。灭菌时死角内的杂菌不易被杀死，会造成连续染菌。具体来说，应控制以下几点。

（1）简化管道、阀门　管道、阀门安装要“精简”合理。凡属不合理的管道、阀门应坚决去掉，以免增加染菌机会。不必要的开孔，在不用之后要去掉焊平，不能用管头代替盲板。

（2）管道之间尽可能用焊接来代替法兰，以避免法兰连接处的死角，保持所有管道通畅、光滑、密封性能良好。

（3）主要阀门及其阀垫应经常检查更换。

（4）严防罐体渗漏　发酵罐内层长期受高温、高压、发酵液侵蚀及机械振动、磨损等，往往会造成肉眼不容易察觉的微小裂缝或细孔。特别是罐底加强板及电焊接口多的部位，由于蒸汽、空气的冲击力和物料固形物在搅拌时产生的摩擦，最容易腐蚀而引起渗漏。通常采用加压试漏的方法检查渗漏。

（5）要定期做好发酵罐的清理工作　铲除发酵罐罐壁的铁锈和“脓包”，因为“脓包”内的耐热菌往往在灭菌时难以杀死，会引起污染。同时对搅拌轴和冷却管支架要彻底铲除污垢。

（6）遇有染菌时，罐内应用甲醛熏蒸，在适量排气下保持0.1MPa表压闷消2h左右。然后打开所有管道阀门慢慢排光气体。在甲醛熏蒸之后，再用热碱水（pH11～12，温度100℃）搅拌处理4h左右。这种处理方法既可提高灭菌效果，又可保护罐壁少受腐蚀。

（7）要定期对盘管进行检查处理　发酵罐内的盘管是发酵过程冷却、加热和灭菌加热的设备，由于冷却介质多数用井水，而井水的硬度高，含氯化物和沉淀物较多，并且水量大、流速快，加上灭菌时有高压蒸汽的影响，所以极易积垢、腐蚀。另外，盘管内冷却水压力一般高于罐内压力，如有渗漏，足以引起染菌。所以要定期将盘管的外壁污垢铲除，将管子烘干，管内加压试漏，如发现有针尖似的痕迹渗漏，应及时焊补或调换。

（8）通风管一般采用单孔管　如果采用环式空气分布管，则要注意渣滓层具有一定的绝热作用，渣滓下潜伏的耐热菌不易被杀死，且环式空气分布管孔径较小，容易堵塞，日久易形成死角。

需要注意的是，管路灭菌包括接种管路、流加管路、油罐管路、空气管路的灭菌。管路灭菌时要注意排汽的控制，一般控制压力为 0.25～0.3MPa，时间为 40～60min。在管路灭菌时，要严防管路的死角。在灭菌过程中，必须正确使用蒸汽，要求与发酵罐相连的所有管道，在灭菌时或者是进入蒸汽，或者是排出蒸汽，而不能存在既不进汽又不排汽的死角。同时要控制好各进汽门和排汽门的蒸汽量，保证各路进汽、排汽口畅通无阻，防止死角存在。

4. 提高空气净化能力，防止空气带菌

氨基酸发酵过程中（某些厌氧发酵品种除外）需连续不断地通入大量无菌空气，由于空气中含有多种微生物以及灰尘、沙土等，为净化空气、保证纯种培养，必须除去或杀灭空气中的微生物。空气除菌不净是氨基酸发酵染菌的主要原因之一。制备大量无菌空气是氨基酸生产的重要技术。对于不同的氨基酸发酵，由于菌种生长的活力、繁殖速度、培养基成分、pH、发酵产物等不同，对杂菌的抑制能力也不同，从而对空气的无菌要求也有所不同。介质过滤除菌是目前氨基酸发酵工业上普遍使用的空气除菌方法。它是使空气通过经高温灭菌的介质过滤层，将空气中的微生物等颗粒阻截在介质层中，而达到除菌目的。图 6-5 是一个空气净化工艺流程简图，包括冷却、分离、适当加热、过滤除菌。其优点是能够充分分离空气中含有的水分，使空气在低的相对湿度下进入过滤器，提高了过滤除菌的效率。

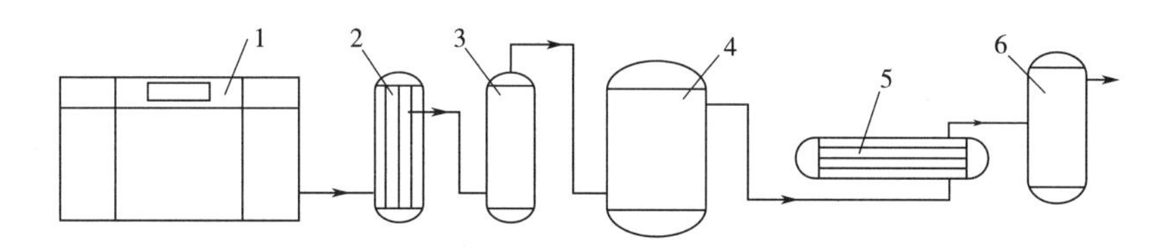

图 6-5　空气的净化除菌工艺流程

1—空压机　2—冷却器　3—气液分离器　4—贮罐　5—加热器　6—总过滤器

提高空气除菌净化能力的措施主要有以下几个方面。

（1）提高空气采风口位置，以减少进口空气中的含菌量，采风口位置越高，空气中含菌量越少。采风口一要高，二要远离发酵罐排气口。

（2）压缩机前的空气应进行预过滤。

（3）采用无油润滑空气压缩机，避免油水带入空气净化系统。

（4）加强空气的冷却及油水分离，增加净化系统空气冷却面，尽可能采用二级以上空气冷却和一级以上油水分离，同时应增加冷却水流速和降低冷却水温并定时排放油水。

（5）提高进入总过滤器的空气温度。对经冷却和油水分离后的空气，进行加热升温，以降低空气的相对湿度，保证过滤介质在干燥状态下工作。

（6）采用两只并联的总过滤器，轮换使用，定期消毒。对于空气无菌要求严格的氨基酸发酵，总过滤器也可串联使用，以增加空气过滤除菌效果。

（7）分过滤器采用互补的过滤介质，两级串联使用。分过滤器使用一次消毒一次。

（8）利用空压机产生的热量，空气温度可提高到140℃以上，维持一定时间后再进行降温过程，以减少过滤前空气中杂菌的数量。

此外，为提高过滤介质效能，还必须控制以下几点。

①空气净化系统要定时排污，放出油水，避免积液太多而带入空气中。

②空气过滤器中过滤棉装置既要防止过松、“翻身”，又要防止过滤棉过分压紧，压力降过大，空气透不过去，造成灭菌不彻底。

③新装过滤器蒸汽灭菌后，应重新打开检查，如有下陷和错动应补填过滤棉。

④总、分过滤器都应定期检查。检查过滤棉是否平整，是否受潮，有无焦化。

⑤过滤器拆装时，对过滤器内层要做好除锈工作，防止空气走短路而造成污染。

5. 严格灭菌操作，注意细小环节

氨基酸发酵过程必须进行纯种培养，也就是只允许氨基酸生产菌存在和生长繁殖，不允许其他微生物共存。特别是在种子移植过程、扩大培养过程以及发酵前期，一旦进入少量杂菌，就会在短期内与氨基酸生产菌争夺养料，严重影响氨基酸生产菌正常生长和发酵，以至造成发酵异常。所以整个发酵过程必经强调无菌操作，牢固确立无菌观念。除了设备应严格按规定要求保证没有死角，没有构成染菌可能的因素外，还必须对培养基和生产环境进行严格的灭菌和消毒，防止污染，达到无菌要求。

灭菌原理是指每一种微生物的存在都有一定的温度范围，温度超过最高限度时细胞中的蛋白质就发生不可逆的凝固变性，使微生物在很短时间内死亡。培养基灭菌过程中，除了微生物的死亡外，往往还伴随着培养基成分的破坏。在蒸汽加压加热情况下，糖、氨基酸及维生素等都易遭到破坏，在氨基酸生产中必须选择既能达到灭菌目的，又要减少营养成分破坏的条件。培养基灭菌是否彻底，影响因素很多，除了灭菌温度高低、时间长短外，还取决于：

（1）培养基的pH　培养基的pH越低，灭菌时间越短，pH＜6时，离子极易渗入微生物细胞，改变生理反应，促使其迅速死亡。pH6.0～8.0时，最不易死亡。

（2）培养基成分　油脂、蛋白质、糖类都是传热的不良介质，当这些有机物浓度较大时，会在细胞的周围形成一层保护膜，使灭菌困难。因此浓度较高的培养基相对需要较高的温度和稍长时间灭菌。

（3）培养基中的颗粒物质　培养基中含有的颗粒小，灭菌容易；颗粒大，灭菌困难。一般有小于1mm的颗粒对培养基灭菌影响不大。但在培养基中混有较大颗粒，特别是凝结成团的胶体物时，会影响灭菌效果，最好过滤除去。

（4）泡沫　培养基内的泡沫对灭菌不利，因为泡沫中的空气形成隔热层，影响热量传递，使热量难以渗透进去，不易杀灭泡沫中的微生物，所以对于容易产生泡沫的培养基，在灭菌前应适当加入少量消泡剂。

（5）菌量及菌类　培养基中菌体的数量影响灭菌效果。菌量增加，耐热性提高。这是因为微生物在增殖过程中所产生的各种菌体外的排泄物中有较多的蛋白质类物质，而显不出保护作用的缘故。各种微生物对热的抵抗力不同，细菌的营养体、酵母、霉菌的菌体对热较敏感，放线菌、酵母、霉菌孢子比营养细胞抗热性强；细菌的芽孢抗热性更强，培养基中含芽孢数越高，则所需的灭菌时间越长。

（6）在氨基酸生产过程中，通常对培养基进行连续灭菌（简称连消）。连消设备主要采用连消塔或连消器。与实罐灭菌比较，连消的优越性在于：培养基受热时间短、营养成分破坏少、发酵罐利用率高、使用蒸汽均衡，可避免用汽高峰、可采用自动控制、劳动强度低。可以回收蒸汽消耗量与冷却水量60%～70%。连续灭菌操作时必须注意以下几点。

①蒸汽总压力不低于0.4MPa，检查设备与管道阀门是否完好。

②连续灭菌打料的程序最好是先将糖液和镁盐的混合料进行灭菌，然后再将玉米浆、豆饼水解液和磷酸盐等的混合料进行灭菌。

③把配料槽内的培养基升温至60℃预热。

④排除冷却管内的冷凝水，通入蒸汽空灭30min，然后开泵打料。

⑤随时调节掌握连消塔和维持罐的温度，一般控制110～115℃维持8min左右（或120℃维持5～6min），防止上下波动过大，一定要控制料液和蒸汽的合理流速。

⑥最后以无菌空气压净连消系统内的培养基余液，进料完毕应加水清洗配料桶和连消管道，灭菌后一并打入罐内以清洁管路，减少培养基损耗。

⑦连续灭菌系统与发酵罐空罐灭菌同时进行，在0.1～0.2MPa蒸汽（表压）下灭菌1h，然后用无菌空气保压。进料过程发酵罐的最低压力不低于0.05MPa。

⑧配制好的培养基不能存放过久，应及时进行灭菌。

⑨灭菌过程中，如温度降至110℃，应停止进料3～5min。温度下降的时间较长，应将培养基回流至预热罐。

⑩开冷却水的时间，应严格掌握在培养基进入发酵罐时段内，以防管道中的空气骤然冷却形成真空。

容积为100m^3以上的发酵罐常采用连消工艺。对于容积较小的发酵罐，考虑到设备、操作因素和培养液浓度的稳定性，可以采用实消。

需要注意的是：

a. 实罐灭菌终止时，如罐压高于空气过滤器压力，则应先排气，再打开空气阀门保压，以免培养液倒流入空气过滤器内。

b. 如遇停电，要立即关闭罐上排气阀门，再关罐上进气阀，以保持一定罐压。

c. 培养基消毒要透。实罐消毒要充分排除罐内冷空气，防止产生假压；连消时要合理控制进料速度与蒸汽压力，防止温度上下波动，尤应注意开始打料时的温度（可适当偏高）。

d. 配料时防止有硬块等固体成分进入培养基，块状物应溶解后配入。

e. 接种管道用一次消毒一次，其他储罐及其过滤器、管道、计量器等都要定期消毒（一般1星期2次）。

f. 种子罐、发酵罐用后要冲洗干净，防止渣子堆积，如长期不用，罐内应放满清水。

g. 在发酵过程中，发酵罐必须始终保持正压，以防止罐压急速降低引起污染。

6. 选用培养粗放菌种

选用粗放菌种对防止污染有效，或者在发酵过程控制较高pH，也可抑制杂菌。

7. 保持工厂厂区和车间的环境卫生

保持清洁的生产环境，严格执行无菌操作制度，是发酵工厂控制染菌的重要措施。

（五）发酵染菌的挽救

1. 发酵前期染菌

（1）前期出现轻度染菌　降温培养；降低 pH；补加适量的菌种培养液或加入分割的主发酵液，确立生产菌的生长优势，从而抑制杂菌的生长繁殖，使发酵转入正常；补加培养液，并进行实罐灭菌，于 100℃维持 15min，待发酵液温度降至发酵温度时重新接种（或分割主发酵液）发酵。

（2）发酵前期出现严重染菌且发酵液中糖分较高　如镜检发现大量染菌，若发酵液中糖分较高，先进行实罐灭菌，于 100℃维持 15min，待发酵液温度降至发酵温度时重新接种（或分割主发酵液）发酵；若发酵液中糖分较低，则补加培养液，进行实罐灭菌，重新接种（或分割主发酵液）发酵；若发酵液中糖分很低，无法补救则倒罐。

2. 发酵中期染菌　在发酵中期如镜检发现发酵液有少量杆菌或其他杂菌，但发酵基本正常，pH 仍有升降，糖耗一般，氨基酸有产量，则可以加大风量，按常规继续发酵、降低发酵温度、适当降低通风量、停止搅拌、少量补糖、提前放罐。

3. 发酵后期染菌

（1）发酵后期轻度染菌　加强发酵管理，让其发酵完毕，适当提前放罐；向已染菌的发酵液中补充一定量的菌种扩培液，增强生产菌的生长优势，抑制杂菌繁殖，以争取较好的发酵结果。

（2）发酵后期严重染菌　在发酵后期，如 pH 不升，耗糖、耗氨加快，氨基酸产量下跌，若发酵液中残余糖分已经不多，则应立即放罐，以免进一步恶化，造成更大的损失，并对空罐进行彻底的清洗、灭菌；倒罐时应将发酵液于 120℃灭菌 30min 方可弃去。

参 考 文 献

[1] 陈宁．氨基酸工艺学［M］．北京：中国轻工业出版社，2007.

[2] 张嗣良，储炬．多尺度微生物过程优化［M］．北京：化学工业出版社，2003.

[3] 陈坚，李寅．发酵过程优化原理与实践［M］．北京：化学工业出版社，2002.

[4] 张星元．发酵原理［M］．北京：科学出版社，2011.

[5] 张顺堂．温敏型谷氨酸菌种发酵工艺研究［J］．发酵科技通讯，2006，35（2）：1－2.

[6] 邓毛程．氨基酸发酵生产技术［M］．北京：中国轻工业出版社，2014.

[7] 于信令．味精工业手册［M］．北京：中国轻工业出版社，2009.

[8] 鲁佩玉，孙青华．发酵法生产氨基酸工艺研究［J］．中国调味品，2019，44（1）：176－179.

[9] 徐国栋．L－异亮氨酸生产菌株的构建及发酵条件优化［D］．天津：天津科技大学，2015.

[10] 张凤凤．溶氧对氨基酸发酵的影响及其控制［J］．安徽农学通报，2014，20（12）：25－26.

[11] 苏毅．发酵法生产 L－色氨酸工艺优化［D］．天津：天津科技大学，2014.

[12] 金永红.L-赖氨酸生产的氮源和生长因子替代与发酵条件优化[D].吉林：吉林大学，2014.

[13] 户红通，徐达，徐庆阳，陈宁.谷氨酸清洁发酵工艺研究[J].中国酿造，2018，37（10）：51-55.

[14] 刘镇瑜.L-色氨酸发酵过程控制与提取工艺研究[D].天津：天津科技大学，2018.

[15] 朱肖磊.一株1905#L-苏氨酸诱变菌株发酵工艺的优化和中试放大研究[D].广州：华南理工大学，2017.

第七章　氨基酸分离提取和精制

第一节　氨基酸分离提取单元操作

工业化生产氨基酸的一个重要部分是氨基酸的分离提取，该工艺过程在氨基酸生产中的投资占比较高，往往由于未建立较为合适的分离提取工艺或因工艺成本过高而不能实现氨基酸工业化生产。因此，建立合适的分离提取工艺，提高产品收率，降低生产成本，对氨基酸工业生产具有非常重要的意义。

在氨基酸工业中，由于微生物发酵法具有工艺简单、成本低廉等优点，已成为目前生产氨基酸的主流方法，且大部分氨基酸是通过微生物发酵法生产的。发酵过程完成后，发酵液中富含目标氨基酸，但同时也富含微生物细胞、微生物其他代谢产物、残留培养基、无机离子、杂蛋白等，且富含目标氨基酸的发酵液中往往也含有一定量的其他杂质氨基酸，因此，从发酵液中分离提取目标氨基酸是一项非常复杂的工艺过程，通常由一系列的工艺操作过程组成，包括预处理、过滤、离子交换提取、脱色、浓缩、结晶、离心、干燥等工艺过程。一般的氨基酸分离提取工艺过程如图 7-1 所示。

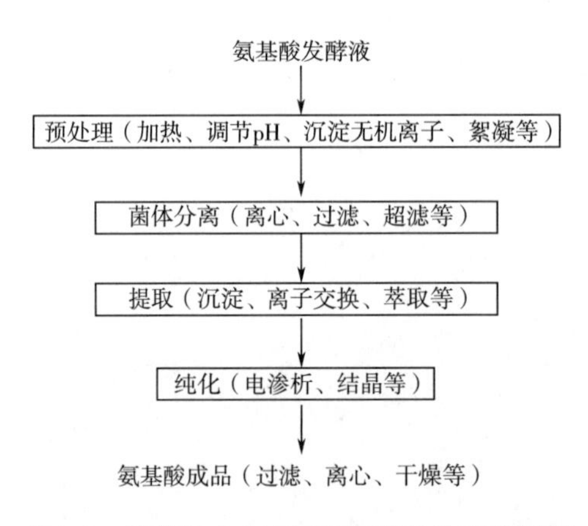

图 7-1　发酵液中分离提取氨基酸的工艺过程

一、发酵液预处理

氨基酸发酵液中不仅富含目标氨基酸，也富含微生物细胞、微生物其他代谢产物、残留培养基、无机离子、杂蛋白等杂质，因此，从氨基酸发酵液中分离提取目标氨基酸的第一步是发酵液的预处理。发酵液预处理的目的在于沉淀无机离子和杂蛋白等杂质，絮凝吸附微生物细胞、杂蛋白和颗粒性杂质等，最终达到改善发酵液的流变特性，以利于发酵液的固液分离过程操作，特别是过滤工艺过程。发酵液的预处理过程主要包括加热、调节 pH、沉淀、凝聚、絮凝等操作。

（一）加热

加热可使蛋白质变性，使蛋白质分子结构从有规则的有序排列转变为不规则的结构，蛋白质变性沉淀析出，从而显著降低氨基酸发酵液的黏度，提高发酵液的过滤速率。不同蛋白质的变性沉淀温度不同，一般将氨基酸发酵液加热至65～80℃，并维持一定时间，即可将发酵液中的蛋白质变性沉淀。例如在氨基酸发酵液预处理时，可将发酵液pH调至3.0左右，加热至70℃，并维持20～30min，可有效热变性沉淀蛋白质，使蛋白质凝聚成为颗粒较大的凝聚物，从而显著降低氨基酸发酵液的黏度，改善氨基酸发酵液的过滤特性，提高发酵液的过滤速率。加热预处理氨基酸发酵液的前提是目的产物必须为非热敏性的，且加热过程不会影响微生物细胞的完整性。因高温易引发氨基酸与发酵液中残糖的美拉德反应，使发酵液颜色加深，并造成目标氨基酸的损失，因此，在加热预处理氨基酸发酵液时，应严格控制加热温度和时间。

（二）调节pH

氨基酸发酵液的pH可显著影响发酵液中某些物质所带电荷性质，如微生物细胞和碎片、蛋白质和某些胶体物质，适当调整pH可使这些物质所带电荷的性质发生改变而易于凝聚形成较大颗粒，从而有效改善氨基酸发酵液的过滤特性，提高发酵液的过滤速率。蛋白质是一种带有氨基和羧基的两性物质，其在酸性溶液中带正电荷，在碱性溶液中带负电荷，而在其等电点pH溶液中不带电荷。在等电点pH条件下，蛋白质在溶液中的溶解度最小，易于沉淀析出。往往有些蛋白质在等电点pH条件下仍有一定的溶解度，因此仅采用调节pH还不足以沉淀除去大部分蛋白质，通常应结合其他方法。

（三）沉淀

加热可改变蛋白质分子的有序排列，从而变性沉淀氨基酸发酵液中的蛋白质。调节pH可改变发酵液中的微生物细胞和碎片、蛋白质和某些胶体物质所带电荷性质，从而使这些物质易于凝聚形成较大颗粒，且一定量的蛋白质和某些胶体物质会沉淀析出。除含有微生物细胞和碎片、蛋白质和某些胶体物质外，氨基酸发酵液中还含有一定量的无机离子，如高价的金属离子Ca^{2+}、Mg^{2+}和Fe^{3+}，该类无机离子不仅会影响氨基酸产品的质量，还会显著降低离子交换树脂吸附氨基酸的吸附量和吸附效率。因此，氨基酸发酵液预处理还应有效沉淀去除发酵液中的无机离子。

常采用草酸或草酸钠沉淀去除氨基酸发酵液中的Ca^{2+}，即通过草酸根离子与Ca^{2+}反应生成水溶解性很小的草酸钙，可较为完全地除去发酵液中的Ca^{2+}，且生成的草酸钙可促使蛋白质凝固，从而有效改善氨基酸发酵液的过滤特性，提高发酵液的过滤速率。草酸也可用于除去氨基酸发酵液中的Mg^{2+}，形成草酸镁沉淀，但发酵液中的Mg^{2+}沉淀不彻底。也可采用磷酸盐与Mg^{2+}反应形成磷酸镁沉淀而除去氨基酸发酵液中的Mg^{2+}。常采用黄血盐与Fe^{3+}反应形成普鲁士蓝沉淀而除去发酵液中的Fe^{3+}。此外，三聚磷酸钠可与Ca^{2+}、Mg^{2+}和Fe^{3+}反应形成可溶性络合物，通过络合反应也可消除氨基酸发酵液中Ca^{2+}、Mg^{2+}和Fe^{3+}的影响，但大量使用三聚磷酸钠易造成水污染，应注意废水的处理。

（四）凝聚

氨基酸发酵液中含有大量的胶体物质，该类物质可使发酵液黏度增加，使发酵液过滤速率显著降低，因此，在氨基酸发酵液的预处理过程中应尽可能地除去胶体物质。凝聚是指在电解质的作用下，通过降低胶体系统的扩散双电层排斥电位，使胶体系统的分散状态发生破坏，从而使胶体粒子聚集的过程。

氨基酸发酵液中的微生物细胞和碎片、菌体和蛋白质等胶体粒子的表面均带有一定量的电荷，且通常发酵液中的微生物细胞带有一定量的负电荷，在静电引力的作用下，可将发酵液中带正电荷的粒子吸附至细胞周围，从而在界面上形成双电层，因此，氨基酸发酵液中的微生物细胞和碎片、菌体和蛋白质等胶体粒子均存在扩散双电层的结构，该扩散双电层结构和所带的相同电荷可使胶体粒子保持分散状态。扩散双电层存在的排斥电位可使胶体系统中的胶体粒子之间产生电排斥作用，从而阻止胶体粒子的聚集。排斥电位越大，胶体粒子之间的电排斥作用越强，胶体系统的分散程度也越大。此外，胶体系统表面存在水化作用，胶体粒子周围可形成水化层，阻碍胶体粒子之间的聚集，使胶体系统稳定存在。

当氨基酸发酵液中加入与胶体系统相反电性的电解质时，胶体系统的电性可被中和，使胶体系统的排斥电位降低，胶体粒子之间的电排斥作用减弱。当胶体系统中胶体粒子双电层的电排斥力弱于胶体粒子之间的范德华力时，布朗运动即可导致胶体粒子之间的相互碰撞，导致胶体粒子之间发生聚集。此外，氨基酸发酵液中电解质离子具有水化作用，可破坏胶体粒子周围的水化层，也可导致胶体粒子发生相互碰撞而聚集。因此，加入适当电解质，可通过凝聚作用有效除去氨基酸发酵液中的胶体物质。电解质的种类、用量和作用离子的化合价是影响凝聚作用的三个主要因素。在氨基酸发酵液预处理中，常用的凝聚剂有 $Al_2(SO_4)_3 \cdot 18H_2O$、$AlCl_3 \cdot 6H_2O$、$FeCl_3$、$ZnSO_4$、$MgCO_3$ 等。带正电荷的阳离子对带负电荷的胶体粒子的凝聚作用强弱排序如下：$Al^{3+} > Fe^{3+} > H^+ > Ca^{2+} > Mg^{2+} > K^+ > Na^+ > Li^+$。

（五）絮凝

絮凝是指在某些高分子絮凝剂的作用下，通过胶体粒子之间的架桥作用，而使胶体粒子聚集形成粗大絮凝团的过程。高分子絮凝剂具有长链线状结构，易溶于水，相对分子质量为数万以上，且在其长链线状结构上含有很多的功能基团。根据是否带有电性，可将絮凝剂分为离子型和非离子型两类；根据所带电性的不同，又可将离子型絮凝剂分为阳离子型和阴离子型。离子型絮凝剂带多价电荷，且长链线状结构上的电荷密度会显著影响其絮凝效果。

高分子絮凝剂长链线状结构上的功能基团可吸附在胶体粒子的表面，且一个絮凝剂分子的很多功能基团可分别吸附在不同的胶体粒子表面，从而产生架桥作用，使胶体粒子聚集形成粗大的絮凝团。因此，通过絮凝预处理过程，可将氨基酸发酵液中的微生物细胞和碎片、菌体和蛋白质等胶体粒子聚集形成粗大的絮凝团，从而提高氨基酸发酵液的过滤速率和滤液质量。高分子絮凝剂的功能基团在胶体粒子表面的吸附作用力主要有范德华力、静电引力、氢键和配位键等，絮凝剂和胶体粒子的化学结构决定了以哪种吸附作用力为主。高分子絮凝剂的吸附架桥过程（图 7-2）为：①聚合物分子在液相中分散、均匀分布在粒子之间；②聚合物分子链在粒子表面的吸附；③被吸附链的重排，高分子链包围在胶粒表面，产生保护作用，是架桥作用的平衡构象；④脱稳粒子互相碰撞，形成架桥絮凝作用；⑤絮团的打碎。

根据来源的不同，高分子絮凝剂可分为天然聚合物和化学合成聚合物。天然聚合物包括聚糖类胶黏物、海藻酸钠、壳聚糖、脱乙酰壳聚糖、明胶、骨胶等天然有机高分子聚合

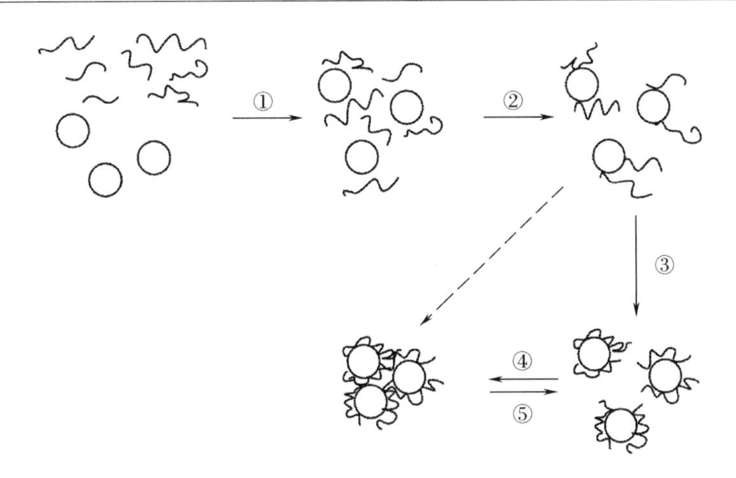

图 7-2　高分子絮凝剂的吸附架桥过程

物，该类聚合物均是从天然动植物中分离提取获得，无毒、安全性高。化学合成聚合物包括有机高分子聚合物和无机高分子聚合物。其中，常见的有机高分子聚合物有聚丙烯酰胺类衍生物、聚丙烯酸类和聚苯乙烯类衍生物等，常见的无机高分子聚合物有聚合铝盐和聚合铁盐等。相比天然高分子絮凝剂，化学合成絮凝剂具有用量少、絮凝团粗大、絮凝速率快、固液分离效果好等优点，且该类絮凝剂种类多、使用范围广。但化学合成絮凝剂中某些种类具有一定的潜在毒性，使用安全性不高，食品和医药工业应慎用。

氨基酸发酵液絮凝操作过程中，影响絮凝效果的因素很多，主要包括絮凝剂的种类和相对分子质量、絮凝剂用量、发酵液 pH、搅拌速率和搅拌时间等因素。对于带负电荷的微生物细胞和碎片、菌体和蛋白质来说，宜采用阳离子型高分子絮凝剂，其可同时具有降低胶体粒子的双电层排斥电位和产生吸附架桥的双重作用。在采用非离子型和阴离子型高分子絮凝剂预处理氨基酸发酵液时，应同时加入合适的电解质，以通过凝聚和絮凝双重作用（又称混凝作用）来提高氨基酸发酵液的预处理效果和过滤速率。

二、过滤

预处理操作完成后，氨基酸发酵液中含有大量的悬浮固体，如微生物细胞和碎片、菌体和蛋白质等的沉淀物以及它们的絮凝团。因此，需要进行固液分离操作除去氨基酸发酵液中的悬浮固体，获得澄清的氨基酸发酵液，以便于后续工艺提取发酵液中的目标氨基酸。常规的固液分离操作包括过滤和离心分离等单元操作。目前，国内氨基酸工业中广泛采用过滤操作除去氨基酸发酵液中的悬浮固体。过滤操作是悬浮液在某种推动力的作用下通过多孔性介质的固液分离过程，即在推动力的作用下，悬浮液中的液体透过多孔性介质（或称过滤介质），而固体悬浮物被多孔性介质截留，从而实现固液分离的操作过程。重力、压力、真空或离心力均可以是过滤操作的推动力。按料液的流动方向不同，可将过滤分为常规过滤和错流过滤。常规过滤的料液流动方向与多孔性介质垂直，而错流过滤的料液流动方向平行于多孔性介质。

（一）常规过滤

常规过滤时，固体颗粒被截留在多孔性介质表面形成滤饼，液体在推动力的作用下穿过滤饼和多孔性介质的微孔，从而获得澄清的过滤液。由于操作阻力较大，且固体颗粒的粒径越小，操作阻力越大，因此常规过滤适用于悬浮颗粒粒径在 10～100μm 的悬浮液。在氨基酸工业中，常采用板框压滤机和真空转鼓式过滤机过滤预处理后的发酵液。

板框压滤机是由多块带凹凸纹路的滤板和滤框交替排列组成的。滤板和滤框一般为正方形或长方形，角端均有圆孔，可构成悬浮液和滤液的流动通道。在滤板和滤框之间放置滤布后，可形成容纳悬浮液和滤饼的空间。板框压滤机的结构如图 7-3 所示。板框压滤机的结构简单，过滤操作灵活，压差推动力高，过滤面积大，可适用于不同过滤特性的发酵液。但过滤操作劳动强度大，间歇操作，非生产性的辅助时间长，生产效率较低。

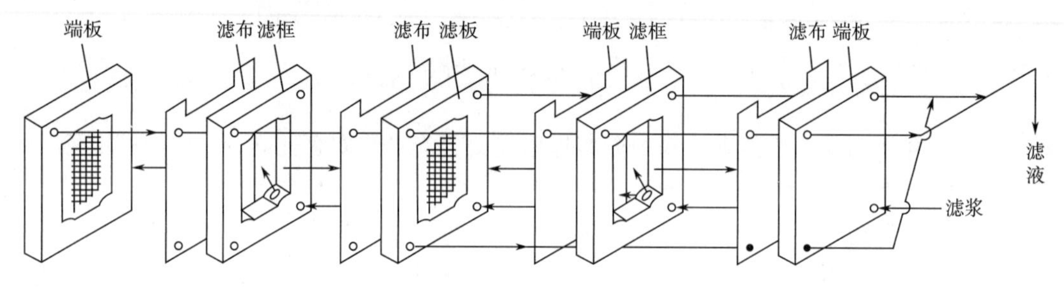

图 7-3　板框压滤机的结构

真空转鼓式过滤机的主体是一个不断转动的水平转鼓，其表面装有支撑的金属网，并在金属网的外层面放置滤布。转鼓内部由纵向隔板将内腔分隔为多个扇形小格，每个扇形小格均通过管道与转动盘中的对应端孔相连。转动盘与固定盘相互配合，通过固定盘中的圆弧形凹槽和孔道分别与滤液排出管、洗水排出管和压缩空气管相连接。当转动盘与固定盘表面紧密贴合时，转动盘中的端孔可与固定盘中的对应凹槽相通，从而分别构成滤液、洗水和压缩空气的通道。真空转鼓式过滤机的转鼓结构如图 7-4 所示。当真空转鼓式过滤机工作时，转鼓下部充分浸入悬浮液中，转动盘随转鼓一起转动，并与固定盘紧密贴合使转鼓表面上的相应部分分别处于被真空抽吸或压缩空气吹送的状态。因此，在转动盘随转鼓转动一周的过程中，每个扇形小格对应的转鼓表面可依次进行过滤、洗涤、吸干、吹松和卸渣等操作过程。真空转鼓式过滤机可连续化自动生产，过滤效果高，适用于处理量大、易固液分离的悬浮液。但真空转鼓式过滤机体积大，设备成本较高，有效过滤面积小。

（二）错流过滤

错流过滤时，悬浮液平行于多孔性介质表面流动，由于悬浮液的冲刷作用，多孔性介质表面较少滞留固体颗粒，不易形成滤饼，过滤速率较高。错流过滤适用于悬浮颗粒粒径极小的悬浮液的过滤操作，如细菌悬浮液。此时，采用常规过滤易造成多孔性介质孔道堵塞，滤饼致密，过滤速率很慢。因此，对于悬浮颗粒粒径极小的发酵液，在没有合适的发酵液预处理方法时，宜采用错流过滤，可提高过滤速率，获得澄清的滤液。但错流过滤不能完全分离悬浮液中的固体和液体。微孔滤膜和超滤膜是两种常用于错流过滤的多孔性介质。在氨基酸工业中，常采用中空纤维式膜组件和螺旋卷式膜组件错流过滤发酵液。

中空纤维式膜组件是一类将大量中空纤维膜组装在一根管腔内，中空纤维膜的一端与管外壳壁固封制成的膜组件。中空纤维式膜组件可分为内压式和外压式两种。中空纤维式

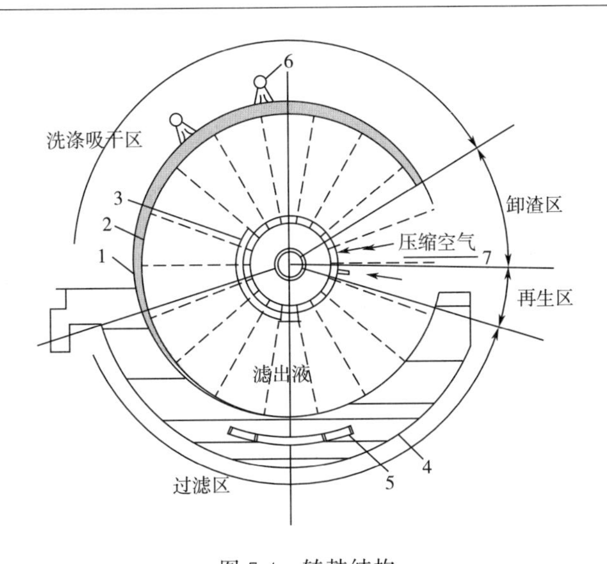

图 7-4　转鼓结构

1—转鼓　2—过滤室　3—分配阀　4—料液槽　5—摇摆式搅拌器　6—洗涤液喷嘴　7—刮刀

膜组件（外压式）的结构如图 7-5 所示。悬浮液从中空纤维式膜组件的一端注入，沿纤维膜的外侧面平行流动，过滤液经中空纤维膜壁滤过并进入内腔，从中空纤维式膜组件的固封头处的开端流出，高浓度的悬浮液从膜组件的另一端流出，从而实现悬浮液的过滤分离。中空纤维式膜组件在高压下不易变形，纤维管直径较细，填充密度高，膜过滤面积较大，易于规模化生产。

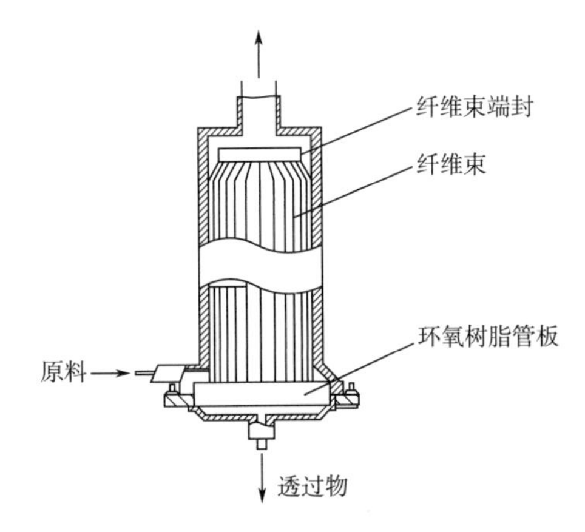

图 7-5　中空纤维式膜组件（外压式）的结构

螺旋卷式膜组件是一类将膜、多孔膜支撑材料和悬浮液通道网等组合旋转，一并装入具有一定承压能力的外壳管内而制成的膜组件。螺旋卷式膜组件的结构如图 7-6 所示。螺旋卷式膜组件是双层结构的，中间为多孔膜支撑材料，两侧面均为膜，三边均被密封形成膜袋，另外一边与一根多孔中心滤液收集管密封连接，膜袋外侧面放置悬浮液通道网，形成膜-多孔膜支撑材料-膜-悬浮液通道网依次叠合，再绕多孔中心滤液收集管旋转并装填密封于具有一定承压能力的外壳管内而制成的。在氨基酸工业应用中，常将多个螺旋卷式膜组件的多孔中心滤液收集管串联，再装入承压外壳管内构成一个过滤分离单元，从而有效增加螺旋卷式膜组件的膜过滤面积，易于规模化生产。

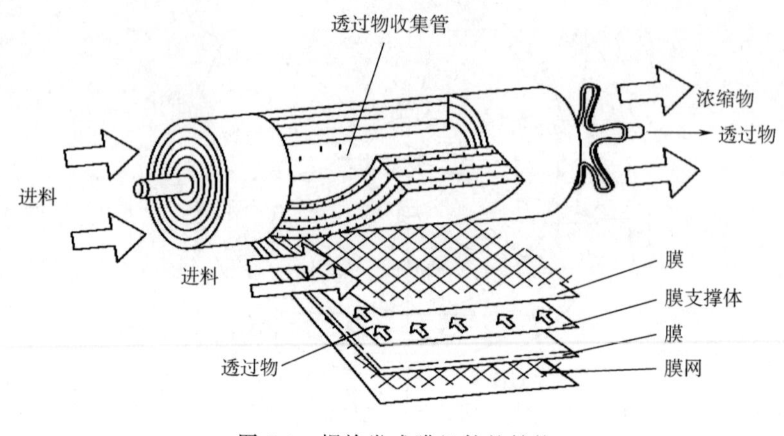

图 7-6　螺旋卷式膜组件的结构

三、离子交换工艺

（一）离子交换的基本概念

离子交换工艺是指通过离子交换树脂交换基团的可游离交换离子与溶液中的同性离子的交换反应过程，且该过程是可逆的，即采用洗脱剂可洗脱收集富含目标物质的洗脱液。离子交换树脂常制成细小球形颗粒，内部含有大量的孔道，树脂颗粒表面和内部均含有大量的交换基团，都可进行离子交换反应，吸附相同电性的目标物质离子。离子交换过程较为复杂，大致分为 5 个阶段。以阳离子交换树脂吸附发酵液中的氨基酸阳离子为例，树脂颗粒吸附过程如图 7-7 所示：①发酵液中的氨基酸阳离子扩散至树脂颗粒表面（外扩散）；②氨基酸阳离子穿过树脂颗粒表面向树脂颗粒内部扩散（内扩散）；③氨基酸阳离子与树脂颗粒中的 H^+ 交换（离子交换）；④交换产生的游离 H^+ 从树脂颗粒内部向树脂表面扩散（内扩散）；⑤游离的 H^+ 进一步扩散至发酵液中（外扩散）。其中③离子交换过程速率快，其他 4 个阶段即外扩散和内扩散的速率均较慢，因而离子扩散速率决定了离子交换过程的总体速率。

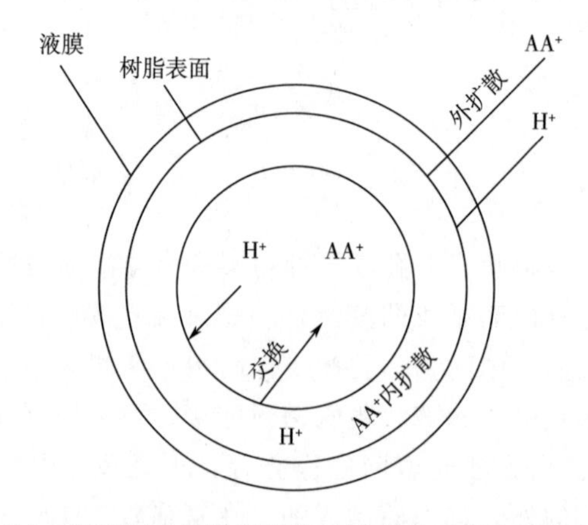

图 7-7　阳离子交换树脂颗粒吸附氨基酸阳离子的过程

（二）离子交换的基本原理

氨基酸是两性电解质，在酸性发酵液中，氨基酸是含有—NH_3^+基团的阳离子，能被阳离子交换树脂交换吸附；在碱性发酵液中，氨基酸是含有—COO^-基团的阴离子，能被阴离子交换树脂交换吸附；在pH为氨基酸等电点（pI）的发酵液中，氨基酸不电离，此时氨基酸的兼性离子静电荷为零，不能被阳离子和阴离子交换树脂交换吸附。因此，离子交换树脂对氨基酸的交换吸附能力取决于发酵液的pH、氨基酸的电离常数（pK）和pI等因素。发酵液中氨基酸的解离状态如图7-8所示。

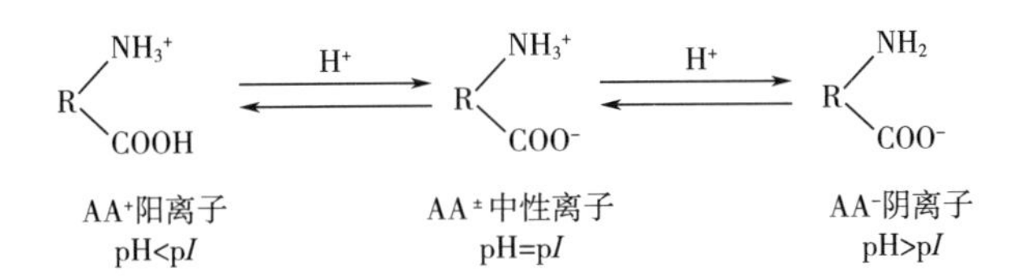

图7-8　发酵液中氨基酸的解离状态

由于具有不同的化学结构，不同氨基酸的等电点具有较大差异。由于氨基的电离度小于羧基的电离度，因而中性氨基酸的等电点小于7.0，一般为5.0～6.0；酸性氨基酸的等电点为2.8～3.2；碱性氨基酸的等电点为7.6～10.8。氨基酸侧链R部分存在影响其pK和pI的基团，如氨基、羧基、酚基、咪唑基和胍基等，且酸性基团使氨基酸的等电点降低，而碱性基团使氨基酸的等电点升高。各种氨基酸的pK和pI如表7-1所示。

表7-1　　各种氨基酸的pK和pI

氨基酸	pK_1（—COOH）	pK_2（—NH_3^+）	pK_3	pI
丙氨酸	2.34	9.69	—	6.00
精氨酸	2.17	9.04	12.43	10.76
天冬酰胺	2.02	8.80	—	5.41
天冬氨酸	1.88	3.65（—COOH）	9.60（—NH_3^+）	2.77
半胱氨酸	1.96（30℃）	8.18	10.28（—SH）	5.07
胱氨酸	<1.00（30℃）	1.70（—COOH）	pK_2=7.48（—NH_3^+） pK_4=9.02（—NH_3^+）	4.60
谷氨酸	2.19	4.25（—COOH）	9.67（—NH_3^+）	3.22
谷氨酰胺	2.17	9.13	—	5.65
甘氨酸	2.34	9.60	—	5.97
羟脯氨酸	1.92	9.73	—	5.83
组氨酸	1.82	6.00（咪唑基）	9.17（—NH_3^+）	7.59
异亮氨酸	2.36	9.68	—	6.02

续表

氨基酸	pK_1（—COOH）	pK_2（$—NH_3^+$）	pK_3	pI
亮氨酸	2.36	9.60	—	5.98
赖氨酸	2.18	8.95（$\alpha-NH_3^+$）	10.53（$\alpha-NH_3^+$）	9.74
甲硫氨酸	2.28	9.21	—	5.74
苯丙氨酸	1.83	9.13	—	5.48
脯氨酸	1.99	10.96	—	6.30
丝氨酸	2.21	9.15	—	5.68
苏氨酸	2.71	9.62	—	6.16
色氨酸	2.38	9.39	—	5.89
酪氨酸	2.20	9.11	10.07（—OH）	5.66
缬氨酸	2.32	9.62	—	5.96

根据氨基酸的两性电解特性和不同氨基酸之间 pK 的差异，可通过调节发酵液的 pH，使不同氨基酸的解离状态和带电性质产生较大差异，再通过选择合适的离子交换树脂便可从发酵液中分离获得目标氨基酸。

（三）离子交换树脂对氨基酸的吸附规律

不同氨基酸具有不同的 pK、pI、极性、酸碱度和相对分子质量，因而同一离子交换树脂对不同氨基酸具有不同的交换吸附能力。强酸性阳离子交换树脂对 H^+ 的亲和力较小，在强酸性环境中也可解离，常使用其游离酸型吸附发酵液中的氨基酸。在 pH 低于氨基酸 pI 的发酵液中，强酸性阳离子交换树脂可吸附全部氨基酸，且氨基酸 pI 高，吸附亲和力越大，吸附能力越强。当发酵液的 pH 在中性氨基酸 pI 范围时，强酸性阳离子交换树脂的游离酸型可优先吸附碱性氨基酸；强酸性阳离子交换树脂的盐型则只吸附碱性氨基酸。强碱性阴离子交换树脂对 OH^- 的亲和力较小，在强碱性环境中也可解离，常使用其游离碱型吸附发酵液中的氨基酸。强碱性阴离子交换树脂的游离碱型对 pI 大于 10.0 的氨基酸吸附力较弱，对 pI 小于 10.0 的氨基酸吸附力较强，氨基酸 pI 越小、该吸附力越强。当发酵液的 pH 在中性氨基酸的 pI 范围时，强碱性阴离子交换树脂的游离碱型可优先吸附酸性氨基酸；强碱性阴离子交换树脂的盐型则只吸附酸性氨基酸。

弱酸性阳离子交换树脂对 H^+ 的亲和力较大，微酸性环境即可抑制其解离，一般使用其盐型，且对氨基酸的吸附力较弱。氨基酸的 pI 越大，弱酸性阳离子交换树脂对其吸附力越强，优先吸附碱性氨基酸。弱碱性阴离子交换树脂对 OH^- 的亲和力较大，微碱性环境即可抑制其解离，一般使用其盐型，且对氨基酸的吸附力较弱。氨基酸的 pI 越小，弱碱性阴离子交换树脂对其的吸附力越强，优先吸附酸性氨基酸。弱碱性阴离子交换树脂对 pI 小于 4.0 的氨基酸较易吸附，对 pI 大于 8.0 的氨基酸较难吸附。

综上所述，根据氨基酸的两性电离特性、pI、pK 和侧链基团的性质，适当调节发酵液的 pH，并选择合适的离子交换树脂和其游离酸型或盐型，可从氨基酸发酵液中分离提取酸性、中性和碱性氨基酸。强酸性阳离子交换树脂对氨基酸的吸附顺序为：碱性氨基酸＞中性氨基酸＞酸性氨基酸，洗脱顺序则相反；强碱性阴离子交换树脂对氨基酸的吸附和洗脱顺序均与强酸性阳离子交换树脂的情况相反。强酸性阳离子交换树脂对中性氨基酸的吸附顺序按对应 pK 从大到小排列，洗脱顺序则相反；强碱性阴离子交换树脂对中性氨基酸的吸附和洗脱顺序均与强酸性阳离子交换树脂的情况相反。因此，仅采用离子交换工艺较难完全分离中性氨基酸。

（四）离子交换的操作过程

1. 离子交换树脂的选择

选择合适的离子交换树脂是应用离子交换工艺分离提取目标氨基酸的关键。首先应根据目标氨基酸与杂质氨基酸及其他杂质之间的性质差异，并结合离子交换树脂对氨基酸的吸附规律，选择合适的离子交换树脂，使离子交换树脂对目标氨基酸、杂质氨基酸和其他杂质的吸附力有足够的差异，从而分离提取目标氨基酸；其次还应考虑离子交换树脂的来源、性能和成本等问题。适用于氨基酸分离提取的离子交换树脂应具备以下条件：①在水、溶剂及酸、碱性环境中不可溶解；②机械强度高，耐磨性能好，可反复使用；③耐热性好，化学性质稳定；④具有适中的膨胀度和交联度；⑤具有较高的交换吸附容量；⑥交换过程中平衡速率快。总之，应根据不同氨基酸的理化性质和生产具体条件，综合考虑选择合适的离子交换树脂，且不仅要考虑离子交换树脂对目标氨基酸的吸附性能，还要考虑其洗脱性能。

2. 离子交换分离氨基酸的操作步骤

一般情况下，离子交换工艺分离提取氨基酸的操作步骤包括以下几步：①树脂的预处理；②吸附氨基酸；③解吸氨基酸；④树脂的再生和转型。当树脂对目标氨基酸失去吸附性能时，应进行去毒化操作，以使树脂重新恢复对目标氨基酸的吸附性能。

树脂的预处理包括物理预处理和化学预处理。物理预处理一般是对粒径不均一的树脂进行筛选和浮选处理，以获得粒径适宜的树脂；再进行水洗以去除颗粒性杂质，并进一步采用乙醇或其他溶剂浸泡以去除树脂吸附的有机杂质。物理预处理完成后，树脂还需进行化学预处理。具体操作过程为采用 8～10 倍体积的 1mol/L 盐酸和氢氧化钠溶液交替浸泡 4h 以上，并在两种溶液交替之间采用纯化水反复洗至近中性，最后采用纯化水反复洗至中性备用。盐酸和氢氧化钠溶液反复交替预处理过程中，最后采用盐酸溶液处理的阳离子交换树脂为氢型树脂，采用氢氧化钠溶液处理的阳离子交换树脂为钠型树脂；最后采用氢氧化钠溶液处理的阴离子交换树脂为羟型树脂，采用盐酸溶液处理的阴离子交换树脂为氯型树脂。

吸附氨基酸，即采用树脂从氨基酸发酵液中交换吸附氨基酸的过程。吸附过程操作方法有正吸附和反吸附两种。预处理和过滤后的氨基酸发酵液黏度较小，一般采用正吸附方法，即发酵液自上而下流经树脂。正吸附过程中树脂柱有清晰的离子层色带，交换吸附饱和度高，洗脱液的质量较好，但吸附时间长，吸附后期树脂阻力大，影响发酵液流速。反吸附过程中的发酵液是自下而上流经树脂，使树脂呈“沸腾”状态，可克服正吸附的较多缺点，但对操作设备具有特殊要求。

解吸氨基酸，即采用合适的洗脱剂从树脂中解吸氨基酸的过程。洗脱液中氨基酸的浓度随洗脱时间的变化而变化，一般情况下，洗脱液中氨基酸的浓度先快速增加，达到最大浓度后快速降低，再缓慢降低。因此，应根据总体工艺对洗脱液中氨基酸的浓度要求，对不同浓度的洗脱液进行分别收集。

树脂的再生和转型，所谓再生即是使解吸后的树脂重新获得吸附和解吸氨基酸性能的操作过程，该过程可使树脂反复多次使用。再生过程中，首先进行除杂处理，即采用纯化水洗涤，以除去树脂表面和孔道中物理吸附的杂质，再采用盐酸和氢氧化钠溶液处理除去树脂表面和孔道中与吸附功能基团化学结合的杂质，以使树脂恢复对氨基酸的吸附性能。转型即是对再生后的树脂采用盐酸或氢氧化钠溶液处理，以赋予树脂吸附功能基团平衡离子的过程。对于弱酸性阳离子交换树脂一般采用氢氧化钠溶液处理转为钠型，对于弱碱性阴离子交换树脂一般采用盐酸溶液处理转为氯型；对于强酸性阳离子交换树脂一般采用盐酸溶液处理转为氢型，对于强碱性阴离子交换树脂一般采用氢氧化钠溶液处理转为羟型；强酸性阳离子交换树脂和强碱性阳离子交换树脂均还可采用相应的盐溶液进行转型。

毒化是指树脂失去吸附性能后，采用常规再生方法无法使树脂恢复吸附性能的现象。如树脂孔道被大分子有机物或沉淀物严重堵塞，吸附功能基团脱落，不可逆吸附等情况。重金属离子对树脂的毒化是指重金属离子与树脂吸附功能基团发生了不可逆的吸附反应。采用常规再生方法处理已毒化的树脂后，应采用合适的酸碱溶液加热反复浸泡，以使难溶杂质溶出，也可采用有机溶剂加热浸泡方式进行处理。

四、脱色工艺

脱色是氨基酸工业生产中一个不可缺少的单元操作。脱色工艺的好坏，不仅影响后续工艺操作，更关系到氨基酸产品的色级等质量指标。因此，必须对氨基酸生产中色素的来源和脱色的方法进行深入的了解。

（一）物质颜色与结构的关系

不同结构的物质可吸收不同波长的光，当物质吸收的是波长在可见光区域（波长在400～800nm）的光时，物质是有颜色的，且颜色是未被吸收的光所反射的颜色，即是被吸收光的颜色的互补色；当物质吸收的是波长在可见光区域之外的光时，物质是没有颜色的。不同波长的光对应的颜色和人眼所见的颜色如表7-2所示。

表7-2　不同波长的颜色及其互补色

物质吸收的光		人眼所见的颜色（互补色）
波长/nm	相应的颜色	
400～450	紫色	黄绿色
450～480	蓝色	黄色
480～490	绿蓝色	橙色
490～500	蓝绿色	红色
500～560	绿色	紫红色
560～580	黄绿色	紫色
580～600	黄色	蓝色
600～650	橙色	绿蓝色
650～750	红色	蓝绿色

化学结构决定了有机物的颜色，在有色物质的分子结构中一般都含有发色团（又称生色基）和助色团（又称助色基）。属于发色团的有＞C＝C＜，＞C＝O，—C—H，—C—OH，—N＝O，—N→O，＞C＝S等；属于助色团的有—OH，—OR，—NH_2，—NR_2，—SR，—Cl，—Br等。当物质分子中仅含有一个发色团，常由于其吸收波长在可见光区域之外而没有颜色；当物质分子中含有两个或更多的发色团共轭时，可使其吸收波长移向可见光区域内而具有颜色，且随共轭双键数量的增加而使颜色加深。助色团本身的吸收波长在可见光区域之外，但当助色团与共轭双链或生色团连接时，可使共轭双链或生色团的吸收波长移向长波长方向。该吸收波长的移动现象称为红移（或向红效应），是由助色团中未共用电子对与生色团或共轭双链共轭引起的。

(二) 色素的来源

色素是自身具有颜色并能使其他物质着色的有机物质。在氨基酸生产过程中，化学反应可产生色素，如淀粉的水解反应、热促导致的葡萄糖与氨基酸之间的美拉德反应等；发酵过程中可产生色素，如各种有色的代谢产物，与发酵菌种、发酵条件等密切相关；另外，采用质量较差的原料也会带入一定量的色素。尽管在氨基酸发酵液预处理和提取过程中可去除大部分的色素，但仍有一定量的色素残留在氨基酸溶液中，应采用合适的脱色工艺去除色素，提高氨基酸产品的色级。

(三) 脱色的方法

现阶段，在氨基酸生产过程中，主要采用活性炭、大孔吸附树脂和离子交换树脂对氨基酸溶液进行脱色处理，以提高氨基酸产品的色级。

1. 活性炭脱色

活性炭具有超高的比表面积，每克活性炭总面积可达500～2000m^2，并对各种极性基团具有较强的吸附力，如—COOH、—NH_2、—OH等，且极性基团数量越多，吸附力越大。各种色素分子中的发色团和助色团一般均含有数量较多的极性基团，可被活性炭快速吸附。因此，基于超高的比表面积（物理性吸附）和对各种极性基团的吸附力，一般利用活性炭可除去各种色素，粉末状活性炭应用最多。活性炭脱色处理氨基酸溶液，即将氨基酸溶液中的色素分子强烈吸附于活性炭表面和孔道中，并随活性炭的过滤分离而被去除，从而达到氨基酸溶液脱色的目的。将活性炭加入氨基酸溶液后，溶液中的色素分子向活性炭表面和孔道中吸附富集，溶液中的色素浓度显著降低；脱色一定时间后，溶液中的色素分子和活性炭表面与孔道中的色素分子达到动态分配平衡，即由活性炭表面和孔道进入溶液中与从溶液中到达活性炭表面和孔道而被吸附的色素分子数相等；此时即达到脱色终点，可进行过滤除去吸附色素饱和的活性炭，收集脱色完全的氨基酸溶液。

2. 离子交换树脂脱色

在氨基酸工业生产中，除采用活性炭脱色外，也可采用离子交换树脂脱色。大多数色素为离子型物质，且阴离子居多，可被离子交换树脂的离子交换基团或弱极性基团吸附，因而具有较强的脱色作用，可作为氨基酸洗脱液或浓缩液等的脱色剂，也常作为葡萄糖、蔗糖、甜菜糖等的脱色剂。与活性炭相比，离子交换树脂脱色具有可反复使用、寿命长、产品损耗少等优点。离子交换树脂脱色是氨基酸工业生产中应用最为广泛的脱色方法之一。

3. 大孔吸附树脂脱色

大孔吸附树脂是一类新型的非离子型高分子吸附剂，常以二乙烯苯、苯乙烯或甲基丙烯酸酯等原料聚合而成，具有较大的比表面积和较多的孔道。色素一般为有机酸类或弱极性物质，可被大孔吸附树脂通过弱相互作用（范德华力、氢键作用力、疏水作用力等）吸附于树脂颗粒表面或孔道中，从而达到脱色的作用。在脱色工艺操作过程中，与离子交换树脂不同，大孔吸附树脂在整个树脂颗粒内外都具有吸附表面，且颗粒内部的孔道结构可对不同大小分子质量的色素进行筛分。大孔吸附树脂具有吸附容量大、吸附速率快、易解吸和再生等优点，常用于氨基酸工业生产中的脱色工艺，尤其适用于氨基酸洗脱液或浓缩液中低极性或非极性有机杂质的去除。

五、浓缩工艺

浓缩是指将溶液中的溶剂去除以提高溶液中溶质浓度的过程。在氨基酸工业生产过程中，常需要将氨基酸溶液浓缩以提高溶液中氨基酸的浓度。从原理上讲，浓缩分为平衡浓缩和非平衡浓缩。平衡浓缩是利用两相在分配上的某种差异而获得溶质和溶剂分离的方法，包括蒸发浓缩和冷冻浓缩法等；非平衡浓缩是利用固体半透膜来分离溶质和溶剂的方法，即膜浓缩过程，包括纳滤、超滤和透析法等。在氨基酸工业生产中，常采用蒸发浓缩法浓缩氨基酸溶液。蒸发浓缩法是利用溶质和溶剂挥发度的差异来达到分离目的的，且是通过热量的传递来完成分离过程，即通过加热使溶液中的一部分溶剂气化分离而提高溶液中溶质浓度的过程。目前，氨基酸工业生产中常用的蒸发浓缩法有常压蒸发浓缩法、减压蒸发浓缩法和薄膜蒸发浓缩法。

（一）常压蒸发浓缩法

常压蒸发浓缩法是指在0.1MPa压力条件下，加热使溶液中溶剂气化分离而达到溶液中溶质浓度升高的浓缩过程。在常压蒸发浓缩过程中，随着溶液中溶剂的不断蒸发分离，溶液中溶质的浓度不断升高，导致浓缩液的热传导效率降低、对流变慢、蒸气压降低、沸点升高。浓缩液沸点的升高进一步导致蒸发速率的降低，加热时间延长，热敏性物质易分解。例如，谷氨酸钠水溶液长时间受热，会引起谷氨酸钠失水而生成焦谷氨酸钠。因此，对热敏性物质不宜采用常压蒸发浓缩法。

（二）减压蒸发浓缩法

减压蒸发浓缩法即在减压条件下加热使溶液中溶剂气化分离而浓缩的操作方法，也是真空蒸发浓缩法。通过降低蒸发过程中的压力，可使溶液的沸点降低，且真空度越高，溶液的沸点降得越低。由于溶液的沸点显著降低，加热温度较常压蒸发浓缩法可显著降低，浓缩时间也将明显缩短。因此，溶液中的热敏性物质不易被破坏。但减压蒸发浓缩法生产能力小、加热面易结垢和形成沉淀，传热系数较低。

（三）薄膜蒸发浓缩法

薄膜蒸发浓缩法是近年来兴起且应用较广的一种浓缩操作方法，该方法通常是在真空和加热条件下，使溶液分布形成薄膜而迅速蒸发分离溶剂的操作过程。薄膜蒸发浓缩法主要是通过将溶液分布形成较薄的液膜而增加气化表面，使热传导加快并分布均匀，从而显著加快溶液的蒸发浓缩速率和提高蒸发浓缩效率。薄膜蒸发浓缩法还可消除溶液静压的影响，能较好地避免溶液中溶质的过热现象，溶液受热时间短，使热敏性成分不易被破坏。

另外，在薄膜蒸发浓缩过程中，加热面和受热面的温差不宜过大，如过大，易形成膜状沸腾，会显著降低液膜热传导系数，甚至会使受热面出现“干壁”现象，热敏性溶质分解或碳化。

在氨基酸工业生产中，通常采用水蒸气作为热源，并通过加热管或夹套加热。通常将作为热源的蒸汽称为加热蒸汽或一次蒸汽，将从溶液中被加热汽化产生的蒸汽称为二次蒸汽。在蒸发浓缩过程中，将二次蒸汽不再利用而直接冷凝的操作过程称为单效蒸发；将二次蒸汽作为下一个蒸发器的加热蒸汽使用的操作过程称为多效蒸发。多效蒸发由于可利用二次蒸汽中的热能而使蒸发浓缩操作更加节能，经济性更好。也可将二次蒸汽进一步压缩后，再作为蒸发器的加热蒸汽，这样能够提高加热蒸汽的热能利用效率，有利于节能。图7-9所示的是三效蒸发流程，二次蒸汽的利用次数可根据具体情况而定，系统中串联的蒸发器数目称为效数，通常为2～6效，蒸发1kg水消耗的蒸汽为0.2～0.6kg。而传统的单效蒸发器，由于二次蒸汽直接冷凝排出，因此蒸发1kg水消耗的蒸汽为1kg。

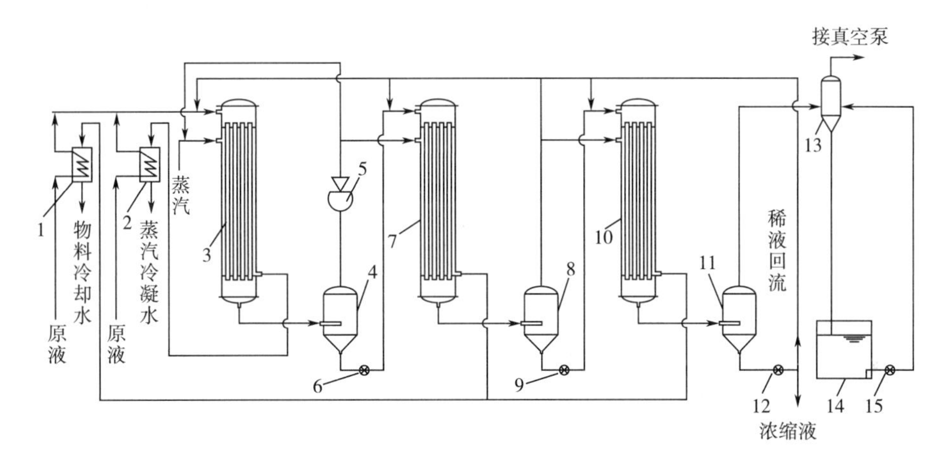

图7-9　三效蒸发器工作流程

1，2—预热器　3—第一效蒸发器　4，8，11—分离器　5—蒸汽喷射热泵　6，9，12，15—泵　7—第二效蒸发器　10—第三效蒸发器　13—冷凝器　14—冷却水池

六、电渗析工艺

(一) 电渗析的基本概念

电渗析技术是在离子交换技术的基础上发展起来的一种技术。离子交换膜是具有一定孔隙度及特定解离基团的薄膜，在电渗析技术中广泛使用。基于薄膜孔隙度和解离基团的作用，离子交换膜对不同电解质具有选择渗透性。阳离子交换膜的解离基团带负电荷，可吸引和透过带正电荷的阳离子并排斥带负电荷的阴离子；阴离子交换膜的解离基团带正电荷，可吸引和透过带负电荷的阴离子并排斥带正电荷的阳离子。离子透过离子交换膜的迁移运动过程称为渗透或透析。通过外加直流电场，可显著提高离子透过离子交换膜的迁移速率，并使阳离子透过阳离子交换膜向阴极区迁移，阴离子透过阴离子交换膜向阳极区迁移。这种在外加直流电场的作用下，透过离子交换膜的离子定向迁移运动过程称为电渗析。

（二）电渗析的基本原理

电渗析技术是基于氨基酸的两性电解质特性来实现分离的。在低于等电点的溶液中氨基酸以阳离子状态存在，其可透过阳离子交换膜向阴极迁移运动；在高于等电点的溶液中氨基酸以阴离子状态存在，其可透过阴离子交换膜向阳极迁移运动；在等于等电点的溶液中氨基酸以电中性的兼性离子状态存在，既不向阳极也不向阴极迁移运动。因此，电渗析可根据等电点的不同而分离酸性、中性和碱性氨基酸。相比于无机离子，氨基酸相对分子质量较大，选择透过性较低，且迁移运动滞后，不易透过离子交换膜。因此，通常在氨基酸等电点时进行电渗析脱盐处理，调节溶液 pH，再电渗析分离目标氨基酸。由于氨基酸的解离能力较弱，在电渗析分离过程中常采用弱酸性和弱碱性的离子交换膜。

（三）电渗析装置

电渗析装置主要由供应直流电流的整流器、电渗析器、料液输送系统和质量检测等 4 部分组成，主体设备是板框式电渗析器。如图 7-10 所示，它是由离子交换膜、隔板、电极和夹紧装置等组成。在阴极和阳极之间交叉排列着阴膜和阳膜，并用隔板隔成电极室、浓化室、淡化室等部分。电渗析器两端用钢型夹板、螺杆和螺母紧固，要求密封不漏水。隔板上的孔 1、孔 2、孔 3、孔 4 分别组合成发酵液、自来水的进口通道和浓缩液、淡化液的出口通道。

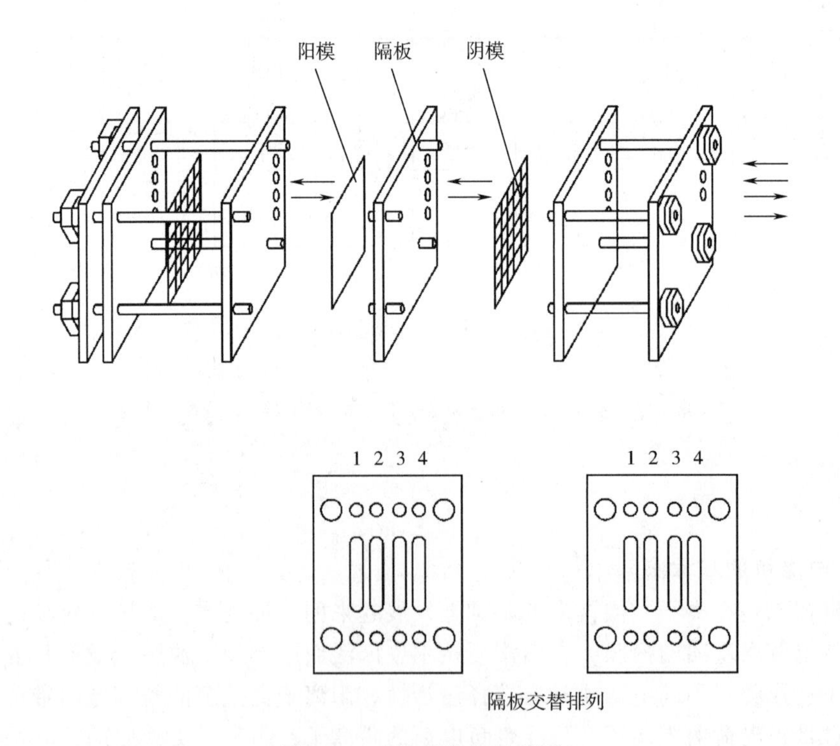

图 7-10　电渗析结构示意图

孔 1 通道—进（氨基酸发酵液）　孔 2 通道—进（自来水）　孔 3 通道—出（已脱盐的氨基酸发酵液）
孔 4 通道—出（含离子盐水）

如在目的氨基酸的等电点进行电渗析，目的氨基酸呈电中性，在电场中不迁移；残糖、蛋白质、色素、淀粉、其他非电解质杂质等，有的是电中性物质，在电场中不迁移。

有的因为分子大透不过膜，仍留在发酵液中；K^+、Na^+、Mg^{2+}、Ca^{2+}等阳离子向阴极迁移，透过阳膜而被阴膜阻留在浓缩室中，Cl^-、SO_4^{2-}等阴离子则向阳极迁移，透过阴膜而被阳膜阻留在浓缩室中。这样通过离子交换膜的选择性透过电渗析的结果，阳离子和阴离子集中于浓缩室中，使淡化室离子浓度大大降低，随液流作为除盐氨基酸发酵液排出。如在低于目的氨基酸等电点的酸性介质中，目的氨基酸以阳离子状态存在，在电场下向阴极迁移，透过阳膜而被阴膜阻留于浓缩室中，与阳离子、阴离子、残糖、蛋白质、色素等杂质得以分离。

七、结晶工艺

（一）结晶的基本概念

晶体在溶液中形成的过程称为结晶。结晶方法一般有两种：一种是蒸发溶剂法，另一种是冷却热饱和溶液法。人们不能同时看到物质在溶液中溶解和结晶的宏观现象，但是却同时存在着组成物质的微粒在溶液中溶解与结晶的两种可逆的运动，通过改变温度或减少溶剂的办法，可使某一温度下溶质微粒的结晶速率大于溶解速率，这样溶质便会从溶液中结晶析出。

（二）结晶的基本原理

利用不同物质在同一溶剂中溶解度的差异，可对含有杂质的化合物进行纯化。所谓杂质是指含量较少的一些物质，它们包括不溶性的机械杂质和可溶性的杂质两类。在实际操作中先在加热情况下使被纯化的物质溶于一定量的水中，形成饱和溶液趁热过滤，除去不溶性机械杂质，然后使滤液冷却，此时被纯化的物质已经是过饱和，从溶液中结晶析出；而对于可溶性杂质来说，远未达到饱和状态，仍留在母液中。过滤使晶体与母液分离，便得到较纯净的晶体物质。这种操作过程就称为结晶。如果一次结晶达不到纯化的目的，可以进行重结晶，有时甚至需要进行多次重结晶操作才能得到纯净的化合物。

结晶纯化物质的方法，只适用于那些溶解度随温度上升而增大的化合物。对于溶解度受温度影响很小的化合物则不适用。溶液中析出的晶体颗粒大小与结晶条件有关。假如溶液的浓度高，溶质的溶解度小，冷却快，那么析出的晶体颗粒就细小；否则，就得到较大颗粒的结晶。搅动溶液和静置溶液，可以得到不同的效果。前者有利于细小晶体的生成，后者有利于大晶体的生成。从纯度的要求来说，细小晶体的生成有利于生成物纯度的提高，因为它不易裹入母液或别的杂质；而粗大晶体，特别是结成大块的晶体的形成，则不利于纯度的提高。

若溶液容易发生过饱和现象，这时可以采用搅动、摩擦器壁或投入几粒小晶体（晶种）等办法，使形成结晶中心，过量的溶质便会全部结晶析出。

（三）结晶的过程

结晶的过程通常包括形成过饱和溶液、晶核的形成和晶体的长大三个阶段。首先将溶液进行浓缩形成过饱和溶液，然后在溶液中产生细小的晶核，随后以这些晶核为中心，不断在晶核表面吸附周围溶质分子，使晶粒不断长大。

1. 晶核的形成

（1）晶核形成机理　在一种普通的溶液中，溶质分子在溶液中呈均匀分散状态，并且进行着不规则的分子运动。如果溶液的温度升高，可以使分子动能增加，并使溶液黏度降低，这时溶质分子的运动速度就会加快，因而表现的溶解度也随之增大。当溶液的浓度逐渐升高时，溶质分子密度增加，分子间的距离缩小，分子间的引力都随着增加，当溶液浓度达到一定的过饱和程度时（谷氨酸钠溶液的过饱和系数达到 1.3 左右），溶质分子运动范围逐渐缩小，分子间的吸引力大于排斥力，从而形成堆积点即为晶核。

（2）晶核形成条件　溶液浓度达到临界浓度，晶核大小（用球形半径表示）超过临界半径时，晶核才能稳定存在，并且进一步长大。

（3）晶核形成有 3 种方式　初级均相成核（自发地产生晶核的自然起晶法），初级非均相成核（外来物体诱导下成核的刺激起晶法），二次成核（投晶种后诱发起晶法，是晶体与其他固体接触时所产生的晶核）。

2. 起晶方法

晶核的形成称为起晶。氨基酸工业生产上结晶有 3 种不同起晶方法。

（1）自然起晶法　在一定温度下，使溶液蒸发进入不稳定区析出晶核。当生成晶核的数量符合要求时，加入稀溶液使溶液浓度降低至亚稳区不使其生成新晶核，溶质即在晶核的表面上长大。这是一种传统的起晶方法，现已很少采用。

（2）刺激起晶法　将溶液蒸发至亚稳区，通过冷却降温进入不稳定区，从而生成一定量的晶核。例如粉状味精就是采用这个方法，先在蒸发锅中浓缩至一定浓度后，再放入冷却器中搅拌结晶。

（3）晶种起晶法　将溶液蒸发到亚稳区的较低浓度，投入一定量和一定大小的晶种，使溶液中的过饱和溶质在所加的晶种表面上长大。

晶种起晶法是普遍被采用的方法。晶种起晶法要准确掌握溶液的起晶点和溶晶点，控制好投种时的过饱和系数。投入后不产生新晶核，也不溶化晶种，产品粒数与投入晶种粒数基本相同。晶种起晶法要注意控制二次成核。

3. 晶体的成长

在饱和溶液中形成晶核之后，晶体便会继续长大，其生长机理可根据图 7-11 进行分析。溶液中一旦形成晶核便分为固、液两相，固相晶核周围包有一层液膜（假设液膜厚度为 d）液膜外的溶液可能仍呈过饱和状态（浓度假定为 c），液膜内的溶液浓度原来也是过饱和的，但由于其中部分过饱和的溶质分子已经吸附在晶体表面，它就由过饱和状态转变为饱和状态（设浓度为 c_1）。如果液膜外部的溶液仍保持着一定程度的过饱和状态，那么膜外部的溶质分子就会由于浓度差（$c-c_1$）的推动，不断地向膜内扩散，并被晶核表面吸附，一层一层地排列，从而使晶体逐渐长大，直到溶液（母液）的浓度下降到饱和浓度时为止。

晶体成长过程分为两个阶段。

分子由液相以分子运动扩散方式透过膜到达晶体界面即扩散过程（以浓度差 $c-c_1$ 为推动力）。

分子到达晶体表面吸附层，发生表面反应，沉积到晶面上，液体浓度降到（略低于）饱和浓度，即表面反应过程（也称沉积过程）。

根据晶体成长过程，扩散速度与表面反应速度必须保持一致的原则，可以推得晶体成长过程总速度为：

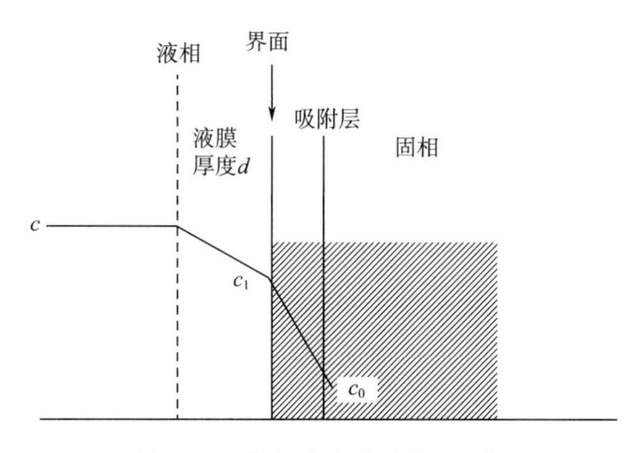

图 7-11　晶粒和液膜结构示意图

$$K = k \cdot T \cdot (c - c_1) / (\eta \cdot d)$$

式中　K——结晶成长速度，即单位时间内单位晶核表面积上的结晶量，kg/（h·m²）

k——过饱和系数

T——热力学温度，K

c——溶液主体浓度，kg/kg 水

c_1——平衡饱和浓度，kg/kg 水

η——黏度，Pa·s

d——液膜厚度，m

上式表明，结晶速度与溶液的温度和过饱和系数成正比，而与母液黏度和液膜厚度成反比。

总结晶量为：

$$M = K \cdot A \cdot t$$

式中　M——总结晶量，kg

t——结晶的时间，h

A——晶核总表面积，m²

从上述公式可以了解，总结晶量的多少与结晶时间、晶核总表面积以及结晶成长速度都成正比关系。

（四）影响结晶速度的主要因素

1. 过饱和系数

从结晶速度公式可以看出，结晶速度与浓度差成正比关系，而浓度差的大小与过饱和程度有关。过饱和系数大，则结晶速度就快。但是，如果过饱和系数太大处于不稳定区的范围内，就会致使溶液中过量溶质分子来不及按正常顺序扩散到晶粒表面吸附排列，而自行聚集形成新晶核，或在原有粒上不规则堆积形成伪晶。新的晶核（伪晶）也要夺走溶液中的溶质，使自身长大，因而使加入的晶粒生长不大，成晶不均匀，降低成品收率。

从结晶的生产要求来看，伪晶的存在会严重影响晶体的外观和质量。如果过饱和系数接近 1，也就是浓度差 $c - c_1$ 接近零，则结晶速度也接近零，晶体就停止长大。如果过饱和系数小于 1，结晶就溶解。生产上育晶过程中，要使晶体持续不断地长大，采用边加料、边结晶的方式，使母液维持一定的过饱和系数（即维持在养晶区的范围），保持一定的结晶速度，从而使晶粒长大到所要求的大小。

2. 液膜的厚度

从结晶速度公式可以看出，结晶速度与液膜厚度成反比。液膜厚度也就是扩散运动中的浓度梯度（$c-c_1$）/d 小，因而结晶速度慢。晶粒四周的液膜厚度与晶粒的运动情况有关，运动着的晶粒比静止着的晶粒液膜厚度要小，因此，适当地搅拌可以促进晶体的相对运动，从而加快结晶速度。搅拌还可以使温度保持均匀，同时还能防止晶体下沉。但是搅拌速度不能太快，搅拌太快，晶体相互间发生摩擦，使晶体损伤。另外，搅拌太快，会使溶质分子动能增加，反而不利于结晶。结晶罐底部装有锚式搅拌装置，转速一般控制为 12～18r/min。

3. 温度与真空度

结晶速度与结晶时的温度也成正相关。不管是浓缩阶段还是育晶阶段，温度一直是影响罐内溶液过饱和系数的因素。尤其是在育晶阶段，希望温度一定，这样浓度才能保持一定，过饱和系数一定。除此之外，在结晶过程中控制温度的高与低，也影响结晶的操作。从提高晶析速度来讲，温度高则母液黏度小，液膜厚度小，有利于扩散。但温度高也易生成焦谷氨酸钠，使成品质量下降。其次，热量传递的推动力为有效的温度差，由于温度高而罐内外温度差小，影响传热，使沸腾缓慢，影响蒸发速度，晶体运动的线速度下降，反而影响了晶体的扩散。在实际操作中，常通过控制罐内真空度来达到控制温度的目的。所以在育晶过程中，应保持真空度恒定，这样对稳定操作、避免出现伪晶起着决定性作用。

例如，当真空度由 80kPa 提高到 82.66kPa 时，温度由 70℃降低到 67.5℃，则罐内的过饱和系数由 1.18 提高到 1.24，这时浓度亚稳区一下突变到不稳定区，而生成大量伪晶。可见真空度的波动对维持罐内的正常条件极为不利，需严加控制。

另外，蒸发速度应与结晶速度相适应，若蒸发速度过快，则容易产生微晶。因此，要根据生产实际和设备上的可能，选择一个合适的加热蒸汽压力，以维持适宜的有效温度差，既保证罐内物料以尽可能快的速度增长，同时维持母液浓度，以便经常处于较大的结晶速度下进行育晶。

4. 夹层压力

根据传热方程式：

$$Q=K\cdot A\cdot(T-T_0)$$

式中 Q——总传热热量，W

K——传热系数

A——传热面积，m^2

$T-T_0$——夹层内外温度差，K

当传热系数、传热面积一定时，则总传热量只与温差成正比，而夹层压力的大小直接影响夹层温度，所以压力越大，总传热量 Q 也就越大，这时罐内沸腾就越激烈。蒸发速度越快，晶体的循环线速度就越快，这样液膜厚度就小，提高了结晶速率。可利用改变蒸汽压力大小，来达到改变罐内蒸发速度和调节罐内浓度的目的。但夹层蒸汽压力也不能无限制地开大，要根据罐内耐压程度而定，一般最大不能超出 0.3MPa。

5. 稠度

稠度是指在结晶过程中，罐内结晶液的固（晶体）液（母液）相之比（俗称干稀度），常以晶间距表示。稠度对结晶速度有影响。结晶过程稠度大时，晶体间距小，液膜厚度小，有利于结晶生长，但同时稠度大，使结晶流动性差，运动阻力大，降低结晶速度。当稠度低时，晶间距大，浓度梯度（$c-c_1$）$/d$ 小，扩散速度慢，易形成新晶核，结晶速度慢，而且稠度低，结晶面积小，单罐产量少，因此生产上要控制适宜的稠度。

目前生产上一般还没有直接测量结晶罐内容物稠度的仪器，故结晶过程的稠度只能间接地控制，即控制好结晶罐投种时的容积（指底料数量）、浓度和投入晶种数量（晶粒大小和数目），使之投入晶种之后，在育晶开始时便有一个适宜的稠度，为整个结晶过程打下良好的基础。

6. 料液质量

如果氨基酸原料纯度低，含杂质多，或母液循环次数多，相对的含杂质多，会直接影响晶体生长速度，往往容易出现大量小晶核，发糊，影响结晶速度。

7. 晶种质量

晶粒大小要均匀，不要夹带粉末，因为粉末也是微细的晶核。如前所述，结晶速度是指单位时间内单位晶体表面上所结晶的数量。而结晶速度一定时，单位时间内的总结晶量与晶体的总表面积成正比。例如一定重量的晶体所含的晶体数目越多，则其总表面积越大，单位时间内的总结晶量也越大，但是由于微细晶核数量多，其总表面积已超过晶粒的总表面积。因此，晶粒生长速度慢，使晶体的粒子过小。

（五）新型结晶技术

结晶具有良好的选择性，是氨基酸工业生产中常用的制备纯物质的精制技术。结晶分离过程是同时进行的多相传质与传热的复杂过程，受多种因素影响。传统溶液结晶技术已经相对成熟，但在实际生产过程中仍面临多种问题。如某些溶液体系沸点高，水分不易挥发，造成结晶困难；一些物质在溶液中的溶解度随温度的变化较小，靠温度调节不易析出；还有一些产品要求很高的纯度或超细的晶粒等，要达到这些产品要求，将不可避免地增大生产难度，加大生产成本。随着真空、萃取、溶析、超声等技术的迅速发展，将这些技术与传统的结晶方法相耦合形成的真空结晶、萃取结晶、溶析结晶、超声结晶等耦合结晶技术，不但可以改善结晶效果，获得符合要求的结晶产品，也可降低生产能耗。

1. 真空结晶耦合技术

真空结晶是将真空冷却技术与溶液结晶技术相耦合的一种新方法。由于普通的溶液结晶方法靠蒸发溶剂进行结晶分离，存在着能耗高的问题，而真空结晶方法是将欲分离的溶液物系通过真空减压处理达到一定的真空度，降低溶剂的沸点，使溶液中的溶剂易于蒸发，同时实现溶剂的蒸发和结晶温度的降低，使得溶质易于析出，也可以降低蒸发单位质量溶剂的耗能。

2. 萃取结晶耦合技术

萃取结晶是一种萃取与结晶相耦合的新技术。与传统的溶液结晶操作不同，对于水溶液的结晶，萃取结晶是通过向饱和水溶液中加入一种有机萃取剂，使溶液中的水一部分溶于有机溶剂，造成溶液成为过饱和溶液，从而使所需组分分离出来的一种方法。该方法无须加热蒸发就可将水溶液进行浓缩，此操作不但可以得到要分离的产品，而且操作时间和能耗也大为降低。

3. 溶析结晶耦合技术

在某些情况下溶质的溶解度随温度及压力的变化较小，溶质难以析出，溶析结晶的提出解决了这一问题。它是利用被分离物质与溶剂分子间相互作用力的差异，通过改变溶剂的性质来选择性溶解杂质，使目标组分最大限度地从溶剂中析晶出来的过程。例如，在溶解度较大的氨基酸结晶过程中，可以用乙醇为溶析剂，通过调节溶剂中乙醇的比例，分离出高纯度的氨基酸。

4. 超声结晶耦合技术

超声结晶是将一种超声波与结晶相耦合的新技术。液体介质中，超声波与液体的作用会产生非热效应，表现为液体激烈而快速的机械运动与空化现象。在液体介质中由于超声波的物理作用，液体中某一区域会形成局部的暂时负压区，于是在液体介质中产生出空化气泡，简称空穴或气泡。超声空化作用是指液体中的微小气泡在低频高强超声波作用下被激活，它表现为气泡的振荡、生长、收缩及崩溃等一系列动力学过程，空化泡崩溃的极短时间内，在空化泡周围产生局部高温高压，并伴有强烈的冲击波和速度极快的微射流产生。因超声空化效应引起的局部高能环境可提供声能量给结晶溶液，加大溶液体系的能量起伏，以及超声空化效应产生的云雾降低晶体成核的能量势垒，从而强化晶体的成核和生长等。在超声波力场作用下，结晶成核可以在较低过饱和溶液中进行，且形成的晶核均匀、完整，晶体粒度分布范围较窄，晶体诱导时间短，结晶过程容易实现连续化。目前，超声结晶技术已用于谷氨酸的转晶过程中。

八、离心工艺

（一）离心的基本概念

离心工艺是利用物体高速旋转时产生强大的离心力，使置于旋转体中的悬浮颗粒发生沉降或漂浮，从而使某些颗粒达到浓缩或与其他颗粒分离的目的。这里的悬浮颗粒往往是指制成悬浮状态的细胞、生物大分子和结晶颗粒等。离心机转子高速旋转时，当悬浮颗粒密度大于周围介质密度时，颗粒离开轴心方向移动，发生沉降；如果颗粒密度低于周围介质的密度时，则颗粒朝向轴心方向移动而发生漂浮。

离心分离是通过离心机的高速运转，使离心加速度超过重力加速度成百上千倍，而使沉降速度增加，以加速料液中杂质沉淀并除去的一种方法。其原理是利用混合液密度差来分离料液，比较适合于分离含有难以沉降过滤的细微粒或絮状物的悬浮液。离心分离设备在氨基酸工业生产上的应用十分广泛，例如，从各种氨基酸发酵液分离菌体以及从结晶母液中分离成品等都大量使用各种类型的离心分离机。

习惯上，离心机可分为过滤式离心机、沉降式离心机和分离机。其中，过滤式离心机的转鼓壁上开有小孔，上有过滤介质，用于处理悬浮固体颗粒较大、固体含量较高的体系；沉降式离心机用以分离悬浮固体浓度较低的固液分离；而分离机则用于分离两种互不相溶的、密度有微小差异的乳浊液。

按操作方式，离心机可分为间歇式离心机和连续式离心机。按卸料（渣）方式，离心机有人工卸料和自动卸料两类。自动卸料形式多样，有刮刀卸料、活塞推料、离心卸料、螺旋卸料、排料管卸料、喷嘴卸料等。按转鼓的数目，离心机可分为单鼓式和多鼓式离心机两类。转鼓形状包括圆柱形转鼓、圆锥形转鼓和柱-锥形转鼓。

离心机分类见表 7-3。

表 7-3 离心机分类

<table>
<tr><td rowspan="13">过滤式</td><td rowspan="4">间隙式</td><td rowspan="2" colspan="2">三足式</td><td>上卸料</td><td rowspan="11">沉降式</td><td rowspan="5">间隙式</td><td colspan="2">撇液管式</td></tr>
<tr><td>下卸料</td><td rowspan="2">多鼓
（径向排列）</td><td>并联式</td></tr>
<tr><td rowspan="2" colspan="2">上悬式</td><td>重力卸料</td><td>串联式</td></tr>
<tr><td>机械卸料</td><td rowspan="2">管式</td><td>澄清型</td></tr>
<tr><td rowspan="9">连续式</td><td colspan="3">卧式刮刀卸料</td><td>分离型</td></tr>
<tr><td rowspan="4">卧式</td><td rowspan="2">单鼓</td><td>单级</td><td rowspan="6">连续式</td><td rowspan="3">碟式</td><td>人工排渣</td></tr>
<tr><td>多级</td><td>活塞排渣</td></tr>
<tr><td rowspan="2">多鼓（轴向排列）</td><td>单级</td><td>喷嘴排渣</td></tr>
<tr><td>多级</td><td rowspan="3">螺旋卸料</td><td>圆柱形</td></tr>
<tr><td colspan="3">离心卸料</td><td>柱-锥形</td></tr>
<tr><td colspan="3">振动卸料</td><td>圆锥形</td></tr>
<tr><td colspan="3">进动卸料</td><td rowspan="2" colspan="4">螺旋卸料沉降-过滤组合式</td></tr>
<tr><td colspan="3">螺旋卸料</td></tr>
</table>

（二）离心过滤技术及相关设备

所谓离心过滤，就是指利用离心转鼓高速旋转所产生的离心力代替压力差作为过滤推动力的一种过滤分离方法。如图 7-12 所示。过滤离心机的转鼓为多孔圆筒，圆筒内表面铺有过滤介质（滤布或硅藻土等），以离心力为推动力完成过滤作业，兼有离心与过滤的双重作用，过滤面积和离心力随离心过滤机半径的增大而增大。一般情况下，物料的过滤速度受过滤面积、介质阻力、滤饼阻力、料液性质（黏度和杂质含量）等因素的影响。氨基酸工业生产上常见的离心过滤设备包括三足式离心机和刮刀卸料式离心机。

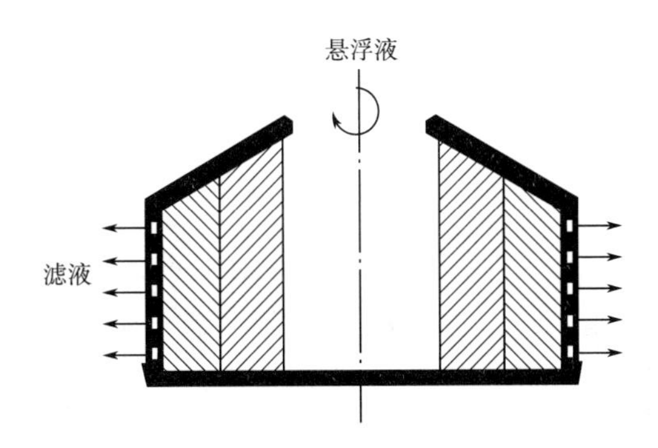

图 7-12 离心过滤工作原理图

三足式离心机结构如图 7-13 所示。主机全速运转后，悬浮液经进料管到达全速运转的布料盘，由于离心力的作用，悬浮液均匀地分布在转鼓内壁的过滤介质上，液相穿过过滤介质经转鼓过滤孔而泄出，固相则被截留在过滤介质上形成圆筒状过滤饼。三足式离心机对于粒状的、结晶状的、纤维状的颗粒物料脱水效果好，适用于过滤周期长，处理量不大且滤渣含水量要求较低的生产过程，具有结构简单、操作平稳、占地面积小、滤渣颗粒不易磨损等优点。

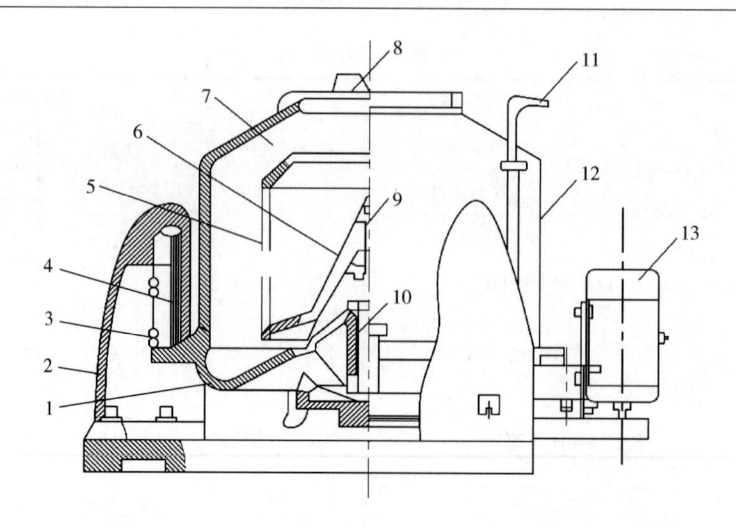

图 7-13　三足式离心机

1—底盘　2—支柱　3—缓冲弹簧　4—摆杆　5—转鼓体　6—转鼓底　7—拦液板

8—机盖　9—主轴　10—轴承座　11—制动器把手　12—外壳　13—电动机

刮刀卸料式离心机结构如图 7-14 所示。操作时先空载启动转鼓到工作转速，然后打开进料阀门，悬浮液沿进料管进入转鼓内，其中液体经过过滤式转鼓被离心力甩出，并从机壳的排液口排出。当截留在滤网的滤渣达到一定厚度时，关闭阀门，停止进料，然后进行洗涤和甩干等过程。达到工艺要求后通过油缸活塞带动刮刀向上运动，刮下滤渣，并沿卸料槽卸出。每次加料前要用洗液清洗滤网上所残留的部分滤渣，以使滤网再生。卧式离心机可自动操作，适于中细粒度悬浮的脱水及大规模生产，但对于晶体的破损率较大（主要由刮刀卸料造成）。

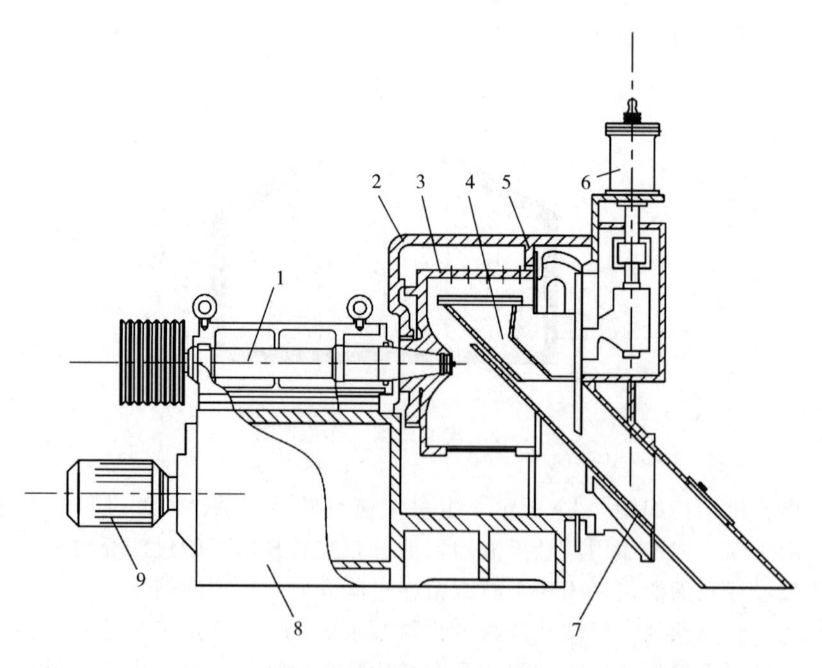

图 7-14　刮刀卸料式离心机

1—主轴　2—外壳　3—转鼓　4—刮刀机构　5—加料管　6—提刀油缸　7—卸料斜槽　8—机座　9—油泵电机

(三) 离心沉降技术及相关设备

离心沉降是利用固-液两相的相对密度差，在离心机无孔转鼓或管子中对悬浮液进行分离的操作。离心沉降是氨基酸科学研究与生产实践中广泛使用的非均相分离手段，适用于菌体、噬菌体以及蛋白质等的分离。离心沉降的分离效果可用离心分离因数（离心力强度）F_r 来进行评价，如下式所示。

$$F_r = \omega^2 \cdot r/g$$

式中 ω——旋转角速度，rad/s

r——离心机的半径，m

分离因数越大，越有利于离心沉降。在实践中，常按分离因数 F_r 的大小对离心机分类。$F_r<3000$ 的为常速离心机，$F_r=3000\sim5000$ 的为高速离心机，$F_r\geqslant5000$ 的为超高速离心机。

离心沉降设备很多，主要包括实验室用的瓶式离心机和工业生产用的无孔转鼓离心机两大类。瓶式离心机可分为低速离心机、高速离心机和超高速离心机。瓶式离心机分为外摆式或角式，操作一般在室温下进行，也有配备冷却装置的冷冻离心机。无孔转鼓离心机又有管式、碟片式、卧螺式及多室式等几种型式，工业中常用于分离菌体、细胞碎片的是管式离心机和碟片式离心机。

1. 管式离心机

管式离心机具有一个细长而高速旋转的转鼓，该转鼓由顶盖、带空心轴的底盖和管状转筒组成，长径比一般为 4～8，结构如图 7-15 所示。这类离心机分两种：一种是 GF 型，用于处理乳浊液而进行液液分离操作；另一种是 GQ 型，用于处理悬浮液而进行液固分离的澄清操作。处理发酵液时，关闭重液出口，只保留中央轻液出口，发酵液从管底加入，与转筒同速旋转，上清液在顶部排出，菌体等微粒沉降到筒壁上形成沉渣和黏稠的浆状物。当运转一段时间后，出口液体中固体含量达到规定的最高水平，澄清度不符合要求时，需停机清除沉渣后才能重新使用，因此操作是间歇式的。管式离心机转速一般为 15000r/min，分离因数可达 50000，为普通离心机的 8～24 倍，可用于液-液分离和微粒较小的悬浮液的澄清。

2. 碟片式离心机

碟片式离心机是氨基酸工业生产中应用最为广泛的一种离心机，结构如图 7-16 所示，它有一个密封的转鼓，内设有数十至上百个锥角为 60°～120° 的圆锥形碟片，以增大沉降面积和缩短分离时间。碟片间隙一般为 0.5～2.5mm，当碟片间的悬浮液随着碟片高速旋转时，固体颗粒在离心力作用下沉降于碟片的内腹面，并连续向鼓壁沉降，澄清液则被迫反方向移动至转鼓中心的进液管周围，并连续被排出。简单的碟式离心机待沉渣积累到一定厚度时需要停机打开转鼓清除，因此只能间歇操作，要求悬浮液中的固体含量不超过 1%。自动除渣碟片式离心机是在有特殊形状内壁的转鼓壁上开设若干喷嘴（或活门），可实现自动排渣，适合处理较高固体含量的料液。碟片式离心机的分离因数可达 6000～20000，能分离的最小微粒为 0.5μm，适用于细胞悬浮液及细胞碎片悬浮液的分离，其最大处理量达 $300m^3/h$，一般用于大规模的分离过程。

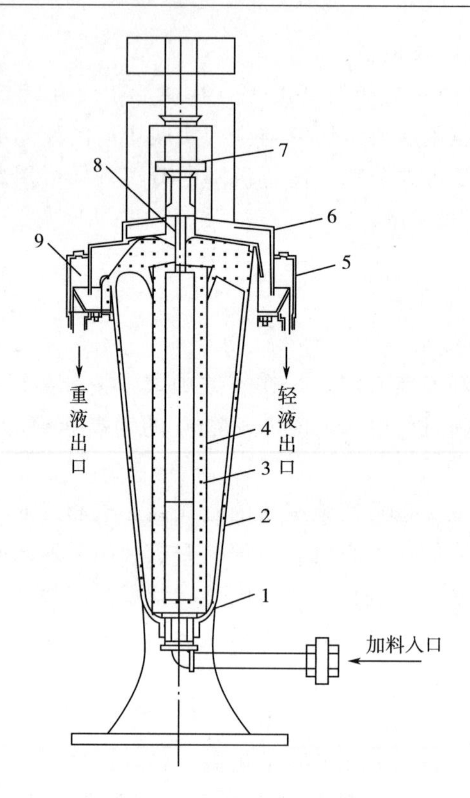

图 7-15　管式离心机

1—拆转器　2—固定机壳　3—十字形挡板　4—转鼓　5—轻液室　6—排料罩　7—驱动轴　8—环状隔盘　9—重液室

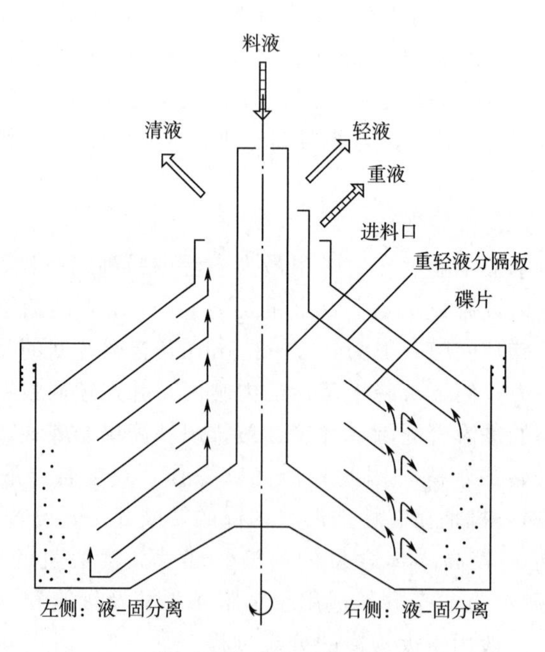

图 7-16　碟片式离心机

九、干燥工艺

（一）干燥的基本原理

干燥技术是利用热能除去物料中的水分（或溶剂），并利用气流或真空等带走汽化了的水分（或溶剂），从而获得干燥物品的工艺操作技术。干燥目的在于除去产品所含的水分，使产品能够长期保存而不变质，同时减少发酵产品的体积和质量，便于包装、储存、运输以及使用等。

固体物料的干燥包括两个基本过程：传热过程和传质过程。传热过程是对固体加热，以使水分汽化的过程；传质过程包括汽化后的水蒸气由于其蒸汽分压较大而扩散进入气相的过程，以及水分从固体物料内部经扩散等作用而被输送到达固体表面的过程。因此干燥过程中的传热和传质同时并存，两者相互影响又相互制约。干燥速率是指在单位时间内单位面积上被干燥物料中水分的汽化量，可用下式表示。

$$\mu=W/A$$

式中　μ——干燥速度，kg/（m^2·h）

W——单位时间内的水分汽化量，kg/h

A——被干燥物料的表面积，m^2

在干燥过程中，如果物料内部的水分能有足够的速度流向表面，则物料表面依然可以保持湿润，干燥速度不变；若内部水分流出的速率低于物料表面的汽化速率，则部分表面变干，物料温度升高，从而进入降速干燥阶段；随着物料的不断干燥，其内部水分越来越少，水分由内部向表面传递的速率越来越慢，干燥速率也越来越小，表面物料温度则随之不断升高。影响干燥速率的主要因素有以下几个方面。

（1）被干燥物料的性质　物料本身的性质是影响干燥的最主要因素，物料的形状、大小，料的堆积厚度，水分的结合方式，化学特性等都会影响干燥速率。

（2）干燥介质的温度、湿度与流速　在一定范围内，提高空气温度、降低空气湿度、增大空气流速，可使物料干燥加快。

（3）干燥的速度及方法　当干燥速度过快时，物料表面水分蒸发速度大大超过内部水分扩散到物料表面的速度，致使表面粉粒黏结，甚至熔化结壳，阻碍了内部水分的扩散和蒸发，形成假干燥现象。

（4）压力　减压是促进和加快干燥的有效措施。真空干燥能降低干燥温度，加快蒸发速度，提高干燥效率。

（二）干燥技术及相关设备

干燥技术按传热方式可分为传导干燥、对流干燥、辐射干燥、介电干燥、冷冻干燥以及由上述两种或多种组合的联合干燥。传导干燥是指热能通过传热壁面以传导方式传给物料，产生的湿分蒸汽被气相（又称干燥介质）带走，或用真空泵排走。对流干燥是利用加热后的干燥介质，将热量带入干燥器并以对流方式传递给湿物料，又将汽化的水分以对流形式带走。辐射干燥是指由辐射器产生的辐射能以电磁波形式达到固体物料的表面，被物料吸收而转变为热能，从而使湿分汽化。介电干燥是将需要干燥的电解质物料置于高频电场中，电能在潮湿的电介质中变为热能，可以使液体很快升温汽化。这种加热过程发生在物料内部，故干燥速率较快。冷冻干燥是将湿物料或溶液在低温下冻结成固态，在高真空下供给热量将水分子直接由固态升华为气态的过程。

氨基酸工业生产中的干燥设备有以下几种类型：①瞬时快速干燥设备，如滚筒干燥设备、喷雾干燥设备、气流干燥设备、沸腾干燥设备等，这类设备干燥时间短、气流温度高，但被干燥的物料温度不会太高。②低温干燥设备，如真空干燥设备、冷冻干燥设备，其特点是在真空低温下进行，更适用于高热敏性物料的干燥，但干燥时间较长。此外还有其他类型的干燥设备，如红外干燥器、微波干燥器等。大多情况下，由于某些氨基酸产品具有热敏性的特点，因此，干燥设备最好选择快速瞬时干燥设备或低温干燥设备。

第二节　氨基酸分离提取工艺

一、谷氨酸提取工艺

（一）谷氨酸的主要理化性质

谷氨酸为无色晶体或透明状粉末，无臭、有鲜味、沸点175℃、熔点224℃。微溶于水，25℃时的溶解度为8.57g/L，不溶于甲醇、乙醇、乙醚和冰醋酸等有机溶剂。相对密度1.538（20℃），比旋光度+37.0°～+38.9°。

1. 谷氨酸的立体异构体

谷氨酸分为L型、D型、DL型3种。谷氨酸具有一般氨基酸的性质，其分子具有不对称的碳原子，所以具有旋光性。它的氨基在不对称碳原子的右方称为D型（或右型），在不对称碳原子的左方称为L型（或左型），在化学命名中以前左旋用“l”表示，右旋用“d”表示，消旋体用“dl”表示。现在化学中才统一用L型、D型、DL型表示光学异构体，而左旋和右旋用（－）和（＋）表示。在动物和微生物等有机体中天然存在的都是L型谷氨酸。L-谷氨酸是味精的前体。

2. 谷氨酸结晶的特性

谷氨酸结晶体是有规则晶型的化学均一体，L-谷氨酸的晶型属斜方晶系，且谷氨酸具有多晶型性质，即谷氨酸在不同结晶条件下，其晶格形状、大小、颜色是不同的，形成不同晶型的谷氨酸结晶。通常分为α型结晶和β型结晶（表7-4）。影响谷氨酸结晶的因素很多，例如，过饱和度、搅拌速度、冷却速度、溶液成分、晶种、添加剂以及杂质，这些都已经有很多报道。缓慢降温连续搅拌容易形成α型结晶。快速降温连续搅拌或者缓慢降温没有搅拌都容易出现更稳定的β型结晶。等电法提取谷氨酸过程中pH下降的速度快，也会形成过大的过饱和度，同样容易出现β型结晶。

表7-4　谷氨酸晶体特征

晶形	α型	β型
光学显微镜下的晶体形态	多面棱柱形的六面晶体，呈颗粒状分散，横断面为三或四边形，边长与厚度相近	针状或薄片状凝聚结集，其长和宽比厚度大得多
晶体特点	晶体光泽、颗粒大、纯度高、相对密度大、沉降快、不易破碎	薄片状、易碎、相对密度小、浮于液面和母液中，含水量大、纯度低

续表

晶形	α 型	β 型
晶体分离	离心分离不碎，抽滤不堵塞，易洗涤	离心分离困难，易碎，抽滤易堵塞，洗涤难
母液中晶形的显微镜观察	颗粒状小晶体	分散的针、片状结晶

3. 谷氨酸在水中的溶解度

谷氨酸在水中的溶解度是指在一定温度下每 100g 水中所能溶解的谷氨酸最大克数。谷氨酸在水中的溶解度随温度的下降而减少。谷氨酸在水中的溶解度见表 7-5。

表 7-5　　谷氨酸在水中的溶解度（pH3.22）

温度/℃	溶解度/（g/100g 水）
0	0.341
10	0.495
20	0.717
30	1.040
40	1.508
50	2.186
60	3.161
70	4.594
100	14.001

谷氨酸在水中的溶解度除了与温度有关，还与 pH 有关，且随 pH 的变化较温度影响大。由于谷氨酸是两性电解质，与酸或碱都能生成盐，它在不同 pH 的溶液里能以 4 种不同离子状态存在（表 7-6，表 7-7）。氨基酸的分离经常用等电点沉淀法。谷氨酸等电点为 3.22，此时大部分谷氨酸是以兼性离子存在的，这时的溶解度最低。因此，氨基酸工业生产上也就是利用了谷氨酸的这一性质提取谷氨酸。

表 7-6　　谷氨酸在溶液中的解离状态

表示符号	Glu^{+}	$Glu^{\pm}$	Glu^{-}	$Glu^{=}$
谷氨酸的离子形式	COOH | $^{+}H_3N$—CH | CH_2 | CH_2 | COOH	COO^- | $^{+}H_3N$—CH | CH_2 | CH_2 | COOH	COO^- | $^{+}H_3N$—CH | CH_2 | CH_2 | COO^-	COO^- | H_2N—CH | CH_2 | CH_2 | COO^-

表 7-7　　不同 pH 溶液中谷氨酸离子形成比例

pH	Glu^{+}/%	$Glu^{\pm}$/%	Glu^{-}/%	$Glu^{=}$/%
1	93.93	6.06	0.00	—
2	60.63	39.15	0.22	—
2.19	49.78	49.78	0.43	—
3	12.78	82.56	4.64	—
3.22	7.860	84.24	7.86	2.78×10^{-6}
4	0.98	63.37	35.63	7.61×10^{-5}
4.25	0.43	49.78	49.78	1.89×10^{-4}
5	2.33×10^{-2}	15.10	84.87	1.81×10^{-3}
6	2.70×10^{-3}	1.74	98.24	2.10×10^{-2}
6.96	3.29×10^{-4}	0.19	99.59	0.19
7	—	0.17	99.61	0.21
8	—	0.01	97.90	2.09
9	—	1.46×10^{-3}	82.39	17.62
9.67	—	1.90×10^{-3}	50.00	50.00
10	—	5.66×10^{-4}	31.87	68.14
11	—	7.94×10^{-7}	4.46	69.64
12	—	8.27×10^{-9}	0.46	99.54
13	—	—	4.67×10^{-2}	99.95

在酸性介质中，α-羧基的解离受到抑制，谷氨酸以阳离子（Glu^{+}）形式存在。当溶液 pH 大于 3.22 时，谷氨酸主要以阴离子状态存在，当 pH 逐渐升高时，Glu^{-} 与 $Glu^{=}$ 的比例也随之变化。pH 为 7 时，谷氨酸在溶液中以阴离子（Glu^{-}）状态存在，占溶液中离子总数 99.6%。当 pH 为 13 时，阴离子（$Glu^{=}$）占溶液总数 99.5%。当溶液 pH 达 3.22 时，谷氨酸以兼性离子（$Glu^{\pm}$）存在。$Glu^{=}$ 几乎没有，呈电中性。

氨基酸能使水的介电常数增高，而一般的有机化合物如乙醇、丙酮等却使水的介电常数降低。由于氨基酸在晶体或水中主要是以兼性离子形式存在，不带电荷的中性分子很少，也就是说氨基酸晶体是由离子晶格组成的，维持晶格中质点的作用力是强大的异性电荷之间的静电吸引，因此熔点高，能增加水的介电常数。

（二）谷氨酸的主要化学性质

谷氨酸是一种酸性氨基酸，分子内含两个羧基，化学名称为 α-氨基戊二酸。分子式为 $C_5H_9NO_4$，相对分子质量为 147.13。

1. 与酸作用

谷氨酸与盐酸作用生成谷氨酸盐酸盐。

$$
\begin{array}{c}
NH_2 \\
| \\
H-C-COOH \\
| \\
H-C-H \\
| \\
H-C-H \\
| \\
COOH
\end{array}
+ HCl \rightleftharpoons
\begin{array}{c}
NH_2HCl \\
| \\
H-C-COOH \\
| \\
H-C-H \\
| \\
H-C-H \\
| \\
COOH
\end{array}
$$

2. 与碱作用

谷氨酸与氢氧化钠作用后生成谷氨酸单钠和水。

$$
\begin{array}{c}
NH_2 \\
| \\
H-C-COOH \\
| \\
H-C-H \\
| \\
H-C-H \\
| \\
COOH
\end{array}
+ NaOH \rightleftharpoons
\begin{array}{c}
NH_2 \\
| \\
H-C-COONa \\
| \\
H-C-H \\
| \\
H-C-H \\
| \\
COOH
\end{array}
+ H_2O
$$

3. 加热

谷氨酸受热脱水后，会生成焦谷氨酸。

$$
\begin{array}{c}
NH_2 \\
| \\
H-C-COOH \\
| \\
H-C-H \\
| \\
H-C-H \\
| \\
COOH
\end{array}
\longrightarrow
\begin{array}{ccc}
H_2C & - & CH_2 \\
| & & | \\
O=C & & C-COOH \\
 & \diagdown N \diagup & H \\
 & H &
\end{array}
+ H_2O
$$

4. 谷氨酸的氧化反应

由于谷氨酸氧化酶的催化作用，谷氨酸分子被氧化成 α -酮戊二酸。

$$
\begin{array}{c}
NH_2 \\
| \\
H-C-COOH \\
| \\
H-C-H \\
| \\
H-C-H \\
| \\
COOH
\end{array}
+ H_2O + O_2 \xrightarrow{\text{谷氨酸氧化酶}}
\begin{array}{c}
COOH \\
| \\
H-C-H \\
| \\
H-C-H \\
| \\
C=O \\
| \\
COOH
\end{array}
+ NH_4^+ + H_2O_2
$$

（三）谷氨酸提取技术

我国谷氨酸提取工艺经历了从锌盐法、一步低温等电点结晶法到低温等电离交法、等电离交法和浓缩等电点法的演变历程。目前，产业化的谷氨酸提取工艺以浓缩等电点法为主。

1. 锌盐法工艺

谷氨酸能与锌、钙、铜、钴等金属离子作用，生成难溶于水的谷氨酸金属盐或重金属盐，它们的溶解度都比较低。利用谷氨酸某些金属盐或重金属盐的这一特性，可以用沉淀法来分离发酵液中的谷氨酸。

这种方法在20世纪70～80年代在我国的一些味精厂应用比较多，如图7-17所示。在谷氨酸发酵液中加入硫酸锌，谷氨酸与硫酸锌盐的锌离子作用，生成难溶于水的谷氨酸锌，再在酸性状况下获取谷氨酸。但这种方法劳动强度大，酸碱用量大，设备腐蚀严重，废水COD、BOD高。而且金属盐法存在提取后最终的金属离子难以处理的问题。

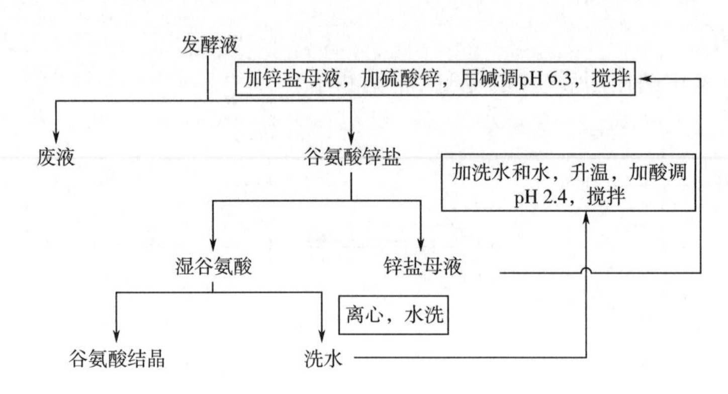

图7-17　锌盐法提取谷氨酸流程示意图

2. 等电离交工艺

谷氨酸发酵结束，向发酵液加入无机酸，调pH逐渐到谷氨酸等电点（pH3.22）时，溶液中的谷氨酸会从不饱和状态过渡到过饱和状态，使其结晶析出，然后添加晶种，育晶和养晶，直至经分离获得粗品。由于分离后的等电母液仍含有一定浓度的谷氨酸，因此结合离子交换法，利用离子交换树脂提取发酵液或等电母液中的谷氨酸，而将非谷氨酸的菌体蛋白、氨基酸、残糖等分离出的一种提取技术。味精工业中通常采用732型强酸性阳离子交换树脂来交换吸附谷氨酸。

低温等电离交工艺如图7-18所示。含菌体或除菌后的发酵液，先低温等电结晶、分离得到谷氨酸，等电母液（pH3.1～3.2）加硫酸酸化至pH1.0左右，上阳离子交换柱吸附残留在等电母液中的谷氨酸，然后用稀氨水洗脱，收集洗脱高流分并回低温等电结晶。等电离交工艺排放两股废水：一是上柱吸附谷氨酸后的废等电母液（离交尾液），属高浓度废水；二是离交树脂再生时产生的废水，属中浓度废水。离交高流分回用等电结晶后发酵液体积增加60%～80%，高浓度废水排放量较发酵液体积增加20%～30%，还额外产生10～20t COD 3000～4000mg/L的中浓度树脂洗涤水。

该工艺的优点是提取收率高，约95%左右，缺点是原辅材料消耗高。因采用离子交换技术，每吨谷氨酸额外多消耗液氨120kg，硫酸400kg；因此，作为从等电母液中二次提取谷氨酸的“离子交换”技术，在经济成本上已无优势，还增加了很大的环境压力。

3. 浓缩等电工艺

发酵完毕后，发酵液不直接进行等电结晶，而是经浓缩后，连续加无机酸一步至pH3.22，等电提取谷氨酸。连续等电结晶过程中，等电罐的pH保持3.0～3.2，温度保持42℃左右，浓缩等电液和无机酸连续加入等电罐中，保持pH和温度的恒定，按照一定的停留时间将底部晶浆排出到降温等电罐中进行育晶。由于浓缩液中杂质浓度提高，得到

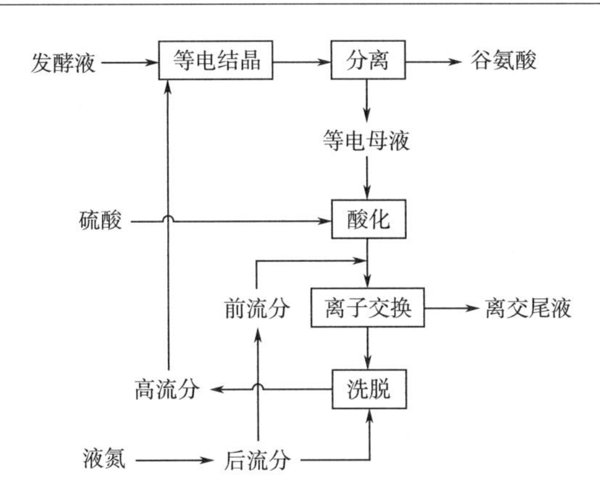

图 7-18　低温等电离交工艺流程示意图

的谷氨酸粗品纯度较低，因此，离心分离后进入“转晶”工艺。转晶是指将谷氨酸的 α-晶体转变为 β-晶体，其目的是通过转晶使谷氨酸结晶时夹带的色素释放出来，经分离后得到纯度较高的谷氨酸。淀粉糖为原料时，若浓缩倍数较低，晶体质量较好，谷氨酸提取也可不必采用转晶工艺。

浓缩等电工艺如图 7-19 所示。发酵液经多效蒸发浓缩 2.5～3 倍，谷氨酸浓度达到 28%～33%后连续等电结晶，然后冷却育晶、分离获得谷氨酸结晶，排放等电母液；发酵液浓缩的同时杂质浓度同倍数增长，黏度增加，加上浓缩过程中糖氨反应等原因，浓缩连续等电获得的晶体颜色深，SO_4^{2-} 等杂质多，无法直接精制生产味精。为解决这一问题，浓缩连续等电工艺又增加了“转晶”技术，即将谷氨酸晶体复水配成晶浆，用碱和味精精制母液调 pH 至 4.0～4.5，然后加热到 80℃以上维持 30min，加入 β-晶体作为晶种，也可以不加晶种，迅速冷却，使 α-晶体转变成 β-晶体，在晶型转变的过程中释放杂质。通过“转晶”工序，谷氨酸的纯度、透光等质量指标明显改善，有利于提高味精质量，降低味精精制过程中活性炭、蒸汽消耗，但转晶工序增加了设备投资，还额外增加了蒸汽和动力消耗，并不可避免地损失部分谷氨酸（谷氨酸收率下降 2%～4%）。

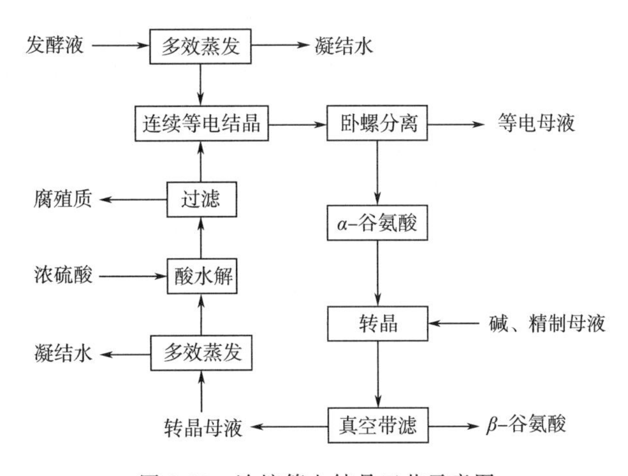

图 7-19　浓缩等电结晶工艺示意图

该工艺革除了“离子交换”技术，因而物耗低，高浓废水排放总量仅为发酵液体积的60%左右。缺点是提取收率低，最高仅88%。虽然浓缩等电工艺的提取收率比等电离交工艺低7%，但由于生产辅料（硫酸、液氨等）消耗低，同时转晶改善了谷氨酸的质量，精制生产味精的收率可提高2%，因而两者在经济上相差不大。

（四）谷氨酸提取技术的研究进展

1. 耦联提取工艺

温度敏感型谷氨酸发酵工艺的产酸能达到180g/L以上，意味着在发酵液pH降至5.0时谷氨酸即能结晶析出，因此日本味之素公司提出了谷氨酸发酵、结晶耦联提取工艺，并于2005年申请了相关专利。具体方法是：先在适宜的pH条件下培养菌体细胞，并同时代谢分泌谷氨酸，当发酵液中谷氨酸达到一定浓度（60g/L以上）时，将发酵液pH调整至5.0及以下，同时加入谷氨酸晶种（≥0.2g/L）边发酵边结晶，发酵结束后再用硫酸调等电点结晶提取谷氨酸。该耦联工艺的最大优点是消除了产物的反馈抑制现象，提高原料糖酸转化率的同时还减少了废水量。

2. 除菌等电结晶工艺

菌体细胞等悬浮物对谷氨酸有明显的增溶作用，且结晶时刺激β-晶核生成，是带菌悬浮液等电点提取收率低、晶体纯度低的原因之一。将谷氨酸发酵液先除菌后等电结晶，可以提高谷氨酸提取收率和产品质量。有研究表明，发酵液先除菌后等电点结晶，谷氨酸一步等电提取收率可提高5%～8%，纯度提高1%以上。许赵辉等研究对比了发酵液除菌后先等电点结晶后浓缩结晶、先浓缩后等电点结晶两种不同工艺，结果表明先浓缩后等电结晶的谷氨酸质量好。研究也发现，采用截留相对分子质量1万的超滤膜能有效去除发酵液中的大分子蛋白质，谷氨酸提取收率可提高4%～6%，纯度提高1%以上。膜过滤是常用除菌方法，但微滤或超滤的膜通量较低，一般在50～70L/（m^2·h），因此设备投资大。膜再生带来的二次废水（稀酸、稀碱）污染问题也较突出。

3. 电渗析法提取谷氨酸

双极膜是一种新型的离子交换复合膜，能够在不引入新组分的情况下将水溶液中的盐转化为相应的酸和碱，具有能耗低、模式化设计和操作简便高效等特点，在食品、化工、医药和环境污染治理等领域的应用日渐增多。雷智平等利用双极膜技术从谷氨酸水溶液中回收谷氨酸，在最佳工艺条件下，谷氨酸回收率达到85%以上，耗电量为0.96kW·h/m^3。

4. 闭路循环工艺

根据清洁生产理念，江南大学毛忠贵等提出了“味精清洁生产-谷氨酸提取闭路循环工艺”。发酵液先常温等电点结晶获得谷氨酸，等电母液再经除菌、浓缩脱盐（硫酸铵）、水解和脱色等步骤，得到富含谷氨酸的酸性脱色液，替代浓硫酸调节下一批次发酵液等电点结晶，物料主体构成闭路循环。该工艺将谷氨酸提取和污染治理综合考虑，在获得主产品谷氨酸的同时，获得菌体蛋白饲料、硫酸铵、腐殖质和蒸发凝结水等副产物，有效地解决了高浓度废水的污染问题。

二、苏氨酸提取工艺

（一）苏氨酸的理化性质

苏氨酸为白色斜方晶系或结晶性粉末，无臭、味微甜，熔点256℃，溶于水，25℃时的溶解度为97g/L，不溶于乙醇、乙醚和氯仿等有机溶剂。比旋光度−26.0°～−29.0°。

（二）苏氨酸提取工艺

苏氨酸提取工艺主要包括膜过滤、蒸发结晶、固液分离、烘干、包装等工序，整体提取工艺流程如图7-20所示。

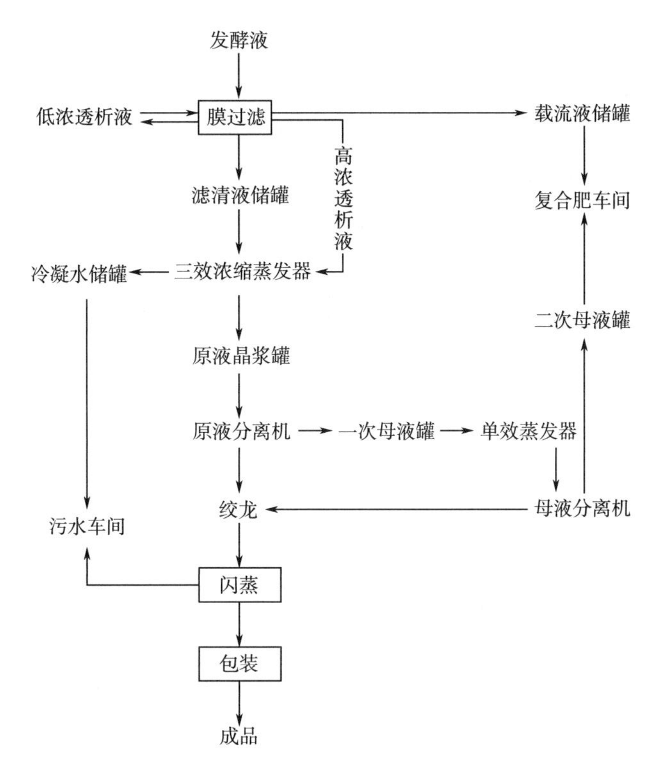

图7-20　苏氨酸提取工艺流程示意图

（1）膜过滤　将输送过来的发酵液利用膜的过滤作用滤出杂质，得到发酵液的滤清液。

（2）蒸发结晶　将滤清液等进行蒸发浓缩到饱和状态，降温析出晶体。

（3）固液分离　利用转鼓高速旋转所产生的离心力作为推动力，使晶浆液中苏氨酸和母液分离。

（4）烘干　利用热能使湿物料中湿分（如水）汽化并排除，从而得到较干物料的过程。

（5）包装　将成品苏氨酸进行装料、封包、贮存。

实际操作中，由于苏氨酸发酵菌株的不同，会导致发酵液的组成和性状发生差异。因此在处理苏氨酸发酵液的过程中，可以选择不同的提取工艺组合路线，使产品质量和提取收率达到最优。此外，结晶后的料液即苏氨酸母液中仍含有一定量的氨基酸，直接排放会造成环境污染和资源浪费，如选择合适的方法对母液中的氨基酸加以利用，可以提高提取过程的经济效益。

（6）举例　可以在苏氨酸提取过程中引入活性炭脱色步骤，同时对一次母液进行回复套用，苏氨酸成品收率达到91.94%，纯度达到98.5%以上，同时获得了副产物菌体蛋白以及二次母液混合造粒制得的肥料。整个提取工艺主要包括以下步骤。

①发酵液过滤：取苏氨酸发酵液（pH 7.00），经 100℃高温灭菌，用浓硫酸调 pH 至 4.5，然后用泵泵入 300ku 的无机陶瓷膜（法国，诺华赛 orelis，型号：K99BW）进行过滤，除去菌体蛋白等杂质。泵进的压力为 0.7MPa，泵出的压力为 0.4MPa，温度为 70℃，压力过高易导致膜破裂，失去过滤作用。

②发酵液脱色：澄清的发酵液在温度 70℃，pH4.5，按 1%的比例加入 200～300 目活性炭，过滤后，再经过两根装有 18 目活性炭的柱进行脱色，脱色后的发酵液透光率在 99%以上，有利于形成大的晶粒。炭柱的直径为 3m，高 5m，泵出流速为 $150m^3/h$。

③发酵液浓缩：脱色后的发酵液进入四效降膜蒸发系统，一效蒸发温度为 90℃，二效蒸发温度为 60℃，二效蒸发出料 9～10°Bé，三效蒸发温度为 80℃，四效蒸发温度为 70℃，得到浓缩液 $145m^3$，波美度 25～26°Bé。同时得到二次凝液 $130m^3$，可作为冷凝水或洗涤用水贮存备用。

④梯度降温结晶：上一步骤所得晶浆从二效蒸发泵入梯度降温结晶罐，结晶罐的降温管束中通入地下水降温，降温速度为 2.570℃/h，搅拌速度为 30r/min，但温度低于 15℃时，由于地下水温受限制，改用冰水进行降温，降温速度不变，但温度达到 9℃时，维持温度搅拌 20h，使小晶粒进一步长大，以便于分离。

⑤结晶的后处理：将晶浆泵入活塞推料至离心机分离晶体和一次母液，所使用的离心机是自卸式三足离心机，其分离因数 0.5～0.6，所用筛网为 250 目。用步骤④所得到的冷凝水洗净 3 次，洗除附在晶体表面的无机盐和色素等杂质，以提高结晶的纯度，烘干后得到苏氨酸晶体，含量 98.5%以上。

⑥一次母液的综合利用：洗涤用的水和一次母液合并，将其再次进行脱色、浓缩、降温结晶和分离，分离出的晶体按 $1m^3$ 水：2t 料的比例进行重溶，用水溶去晶体表面的可溶性无机盐和色素，然后结晶、分离和烘干，得到成品苏氨酸结晶，苏氨酸含量在 98.5%以上。与上一步骤得到的结晶相比，晶粒较小，在以后的饲料加工中易于和其他成分混匀。

⑦二次母液的综合利用：分离结晶时得到的二次母液和菌体混合造粒制成肥料。

⑧菌体蛋白的综合利用：膜过滤除去的菌体蛋白经过三级膜过滤后，用泵沿管路泵出，湿菌体送至副产车间烘干，烘干后为菌体蛋白，用于制成肥料。

（7）在苏氨酸分离提取过程中，还可以将结晶后母液进行离交吸附后再与苏氨酸发酵液混合循环套用。整个提取工艺主要包括以下步骤。

①将苏氨酸发酵液经灭菌后通过陶瓷膜进行过滤，陶瓷膜孔径为 50nm、分子质量为 30ku，操作压力 1.5bar（$1bar=10^5Pa$），跨膜压差 1bar，温度 25℃，滤液与苏氨酸发酵液的体积比为 1：4。

②得到的苏氨酸滤液进入四效蒸发进行初步浓缩，真空度控制在－0.092MPa，温度分别控制为 50℃、60℃、70℃、80℃，最终控制滤液达到 7°Bé，然后进入单效蒸发器进一步浓缩，控制温度 55℃，真空度控制在－0.092MPa，搅拌转速 80r/min，浓缩至滤液固液比达到 0.45：1 时放罐，离心分离，得到 L-苏氨酸晶体和母液。

③结晶后得到的母液调 pH 为 1.5，用 732 型树脂进行离子交换吸附，用 pH 为 10 的氨水洗脱，收集洗脱开始至 1°Bé 的洗脱液，加入苏氨酸发酵液混合进行微滤、四效初步浓缩、单效浓缩，然后分离获得 L-苏氨酸晶体和母液，母液重复上述步骤。

虽然苏氨酸结晶母液可以直接或经离交吸附后套用，但随着套用次数的增加，母液中蛋白质、色素、残糖、无机盐等各种杂质成分浓度不断提高，颜色深、黏度大，流动性极差，难以进一步处理。为了解决这一问题，研究者采用“酸-盐”两室双极膜电渗析技术从苏氨酸结晶母液中将无机盐脱除，再用阴离子交换法从脱无机盐的苏氨酸结晶母液中回收苏氨酸，不仅提高了苏氨酸的提取收率，还可以进一步实现苏氨酸结晶母液中各组分的充分利用，并可使残液得以用目前成熟的生物技术治理达标，减少污染物的排放。整个结晶母液处理流程如图 7-21 所示。

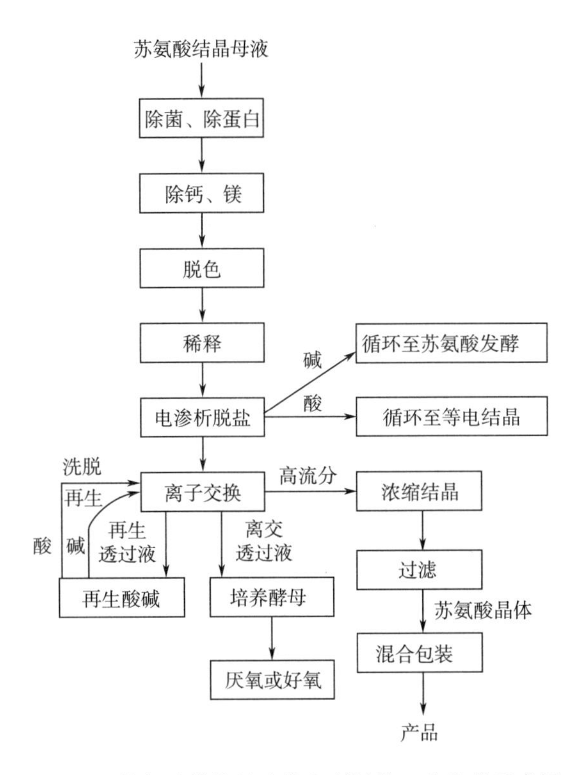

图 7-21　苏氨酸结晶母液综合利用的工艺流程示意图

三、支链氨基酸提取工艺

（一）支链氨基酸的理化性质

支链氨基酸（Branched chain amino acid，BCAA）是亮氨酸、异亮氨酸和缬氨酸的统称，其分子结构中都含有一个甲基侧链。

亮氨酸为白色结晶或结晶性粉末，无臭、味微苦。沸点 145～148℃，熔点 293℃。溶于水，25℃时的溶解度为 24.26g/L，溶于乙酸（10.9g/L），微溶于乙醇（0.72g/L），不溶于乙醚。相对密度 1.293（18℃），比旋光度＋14.5°～＋16.0°。

异亮氨酸为菱形叶片状或片状晶体，味苦。沸点 168～170℃，熔点 285.5℃。溶于水，25℃时的溶解度为 34.4g/L，微溶于热乙醇、热乙酸，不溶于乙醚。比旋光度＋38.9°～＋41.8°。

缬氨酸为白色结晶或粉末，无臭，味微甜而后苦。熔点 315℃。溶于水，25℃时的溶解度为 58.5g/L，难溶于乙醇，不溶于乙醚。相对密度 1.23（25℃），比旋光度＋26.5°～＋29.0°。

（二）支链氨基酸的提取工艺

支链氨基酸的提取方法主要包括沉淀法、全膜分离法和离子交换提取法。其中，沉淀法是根据沉淀剂与支链氨基酸的特异性结合形成沉淀，然后分离提取的方法。例如，亮氨酸可以与临二甲苯磺酸或二氯苯磺酸反应生成亮氨酸磺酸盐，再将沉淀物加入 201×7 阴离子交换树脂精制得到亮氨酸。该方法，具有操作简单、提取产品纯度高等优点，其缺点在于沉淀剂是一种苯类物质，具有致癌性，易于在产品中残留，而且操作过程是强酸性提取，安全性差且污染严重。全膜提取法主要是将不同的膜工序组合在一起应用于支链氨基酸的提取。例如，可以依次采用微滤、超滤、反渗透处理支链氨基酸发酵液，以达到除菌体、除蛋白、除色素、脱盐和冷浓缩的效果，再将膜处理液经过浓缩结晶获得相应产品。该方法可以有效回收发酵液中的菌体蛋白，处理过程中废水排放和酸碱使用量较少，易于实现自动化控制，但是该方法无法有效分离支链氨基酸发酵过程中产生的杂酸（主要为丙氨酸），导致提取出的产品纯度低，需要靠连续重复结晶不断提高纯度。离子交换法是将除去菌体的发酵液调 pH 为酸性，用强酸性阳离子交换树脂分离支链氨基酸和杂酸，最后通过氨水洗脱和浓缩结晶获得相应产品。由于杂酸性质与支链氨基酸接近，若提高产品纯度，需采用多级离子交换柱串联提取，这将导致生产过程中生产废水量较大，提取收率降低。

目前，单一的提取方法已不能满足支链氨基酸生产的要求，必须寻求更为经济有效的组合方法来解决这一技术难题。目前，一种离子交换废液循环利用工艺已经应用于异亮氨酸的提取过程。如图 7-22 所示，离子交换树脂柱再生后产生的含铵废水不再使用末端治理技术处理，而是一部分直接用作发酵培养基的原料，另一部分加氨水后用作第一次离子交换柱吸附后的洗脱液，形成闭路循环，大幅度减少了含铵废水的排放。具体步骤如下。

（1）异亮氨酸产品的制备　将发酵液加热至 80～85℃，维持 15～20min，过滤除渣，将滤液调 pH 至 2.0～2.5 后，加入壳聚糖使其浓度为 30～100mg/L，20～50℃静置 30～60min，然后过滤。将过滤液用强酸性氢离子交换树脂柱吸附至饱和，再用热水冲洗去除杂质，然后用 0.2～1.0mol/L 的氨水（氨水和含铵废水体积比为 1∶1），洗脱液调 pH 至 2.0～2.5 后，再用强酸性氢离子交换树脂柱进行第二次吸附解吸。将高浓度组分洗脱液（异亮氨酸含量＞2.5%）收集后，经活性炭脱色，浓缩结晶，得到异亮氨酸产品。低浓度组分洗脱液则合并入第二次离子交换操作中。整个产品的总收率达到 60%。

（2）离子交换柱的再生　经氨水洗脱后的树脂用水冲洗后，再用 0.1～2.0mol/L 的硫酸溶液再生，所得的硫酸铵废液一部分用于发酵培养基的配料，一部分用于第一次离子交换操作的备用洗脱液。

（3）多柱串联离子支换树脂处理　与单柱离子交换树脂处理相比，使用多柱串联离子交换树脂处理能够更有效地分离支链氨基酸和杂酸，减少操作步骤，提升产品的收率和纯度。如图 7-23 所示，采用高速碟片分离机和陶瓷膜过滤去除菌体蛋白，并使用三柱串联离子交换树脂分离杂酸，可以获得高纯度的缬氨酸，具体步骤如下。

①缬氨酸发酵液经高速碟片分离机将缬氨酸母液中的菌体蛋白分离，高速碟片机分离菌体的转速为 4000～5000r/min，回收菌体蛋白沉淀，并收集上清液。上清液采用陶瓷膜

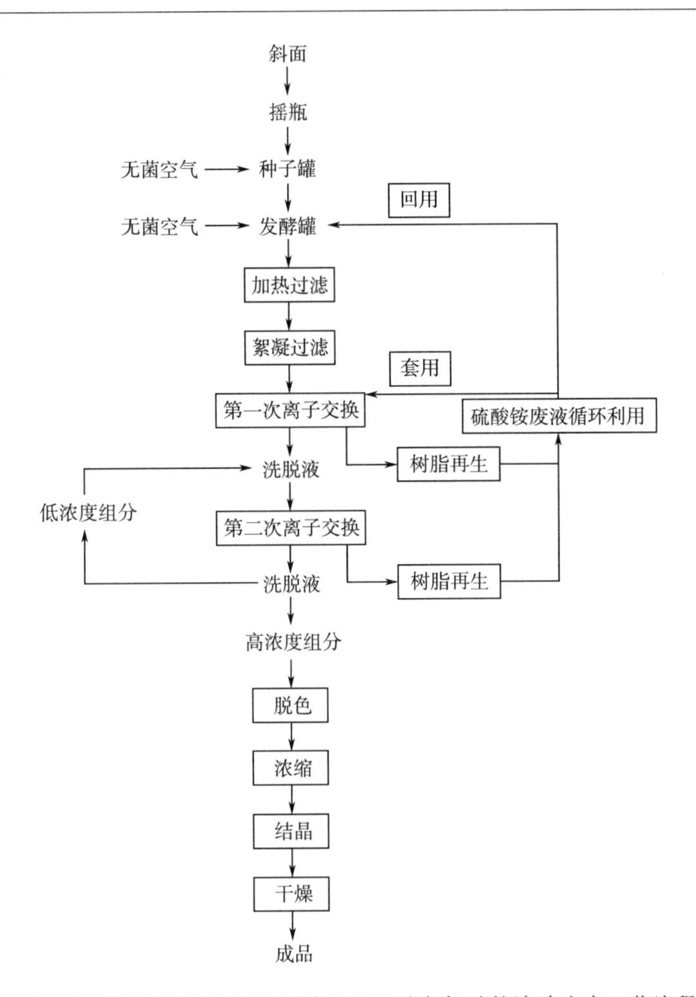

图 7-22　离子交换法从发酵液中提取 L-异亮氨酸的清洁生产工艺流程图

过滤，膜孔径 60nm，过滤回收菌体蛋白，并收集滤液。

②调节滤液 pH 为 4.5，然后通入强酸离子交换树脂柱（1L C100 阳离子交换树脂）进行离子交换。本段所述强酸离子交换树脂柱是 3 个强酸离子交换树脂柱通过管道和阀门串联在一起，并且每个柱底部都有一个收料阀门。滤液按照 2BV/h 的流速从树脂柱上部进入，下部排出。当下排液遇茚三酮显色时，将下排液串入第二个柱，当第二个柱显色时将第二个柱的下排液串入第三个柱。当第三个柱显色时再继续外排连续 2～3.5h，此时排出的显色液以谷氨酸、丙氨酸为主，能去除 35%～50%的杂酸。

③停止第一个柱的进料，用纯水从第一个柱到第三个柱串洗至前流罐内再重新吸附用。将配制好的 2%质量浓度的氨水，按照 1BV/h 的流速将树脂所吸附的氨基酸解析下来，解析过程中当柱下液 pH 达到 6～7.5 时，关闭收料阀门打开串柱阀门，串洗下一个柱子，以此类推当第三个柱子柱下液 pH 达到 6～7.5 时，不再串柱，pH 达到 7.5～9.5 时，开始外排尾液 2～3.5h，然后停止洗脱。用空气将柱内的氨水压回后流罐。

④将离交柱内洗脱的料液浓缩至质量浓度为 8%后，添加 2%～6%的活性炭升温至 70℃，调节料液 pH 5.5，脱色 20～50min，然后经过滤机将活性炭及杂质过滤。

⑤将脱色后的料液浓缩至 1/6 体积，然后降温结晶。当温度降至 15～25℃时，离心机

高速离心得湿粗品，其水分含量在15%～25%。将粗品按照4%的质量浓度投入脱色罐内脱色。然后浓缩、结晶、离心、干燥得到精制成品。

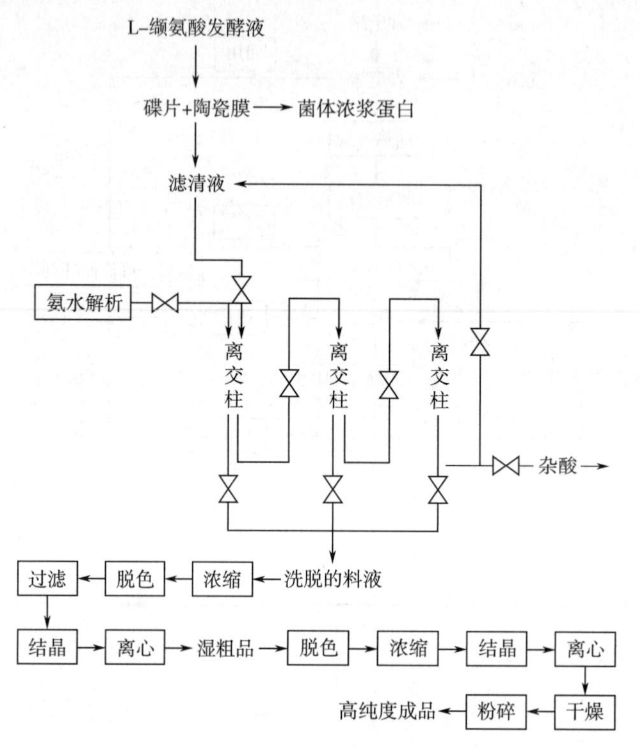

图7-23　从发酵液中提取L-缬氨酸的生产工艺流程图

四、芳香族氨基酸提取工艺

（一）芳香族氨基酸的理化性质

芳香族氨基酸（Aromatic amino acid）是酪氨酸、苯丙氨酸和色氨酸的统称，其分子结构中都含有芳香环。

酪氨酸为白色结晶性粉末，沸点385.2℃，熔点343℃。微溶于水，25℃时的溶解度为479mg/L，不溶于乙醇、乙醚、丙酮等有机溶剂。相对密度1.456（20℃），比旋光度－10.6°。

苯丙氨酸为白色结晶或结晶性粉末，有轻微的气味和苦味，沸点295℃，熔点283℃。溶于水，25℃时的溶解度为26.9g/L，不溶于乙醇、乙醚、苯等有机溶剂。比旋光度－35.1°。

色氨酸为白色或微黄色结晶或结晶性粉末，无臭、味微苦。熔点290.5℃。溶于水，25℃时的溶解度为13.4g/L，微溶于乙醇、乙酸，不溶于乙醚。相对密度1.362（25℃），比旋光度－32.5°～－30.0°。

（二）芳香族氨基酸的提取工艺

在3种芳香族氨基酸中，酪氨酸的溶解度较低，因此通常采用全膜法进行提取，即可以依次采用微滤、超滤、纳滤处理酪氨酸发酵液或酶催化液，以达到除菌体、除蛋白、除色素和冷浓缩的效果，再将膜处理液浓缩结晶获得酪氨酸产品，盐离子与其他杂质则残留在结晶母液中。

与酪氨酸相比，苯丙氨酸和色氨酸的溶解度相对较高，因此通常采用三膜法结合离子交换工艺提取。然而使用的离子交换均为单柱间歇操作，树脂利用率低，对产品的吸附量一般在 64～90g/kg 树脂，且一般包括进样、纯水洗杂、0.2～0.5mol/L 低浓度氨水洗杂（如谷氨酸杂质）、2mol/L 高浓度氨水解析等步骤，工艺复杂，解吸收率为 93%～95%，洗脱剂消耗较大。

模拟移动床（Simulated moving bed，SMB）是一种现代化分离技术，将若干根色谱柱串联在一起，每根色谱柱均设有物料的进出口，并通过操作开关阀组沿着流动相的循环流动方向定时切换，从而周期性改变物料的进出口位置，以此来模拟固定相与流动相之间的逆流移动，实现组分之间的连续分离。模拟移动床具有分离能力高、能耗低、总柱效高、流动相耗量少等优点，适用于苯丙氨酸和色氨酸的分离提纯。

目前，顺序式模拟移动床（SSMB）已应用于色氨酸的分离过程。色氨酸发酵液经陶瓷膜过滤后进入色谱分离系统，色谱分离设备为 NOVASEP SSMB 10-3 Chromatography Pilot Plant 中试系统（包含 9 根 8cm×120cm 色谱柱、树脂装填量 730mL 及 PLC 自控系统）。SSMB 是一种间歇顺序操作的模拟移动床，采用了间歇进料、间歇出料的不同顺序及连续分离等不同程序的运行模式，将传统 SMB 的每一步均分为 3～4 个子步骤进行，流程如图 7-24 所示。第一步物料循环：没有进料出料，物料在树脂内循环移动，各组分在该步骤进一步分离但没有洗提液消耗。第二步进料/吸附：物料由 FZ3 进入柱内，残液由 FZ3 出料，物料在该步骤吸附并收集已分离的纯弱吸附组分。第三步提取液收集/解吸：洗提液由 FZ1 进入，提取液由 FZ1 收集，收集纯强吸附组分。程序中第二步和第三步同时进行以提高产能，该步骤进行时，FZ2 和 FZ4 无任何操作。第四步残液收集：洗提液由 FZ1 进入，残液由 FZ3 排出并收集，该步骤下 FZ4 无任何操作。不同的区带中色谱柱通过进料口和出料口自动阀切换。

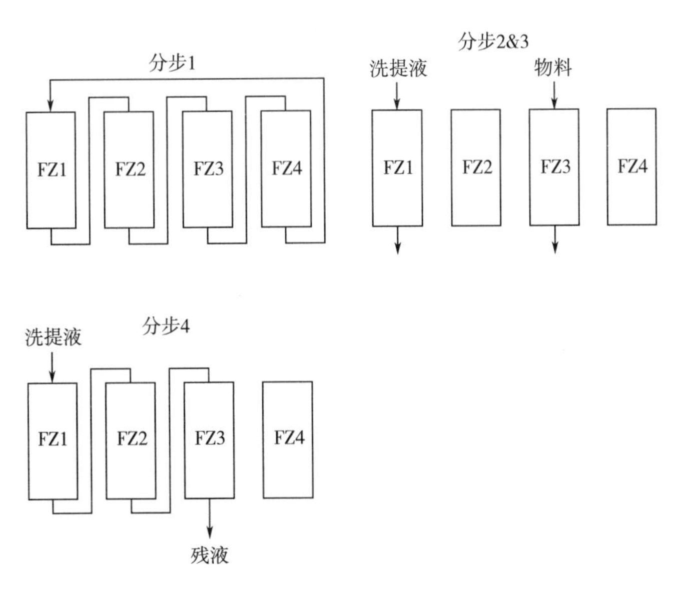

图 7-24　顺序式模拟移动床每个周期的运行步骤

顺序式模拟移动床系统恒温控制在 60℃，包括色谱柱、原料罐和洗脱剂罐。原料泵和洗脱液泵连续把原料罐中的色氨酸发酵过滤液和洗脱罐的洗脱剂氨水通过柱位阀的切换泵入色谱柱的不同部位，提纯后的色氨酸溶液和剩余液分别从不同色谱柱的出口阀连续流出。优化 SSMB 色谱运行参数，并在每根柱子的出口端取样分析以绘制各组分在树脂上的分离曲线图，优化后的色谱分离图谱如图 7-25 所示。色氨酸及谷氨酸有很好的分离效果，色氨酸主要分布在 FZ1 为强吸附组分，谷氨酸分布在 FZ3 为弱吸附组分，而提取液在 FZ1 收集，剩余液在 FZ3 收集。因此通过 SSMB 色谱分离后，可以得到色氨酸富集的提取液和谷氨酸富集的剩余液，从而达到色氨酸提纯的目的。总体来说，采用 SSMB 连续色谱法分离色氨酸收率达到 99%，高于 93%～95%的离交收率。谷氨酸去除率达到 100%，高于离交法。液氨消耗量只有传统离交工艺的一半。

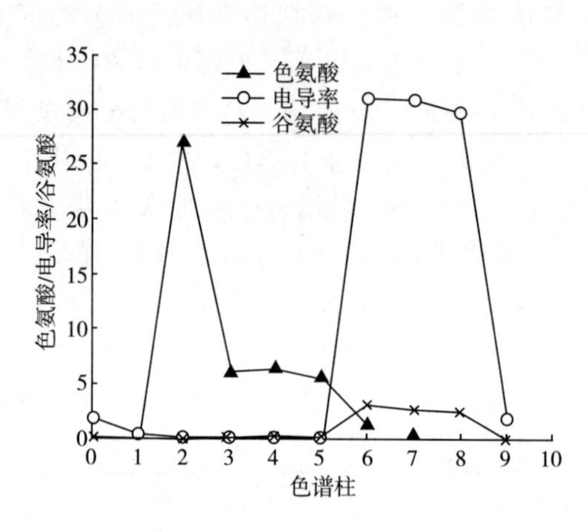

图 7-25　各组分在各个柱子内的分离曲线图

第三节　氨基酸的精制

在此，以谷氨酸制味精工艺为例，介绍氨基酸的精制工艺。

一、谷氨酸制味精

（一）味精的理化性质

味精是 L-谷氨酸单钠一水化合物，是无色至白色的柱状结晶或白色的结晶性粉末，属斜方晶系，显微镜下呈现棱柱状的八面体晶型。味精易溶于水，不溶于乙醚、丙酮等有机溶剂，难溶于纯乙醇。味精的相对密度为 1.635，熔点为 195℃，在 120℃以上逐渐失去结晶水，155℃下分子内脱水，225℃以上分解，若其水溶液长时间受热，会引起失水，生成焦谷氨酸一钠。

味精由于分子结构中含有不对称碳原子，具有旋光性，分为 L 型、D 型和消旋型。在两种光学异构体中，只有 L-谷氨酸单钠具有鲜味，其阈值为 0.03%，比旋光度为 24.8°～25.3°。

（二）谷氨酸制味精的工艺流程

从谷氨酸发酵液中提取得到谷氨酸，仅是味精生产中的半成品。谷氨酸与适量的碱进行中和反应，生成谷氨酸一钠，其溶液经过脱色、除铁、除去部分杂质，最后通过减压浓缩、结晶及分离得到较纯的谷氨酸一钠的晶体，不仅酸味消失，而且有很强的鲜味。谷氨酸一钠的商品名称就是味精或味素。如果谷氨酸与过量的碱作用，生成的是谷氨酸二钠，不具有味精的鲜味。谷氨酸制造味精的工艺流程如图 7-26 所示。

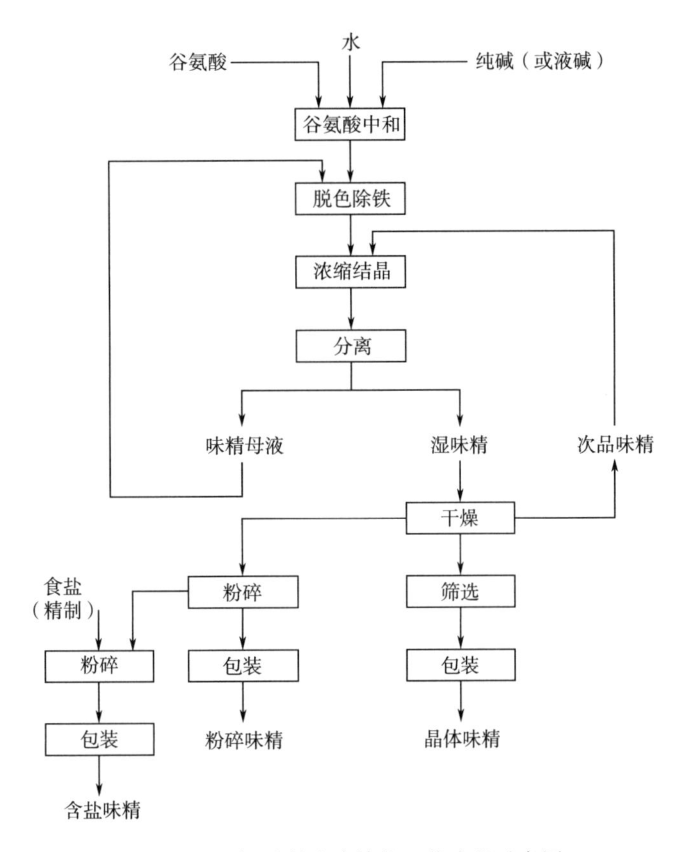

图 7-26　谷氨酸制造味精的工艺流程示意图

1. 谷氨酸的中和

谷氨酸分子中含有两个羧基，与碳酸钠或氢氧化钠均能发生中和反应生成钠盐。理论上，中和 100kg 谷氨酸需要使用碳酸钠 36.1kg 或氢氧化钠 27.2kg。

生产中要求使用含盐分少的碳酸钠或固体氢氧化钠进行中和而不用工业液碱，因 30% 的工业液碱含 4%以上的氯化钠，会影响味精质量。具体工艺条件为如下。

（1）投料比　湿谷氨酸：水＝1：2；湿谷氨酸：纯碱＝1：（0.3～0.34）；湿谷氨酸：活性炭＝1：0.01。

（2）中和温度　谷氨酸一钠的溶解度较大，但谷氨酸在常温下溶解度很低。为保证工艺要求浓度，一般在加热条件下进行中和。夏天 60℃左右，冬天 65℃左右。

（3）中和 pH 要求　当中和的 pH 在谷氨酸的第二等电点即［$(pK_2+pK_3)/2=(4.25+9.67)/2=6.96$］时，谷氨酸单钠离子在溶液中约占总离子浓度的 99.59%。生产上中和液的 pH 常控制在 6.9～7.0。

（4）中和液浓度　选择 21～23°Bé。

在中和过程中，应注意以下事项。

①中和过程必须严格控制温度低于 70℃，避免温度过高发生消旋化反应和脱水环化生成焦谷氨酸钠的反应。

②中和时必须严格控制准确的 pH：如果 pH 偏低，谷氨酸中和不彻底；如果 pH 偏高，造成谷氨酸二钠的比例偏高。无论是谷氨酸还是谷氨酸二钠，都不呈鲜味。因此，pH 控制不准确，对精制收率和产品质量均有影响。

③中和速率要控制缓慢：如果采用纯碱作为中和剂，中和速度过快将产生大量的 CO_2 泡沫，致使料液溢出，造成损失。同时，加碱速度过快，会导致局部 pH 和温度过高，容易发生消旋化反应和脱水环化生成焦谷氨酸钠的反应。

④由于中和液要上柱脱色、除铁，为了防止结柱，中和液浓度不宜过高。根据实践经验，中和液浓度一般为 22°Bé 比较理想。

2. 中和液除铁和除锌

在谷氨酸发酵生产中，由于生产原材料不纯会夹带铁离子，特别是设备的腐蚀而游离出较多的铁离子，使中和液中铁含量一般在 10mg/L 以上。若采用锌盐法制备谷氨酸，则会残留约 1500mg/L 的锌离子。这些铁、锌离子均可以与谷氨酸离子形成络合物，使味精呈浅黄色或黄色，影响成品色泽和质量。依据食品规定标准，99％的味精含铁量应在 5mg/L 以下，80％的味精含铁量应在 10mg/L 以下。

味精工业中的除铁、锌工艺主要包括硫化钠沉淀法和树脂法两种。

硫化钠沉淀法是利用硫化钠使溶液中存在的少量铁、锌变成硫化亚铁和硫化锌沉淀。工艺流程为：待中和液温度降至 50℃以下（高温偏酸性环境会导致硫化氢气体产生），加入 15～18°Bé（硫化钠含量为 10％～12％）的硫化钠，搅拌片刻，自然沉淀 8h。硫化钠外观颜色和含量相关，金黄色硫化钠的含量最高，带红色次之，黑色最差。生产上使用的硫化钠要求含量为 63％以上，不溶物小于 1％，水溶液颜色为微黄色澄清。硫化钠除铁、锌操作费用较低，但是操作环境差，有硫化氢臭味，铁残留量稍高，为 1～2mg/L，产品需严格检测是否有硫化钠残留。

树脂法是利用带有酚氧基团的树脂（表面具有较强的配位基团）使络合铁、锌离子与树脂螯合成新的更稳定的络合物，以达到除铁、锌离子的目的。常用的树脂为通用 1 号和 122 弱酸性阳离子树脂。工艺流程为：首先用热水预热树脂柱至 40～50℃，以避免谷氨酸钠析出。其次，顺流上柱交换，每小时进料量为树脂体积的 1～2 倍。流出液浓度低于 12°Bé，收集在低浓度储罐中，作为谷氨酸中和及调节母液浓度使用。当流出液浓度高于 12°Bé，检查无铁、锌离子时即可收集，进入后续工序；当吸附饱和时，立即停止进料，改进软水洗涤，直至洗出液浓度为 0°Bé，收集洗出液作为低浓度溶液。树脂法除铁、锌的效果好于硫化钠沉淀法，同时有脱色作用，溶液透光率高，但是设备一次性投资较大，且操作过程酸、碱使用量高，废水排放量较大。

3. 中和液的脱色

谷氨酸中和液一般含有深浅不同的黄褐色色素，产生的主要原因是在淀粉制糖、培养基灭菌、发酵液浓缩等生产过程中各种成分的化学变化产生有色物质。如葡萄糖聚合产生焦糖；铁制的设备接触酸碱产生电化学作用，使设备腐蚀游离出铁离子，除了产生红棕色以外，还与水解糖中的单宁结合，生成紫黑色单宁铁；葡萄糖与氨基酸在受热情况下发生美拉德反应产生黑色色素。

味精工业中常使用活性炭吸附脱色。使用的活性炭以粉末状的药用炭和 GH15 颗粒活性炭为主。粉末状活性炭颗粒小，表面积大，单位质量吸附量高，并且在过滤除去炭渣时，能够同时除去料液中不溶性杂质，常用于中和液的第一步脱色。颗粒活性炭脱色能力稍弱，但具有机械强度高、化学稳定性好、能反复再生使用等优点，可装填在柱内进行连续脱色，因此一般作为最后一道脱色工序配合粉末活性炭使用，提高中和液的透光率。整个脱色工艺流程为：将中和液送至脱色罐，加入相当于中和液2%～3%的粉末药用活性炭，保持脱色温度为55～60℃，pH为6.0～7.0，搅拌60～120min，然后过滤，清液为第一次的脱色液。将GH15颗粒活性炭装入柱后，加水充分浸泡4h，排掉浸泡水，用两倍炭体积的4%热氢氧化钠浸泡4h，再用60℃水洗至流出液pH8.0以下，然后用两倍炭体积的4%盐酸溶液再生，水洗至pH6.5左右备用。将第一次的脱色液上炭柱进行二次脱色，流出液收集方式与树脂除铁时的收集方式相同。

4. 中和液的浓缩和结晶

味精在水中的溶解度很大，要想从溶液中析出结晶，必须除去大量的水分，使溶液达到饱和状态，过量的溶质才会以固体状态结晶出来。晶体的产生是先形成极细小的晶核，然后这些晶核再成长为一定大小形状的晶体。因此，从溶液到晶体生成包括3个过程：饱和溶液形成、晶核形成、晶体生长。

溶液达到过饱和是结晶的前提，使溶液处于过饱和状态，通常有两种方法：一是通过蒸发，使溶液中的一部分溶剂减少，达到过饱和状态；二是降低溶液的温度，使溶液的溶解度减少，从而使溶液由原来饱和状态，甚至不饱和状态转变为过饱和状态。

味精生产的浓缩过程普遍采用减压蒸发。减压蒸发浓缩分单效蒸发浓缩和多效蒸发浓缩，有些工厂采用单效蒸发浓缩工艺，即在单效真空结晶罐中完成中和液的浓缩与结晶的全部过程；而有些工厂采用多效蒸发浓缩工艺，即先在多效真空蒸发器中将中和液浓缩至一定浓度（一般由22°Bé左右浓缩至26～28°Bé），然后送至单效真空结晶罐中继续浓缩与结晶操作，采用此工艺可以节省蒸汽。

味精结晶操作过程主要分为浓缩、起晶、整晶、育晶、养晶等阶段，其中浓缩、整晶、育晶的过程往往穿插进行，时间一般为10～16h，操作过程如图7-27所示。结晶过程中必须从视镜仔细观察罐内物料浓度变化与循环情况，以便采取相应的操作。

（1）浓缩　将料液加入真空结晶罐，启动搅拌，搅拌转速与结晶罐设计有关，以使料液循环为宜，在加热室中通入蒸汽进行加热蒸发，控制真空度在0.08～0.085MPa，温度为60～70℃，在1～2h内将底料浓缩至29.5～30.5°Bé，即达介稳区。

（2）起晶　当浓缩液的浓度达到29.5～30.5°Bé时，投入晶种，进行起晶。投晶种量与所用晶种的颗粒大小有关。一般情况下，按结晶罐全容积计算，40目晶种的投入量为结晶罐全容积的3%～5%，30目晶种的投入量为6%～9%，20目晶种的投入量为6%～12%。投晶种时，用软管的一端连接结晶罐的进料口，另一端插入结晶桶中，靠结晶罐的真空把晶种吸入结晶罐。起晶时溶液微浑浊，经过一定时间，晶种的晶粒稍长大，并出现一些细小的新晶核（称为假晶）。当料液浓度增加，晶粒长大速度反而比晶核长大速度小时，需要整晶。

（3）整晶　当蒸发速度大于结晶速度，使结晶罐内料液浓度超越介稳区，会析出一些细小新晶核（假晶），会导致最终产品晶体较小，晶粒大小不均匀，形状不一。产生新晶核时溶液出现白色浑浊，这时可将罐内温度提高至73～75℃，通入50～60℃蒸汽冷凝水，使溶液降到不饱和浓度而把新晶核全部溶解掉。随着水分的蒸发，溶液很快又进入介稳区，重新在晶核上长大结晶，这样煮出的结晶产品形状一致，大小均匀。整晶用水量要控制适当，防止

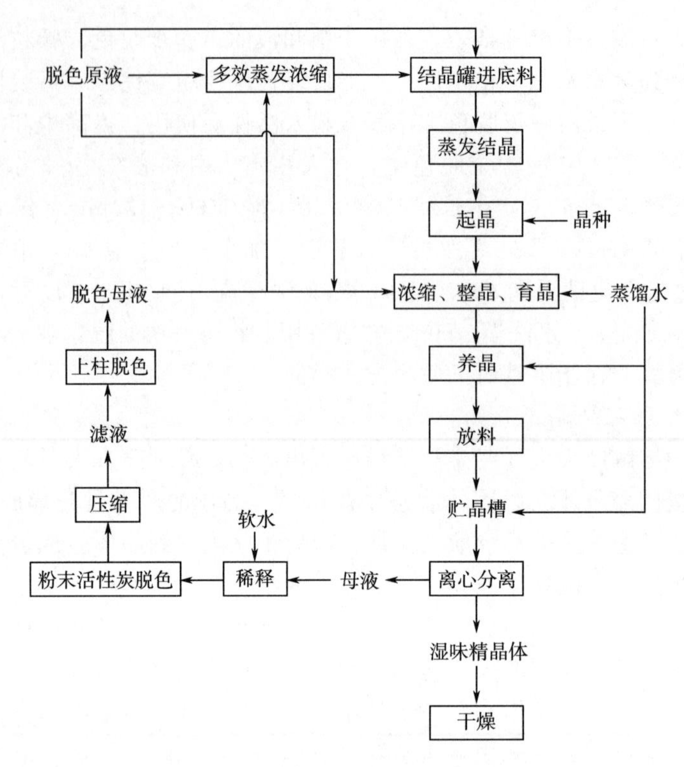

图 7-27　味精结晶操作过程示意图

正常晶种的溶化和损伤。在结晶过程中，要尽量减少整晶操作次数，一般不应超过 3 次。

（4）育晶　在整个结晶过程中，应控制结晶罐内真空度为 0.080～0.085MPa，温度为 65～70℃，并控制蒸发速率与结晶速率一致，使结晶罐内料液浓度处于介稳区内。随着晶体长大，应逐渐提高搅拌速度，使固液混合物料充分循环，避免晶体沉积，有利于提高结晶速率，但是应避免搅拌速率过快而损伤晶体。随着水分不断被蒸发和晶粒的不断长大，结晶罐内的液位会逐渐降低，料液稠度增加，此时应加入未饱和的溶液来补充溶质的量，使晶体长大，同时在介稳区内起着降低浓度的作用，防止新晶核的生成。通过补料而促使晶粒长大的过程称为育晶。整个过程补加物料量为罐全容积的 1.4～1.6 倍，但应注意控制以免罐内料液浓度波动过大而引起溶晶现象。

（5）养晶　当罐内物料达到罐全容积的 70%～80%时，可以进行放罐操作。放罐前，先用蒸馏水调整料液浓度至 29.5～30.5°Bé，然后关闭真空、蒸汽，开启助晶槽搅拌，最后将物料迅速放入助晶槽进行养晶。由于放罐过程中温度会降低，有一些细小晶核析出，在助晶槽中需适当加入蒸馏水调整浓度，使细小晶核溶解，并维持浓度为 29.5～30.5°Bé。同时，适当采用蒸汽对助晶槽保温，避免在助晶槽中继续有细小晶核产生并粘附在晶体上，从而影响成品的品质。味精的成品得率一般为 45%～55%，即正品味精与投入总物料折纯量（含晶种）之比。

（三）味精结晶设备

1. 真空结晶罐

对于结晶速度比较快，容易自然起晶且要求结晶晶体较大的产品，多采用真空结晶罐进行煮晶，如味精等的结晶就采用这种设备。它的优势在于可以控制溶液的蒸发速度和进料速度，以维持溶液一定的过饱和度进行预晶，同时采用连续加入未饱和的溶液来补充溶质的量，使晶体长大，提高设备的利用率。

真空结晶罐的结构比较简单，是一个带搅拌的夹套加热真空蒸发罐，如图 7-28 所示。整个设备可分为加热蒸发室、加热夹套、汽液分离器、搅拌器等 4 部分。结晶罐上部顶盖多采用锥形，上接汽液分离器 1，以分离二次蒸汽带走的雾沫。分离出的雾液由小管回流入罐内，二次蒸汽在升汽管中的流速为 8～15m/s。二次蒸汽可由真空泵、水力喷射泵或蒸汽喷射泵抽出，以使整个结晶罐保持真空状态。结晶罐凡与产品有接触的部分均应采用不锈钢制成，以保证产品质量。如果结晶罐体积比较大，采用夹套加热不能满足其加热面积时，也可以在结晶罐中安装列管进行换热，以保证结晶顺利进行。

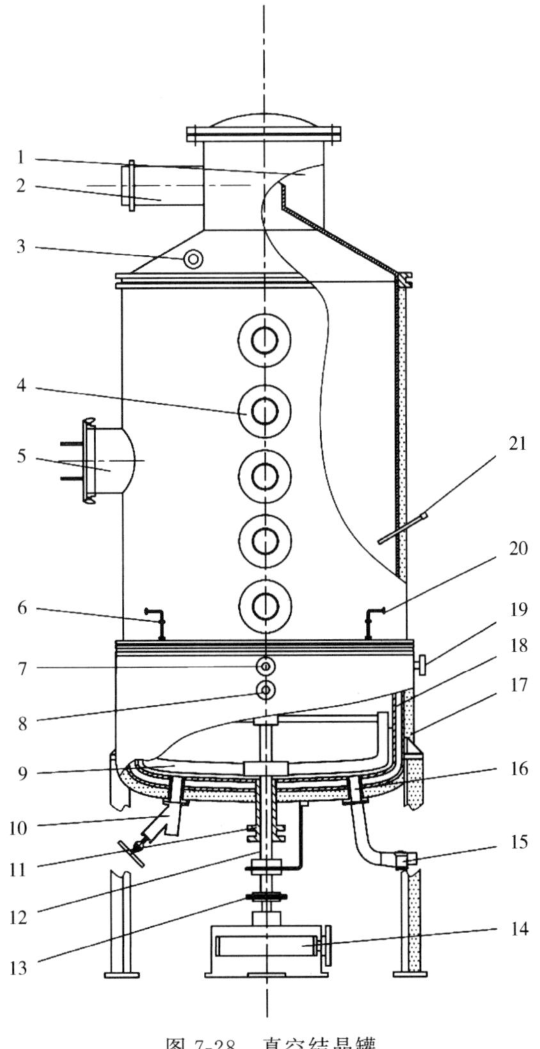

图 7-28　真空结晶罐

1—汽液分离器　2—二次蒸汽排出管　3—清洗孔　4—视镜　5—人孔　6—晶种吸入管　7—压力表孔　8—蒸汽进口管　9—锚式搅拌器　10—直通式排料阀　11—轴封填料箱　12—搅拌轴　13—联轴器　14—减速器　15—疏水阀　16—冷凝水出口　17—保温层　18—夹套　19—不凝性气体排出口　20—吸料管　21—温度计插管

2. 卧式结晶箱

卧式结晶箱的特点是体积大，晶体悬浮搅拌所消耗的动力较小，对于结晶速度较快的物料可以串联操作，进行连续结晶或育晶。对于味精结晶，由于从真空结晶罐中放入卧式结晶箱内的物料本身就是含有晶体的过饱和溶液，在卧式结晶箱内随着温度不断降低，晶体慢慢长大，此过程称为育晶，卧式结晶箱也被称为育晶槽、助晶槽。

味精的助晶常使用半圆底的卧式长槽，其结构如图 7-29 所示。槽身高度的 3/4 处外装夹套 5，可以通水进行冷却。槽内装有螺条形的搅拌桨叶两组，桨叶宽度 40mm，螺距 600mm，桨叶与槽底距离为 3～5mm，一组桨叶 7 为左旋向，另一组 6 为右旋向，搅拌时可使两边物料都产生一个向中心移动的运动分速度，或向两边移动的运动分速度。搅拌器由电动机通过蜗杆涡轮减速后带动，搅拌转速很慢，一般为 15r/min。槽身两端端板装有搅拌轴轴承，并装有填料密封装置，防止溶液渗漏。

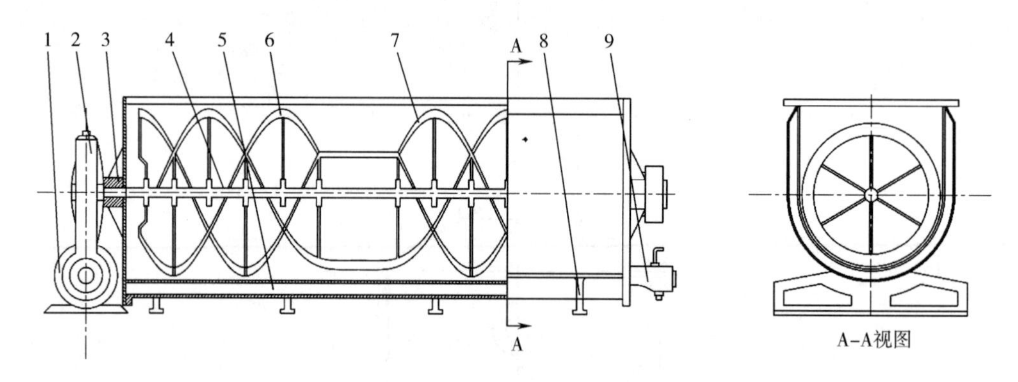

图 7-29　卧式搅拌结晶箱

1—电动机　2—涡轮减速箱　3—轴封　4—轴　5—夹套　6—右旋搅拌桨叶
7—左旋搅拌桨叶　8—支脚　9—排料阀

二、味精的分离、干燥、筛分和包装

（一）味精的分离

谷氨酸钠溶液经结晶后得到的是固液混合物［固相占 30%～40%（体积分数）］，液相（即母液）中杂质含量较高，必须采取有效的方法将其分离。生产上一般采用过滤式离心机，利用转鼓旋转所产生的离心力作为过滤推动力，使悬浮液中固体颗粒与母液分离。操作程序为装料、离心、水洗、离心、出料。初始装料转速为 150～200r/min，洗水量为 5～10L/次，离心分离时间为 6～10min。分离质量要求晶体味精表面含水量低于 1%，粉末味精表面含水量低于 5%。

味精分离质量直接影响干燥工序操作，如果晶体表面含母液较多，干燥过程中易产生小晶核粘附在晶体表面，并出现并晶或晶体“发毛”、色泽偏黄等现象，严重影响产品质量。为保证分离出来的晶体表面光洁度，在离心分离过程中常使用热水喷淋或汽洗的方法使晶体表面粘附液喷洗出来。

味精的一次结晶得率一般为 50%左右，即晶体成品量占总投入物料折纯量的 50%左右，意味着有 50%左右的纯味精存在于分离母液。因此生产上应收集分离母液，用去离子水稀释至22°Bé左右，经粉末活性炭脱色、树脂脱色除铁等工序，再送至结晶工序进行提炼。原液经一次结晶分离得到的母液为一次母液，一次母液再经结晶分离得到的母液为二次母液，以此类推，当最后的母液色素、焦谷氨酸钠等杂质含量较高时，此时已经无法循环套用，因此称为末次母液。为了提高精制收率，末次母液可以采用如下几种方法进行回复利用。

1. 直接等电点法

先用水或提取等电点上清母液调节末次母液的浓度，控制在17～18°Bé，再用盐酸或硫酸调节pH至4.3～4.8，加晶种育晶2h，再调节pH至3.1～3.2，然后降温结晶、沉淀、离心分离，制得谷氨酸（白麸酸），废液进行处理。此法因物料杂质高，增加了谷氨酸的溶解度，上清母液谷氨酸含量高，回收率为70%～75%，谷氨酸纯度90%～93%。

2. 水解法

末次母液中含有焦谷氨酸钠5%～10%，为谷氨酸钠量的15%～25%。由于焦谷氨酸钠在酸性条件下加热水解可以转化为L-谷氨酸盐酸盐，因此可以先向末次母液中加酸至pH0.5以下，温度105℃，水解1.5h后，加入氢氧化钠中和制取谷氨酸，回收的谷氨酸纯度为80%以上，废液谷氨酸含量由4.9%降低至1.7%。酸水解工艺的关键是盐酸与母液的配比要得当，否则在高温下谷氨酸将发生外消旋化反应生成消旋谷氨酸盐酸盐，影响回收率。

3. 连续等电点法

采用一罐晶型为α型的谷氨酸晶种，然后把末次母液逐步加入种子罐中，同时加入盐酸，使溶液pH始终保持结晶点pH3.2。母液加完，育晶2h，开始降温冷却，继续搅拌12h以上，静置沉淀4h，离心分离谷氨酸。经1∶1水洗、甩干、烘干后测得谷氨酸纯度为97%以上，晶型为α型，符合味精精制原料要求。

（二）味精的干燥

经分离后晶体味精含水量1%左右，粉状味精表面含水量5%左右。干燥的目的是除去味精表面的水分，而不失去结晶水，外观上保持原有晶型和晶面的光洁度。生产上味精的干燥除少数采用自然干燥外，均采用热空气干燥法，属于对流式干燥。干燥方法包括气流式干燥、振动式干燥、箱式干燥和带式干燥。

典型的气流干燥器是一根几米至十几米的垂直管，物料及热空气从管的下端进入，干燥后的物料则从顶端排出，进入分离器与空气分离。操作过程中，热空气的流速应该大于物料颗粒的自由沉降速度，此时物料颗粒即以空气流速与颗粒自由沉降速度的差速上升。用于输送空气的鼓风机可以安装在整个流程的头部，也可装在尾部或中部，这样就可以使干燥过程分别在正压、负压情况下进行。图7-30是长管气流干燥味精的流程。

振动式沸腾干燥设备是在线性激振力和热风的共同作用下，由进料口连续加入被干燥物料，物料在干燥床面处于抛掷或半抛掷状态，并向出料口端直线匀速流动连续排出机外。如图7-31所示，热风经床面开孔处鼓出垂直向上与物料层充分接触、交换，进一步使物料流化并得到干燥，尾气由顶部排出口排出进入去尘器。

（三）味精的筛分和包装

为了保证产品晶体颗粒的匀整度，对经干燥的味精进行筛选，将大小不同的味精晶体分开，是紧接干燥后连续进行的过程。不同规格味精，其颗粒大小不同，采用的筛网孔径也不同。

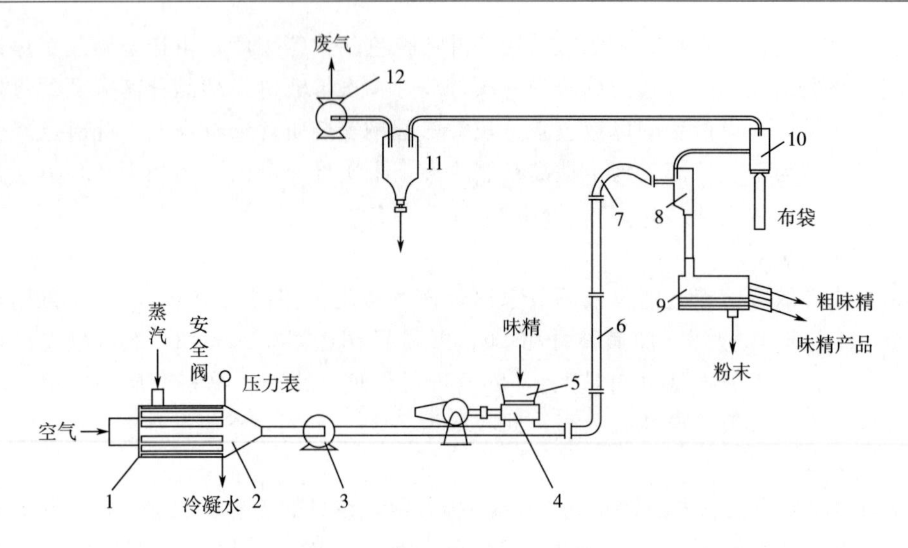

图 7-30　长管气流干燥味精流程

1—空气过滤器　2—空气加热器　3—鼓风机　4—加料器　5—料斗　6—干燥管　7—缓冲管　8—分离器　9—振动筛　10—二次分离器　11—湿式收集器　12—排风机

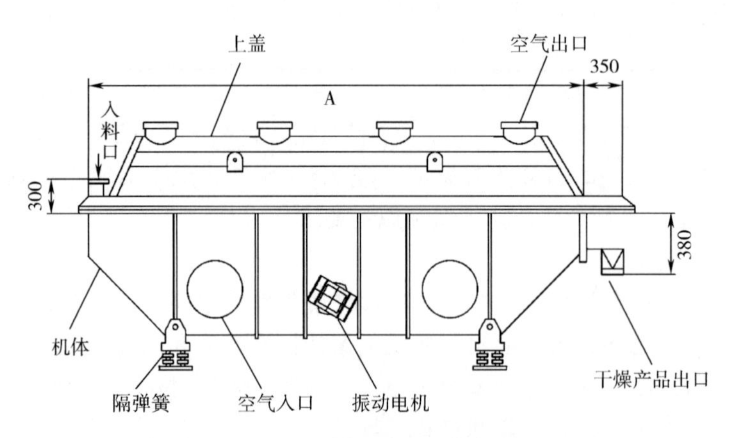

图 7-31　振动式沸腾干燥设备

表 7-8　　味精筛选机筛网目数及尺寸

味精种类		大结晶味精	小结晶味精
上层	筛网目数	10～14	14～16
	筛网尺寸/mm	1.65～1.17	1.17～0.99
中层	筛网目数	20～22	—
	筛网尺寸/mm	0.83～0.77	—
下层	筛网目数	40	40
	筛网尺寸/mm	0.37	0.37

生产上筛选味精常使用旋振筛（三次元筛选筛）。旋振筛是利用振子激振所产生的复旋型振动而工作的。振子的上旋转重锤使筛面产生平面回转振动，而下旋转重锤则使筛面

产生锥面回转振动，其联合作用的效果则使筛面产生复旋型振动，其振动轨迹是一复杂的空间曲线。该曲线在水平面投影为圆形，而在垂直面上的投影为椭圆形。调节上下旋转重锤的激振力，可以改变振幅。而调节上下重锤的空间相位角，则可以改变筛面运动轨迹的曲线性状并改变筛面上物料的运动轨迹。

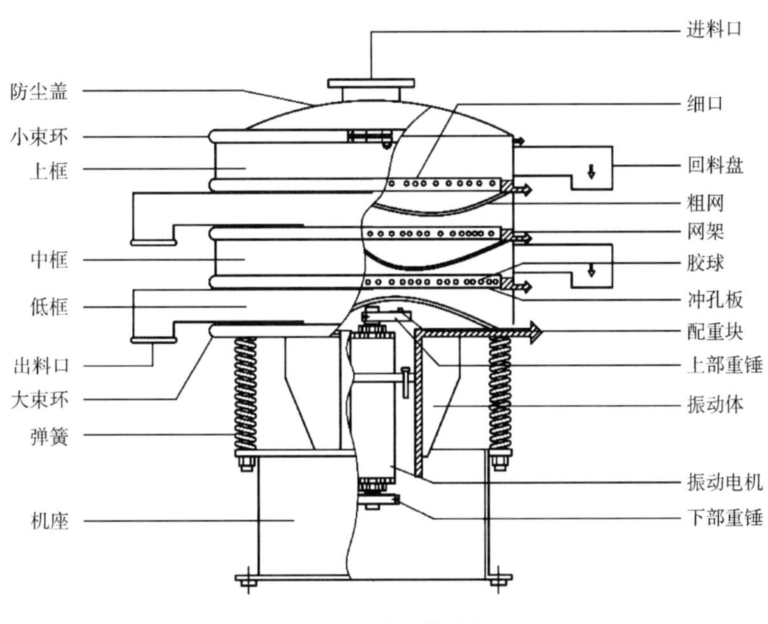

图 7-32 味精筛分机

参考文献

[1] 冯容保. 谷氨酸转晶浅述 [J]. 发酵科技通讯，2007，36 (4)：14 - 15.

[2] Izui H，Moriya M，Hirano S，et al. Method for producing L - glutamic acid by fermentation accompanied by precipitation [P]. 2005，US Patent App. 20，050/227，334.

[3] 刘秉龙，张建华，王正伟，等. 等电结晶谷氨酸溶解度及晶体沉降特性对提取收率的影响 [J]. 食品与发酵工业，2008，34 (11)：6 - 9.

[4] Huang S，Wu X，Yuan C，et al. Application of membrane filtration to glutamic acid recovery [J]. Journal of Chemical Technology & Biotechnology Biotechnology，2010，64 (2)：109 - 114.

[5] Wen SK，Chiang BH. Recovery of glutamic acid from fermentation broth by membrane processing [J]. Journal of Food Science，2010，52 (5)：1401 - 1404.

[6] 许赵辉，赵亮. 超滤膜除谷氨酸发酵液中菌体对等电提取收率的影响 [J]. 膜科学与技术，2000，20 (3)：62 - 64.

[7] Zhang G，Liu Z，Liang Z，et al. Recovery of glutamic acid from ultrafiltration concentrate using diafiltration with isoelectric supernatants [J]. Desalination，2003，154 (1)：17 - 26.

[8] Zhang X，Lu W，Ren H，et al. Recovery of glutamic acid from isoelectric supernatant using electrodialysis [J]. Separation & Purification Technology，2007，55 (2)：274 - 280.

[9] 毛忠贵，陈建新. 谷氨酸提取闭路循环工艺及循环无限性理论证明 [J]. 发酵科技通讯，1999 (2)：1 - 4.

[10] 毛忠贵，陈建新，张建华. 发酵工业与清洁生产 [J]. 发酵科技通讯，1999 (1)：17 - 21.

[11] 王德辉，贯冬舒. 由苏氨酸发酵液提取苏氨酸的方法 [P]. CN，ZL200710097998.1.2007.

[12] 钟秀茹，王海雷，龚华，常利斌. 一种提取 L - 苏氨酸的方法 [P]. CN，ZL201010587819.4.2010.

[13] 左克峰，朱翠云，孙海远，何永丰，梁建勇. 一种提取苏氨酸的新工艺 [P]. CN，ZL200810159577.1.2008.

[14] 汲广习，苏同学，张超垒，杨鑫哲. 一种苏氨酸提取结晶工艺 [P]. CN，ZL201610754227.4.2016.

[15] 丛威，王倩，杨鹏波，张圩玲，田原. 从苏氨酸结晶母液中回收苏氨酸的方法 [P]. CN，ZL201210144476.3.2012.

[16] 丁兆堂，王均成，马仕敏，张传森，汲广习，黄敏. 一种苏氨酸母液处理新方法 [P]. CN，ZL201410029230.0.2014.

[17] 刘勋. 选择性沉淀分离亮氨酸、精氨酸的方法 [P]. CN，ZL201010558258.5.2010.

[18] 徐国华，周丽，王文风，包鑫，白红兵，林永贤. 全膜提取缬氨酸的方法 [P]. CN，ZL200810159687.8.2008.

[19] 贾召鹏，赵兰坤，冯珍泉，刘元涛，李树标，徐田华，刘超. 一种全膜提取 L - 异亮氨酸的方法 [P]. CN，ZL201610655330.3.2016.

[20] 蔡立明，宁健飞. 离子交换法从发酵液中提取 L - 异亮氨酸的清洁生产工艺 [P]. CN，ZL20051023082.X.2005.

[21] 潘悦洪，郭英熙，马杰希，潘保，林肖勇，邱玲，田廷松. 一种从缬氨酸发酵液中分离杂酸的方法 [P]. CN，ZL201310159276.X.2013.

[22] 哈志瑞，马文有，沈春娟，等. L - 色氨酸色谱分离工艺中试研究 [J]. 发酵科技通讯，2016，45 (3)：165 - 169.

[23] 沈春娟，沈泉，赵黎明. 新型 L - 色氨酸分离纯化连续色谱工艺的研究 [J]. 食品工业科技，2017，38 (8)：248 - 251.

[24] 叶明，吕阳爱. 味精精制中和方法比较 [J]. 发酵科技通讯，2009，38 (1)：37 - 38.

[25] 姬慧军，韩隽. 关于优化味精生产的研究 [J]. 食品工业，2017：53.

[26] Sano C. History of glutamate production [J]. The American journal of clinical nutrition，2009，90 (3)：728S - 732S.

[27] Grön H，Borissova A，Roberts K J. In - process ATR - FTIR spectroscopy for closed - loop supersaturation control of a batch crystallizer producing monosodium gluta-

mate crystals of defined size [J] . Industrial & engineering chemistry research, 2003, 42 (1): 198 - 206.

[28] Grön H, Mougin P, Thomas A, et al. Dynamic in - process examination of particle size and crystallographic form under defined conditions of reactant supersaturation as associated with the batch crystallization of monosodium glutamate from aqueous solution [J] . Industrial & engineering chemistry research, 2003, 42 (20): 4888 - 4898.

[29] 劳建民. 味精精制末道母液处理工艺新框架 [J]. 发酵科技通讯, 2009, 38 (1): 20 - 21.

[30] 吴明鑫. 味精精制生产中的纯度管理 [J]. 发酵科技通讯, 1999 (1): 26 - 27.

第八章 氨基酸生产指标检测

第一节 氨基酸生产主要原料检测

一、淀粉发酵工业用玉米

1. 质量指标

淀粉发酵工业用玉米以淀粉含量定等，等级指标及其他质量指标见表 8-1。淀粉发酵工业用玉米以马齿型等淀粉含量高的玉米为宜。低于三等的玉米不宜供淀粉发酵工业用。干或发热后的玉米不宜供淀粉发酵工业用。

表 8-1　　淀粉发酵工业用玉米质量指标

<table>
<tr><th rowspan="2">等级</th><th rowspan="2">淀粉（干基）/%</th><th rowspan="2">杂质/%</th><th rowspan="2">水分/%</th><th colspan="2">不完善粒/%</th><th rowspan="2">色泽、气味</th></tr>
<tr><th>总量</th><th>其中：生霉粒</th></tr>
<tr><td>1</td><td>≥75</td><td rowspan="3">≤1.0</td><td rowspan="3">≤14.0</td><td rowspan="3">≤5.0</td><td rowspan="3">≤1.0</td><td rowspan="3">正常</td></tr>
<tr><td>2</td><td>≥72</td></tr>
<tr><td>3</td><td>≥69</td></tr>
</table>

2. 检验方法

玉米检验的一般原则，扦样、分样及杂质、不完善粒、水分、色泽、气味检验按 GB 1353—2018 执行。淀粉检验按 GB 5009.9—2016 规定执行。

二、工业玉米淀粉

1. 技术要求

工业玉米淀粉的感官要求见表 8-2，理化指标见表 8-3。

表 8-2　　工业玉米淀粉感官要求

<table>
<tr><th>项目 \ 指标 \ 等级</th><th>优级</th><th>一级</th><th>二级</th></tr>
<tr><td>外观</td><td colspan="3">白色或微带浅黄色阴影的粉末，具有光泽</td></tr>
<tr><td>气味</td><td colspan="3">具有玉米淀粉固有的特殊气味，无异味</td></tr>
</table>

表 8-3　　工业淀粉理化指标

项目＼指标＼等级	优级	一级	二级
水分/%	≤14.0		
细度/%	≥99.8	≥99.5	≥99.0
斑点/（个/cm^2）	≤0.4	≤1.2	≤2.0
酸度（中和 100g 绝干淀粉消耗 0.1mol/L 氢氧化钠溶液的毫升数）	≤12.0	≤18.0	≤25.0
灰分（干基）/%	≤0.10	≤0.15	≤0.20
蛋白质（干基）/%	≤0.40	≤0.50	≤0.80
脂肪（干基）/%	≤0.10	≤0.15	≤0.25
二氧化硫/%	≤0.004	—	—
铁盐（Fe）/%	≤0.002	—	—

2. 检验方法

从整批产品中抽取样品时，应先从整批中抽取若干包装单位，然后再从抽出的包装单位中抽取均匀试样。整批产品中包装单位的抽取数量，根据批量总数按下列公式计算。

$$A=\sqrt{\frac{N}{2}}$$

式中　A——应抽取的包装单位数（A 不得小于 10），袋

　　　N——批量的总包装单位数，袋

均匀试样抽取时，用清洁、干燥的取样工具插入包装袋的 2/3 处。每袋取样 100g，将抽取的样品迅速混匀，用四分法缩分，然后分装于两个 1000mL 清洁干燥的广口瓶中，密封，贴上标签，一瓶供检测用，一瓶封存备查。

在明暗适度的光线下，用肉眼观察样品的颜色，然后在较强烈阳光下观察样品的光泽。取淀粉样品 20g，放入 100mL 磨口瓶中，加入 50℃的温水 50mL，加盖，振摇 30s，倾出上清液，嗅其气味。

对所取的样品进行以下理化检验，检验方法中所用水均为去离子水或蒸馏水，所用试剂均为分析纯。

（1）水分（烘箱法）

①原理：将样品放于（131±2)℃的烘箱内，干燥后测样品的损失质量。

②仪器：电热干燥箱：(131±2)℃；铝盒或称量瓶：直径 40～50mm；干燥器：用变色硅胶作干燥剂。

③试验步骤：用恒重的铝盒（或称量瓶）称取样品 4～5g（精确至 0.0001g），置于(131±2)℃的烘箱中，把盖靠在铝盒（或称量瓶）上，烘干 40min 取出，迅速盖盖。放入干燥器内，冷却（30min）至室温，称量（在 2min 内完成）。

④计算：按下列公式计算。

$$X_1=\frac{m_1-m_2}{m_0}\times 100$$

式中　X_1——样品的水分,%

m_0——样品的质量，g

m_1——干燥前样品与铝盒（或称量瓶）的质量，g

m_2——干燥后样品与铝盒（或称量瓶）的质量，g

⑤允许差：同一样品两次测量之差应小于0.2%，结果保留一位小数。

（2）细度

①原理：将样品用分样筛进行筛分，得到样品通过分样筛的质量。

②仪器：100目分样筛。

③试验步骤：称取样品50g（精确至0.01g），置于100目分样筛中，加盖，用振荡器或手剧烈振摇，筛分后小心倒出，称量筛上残留物质量。

④计算：按下列公式计算。

$$X_2=\frac{m_0-m_1}{m_0}\times 100$$

式中　X_2——样品的细度,%

m_0——样品的质量，g

m_1——筛上残留物的质量，g

⑤允许差：同一样品两次测定值之差应小于0.2%，结果保留一位小数。

（3）斑点

①原理：用肉眼观察样品中的斑点数量。

②仪器：SBN型淀粉斑点计数器。

③试验步骤：称取样品50g（精确至0.1g），充分混匀，平铺于清洁的白纸、玻璃或瓷板上，然后将淀粉斑点计数器置于淀粉样品的表面上，并轻轻压实，在明暗适度的阳光下，用肉眼观测（相当于目力5.2），并读取10小格内的斑点数（包括不同于淀粉本底的各色斑点）。然后，将样品再充分混匀，以同样方法重复检测3次。

④计算：按下列公式计算。

$$X_3=\frac{A_1+A_2+A_3}{3\times 10}$$

式中　X_3——每平方厘米所含斑点数，个/cm^2

A_1，A_2，A_3——分别为每次查得的斑点数，个

3——检测样品的次数

10——10小格的总面积，cm^2

⑤允许差：同一样品两次测定值之差应小于0.05个，结果保留一位小数。

（4）酸度

①原理：通过用氢氧化钠标准溶液滴定淀粉乳液直至中性时，用所耗用的该标准溶液体积表示。

②仪器：三角瓶或烧杯：250mL。

③试剂：0.1mol/L氢氧化钠标准溶液：按GB/T 601配制与标定；1%酚酞指示液：按GB/T 604制备。

④试验步骤：称取样品 10g（精确至 0.01g），置于三角瓶或烧杯中，加预先煮沸放冷的无二氧化碳蒸馏水 100mL 及 5～8 滴酚酞指示液，摇匀，以 0.1mol/L 氢氧化钠标准溶液滴定，将近终点时，再加 3～5 滴酚酞指示液，继续滴定至溶液呈微粉红色，且保持 30s 不褪色即为终点。同时做空白试验。

⑤计算：按下列公式计算。

$$X_4=\frac{(V_1-V_0)\times c}{m\times(1-X_1)\times 0.1}\times 100$$

式中　X_4——中和 100g 绝干淀粉消耗 0.1mol/L 氢氧化钠标准溶液的体积，mL

V_1——滴定时消耗 0.1mol/L 氢氧化钠标准溶液的体积，mL

V_0——空白试验消耗 0.1mol/L 氢氧化钠标准溶液的体积，mL

c——氢氧化钠标准溶液浓度，mol/L

m——样品的质量，g

X_1——样品的水分，%（质量分数）

⑥允许差：同一样品两次滴定值之差应小于 0.2mL，最后计算结果保留一位小数。

（5）灰分

①原理：将样品置于温度为（550±25)℃的马弗炉中灰化，得到样品灰化后的残留物质量。

②仪器：坩埚：50mL；马弗炉：(550±25)℃。

③试验步骤：用已知恒重的坩埚称取混匀的样品 2～3g（精确至 0.0001g），先在电炉上小心炭化，再放入马弗炉中，在（550±25)℃灼烧至残留物无黑色炭粒为止（大约 2h），残渣呈白色或灰白色粉末。关闭电源，待温度降至 200℃时，取出坩埚，将其置于干燥器内，加盖，冷却 30min，称量。再在上述条件下灼烧 0.5h，冷却，称量，直至恒重（前后两次称量之差小于 0.2mg）。

④计算：按下列公式计算。

$$X_5=\frac{m_1}{m\times(1-X_1)}\times 100$$

式中　X_5——样品的灰分含量，%

m_1——灼烧后残留物的质量，g

m——样品的质量，g

X_1——样品的水分，%

⑤允许差：同一样品两次测定值之差应小于 0.02%，结果保留二位小数。

（6）蛋白质

①原理：在催化剂作用下，用硫酸分解样品，然后中和样品液进行蒸馏使氨释放，用硼酸收集，再用标定好的硫酸溶液滴定，得到硫酸的耗用量转换成氮含量。

②仪器：凯氏烧瓶：500mL；锥形瓶：500mL。

常量定氮蒸馏装置图如图 8-1 所示。

③试剂：40%氢氧化钠溶液；0.05mol/L 硫酸标准溶液：按 GB/T 601 配制与标定；2%硼酸溶液；浓硫酸；复合催化剂：硫酸钾 97g 和无水硫酸铜 3g 的混合物；混合指示液：0.1%的甲基红乙醇溶液 20mL，加 0.2%溴甲酚绿乙醇溶液 30mL，摇匀即得。

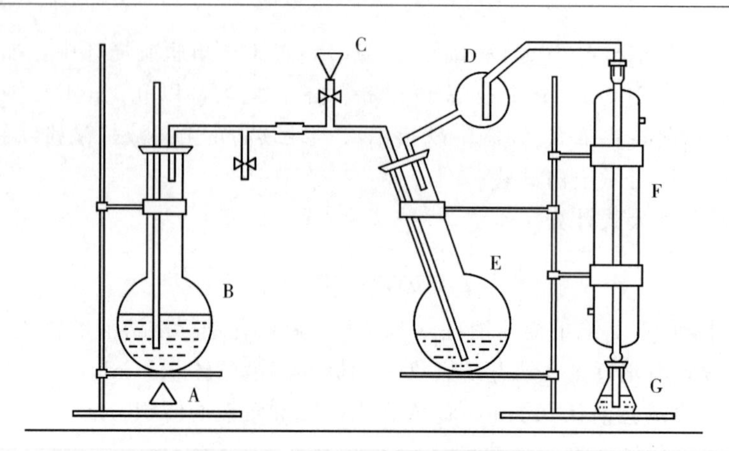

图 8-1　常量定氮蒸馏装置图

A—电炉　B—圆底烧瓶　C—漏斗　D—定氮球　E—凯式烧瓶　F—冷凝管　G—锥形瓶

④试验步骤

a. 分解：称取混匀的样品 3～4g（精确至 0.001g），放入干燥的凯氏烧瓶中（避免样品粘在瓶颈内壁上），加入复合催化剂 10g、硫酸 25mL 和几粒玻璃珠，轻轻摇动烧瓶，使样品完全湿润。然后将凯氏烧瓶以 45°角斜放于支架上，瓶口盖以玻璃漏斗，用电炉开始缓慢加热，当泡沫消失后，强热至沸。待瓶壁不附有炭化物，且瓶内液体为澄清浅绿色后，继续加热 30min，使其完全分解（以上操作应在通风橱内进行）。

b. 蒸馏：待分解液冷却后，用蒸馏水冲洗玻璃漏斗及烧瓶瓶颈，并稀释至 200mL，将凯氏烧瓶移于蒸馏架上，在冷凝管下端接 500mL 锥形瓶作接收器，瓶内预先注入 2%硼酸溶液 50.0mL 及混合指示液 10 滴。将冷凝管的下口插入锥形瓶的液体中，然后沿凯氏烧瓶颈壁缓慢加入 40%氢氧化钠溶液 70～100mL，打开冷却水，立即连接蒸馏装置，轻轻摇动凯氏烧瓶，使溶液混合均匀，加热蒸馏，至馏出液为原体积的 3/5 时停止加热。使冷凝管下口离开锥形瓶，用少量水冲洗冷凝管，洗液并入锥形瓶中。

c. 滴定：将锥形瓶内的液体用 0.05mol/L 硫酸标准溶液滴定，使溶液由蓝绿色变为灰紫色，即为终点。同时做空白试验。

⑤计算：按下列公式计算。

$$X_6=\frac{(V_1-V_0)\times c\times 0.028\times 6.25}{m\times(1-X_1)}\times 100$$

式中　X_6——样品中蛋白质的含量，%

V_1——滴定样品时消耗 0.05mol/L 硫酸标准溶液的体积，mL

V_0——空白试验时消耗 0.05mol/L 硫酸标准溶液的体积，mL

c——硫酸标准溶液的浓度，mol/L

m——样品质量，g

X_1——样品的水分，%

6.25——氮换算成蛋白质的系数

0.028——1mL 1mol/L 硫酸标准溶液相当于氮的质量，g

⑥允许差：同一样品两次滴定所消耗硫酸溶液体积之差应小于 0.1mL，最终结果保留

二位小数。

（7）脂肪

①原理：用乙醚将样品中的脂肪抽提出来，干燥后，得到样品的总脂肪剩余物质量占原样品质量的百分率。

②仪器：索氏提取器；电水浴锅；烘箱。

③试剂与材料：无水乙醚；滤纸筒及脱脂滤纸。

④试验步骤：精确称取绝干样品 5g（精确至 0.0001g），用经过干燥的脱脂滤纸将样品包好，置于滤纸筒中，放入索氏提取器抽提筒内，将抽提筒与经过干燥的已知质量的抽提瓶连好，将乙醚倒入抽提筒内至虹吸管高度上边，使乙醚虹吸下去。两次后，再倒入乙醚至虹吸管高度 2/3 处，装上冷凝管，在 65℃蒸馏水的水浴上回流抽提 4h。取出滤纸筒，回收乙醚，至抽提瓶中残留液为 1～2mL 时，取下抽提瓶，在水浴上驱除残余的乙醚，洗净瓶外部，置于 105℃烘箱中，烘至恒重（前后两次称量之差不得超过 0.2mg，取较小称量结果）。

⑤计算：按下列公式计算。

$$X_7=\frac{m_1-m_2}{m_0}\times 100$$

式中　X_7——样品的脂肪含量，%

m_1——抽提瓶和残留物的质量，g

m_2——抽提瓶的质量，g

m_0——绝干样品的质量，g

⑥允许差：同一样品两次测定值之差应小于 0.5%，最终结果保留二位小数。

（8）二氧化硫

①仪器：碘量瓶：500mL；滴定管：5mL。

②试剂：$c\left(\frac{1}{2}I_2\right)=0.01$mol/L 碘标准溶液：按 GB/T 601 配制与标定；0.5%淀粉指示液：按 GB/T 603 制备。

③试验步骤：称取样品 20g（精确至 0.01g），置于碘量瓶中，加蒸馏水 200mL，充分振摇 15min 后，过滤。取滤液 100mL 置于锥形瓶中，加淀粉指示液 2mL，用 $c\left(\frac{1}{2}I_2\right)=$ 0.01mol/L 碘标准溶液滴定，至淡蓝色，即为终点。同时做空白试验。

④结果判定：样品中二氧化硫含量必须小于 0.004%，即滴定至终点时，所用碘液必须小于 1.25mL。

⑤允许差：同一样品两次滴定值之差应小于 0.02mL，最后结果取三位小数。

（9）铁盐

①仪器：锥形瓶：200mL；纳氏比色管：50mL；定量滤纸。

②试剂：30%硫氰酸铵溶液；浓盐酸；过硫酸铵；正丁醇；硫酸；铁标准溶液（1mL=10μg）：按 GB/T 602 配制铁标准溶液，1mL=0.1mg。使用时，准确稀释 10 倍。

③试验步骤：称取样品 0.5g（精确至 0.0001g），置于 200mL 锥形瓶中，加水 15mL，浓盐酸 2mL，振摇 5min，过滤于纳氏比色管中，用少量水洗涤残渣，合并洗液。加过硫酸铵 50mg，用水稀释成约 35mL，加硫氰酸铵溶液 3mL，加水稀释至刻度，摇匀。准确吸取 1mL 铁标准溶液（1mL=10μgFe）于另一支纳氏比色管中，用同一方法制成对照液，

然后与样品进行目视比色。如果试样管与对照管色调不一致时，可分别移至分液漏斗中，各加正丁醇 20mL，振摇提取静置，待分层后，将正丁醇液层移至 50mL 纳氏管中，再用正丁醇稀释至 25mL，进行颜色比较。

④结果判定：试样管颜色比对照管浅，则铁盐含量小于 0.002%；若试样管颜色深于对照管，则铁盐含量大于 0.002%，判为不合格。

注：本试验所用仪器必须用稀硝酸煮沸，用去离子水冲洗干净。

三、液体葡萄糖

1. 技术要求

葡萄糖浆的感官要求见表 8-4，理化指标见表 8-5。

表 8-4　葡萄糖浆的感官要求

项目	要求
外观	呈黏稠状液体、无肉眼可见杂质
色泽	无色或微黄色、清亮透明
香气和滋味	甜味温和，无异味

表 8-5　葡萄糖浆的理化指标

项目	要求		
DE 值	低 DE 值	中 DE 值	高 DE 值
	20%<DE 值≤41%	41%<DE 值≤60%	>60
干物质（固形物）/%	≥50		
pH	4.0～6.0		
透射比/%	≥95	≥98	
熬糖温度/℃	≥105	≥130	≥155
蛋白质/%	≤0.10		
硫酸灰分/%	≤0.3		

2. 检验方法

感官、干物质（固形物）、DE 值、pH、透射比、熬糖温度、蛋白质、硫酸灰分的检测方法按 GB/T 20885—2007 进行测定。

四、玉米浆

1. 技术要求

制造玉米淀粉须将玉米粒先用亚硫酸浸泡，浸泡液浓缩即制成黄褐色的液体，称为玉米浆。玉米浆是制造玉米淀粉的副产物，含有丰富的可溶性蛋白、生长因子和一些前体物质，是氨基酸发酵很普遍应用的有机氮源。一般玉米浆中含还原糖 2%、氨基酸 4%、总灰分 21.2%、铁 0.05%、重金属 0.0084%、总磷 3.62%、溶磷 1.52%、乳酸 12.1%。此外，含生物素 200～1000μg/L、维生素 B_1 2500μg/L、核黄素 5000μg/L、叶酸 1100μg/L、肌醇 6.2μg/L。玉米浆感官要求为暗褐色不透明液体，有玉米浆特殊气味。玉米浆的理化指标见表 8-6。

表 8-6　玉米浆的理化指标

项目	指标
干物质/%	≥40
蛋白质（以干基计）/%	≥40
酸度（以干基计）	9～14
亚硫酸盐（以干基计）/%	≤0.3
波美度/°Bé	22～24

2. 检验方法

（1）干物质测定　称取已充分搅匀的样品 20g 于 50mL 烧杯中，加入 20L 水搅匀，调整至 20℃后移入已恒重的称量瓶中，称量，求得相对密度。根据求得的相对密度查出干物质含量，见表 8-7。

表 8-7　玉米浆干物质测定换算表

相对密度	干物质/%	相对密度	干物质/%	相对密度	干物质/%
1.0965	40.94	1.1052	44.32	1.1140	47.70
1.0969	41.12	1.1056	44.50	1.1145	47.88
1.0974	41.29	1.1061	44.68	1.1149	48.06
1.0978	41.47	1.1066	44.86	1.1154	48.24
1.0983	41.65	1.1070	45.03	1.1159	48.42
1.0987	41.83	1.1075	45.21	1.1163	48.60
1.0992	42.01	1.1079	45.39	1.1168	48.77
1.0997	42.19	1.1084	45.57	1.1173	48.95
1.1001	42.36	1.1089	45.75	1.1178	49.13
1.1006	42.54	1.1093	45.92	1.1182	49.31
1.1010	42.72	1.1098	46.10	1.1187	49.48
1.1015	42.90	1.1103	46.28	1.1192	49.66
1.1020	43.08	1.1107	46.46	1.1196	49.84
1.1024	43.25	1.1112	46.64	1.1201	50.02
1.1029	43.43	1.1117	46.81	1.1206	50.20
1.1033	43.61	1.1121	47.00	1.1210	50.37
1.1038	43.79	1.1126	47.17	1.1215	50.53
1.1043	43.97	1.1131	47.35	1.1220	50.73
1.1047	44.14	1.1135	47.53	1.1225	50.91

（2）全氮测定　参见本章“2. 检验方法”中蛋白质部分的淀粉中蛋白质测定。

（3）荧光分光光度法测定生物素

①原理：生物素又称维生素 H、辅酶 R，广泛分布于动、植物体内。在谷氨酸发酵法生产中，生物素的限量对谷氨酸的积累有着显著的影响。

测定生物素最早报道的是采用微生物法，灵敏度较高，但测定时间需要 3～5d，不利于指导生产。其他的测定方法有比色法、电位法、放射性同位素法、化学发光法、免疫法、生物传感器法和高压液相色谱法，这些方法由于需要用特殊试剂、精密仪器，故至今难以在氨基酸生产中被采用。

采用荧光标记的抗生素蛋白与生物素反应，生物素将荧光素从抗生物素蛋白的特定结合点上置换下来，导致荧光强度增强，并使荧光波长在可见光谱内，从而减少了蛋白质本身荧光对测定的干扰，提高了测定的灵敏度与准确度。

由苯乙烯、二乙烯苯聚合制备的大孔吸附树脂，表面积大、交换速度快、稳定性高、选择性强，对色素、蛋白质等分离效果好，可用于对玉米浆、糖浆、发酵液的预处理中。

②试剂与仪器

a. 异硫氰酸荧光素标记亲和素

贮备液：称取 1mg 异硫氰酸荧光素标记亲和素，用 0.05mol/L pH9.0 碳酸盐缓冲液溶解并定容至 20mL（50mg/mL），置于冰箱中低温避光保存。

使用液：取 1mL 贮备液，用 0.2mol/L pH7.5 磷酸盐缓冲液稀释定容至 50mL（1mg/L），此溶液临用时配制。

b. 标准生物素溶液

贮备液：称取 10mg 生物素，用 0.2mol/L pH7.5 磷酸盐缓冲液溶解并定容至 100mL（100μg/mL），置于冰箱中保存。

使用液：取 1mL 生物素贮备液，用 0.2mol/L pH7.5 磷酸盐缓冲液溶解并定容至 1000mL（100mg/mL）。

c. 0.05mol/LpH9.0 碳酸盐缓冲液：0.05mol/L $NaHCO_3$ 溶液与 0.05mol/L Na_2CO_3 溶液以 9∶1（体积分数）混合即得。

d. 0.2mol/L pH7.5 磷酸盐缓冲液：0.2mol/L 磷酸氢二钠与 0.2mol/L 磷酸二氢钠溶液以 84∶16（体积分数）混合即得。

e. D4006 大孔吸附树脂。

f. 荧光分光光度计。

③测定方法

a. 工作曲线的绘制：取 9 个 50mL 容量瓶，分别加入生物素使用液（100mg/mL）0.0、0.5、1.0、2.0、3.0、4.0、5.0、6.25、7.5mL，各用 0.2mol/L pH7.5 磷酸缓冲液稀释定容至 50mL。

取 5mL 稀释液，加 5mL 异硫氰酸荧光素标记亲和素使用液，摇匀，以“0”号为空白，测定荧光强度（荧光测定条件：激发波长 500.2nm，发射波长 520.4nm），以荧光强度为纵坐标，生物素量为横坐标绘制工作曲线。

b. 树脂柱的制备：将 D4006 大孔吸附树脂用苯浸泡 4～5h，抽滤至干，用少量丙酮洗涤 3～4 次，然后用丙酮浸泡 3～4h，抽滤至干，再用乙醇浸泡 3～4h，装柱（柱可用 50mL 碱式滴定管），用乙醇淋洗，再用水淋洗，直至流出液澄清为止，最后用 0.2mol/L pH7.5 磷酸盐缓冲液淋洗，直至流出液 pH7.5 为止。

c. 试样预处理：将玉米浆用水稀释（2∶1），经 3500r/min 离心 15min，取 3mL 清液（相当于 2mL 玉米浆）上柱，用 0.2mol/L pH7.5 磷酸盐缓冲液洗脱，流速 30～40 滴/min。弃前 60mL 流出液，以后每 20mL 收集 1 管，共接收 5 管。

d. 测定：各管接收液中取 5mL，加 5mL 异硫氰酸荧光素标记亲和素使用液，与工作曲线相同条件下测定荧光值，查工作曲线，求得玉米浆中生物素含量。

发酵液中生物素量很低，故经树脂处理后的流出液经减压浓缩（旋转式薄膜蒸发器）后用荧光法测定。

（4）用谷氨酸产生菌测定生物素

①原理：微生物测定法一般采用生物素缺陷型菌株，如钝齿棒杆菌 AS1，542 菌株或 B_9 菌株。由于生物素鉴定用菌是生物素缺陷型，故在一定条件下，生物素浓度的高低与谷氨酸产生菌的生长量成线性关系。

②生物素鉴定用菌的培养基配方：分析纯葡萄糖 13%，硫酸镁 0.06%，磷酸氢二钾 0.14%，氯化钾 0.03%，硫酸亚铁、硫酸锰各 0.0002%，pH7.0（自然 pH），在 0.1MPa 压力下灭菌 15min，备用。

③一级种子培养：使用 B_9 菌株供生产用的一级种子。

④标准曲线的制备操作。

a. 标准生物素溶液：精确称取 1mg 试剂生物素，定容 100mL（内加 4 滴浓硫酸），置冰箱备用。吸取 0.4mL 上述稀释液，定容到 100mL，得 0.04μg/mL 标准样，在 0.1MPa 压力下灭菌 15min，备用。

b. 标准曲线的绘制：取 500mL 无菌三角瓶，按表 8-8 分装不同量的鉴定用培养基上清液，各加不同的生物素标准样品、已消毒的 40%尿素及菌液。

表 8-8　　标准曲线配制表

分组	鉴定用培养基/mL	0.04μg/mL 生物素/mL	相当于生物素量/（μg/L）	40%尿素/mL	一级种子液/mL
空白	20	—	—	0.25	0.4
1 组	19.9	0.1	4	0.25	0.4
2 组	19.8	0.2	8	0.25	0.4
3 组	19.7	0.3	12	0.25	0.4
4 组	19.6	0.4	16	0.25	0.4
5 组	19.5	0.5	20	0.25	0.4

将上述三角瓶在（32±1)℃摇床培养 12h，下摇床后摇匀，马上用光电比色计，以 650nm 滤光板测定光密度（OD)。以 OD 值为纵坐标，生物素为横坐标，依净增 OD 值画出标准曲线。

⑤样品中生物素含量的测定：样品的稀释倍数，依生物素含量的多少而异，一般应控

制在 10μg/L 以下为宜。这样，消毒后进行测定，较为准确。

测定方法：取灭菌后的 500mL 三角瓶，加入 19mL 鉴定用培养基、0.25mL 尿素（40%）和 0.4mL 一级种子液，再加入 1mL 待测样品，其他操作同上。将样品测得的 OD 值减去空白的 OD 值，即得实测的 OD 值。

⑥结果计算：样品测出 OD 值－空白 OD 值＝实测 OD 值，查标准曲线后，将查出值×稀释倍数×1000，结果为 1L 样品中含生物素的质量，单位为 μg。

五、甘蔗糖蜜

1. 技术要求

甘蔗糖蜜的感官要求为色泽深棕、呈黏稠状液体、无异味。理化指标见表 8-9。

表 8-9　甘蔗糖蜜的理化指标

项目	指标
总糖分（蔗糖分＋还原糖分）/%	≥48.0
纯度（总糖分/折射锤度）/%	≥60.0
酸度	≤15
总灰分（硫酸灰分）/%	≤12.0
铜（以 Cu 计）/（mg/kg）	≤10.0
菌落总数/（CFU/g）	$\leq 5.0 \times 10^5$

2. 检验方法

总糖分、锤度、酸度、总灰分、铜、菌落总数的测定方法按 QB/T 2684—2005 执行。

六、酵母抽提物

酵母抽提物是以食品用酵母为主要原料，在酵母自身的酶或外加食品级酶的共同作用下，酶解自溶（可再经分离提取）后得到的产品，富含氨基酸、肽、多肽等酵母细胞中的可溶性成分。其根据生产工艺配方的不同分为：

①纯品型：纯酵母抽提物，可添加食盐。

②I+G 型：以高核酸酵母为原料生产的 I+G 型酵母抽提物，其天然 I+G 含量高。

③风味型：以纯酵母抽提物为基料而制得的产品。

1. 技术要求

酵母抽提物的感官要求见表 8-10，纯品型、I+G 型和风味型的理化要求分别见表 8-11、表 8-12 和表 8-13。

表 8-10　酵母抽提物的感官要求

项目		纯品型	I+G 型	风味型
色泽	液状	黄色至褐色	—	黄色至褐色
	膏状	黄色至褐色		
	粉状	黄色		

续表

项目		纯品型	I+G型	风味型
形态	液状	液浆形		
	膏状	液浆形或膏状形		
	粉状	粉末形		
气味		特有的气味，无异味		
外观		无正常视力可见杂质		
滋味		具有该产品特有的滋味		

表 8-11　　纯品型酵母抽提物的理化要求

项目	液状	膏状	粉状
水分/%	≤62.0	≤40.0	≤6.0
pH	4.0～7.5		
总氮（除盐干基计）/%	≥9.0		
氨基酸态氮（除盐干基计）/%	≥3.0		
氨基酸态氮转化率/%	25.0～55.0		
铵盐（以氮计，以除盐干基计）/%	≤2.0		
灰分（除盐干基计）/%	≤15.0		
氯化钠/%	≤50		
钾/%	≤5.0		
不溶物/%	≤2.0		
谷氨酸/%	≤12.0		

表 8-12　　I+G 型酵母抽提物的理化要求

项目	膏状	粉状
水分/%	≤40.0	≤6.0
I+G 含量（以钠盐水合物干基计）/%	≥2.0	
总氮（除盐干基计）/%	≥7.0	
谷氨酸/%	≤12	
（IMP+GMP）：（CMP+UMP）	≤2.1：1	
铵盐（以氮计，以除盐干基计）/%	≤2.0	
灰分（以除盐干基计）/%	≤15.0	
氯化钠/%	≤50	
pH	4.5～6.5	

表 8-13　　风味型酵母抽提物的理化要求

项目	液体	膏状	粉状
水分/%	≤62.0	≤40.0	≤8.0
总氮（除盐干基计）/%	≥5.0		≥3.5
灰分（除盐干基计）/%	≤15.0		
氯化钠/%	≤50		
pH	4.5～7.5		
铵盐（以氮计，除盐干基计）/%	≤1.5		

2. 检验方法

水分、氯化钠、总氮、氨基酸态氮、氨基酸态氨转化率、pH、灰分、铵盐、钾、不溶物、谷氨酸、核苷酸和I+G等指标的测定方法按标准GB/T 23530—2009执行。

第二节　氨基酸生产发酵过程检测

一、淀粉糖化液检验

1. 透光率的测定

淀粉糖化液用分光光度计，在660nm波长下，用2cm光程的比色杯测透光度。

2. 还原糖（以葡萄糖计）的测定

取糖液5mL，用水定容至25mL。取上述试液0.5mL，用0.1%标准葡萄糖溶液滴定，按照斐林快速测定法测还原糖（斐林快速测定法见本节“二、发酵液检验”）。

$$\text{葡萄糖含量(g/dL)} = \frac{(V_1 - V_2) \times 0.1}{0.5} \times \frac{25}{5} = V_1 - V_2$$

式中　V_1——空白滴定时消耗标准葡萄糖溶液的体积数，mL

　　　V_2——样品滴定时消耗标准葡萄糖溶液的体积数，mL

3. 总糖的测定

糖液中还可能含有少量淀粉或糊精，可用酸水解成单糖，再测还原糖。

吸取糖液试样5mL，用水稀释至250mL，吸取上述试液50mL，加浓盐酸17.5mL，在水浴上加热水解20min，然后降至室温，加甲基红3滴，用10%NaOH溶液滴至黄色，用水定容至100mL，吸取上述试液5mL，以常规斐林快速测定法测还原糖。

$$\text{葡萄糖含量(g/dL)} = \frac{(V_1 - V_2) \times 0.1}{\frac{5}{250} \times \frac{50}{100} \times 5} \times \frac{25}{5} = (V_1 - V_2) \times 2$$

式中　V_1——空白滴定体积数，mL

　　　V_2——样品滴定体积数，mL

二、发酵液检验

1. 发酵液中葡萄糖含量测定

(1) 斐林快速测定法

①原理：还原性糖醛基在NaOH碱性条件下，把Cu^{2+}还原为Cu^{+} （Cu_2O）。反应式如下。

$$C_6H_{12}O_6 + 2Cu(OH)_2 = CH_2OH(CHOH)_4COOH + Cu_2O\downarrow + 2H_2O$$

②试剂：

a. 斐林甲液：准确称取分析纯 $CuSO_4 \cdot 5H_2O$ 140.0g 于 500mL 烧杯中，加去离子水溶解，定容至 2000mL 容量瓶中，再加入 2000mL 去离子水，配制体积为 4000mL，备用。

b. 斐林乙液：分别称取 NaOH 505.6g，酒石酸钾钠 468.0g，亚铁氰化钾 37.6g 于 2000mL 烧杯中，搅拌溶解，定容至 2000mL 容量瓶中，再加入 2000mL 去离子水，配制体积为 4000mL，备用。

c. 0.1%标准葡萄糖溶液：称取葡萄糖（预先在 105℃烘干，恒重）1g，用去离子水定容至 1000mL。

d. 0.4%次甲基蓝指示剂。

③仪器：碱式滴定管（25mL）；洗耳球；刻度吸管（0.1mL、0.5mL、1.0mL、5.0mL、10.0mL）；250mL 锥形瓶；500mL 烧杯；容量瓶（50mL）；800W 电炉；洗瓶；HH－2 电热恒温水浴锅。

④测定方法：

a. 空白测定：准确吸取斐林甲液、乙液各 5mL 放入 250mL 锥形瓶中，加入 10mL 去离子水（若 0.1%葡萄糖消耗体积大于 10mL 则不加去离子水），加入 3 滴 0.4%次甲基蓝指示剂，预先加入适当体积的 0.1%葡萄糖标准溶液（预滴定的体积与终点液体积不得超过 1mL），摇匀后置于 800W 电炉上加热，使溶液微沸时摇动锥形瓶，开始以每 3～4s 为 1 滴的速度滴定溶液至蓝色刚好消失为止，记录消耗葡萄糖标准溶液的体积 V_1。重复以上步骤，平行做 3 次。

b. 样品测定：准确吸取斐林甲液、乙液各 5mL 放入 250mL 锥形瓶中，加入 10mL 去离子水（若 0.1%葡萄糖消耗体积大于 10mL 则不加去离子水），加入 1mL 稀释样品，加入 3 滴 0.4%次甲基蓝指示剂，预先加入适当体积的 0.1%葡萄糖标准溶液（预滴定的体积与终点液体积不得超过 1mL），摇匀后置于 800W 电炉上加热，使溶液微沸时摇动锥形瓶，开始以每 3～4s 为 1 滴的速度滴定溶液至蓝色刚好消失为止，记录消耗葡萄糖标准溶液的体积 V_2。重复以上步骤，平行做 3 次。

⑤结果计算：按下列公式计算。

$$X = \frac{(V_1 - V_2) \times c_{葡萄糖} \times 稀释倍数}{V_{样品}} \times 100$$

式中　X——葡萄糖含量，g/dL

V_1——空白滴定数，mL

V_2——样品滴定时消耗的 0.1%葡萄糖标准溶液的体积，mL

$V_{样品}$——样品测量时的取样体积，mL

（2）酶电极快速测定法

①原理：通过酶促反应来定量，酶电极对 H_2O_2 分子的浓度呈线性响应。据此，可直接在显示屏读出底物浓度。分析工作原理如下。

$$底物 + O_2 + H_2O \xrightarrow{固定化酶} 产物$$

其中：

固定化酶——葡萄糖氧化酶

底物——葡萄糖

产物——丙酮酸＋H_2O_2

样品经稀释后（要求 pH 在 6～8），用定量进样针准确吸取 25μL，并注入反应池。含有样品的底物在样品室内迅速混合均匀，被测定的对象透过酶膜圈的外层与固定化酶层接触并反应，反应放出的 H_2O_2 再透过酶膜的内层与铂金-银电极接触，并产生电流信号，该电流信号与底物浓度成线性比例关系，经微机处理的信号，可直接显示并打印结果。

②试剂和仪器：

SBA-40C 生物传感分析仪；容量瓶；微量进样器（50μL）；酶膜；SBA 生化仪专用缓冲液（使用前在一个 5L 的容器内倒入一包缓冲剂，加蒸馏水搅拌完全溶解，溶解后可保存 2 个月）。

③测定方法：

a. 测定前配制好缓冲溶液，检查管道是否接通妥当。把标准液倒入一自备的带盖小瓶，检查无误后开机。开机后，仪器将自动完成一次清洗程序，然后就可以进样测定分析。

b. 酶膜的安装：将反应池排空后取出电极，把电极头部原有的酶膜取下，将电极表面清理干净，保证电极头上没有异物后，在电极头上滴上缓冲液，确保电极表面上充满液体，将新酶膜的表面放在电极头上并压入电极的塑料套内（应保证其内无气泡，膜也不能有大的褶皱；酶膜的中心应紧贴铂金电极），再在酶膜的外面滴一滴缓冲液，再把电极重新装好。检查酶膜活性。

④定标：进样灯（绿灯）亮并闪动，屏幕处于自动零状态时可以进样，进样针吸取 25μL 标准样迅速注入反应池中，20s 结束后，仪器自动开始定标，屏幕显示设定的标值，并自动清洗反应池。重复此操作，当仪器稳定后，前后两针的结果相对误差小于 1%时，仪器便自动定好标，标志是进样灯（绿灯）一直亮但不闪动。

2. 发酵液中氨基酸含量测定

（1）化学法

①赖氨酸茚三酮水浴法：

a. 原理：利用赖氨酸与茚三酮溶液的专一呈色反应进行比色定量测定。茚三酮与游离的氨基酸在酸性条件下进行反应，氨基酸被氧化分解为醛、NH_3 和 CO_2；水合茚三酮被还原，还原型茚三酮又与 NH_3 和另一分子茚三酮进一步缩合生成紫红色化合物。

b. 仪器和试剂：722N 型可见分光光度计；HH-2 型电热恒温水浴锅；洗耳球；刻度吸管；容量瓶；移液管；光程 1cm 比色皿；18mm×180mm 试管；铝帽；橡皮筋；擦镜纸；茚三酮溶液、标准酸；赖氨酸盐酸盐溶液。

c. 测定：

(a) 打开 722N 型分光光度计开关预热，调节波长至 475nm，校正。

(b) 用手握住比色皿的粗糙面，用待测样润洗 2～3 次，倒入 2/3 处，滤纸擦去表面残液，放入比色皿槽内，推入光路，记录读数。

(c) 分别移取 2、3、4、5mL 赖氨酸盐酸盐用去离子水定容于 100mL 容量瓶中，各自所含的赖氨酸盐酸盐含量分别为 20mg/dL、30mg/dL、40mg/dL、50mg/dL（1dL＝100mL）。

(d) 用1mL移液管吸取1mL16.30g/dL的标准酸，于装有3/4去离子水的500mL容量瓶中平摇，定容至溶液的弯月面与标线相切为止，盖紧塞子，振荡并上下倒置10～15次，摇匀即可。

(e) 用1mL移液管分别取1mL茚三酮到每个试管中，再吸取1mL上面已制备好的赖氨酸盐酸盐标准液到每个试管中（一个样做两个平行样），然后用铝帽将试管口封住，用皮筋绑在一起，缠上纱布，放在沸水浴中加热10min，取出冷却至室温，加入8mL去离子水摇匀，在波长475nm的722N型分光光度计下测定OD值，记录数值。

(f) 将20、30、40、50mg/dL与其对应的平行样OD值绘制标准曲线，得回归方程公式和线性值R^2，$R^2 \geq 0.9995$。将标准酸OD代入曲线公式，计算含量（若计算测出标准酸与实际配制标准酸含量允许差值超过0.20g/dL时，必须对标准酸进行重新测定）。

(g) 将待测样品进行稀释离心后取上清液1mL，再吸取1mL茚三酮摇匀，再沸水浴中放置10min后，冷却至室温，加入8mL去离子水摇匀后，测OD值。

d. 结果计算：按下列公式计算。

$$X = \frac{A \times 稀释倍数}{1000} \times 0.98$$

式中　X——赖氨酸含量，g/dL

A——根据样液的吸光值从标准赖氨酸回归曲线算出赖氨酸含量，mg/dL

0.98——酸度校正值

②苏氨酸茚三酮水浴法：

a. 原理：利用苏氨酸与茚三酮溶液的专一呈色反应进行比色定量测定。茚三酮与游离的氨基酸在酸性条件下进行反应，氨基酸被氧化分解为醛、NH_3和CO_2；水合茚三酮被还原，还原型茚三酮又与NH_3和另一分子茚三酮进一步缩合生成深蓝色化合物。

b. 仪器和试剂：722S型可见分光光度计、HH-2型电热恒温水浴锅、洗耳球、刻度吸管、容量瓶、移液管、光程1cm比色皿、18mm×180mm试管、铝帽、橡皮筋、擦镜纸、茚三酮溶液、标准酸、L-赖氨酸盐酸盐溶液、氢氧化钠、柠檬酸缓冲液。

溶液配制：pH6显色液：用500mL的容量瓶量取配制好的0.2mol/L柠檬酸缓冲液500mL，用250mL容量瓶量茚三酮溶液250mL，以2∶1的比例配制，用强氧化钠调节溶液pH6，然后转移至1000mL的细口瓶中备用。

c. 测定：

(a) 打开722S型分光光度计开关预热，调节波长至530nm，校正。

(b) 分别移取1%苏氨酸标准液2.0mL、2.5mL、3.0mL、3.5mL用去离子水定容于100mL容量瓶中，各自所含的苏氨酸含量分别为20mg/dL、25mg/dL、30mg/dL、35mg/dL。

(c) 用1mL移液管分别取制备好的苏氨酸标准溶液于试管中（一个样做两个平行样），加入3mL pH6显色液，然后用铝帽将试管口封住，用皮筋绑在一起，缠上纱布，放在沸水浴中加热10min，取出冷却至室温，加入8mL去离子水摇匀，在波长530nm的722S型分光光度计下测定OD值，记录数值。

(d) 将20、25、30、35mg/dL与其对应的平行样OD值绘制标准曲线，得回归方程公式和线性值R^2，$R^2 \geq 0.9995$。将标准酸OD代入曲线公式，计算含量（若计算测出标准酸与实际配制标准酸含量允许差值超过0.20g/dL时，必须对标准酸进行重新测定）。

（e）将待测样品进行稀释离心后取上清液 1mL，再吸取 3mL pH6 显色液，沸水浴 10min 后，冷却至室温，加入 8mL 去离子水摇匀后，测 OD 值。

d. 结果计算：按下列公式计算。

$$X=\frac{A\times 稀释倍数}{1000}\times 0.98$$

式中 X——苏氨酸含量，g/dL

A——根据样液的吸光值从标准苏氨酸回归曲线算出的苏氨酸含量，mg/dL

0.98——酸度校正值。

③色氨酸对二甲氨基苯甲醛水浴呈色法：

a. 原理：在酸性介质中，氧化剂存在下，色氨酸吲哚环与对二甲氨基苯甲醛反应生成蓝色化合物。在一定范围内颜色的深浅与色氨酸含量成正比，是一种用分光光度计快速测定的方法。

b. 仪器和试剂：722N 型可见分光光度计；HH－2 型电热恒温水浴锅；洗耳球；刻度吸管；容量瓶；移液管；光程 1cm 比色皿；18mm×180mm 试管；铝帽；橡皮筋；擦镜纸；标准酸；对二甲氨基苯甲醛溶液；色氨酸贮备液；亚硝酸钠。

c. 测定：

（a）打开 722N 型分光光度计开关预热，调节波长至 600nm，校正。

（b）分别移取 1.0g/L 色氨酸标准液 4.0mL、6.0mL、8.0mL、10.0mL 用去离子水定容于 100mL 容量瓶中，各自所含的色氨酸含量分别为 0.04g/dL、0.06g/dL、0.08g/dL、0.10g/dL。

（c）用 1mL 移液管分别取制备好的色氨酸标准溶液 1.0mL 于试管中（一个样做两个平行样），加入 9mL 3g/L 的对二甲氨基苯甲醛溶液，然后用铝帽将试管口封住，用皮筋绑在一起，缠上纱布，放在沸水浴中加热 2min，滴入 2 滴 2%亚硝酸钠试剂，混匀，继续水浴 3min 取出冷却至室温，在波长 600nm 的 722N 型分光光度计下测定 OD 值，记录数值。

（d）将 0.04g/dL、0.06g/dL、0.08g/dL、0.10g/dL 与其对应的平行样 OD 值绘制标准曲线，得回归方程公式和线性值 R^2，$R^2\geqslant 0.9995$。将标准酸 OD 代入曲线公式，计算含量（若计算测出标准酸与实际配制标准酸含量允许差值超过 0.20g/dL 时，必须对标准酸进行重新测定）。

（e）将待测样品进行稀释离心后取上清液 1mL，加入 9mL 3g/L 的对二甲氨基苯甲醛溶液，然后用铝帽将试管口封住，用皮筋绑在一起，缠上纱布，放在沸水浴中加热 2min，滴入 2 滴 2%亚硝酸钠试剂，混匀，继续水浴 3min 取出冷却至室温，在波长 600nm 的 722N 型分光光度计下测定 OD 值，记录数值。

d. 结果计算：按下列公式计算。

$$X=\frac{A\times 稀释倍数}{1000}$$

式中 X——色氨酸含量，g/dL

A——根据样液的吸光值从标准色氨酸回归曲线算出的色氨酸含量，mg/dL

④谷氨酸酶电极法：

a. 原理：通过酶促反应来定量，酶电极对 H_2O_2 分子的浓度呈线性响应。据此，可直接在显示屏读出底物浓度。分析工作原理如下。

$$底物+O_2+H_2O \xrightarrow{固定化酶} 产物+H_2O_2$$

其中

固定化酶——谷氨酸氧化酶

底物——谷氨酸

产物——α-酮戊二酸和 NH_4

b. 仪器和试剂：SBA-40C 生物传感分析仪、容量瓶、微量进样器（50μL）、酶膜、SBA 生化仪专用缓冲液。

c. 测定：参见发酵液中葡萄糖含量测定中的酶电极法。

（2）高效液相色谱法

常采用 2，4-二硝基氟苯（2，4-dinitrofluorobenzene，DNFB）柱前衍生高效液相色谱法。

①原理：在碱性条件下，氨基酸中的氨基能定量地与 DNFB 反应生成二硝基氟苯氨酸衍生化物，在 360nm 处有最大吸收，紫外检测器定量检测。

②仪器：Agilent1260 高效液相色谱分析仪；高速离心机；数控超声波清洗器；pH 计；C_{18} 柱；紫外可见分光光度计；玻璃过滤装置。

③试剂：

a. 55%乙腈-水溶液：准确量取 550mL 乙腈（色谱级），加入 450mL 超纯水，摇匀后过 0.45μm 滤膜，超声 15min 后备用。

b. 5.44g/L 磷酸二氢钾（pH7.2）：准确称取 5.44g 磷酸二氢钾（色谱级），1.65g 氢氧化钾（AR 级），用超纯水溶解，稀释定容至 1000mL，摇匀后过 0.45μm 滤膜，超声 15min 后备用。

c. 4.2g/L 碳酸氢钠溶液：准确称取 4.20g 碳酸氢钠（AR 级）溶解于超纯水中，定容至 100mL。

d. 1%DNFB-乙腈溶液：称取 1.0g2，4-二硝基氟苯，用 100mL 乙腈（AR 级）溶解并定容。

e. 氨基酸标准溶液。

④色谱分析条件：流动相 B：55%乙腈-水溶液；流动相 D：5.44g/L 磷酸二氢钾（pH7.2）；柱温：40℃；流速：v=1mL/min；进样量：20μL；检测波长：360nm；梯度程序见表 8-14。

表 8-14　　流动相梯度洗脱程序

时间/min	流动相 B/%	流动相 D/%
0	14	86
2	12	88
4	14	86
10	30	70
20	70	30
25	90	10
26	100	0

⑤测定方法：

a. 氨基酸衍生化：根据发酵液周期确定发酵液的稀释倍数。取稀释样液 10μL 于 1.5mL 的离心管中，依次加入 200μL $NaHCO_3$ 溶液，100μL 1%DNFB 溶液，混匀后置于 60℃水浴中避光衍生 60min，冷却至室温，加入 800μL KH_2PO_4 缓冲溶液，混匀后用 0.22μm 针筒过滤器过滤，取 20μL 进行色谱分析。

b. 标准曲线的绘制：在离心管中分别加入 0.2mL、0.4mL、0.6mL、0.8mL 标准氨基酸溶液，加超纯水定容至 1.0mL，然后进行衍生反应。根据高效液相色谱仪检测结果，以溶液浓度为横坐标，标准液峰面积为纵坐标，进行标准曲线的绘制。

3. 氨（NH_4^+）含量分析

（1）原理　NH_4^+在沸腾的碱性溶液中可表现为 NH_3，而逸出的氨可以被硼酸吸收，其硼酸铵可用盐酸滴定。反应如下。

$$NH_4^+ + OH^- \rightarrow NH_3\uparrow + H_2O$$

$$NH_3 + H_3BO_3 \rightarrow NH_4^+ + H_2BO_3^-$$

$$NH_4^+ + H_2BO_3^- + HCl \rightarrow H_3BO_3 + NH_4Cl$$

（2）试剂和仪器

①氢氧化钠溶液：用蒸馏水配制成 30%溶液。

②硼酸溶液：用蒸馏水配制成 4%溶液。

③0.1mol/L 盐酸标准溶液。

④甲基红-溴甲酚绿混合指示剂：精确称量 0.1g 甲基红加 100mL 酒精溶液，精确称量 0.1g 溴甲酚绿加 100mL 酒精溶液，取 4mL 0.1%甲基红酒精溶液与 10mL 0.1%溴甲酚绿酒精溶液混合即成。

（3）测定方法　精确吸取样品 5mL，置于 500mL 平底烧瓶中，盖好装有液下管和氮气球的胶塞，使氮气球另一端与冷凝器相连接，使冷凝器另一端伸入放有 10mL 硼酸溶液的 250mL 三角瓶的液面下。装好后，自平底烧瓶的液下管加入 5mL 30%氢氧化钠溶液，要小心摇匀。然后自平底烧瓶的液下管通入蒸汽开始蒸馏，直到三角瓶中馏出液达 150mL 左右停止。用少量的蒸馏水冲洗冷凝器，洗液并入三角瓶中。取下三角瓶加甲基红-溴甲酚绿混合指示剂 10 滴，以 0.1mol/L 盐酸标准溶液滴至显红色为止。同时做空白试验。

（4）结果计算　按下列公式计算。

$$X = \frac{(V_1 - V_0) \times 0.018 \times c}{5} \times 100$$

式中　X——被测样品的含 NH_4^+ 量，g/mL

V_0——空白滴定消耗的盐酸标准溶液体积，mL

V_1——试样滴定消耗的盐酸标准溶液体积，mL

c——盐酸标准溶液的浓度，mol/L

0.018——NH_4^+ 的 1 毫摩尔质量，g/mmol

4. 光密度（OD）测定

（1）原理　根据比尔定律，一定波长的光透过能相应地吸收这种光的溶液时，其光密度大小与发酵液的菌体数量成正比。测定发酵液的光密度，能相应表达氨基酸生产菌的生长繁殖程度。

（2）测定方法

①发酵液直接测定法：取摇匀的发酵液放入厚度为 1cm 的比色杯中，用 581－G 型光电比色计，在波长 660nm 下，以蒸馏水作对照，测出光密度（OD）。

②发酵液稀释法：取摇匀后的样品 1mL，用水稀释至 25mL，用 72 型分光光度计，在 660nm 波长下，光程 2cm，蒸馏水为空白，测出光密度（OD）。

糖蜜发酵液一般用稀释法（稀释 25 倍）测定光密度，光程为 1cm，波长为 660nm，使用 72 型分光光度计。

5. 湿菌体量的测定

（1）称重法

①原理：利用离心机的离心力，将液体进行离心分离，分离后的沉淀物表示为湿菌体的质量。

②测定：取发酵液 10mL 放入离心管中，平衡后，在 3000～3500r/min 转速下离心 20min，弃去上清液，将离心管倒置于滤纸上数分钟，然后称量。

③结果计算：按下列公式计算。

$$X=\frac{M-M_1}{10}$$

式中　X——菌浓度，g/mL

M——离心管与试样沉淀的总质量，g

M_1——离心管的质量，g

④允许差：同一样品两次平行测定结果之差不大于 0.2%。

（2）量菌体高度法　取发酵液 10mL，放入带有刻度的圆锥形离心玻璃管中，在 3000～3500r/min 离心机上离心 10min，弃去上清液，测量菌体高度。此法对发酵前期（对数期）菌体量增殖程度放入测定中较适用。也可与相应测出的光密度（OD）值相对照。

6. 氨基酸总量分析（比色法）

（1）原理　凡含有自由氨基的化合物，如蛋白质、多肽、氨基酸的溶液与水合茚三酮共热时，能产生紫色化合物，可用比色法进行测定。

（2）试剂和仪器

①$CuCl_2 \cdot 2H_2O$：2.8g，用蒸馏水定容至 100mL。

②$NaPO_4 \cdot 10H_2O$：13.7g，用蒸馏水定容至 200mL。

③$NaB_4O_7 \cdot 10H_2O$：76.4g，用蒸馏水定容至 4000mL。

将①②混合产生沉淀，用滤纸过滤，沉淀用③洗 3 次。将沉淀取下，加入 300mL③液，混匀，过滤除去上清液。沉淀加入 30g NaCl，再加入③液定容至 500mL 为磷酸铜试剂。

（3）测定方法　取发酵液样品 1mL 稀释至 50mL。取上述稀释液 10mL，加磷酸铜试剂 10mL 摇匀，停 5min，用滤纸过滤，滤液为蓝色。将滤液倒入 Φ20mm H 形比色管中，放比色计上，测定比色波长 610nm 的 OD 值。采用上述方法，测定标准天冬氨酸在不同浓度下的 OD 值，绘制标准曲线。根据标准曲线，计算稀释样品的氨基酸总量，乘以稀释倍数即为总氨基酸含量。

7. 无机磷的测定

（1）原理　在酸性条件下，钼酸铵以钼酸的形式与磷酸反应，形成磷钼酸盐络合物。

反应式如下。

$$21H_2SO_4 + 24\ (NH_4)_2MoO_4 + 2H_3PO_4 \rightarrow 2\ (NH_4)_3PO_4 \cdot 12MoO_3 + 21\ (NH_4)_2SO_4 + 24H_2O$$

生成的正六价磷钼络合物呈黄色，称为磷钼黄。当它被还原剂处理时，六价的钼被还原成四价钼，呈蓝黑色，称为磷钼蓝。

（2）试剂和仪器

①4mol/L$\left(\frac{1}{2}H_2SO_4\right)$硫酸：用量筒取50mL试剂硫酸（相对密度1.84，含量96%～98%），小心倒入约200mL的蒸馏水，定容至450mL。

②2.5%钼酸铵溶液：称取试剂钼酸铵5g，加热溶解在20mL蒸馏水中。

③10%抗坏血酸溶液：称取10g抗坏血酸溶于100mL蒸馏水中，冰箱保存。若此液呈棕黄色时表明已氧化，不能使用。

④定磷试剂的配制：使用前将上述3种试剂和蒸馏水按如下体积比混合，4mol/L$\left(\frac{1}{2}H_2SO_4\right)$硫酸∶蒸馏水∶2.5%钼酸铵溶液∶10%抗坏血酸溶液＝1∶2∶1∶1。此溶液应为淡黄色，混合后不能久存，如呈棕黄色则不能使用。

⑤仪器：72型分光光度计；水浴锅。

（3）测定方法

①无机磷标准曲线的绘制：精确称取经105℃烘至恒重的磷酸二氢钾（相对分子质量136.09）439mg，用蒸馏水定容至100mL。取该溶液1mL定容至100mL蒸馏水中，即为10μg/mL磷酸二氢钾溶液。然后按表8-15进行操作，加试剂程序不可颠倒。试剂加毕，将该溶液置于45℃水浴锅保温20min，保温结束后，用水冲冷至室温，用72型分光光度计在波长660nm处比色，读取光密度（OD）值。以横轴坐标为磷含量（μg/mL），纵轴坐标为光密度（OD）值作图，得无机磷标准工作曲线，然后根据该曲线计算斜率。

表8-15　无机磷标准工作曲线的绘制　单位：mL

管号	0	1	2	3	4	5
标准磷溶液	0	0.2	0.4	0.6	0.8	1.0
蒸馏水	3.0	2.8	2.6	2.4	2.2	2.0
定磷试剂	3.0	3.0	3.0	3.0	3.0	3.0

②发酵液中磷的测定：将发酵液以4000r/min离心，取上清液1mL用蒸馏水稀释10倍。准确吸取稀释样0.5mL，补蒸馏水2.5mL，加3mL定磷试剂。另取3mL蒸馏水加3mL定磷试剂作为空白对照。将上述两试管放于45℃水浴锅保温20min，其余操作同标准曲线。

（4）结果计算　读取发酵液无机磷OD值，查标准工作曲线或乘以斜率求得质量，再乘以稀释倍数，即得发酵液中含磷量。

8. L-乳酸的快速测定（酶电极法）

（1）原理　利用生物传感器，使L-乳酸在L-乳酸氧化酶的催化作用下发生氧化反应，生成过氧化氢和丙酮酸。反应式为：

$$L\text{-乳酸}+O_2 \xrightarrow{L\text{-乳酸氧化酶}} H_2O_2+\text{丙酮酸}$$

用氧化氢电极定量测定生成的过氧化氢，仪器通过自动记录，自行运算，显示打印出L-乳酸的百分含量。

(2) 试剂和仪器　SBA-30型乳酸分析仪；微量进样器（50μL）；试剂盒：包含L-乳酸标准溶液、磷酸盐缓冲剂、亚铁氰化钾溶液、电解质溶液和酶膜、盐酸溶液、氢氧化钠溶液。

(3) 测定方法

①仪器的安装与调试：按仪器使用说明书配制缓冲溶液，安装、检查各部件是否连接妥当。将仪器的“STANDBY/RUN”开关轻轻扳到“STANDBY”的位置，然后接通电源，稳定30min。取出电极，在电极头上滴几滴电解液，用镊子将酶膜小心压入电极头上。检查其内不应该有气泡、酶膜不得有褶皱、酶膜中心应紧扣铂金电极，然后将电极重新装好。检查酶膜的完整性、酶膜的基本活性和所测标准液的线性。

②样品的制备：用pH试纸检查样液的pH，若超出pH6.5～7.5，需用稀酸或稀碱溶液调pH至上述范围。取发酵液1mL，适当稀释至一定倍数，使乳酸含量在0～10mmol/L。

③测定：用微量进样器准确吸取5mmol/L L-乳酸标准溶液25μL，用滤纸擦去针头外黏附的样液，然后迅速注入反应池中，按动“Calibrate”钮，将仪器显示值调整至5。重复上述操作，使误差不超过±1%。定标后，准确吸取稀释好的样液25μL，用滤纸擦去针头外黏附的样液，然后迅速注入反应池中，40s后，显示器上将显示出稀释样中L-乳酸的含量，乘以稀释倍数，即为原发酵液中乳酸的含量。每次测量完毕，按动“Clear”钮，将反应池清洗干净。

(4) 允许差　两次测定值之间不得超过2%。

9. 杂菌平板检查

(1) 原理　通过在平板上划线，在一定温度及条件下进行培养，观察是否有杂菌。

(2) 试剂和仪器　培养皿；灭菌锅；培养箱；培养基。

(3) 测定方法

①先将经灭菌的固体培养基倒入灭菌的平板中置培养箱，37℃保温24h，检查无菌即可使用。

②将需要检查的样品在无菌平板上划线，分别置于37℃和27℃培养，以适应嗜中温细菌和嗜低温细菌的生长，一般在8h后即可观察。

③噬菌体检查可采用双层平板培养法，底层同为肉汁琼脂培养基，上层减少琼脂用量。先将灭菌的底层培养基熔融后倒平板，凝固后，将上层培养基融解并保持40℃，加生产菌作为指示菌和待检样品混合后迅速倒在底层平板上，置培养箱保温培养，经12～20h培养，观察有无噬菌斑。培养基配比见表8-16。

表8-16　培养基（pH7.0）

	葡萄糖/%	牛肉膏/%	蛋白胨/%	氯化钠/%	琼脂/%
上层	0.5	1.0	1.0	0.5	1.0
下层	0.5	1.0	1.0	0.5	2.0

（4）检查结果　无菌试验时，如果平板培养连续3次发现有异常菌落出现，即可判断为染菌；检查噬菌体时，如果平板培养连续3次发现有噬菌斑，即可判断为染噬菌体。

10. 发酵液镜检

（1）原理　用革兰染色法，对样品进行涂片、染色，然后在显微镜下观察菌体的形态。此法是最简单、最直接，也是最常用的检查方法之一。

（2）试剂和仪器　酒精灯；镊子；接种环；显微镜；载玻片；结晶紫；香柏油。

（3）测定方法

①把泡在酒精中的载玻片用镊子夹出，放在酒精灯上点燃，去除载玻片上的酒精和油脂。

②载玻片冷却后，蘸一接种环发酵液，均匀地涂在载玻片上。

③涂后的载玻片于酒精灯火焰上过几遍，使所涂的细菌固定在载玻片上，注意载玻片温度不宜过高，温度过高，会使菌变形，影响观察结果。

④载玻片涂菌的位置，滴几滴结晶紫染液，使染液完全覆盖住所涂的菌，染色1min左右。

⑤用水冲洗载玻片至无紫色水流下后，进行火焰烤干。

⑥打开显微镜，调节好镜头，在所涂菌处滴几滴香柏油，放置于镜下观察菌体形态。

（4）结果判定　显微镜检查方法简便、快速，能及时发现杂菌，但由于镜检取样少，视野的观察面也小，因此不易检出早期杂菌。平板划线法和肉汤培养方法的缺点是需经较长时间培养（一般要过夜）才能判断结果，且操作较烦琐，但它要比显微镜能检出更少的杂菌，而且结果也更为准确。

11. pH测定

采用精密pH试纸或25型酸度计测定。

第三节　氨基酸生产提取过程检测

一、氨基酸含量测定

氨基酸含量采用酸水解法测定。

（1）原理　酸水解是指在110℃、$c(HCl)=6mol/L$盐酸作用下，水解成单一氨基酸，再经离子交换色谱法分离并以茚三酮做柱后衍生测定。由于酸水解法中，色氨酸全部破坏不能测定，因此色氨酸测定使用碱水解。

（2）试剂和仪器

①盐酸溶液，$c(HCl)=6mol/L$：将优级纯盐酸与水等体积混合。

②液氮或干冰。

③柠檬酸钠缓冲液［pH2.2，$c(Na^+)=0.2mol/L$］：称取柠檬酸三钠19.6g，用水溶解后加入优级纯盐酸16.5mL，硫二甘醇5.0mL，苯酚1g，加水定容至1000mL，摇匀，用G4垂熔玻璃砂芯漏斗过滤，备用。

④茚三酮溶液。

⑤氨基酸混合标准储备液：含17种常规蛋白质水解液分析用层析纯氨基酸，各组分

浓度为 2.50（或 2.00）μmol/mL。

⑥混合氨基酸标准工作液：吸取一定量的氨基酸混合标准储备液置于 50mL 容量瓶中，用柠檬酸钠缓冲液稀释定容，混匀，使各氨基酸组分浓度为 100nmol/mL。

（3）测定方法　称取含蛋白 7.5～25mg 的试样（50～100mg，准确至 0.1mg）于 20mL 安瓿瓶中，加 10.00mL 酸解剂，置于液氮或干冰中冷却，然后抽真空至 7Pa（≤5×10^{-2}mm 汞柱）后封口。将水解管放在（110±1)℃恒温干燥箱中，水解 22～24h。冷却、混匀、开管、过滤，用移液管吸取滤液，置旋转蒸发器或浓缩器中，60℃抽真空，蒸发至干，必要时，加少许水，重复蒸干 1～2 次。加入 3～5mL pH2.2 稀释上机用柠檬酸钠缓冲液，使样液中氨基酸浓度达到 50～250nmol/mL，摇匀，过滤或离心，取上清液上机测定。

（4）结果计算　按下列公式计算。

$$w=\frac{A}{m}\times10^{-6}\times D\times100\%$$

式中　w——用未脱脂试样测定的某氨基酸的含量，%

A——每毫升上机水解样中氨基酸的含量，ng

m——试样质量，mg

D——稀释倍数

二、水分测定

（1）原理　水分的测定采用恒温干燥法。

（2）试剂和仪器　电热干燥箱；分析天平；称量瓶；干燥器。

（3）测定方法　称取试样 2g（精确至 0.0002g）于已烘至恒重的称量瓶中，在（105±2)℃电热干燥箱内干燥 3h，取出加盖，置于干燥器内，冷却 30min，称量。

（4）结果计算　按下列公式计算。

$$W(\%)=\frac{m+m_1-m_2}{m}\times100$$

式中　W——水分含量，%

m_2——烘干后瓶加样品的质量，g

m_1——称量瓶的质量，g

m——样品的质量，g

三、SO_4^{2-} 含量测定

1. 重量法

（1）原理　在酸性条件下硫酸盐与氯化钡反应，生成硫酸钡沉淀，经过干燥称重后，根据硫酸钡重量可求出硫酸根含量。

（2）试剂和仪器

①盐酸（GB/T622)：1+1 溶液。

②氯化钡（$BaCl_2\cdot2H_2O$）溶液（GB/T 652)：100g/L 溶液。

③硝酸银溶液（GB/T 670)：17g/L。

④甲基橙指示剂：1g/L 指示液。

⑤坩埚式过滤器。

（3）测定方法

①用慢速滤纸（定性）过滤试样。用移液管移取一定量过滤后的试样，置于500mL烧杯中。加2滴甲基橙指示液，滴加盐酸溶液至红色并过量2mL，加水至总体积为200mL。煮沸5min，搅拌下缓慢加入10mL热的（约80℃）氯化钡溶液，于80℃水浴中放置2h。

②用已于（105±2)℃干燥恒重的坩埚式过滤器过滤。用水洗涤沉淀，直至滤液中无氯离子为止（用硝酸盐溶液检查)。

③将坩埚式过滤器在（105±2)℃下干燥至恒重。

（4）结果计算　按下列公式计算。

$$X=\frac{(m-m_0)\times 0.4116\times 10^6}{V_0}$$

式中　X——SO_4^{2-} 含量，mg/L

m——坩埚式过滤器和沉淀的含量，%

m_0——坩埚式过滤器的质量，g

V_0——所取试样的体积，mL

0.4116——硫酸钡沉淀换算成 SO_4^{2-} 的系数

取平行测定结果的算术平均值为测定结果，平行测定结果的绝对值不大于0.5mg/L。

2. EDTA滴定法

（1）原理　此方法适用于 SO_4^{2-} 含量在10～200mg/L。先用过量的氯化钡将溶液中的硫酸盐沉淀完全。过量的钡在pH为10的氨缓冲介质中以铬黑T作催化剂，添加一定量的镁，用EDTA二钠（乙二胺四乙酸二钠）盐溶液进行滴定。从加入钡、镁所消耗EDTA溶液的量（用空白试验求得）减去沉淀硫酸盐后剩余钡、镁所消耗EDTA的溶液的量，即可得出消耗于硫酸盐的钡量，从而间接求出硫酸盐含量。水样中原有的钙、镁也同时消耗EDTA，在计算硫酸盐含量时，还应扣除由钙、镁所消耗的EDTA的溶液用量。

（2）仪器　锥形瓶（250mL)；滴定管（50mL)；加热及过滤装置。

（3）试剂

①EDTA标准滴定溶液［$c(Na_2EDTA)$ 约为0.0010mol/L］：称取3.72g二水合乙二胺四乙酸二钠溶于少量水中，移入1000mL容量瓶中，再加入蒸馏水稀释到标线。用下法以锌基准溶液（或碳酸钙基准溶液）标定其准确浓度。

精确称取0.6538g高纯锌，溶于（1＋1）盐酸溶液6mL中，待其全部溶解后移入1000mL容量瓶中，用水稀释至标线，即锌基准溶液 $c(Zn^{2+})$＝0.0100mol/L。吸取此液25.00mL置于锥形瓶，加75mL水及10mL氨缓冲溶液，放约20mg铬黑T指示剂，摇匀后，用EDTA标准滴定溶液滴定至溶液由淡紫红色变为蓝色即为终点，记录用量，用下式计算其浓度。

$$c_1=c_2V_2/V_1$$

式中　c_1——EDTA标准滴定溶液浓度，mol/L

V_1——EDTA标准滴定溶液体积，mL

c_2——锌基准溶液浓度，mol/L

V_2——锌基准溶液体积，mL

②氨缓冲溶液：称取 20g 氯化铵溶于 500mL 水中，加 100mL 浓氨水（0.9g/mL），用水稀释至 1000mL。

③铬黑 T 指示剂：称取 0.5g 铬黑 T，烘干，加 100g（105±5）℃干燥过 2h 的固体氯化钠研磨均匀后贮存于棕色瓶中。

④钡镁混合液：称取 3.05g 氯化钡（$BaCl_2 \cdot 2H_2O$）和 2.54g 氯化镁（$MgCl_2 \cdot 6H_2O$）溶于 100mL 水中，移入 1000mL 容量瓶中，用水稀释至标线。

⑤盐酸溶液：1+1。

⑥氯化钡溶液（100g/L）：10%（m/V）称取 10g 氯化钡溶于水中并稀释至 100mL。

（4）测定方法

①水样体积和钡镁混合液用量的确定：取 5mL 水样于 10mL 试管中，加 2 滴盐酸溶液，5 滴氯化钡溶液，摇匀，观察沉淀生成情况，按表 8-17 确定取样量与钡镁混合液用量。

表 8-17　　硫酸盐含量与钡镁混合液用量

浑浊情况	硫酸盐含量/(mg/L)	取样体积/mL	钡镁混合液用量/mL
数分钟后略浑法	<25	100	4
稍浑浊	25～50	50	4
浑浊	50～100	25	4
生成沉淀	100～200	25	8
生成大量沉淀	>200	取少量稀释	10

②根据表 8-17 大致确定硫酸盐用量后，用无分度吸管量取适量水样于 250mL 锥形瓶中，加入稀释至 100mL，大于 100mL 则浓缩至 100mL。滴加盐酸溶液，使刚果红试纸由红色变为蓝色，加热煮沸 1～2min，以除去二氧化碳。

③趁热加入表 8-17 所规定数量的钡镁混合液，同时不断搅拌，并加热至沸腾。沉淀陈化 6h（或过夜放置）后滴定。如沉淀过多，应过滤并用热水洗涤沉淀及滤纸。洗涤液并入滤液后滴定。

④加入 10mL 氨缓冲溶液，铬黑 T 指示剂约 20mg，用 EDTA 标准溶液滴定至溶液由红色变为纯蓝色，记录 EDTA 标准溶液用量 V_1。

⑤取与②相同体积取样量，测定其中的钙和镁，记录 EDTA 标准滴定溶液的用量 V_2。

⑥取 100mL 蒸馏水，作全程序空白。

（5）结果计算　按下列公式计算。

$$c = \{[(V_2+V_3-V_1)\times c_1]/V\}\times 96.06\times 1000$$

式中　c——SO_4^{2-} 含量

V_1——测定消耗 EDTA 标准滴定溶液用量，mL

V_2——滴定同体积样中钙和镁所消耗 EDTA 标准滴定溶液体积，mL

V_3——滴定空白所消耗 EDTA 标准滴定溶液用量，mL

V——取样量，mL

c_1——EDTA标准滴定溶液的浓度，mol/L

96.06——硫酸根摩尔质量，g/mol

四、含铁测定

含铁测定采用目视比色法。

（1）原理　在酸性条件下，样液中的铁离子与硫氰酸铵作用，生成血红色的硫氰酸铁，其颜色的深浅与铁离子的浓度成正比，可以进行比色测定。

（2）试剂和仪器

①硫酸溶液（1+3）：称取25mL硫酸（1.84g/mL），慢慢加入75mL水中。

②硝酸溶液（1+1）：取50mL硝酸（1.4g/mL），慢慢加入50mL水中。

③硫氰酸铵溶液（150g/L）：称取15.0g硫氰酸铵（NH_4SCN），用水溶解并定容至100mL，混匀。

④铁标准溶液：称取0.864g硫酸铁铵［$NH_4Fe(SO_4)_2 \cdot 12H_2O$］，用水溶解，加10mL硫酸溶液（1+3），转移至1000mL容量瓶中，用水稀释至刻度，混匀。

⑤铁标准使用液：吸取10mL铁标准溶液于100mL容量瓶中，用水稀释至刻度，混匀。1mL此溶液含有0.01mg铁。此溶液使用前配制。

⑥50mL纳氏比色管。

（3）测定方法

①称取1g样品（精确至0.1g），置于50mL纳氏比色管中，加10mL水，摇动溶解，再加入硝酸溶液（1+1）2mL，摇匀。

②准确吸取铁标准溶液0.5mL于另一支比色管中，加水至10mL，再加硝酸溶液（1+1）2mL，摇匀。

③将上述两管同时置于沸水浴中煮沸20min，取出，用流水冷却至室温，同时向各管中加硫氰酸铵溶液（150g/L）10.00mL，加水至25mL，摇匀，以白纸为背景，进行目视比色。若样品管颜色不高于标准管颜色，即含铁量等于或低于标准管中铁的含量5mg/kg。

五、钙镁测定

钙镁滴定采用EDTA滴定法。

（1）原理　在pH10条件下，用EDTA溶液络合滴定钙和镁离子。铬黑T作指示剂，与钙和镁生成紫红或紫色溶液。滴定中，游离的钙和镁离子首先与EDTA反应，跟指示剂络合的钙和镁离子随后与EDTA反应，到达终点时溶液的颜色由紫色变为天蓝色。

（2）仪器　滴定管（50mL）；250mL锥形瓶；烧杯；胶头滴管。

（3）试剂

①缓冲溶液（pH10）：称取1.25g EDTA二钠镁（$C_{10}H_{12}N_2O_8Na_2Mg$）和16.9g氯化铵（NH_4Cl）溶于143mL浓氨水（$NH_3 \cdot H_2O$）中，用水稀释至250mL。

②EDTA二钠标准溶液：将一份EDTA二钠二水合物在80℃干燥2h，放入干燥器中冷却至室温，称取3.725g溶于水，在容量瓶中定容至1000mL，盛放在聚乙烯瓶中，定期校对其浓度。

标定：取20.0mL钙标准溶液（③钙标准溶液制备）置于锥形瓶，加入10mL缓冲溶液①，放约 20mg 铬黑 T 指示剂，摇匀后，稀释至 50mL。用 EDTA 标准滴定溶液滴定至上述体系由淡紫红色变为蓝色即为终点，记录用量，用下式计算其浓度。

$$c_1 = \frac{c_2 \times V_2}{V_1}$$

式中　c_1——EDTA 二钠溶液的浓度，mmol/L

c_2——钙标准溶液的浓度，mmol/L

V_1——标定中消耗的 EDTA 二钠溶液体积，mL

V_2——钙标准溶液的体积，mL

③钙标准溶液（10mmol/L）制备：将一份碳酸钙（$CaCO_3$）在 150℃干燥 2h，取出放在干燥器中冷却至室温，称取 1.001g 于 500mL 锥形瓶中，用水润湿。逐滴加入 4mol/L 盐酸至碳酸钙全部溶解，避免滴入过量酸。加 200mL 水，煮沸数分钟赶除二氧化碳，冷却至室温，加入数滴甲基红指示剂溶液（0.1g 溶于 100mL 60%乙醇），逐滴加入 3mol/L 氨水至变为橙色，在容量瓶中定容至 1000mL。此溶液 1.00mL 含 0.4008（0.01mmol）钙。

④铬黑 T 指示剂：将 0.5g 铬黑 T 溶于 100mL 三乙醇胺，可最多用 25mL 乙醇代替三乙醇胺以降低溶液的黏性，放在棕色瓶中。或者，配成铬黑 T 指示剂粉，称取 0.5g 铬黑 T 与 100g 氯化钠充分混合，研磨后通过 40～50 目筛，放在棕色瓶中，塞紧。

⑤氢氧化钠（2mol/L）：将 8g 氢氧化钠（NaOH）溶于 100mL 新鲜蒸馏水中。放在聚乙烯瓶中，避免空气中二氧化碳的污染。

⑥氰化钠（NaCN）。

⑦三乙醇胺。

（4）测定方法

①试样的制备：一般样品不需要处理。如样品中存在大量微小颗粒物，需在采样后尽快用 0.45μm 孔径滤器过滤。样品经过滤，可能有少量钙和镁被滤去。试样中钙和镁总量超过 3.6mmol/L 时，应稀释至低于此浓度，记录稀释因子 F。如试样经过酸化保存，可用计算量的氢氧化钠溶液中和。计算结果时，应把样品或试样由于加酸或碱的稀释考虑在内。

②测定：用移液管吸取 50.0mL 试样于 250mL 锥形瓶中，加入 4mL 缓冲溶液和 3 滴铬黑 T 指示剂或 50～100mg 指示剂干粉，此时溶液应呈紫红色或紫色，其 pH 应为（10.0±0.1）。为防止产生沉淀，应立即在不断振摇下，自滴定管加入 EDTA 二钠溶液，开始滴定时速度宜稍快，接近终点时应稍慢，并充分振摇，最好每滴间隔 2～3s，溶液的颜色由紫红或紫色逐渐转变为蓝色，在最后一点紫的色调消失，刚出现天蓝色时即为终点，整个过程应在 5min 内完成。记录消耗 EDTA 二钠溶液体积（mL）。如试样含正磷酸盐和碳酸盐，在滴定的 pH 条件下，可能使钙生成沉淀，一些有机物可能干扰测定。如上述干扰未能消除，或存在铝、钡、铅、锰等离子干扰时，需改用原子吸收法测定。

（5）结果计算　按下列公式计算。

$$c = \frac{c_1 \times V_1}{V_0}$$

式中　c——含量，mmol/L

c_1——EDTA 二钠溶液的浓度，mmol/L

V_1——滴定中消耗的 EDTA 二钠溶液体积，mL

V_0——试样体积，mL

如果试样经过稀释，采用稀释因子 F 修正计算。

六、波美度测定

采用浮称式波美计，直接测定试样的波美度。波美计是以波美度（°Bé）来表示液体浓度大小的。以 15℃为标准，高于或低于 15℃时，用下校正。

$$°Bé/15℃=°Bé/T-(15-T)\times 0.05$$

式中　T——测定时试液的温度，℃

°Bé/T——温度 T 时的波美度

七、pH 测定

（1）原理　将指示电极和参比电极浸入被测溶液构成原电极，在一定温度下，原电极的电动势与溶液的 pH 呈直线关系，通过测量原电池的电动势即可得出溶液的 pH。

（2）试剂和仪器

①磷酸盐标准缓冲溶液（pH6.86）：称取预先于 120℃烘干 2h 的磷酸二氢钾（KH_2PO_4）3.4g 和磷酸氢二钠（Na_2HPO_4）3.55g，加入不含二氧化碳的水溶解并定容至 1000mL，摇匀。

②pH 计（酸度计）：精确到±0.02。

（3）测定方法

①标定：用磷酸盐标准缓冲液，在 25℃下，校正 pH 计的 pH 为 6.86，定位，用水冲洗电极。

②测样：称取试样 5.0g，精确至 0.1g，加入不含二氧化碳的水溶解定容至 50mL，摇匀，作为试样液。用试样液洗涤电极，然后将电极插入试样液中，调整 pH 计温度补偿旋钮至 25℃，测定试样液的 pH。重复操作，直至 pH 读数稳定 1min，记录结果。测定结果准确至小数点后第一位。

（4）允许差　同一样品两次测定，绝对值之差不得超过 0.05。

八、浓度测定

浓度直接用波美计测定。生产上一般在试液 35℃时测定波美度。

九、透光率测定

（1）原理　根据比尔定律进行比色分析，原理是根据有色物质的呈色强度，即吸收光能的强度，由有色生成物在溶液中的浓度和溶液液层厚度来决定，选择一定的波长，一定液层厚度，则溶液的消光值、透光率与溶液中物质的浓度及液层的厚度的乘积成正比。

（2）仪器　分光光度计；容量瓶（100mL）。

（3）测定方法　称取试样 5.00g（精确至 0.01g），加水溶解，定容至 100mL，摇匀。用 1cm 比色皿，以水为空白对照，在波长 430nm 下测定试样液的透光率，记录数据。试样结果以平行测定结果的算术平均值为准。在重复性条件下获得的两次独立测定结果的绝对差值应不大于算术平均值的 0.2%。

第四节　氨基酸生产成品指标检测

一、氨基酸含量测定

氨基酸含量采用高氯酸非水滴定法测定。

(1) 原理　在乙酸的存在下，用高氯酸标准溶液滴定样品中的氨基酸，以电位滴定法确定其终点，或以 α -萘酚苯基甲醇为指示剂，滴定溶液至绿色为其终点。

(2) 仪器　自动点位滴定仪；酸度计；磁力搅拌器。

(3) 试剂　甲酸；冰乙酸；高氯酸标准滴定溶液 (0.1mol/L)；α -萘酚苯基甲醇。

(4) 测定方法　称取 (105±2)℃烘干至恒重的试样 0.2g (精确到 0.0001g)，加甲酸 3mL，溶解后，加冰乙酸 50mL，用高氯酸标准溶液进行滴定，用电位滴定仪滴定至终点。或选用指示剂，加 α -萘酚苯基甲醇指示剂 10 滴，溶液由橙黄色变为黄绿色。同时做空白试验。

(5) 结果计算　按下列公式计算。

$$X = \frac{(V - V_0) \times m \times c}{m \times 1000} \times 100\%$$

式中　X——氨基酸含量,%

V——试样溶液消耗高氯酸标准滴定溶液的体积，mL

V_0——空白溶液消耗高氯酸标准滴定溶液的体积，mL

m——氨基酸的摩尔质量，g/mol

m——试样的质量，g

c——高氯酸标准溶液的浓度，mol/L

1000——将体积 V 和 V_0 由毫升换算为升

若试样滴定的温度与高氯酸标准滴定溶液标定时的温度差别超过 10℃，则应重新标定；若未超过 10℃，则应根据下式将高氯酸标准滴定溶液的浓度 c_0 校正为 c。

$$c = \frac{c_0}{1 + 0.0011(T - T_0)}$$

式中　c_0——高氯酸标准滴定溶液在温度为 T_0 时的标定浓度，mol/L

T——试样滴定时的实际温度,℃

T_0——高氯酸标准滴定溶液标定时的温度,℃

0.0011——冰乙酸的膨胀系数

取平行测定结果的算术平均值为测定结果，平行测定结果之差不大于 0.3%。

二、旋光度测定

(1) 原理　氨基酸具有光学活性，能使偏振光面旋转一定的角度，因此可以用旋光仪测定旋光度。

(2) 试剂和仪器　自动旋光仪；盐酸溶液 (6mol/L)。

(3) 测定方法　称取于 (105±2)℃烘干至恒重的试样 5g (精确到 0.0001g)，用盐酸溶液溶解，并转入 50mL 容量瓶中，加盐酸溶液至接近刻度，将溶液温度调整至 20℃，用盐酸溶液定容至50mL，混匀。用长10cm的旋光管测定其旋光度。同时记录样液温度。

（4）结果计算　若采用钠光谱D线，20cm旋光管，在样液温度20℃时测定，按下式计算样品的比旋光度。

$$[\alpha]_D^{20} = \frac{\alpha_1 \times 50}{20 \times m}$$

式中　α_1——20℃时测得的样品溶液旋光度，°

20——旋光管的长度，cm

m——试样质量，g

三、氯化物检查

1. 比浊法（适用于微量氯化物）

（1）原理　试样溶液中含有的微量氯离子与硝酸银生成氯化银沉淀，其浊度与标准氯离子产生的氯化银比较，进行目视比浊。

（2）仪器　纳氏比色管、移液管、玻璃棒、烧杯。

（3）试剂

①氯化物标准溶液（1mL溶液含有0.1mg氯），按GB/T 602配制。

②10%硝酸溶液，量取1体积硝酸，注入9体积水中。

③硝酸银标准溶液［$c(AgNO_3)$=0.1mol/L］，按GB/T 601配制。

（4）测定方法　称取试样10g，精确至0.1g，加水溶解并定容至100mL，摇匀。吸取试样液10.00mL于一支50mL纳氏比色管中，加水13mL，摇匀，同时向上述两管中各加硝酸溶液和硝酸银标准溶液各1mL，立即摇匀，避光放置5min后，取出，进行目视比浊。若样品管浊度不高于标准浊度，则氯化物含量≤0.1%。

2. 铬酸钾指示剂法（适用于添加在食用盐中的氯化钠）

（1）原理　以铬酸钾作指示剂，用硝酸银标准滴定溶液滴定试样液中的氯化钠，根据硝酸银标准滴定溶液的消耗量，计算出样品中氯化钠的含量。

（2）试剂和仪器

①硝酸银标准溶液［$c(AgNO_3)$=0.1mol/L］。

②铬酸钾指示液：称取铬酸钾5g，加95mL水溶解，滴加硝酸银标准溶液直至生成红色沉淀为止，放置过夜，收集滤液备用。

（3）测定方法　称取试样10g，精确至0.0001g，加水溶解并定容至100mL，摇匀。吸取上述制备的试样液5.00mL于锥形瓶中，加水40mL，铬酸钾指示液1mL，以0.1mol/L硝酸银标准溶液滴定试样液，直至出现砖红色为其终点，同时做空白试验。

（4）结果计算　按下列公式计算。

$$X = \frac{(V - V_0) \times c \times 0.05844 \times 100}{m \times 5} \times 100\%$$

式中　X——样品中氯化钠的含量，%

m——样品质量，g

V——试样消耗硝酸银标准滴定溶液的体积，mL

V_0——空白消耗硝酸银标准滴定溶液的体积，mL

c——硝酸银标准溶液的浓度，mol/L

100——试样定容总体积，mL

0.05844——1.00mL 硝酸银标准滴定溶液 [$c(AgNO_3)_4$=1.000mol/L] 相当于氯化钠的质量，g

5——测定时，吸取试样液的体积

四、硫酸盐检查

硫酸盐检测方法参见本章第三节中“SO_4^{2-} 含量测定”部分。

五、重金属检查

重金属含量（以 Pb 计），按照 GB/T 13080 执行。

（1）原理　样品经消解处理后，再经萃取分离，然后导入原子吸收分光光度计中，原子化后测量其在 283.3nm 处的吸光度，与标准系列比较定量。

（2）仪器　马弗炉；分析天平；振荡器；原子吸收分光光度计；容量瓶；消化管；瓷坩埚。

（3）试剂

①6mol/L 硝酸溶液：量取 38mL 硝酸，加水至 100mL。

②1mol/L 碘化钾溶液：称取 166g 碘化钾，溶于 1000mL 水中，贮存在棕色瓶中。

③1mol/L 盐酸：量取 84mL 盐酸，加水至 1000mL。

④5%抗坏血酸溶液：称取 5.0g 抗坏血酸，溶于水，稀释至 100mL，贮存于棕色瓶中。

⑤铅标准储备液：精确称取 0.1598g 硝酸铅，加 6mol/L 硝酸 10mL，全部溶解后，转入 1000mL 容量瓶中，加水至刻度，该溶液为每毫升含 0.1mg 铅。

⑥铅标准工作液：精确吸取 1mL 铅标准储备液，加入 100mL 容量瓶中，加水至刻度。此溶液为每毫升 1μg 铅。

（4）测定方法

①试样处理：称取 4g 样品，精确到 0.001g，置于瓷坩埚中缓慢加热至炭化，在 550℃高温下加热 18h，直至试样呈灰白色。冷却，用少量水将炭化物湿润，加 5mL 硝酸，5mL 高氯酸，用表面皿盖住，在砂浴或加热装置上加热，待消解完全后，去掉表面皿，至近干涸。加 10mL 1mol/L 盐酸，使盐类溶解，把溶液倒入 50mL 容量瓶中，用水冲洗烧杯多次，加水至刻度。用中速滤纸过滤，待用。

②标准曲线绘制：精确吸取 0、4、8、12、16、20mL 1μg/mL 的铅标准工作液，加到 25mL 容量瓶中，加水至 20mL。准确加入 2mL 1mol/L 碘化钾溶液，振动摇匀；加入 1mL 抗坏血酸溶液，振动摇匀；准确加入 2mL 甲基异丁酮溶液，激烈振动 3min，静置萃取后，将有机相导入原子吸收分光光度计。在 283.3nm 处波长测定吸光度，以吸光度为纵坐标，浓度为横坐标，绘制标准曲线。

③测定：精确吸取 5～10mL 样品液和试剂空白液加入 25mL 容量瓶中，按绘制标准曲线步骤进行测定，测出相应吸光值和标准曲线比较定量。

（5）结果计算　按下列公式计算。

$$X=\frac{(A_1-A_2)\times 1000}{m\times\frac{V_2}{V_1}\times 1000}=\frac{V_1\times(A_1-A_2)}{mV_2}$$

式中　X——试样中铅含量，mg/kg

m——试样质量，g

V_1——试样消化液总体积，mL

V_2——测定用试样消化液体积，mL

A_1——测定用试样消化液铅含量，μg

A_2——空白试液中铅含量，μg

每个试样取 2 个平行样进行测定，以其算术平均值为结果，结果表示到 0.01mg/kg。

六、干燥失重测定

干燥失重按 GB/T 6435 执行。

（1）原理　用干燥法测定失去的易挥发性物质，以百分含量表示。

（2）仪器　电热干燥箱；分析天平；称量瓶；干燥器。

（3）测定方法

①直接干燥法

a. 固体样品：将洁净的称量瓶放入（103±2）℃干燥箱中，取下称量瓶盖并放在称量瓶的边上。干燥（30±1）min 后盖上称量瓶盖，将称量瓶取出，放在干燥器中冷却至室温。称量其质量（m_1），准确至 1mg。称取 5g 试样（m_2）于称量瓶内，准确至 1mg，并平摊。将称量瓶放入（103±2）℃干燥箱内，取下称量瓶盖并放在称量瓶的边上，建议平均每立方分米干燥箱空间最多放一个称量瓶。当干燥箱温度达（103±2）℃后，干燥（4±0.1）h。盖上称量瓶盖，将称量瓶取出放入干燥器中冷却至室温。称量其质量（m_3），准确至 1mg，再于（103±2）℃干燥箱中干燥（30±1）min，从干燥箱中取出，放入干燥器冷却至室温。称其质量，准确至 1mg。如果两次称量值的变化小于等于试样质量的 0.1%，以第一次称量的质量（m_3）计算；若两次的称量值变化大于试样质量的 0.1%，将称量瓶再次放入干燥箱内（103±2）℃干燥（2±0.1）h，移至干燥器中冷却至室温，称量其质量，准确至 1mg。若此次干燥后第二次称量值的变化小于等于试样的质量的 0.2%，以第一次称量的质量（m_3）计算。

b. 半固体、液体或含脂肪高的样品：在洁净的称量瓶中放一层薄层砂和一根玻璃棒。将称量瓶放入（103±2）℃干燥箱内，取下称量瓶盖并放在称量瓶的边上，干燥（30±1）min。盖上称量瓶盖，将称量瓶从干燥箱中取出，放在干燥器中冷却至室温。称其质量（m_1），准确至 1mg。称取 10g 试样（m_2）于称量瓶内，准确至 1mg。用玻璃棒将试样与砂混匀并摊平，玻璃棒留在称量瓶内。将称量瓶放入干燥箱内，取下称量瓶并放在称量瓶边上。建议平均每立方分米干燥箱空间最多放一个称量瓶。当干燥箱温度达（103±2）℃后，干燥（4±0.1）h。盖上称量瓶盖，将称量瓶取出放入干燥器中冷却至室温。称量其质量（m_3），准确至 1mg。再于（103±2）℃干燥箱中干燥（30±1）min，从干燥箱中取出，放入干燥器冷却至室温。称其质量，准确至 1mg。如果两次称量值的变化小于等于试样质量的 0.1%，以第一次称量的质量（m_3）计算；若两次的称量值变化大于试样质量的 0.1%，将称量瓶再次放入干燥箱内（103±2）℃干燥（2±0.1）h，移至干燥器中冷却至室温，称量其质量，准确至1mg。若此次干燥后第二次称量值的变化小于等于试样的质量的0.2%，以第一次称量的质量（m_3）计算。

②减压干燥法：按①直接干燥法的方法干燥称量瓶，称量其质量（m_1），准确至1mg。按①直接干燥法的方法称取试样（m_2），将称量瓶放入真空干燥箱中，取下称量瓶盖并放在称量瓶的边上，减压至约13kPa。通入干燥空气或放置干燥剂。在放置干燥剂的情况下，当达到设定的压力后断开真空泵。在干燥过程中保持所设定的压力，当干燥箱温度达到（80±2)℃后，加热（4±0.1）h。干燥箱恢复至常压，盖上称量瓶盖，将称量瓶从干燥箱中取出来，放在干燥器中冷却至室温。称量其质量，准确至1mg。将试样再次放入真空干燥箱中干燥（30±1）min，直至连续两次称量值的变化之差小于试样质量的0.2%，以最后一次干燥称量值（m_3）计算。

（4）结果计算　按下列公式计算。

$$X = \frac{m_2 - (m_3 - m_1)}{m_2} \times 100\%$$

式中　X——失重，%

m_1——称量瓶的质量，如使用砂和玻璃棒，也包括砂和玻璃棒，g

m_2——试样的质量，g

m_3——称量瓶和干燥后试样的质量（如使用砂和玻璃棒，也包括砂和玻璃棒），g

取两次平行测定的算术平均值作为结果。结果精确至0.1%。直接干燥法的两个平行测定结果，水分含量<15%的样品绝对差值不大于0.2%。水分含量≥15%的样品相对偏差不大于1.0%。减压干燥法的两个平行测定结果，水分含量的绝对差值不大于0.2%。

七、炽热残渣检查

灼烧残渣测定按照GB/T 6438执行。

（1）原理　试样中的有机质经灼烧分解，对所得的灰分称量。

（2）仪器　分析天平；马弗炉；干燥箱；电热板；煅烧盘；干燥器。

（3）测定方法　将煅烧盘放入马弗炉中，于550℃灼烧至少30min，移入干燥器中冷却至室温，称量，准确至0.001g。称取约5g试样（精确至0.001g）于煅烧盘中。将盛有试样的煅烧盘放在电热板或煤气喷灯上小心加热至试样炭化，转入预先加热到550℃的马弗炉中灼烧3h，观察是否有炭粒，继续于马弗炉中灼烧1h，如果有炭粒或怀疑有炭粒，将煅烧盘冷却并用蒸馏水润湿，在（103±2)℃的干燥箱中仔细蒸发至干，再将煅烧盘置于马弗炉中灼烧1h，取出于干燥器中。冷却至室温迅速称量，准确至0.001g。对同一试样取两份进行平行测定。

（4）结果计算　按下列公式计算。

$$W = \frac{m_2 - m_0}{m_1 - m_0} \times 100\%$$

式中　W——残渣含量，%

m_2——灰化后粗灰分加煅烧盘的质量，g

m_0——空煅烧盘的质量，g

m_1——装有试样的煅烧盘的质量，g

取两次测定的算术平均值作为测定结果，重复性满足要求，结果表示至0.1%（质量分数）。

八、铁盐检查

含铁的测定采用目视比色法，检测方法参见本章第三节中“含铁测定”。

参考文献

[1] 吴国峰，李国全等．工业发酵分析（第二版）［M］．北京：化学工业出版社，2015.

[2] 陈宁，范晓光．我国氨基酸产业现状及发展对策［J］．发酵科技通讯，2017，46（4）：193－197.

[3] 日本厚生省．日本食品添加物公定书（第7版）［S］．厚生省告示第116号文，2000.

[4] 胡秋辉等．食品标准与法规（第二版）［M］．北京：中国标准出版社，2013.

[5] 武汉大学化学系．仪器分析［M］．北京：高等教育出版社，2003.

[6] 武汉大学．分析化学（第6版）［M］．北京：高等教育出版社，2016.

[7] 中国食品工业标准汇编．发酵制品卷（第二版）［M］．北京：中国标准出版社，2006.

[8] 中国食品工业标准汇编．食品添加剂卷（第三版）［M］．北京：中国标准出版社，2005.

[9] 张水华，于以刚．食品标准与法规［M］．北京：中国轻工业出版社，2010.

[10] 张克旭．氨基酸发酵工艺学［M］．北京：中国轻工业出版社，1993.

[11] 姜淑荣．发酵分析检验技术［M］．北京：化学工业出版社，2008.

[12] 林太凤等．氨基酸检测技术研究进展［J］．安徽农业科学，2015，18：16－19.

[13] 李彤等．高效液相色谱仪器系统［M］．北京：化学工业出版社，2006.

[14] 汪正范等．色谱联用技术（第二版）［M］．北京：化学工业出版社，2007.

[15] 尤新．玉米深加工技术（第二版）［M］．北京：中国轻工业出版社，2011.

[16] 陈宁．氨基酸工业学［M］．北京：中国轻工业出版社，2007.

[17] 刘文英．药物分析（第6版）［M］．北京：人民卫生出版社，2007.

[18] 于信令，林云芬编译．食品添加剂检验方法［M］．北京：中国轻工业出版社，1992.

[19] 董文宾．生物工程分析（第二版）［M］．北京：化学工业出版社，2009.

[20] 卫生部卫生监督中心卫生标准处．食品卫生标准及相关法规汇编［M］．北京：中国标准出版社，2005.

第九章　氨基酸清洁生产

第一节　清洁生产

由于工业生产规模不断扩大，工业污染、资源锐减、生态环境破坏日趋严重。20 世纪 70 年代人们开始广泛地关注由于工业飞速发展带来的一系列环境问题，采取了一些措施治理污染。一般采用的都是传统的末端治理方法。企业虽然在污染源排放口安置了治理污染物的设施，但是常常因为人力的短缺和较高的操作管理成本影响设施的使用和治理效率，加之管理的力度不够、执法不严导致一些废弃物直接排入环境。这样进行的环境保护污染治理工作，投入了大量的人力、物力、财力，结果并不十分理想。此时，人们意识到仅单纯地依靠末端治理已经不能有效地遏制环境的恶化，不能从根本上解决工业污染问题。环境恶化的问题得不到有效的解决，在相当大的程度上制约了经济的进一步发展。

高消耗是造成工业污染严重的主要原因之一，也是工业生产经济效益低下的一个至关重要的因素。在工业生产过程中的原料、水、能源等过量使用导致的结果是产生更多的废弃物，它们以水、气、渣的任何一种形式排放至环境，到了一定的程度就会造成对环境的污染。若是对废弃物进行末端处置，将要进行生产之外的投入，增加企业的生产成本。假如通过工业加工过程的转化，原料中的所有组分都能够变成我们需要的产品，那么就不会有废物排出，也就达到了原材料利用率的最佳化，达到经济效益和环境效益统一的目的。人们正在不断努力缩小实际与理论最佳点的距离，同时考虑其他费用成本的最小化问题。从生产工艺的观点来看，原料、能源、工艺技术、运行管理是对特定生产过程的投入，它是影响和决定这一特定过程产品和工业废物产出的要素，改变过程的投入，可以影响和改变产出，即产品和工业废弃物的收率、组成、数量和质量，从而减少废弃物的产生量。

早在 2002 年 6 月，我国就通过了《中华人民共和国清洁生产促进法》。2004 年 8 月，国家发展改革委、国家环保总局联合发布了《清洁生产审核暂行办法》。2015 年 5 月，国务院发布《中国制造 2025》，首次在国家正式文件中提出绿色工厂的概念，并明确提出要“建设绿色工厂，实现厂房集约化、原料无害化、生产洁净化、废物资源化、能源低碳化”将“绿色工厂”作为实施制造强国的战略任务和重点。《中共中央国务院关于开展质量提升行动的指导意见》提出，推行绿色制造，推广清洁高效生产工艺，降低产品制造能耗、物耗和水耗，提升终端用能产品能效、水效。加快建立统一的绿色产品标准、认证、标识体系。

据中国生物发酵产业协会统计，2018 年我国氨基酸行业总体运行情况良好，氨基酸发酵产品总产量约为 600 万 t，主导产品谷氨酸、赖氨酸、苏氨酸等生产状态基本稳定，其中味精 275 万 t，赖氨酸 246 万 t，苏氨酸 75 万 t，色氨酸 2.2 万 t，其他氨基酸 10 万 t。由此可见，目前我国氨基酸生产在国际上占有举足轻重的位置，已成为氨基酸产品名副其实的“世界工厂”。长期以来，我国氨基酸发酵行业仍延续粗放的发展模式，存在高投入、高消耗、高排放的特点，难以满足国家节能减排、绿色发展的需要，其中高端氨基酸绿色产品有效供给不足，严重限制了消费升级的需要和国际市场竞争力。氨基酸生产中排放的污染物主要有废水、废渣和废气。氨基酸企业是用水大户，产生大量废水，呈现“五高一低”综合特点，即高 COD_{cr}、高 BOD_5、高氨氮、高硫酸根、高菌体、低 pH。而废渣主要为原料处理后剩余的固体废弃物，长时间堆积会产生臭味，因此必须进行妥善处理。氨基酸生产工艺复杂、工序多、能耗高，其中蒸汽能耗约占综合能耗的 85%以上。在用水方面，主要存在发酵配料用水、发酵系统清洗用水和生产设备冷却水。由于国家节能减排的要求及氨基酸行业污染高、能耗高的特点，使得我国氨基酸行业的环境保护工作日益受到重视。各企业都采取了有效的治理措施，氨基酸生产工艺及节能减排工艺得到革新，氨基酸生产消耗和产品质量都发生了较大变化，但形势依然严峻，氨基酸生产企业需继续开展技术创新，带动全行业技术进步，进一步发展循环经济，节约资源，做到集约化、清洁化。

2018 年中国氨基酸产量已达 600 万 t，庞大的氨基酸产能伴随着诸多环境问题，生产过程伴随着大量废水、废渣和废气的产生。目前，氨基酸发酵生产主要采用玉米加工淀粉糖作为主要碳源，能够消耗国内庞大的玉米产量。同时，对水资源和能源消耗较大，国内大型氨基酸生产企业均建设于水资源相对丰富的地区，便利的水资源有利于生产用水的供给。由于氨基酸生产过程需要使用大量的蒸汽和电能，氨基酸生产企业较多辅助建设有热电厂或依附于热电厂而建。庞大的粮食、能源、电力和水资源的消耗已成为氨基酸行业的特征。如何高效利用粮、水、汽、电等资源，成为我国氨基酸行业发展面临的重大问题。

氨基酸生产过程中，伴随着微生物发酵产生的异味，烘干过程产生的气流会携带出产品异味和大量粉尘；氨基酸生产废水具有典型的高盐、高营养特性，这与发酵培养基的成分构成有关，发酵废液中存在较多离子成分，其中，以铵根、硫酸根、钠离子和钾离子等为主，同时，废液中含有部分粗蛋白、氨基酸等物质；固体物废弃主要为原辅料生产和加工过程残存的部分无利用价值或利用率较低的物质，例如淀粉糖加工产生的玉米浆、废活性炭等废物。如何合理处置“三废”，达到无害化排放或进一步开发“三废”的潜在价值，已成为氨基酸行业发展的重中之重。

清洁生产是指将综合预防的环境保护策略持续应用于生产过程和产品中，以期减少对人类和环境的风险。清洁生产从本质上来说，就是对生产过程与产品采取整体预防的环境策略，减少或者消除它们对人类及环境的可能危害，同时充分满足人类需要，使社会经济效益最大化的一种生产模式。清洁生产的定义包含了两个全过程控制：生产全过程和产品整个生命周期全过程。对生产过程而言，清洁生产包括节约原材料与能源，尽可能不用有毒原材料并在生产过程中减少它们的数量和毒性；对产品而言，则是从原材料获取到产品最终处置过程中，尽可能将对环境的影响减少到最低。清洁生产自诞生以来，经不断创新、丰富、发展成为国际环境保护的主流思想，有力地推动了世界各国的环境保护。

第二节　物料的高效利用

氨基酸发酵过程中需要消耗大量的原辅材料，如何利用好国民生产过程中产生的资源，对于提高氨基酸发酵产业的综合效能，实现氨基酸产业的持续健康发展具有巨大意义。

一、糖的高效利用

氨基酸发酵过程主要使用葡萄糖作为碳源进行好氧发酵。对氨基酸产品发酵而言，葡萄糖的高转化率将显著降低产品成本。随着淀粉糖生产用酶制剂的发展和制糖工艺的不断升级，淀粉糖化液中的葡萄糖含量由94%提高至目前的97%左右。淀粉糖化是多种酶制剂发生联合反应的过程，其最终目标为实现葡萄糖的高转化率。

玉米淀粉制糖已普遍采用双酶法，双酶法采用专一性较强的淀粉酶和复合糖化酶作为催化剂，将淀粉链中的糖苷键水解，采用双酶法具有副产物少、条件温和、设备要求低等特点。

玉米淀粉液化普遍采用耐酸 α -淀粉酶，采用耐酸 α -淀粉酶对于提高液化效率和提升糖化液 DX 值具有重要意义。主要原因如下。

（1）液化 pH 低，蛋白质凝聚效果好，不发酵性麦芽酮糖较少，与糖化 pH 差距较小，酸碱使用量少，减轻离子交换负荷。

（2）所需的钙离子浓度低，调浆配料环节无需添加氯化钙。

淀粉糖化环节普遍采用复合型糖化酶，其中，普鲁兰酶的添加能够显著提高糖化液的 DX 值，糖化过程伴随着糖化逆反应，合适的糖化加酶量和加酶周期对于糖化效果影响较大（表 9-1）。

表 9-1　　糖化周期和加酶量

糖化周期/h	30	35	40	50
加酶量/（mL/t 干基糖）	800±50	600±50	500±50	400±50
DX 值	>95	>95	>95	>95

注：复合糖化酶活性按 100000U/mL 计。

淀粉液化和糖化过程，伴随着糖渣蛋白的分解和凝聚，玉米淀粉乳中的蛋白类和脂肪类物质在液化糖化过程中变化较小，且脂肪类物质易被糖液中的蛋白絮凝物吸附，在后期板框过滤过程中一并去除。糖渣经过过滤处理后，含有糖类、蛋白和脂肪类，可用于动物饲料中的蛋白质添加物，也可进一步加工、发酵成菌体蛋白等。糖化液及糖糟的基本性质见表 9-2。

表 9-2　　糖化液及糖糟的基本性质

项目	指标
密度/(g/100mL)	111.71±0.41
锤度/°Bé	31.52±0.79
糟液体积比/%	13±1.48
水分/%	53.29±2.56
粗脂肪/%	37.66±1.52
蛋白质/%	19.79±1.61
灰分/%	4.50±1.50

注：粗脂肪、蛋白质及灰分含量均以干基计。

二、发酵液的高效利用

（一）菌体的利用

氨基酸发酵普遍采用大肠杆菌和谷氨酸棒杆菌。发酵结束后，发酵菌体的分离手段主要包括超滤法、离心分离法和絮凝沉降法。

1. 超滤法

膜过滤以压力差为推动力，根据膜层所能截留的最小粒子尺寸或相对分子质量大小，可区分为微孔膜过滤、超滤膜过滤和反渗透膜过滤 3 类。它们的区分是以膜的额定孔径范围作为区分标准，微滤（Microfiltration，MF）的额定孔径为 0.02～10μm，超滤（Ultrafiltration，UF）为 0.001～0.02μm，反渗透（Reverse osmosis，RO）为 0.0001～0.001μm。

超滤也称为错流过滤，是一个以压力驱动的膜分离过程，它利用多孔材料的拦截能力，将颗粒物质从流体及溶解组分中分离出来。超滤膜的典型孔径在 0.01～0.1μm，而细菌的直径均在微米级，因此，超滤能够去除菌体和料液中的大分子物质，有利于产品的分离提取。膜过滤系统通过泵压在膜的一侧施以适当压力，使小分子物质透过膜，截留下大分子物质。由此可知，超滤技术最适用于氨基酸发酵液中菌体和蛋白质溶质的分离和增浓，或采用其他分离技术所难以完成的胶状悬浮液的分离。

国内赖氨酸盐酸盐生产过程采用 50nm 陶瓷膜过滤菌体，发酵液中菌体、蛋白和部分大分子物质去除率达到 95%以上，膜浓相中含有菌体、蛋白质、赖氨酸、无机盐等大量营养物，通过浓度调配后，喷浆造粒成赖氨酸硫酸盐。

2. 离心分离法

高速离心分离法以高速离心分离设备利用菌体与溶液的密度差加以分离。采用离心分离机除菌分离效率高，处理能力大，能连续分离，完全适用于氨基酸发酵液除菌体的工业生产要求。该工艺能达到提取菌体和降低后续提取成本的双重作用，当然发酵液分离易损失发酵液。相较于超滤法，离心分离法几乎不损耗液碱等化学清洗消毒试剂，在能耗方面，离心法存在能耗较高的缺点。由于离心过程中无超滤法过程中带来的高热环境，发酵菌体在离心过程中能够较好保持较高的存活率，因此，采用离心菌体回用至发酵系统，具有减少物料损耗、提高糖酸转化率的优势。

3. 絮凝沉降法

絮凝沉降法是利用加入絮凝沉降剂使菌体成絮状基团，密度增大沉降下来。该技术的关键是找到合适的絮凝剂及相应的絮凝工艺条件。

絮凝是工业废水的主要处理方法，同时也是氨基酸发酵工艺过程中将产物和菌体分离的重要手段。目前所用的絮凝剂的种类包括无机絮凝剂（以铝盐和铁盐为主）、人工合成高分子絮凝剂和天然生物高分子絮凝剂。铝盐会影响人类健康；铁盐会造成处理水中带颜色，高浓度的铁也会对人类健康和生态环境产生不利影响。这些絮凝剂用于提取菌体蛋白时，即便是可以提取，但之后的产物也会因颜色、毒性等问题不能使用。由于沉降的菌体用于饲料，因此，絮凝法选择的絮凝剂要求无毒、无害、无异味。近年出现多种新型絮凝剂，能够满足安全、无毒的要求，但由于絮凝剂成本较高，因此絮凝沉降法的应用较少。

氨基酸发酵菌体含有丰富的蛋白质和其他营养物质，菌体蛋白主要有以下营养特点。

(1) 蛋白质含量高达70%，氨基酸的组成较为齐全，共有18种，其中必需氨基酸占40%左右，并且含有谷物中含量较少的赖氨酸。

(2) 菌体蛋白中还含有多种维生素、碳水化合物、脂类、矿物质，以及丰富的酶类和生物活性物质，如辅酶A、辅酶Q等。

目前，对于氨基酸发酵菌体的常规处理方式是将分离的菌体烘干作为蛋白饲料出售，或者将菌体作为饲料蛋白直接与氨基酸混合。发酵菌体中含有发酵过程中微生物所需的大量营养物质，如用于蛋白饲料不能完全体现其价值。近年来，利用氨基酸发酵菌体水解液回用至发酵系统的研究逐渐增多，通过多酶体系的联合作用，提高了水解率，并较好地保留原有营养。

姚菁华等以谷氨酸菌体蛋白为原料，经稀酸预处理，采用蛋白酶水解获得了复合氨基酸水解液。并采用正交试验确定最佳酶解条件为：底物质量比1∶30，温度40℃，初始pH7.5，加酶量4%，水解时间12h，此条件下谷氨酸菌体蛋白水解率为75.3%。水解液中含有17种氨基酸，其中必需氨基酸约占50%。

周大伟等采用响应面法对谷氨酸菌体蛋白的酶解条件进行优化，以蛋白水解度为参考指标，确定最佳酶解工艺为：底物浓度15%，pH4.0，水解温度50℃，酸性蛋白酶与β-葡聚糖酶的添加比例为3∶1，总加酶量为2%，水解时间10h，在此条件下蛋白水解度达到18.01%。

刘利锋等用谷氨酸菌体蛋白的酸水解液代替豆粕水解液发酵生产谷氨酸，经过实验，表明菌体蛋白水解液代替豆粕水解液后，对发酵产酸率和转化率没有太大影响，既降低了谷氨酸的生产成本，又解决了豆粕供应难及湿菌体销售困难的问题，为企业增加了经济效益。

(二) 氨基酸的高效分离

通常，氨基酸分离纯化的成本可以占到总成本的50%以上。几乎所有的氨基酸分离纯化工艺均利用了氨基酸在不同的pH时荷电不同这一特性。氨基酸的分离纯化方法主要有：沉淀法、离子交换法、萃取法和膜分离法等几种。

以赖氨酸的离子交换分离为例，从发酵液中提取赖氨酸，主要是为了使赖氨酸与发酵液中的糖、硫酸根、钙离子、镁离子、其他氨基酸、色素等杂质分离，从而提高赖氨酸的纯度。采用离子交换树脂吸附法，赖氨酸收率高、纯度好，该技术在绝大多数企业中得到了应用。离子形态会对强酸性阳离子交换树脂的吸附能力及选择性产生影响。赖氨酸在不同pH下存在4种离子形态，即Lys^{2+}、Lys^{+}、Lys^{0}和Lys^{-}，各种离子形态所占的比例随pH的分布如图9-1所示。

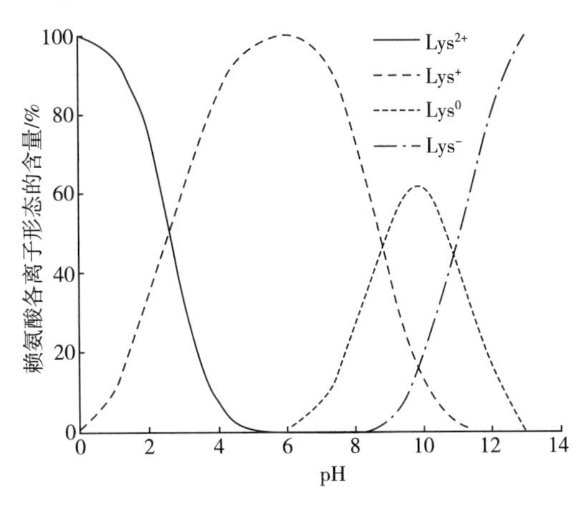

图9-1　赖氨酸各价态离子质量分数

研究人员针对强酸离子交换树脂和赖氨酸、无机离子之间对 H^+ 的离子交换反应的选择系数进行研究，树脂与 H^+ 之间的选择能力为参考，获得了不同电荷下赖氨酸、K^+ 和 NH_4^+ 与树脂的选择能力，见表 9-3。

表 9-3　　离子交换树脂选择系数

离子种类	对 H^+ 的选择系数/（g/cm³）
Lys^{2+}	5.0
Lys^+	0.75
NH_4^+	1.5
K^+	1.9

例如 K^+ 作为不纯物，假定的 Lys^{2+} 和作为不纯物的 K^+ 相比，持有 2.5 倍左右的选择系数。这将会把 Lys^{2+} 容易并尽可能多地从 K^+ 中提取精制出来。另外，Lys^{2+} 和 Lys^+ 相比，离子交换树脂中会被占有 2 倍的交换基团，结果平均每单位树脂量的生产能力下降 1/2，这样的分离效果和效率的相互影响的情况是很多的。因此，最佳操作条件的确定是非常必要的。为达到提高分离效率和树脂利用率，当上柱液中赖氨酸含量较高时，控制上柱液 pH3.5～4，由于赖氨酸的含量较高，一价赖氨酸阳离子具有较大的离子交换推动力，赖氨酸大量上柱，而其他有机杂质浓度低，不带净正电荷或虽带电荷（如其他碱性氨基酸），但浓度低，交换推动力小，处于竞争劣势，上柱量极少，从而得到很好的分离。当上柱液中赖氨酸含量较低时，调整 pH 至 1～1.5，赖氨酸以正二价形式与树脂间的吸附力增强，在二次上柱时，起到了分离效果，最终，实现流出液中赖氨酸含量非常低，高效分离的目的。

第三节　能量的阶梯利用

能量的阶梯利用包括按质用能和逐级多次利用两个方面。

（1）按质用能就是尽可能不使高质能量去做低质能量可完成的工作；在一定要用高温热源来加热时，也尽可能减少传热温差；在只有高温热源，又只需要低温加热的场合下，则应先用高温热源发电，再利用发电装置的低温余热加热，如热电联产。

（2）逐级多次利用就是高质能量的能量不一定要在一个设备或过程中全部用完，因为在使用高质能量的过程中，能量的温度是逐渐下降的（即能质下降），而每种设备在消耗能量时，总有一个最经济合理的使用温度范围。这样，当高质能量在一个装置中已降至经济适用范围以外时，即可转至另一个能够经济使用这种较低能质的装置中去使用，使总的能量利用率达到最高水平。

能量阶梯利用技术应用广泛。不同的企业对能量的等级要求是不一样的，可以根据各用能企业的能级需求的高低构成能量的阶梯利用关系，高能级热源经上一级生产单元使用后降为低能级热源，供给需求低的生产单元。能量的阶梯利用能够有效地满足各单元的用能需要，而不增加能量消耗，极大地提高能量利用率。

氨基酸生产过程伴随着大量的热量交换，其中，物料的灭菌过程、发酵降温过程、物料浓缩过程、产品的烘干过程等都伴随着大量的能量交换。能量的阶梯利用原理主要遵照的是能量在交换过程中减少能量主动或者被动散失的机会，通过对生产实际情况进行分析，对产生大量能量环节进行专项的优化和改善，实现能量利用率的最大化。

热力学三大定律为我们进行能量的合理利用提供了理论基础，而对于实际氨基酸工业化生产，则需要遵循“分配得当，各取所需，温度对口，阶梯利用”的原则。充分利用物料特性，合理调配生产工艺需求，达到能量交换高效进行、能量损失降低的效果。

（一）发酵过程的能量利用

氨基酸生产过程需要热量用于物料升温，这部分热量主要来源于蒸汽热能和机械热能，同时，氨基酸生产过程需要冷量用于物料降温，这部分冷量主要来源于降温水。对于发酵法生产氨基酸产品需将物料充分溶解。为保证物料在短时间内有效地溶解，一般将溶剂进行预热。氨基酸发酵生产过程中，发酵物料一般采用蒸发器冷凝水，或采用换热升温的降温水作为溶解水。氨基酸的发酵培养基经过热水溶解能够使培养基中物料混合均匀，尤其是糖类和酵母粉等物料，使培养基中无抱团和结块等影响灭菌效果的物料。物料溶解后通过喷射器与蒸汽混合喷射，进入高温维持罐，达到高温维持时间，完成灭菌。灭菌后物料与溶解后的物料进行热交换，降低物料温度，同时，升高溶解后物料与蒸汽的温度差，最后，灭菌后的物料与降温水完成最后的热量交换。以上过程尽量减少高温物料与低温物料的直接能量交换，采用阶梯式升降温控制方式，将物料的能量各取所需。发酵过程物料换热示意图如图 9-2 所示，换热前后物料温度情况见表 9-4。

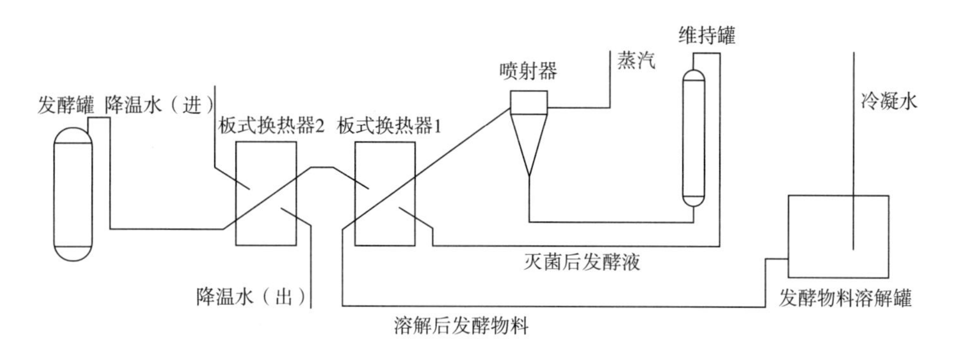

图 9-2　发酵过程物料换热示意图

表 9-4　　发酵过程换热前后物料温度情况

工艺节点	温度/℃
冷凝水/降温水	50～60
板式换热器 1 后发酵物料	＞90
喷射后发酵物料	＞115
维持罐出料	＞115
板式换热器 1 灭菌后发酵液	＜100
板式换热器 2 灭菌后发酵液	60～70
降温水进	＜30
降温水出	50～60

(1) 发酵物料通过采用冷凝水（55～65℃）将所有物料溶解后，通过连消泵推动，在板式换热器1处与自维持罐而来的灭菌后发酵液（>115℃）进行热交换，实现两种物料各自的温度升降需求，经过板式换热器1后，溶解后物料温度升至90℃以上，而灭菌后发酵液温度降至100℃以下，然后，溶解后物料与高温蒸汽喷射后，温度达到115℃以上，进入维持罐。

(2) 经过板式换热器1处理后的灭菌后发酵液，进入板式换热器2，与降温水进行进一步交换，使灭菌后发酵液温度降至60～70℃，进而进入发酵罐待用。

(3) 过程中的降温水通过板式换热器2后，可用于发酵物料的溶解。

(二) 浓缩过程的能量利用

浓缩蒸发过程是氨基酸生产工序中耗能较大的工序。通过使用蒸汽加热和真空的作用，降低物料的沸点，达到浓缩的目的，多效蒸发由于后效的加热使用前效的二次蒸汽，所以理论上效数越多越节约蒸汽，消耗的蒸汽与蒸发效数关系为（以水浓缩为例）：单效1.10，双效0.57，三效0.4，四效0.3，五效0.27，六效0.2，目前多效蒸发都在六效以内。多效蒸发是在真空条件下进行的，其真空度由真空泵或喷射泵来完成，单级泵的真空度一般为87%左右，水可蒸发的温度为51℃，若再降低温度，就得再加大真空度，势必造成用电量加大。若末效温度太高，由于较高温度的蒸汽要进入冷凝器冷却后排掉，会造成热量损失，加大循环冷却水的用量。所以，多效蒸发的效数主要取决于被蒸发物料最高加热温度和效与效之间的温度差。效与效之间的温度差要求不小于12℃，以保证每效的蒸发强度，温差太小，增加效数的节能不抵输送时散热损失。物料的加热温度取决于物料允许的加热温度和供应蒸汽的压力。

1. 多效蒸发工艺流程

多效蒸发工艺流程主要分为4种，不同工艺的特点见表9-5。

表9-5　多种进料方式的多效蒸发特点

流程	特点	耗能	使用情况
顺流	进料和蒸汽都是从一效到最后一效，流向相同	各效均需输料泵，能耗较大	物料温度高时有利，适宜处理高温下是热敏性的物料
逆流	进料从末效进入，蒸汽自一效进入，流向相反	各效均需输料泵，能耗较大	原料温度低时有利，适宜处理黏度随温度和浓度变化较大的溶液，而不宜处理热敏性溶液
平流	各效均有原料进入，且进入下一效进行闪蒸	各效不需输料泵，能耗低	适宜饱和溶液的蒸发，可同时浓缩两种或多种水溶液
混流	蒸汽由第一效进入，混合位置前后均可看作平流，而混合位置由顺流连接	仅混合位置需要供液泵，耗能较少	适用于最后一效由温度来控制结晶的系统

(1) 并流（顺流）法　被蒸发的物料与蒸汽的流动方向相同，即均由第一效顺序至末效。它主要用于来料温度较高，并且蒸发浓缩后的物料仍便于输送的情况下。例如糖厂清汁的蒸发，进料一般在第一效。作为多效蒸发第一效温度均较高，来料温度低，必须经过预热。再经第一效加热，水才能变成蒸汽被第二效利用，来料温度低，预热要消耗较多能源。所以不适于顺流法。

（2）逆流法　被蒸发的物料与蒸汽的流动方向相反，即加热蒸汽从第一效通入，二次蒸汽顺序至末效，而被蒸发的物料从末效进入，依次用泵送入前一效，最终的浓缩液从第一效排出。逆流法主要用于来料温度较低，要求出料温度较高的情况下。来料无须预热或少许预热即可蒸发，可以节约蒸汽用量，但物料需要泵来输送，用电量要增加一些。

（3）平流法　平流法是把原料液向每效加入，而浓缩液自每效放出的方式进行操作，溶液在各效的浓度均相同，而加热蒸汽的流向仍由第一效顺序至末效。此法由于高温物料热量未被充分利用，所以很少被利用。

（4）混流法　被蒸发的物料与蒸汽的流动方向有的效间相同，有的效间相反，可综合多种方式的优缺点。例如淀粉厂黄浆水的蒸发采用四效蒸发，物料流动为第四效-第一效-第三效-第二效，浓缩物由第二效排出。

2. 多效蒸发工艺的影响因素

氨基酸生产的多效蒸发工艺的确定主要与所处理物料的性质有关。物料的主要特性参数有密度、比热容、导热系数、黏度、沸点升高、焓值、表面张力、热敏性及腐蚀性等。其中密度、比热容、导热系数和黏度主要影响物料侧的传热系数，传热系数的不同会直接影响蒸发面积的选择。物料的表面张力主要影响物料的汽液分离过程和分离器直径和高度的选择。物料的沸点升高主要影响流程的选择、蒸发温度的选择、温度梯度分布和效数的选择，沸点升高比较高的物料，选择的效数不能太多，为了保证有足够的传热温差，需考虑设计为混流或其他流程。物料的黏度除了影响传热系数，还会对蒸发器型式的选择有影响。对浓度及黏度较高的物料，需选择强制循环或刮板式蒸发器，以防止物料流动速度慢发生结晶和堵塞。物料的热敏性要求物料在蒸发器中停留的时间要短，否则会使物料发生质变，因此需减少蒸发器的效数，减少物料在蒸发器中的循环时间。如果蒸发物料对最高或最低蒸发温度有要求，设计时一定要考虑蒸发温度、蒸发器型式及流程。物料的腐蚀性特别是物料在高温下的腐蚀性，是蒸发设备选材的一个重要因素。

3. 蒸汽再压缩技术

（1）热力蒸汽再压缩技术（TVR）　热力蒸汽再压缩技术属于热泵技术的一种，蒸发过程产生的二次蒸汽由于其能量的损耗，不能直接作为自身的热源，只能作为次效或次几效的热源。若作为本效热源则必须给予额外能量，增加蒸汽的温度和压力，提高热焓值。而热力蒸汽再压缩技术采用蒸汽喷射压缩器即可达到要求。蒸发沸腾后得到的低品位的二次蒸汽一部分在高压工作蒸汽的带动下进入喷射器混合，使得温度和压力升高后，重新进入蒸发器的加热室当作加热蒸汽使用，来加热料液。剩余的二次蒸汽则会进入冷凝器进行冷凝，从而达到节能的目的。从效能上来讲，相当于增加了一效蒸发器。因此，节能效果可达到60%左右，但蒸汽喷射压缩器只能压缩一部分二次蒸汽，还是会造成能量的损耗。

（2）机械蒸汽再压缩技术（MVR）　机械蒸汽再压缩技术的工作原理是：原料液经预热进入蒸发器中，蒸发沸腾产生二次蒸汽，经过分离器进行分离提纯后，进入蒸汽压缩机，使得二次蒸汽的温度、压力、热焓值得到大幅度的提升，得到的高品位的二次蒸汽可以重新进入蒸发器内替代新鲜蒸汽进行换热，于是除了启动该系统时需要通入一点蒸汽外，只要产生二次蒸汽，就可关闭新鲜蒸汽的加入，完全利用了二次蒸汽的全部能量。机械蒸汽再压缩技术节能效果明显，运行成本低。利用了二次蒸汽的潜热，设备一经启动，则不再需要新鲜蒸汽，只是需要一部分电能，从而使能耗大大降低。

第四节　水的高效循环利用

工业经济的发展离不开水资源的支撑。自改革开放以来，伴随着工业经济的发展，我国工业用水量迅速上升，至今经历了加速上升到减速上升的变化过程。然而水资源是有限的稀缺资源，我国更是严重的缺水国家，未来水资源很可能成为制约工业经济进一步发展的重要因素，所以，必须切实落实可持续发展理念，保障工业经济增长的同时节约利用水资源，实现工业用水的高效循环利用。

节约用水，本着一水多用、循环使用和废水回收利用的原则，进行工厂水务管理和水量平衡，根据不同用水性质合理供水和工艺水的回收使用或循环使用。截止至 2017 年 6 月，氨基酸发酵等与生物发酵类相关的产业均出台了相关取水定额标准，且随着国家对于环境保护力度进一步加大，如何实现水资源的高效循环利用已成为研究热点。

一、高水耗节点

（一）冷却水

在氨基酸发酵生产过程中需要将工艺物料的热量带走，而冷却剂主要是水。如氨基酸发酵过程中产生大量热量，导致发酵系统中温度上升，为维持合适的发酵温度，需要使用大量的降温水进行热量交换，这部分热量需及时排走。节能技术的不断改进和换热网络的普遍采用，使许多冷却过程改为工艺物料间的热量交换。尽管如此，冷凝冷却仍为氨基酸发酵生产中用水量最大的单元过程。目前，氨基酸生产上主要使用间壁式换热器，工艺物料与冷却水之间只有热量交换，在正常情况下，冷却下水仅仅提高了温度而化学成分不变，且冷却过程本身对水质要求也不太高，因此为循环使用冷却水创造了先决条件。

（二）锅炉给水

大型氨基酸发酵生产的主要热源为蒸汽。在加热、灭菌、蒸发、结晶、干燥等单元操作中，需要消耗大量的水蒸气。锅炉给水对水质的要求很高，对悬浮物、硬度等参数都有明确的许可范围。与冷凝冷却过程一样，生产所使用的水蒸气 70％～95％都是通过换热界面将热量传给工艺物料的，热量交换后，产生大量的冷凝水，因冷凝水含有部分热量，同时，其水质高于冷却循环水，因此将它回收利用既可节能又可节水，成为目前氨基酸行业和能源界讨论的热点。

（三）工艺用水

工艺用水是指为完成工艺过程所必须加入工艺系统内的那部分水，如配料水、离交用水等。由于工艺用水直接与工艺物料混合进入系统内，因此对水质的要求也较高，且不同的工艺过程对水质有不同的要求。如食品级氨基酸生产中离心过程的晶体洗涤水对水中所含杂菌就有严格要求。工艺水的去向主要有：

（1）与其他物料发生化学反应，如淀粉乳的液化和糖化。

（2）在生产固体产品时由干燥过程带入大气中。

（3）成为液体产品的溶剂。

（4）在生产过程中重新脱离系统被排放。这些排放的工艺废水虽经一定程度的净化，但总是带有一些工艺物料，会对环境造成污染，回收复用也有一定困难。

（四）非生产性用水

非生产性用水主要由冲洗用水、消防用水、生活用水等组成。在对氨基酸生产设备进行清洗、除垢、维修等作业时，在水溶性物料发生泄漏时，都需要用大量的水进行冲洗。发生火警时，则需用水进行灭火、降温。非生产性用水的特点是使用不连续，用量不定，用后一般直接进入地沟排放并带有污染，其污染物的组成亦不稳定。

二、节水减污措施

（一）循环水质量控制

采用循环冷却水，提高水的复用率。冷却水在氨基酸生产过程中仅仅是冷却剂，通过自身温度的升高把工艺物料的热量带走。循环水技术是将换热后的冷却下水收集起来，在凉水设备中经强制引风或自然通风降温后重复使用。目前循环水技术已广泛采用，效果良好。如赖氨酸生产厂中循环冷却水用量一般占全厂总用水量的85%以上。可以说，不采用循环冷却水技术，大部分生产企业（尤其是缺水地区）将无法生存。

1. 控制循环水水质，防止腐蚀和结垢

冷却水在循环系统中不断使用，由于水的温度升高，水流速度的变化，水的蒸发，各种无机离子和有机物的浓缩，冷却塔和冷水池在室外受到阳光照射、风吹雨淋、灰尘杂物的进入，以及设备结构和材料等多种因素的综合作用，产生较为严重沉积物附着、设备腐蚀和微生物的大量孳生。以上问题容易导致循环水的换热效率降低，导致能耗和水耗增大。因此，氨基酸生产厂家普遍根据循环水水质变化添加化学试剂。常用的工业循环水处理药剂有：阻垢剂、缓蚀剂、杀菌灭藻剂（水处理杀菌剂）、清洗剂、黏泥剥离剂、絮凝剂、混凝剂、分散剂等水处理药剂。

2. 选择合理的浓缩倍数

氨基酸生产厂普遍采用凉水塔作为凉水设备，这些凉水设备的共同特点是采用强制对流换热的形式，热量随着水蒸气的蒸发达到降温作用。水的蒸发导致各种无机离子和有机物的浓缩。浓缩倍数是循环水使用过程检测的主要指标。通过提高其浓缩倍数，以此减少整个系统的排污来降低补充水量，可以达到节水的目的。浓缩倍数增加，补充水和排污水量减少较少，可达到节水的目的。但是，随着浓缩倍数的增加，系统含盐量增加，也会增加循环水水质的结垢腐蚀倾向，加速微生物生长和生物黏泥的生成等，从而加大了水处理难度。综合考虑，一般认为浓缩倍数在3～5倍是经济合理的。由于各地区水质的不同，在控制浓缩倍数的过程中，应根据水质不同合理调控。

（二）工艺用水的合理使用

工艺水的添加更多的是用于溶解物料、调整物料浓度和洗涤清洗等工艺。通过分析氨基酸生产工艺各节点中工艺水的主要用途和生产目的，可将生产系统中的各工艺用水进行合理分配。生产系统中存在量较多的是生产冷凝水，主要为蒸发器冷凝水。蒸发器尤其是大型蒸发器，如大型多效降膜式蒸发器在生产过程中会产生大量的冷凝水，这些冷凝水携带着大量的热量，充分利用好这些余热可起到节能降耗的作用。

冷凝水中主要包括一次蒸汽及二次蒸汽的凝结水，其中也包含极微量的挥发性物质。这些凝结水的主要用途有3种。

（1）降膜式蒸发器产生的冷凝水可用于进效物料的预热，用过的冷凝水即可返回至锅炉或其他用途。也有单独利用大型蒸发器其中某一效（通常为一效）来对物料进行预加热，这一效通常是冷凝水温度最高、单排水量最大的，作为预加热热源最为理想。

(2) 氨基酸发酵生产过程中采用葡萄糖流加工艺，葡萄糖浓缩产生大量的冷凝水，这部分冷凝水中含有大量的热量，可用于发酵培养基的配制或淀粉乳调浆工艺水。

(3) 上述利用外，还可把冷凝水送回至暂存大储罐内作为清洗设备用。清洗的对象为蒸发器、喷雾干燥塔、各种罐及管道等。

(三) 废水的中水回用

中水是指生活和工业所排放的污水经过一定的技术处理后，达到一定的水质标准，可回用于水质要求不高的农业灌溉、城市景观、工业循环冷却水等。在生活污水方面一般称为再生水，在工厂方面则称为回用水。将采用中水处理后的污水用于冷却循环用水、清洗用水、生产工艺用水、产品用水等方面，可节约成本，降低污染。

中水处理技术是指根据目标污水中所含污染物的种类与多少、中水的用途及其水质标准来对工艺流程进行选择。一般来说，中水处理可分为物化处理和生物处理两个方面。

1. 物化处理技术

通常包括混凝沉淀、过滤、活性炭吸附和膜分离技术等。

(1) 混凝沉淀技术　以聚合铝、聚合铁和聚丙烯胺等混凝剂，通过沉淀和气浮混凝沉淀技术去除水中的悬浮杂质。

(2) 过滤技术　目前使用效果较好的滤料主要是石英砂（单层滤料）和石英砂无烟煤（双层滤料）。

(3) 活性炭吸附　活性炭对可溶解的有机物具有较好的吸附性，将活性炭罐装在中水处理过程的后部可以很好地改善出水的水质，但是活性炭容易达到吸附饱和，运行成本太高，因此应用不普及。

(4) 膜分离技术　膜分离技术具有许多优点，如操作简单、能耗低、分离效果好等。该技术主要包括纳米过滤、超滤、微滤、反渗透、电渗析等。目前，反渗透技术的应用最为普遍，能够去除水中总溶解性固体，还能降低矿化度。

2. 生物处理技术

生物处理技术是指采用微生物吸附法和氧化分解法来处理废水中的有机污染物。通常可分为好氧和厌氧两种处理技术，其中应用最广的是好氧生物处理技术。好氧生物处理技术中，微生物利用水中存在的有机污染物为底物进行好氧代谢，经过一系列的生化反应，逐级释放能量，最终以低能位的无机物稳定下来，达到无害化的要求，以便返回自然环境或进一步处理。

第五节　三废处理及清洁生产方案

随着我国氨基酸工业集约化程度和清洁生产水平日益提高，氨基酸生产企业普遍进行了清洁生产审核，有些企业在一些指标上甚至达到了国际清洁生产先进水平。但由于我国氨基酸的总产量过大和越来越严格的污水排放标准，尤其是增加了总氮排放指标，我国氨基酸工业的污染预防仍然任重道远，氨基酸发酵和提取过程的技术进步依然是整个氨基酸工业可持续发展的关键。限于篇幅，本节以味精生产为例进行介绍。

一、味精生产污染来源

味精生产工艺较为复杂，可总结为3个主要阶段，依次是：淀粉水解成葡萄糖、葡萄糖发酵（生成谷氨酸）、发酵液制备味精。其中葡萄糖发酵需要对溶解氧、温度和pH等重要参数进行控制，提高谷氨酸的产生量。味精制备则需要经过发酵液预处理，谷氨酸的提取、转型、中和、精制和味精结晶等过程。这3个阶段分别对应味精生产厂的糖化、发酵、提取和精制4个主要车间。味精生产工艺如图9-3所示。

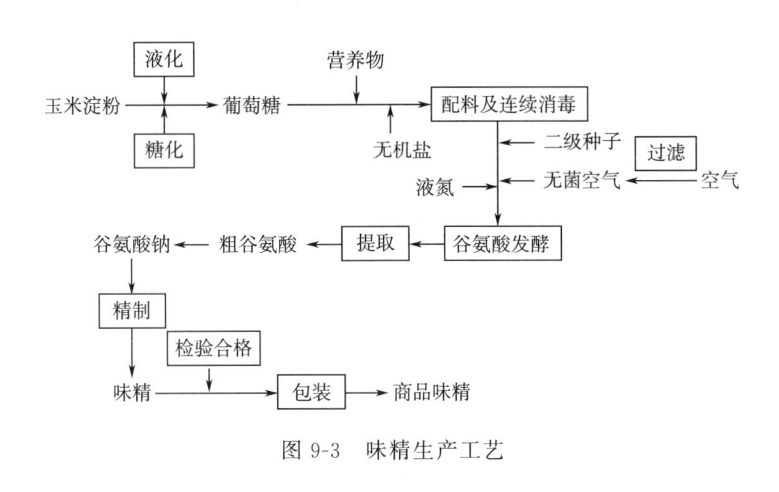

图9-3　味精生产工艺

（一）淀粉水解糖的制备

多数味精生产企业有淀粉生产车间，淀粉在高温加酸或在温和条件下加入的淀粉水解酶的作用下，其结构颗粒被破坏，α-1，4-糖苷键及α-1，6-糖苷键被切断，相对分子质量逐渐减少，先分解为糊精，再分解为麦芽糖，最后是葡萄糖。淀粉水解糖的制备方法有水解法、酸解法、酶酸法和双酶法4种，目前主要采取双酶法。该工艺液化和糖化（除了生产淀粉过程）一般不产生高浓度有机废水，外排的仅仅是冷却水和冲洗水，但板框除渣工艺过程会伴随着蛋白糖渣的产生。

（二）谷氨酸发酵

谷氨酸生产菌经过活化、一级种子、二级种子、三级种子扩大培养、接入发酵罐，在32～38℃，pH7.0左右的条件下，好氧发酵30h左右，制得谷氨酸发酵液。谷氨酸发酵液是谷氨酸生产菌以葡萄糖为碳源，经过糖酵解和三羧酸循环生成并在体外大量积累谷氨酸。谷氨酸是谷氨酸生产菌代谢调节异常化的产物，这种代谢异常化的菌种对环境条件十分敏感，不同的环境条件下，会产生不同量的菌体或得到不同的代谢产物，形成的废水成分也有较大的变化。

谷氨酸发酵过程中伴随着发酵洗涤用水、消罐废水、冷却水等废液，由于谷氨酸发酵为好氧发酵，发酵尾风中携带着微生物和发酵过程特有气味，属于生产废气，需严格控制，工业上常采用尾气洗涤塔处理。

（三）谷氨酸的提取与分离

由糖质原料转化为谷氨酸的发酵过程是一个复杂的生化反应过程。在发酵液中除含有溶解的谷氨酸外，还存在有菌体、残糖、色素、胶体物质和其他发酵产物。谷氨酸的分离提纯，通常是利用它的两性电解质性质、谷氨酸的溶解度、分子大小、吸附剂的作用以及谷氨酸的成盐作用等，将发酵液中的谷氨酸提取出来。目前提取谷氨酸的常用方法有浓缩等电点法等，为了提高收率，有的厂家还采用等电点-离子交换提取工艺。

谷氨酸提取与分离过程是工业三废的主要产生节点。在分离提取过程中废菌体的去除，会产生大量的菌体蛋白，菌体蛋白质营养丰富，具有极高的利用价值。味精废水的主要污染负荷来自于谷氨酸的提取与分离工艺，即离子交换尾液和离子交换树脂的洗涤及再生的废液，这一部分的废水包含高浓度的COD、硫酸根和气味。

（四）由谷氨酸精制味精

从发酵液提取的谷氨酸与适量的碱发生中和反应，生成谷氨酸一钠，其溶液经过脱色、除铁，除去部分杂质，最后通过减压浓缩、结晶分离，得到谷氨酸一钠晶体。该工艺废水主要是洗涤废水且浓度较低，污染不大。废气主要为成品干燥尾气，干燥尾气携带成品特有气味和部分微尘，需严格控制和回收。

由味精生产工艺可知，生产过程产生的废物主要是3类：第1类是废渣，第2类是废气，第3类是废液，分别来自以下途径。

（1）原料处理后剩下的废渣（煤渣、糖渣、活性炭、助滤剂）与活性污泥。

（2）发酵液经提取谷氨酸后废母液或离子交换尾液（高浓度有机废水）。

（3）生产过程中各种设备的洗涤水（中浓度有机废水）。

（4）离子交换树脂洗涤与再生废水（中浓度有机废水）。

（5）液化、糖化至发酵等各阶段的冷却水和冷凝水（低浓度有机废水）。

（6）锅炉尾气（含二氧化硫等有害气体）。

（7）发酵尾气（含发酵异味和氨味）。

（8）造粒和烘干热尾气。

二、废弃物处理

（一）废渣的处理

废渣主要包含如下几类物质。

（1）锅炉燃烧煤产生的煤渣和锅炉燃烧煤后产生的烟气经过除尘装置处理后得到粉尘颗粒，上述两种固体废物由专业公司运走，用来制造建筑材料（水泥、砖或用作修公路的路基的填充材料）。

（2）糖化工序　生产葡萄糖过程中添加少量助滤剂（珍珠岩）进行过滤后得到糖渣卖给饲料生产厂家作复合饲料的添加物。

（3）精制中和工序　对粗谷氨酸进行中和脱色过程中对料液加入活性炭进行吸附脱色，经过滤后得到活性炭渣卖给活性炭生产厂家进行回收再生制得活性炭。活性炭复性工艺见表9-6。

表9-6　活性炭复性工艺

步骤顺序	步骤名称	处理内容
1	脱水	通过机械物理作用将活性炭表面的水分除掉
2	烘干	100℃蒸发孔隙水，少量低沸点的有机物也会被气化

续表

步骤顺序	步骤名称	处理内容
3	低温分离	在约350℃时加热活性炭，使其中的低沸点有机物被分离
4	高温炭化	800℃加热，使多数有机物分解，或以固定碳的形态残留下来
5	活化	1000℃加热，使残留炭被水蒸气、二氧化碳或氧气等分解

(4) 在污水站对低浓度污水进行生物处理过程中，利用活性污泥进行好氧处理，降低污水中的COD及氨氮含量，使其能达标排放，在污水处理过程中有部分多余的活性污泥，经过压滤后得到的滤渣由专业的清洁公司运到垃圾填埋场进行无公害的填埋处理。同时，污泥的含水率高达99%，其总氮含量约为0.5%，经过污泥重力浓缩池后，污泥的含水率降至95%以下，pH5～6，密度为2.36g/cm^3。根据污泥的理化性质以及其中的较高含氮量，资源化处理混合高浓度有机废水制复混肥的技术是最为合理的，既实现了污泥的无害化处理，又达到了变废为宝的可持续发展的目标，其工艺如图9-4所示。

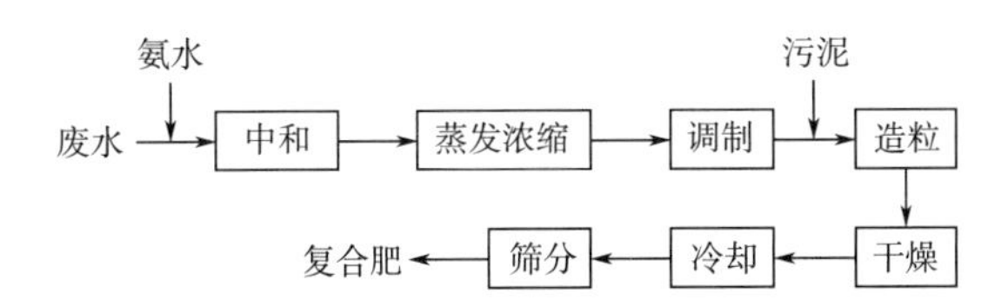

图9-4 活性污泥混合高浓度有机废水制复混肥

其主要生产设备采用喷浆造粒干燥机，它把传统的喷浆、造粒、干燥等工序设在同一设备中完成。这种喷浆造粒干燥机产量大、效率高、能耗低、操作弹性强、占地面积少，简化工艺流程。

（二）废气的处理

废气主要有4类。

(1) 谷氨酸发酵罐在好氧发酵过程中产生的废气 此废气主要有二氧化碳、氨气等。利用氨易溶于水的原理，在发酵罐排气管的末端加装水喷淋系统及旋风分离装置，使氨气溶解于水后经旋风分离器进行气液分离，分离出来的气体经消毒后排入大气中。而含有氨的水可回收到连消工序，作配料定容调pH使用，以减少烧碱的用量。

(2) 高浓度有机废水治理过程中的菌体蛋白干燥产生的废气 此废气中含有微量的颗粒及水蒸气。干燥蛋白饲料过程中产生的废气含有水蒸气及蛋白饲料颗粒，可以在每台干燥机的顶部安装一根吸风管，将每台干燥机在生产过程中产生的废气集中收集。在总收集管道上安装两级水喷淋系统进行喷淋水除尘，再经过旋风分离器进行气液分离。分离的气体排入大气中，而含有蛋白饲料颗粒的水回收到菌体糊罐中，与菌体糊一起经干燥机进行干燥生产饲料蛋白，基本杜绝饲料蛋白的粉尘污染环境。

(3) 锅炉燃烧煤时产生的烟气及二氧化硫等气体 可利用干式机械除尘及湿式除尘相结合的方法对烟气进行处理，回收锅炉烟气中颗粒物质（煤粉及煤灰等物质），用作建筑材料。干式机械除尘装置包括静电布袋除尘器及旋风分离器及高烟囱，湿式除尘是利用麻石水膜喷淋除尘装置进行除尘。关于二氧化硫的治理，一方面是在煤中加入专用高效脱硫剂，减少煤在燃烧过程产生二氧化硫的数量。另一方面是在出烟通道安装专用的湿式脱硫装置，对锅炉烟气进行脱硫处理。通过喷淋石灰乳，利用其中的氧化钙与二氧化硫进行化学反应来吸收二氧化硫，形成硫酸钙沉淀物，然后由专业清洁公司运走废渣做环保处理。

（4）国内一些味精厂利用高浓度有机废水制取复合肥，其主要工艺为“喷浆造粒”（图 9-5）。在此过程中，喷浆造粒机要排出大量的有刺激性气味特征的废气，废气由于 pH 低（<3.0），在大气中易形成酸雾或酸雨对环境造成危害。对废气采用重力沉降作用，让废气进入旋风分离设备，将大部分烟尘和复合肥微粒从烟气中分离出系统，除尘后尾气经过二级洗涤排放。其中采用清洗四效浓缩器的废碱水经稀释后作为洗涤水，来中和尾气的低 pH，从而减少或消除废气排放形成的酸液对环境的危害。

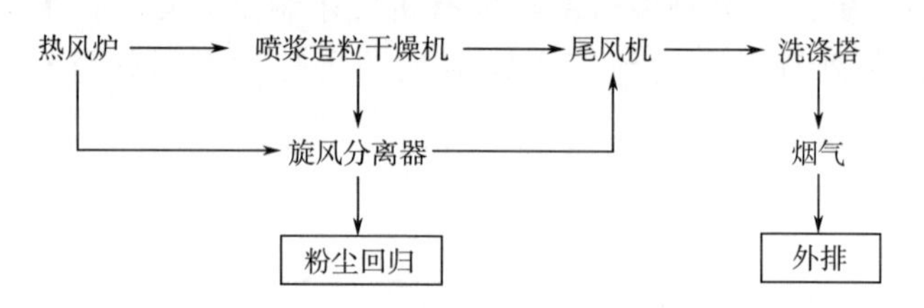

图 9-5　复合肥喷浆造粒尾气处理工艺

（三）废水的处理

味精废水主要分为 3 类：①高浓度有机废水；②中浓度废水；③低浓度废水，其性质如表 9-7 所示。

表 9-7　味精不同种类废水成分

污染物分类	pH	COD/(mg/L)	BOD/(mg/L)	ρ（SS）/(mg/L)	$\rho(NH_3-N)$/(mg/L)	排放量/(t/t 味精)
高浓度（离子交换尾液或发酵废母液）	1.8～3.2	30000～70000	20000～42000	12000～20000	500～7000	15～20
中浓度（洗涤水、冲洗水）	3.5～4.5	1000～2000	600～1200	150～250	0.2～0.5	100～250
低浓度（冷却水、冷凝水）	6.5～7	100～500	60～300	60～150	1.5～3.5	100～200
综合废水（排放口）	4～5	1000～4500	500～3000	140～150	0.2～0.5	300～500

中、低浓度有机废水 COD、BOD 和铵离子等指标较低，此部分水若不加以处理排入江河中，会使江河水质变差，浑浊度升高，江河水含营养物升高，水体含氧浓度降低，对水中生物造成一定的影响，甚至有部分死亡，对环境有一定的危害。中低浓度污水必须经过污水处理后，符合国家环保部门的相关排放标准后才能排放。

为了体现清洁生产的精神和要求，国内部分味精生产企业尝试对达标排放污水进行深度处理后，实现废水循环利用，使其可用于生产冷却水、日用水等用途，并取得了一定的成效。例如，有些味精生产企业采用“双膜法”水处理工艺，即连续流微滤与反渗透组合污水深度处理工艺，对达标排放的污水经深度处理后回用到生产中去，“双膜法”污水深度处理回用技术工艺流程如图 9-6 所示。

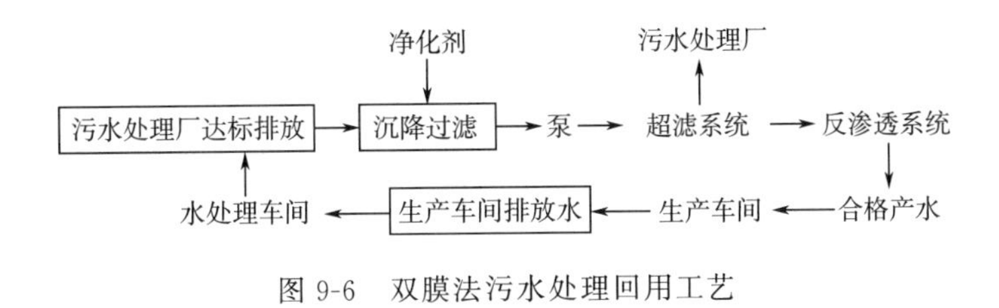

图 9-6　双膜法污水处理回用工艺

（四）有机废水综合利用

在味精生产的废水中，高浓度的有机废水最难处理，但也是最有回收利用价值的。谷氨酸提取后分离的尾液属于高浓度废水，其 COD 浓度达 40000mg/L、氨氮浓度近 12000mg/L、SS 浓度约为 12000mg/L、SO_4^{2-} 浓度近 8000mg/L，pH 仅为 1.8～3.2，根本无法直接进行废水末端处理。由于其中含有残糖、菌体蛋白、氨基酸、铵盐、硫酸盐等，因此具有较高的资源综合利用价值。目前，味精企业都对其进行了回收利用，并成为其生产工艺的组成部分和效益增长点。

1. 资源回收利用

在高浓废水菌体蛋白的回收方面，通过絮凝气浮法先提取其中高附加值的菌体蛋白，是很多味精生产企业的普遍做法，同时可降低废水中 COD 浓度近 50%，SS 近 90%。此外，由于分离尾液中的硫酸盐和铵盐浓度较高，通过浓缩连续结晶工艺生产硫酸铵肥料已被众多味精生产企业所采纳。喷浆造粒工艺也是目前味精生产企业普遍采用的一种尾液资源化利用方法，即先将分离尾液浓缩到可溶性固形物质量分数达 20%以上，再利用高温烟道气喷浆造粒，将分离尾液的干固物全部转化为有机肥。但该工艺会带来二次大气污染，需增加污染治理设施。通过絮凝气浮回收菌体蛋白、浓缩结晶生产硫酸铵与尾液喷浆造粒制备复合肥 3 种技术的组合应用研究，可以实现废水资源综合利用的效益最大化。江南大学和山东菱花集团合作开发的开环式清洁工艺则是在絮凝气浮回收菌体蛋白、浓缩结晶生产硫酸铵的基础上，将剩余脱盐液进行低温造粒烘干制取复合肥，并将蒸发冷凝水回用于谷氨酸发酵过程，既无废水也无废气产生。此外，赵春静提出采用热变性技术絮凝气浮法分离谷氨酸废液菌体蛋白（图 9-7），通过对比发现，热变性技术能够节省 12kg 聚丙烯酰胺絮凝剂/t 干菌体，蛋白回收率达到 95%以上。

2. 生产有机肥料

将味精离子交换尾液（6°Bé、pH1.5～2）泵入贮池，经一定时间自然发酵，消化分解后，加液氨，调 pH5～6（避免设备腐蚀和提高肥效）。进入四效浓缩系统，浓缩液达 35°Bé、pH4.5 即可作为液态肥料，也可进一步干燥成颗粒肥。由于蒸发浓缩过程中加热会出现氨挥发，使 pH 降低，因此，真空浓缩系统需要采用不锈钢材质，以延长设备寿命。味精离子交换尾液浓缩生产有机肥料工艺如图 9-8 所示。

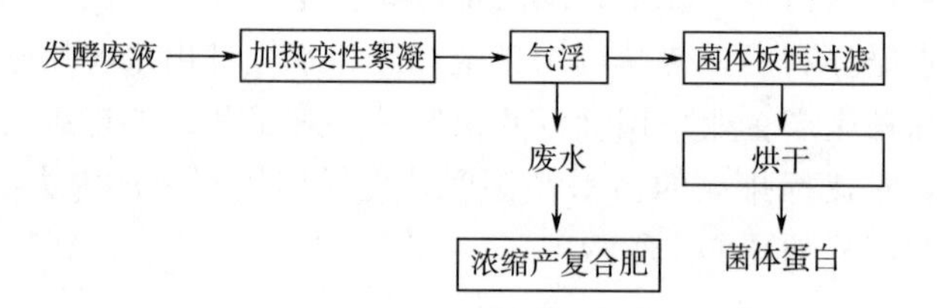

图 9-7　热变性气浮分离谷氨酸废液菌体蛋白工艺

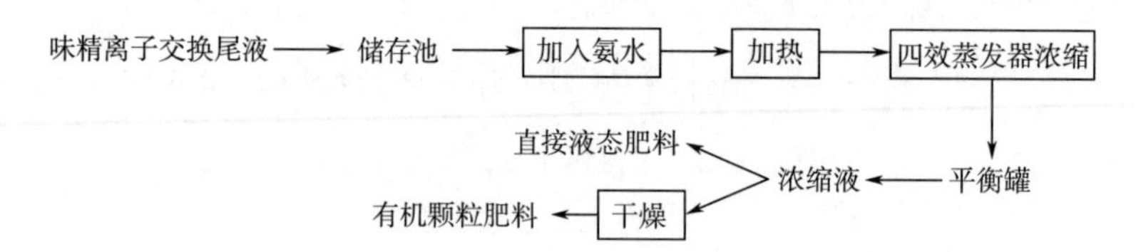

图 9-8　味精离子交换尾液浓缩生产有机肥料工艺

该工艺的主要技术参数如下。

（1）加热器　加热器各级温度见表 9-8。

表 9-8　　加热器各级温度

项目	一级	二级	三级	四级
温度/℃	30～45	45～60	60～80	80～99.5

（2）多效蒸发器　四效真空蒸发器的主要技术参数见表 9-9。

表 9-9　　四效真空蒸发器的主要技术参数

工艺指标	Ⅰ	Ⅱ	Ⅲ	Ⅳ
加热蒸汽温度/℃	110	97	85	71.5
加热蒸汽压力/MPa	0.146	0.0927	0.0589	0.0339
蒸汽温度/℃	98	86	72.5	52
蒸汽压力/MPa	0.0962	0.0163	0.0354	0.0139
沸腾温度/℃	99	88.5	76.5	63

有些味精生产企业采用发酵液除菌体浓缩等电点法提取谷氨酸，浓缩废母液生产有机复合肥料工艺（图 9-9），该工艺有以下特点。

①避免菌体及破裂后的残片释放出胶蛋白、核蛋白和核糖核酸，影响谷氨酸的提取与精制，同时菌体蛋白粉（含蛋白质 70%左右）是一种经济价值与饲料价值很高的饲料添加剂。

②将发酵液除菌体与浓缩，均能提高谷氨酸提取率与精制得率。

③除菌体浓缩等电点提取工艺使废母液浓度提高，有利于继续中和生产有机复合肥料，从而彻底消除污染。

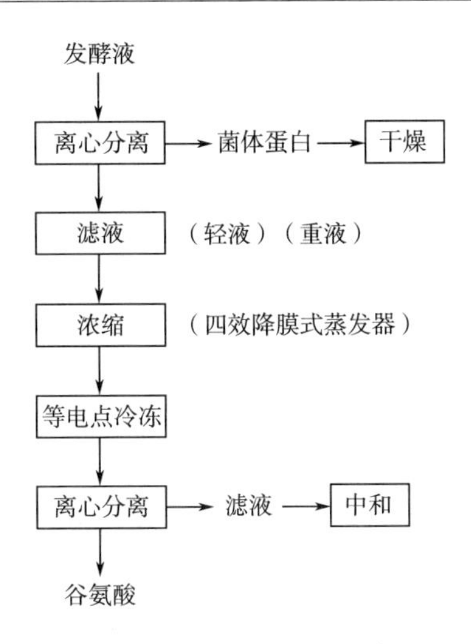

图 9-9　浓缩废母液生产有机复合肥料工艺

3. 生产饲料酵母

谷氨酸发酵废母液中含有丰富的有机物，很适合微生物生长。利用味精废水生产饲料蛋白，既可将废水 COD 和 BOD 降低 60%～80%，减少对环境的污染，又能变废为宝，每 3t 味精所排放的废水可生产 1t 干酵母。利用谷氨酸发酵废母液生产饲料酵母的生产工艺特别适合于采用冷冻提取工艺的谷氨酸发酵母液（主要成分见表 9-10）。发酵废母液生产饲料酵母的工艺流程如图 9-10 所示。生产酵母的二次废水 COD 较原母液下降 40%左右，如何进一步处理是本工艺亟待解决的问题。

表 9-10　谷氨酸发酵废母液（冷冻提取工艺）的主要成分

项目	分析值	项目	分析值
波美度/°Bé	<5.0	COD/（mg/L）	80000
pH	3.0	BOD/（mg/L）	27600
还原糖含量/%	<1.0	悬浮物量/%	1.5
谷氨酸含量/%	<1.5	氨氮量/（mg/L）	6988.7

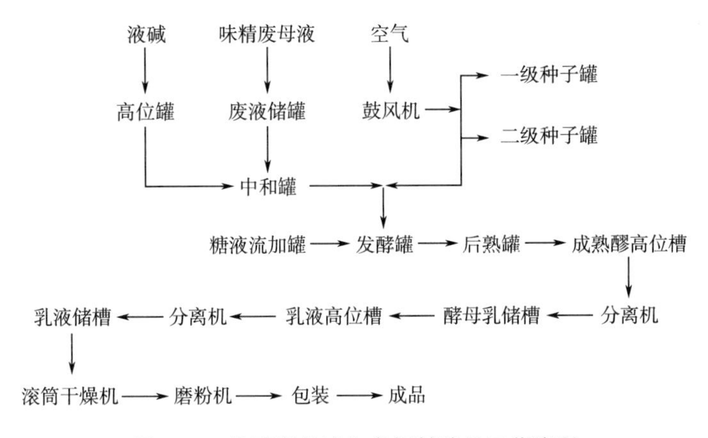

图 9-10　发酵废母液生产饲料酵母工艺流程

发酵废母液生产饲料酵母工艺的主要技术指标如下。

①发酵液菌体浓度（干基）约 20kg/t 废液。

②稀释率 0.15/h。

③废水中有机质去除率 60％左右。

④废水中残糖去除率 80％左右。

⑤废水中有机氮去除率 40％～60％。

⑥pH3.2～6。

⑦粗蛋白含量 500kg/t 饲料酵母。

4. 厌氧处理副产甲烷

应用厌氧发酵处理味精废水是目前味精废水处理领域的研究热点。厌氧处理可除去味精废水中 COD 和 BOD 达 90％以上，又能获得沼气（甲烷含量 66％以上），提高能源。每处理 1t 味精废水能产生 $15m^3$ 沼气，具有一定的经济效益。

参考文献

［1］周中平，赵毅红，朱慎林．清洁生产工艺及应用实例［M］．北京：化学工业出版社，2002.

［2］周勇．赖氨酸发酵清液 pH 值对离子交换树脂吸附的影响［J］．粮食与食品工业，2014，1：15－17.

［3］陈晓庆，卢奇，陆丽丽，等．多效蒸发系统影响因素分析［J］．石油化工设备，2015，44（s1）：64－67.

［4］李伟，朱曼利，洪厚胜．机械蒸汽再压缩技术（MVR）研究现状［J］．现代化工，2016，36（11）：28－31.

［5］赵萌．高浓度味精废水和剩余污泥的资源化研究［D］．黑龙江：哈尔滨工业大学，2007.

［6］陈思杰．味精清洁生产管理研究［D］．天津：天津大学，2008.

［7］成应向．味精废水的微生物降解及其处理工艺的研究［D］．成都：中国科学院成都生物研究所，2001.

［8］董力青，黄敏，曾凤彩．谷氨酸发酵废液中菌体蛋白的应用进展［J］．发酵科技通讯．2013，1：49－50.

［9］李平凡，邓毛程．调味品生产技术［M］．北京：中国轻工业出版社，2013.

附录　氨基酸相关国家标准及团体标准

附录一　氨基酸产品分类导则（GB/T 32687—2016）

1. 范围

本标准规定了氨基酸产品的术语、定义和分类。

本标准适用于氨基酸产品的生产、销售、应用、科研、教学及其他相关领域。

2. 规范性引用文件

下列文件对于本文件的应用是必不可少的。凡是注日期的引用文件，仅所注日期的版本适用于本文件。凡是不注日期的引用文件，其最新版本（包括所有的修改单）适用于本文件。

GB/T 15091 食品工业基本术语。

3. 术语和定义

GB/T 15091 界定的以及下列术语和定义适用于本文件。

3.1

氨基酸产品 amino acid product

是指氨基酸、氨基酸盐、氨基酸螯合物、氨基酸衍生物、小肽及聚氨基酸产品的统称。

3.2

氨基酸 amino acid

含有氨基和羧基的一类有机化合物的通称，通式为：$H_2NCHRCOOH$。

3.3

蛋白质氨基酸 proteinogenic amino acid

组成蛋白质的基本单位且由密码子编码的氨基酸，除脯氨酸外均为α-氨基酸。

3.4

非蛋白质氨基酸 non-proteinogenic amino acid

除蛋白质氨基酸以外的氨基酸，不由密码子编码。

3.5

脂肪族氨基酸 aliphatic amino acid

侧链 R 基为脂肪族基团的蛋白质氨基酸。

3.6

芳香族氨基酸 aromatic amino acid

侧链 R 基为芳香族基团的蛋白质氨基酸。

3.7

杂环族氨基酸 heterocyclic amino acid

侧链 R 基为咪唑环或吲哚环的蛋白质氨基酸。

3.8

杂环亚氨基酸 heterocyclic imino acid

含有亚氨基且侧链 R 基为吡咯环的蛋白质氨基酸。

3.9

非极性氨基酸 nonpolar amino acid

侧链 R 基为非极性基团的蛋白质氨基酸。

3.10

极性氨基酸 polar amino acid

侧链 R 基为极性基团的蛋白质氨基酸。根据 pH 7.0 时 R 基是否电离及其所带电荷，可分为极性不带电荷氨基酸、极性带正电荷氨基酸以及极性带负电荷氨基酸。

3.11

必需氨基酸 essential amino acid

人（或其他脊椎动物）自身不能合成，必须由食物供给的蛋白质氨基酸。

3.12

条件必需氨基酸 conditionally essential amino acid

半必需氨基酸 semi - essential amino acid

特定条件下，人（或其他脊椎动物）能够合成但不能满足正常需要的蛋白质氨基酸。

3.13

非必需氨基酸 nonessential amino acid

人（或其他脊椎动物）能够自身合成、无需从食物中获取的蛋白质氨基酸。

3.14

氨基酸衍生物 amino acid derivatives

由氨基酸通过一系列反应化合而成的物质。

3.15

肽 peptide

两个或多个氨基酸分子脱水缩合后经肽键连接而成的化合物。

3.16

小肽 small peptide

含有少于 10 个氨基酸残基的肽。

3.17

聚氨基酸 polyamino acid

由一种或几种氨基酸通过肽链连接而成的聚合物。

3.18

氨基酸盐 amino acid salt

氨基酸的氨基或羧基分别与酸或碱反应形成的盐类物质。

3.19

氨基酸复合盐 amino acid compound salt

一个氨基酸分子与另一个氨基酸分子（或羧酸分子）通过离子键形成的化合物。

3.20

氨基酸螯合物 amino acid chelate

一个或多个氨基酸分子与金属离子发生配位反应形成的化合物。

4. 分类

4.1　按产品的性质或属性分类

见表1。

表1　　按产品性质或属性分类表

<table>
<tr><th colspan="5">分类</th><th>说明</th><th>产品示例</th></tr>
<tr><td rowspan="10">氨基酸</td><td rowspan="10">按来源</td><td rowspan="9">蛋白质氨基酸</td><td rowspan="4">按侧链R基化学结构分类</td><td>脂肪族氨基酸</td><td>—</td><td>例如：丙氨酸、缬氨酸、亮氨酸、异亮氨酸、甲硫氨酸（蛋氨酸）、天冬氨酸、谷氨酸、赖氨酸、精氨酸、甘氨酸、丝氨酸、苏氨酸、半胱氨酸、天冬酰胺、谷氨酰胺</td></tr>
<tr><td>芳香族氨基酸</td><td>—</td><td>例如：苯丙氨酸、酪氨酸、色氨酸</td></tr>
<tr><td>杂环族氨基酸</td><td>—</td><td>例如：组氨酸</td></tr>
<tr><td>杂环亚氨基酸</td><td>—</td><td>例如：脯氨酸</td></tr>
<tr><td rowspan="2">按侧链R基的极性分类</td><td>非极性R基氨基酸</td><td>—</td><td>例如：丙氨酸、缬氨酸、亮氨酸、异亮氨酸、脯氨酸、苯丙氨酸、色氨酸、甲硫氨酸（蛋氨酸）</td></tr>
<tr><td>极性R基氨基酸</td><td>—</td><td>例如：甘氨酸、丝氨酸、苏氨酸、半胱氨酸、酪氨酸、天冬酰胺、谷氨酰胺、赖氨酸、精氨酸、组氨酸、天冬氨酸、谷氨酸</td></tr>
<tr><td rowspan="3">按营养学分类</td><td>必需氨基酸</td><td>—</td><td>例如：赖氨酸、色氨酸、苯丙氨酸、甲硫氨酸（蛋氨酸）、苏氨酸、异亮氨酸、亮氨酸、缬氨酸</td></tr>
<tr><td>半必需氨基酸（条件必需氨基酸）</td><td>—</td><td>例如：精氨酸、组氨酸、谷氨酰胺等</td></tr>
<tr><td>非必需氨基酸</td><td>—</td><td>例如：甘氨酸、丙氨酸、脯氨酸、酪氨酸、丝氨酸、半胱氨酸、天冬酰胺、天冬氨酸、谷氨酸</td></tr>
<tr><td>非蛋白质氨基酸</td><td>—</td><td>—</td><td>D-氨基酸或β、γ、δ-氨基酸。</td><td>例如：瓜氨酸、鸟氨酸、茶氨酸、β-丙氨酸、γ-氨基丁酸、5-氨基乙酰丙酸等</td></tr>
</table>

续表

分类					说明	产品示例
氨基酸	按构型	无旋光性氨基酸	—	—	—	例如：甘氨酸
		左旋氨基酸（L-）	—	—	—	例如：L-苯丙氨酸、L-丙氨酸、L-色氨酸、L-酪氨酸、L-组氨酸、L-精氨酸、L-天冬氨酸、L-谷氨酸、L-异亮氨酸、L-亮氨酸、L-甲硫氨酸（蛋氨酸）、L-脯氨酸、L-丝氨酸、L-苏氨酸、L-缬氨酸等
		右旋氨基酸（D-）	—	—	—	例如：D-苯丙氨酸、D-丙氨酸、D-色氨酸、D-酪氨酸、D-组氨酸、D-精氨酸、D-天冬氨酸、D-谷氨酸、D-异亮氨酸、D-亮氨酸、D-甲硫氨酸（蛋氨酸）、D-脯氨酸、D-丝氨酸、D-苏氨酸、D-缬氨酸、D-胱氨酸等
		混旋氨基酸（DL-）	—	—	—	例如：DL-甲硫氨酸（蛋氨酸）、DL-色氨酸、DL-丝氨酸、DL-精氨酸、DL-亮氨酸、DL-苯丙氨酸、DL-天冬酰胺、DL-丙氨酸、DL-酪氨酸、DL-脯氨酸、DL-胱氨酸、DL-组氨酸、DL-天冬氨酸、DL-谷氨酰胺等
	按氨基在碳原子的位置	α-氨基酸	—	—	—	例如：甘氨酸、丙氨酸、亮氨酸、异亮氨酸、缬氨酸、胱氨酸、半胱氨酸、甲硫氨酸、苏氨酸、丝氨酸、苯丙氨酸、酪氨酸、色氨酸、鸟氨酸、瓜氨酸等
		β-氨基酸	—	—	—	例如：β-苯丙氨酸、β-丙氨酸、β-丙氨酰胺、β-硫代正亮氨酸等
		γ-氨基酸	—	—	—	例如：γ-氨基丁酸等
		δ-氨基酸	—	—	—	例如：5-氨基戊酸等
氨基酸盐	氨基酸盐	—	—	—	—	例如：赖氨酸盐酸盐、精氨酸盐酸盐、鸟氨酸盐酸盐、醋酸赖氨酸、半胱氨酸盐酸盐、组氨酸盐酸盐、谷氨酸钠、赖氨酸硫酸盐等
	氨基酸复合盐	—	—	—	—	例如：门冬氨酸鸟氨酸等
氨基酸衍生物	酰化氨基酸衍生物	—	—	—	—	例如：*N*-乙酰甘氨酸、*N*-乙酰丙氨酸、*N*-乙酰色氨酸、褪黑素等
	酯化氨基酸衍生物	—	—	—	—	例如：甘氨酸乙酯、亮氨酸甲酯等

续表

分类					说明	产品示例
氨基酸衍生物	其他	—	—	—	—	例如：γ-丁内酰胺、三甲基甘氨酸、S-腺苷蛋氨酸、羟脯氨酸、羧甲基半胱氨酸、酮酸等
氨基酸螯合物	—	—	—	—	—	例如：门冬氨酸鸟氨酸等
小肽	—	—	—	—	—	例如：谷胱甘肽、丙谷二肽等
聚氨基酸	—	—	—	—	—	例如：聚谷氨酸、聚赖氨酸、聚精氨酸等

4.2　按生产工艺分类

见表2。

表2　　按生产工艺分类表

分类		说明	产品示例
发酵法	—	利用选育得到的、能够过量合成某种氨基酸的微生物细胞进行发酵获得目的氨基酸的方法	例如：L-谷氨酸、L-赖氨酸、L-苏氨酸、L-色氨酸等
酶法	酶催化法	利用特定的酶作为催化剂，使底物经过酶催化生成目的氨基酸的方法	例如：L-瓜氨酸、L-鸟氨酸、L-天冬氨酸等
	全细胞催化法	利用微生物细胞内的酶（系）将前体物转变成目的氨基酸的方法	例如：γ-氨基丁酸、L-半胱氨酸等
蛋白质水解法	—	以植物、动物等天然蛋白质为原料，通过酸、碱或酶水解（或组合方式）成多种氨基酸混合物，再经分离纯化得到单一或复合氨基酸的方法	例如：L-胱氨酸、L-组氨酸、L-亮氨酸等
化学合成法	一般合成法	以某些相应化合物为原料，经氨解、水解、缩合、取代及氢化还原等化学反应合成氨基酸的方法，反应产物为DL-氨基酸混合物	例如：DL-蛋氨酸、DL-天冬氨酸等
	不对称合成法	以某些相应化合物为原料，经氨解、水解、缩合、取代及氢化还原等化学反应合成氨基酸的方法，反应产物为L-氨基酸	—

4.3　按用途分类

见表3。

表 3　　按用途分类表

<table>
<tr><th colspan="2">分类</th><th>说明</th><th>产品示例</th></tr>
<tr><td rowspan="3">医药用</td><td>原料药</td><td>用于药品制造中的任何一种物质或物质的混合物，而且在用于制药时，成为药品的一种活性成分</td><td>例如：亮氨酸、异亮氨酸、甲硫氨酸（蛋氨酸）等</td></tr>
<tr><td>药用辅料</td><td>指生产药品和调配处方时使用的赋形剂和附加剂，是除活性成分以外，在安全性方面已进行了合理的评估且包含在药物制剂中的物质</td><td>例如：精氨酸、牛磺酸等</td></tr>
<tr><td>医药中间体</td><td>用于药品合成工艺过程中的化工原料或化工产品</td><td>例如：缬氨酸、脯氨酸等</td></tr>
<tr><td>食品用</td><td>—</td><td>用于食品的氨基酸产品符合 GB 2760《食品安全国家标准　食品添加剂使用标准》的规定</td><td>例如：甘氨酸、丙氨酸、缬氨酸、亮氨酸、异亮氨酸、苯丙氨酸、脯氨酸、半胱氨酸、丝氨酸、色氨酸、酪氨酸、甲硫氨酸（蛋氨酸）、苏氨酸、谷氨酰胺、天冬酰胺、天冬氨酸、谷氨酸、赖氨酸、精氨酸、组氨酸、γ-氨基丁酸等氨基酸及其盐类</td></tr>
<tr><td>饲料用</td><td>—</td><td>用于饲料添加的氨基酸产品符合《饲料添加剂品种目录（2013）》的规定</td><td>例如：
氨基酸：赖氨酸、苏氨酸、精氨酸、异亮氨酸、缬氨酸、组氨酸、苯丙氨酸、胱氨酸、酪氨酸、甲硫氨酸（蛋氨酸）、色氨酸
氨基酸盐：赖氨酸盐酸盐、赖氨酸硫酸盐等</td></tr>
<tr><td>化妆品用</td><td>—</td><td>以涂抹、喷洒或者其他类似方法，散布于人体表面的任何部位，以达到清洁、保养、美容、修饰和改变外观，或者修正人体气味，保持良好状态为目的的化学工业品或精细化工产品</td><td>例如：丝氨酸、酪氨酸、半胱氨酸、甲硫氨酸（蛋氨酸）、聚谷氨酸、焦谷氨酸、精氨酸盐等</td></tr>
<tr><td>其他用途</td><td>—</td><td>用于肥料、农药、兽药、化工原料等</td><td>—</td></tr>
</table>

5. 符号及缩写

蛋白质氨基酸的符号及缩写见表 4。

表 4　　蛋白质氨基酸的符号及缩写（三字排序）

中文名称	英文名称	三字符号	单字符号
丙氨酸	Alanine	Ala	A
精氨酸	Arginine	Arg	R
天冬酰胺	Asparagine	Asn	N
天冬氨酸	Aspartic acid	Asp	D
半胱氨酸	Cysteine	Cys	C
谷氨酰胺	Glutamine	Gln	Q
谷氨酸	Glutamic acid	Glu	E
甘氨酸	Glycine	Gly	G
组氨酸	Histidine	His	H
异亮氨酸	Isoleucine	Ile	I
亮氨酸	Leucine	Leu	L
赖氨酸	Lysine	Lys	K
甲硫氨酸（蛋氨酸）	Methionine	Met	M
苯丙氨酸	Phenylalanine	Phe	F
脯氨酸	Proline	Pro	P
丝氨酸	Serine	Ser	S
苏氨酸	Threonine	Thr	T
色氨酸	Tryptophan	Trp	W
酪氨酸	Tyrosine	Tyr	Y
缬氨酸	Valine	Val	V

附录二　发酵法氨基酸良好生产规范（GB/T 32689—2016）

1　范围

本标准规定了氨基酸生产企业的厂房及设施、设备、管理机构与人员、卫生管理、物料管理、菌种管理、生产管理、质量管理的基本要求。

本标准适用于所有采用发酵法生产氨基酸的企业。

2　规范性引用文件

下列文件对于本文件的应用是必不可少的。凡是注日期的引用文件，仅注日期的版本适用于本文件。凡是不注日期的引用文件，其最新版本（包括所有的修改单）适用于本文件。

GB 5749　生活饮用水卫生标准

GB 14881　食品安全国家标准　食品企业通用卫生规范

GB 50073　洁净厂房设计规范

3　术语和定义

下列术语和定义适用于本文件。

3.1

发酵法氨基酸 production of amino acid by fermentation method

利用选育得到的能够过量合成某种氨基酸的微生物细胞，进行发酵获得目的氨基酸，并经过提取、精制得到符合相应质量标准的目的氨基酸。

3.2

原始菌种 primary cell

通过采用诱变或细胞工程或基因工程的手段选育得到，并经过充分鉴定用于发酵生产氨基酸的微生物。

3.3

主菌种 master cell

从研究或开发的原始菌种的菌种经传代、增殖后混成均质菌悬液，定量分装于冻存管，适当方法保存。

3.4

工作菌种 working cell

指从主菌种的菌种经传代、增殖后混成均质菌悬液，定量分装于冻存管，适当方法保存。

4　厂房及设施

4.1　选址

4.1.1　厂房的选址应当根据厂房及生产防护措施综合考虑，厂房所处的环境应当能够最大限度地降低物料或产品遭受污染的风险。工厂不得设置于易遭受污染的区域。

4.1.2　厂区周围不得有工业粉尘、有害气体、放射性物质和其他扩散性污染源，不得有昆虫大量孳生的潜在场所。

4.2　厂区环境

4.2.1　厂区的地面、路面及运输等不应当对生产造成污染，厂区和厂区内的道路铺设适于车辆通行的坚硬路面，道路通畅，路面平坦，不积水。厂区的空地应硬化或绿化。

4.2.2　厂房周围环境应随时保持清洁，有良好的排水系统，防止扬尘和积水等现象的发生。

4.2.3　厂区内禁止饲养禽、畜及其他宠物。不得有足以发生不良气味、有害（毒）气体、煤烟或其他有碍卫生之设施。

4.2.4　厂区绿化应与生产车间保持适当距离，植被应定期维护，以防止虫害的孳生。

4.2.5　厂区周界应有适当防范外来污染源侵入的设计与构筑。若有设置围墙，其距离地面至少 30cm 以下部分应采用密闭性材料构筑。

4.2.6　生活区与生产区应保持适当距离或分隔。

4.3　厂房设计与布局

4.3.1　厂房的设计和布局应满足食品生产的要求，并有能防止产品、产品接触表面和内包装材料遭受污染、交叉污染的结构，同时便于操作、清洁和维护。

4.3.2　厂区应按行政、生产、辅助、仓贮和生活等划区布局。人员通道及物料运输通道走向布局合理，仓库、检验室应与生产车间相隔离。有安全隐患或有毒有害区域应集中单独布置，锅炉房应设在全年主风向下侧。并有消烟除尘设施，贮煤场地应远离生产车间。

4.3.3　厂房（仓库）与设施应根据工艺流程合理布局，面积与生产能力相适应，便于设备安置、清洗消毒、物料存储及人员操作。能有序存放原辅料、中间产品、待包装产品和成品。

4.3.4　车间设置应包括生产车间和辅助车间，更衣室及洗手消毒室、厕所和其他为生产服务所设置的必需场所。更衣室及洗手消毒室应设置在员工进入车间的入口处。

4.3.5　车间应分别设置人员通道及物料运输通道，各通道应采取有效的防护措施(如门帘、纱帘、纱网、防鼠板、防蝇灯、风幕机等)，通向外界的管路、门窗和通风道四周的空隙完全充填，所有窗户、通风口和风机开口均应装上防护网。清洁区入口应分别设有人员和物料的净化设施。

4.3.6　有异味、气体（蒸汽及有毒有害气体）或粉尘产生的区域，应当有适当的排除、收集或控制装置。

4.3.7　准清洁区及清洁区应相对密闭，并设有空气处理装置和空气消毒设施。不同清洁区之间人员通道和物料运输通道应有缓冲室。

4.3.8　洁净厂房的设计与建造应符合 GB 50073 的要求。

4.4　车间隔离

4.4.1　车间应根据生产工艺、生产操作需要和生产操作区域清洁度的要求进行隔离，清洁作业区、准清洁作业区及一般作业区，区域间应进行有效隔离，容易交叉污染的工序应采用隔离或密封方式。

4.4.2　菌种培养间应与生产能力相适应，培养间的设计与设施应符合无菌操作的工艺要求。

4.4.3　晶体分离、成品干燥、粉碎、混合、内包装等清洁度要求高的场所，应与其他工作场所有效隔离。

4.4.4　同一区域内有数条包装线，应当有隔离措施。包装区域与车间暂存区域应有隔离措施。

4.5 建筑内部结构与材料

4.5.1 一般作业区应符合 GB 14881 的要求。

4.5.2 准清洁区及清洁区应符合 GB 50073 的要求。

4.6 设施

4.6.1 供水设施

4.6.1.1 生产用水的水质应符合 GB 5749 的规定，使用地下水源的，应根据当地水质特点设置水质净化或消毒设施，对于特殊规定的工艺用水，应按工艺要求进一步纯化处理。

4.6.1.2 地下水源应与污染源保持足够的距离，以防污染。

4.6.1.3 生产用水与其他不与产品接触的用水（如冷却水、污水或废水等）的管路系统应以完全分离的管路输送；不得有逆流或相互交叉，明确标识以便区分。

4.6.1.4 与水直接接触的设施、管道、器具及其他涉及饮用水卫生安全产品应符合国家相关规定。

4.6.1.5 水质、水压、流量等指标满足正常生产所需，应有防止盲管、虹吸和回流的措施。

4.6.1.6 供水设施出入口应设置安全卫生设施，防止动物及其他有害物质进入。

4.6.2 压缩空气设施

4.6.2.1 应根据发酵车间的总体发酵罐容积，确定应提供的压缩空气的流量。

4.6.2.2 用于细菌的培养、发酵液的搅拌、液体的输送以及通气发酵罐的排气的压缩空气能满足微生物培养所需要洁净度的要求。

4.6.2.3 压缩空气在除菌前应经过降温、除水、除油、减湿的预处理。

4.6.3 供电

4.6.3.1 菌种库房应配备双回路供电或 UPS（Uninterruptible Power Supply）设施，保证菌种库房的稳定性。

4.6.3.2 发酵生产供电系统应采取双回路供电或双电源配电等措施。

4.6.4 排水设施

4.6.4.1 有排水或废水流至的地面、作业环境经常潮湿或采用水洗方式清洗作业区域的地面应有一定的排水坡度及排水设施。

4.6.4.2 排水系统应保证排水畅通、便于清洗维护，避免产品或生产用水受到污染。尽可能避免明沟排水，如采用明沟排水，排水沟应有坡度，沟的侧面和底面接合处应有一定弧度。

4.6.4.3 排水口应安装带密封的卫生级地漏，设置存水弯头，安装防止倒灌的装置，防止固体废弃物进入及浊气逸出。

4.6.4.4 排水口不得直接设在生产设备的下方，排水系统出口应有防止虫害侵入的装置。

4.6.4.5 室内排水的流向应由高清洁区流向低清洁区，且应有防止逆流的设计。

4.6.4.6 废水在排放前应经适当方式处理，以符合国家排放的规定。

4.6.5 通风设施

4.6.5.1 一般作业区应有自然通风或人工通风措施，准清洁区及清洁区应安装空气调节设施，有效控制生产环境的粉尘、温度和湿度，保持空气新鲜。

4.6.5.2　厂房内的空气调节、进排气或使用风扇时，其空气流向应由高清洁区流向低清洁区。

4.6.5.3　应合理设置进气口位置，远离污染源和排气口，进、排气口应装有防止虫害侵入的网罩，通风排气装置应易于拆卸清洗、维修或更换。

4.6.5.4　若生产过程需要对空气进行过滤净化处理，应加装空气过滤装置并定期清洁或更换。

4.6.6　照明设施

4.6.6.1　厂房内应有充足的自然采光或人工照明，光源应使产品呈现真实的颜色，其混合照度应能满足生产、检验的需要。

4.6.6.2　照明设施以不安装在产品、原材料和敞口设备正上方为原则，否则应使用安全型设施或采取防护措施。

4.6.7　洗手设施

4.6.7.1　应在车间进口处、准清洁区及清洁区入口处、厕所门口和车间内适当的地点，设置洗手、干手和消毒设施。并在临近洗手设施的显著位置标示简明易懂的洗手方法。

4.6.7.2　洗手池的材质、设计和构造应易于清洗消毒，配套的水龙头开关应为非手动式，水龙头数量能满足工人所需。必要时应提供适当的温水。

4.6.7.3　洗手设备应配有清洁剂，干手设备应采用烘手器或擦手纸巾，必要时应设置手部消毒设备。如使用烘手器，应定期清洁、消毒内部，避免污染。如使用纸巾，使用后之纸巾应丢入易保持清洁的垃圾桶内。

4.6.8　更衣室

4.6.8.1　更衣室应男女分设，靠近洗手设施。与洗手消毒室相邻，其大小与生产人员数量相适应，更衣室内照明、通风良好，有消毒装置。

4.6.8.2　更衣室内应有足够的储衣柜、鞋架，并有供生产人员自检用的穿衣镜。

4.6.9　卫生间

4.6.9.1　卫生间设置应有利于生产和卫生，其数量和便池坑位应根据生产需要和人员情况设置。

4.6.9.2　卫生间的结构、设施与内部材质应易于清洁，卫生间应有冲水装置、非手动开关的洗手消毒设施，洗手清洁剂和不致交叉污染的干手设施。有良好的排风、照明、防蝇虫设施。

4.6.9.3　厂区设置卫生间时，应距生产车间保持足够距离，生产车间的卫生间应设置在车间外侧，出入口不得正对车间及车间出入口，厕所门不得朝外打开且有自动关闭装置。

4.6.10　仓储设施

4.6.10.1　仓库的面积应具有与所生产的品种、数量相适应的仓储设施，按功能存放待验、合格、不合格、退货或召回的原辅料、包装材料、中间产品、待包装产品和成品等各类物料和产品。

4.6.10.2　仓库应以无毒、坚固的材料建成，地面平整，不起尘。防止虫害藏匿，便于通风换气，并经常维修保养，保持良好状态。

4.6.10.3　仓库应设有防蚊蝇、防鼠、防烟雾、防灰尘、防火等设施，同时还应通风、干燥。

4.6.10.4　必要时应设有温、湿度控制设施，并对温、湿度进行监控。

4.6.10.5　仓库内贮存物品与墙壁、地面保持适当距离，以利空气流通及物品的搬运。

4.6.10.6　清洁剂、洗消剂、虫害控制剂、润滑剂、燃料等应具备独立而安全的贮存设施。

4.6.11　废弃物存放设施

应配备设计合理、防止渗漏、易于清洁的存放废弃物的专用设施；车间内存放废弃物的设施和容器应标识清晰。放置在指定的区域，不使用时立即关闭。

5　设备

5.1　生产设备

5.1.1　应具有与生产能力相适应的生产设备，并按工艺流程有序排列，各个设备的能力应能相互配合，使生产作业顺畅进行并避免引起交叉污染。

5.1.2　用于报告或自动控制的集成系统，测量、控制或记录的检测元件应满足蒸汽灭菌和不能对物料产生污染，控制部分和执行机构应能有效、准确，充分发挥其功能。在使用之前，应对系统全面测试，确认系统可以获得预期效果，如用于替代某一人工系统时，两个系统应平行运行一段时间。

5.1.3　用于产品、清洁产品接触表面或设备的压缩空气或其他气体应经过滤净化处理。

5.2　材质

5.2.1　与原料、产品接触的设备与器具，应使用无毒、无味、耐腐蚀且可承受重复清洗和消毒的材料制作。

5.2.2　产品接触表面应使用光滑、防吸附的材料，不与产品发生化学反应、不吸附产品或向产品中释放物质，在正常生产条件下与清洁剂和消毒剂不会发生反应。

5.2.3　设备、管路、器具及有关材料（密封圈、垫片等）应能承受所采用的热消毒温度。

5.3　设计

5.3.1　设备包括管道、工器具等，其设计应符合预定用途，便于操作、清洁、维护，以及必要时进行的消毒或灭菌，并有防止润滑油、金属碎屑、污水或其他污染物混入产品的设计。应使用密闭的设备。

5.3.2　与产品接触的生产设备表面应当平整、光洁、边角圆滑、无死角，易清洗或消毒、耐腐蚀。

5.3.3　各类料液输送管道应避免死角或盲管，设排污阀或排污口。便于清洗、消毒，防止堵塞。

5.3.4　设备固定应不留空隙或保留足够空间，以清洁和维护。

5.3.5　各种器具结构设计应简单，易排水、易于保持干燥。

5.3.6　连线及在线检测设备应有安全保护装置。

5.3.7　贮存、运输及加工系统的设计与制造应易于使其维持良好的卫生状况。

5.4　监视和测量设备

5.4.1　应有与生产能力相适应的化验室，根据原辅料、半成品及产品质量检验的需要配置检测仪器、设备。其适用范围和精密度应符合检验的要求。

5.4.2　检验设备应能完成日常的原辅料、中间产品、成品的质量、卫生检测。必要时可委托有能力的检测机构检测本企业无法检测的项目。

5.4.3　用于测定、控制或记录的监视器和记录仪，应能充分保证数据输入的准确性和数据处理的正确性。定期检查数据的准确性、可访问性、耐久性。并采用物理或电子方法保证数据安全。

5.5　设备的维护和维修

5.5.1　应建立设备维修或维护管理制度，加强设备的维护和保养，定期维护，并做好记录。

5.5.2　设备的维修或维护不应该对产品安全带来风险。

5.5.3　润滑和热传导液若有直接或间接接触产品的风险应采用食品级。

5.5.4　维修或维护的设备在投入使用前，应按规定进行清洗、消毒和用前检查。

5.6　校准

5.6.1　生产和检验用衡器、量具、仪表、记录和控制设备以及仪器，应定期维护、校准，检测记录应妥善保存。

5.6.2　校准合格标志要贴在相应的计量仪器上，并良好保存至下次检查。

6　管理机构与人员

6.1　机构与职责

6.1.1　企业应当建立与生产规模相适应的由企业最高领导直接领导的质量管理部门，履行质量保证和质量控制的职责。

6.1.2　企业应当配备与产品生产相适应的具有专业知识、生产经验及组织能力的管理人员和技术人员，应当明确规定每个部门和每个岗位的职责。

6.1.3　应有足够数量的质量管理及检验人员，以满足整个生产过程的现场质量管理和产品检验的要求。

6.1.4　生产和质量管理部门的负责人应是专职人员，并且不得互相兼任。

6.2　人员要求

6.2.1　企业应具有与所生产的产品相适应的具有生物化学、微生物学、发酵工艺学等相关专业知识的技术人员和具有生产及组织能力的管理人员。

6.2.2　生产负责人、质量管理负责人应具有与所从事专业相适应的大专以上的学历或中级职称，3年以上从业经验，能够按规范的要求组织生产或进行品质管理，有能力对生产和品质管理中出现的问题做出正确的判断和处理。

6.2.3　检验人员应为高中或相关专业中专以上学历，从事相关检验工作两年以上或经省级以上相关主管部门认可的专业培训后，取得相关专业检验资格，具有相关基础理论知识和实际操作技能。

6.2.4　目检人员两眼视力在5.0以上（含校正视力），并不得有色盲、色弱。

6.2.5　企业应建立从业人员健康管理制度。从事与质量、食品安全相关岗位的人员应取得健康证并经过食品安全法规、微生物学知识及相应技术培训方可上岗。

6.3 教育培训

6.3.1 应建立培训制度，指定部门或专人负责培训管理工作，组织各部门负责人和从业人员参加各种职前、在职培训和学习，以增加员工的相关知识与技能。

6.3.2 根据不同的岗位要求与职责，制定和实施年度培训计划，分别对新员工、在岗员工、转岗员工、检验人员、各类专业人员、特殊工种人员进行相应培训和考核，做好培训记录。

6.3.3 应定期审核和修订培训计划，评估培训效果，并进行常规检查，以确保计划的有效实施。

6.3.4 每年至少一次对全体员工进行卫生知识及相关卫生知识的法律法规的培训。

7 卫生管理

7.1 管理要求

7.1.1 应制定卫生管理制度和岗位卫生责任制以及相应的考核标准，明确岗位职责，实行考核。

7.1.2 应根据产品的特点以及从原料控制、生产加工、产品贮存及运输过程的卫生要求，对影响产品安全的关键环节进行监控。记录并存档，发现问题及时整改，定期对执行情况和效果进行评估。

7.1.3 应建立清洁消毒制度，对厂房、生产环境、设备及设施、工器具定期进行清洗消毒。

7.2 厂区环境卫生管理

7.2.1 厂区应保持整洁，道路打扫干净，不起尘；绿化带及草坪定期修剪，保证干净。

7.2.2 各种废弃物根据其性质分类集中，定点堆放，及时清理。

7.2.3 厂区内排水系统应保持通畅，不得有污泥淤积。

7.2.4 应采取措施对锅炉污染排放物进行控制，防止污染厂区环境。

7.2.5 厕所每日打扫冲洗干净，保持内外墙壁卫生。

7.3 厂房设施卫生管理

7.3.1 厂房内各项设施应保持清洁，出现问题及时维修或更换；厂房屋顶、天花板、地面及墙壁有破损时应立即加以修补。保持良好的使用状态。

7.3.2 生产区域内的地面、墙壁、天花板及建筑中的横梁、架构、灯具、管道等应无挂尘、无积水、无霉斑和无异味，任何碎屑和溅洒的液体应立即清扫干净；废料、垃圾等应随时处理。

7.3.3 机器设备及生产用具在生产后应彻底清洁消毒并确保没有消毒剂、洗涤剂残留。清洗消毒的方法和程序应固定、安全、有效。重新开机前及一切必要的时候，应及时按规定的方法和程序进行清洗。

7.3.4 与产品接触的设备及用具的清洗用水应经过处理，确保无泥沙、异物，并符合 GB 5749 生活饮用水卫生标准。消毒剂、洗涤剂应采用经卫生行政部门批准的无毒、无残留的产品。

7.3.5 清洁作业区、准清洁作业区应定期进行空气消毒。

7.3.6　已清洗与消毒过的可移动设备和生产用具，应放在能防止其产品接触面再受污染的适当场所，保持适用状态。用于清扫、清洗和消毒的设备、用具应放置在专用场所妥善保管。

7.3.7　生产作业区内不得堆放与该区生产无关的物品。不得堆放非即将使用的物料。

7.3.8　生产中产生的气体，应以有效设施导至厂外；生产过程中不得进行电焊、切割、打磨等工作。

7.4　员工健康管理

7.4.1　应建立并执行作业人员健康管理制度。

7.4.2　患有痢疾、伤寒、病毒性肝炎等消化道传染病（包括病原携带者）、活动性肺结核、化脓性或者渗出性皮肤病以及其他有碍食品卫生的疾病的，不得从事直接接触原料和产品的工作。

7.4.3　员工每年进行健康检查，合格后方可继续工作，应对每位员工建立个人健康档案。

7.4.4　重割伤、烫伤、擦伤或伤口感染的人员应避免从事直接接触产品的工作。经过妥善措施包扎防护可参加不直接接触产品的工作。

7.4.5　卫生管理人员要密切注意生产人员的健康状况，发现异常应及时询问或检查。

7.5　员工个人卫生管理

7.5.1　应培养并保持良好的个人卫生习惯，不得佩戴假发，勤理发、勤剪指甲、勤洗澡、勤换衣。

7.5.2　进入生产场所前应整理个人卫生，防止污染原料及产品，进入作业区应穿戴好整洁的工作服、工作帽、工作鞋靴。必要时需戴口罩。并按要求洗手、消毒。不得穿工作服、鞋进入厕所或离开作业区。工作服应与个人衣物分开存放。

7.5.3　上岗前应洗手消毒并在操作时保持手部清洁。使用卫生间、接触可能污染产品的物品、或从事与生产无关的其他活动后，再次从事接触产品、工器具、设备等与生产相关的活动前应洗手消毒。

7.5.4　进入作业区域不应配戴饰物、手表，不应化妆、染指甲、喷洒香水；不得携带或存放与生产无关的个人用品。

7.5.5　上班前不准酗酒，生产场所不得吸烟，工作中不得吃食物或做其他有碍食品卫生的行为。

7.5.6　与生产无关的人员不得进入生产场所，参观、来访者出入生产作业区应符合现场操作人员卫生要求。

7.6　虫害控制

7.6.1　应保持建筑物完好，环境整洁，定期对厂区及厂周围进行除虫灭害工作。

7.6.2　应制定和执行虫害控制措施，绘制厂区虫害控制图，标明捕鼠器、粘鼠板、室外诱饵站、灭蝇灯、生化信息素捕杀装置的位置，统一管理并定期更新。

7.6.3　虫害控制应由专人负责，定期检查，并有相应的记录。

7.6.4　采用物理、化学或生物制剂进行处理时，不应影响食品安全和食品应有的品质、不应污染食品接触表面、设备、工器具及包装材料。

7.6.5　应选用卫生防疫部门允许使用的杀虫及灭鼠药品，使用时，应做好预防措施避免对人身、产品、水源、设备工具造成污染，不慎污染时，应及时将被污染的设备、工具及容器彻底清洗。消除污染。

7.7　工作服管理

7.7.1　根据产品的特点和生产工艺的要求配备专用的工作服，工作服应包括工作衣、裤、发帽、鞋、靴等，必要时可配备口罩、手套等。

7.7.2　工作服的设计、选材和制作应适应不同作业区的要求，降低交叉污染的风险，满足卫生的要求，工作服应充分覆盖，以确保如头发、汗水和不牢固的部件等不会污染原料、产品和产品接触面。

7.7.3　应制定工作服清洗保洁制度，对工作服的清洗、保管、更换进行管理。

7.7.4　工作服应按用途、使用范围分别进行管理，用于洁净区的工作服、帽、鞋等应严格清洗、消毒，每日更换，并且只允许在洁净区内穿用，不准带出区外。

7.8　有毒有害物管理

7.8.1　应制定有毒有害物质管理制度，从采购、使用、贮存到废弃进行全过程管理并有详细记录。

7.8.2　应有固定包装，并在明显处标示，贮存于专门库房或柜橱内，加锁并由专人负责保管。

7.8.3　使用时应由经过培训的人员按照使用方法使用，用完的包装物、容器应及时收回送资质单位处理。

7.8.4　生产车间严禁存放有毒物，车间内部使用的清洁消毒用品，应设专区或专柜存放，并明确标示，有专人负责管理。

7.9　废弃物的管理

7.9.1　应在适当位置放置不透水、易清洗消毒、加盖或密封的废弃物容器，并有明显的标识。

7.9.2　车间的废弃物应按班次及时清除，运到指定地点加以处理。废弃物容器、运送车辆和废弃物临时存放场所应及时进行清理。

7.9.3　废弃物应分类，危险废弃物应委托有处理资质的单位对其进行处理。

8　物料管理

8.1　应当建立供应商管理制度，明确供应商选择或变更、质量评审、批准程序，并与主要供应商签订质量协议。

8.2　应当制定物料接收、取样、检验、判定、审核放行、贮存、领用等管理制度。

8.3　物料的外包装应当有标签，提供本批次的检验报告单，与成品直接接触的内包装材料应定期向供货商索取安全卫生检验生产许可证和出厂检验报告。

8.4　物料进厂应编制唯一的物料代码。该代码应一直延用至生产记录，便于事后追溯。

8.5　物料贮存场所应干净、干燥、通风良好，按待检、合格、不合格分区离地存放，并有明显标志。

8.6　应逐批次对物料进行鉴别和质量检验，符合相应标准的要求。不合格物料应按程序进行处理。

8.7　应按品种、包装形式、生产日期或批次分开存放，使用应按照入库的时间顺序整理好，先入库的原料及成品先出库。对不合格或过期物料应加以标识并及时处理。

8.8　物料投入使用前应目测检查，必要时进行挑选，除去不符合要求的部分及外来杂物。

9　菌种管理

9.1　企业应设置专门的部门和人员管理生产菌种，建立菌种档案资料，包括来源、历史、筛选、检定、保存方法、数量、开启使用等完整记录。

9.2　原始菌种可以通过采购或生产单位自行分离或收集获得，并对其来源、鉴别、培养历史、检测检查进行确认，并经过检定（污染菌检查、表型特征确定、生产能力确定、传代稳定性、组分检测），合格后建立新的主菌种库和工作菌种库。

9.3　检定合格的菌种应根据其特性存在安全区域内，保存条件应能保证菌种在保藏期限内不变异、不衰退、不污染，保存容器应配备持续报警的温度监控装置，只有经过授权的人员方可进入。

9.4　应建立分别存放的主菌种库和工作菌种库，新制备的工作菌种的生物学特性应与原始菌种一致，其生物遗传学应明确和稳定。

9.5　制备主菌种库和工作菌种库应在洁净区进行，敞口操作应在A级（100级）生物安全柜或超净台中进行。其原材料不得加入有毒有害物质和致敏性物质。应尽量避免采用动物源成分，如果含有动物源材料，应证明其动物源成分来自非传染病发生区。

9.6　主菌种库和工作菌种库应确定允许传代的代数，尽量使用低代次的菌种。

9.7　工作菌种库应定期进行遗传稳定性监测，当工作菌种库发现异常或保存条件改变，工作库不足量、工作菌种库保存时间超过保存期限，应重新制备工作菌种库。

9.8　当菌种受到污染或质量考查达不到规定的指标，或被新优势菌种替代，应采用适当方式，在监管人员监督下实施销毁，并做好销毁记录。

10　生产管理

10.1　生产管理文件的制定

10.1.1　应制定生产工艺规程，规定产品配方及所用原辅料、包装材料、产品的质量标准，标准生产操作程序，关键工序的质量监控点的控制方法与标准，包装操作的要求。

10.1.2　应制定岗位标准操作规程对生产的主要工序规定具体操作要求，明确各车间、工序和个人的岗位职责。

10.1.3　应制定批生产记录、批包装记录，岗位操作记录，对产品质量进行追溯和复核。

10.2　原辅料的领用

10.2.1　投产的原辅材料应符合相应标准的要求，核对品名、规格、数量，并进行严格的检查。对于霉变、生虫、混有异物或其他感官性状异常、不符合质量标准要求的，不得投产使用。过期的原辅料不得使用。

10.2.2　原辅料进入生产区，应从物料通道进入。进入洁净厂房、车间的物料应除去外包装，若外包装脱不掉则要擦洗干净或换成室内包装。

10.3　生产过程管理

10.3.1　产品配料前需检查设备、工具、容器是否符合标准，生产介质是否符合工艺要求。

10.3.2　按生产指令领取原辅料，根据配方正确计算、称量和投料，并经双人复核，记录完整。

10.3.3　发酵罐、接触产品的管道、阀门和过滤器系统及软管、跨接管等临时设备在使用前、后应彻底清洁，并彻底灭菌，空气过滤器应定期灭菌和更换。

10.3.4　接种应在严格无菌条件下进行，发酵过程应保持正压，并对发酵液温度、pH 值及罐内压力等技术参数进行连续监测。

10.3.5　生产操作应衔接合理，传递快捷、方便，防止交叉污染。原料处理、中间产品加工、包装材料和容器的清洁、消毒、成品包装和检验等工序应分开设置。同一车间不得同时生产不同的产品，不同工序的容器应有明显标记，不得混用。

10.3.6　生产操作人员应严格按照一般生产区与洁净区的不同要求，搞好个人卫生。因调换工作岗位有可能导致产品污染时，应更换工作服、鞋、帽，重新进行消毒。

10.3.7　加工过程应严格控制理化条件（如时间、温度、pH 值、压力、流速等）及加工条件，以确保不致因机械故障、时间延滞、温度变化及其他因素导致产品腐败变质或遭受污染。

10.3.8　生产过程中，每个操作间、主要设备、物料、产品应使用标识管理。

10.3.9　各项工艺操作应在符合工艺要求的良好状态下进行，并定期对生产设备清洗和维护。

10.3.10　应采取有效措施（如筛网、捕集器、磁铁、电子金属检查器等）防止金属或其他外来杂物混入产品中。

10.4　包装和贴签管理

10.4.1　应保证包装材料和使用标签的正确性。

10.4.2　包装材料和标签应由专人保管，每批成品标签凭指令发放、领用，销毁的包装材料应有记录。

10.4.3　贴标签时应随时抽查印字或贴签质量。印字要清晰、正确，标签要贴正、贴牢。

10.4.4　对废弃或不正确的包装和标签进行适当的处理，以确保不会用于以后的包装和贴签操作。

10.4.5　因包装过程产生异常情况而需要再包装和再贴标的，应在质量控制人员同意情况下，进行再包装和再贴签操作。

10.5　贮存与运输

10.5.1　原料及成品不得露天存放，应分库贮存。不得直接放置在地面上。

10.5.2　仓库应有接收、发放检查制度，并有专人负责。按照入库的时间顺序整理好，先入库的原料及成品先出库，出入库和运输应有详细记录。

10.5.3　应按品种、包装形式、生产日期或批号分别贮存，并加明显标志，标明检验状态，并划分区域放置，检验不合格产品，应隔离放置并及时处理。

10.5.4　贮存、运输和装卸产品的容器、工器具和设备应当安全、无害，保持清洁，并符合保证产品安全所需的温度等特殊要求。

10.5.5　贮存和运输过程中应避免日光直射、雨淋、显著的温湿度变化和剧烈撞击等，防止产品受到不良影响。不得与有毒、有害、有腐蚀性或有异味的物品一同贮存和运输。

11　质量管理

11.1　质量管理体系

11.1.1　应建立《质量手册》或同等文件，涵盖实施质量管理和控制产品质量要求的所有要素并建立完整的程序来规范质量管理体系的运行，并监控其运行的有效性。

11.1.2　应按照策划的时间间隔进行内部审核，建立由各级管理层组成的审核组，对质量管理体系进行定期的检查，确保得到有效实施和更新。

11.1.3　最高管理层应通过管理评审来履行对质量管理体系的职责，确保该体系的适宜性和有效性得以持续改进。

11.2　质量标准

11.2.1　应制定原辅料、包装材料、中间产品、成品的质量标准。规定产品的规格、检验项目、检验标准、抽样及检验方法。并根据相关的国家标准、法律法规的变化定期进行更新。

11.2.2　成品质量指标的下限不得低于国家标准，检验方法原则上应以国家标准方法为准，如用非国家标准方法检验时应定期与标准方法核对。

11.3　物料

11.3.1　物料应从经评审合格的供应商处采购，进货时应要求供应商提供检验合格证或化验单。

11.3.2　按标准逐批对物料进行鉴别和质量检验，合格后方可使用，按照物料入库的时间顺序整理好，先入库的原辅材料先出库。

11.3.3　经判定拒收的物料应予以标示，专门存放并及时处理。

11.3.4　根据物料的特点和卫生需要选择适宜的存放场所。有特别贮存条件的物料，应能对其贮存条件进行控制并做好记录。

11.3.5　对贮存时间较长，质量有可能发生变化的物料，在使用前应抽样检验确认质量，不符合要求的不得投入生产。

11.4　过程质量管理

11.4.1　产品的生产和包装应严格执行生产操作规程，配方及工艺条件不经批准不得随意更改。

11.4.2　可采用危害分析及关键点控制（HACCP）、失败模式效果分析（FMEA）等工具，建立风险管理制度，对生产过程中关键控制点进行监控。

11.4.3　发酵过程宜采用计算机对关键工艺参数和控制因素进行控制和记录。必要时，还应对菌体生长情况、生产能力进行监控，以保证稳定的培养曲线，并明确规定发酵的终点。

11.4.4　对生产过程中的中间产品进行抽检，不合格中间产品不得进入下一道工序，并进行有效的识别和控制，以防未经允许而被使用。

11.4.5　定期对生产用水、关键工序的环境的温度、湿度、空气洁净度等指标进行监测并记录。

11.4.6　对过程中发现的异常情况，应迅速查明原因，做好记录，并加以纠正。

11.5　成品的质量管理

11.5.1　应建立产品追溯制度，合理划分生产批次，采用产品批号等方式进行标识，确保产品从原料采购到成品销售的所有环节都能进行有效追溯。

11.5.2　成品应按抽样原则逐批抽取样品，按标准进行出厂检验。检验不合格的产品不得出厂，不合格品处理应有记录。

11.5.3　成品应按品种、包装形式、生产日期分别贮存，入库后应定期对仓库贮存条件的管理与记录进行检查，发现异常应及时处理。

11.5.4　成品出库时应检查生产日期及有效期，先入库的成品先出库。

11.5.5　每批成品应按计划留样保存。留样应当能够代表被取样批次的产品，包装形式为市售包装或模拟包装。必要时，成品应做稳定性试验，确定产品的贮存条件、包装材料和保质期。

11.6　成品售后管理

11.6.1　每批产品应有销售记录，至少保存至产品有效期后1年。

11.6.2　应建立消费者投诉处理制度，对消费者的投诉进行登记、评价、调查和并及时处理。

11.6.3　发现或怀疑某批成品存在缺陷，应当考虑检查其他批次的产品，查明其是否受到影响。并考虑是否有必要从市场召回产品。

11.6.4　应按国家有关规定建立产品召回制度，迅速、有效地从市场召回任何一批存在安全隐患的产品。并通过模拟召回或实际召回来验证召回的有效性。

11.6.5　召回和退回的产品应进行标识和隔离，妥善贮存，进行无害化处理或者予以销毁。对于不涉及产品安全标准的召回和退回产品，应采取能保证产品安全、且便于重新销售时向消费者明示的补救措施。

11.7　文件与记录管理

11.7.1　应当制定文件和记录管理制度，对文件和记录的起草、审核、批准、修订、替换或撤销、复制、存档和销毁等进行管理。

11.7.2　质量管理部门应详细记录从原材料进厂到产品销售全过程的质量管理活动及结果，生产部门应填报生产管理记录及生产操作记录，并和设定的目标相比较、核对，记录异常情况的处理结果和防止再次发生的措施。

11.7.3　记录均应由执行人员和有关管理人员复核签名或签章。记录应真实，与现场检验或监控同步，不得事先预记和事后追记。

11.7.4　记录应当保持清洁，不得撕毁和任意涂改。如有更改应使原有信息仍清晰可辨，修改人在修改文字附近签注姓名和日期。

11.7.5　企业对本规范所规定的有关记录，至少保存2年。所有的生产、控制和销售的记录至少保留到产品有效期后1年。

附录三　食品加工用氨基酸（T/CBFIA 04001—2019）

1　范围

本标准规定了食品加工用氨基酸的氨基酸命名、分子式、相对分子质量、结构式、技术要求、试验方法、检验规则、标志、包装、运输、贮存。

本标准适用于以生物质为原料，经生物发酵、酶法转化或水解提取精制而成的食品加工用氨基酸。

2　规范性引用文件

下列文件对于本文件的应用是必不可少的。凡是注日期的引用文件，仅注日期的版本适用于本文件。凡是不注日期的引用文件，其最新版本（包括所有的修改单）适用于本文件。

GB/T 191　包装储运图示标志
GB/T 601　化学试剂　标准滴定溶液的制备
GB/T 602　化学试剂　杂质测定用标准溶液的制备
GB/T 603　化学试剂　试验方法中所用制剂及制品的制备
GB/T 613　化学试剂　比旋光本领（比旋光度）测定通用方法
GB 4789.2　食品安全国家标准　食品微生物学检验　菌落总数测定
GB 4789.3　食品安全国家标准　食品微生物学检验　大肠菌群计数
GB 4789.4　食品安全国家标准　食品微生物学检验　沙门氏菌检验
GB 4789.10　食品安全国家标准　食品微生物学检验　金黄色葡萄球菌检验
GB 4789.15　食品安全国家标准　食品微生物学检验　霉菌和酵母计数
GB 5009.3　食品安全国家标准　食品中水分的测定
GB 5009.11　食品安全国家标准　食品中总砷及无机砷的测定
GB 5009.17　食品安全国家标准　食品中总汞及有机汞的测定
GB 5009.74　食品安全国家标准　食品添加剂中重金属限量试验
GB/T 6678　化工产品采样总则
GB/T 6679　固体化工产品采样通则
GB/T 6682　分析实验室用水规格和试验方法
GB 7718　食品安全国家标准　预包装食品标签通则
GB/T 8967　谷氨酸钠（味精）
GB/T 9724　化学试剂　pH 值测定通则
GB 28050　食品安全国家标准　预包装食品营养标签通则
药品红外光谱集　第五卷（国家药典委员会）

3　氨基酸命名、分子式、相对分子质量、结构式

本标准中，各品种氨基酸的命名、分子式、相对分子质量和结构式应符合表 1 中的规定。

表 1　28 种氨基酸命名、分子式、相对分子质量、结构式

氨基酸	系统命名	CAS 号	分子式	相对分子质量	结构式
L-异亮氨酸 L-Isoleucine	（2*S*，3*S*）-2-氨基-3-甲基戊酸 （2*S*，3*S*）-2-amino-3-methylpentanoic acid	73-32-5	$C_6H_{13}NO_2$	131.17	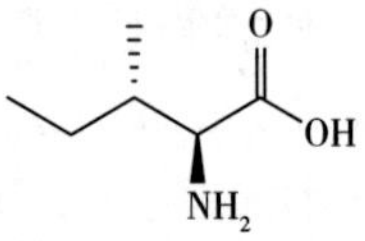
L-缬氨酸 L-Valine	（2*S*）-2-氨基-3-甲基丁酸 （2*S*）-2-amino-3-methylbutanoic acid	72-18-4	$C_5H_{11}NO_2$	117.15	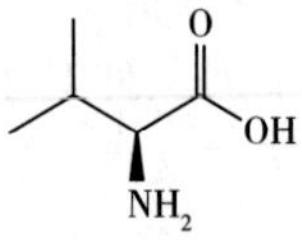
L-亮氨酸 L-Leucine	（2*S*）-2-氨基-4-甲基戊酸 （2*S*）-2-amino-4-methylpentanoic acid	61-90-5	$C_6H_{13}NO_2$	131.17	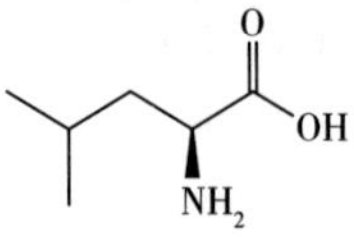
L-苯丙氨酸 L-Phenylalanine	（2*S*）-2-氨基-3-苯基丙酸 （2*S*）-2-amino-3-phenylpropanoic acid	63-91-2	$C_9H_{11}NO_2$	165.19	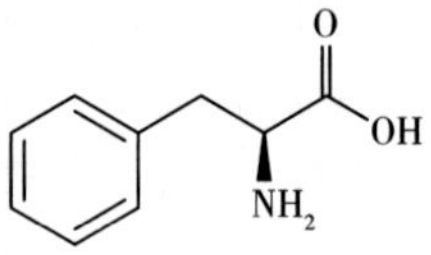
L-苏氨酸 L-Threonine	（2*S*，3*R*）-2-氨基-3-羟基丁酸 （2*S*，3*R*）-2-amino-3-hydroxybutanoic acid	72-19-5	$C_4H_9NO_3$	119.12	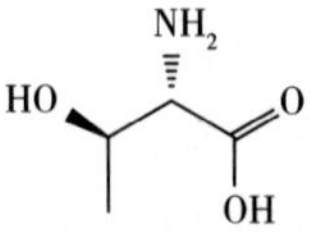
L-谷氨酸 L-Glutamic Acid	（2*S*）-2-氨基戊二酸 （2*S*）-2-aminopentanedioic acid	56-86-0	$C_5H_9NO_4$	147.13	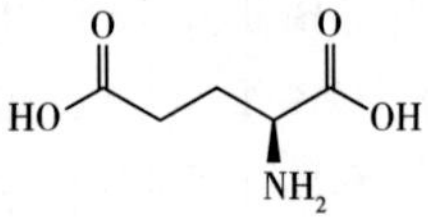
L-色氨酸 L-Tryptophan	（2*S*）-2-氨基-3-（3-吲哚）丙酸 （2*S*）-2-amino-3-（1*H*-indol-3-yl）propanoic acid	73-22-3	$C_{11}H_{12}N_2O_2$	204.23	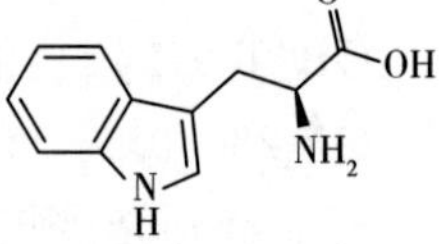
L-酪氨酸 L-Tyrosine	（2*S*）-2-氨基-3-（4-羟基苯基）丙酸 （2*S*）-2-amino-3-（4-hydroxyphenyl）propanoic acid	60-18-4	$C_9H_{11}NO_3$	181.19	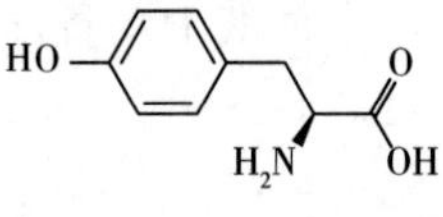

续表

氨基酸	系统命名	CAS 号	分子式	相对分子质量	结构式
L-脯氨酸 L-Proline	(2*S*)-2-吡咯烷-2-羧酸 (2*S*)-pyrrolidine-2-carboxylic acid	147-85-3	$C_5H_9NO_2$	115.13	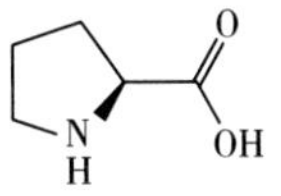
L-精氨酸 L-Arginine	(2*S*)-2-氨基-5-胍基戊酸 (2*S*)-2-amino-5-guanidinopentanoic acid	74-79-3	$C_6H_{14}N_4O_2$	174.20	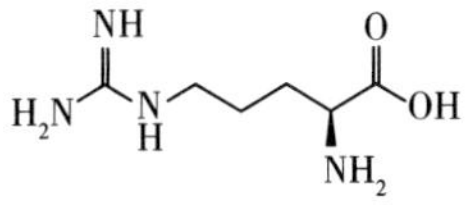
L-丝氨酸 L-Serine	(2*S*)-2-氨基-3-羟基丙酸 (2*S*)-2-amino-3-hydroxypropanoic acid	56-45-1	$C_3H_7NO_3$	105.09	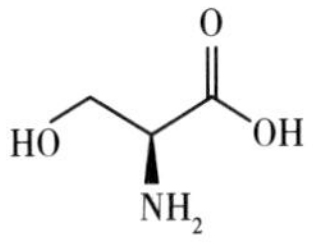
L-醋酸赖氨酸 L-Lysine Acetate	(2*S*)-2，6-二氨基己酸醋酸盐 (2*S*)-2，6-diaminohexanoic acid acetate	57282-49-2	$C_6H_{14}N_2O_2 \cdot C_2H_4O_2$	206.24	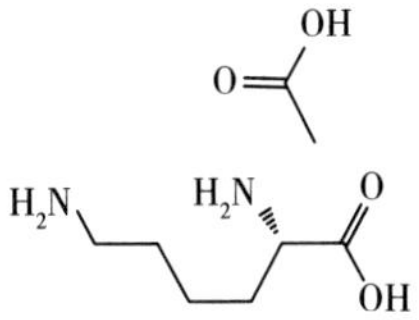
L-盐酸精氨酸 L-Arginine Hydrochloride	(2*S*)-2-氨基-5-胍基戊酸盐酸盐 (2*S*)-2-amino-5-guanidinopentanoic acid hydrochloride	1119-34-2	$C_6H_{14}N_4O_2 \cdot HCl$	210.66	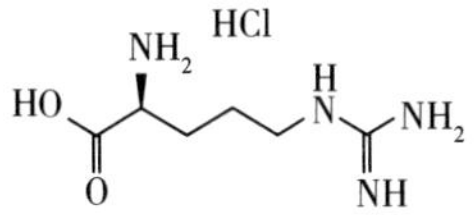
L-盐酸半胱氨酸一水物 L-Cysteine Hydrochloride Monohydrate	(2*R*)-2-氨基-3-巯基丙酸盐酸盐一水物 (2*R*)-2-amino-3-sulfanylpropanoic acid hydrochloride monohydrate	7048-04-6	$C_3H_7NO_2S \cdot HCl \cdot H_2O$	175.64	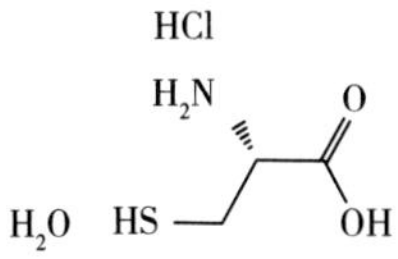
L-盐酸鸟氨酸 L-Ornithine Hydrochloride	(*S*)-2，5-二氨基戊酸盐酸盐 (*S*)-2，5-diaminopentanoic acid hydrochloride	3184-13-2	$C_5H_{12}N_2O_2 \cdot HCl$	168.62	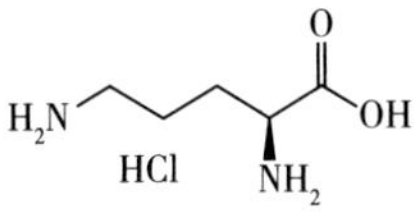
L-甲硫氨酸 L-Methionine	(2*S*)-2-氨基-4-（甲硫基）丁酸 (2*S*)-2-amino-4-（methylsulfanyl）butanoic acid	63-68-3	$C_5H_{11}NO_2S$	149.21	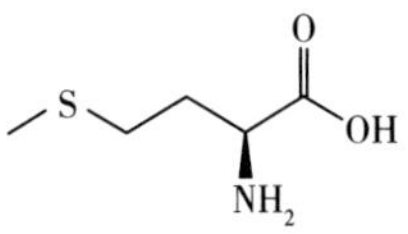

续表

氨基酸	系统命名	CAS 号	分子式	相对分子质量	结构式
L-组氨酸 L-Histidine	(*S*)-2-氨基-3-(4-咪唑基)丙酸 (*S*)-2-amino-3-(1*H*-imidazol-4-yl) propanoic acid	71-00-1	$C_6H_9N_3O_2$	155.16	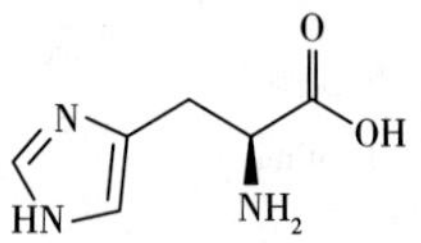
L-丙氨酸 L-Alanine	(2*S*)-2-氨基丙酸 (2*S*)-2-aminopropanoic acid	56-41-7	$C_3H_7NO_2$	89.09	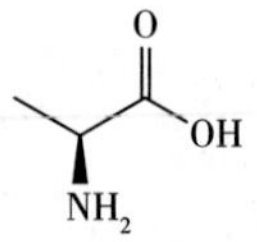
L-门冬酰胺一水物 L-Asparagine Monohydrate	(2*S*)-2，4-二氨基-4-酮丁酸一水物 (2*S*)-2，4-diamino-4-oxobutanoic acid monohydrate	5794-13-8	$C_4H_8N_2O_3$ $\cdot H_2O$	150.13	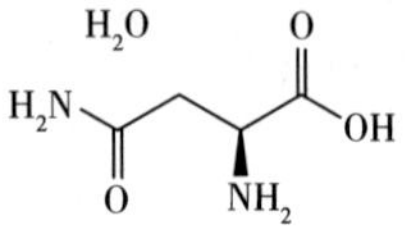
L-谷氨酰胺 L-Glutamine	(*S*)-2，5-二氨基-5-酮戊酸 (*S*)-2，5-diamino-5-oxo-pentanoic acid	56-85-9	$C_5H_{10}N_2O_3$	146.15	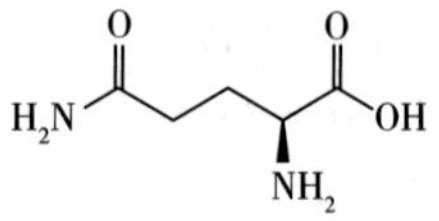
L-盐酸组氨酸一水物 L-Histidine Hydrochloride Monohydrate	(*S*)-2-氨基-3-(4-咪唑基)丙酸盐酸盐一水物 (*S*)-2-amino-3-(1*H*-imidazol-4-yl) propanoic acid hydrochloride monohydrate	5934-29-2	$C_6H_9N_3O_2$ $\cdot HCl \cdot H_2O$	209.63	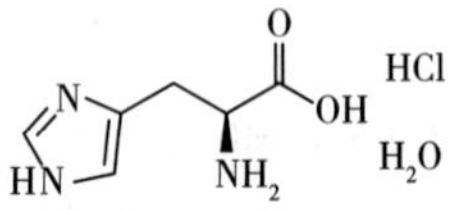
L-羟基脯氨酸 L-Hydroxypr-oline	(2*S*，4*R*)-4-羟基吡咯烷-2-羧酸 (2*S*，4*R*)-4-hydroxypyrroli-dine-2-carboxylic acid	51-35-4	$C_5H_9NO_3$	131.13	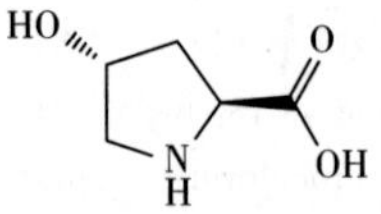
L-4-羟基异亮氨酸 L-4-Hydrox-yisoleucine	(2*S*，3*R*)-2-氨基-4-羟基-3-甲基戊酸 (2*S*，3*R*)-2-amino-4-hy-droxy-3-methylpentanoic acid	6001-78-8	$C_6H_{13}NO_3$	147.17	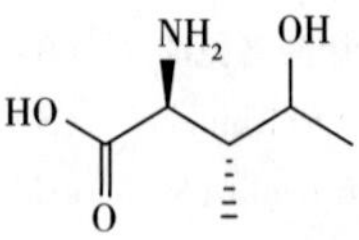
L-门冬氨酸 L-Aspartic Acid	(2*S*)-2-氨基丁二酸 (2*S*)-2-aminobutanedioic acid	56-84-8	$C_4H_7NO_4$	133.10	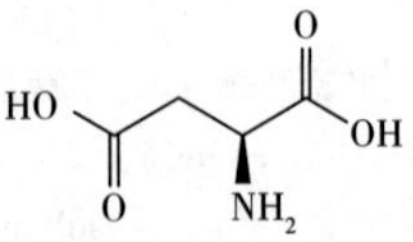

续表

氨基酸	系统命名	CAS 号	分子式	相对分子质量	结构式
L-胱氨酸 L-Cystine	(2R，2′R)-3，3′-二硫双(2-氨基丙酸) (2R，2′R)-3，3′-disulfanediylbis(2-aminopropanoic acid)	56-89-3	$C_6H_{12}N_2O_4S_2$	240.30	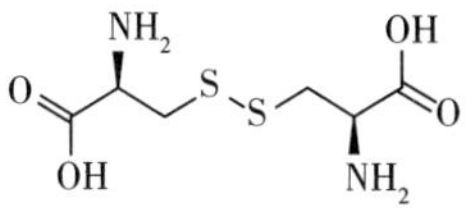
L-盐酸赖氨酸 L-Lysine Hydrochloride	(2S)-2，6-二氨基己酸盐酸盐 (2S)-2，6-diaminohexanoic acid hydrochloride	657-27-2	$C_6H_{14}N_2O_2$ ·HCl	182.65	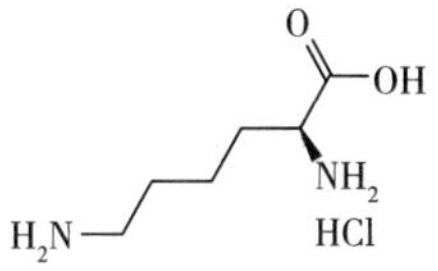
L-茶氨酸 L-Theanine	(S)-2-氨基-5-(乙胺基)-5-酮戊酸 (S)-2-amino-5-(ethylamino)-5-oxopentanoic acid	3081-61-6	$C_7H_{14}N_2O_3$	174.20	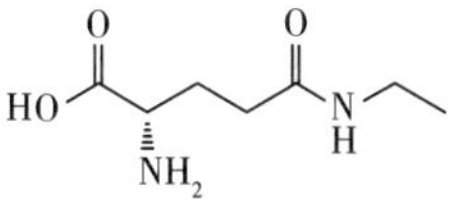
牛磺酸 Taurine	2-氨基乙磺酸 2-aminoethanesulfonic acid	107-35-7	$C_2H_7NO_3S$	125.15	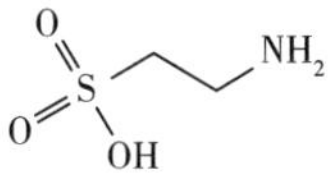

4　技术要求

4.1　感官要求

白色或微黄色颗粒状结晶或粉末状结晶。

4.2　理化要求

4.2.1　L-异亮氨酸

应符合表 2 要求。

表 2　L-异亮氨酸理化指标

项目		指标
鉴别		试样的红外光吸收图谱应与《药品红外光谱集》以下简称《红外光谱集》894 图一致
含量(以干基计)/%		98.5～101.5
比旋光度 $[\alpha]_D^{20}$		+38.9°～+41.8°
干燥失重/%	≤	0.2
炽灼残渣/%	≤	0.2
pH		5.5～6.5

续表

项目		指标
氯化物（以 Cl^- 计）/%	≤	0.05
硫酸盐（以 SO_4^{2-} 计）/%	≤	0.03
其他氨基酸（总杂）/%	≤	3.0
溶液的透光率/%	≥	95.0
铵盐（以 NH_4^+ 计）/%	≤	0.02
铁盐/（mg/kg）	≤	30

4.2.2 L-缬氨酸

应符合表 3 要求。

表 3　L-缬氨酸理化指标

项目		指标
鉴别		试样的红外光吸收图谱应与《红外光谱集》1076 图一致
含量（以干基计）/%		98.5～101.5
比旋光度 $[\alpha]_D^{20}$		+26.6°～+28.8°
干燥失重/%	≤	0.2
炽灼残渣/%	≤	0.1
pH		5.5～6.5
氯化物（以 Cl^- 计）/%	≤	0.05
硫酸盐（以 SO_4^{2-} 计）/%	≤	0.03
其他氨基酸（总杂）/%	≤	3.0
溶液的透光率/%	≥	95.0
铵盐（以 NH_4^+ 计）/%	≤	0.02
铁盐/（mg/kg）	≤	30

4.2.3 L-亮氨酸

应符合表 4 要求。

表 4　L-亮氨酸理化指标

项目		指标
鉴别		试样的红外光吸收图谱应与《红外光谱集》987 图一致
含量（以干基计）/%		98.5～101.5
比旋光度 $[\alpha]_D^{20}$		+14.9°～+16.0°
干燥失重/%	≤	0.2
炽灼残渣/%	≤	0.2

续表

项目		指标
pH		5.5～6.5
氯化物（以 Cl^- 计）/%	≤	0.05
硫酸盐（以 SO_4^{2-} 计）/%	≤	0.03
其他氨基酸（总杂）/%	≤	3.0
溶液的透光率/%	≥	95.0
铵盐（以 NH_4^+ 计）/%	≤	0.02
铁盐/（mg/kg）	≤	30

4.2.4　L-苯丙氨酸

应符合表 5 要求。

表 5　　L-苯丙氨酸理化指标

项目		指标
鉴别		试样的红外光吸收图谱应与《红外光谱集》983 图一致
含量（以干基计）/%		98.5～101.5
比旋光度 $[\alpha]_D^{20}$		－33.0°～－35.0°
干燥失重/%	≤	0.2
炽灼残渣/%	≤	0.1
pH		5.4～6.0
氯化物（以 Cl^- 计）/%	≤	0.03
硫酸盐（以 SO_4^{2-} 计）/%	≤	0.03
其他氨基酸（任一单杂）/%	≤	0.5
溶液的透光率/%	≥	95.0
铵盐（以 NH_4^+ 计）/%	≤	0.02
铁盐/（mg/kg）	≤	30

4.2.5　L-苏氨酸

应符合表 6 要求。

表 6　　L-苏氨酸理化指标

项目		指标
鉴别		试样的红外光吸收图谱应与《红外光谱集》957 图一致
含量（以干基计）/%		98.5～101.5
比旋光度 $[\alpha]_D^{20}$		－26.0°～－29.0°
干燥失重/%	≤	0.2

续表

项目		指标
炽灼残渣/%	≤	0.2
pH		5.0～6.5
氯化物（以 Cl^- 计）/%	≤	0.05
硫酸盐（以 SO_4^{2-} 计）/%	≤	0.03
其他氨基酸（唯一单杂）/%	≤	0.5
溶液的透光率/%	≥	95.0
铵盐（以 NH_4^+ 计）/%	≤	0.02
铁盐/（mg/kg）	≤	30

4.2.6　L-谷氨酸

应符合表 7 要求。

表 7　　L-谷氨酸理化指标

项目		指标
鉴别		试样的红外光吸收图谱应与《红外光谱集》958 图一致
含量（以干基计）/%		98.5～101.5
比旋光度 $[\alpha]_D^{20}$		+31.5°～+32.5°
干燥失重/%	≤	0.3
炽灼残渣/%	≤	0.1
pH		3.0～3.5
氯化物（以 Cl^- 计）/%	≤	0.02
硫酸盐（以 SO_4^{2-} 计）/%	≤	0.02
其他氨基酸（任一单杂）/%	≤	0.5
溶液的透光率/%	≥	95.0
铵盐（以 NH_4^+ 计）/%	≤	0.02
铁盐/（mg/kg）	≤	30

4.2.7　L-色氨酸

应符合表 8 要求。

表 8　　L-色氨酸理化指标

项目		指标
鉴别		试样的红外光吸收图谱应与《红外光谱集》946 图一致
含量（以干基计）/%		98.5～101.5
比旋光度 $[\alpha]_D^{20}$		−30.0°～−32.5°

续表

项目		指标
干燥失重/%	≤	0.2
炽灼残渣/%	≤	0.1
pH		5.4～6.4
氯化物（以 Cl^- 计）/%	≤	0.05
硫酸盐（以 SO_4^{2-} 计）/%	≤	0.03
其他氨基酸（任一单杂）/%	≤	0.5
溶液的透光率/%	≥	95.0
铵盐（以 NH_4^+ 计）/%	≤	0.02
铁盐/（mg/kg）	≤	30

4.2.8　L-酪氨酸

应符合表 9 要求。

表 9　　L-酪氨酸理化指标

项目		指标
鉴别		试样的红外光吸收图谱应与《红外光谱集》1072 图一致
含量（以干基计）/%		98.5～101.5
比旋光度 $[\alpha]_D^{20}$		$-11.3°$～$-12.1°$
干燥失重/%	≤	0.2
炽灼残渣/%	≤	0.2
pH		5.0～6.5
氯化物（以 Cl^- 计）/%	≤	0.04
硫酸盐（以 SO_4^{2-} 计）/%	≤	0.04
其他氨基酸（任一单杂）/%	≤	0.4
溶液的透光率/%	≥	95.0
铵盐（以 NH_4^+ 计）/%	≤	0.02
铁盐/（mg/kg）	≤	30

4.2.9　L-脯氨酸

应符合表 10 要求。

表 10　　L-脯氨酸理化指标

项目		指标
鉴别		试样的红外光吸收图谱应与《红外光谱集》1041 图一致
含量（以干基计）/%		98.5～101.5
比旋光度 $[\alpha]_D^{20}$		$-84.5°$～$-86.0°$

续表

项目		指标
干燥失重/%	≤	0.3
炽灼残渣/%	≤	0.2
pH		5.9～6.9
氯化物（以 Cl^- 计）/%	≤	0.05
硫酸盐（以 SO_4^{2-} 计）/%	≤	0.03
其他氨基酸（任一单杂）/%	≤	0.5
溶液的透光率/%	≥	95.0
铵盐（以 NH_4^+ 计）/%	≤	0.02
铁盐/（mg/kg）	≤	30

4.2.10 L-精氨酸

应符合表 11 要求。

表 11　L-精氨酸理化指标

项目		指标
鉴别		试样的红外光吸收图谱应与《红外光谱集》1075 图一致
含量（以干基计）/%		98.5～101.5
比旋光度 $[\alpha]_D^{20}$		+26.9°～+27.9°
干燥失重/%	≤	0.5
炽灼残渣/%	≤	0.2
pH		10.5～12.0
氯化物（以 Cl^- 计）/%	≤	0.02
硫酸盐（以 SO_4^{2-} 计）/%	≤	0.02
其他氨基酸（唯一单杂）/%	≤	0.4
溶液的透光率/%	≥	95.0
铵盐（以 NH_4^+ 计）/%	≤	0.02
铁盐/（mg/kg）	≤	30

4.2.11 L-丝氨酸

应符合表 12 要求。

表 12　L-丝氨酸理化指标

项目		指标
鉴别		试样的红外光吸收图谱应与《红外光谱集》917 图一致
含量（以干基计）/%		98.5～101.5
比旋光度 $[\alpha]_D^{20}$		+14.0°～+15.6°

续表

项目		指标
干燥失重/%	≤	0.2
炽灼残渣/%	≤	0.1
pH		5.5～6.5
氯化物（以 Cl^- 计）/%	≤	0.05
硫酸盐（以 SO_4^{2-} 计）/%	≤	0.03
其他氨基酸（任一单杂）/%	≤	0.5
溶液的透光率/%	≥	95.0
铵盐（以 NH_4^+ 计）/%	≤	0.02
铁盐/（mg/kg）	≤	30

4.2.12　L-醋酸赖氨酸

应符合表 13 要求。

表 13　　L-醋酸赖氨酸理化指标

项目		指标
鉴别		试样的红外光吸收图谱应与《红外光谱集》890 图一致
含量（以干基计）/%		98.5～101.5
比旋光度 $[\alpha]_D^{20}$		+8.5°～+10.0°
干燥失重/%	≤	0.3
炽灼残渣/%	≤	0.2
pH		6.5～7.5
氯化物（以 Cl^- 计）/%	≤	0.05
硫酸盐（以 SO_4^{2-} 计）/%	≤	0.03
其他氨基酸（任一单杂）/%	≤	0.2
溶液的透光率/%	≥	95.0
铵盐（以 NH_4^+ 计）/%	≤	0.02
铁盐/（mg/kg）	≤	30

4.2.13　L-盐酸精氨酸

应符合表 14 要求。

表 14　　L-盐酸精氨酸理化指标

项目		指标
鉴别		试样的红外光吸收图谱应与《红外光谱集》406 图一致
含量（以干基计）/%		98.5～101.5
比旋光度 $[\alpha]_D^{20}$		+21.5°～+23.5°

续表

项目		指标
干燥失重/%	≤	0.2
炽灼残渣/%	≤	0.1
pH		4.7～6.2
含氯量（以 Cl^- 计，以干燥品计）/%		16.5～17.1
硫酸盐（以 SO_4^{2-} 计）/%	≤	0.03
其他氨基酸（唯一单杂）/%	≤	0.2
溶液的透光率/%	≥	95.0
铵盐（以 NH_4^+ 计）/%	≤	0.02
铁盐/（mg/kg）	≤	30

4.2.14 L-盐酸半胱氨酸一水物

应符合表 15 要求。

表 15　L-盐酸半胱氨酸一水物理化指标

项目		指标
鉴别		试样的红外光吸收图谱应与《红外光谱集》816 图一致
含量（以干基计）/%		98.5～101.5
比旋光度 $[\alpha]_D^{20}$		+5.5°～+7.0°
干燥失重/%	≤	8.0～12.0
炽灼残渣/%	≤	0.1
pH		1.5～2.0
含氯量（以 Cl^- 计）/%		19.8～20.8
硫酸盐（以 SO_4^{2-} 计）/%	≤	0.03
其他氨基酸（任一单杂）/%	≤	0.5
溶液的透光率/%	≥	95.0
铵盐（以 NH_4^+ 计）/%	≤	0.02
铁盐/（mg/kg）	≤	30

4.2.15 L-盐酸鸟氨酸

应符合表 16 要求。

表 16　L-盐酸鸟氨酸理化指标

项目		指标
鉴别		试样的红外光吸收图谱与对照品图谱一致
含量（以干基计）/%		98.5～101.5
比旋光度 $[\alpha]_D^{20}$		+23.0°～+25.0°

续表

项目		指标
干燥失重/%	≤	0.2
炽灼残渣/%	≤	0.1
pH		5.0～6.0
硫酸盐（以 SO_4^{2-} 计）/%	≤	0.02
其他氨基酸（任一单杂）/%	≤	0.5
溶液的透光率/%	≥	95.0
铵盐（以 NH_4^+ 计）/%	≤	0.02
铁盐/（mg/kg）	≤	30

4.2.16　L-甲硫氨酸

应符合表17要求。

表17　L-甲硫氨酸理化指标

项目		指标
鉴别		试样的红外光吸收图谱应与《红外光谱集》1045图一致
含量（以干基计）/%		98.5～101.5
比旋光度 $[\alpha]_D^{20}$		+21.0°～+25.0°
干燥失重/%	≤	0.2
炽灼残渣/%	≤	0.2
pH		5.6～6.1
氯化物（以 Cl^- 计）/%	≤	0.05
硫酸盐（以 SO_4^{2-} 计）/%	≤	0.03
其他氨基酸（唯一单杂）/%	≤	0.5
溶液的透光率/%	≥	95.0
铵盐（以 NH_4^+ 计）/%	≤	0.02
铁盐/（mg/kg）	≤	30

4.2.17　L-组氨酸

应符合表18要求。

表18　L-组氨酸理化指标

项目		指标
鉴别		试样的红外光吸收图谱应与《红外光谱集》981图一致
含量（以干基计）/%		98.5～101.5
比旋光度 $[\alpha]_D^{20}$		+12.0°～+12.8°
干燥失重/%	≤	0.2

续表

项目		指标
炽灼残渣/%	≤	0.2
pH		7.0～8.5
氯化物（以 Cl^- 计）/%	≤	0.05
硫酸盐（以 SO_4^{2-} 计）/%	≤	0.03
其他氨基酸（任一单杂）/%	≤	0.5
溶液的透光率/%	≥	95.0
铵盐（以 NH_4^+ 计）/%	≤	0.02
铁盐/（mg/kg）	≤	30

4.2.18 L-丙氨酸

应符合表 19 要求。

表 19　L-丙氨酸理化指标

项目		指标
鉴别		试样的红外光吸收图谱应与《红外光谱集》915 图一致
含量（以干基计）/%		98.5～101.5
比旋光度 $[\alpha]_D^{20}$		+14.0°～+15.0°
干燥失重/%	≤	0.2
炽灼残渣/%	≤	0.1
pH		5.5～7.0
氯化物（以 Cl^- 计）/%	≤	0.05
硫酸盐（以 SO_4^{2-} 计）/%	≤	0.03
其他氨基酸（唯一单杂）/%	≤	0.5
溶液的透光率/%	≥	95.0
铵盐（以 NH_4^+ 计）/%	≤	0.02
铁盐/（mg/kg）	≤	30

4.2.19 L-门冬酰胺一水物

应符合表 20 要求。

表 20　L-门冬酰胺一水物理化指标

项目		指标
含量（以干基计）/%		98.5～101.5
比旋光度 $[\alpha]_D^{20}$		+31°～+35°
干燥失重/%	≤	11.5～12.5

续表

项目		指标
炽灼残渣/%	≤	0.1
氯化物（以 Cl^- 计）/%	≤	0.02
硫酸盐（以 SO_4^{2-} 计）/%	≤	0.02
其他氨基酸（任一单杂）/%	≤	0.5
溶液的透光率/%	≥	95.0
铵盐（以 NH_4^+ 计）/%	≤	0.10
铁盐/（mg/kg）	≤	30

4.2.20　L-谷氨酰胺

应符合表 21 要求。

表 21　L-谷氨酰胺理化指标

项目		指标
鉴别		试样的红外光吸收图谱应与《红外光谱集》895 图一致
含量（以干基计）/%		98.5～101.5
比旋光度 $[\alpha]_D^{20}$		+6.3°～+7.3°
干燥失重/%	≤	0.3
炽灼残渣/%	≤	0.2
pH		4.8～5.8
氯化物（以 Cl^- 计）/%	≤	0.05
硫酸盐（以 SO_4^{2-} 计）/%	≤	0.03
溶液的透光率/%	≥	95.0
铵盐（以 NH_4^+ 计）/%	≤	0.1
铁盐/（mg/kg）	≤	30

4.2.21　L-盐酸组氨酸一水物

应符合表 22 要求。

表 22　L-盐酸组氨酸一水物理化指标

项目		指标
鉴别		试样的红外光吸收图谱应与《红外光谱集》372 图一致
含量（以干基计）/%		98.5～101.5
比旋光度 $[\alpha]_D^{20}$		+8.5°～+10.5°
干燥失重/%	≤	0.2
炽灼残渣/%	≤	0.1
pH		3.5～4.5

续表

项目		指标
含氯量（以 Cl^- 计，以干燥品计）/%		16.7～17.1
硫酸盐（以 SO_4^{2-} 计）/%	≤	0.02
其他氨基酸（任一单杂）/%	≤	0.2
溶液的透光率/%	≥	95.0
铵盐（以 NH_4^+ 计）/%	≤	0.02
铁盐/（mg/kg）	≤	30

4.2.22 L-羟基脯氨酸

应符合表 23 要求。

表 23　L-羟基脯氨酸理化指标

项目		指标
鉴别		试样的红外光吸收图谱与对照品图谱一致
含量（以干基计）/%		98.5～101.5
比旋光度 $[\alpha]_D^{20}$		−74.0°～−77.0°
干燥失重/%	≤	0.2
炽灼残渣/%	≤	0.1
pH		5.0～6.5
氯化物（以 Cl^- 计）/%	≤	0.020
硫酸盐（以 SO_4^{2-} 计）/%	≤	0.020
其他氨基酸（总杂）/%	≤	0.5
溶液的透光率/%	≥	95.0
铵盐（以 NH_4^+ 计）/%	≤	0.02
铁盐/（mg/kg）	≤	30

4.2.23 L-4-羟基异亮氨酸

应符合表 24 要求。

表 24　L-4-羟基异亮氨酸理化指标

项目		指标
鉴别		试样的红外光吸收图谱与对照品图谱一致
含量（以干基计）/%	≥	95.0
比旋光度 $[\alpha]_D^{20}$		+32.0°～+36.0°
干燥失重/%	≤	0.3
炽灼残渣/%	≤	0.3
pH		5.0～7.0
溶液的透光率/%	≥	95.0

4.2.24　L-门冬氨酸

应符合表25要求。

表25　L-门冬氨酸理化指标

项目		指标
鉴别		试样的红外光吸收图谱应与《红外光谱集》913图一致
含量（以干基计）/%		98.5～101.5
比旋光度 $[\alpha]_D^{20}$		+24.0°～+26.0°
干燥失重/%	≤	0.2
炽灼残渣/%	≤	0.1
pH		2.0～4.0
氯化物（以Cl计）/%	≤	0.02
硫酸盐（以 SO_4 计）/%	≤	0.02
其他氨基酸（任一单杂）/%	≤	0.5
溶液的透光率/%	≥	95.0
铵盐（以 NH_4 计）/%	≤	0.02
铁盐/（mg/kg）	≤	30

4.2.25　L-胱氨酸

应符合表26要求。

表26　L-胱氨酸理化指标

项目		指标
鉴别		试样的红外光吸收图谱应与《红外光谱集》1036图一致
含量（以干基计）/%		98.5～101.5
比旋光度 $[\alpha]_D^{20}$		−215°～−230°
干燥失重/%	≤	0.2
炽灼残渣/%	≤	0.1
pH		5.0～6.5
氯化物（以Cl计）/%	≤	0.02
硫酸盐（以 SO_4 计）/%	≤	0.02
其他氨基酸（唯一单杂）/%	≤	0.5
溶液的透光率/%	≥	95.0
铁盐/（mg/kg）	≤	30

4.2.26　L-盐酸赖氨酸

应符合表27要求。

表 27　　L-盐酸赖氨酸理化指标

项目		指标
鉴别		试样的红外光吸收图谱应与《红外光谱集》399 图或 1035 图一致
含量（以干基计）/%		98.5～101.5
比旋光度 $[\alpha]_D^{20}$		+20.4°～+21.5°
干燥失重/%	≤	0.4
炽灼残渣/%	≤	0.1
pH		5.0～6.0
含氯量（以 Cl 计，以干燥品计）/%		19.0～19.6
硫酸盐（以 SO_4 计）/%	≤	0.02
其他氨基酸（任一单杂）/%	≤	0.5
溶液的透光率/%	≥	95.0
铵盐（以 NH_4 计）/%	≤	0.02
铁盐/（mg/kg）	≤	30

4.2.27　L-茶氨酸

应符合表 28 要求。

表 28　　L-茶氨酸理化指标

项目		指标
鉴别		试样的红外光吸收图谱与对照品图谱一致
含量（以干基计）/%		98.5～101.5
比旋光度 $[\alpha]_D^{20}$		+7.7°～+8.5°
干燥失重/%	≤	1.5
炽灼残渣/%	≤	0.1
pH		4.5～6.0
氯化物（以 Cl 计）/%	≤	0.02
硫酸盐（以 SO_4 计）/%	≤	0.02
其他氨基酸（任一单杂）/%	≤	0.5
溶液的透光率/%	≥	95.0
铵盐（以 NH_4 计）/%	≤	0.02
铁盐/（mg/kg）	≤	30

4.2.28　牛磺酸

应符合表 29 要求。

表 29　　　　　　　　　　　　　**牛磺酸理化指标**

项目		指标
鉴别		试样的红外光吸收图谱应与《红外光谱集》44 图一致
含量（以干基计）/%		98.5～101.5
干燥失重/%	≤	0.2
炽灼残渣/%	≤	0.1
氯化物（以 Cl 计）/%	≤	0.01
硫酸盐（以 SO_4 计）/%	≤	0.01
溶液的透光率/%	≥	95.0
铵盐（以 NH_4 计）/%	≤	0.02
铁盐/（mg/kg）	≤	30

4.3　卫生要求

应符合表 30 要求。

表 30　　　　　　　　　　　　　**卫生指标**

项目		指标
重金属（以 Pb 计）/（mg/kg）	≤	10
砷/（mg/kg）	≤	1
汞/（mg/kg）	≤	0.3
菌落总数/（CFU/g）	≤	1000
大肠菌群/（CFU/g）	≤	10
霉菌和酵母/（CFU/g）	≤	50
金黄色葡萄球菌/（CFU/g）	≤	0/25
沙门氏菌/（CFU/g）	≤	0/25

5　试验方法

本标准除另有说明外，所用试剂的纯度应不低于分析纯，所用标准滴定溶液、杂质测定用标准溶液和其他试剂，应按 GB/T 601、GB/T 602、GB/T 603 的规定制备；试验用水根据试验需要应符合 GB/T 6682 中各级水的要求。

5.1　感官

取试样约 5g，放于白色瓷盘中，在自然光线下，目测其色泽、形态。

5.2　理化指标

5.2.1　鉴别

试样的红外光谱图应与《红外光谱集》中相应图谱或与对照品图谱一致。

5.2.2　含量

按照附录 A 规定的方法测定。

5.2.3 比旋光度 $[\alpha]_D^{20}$

按 GB/T 613 的方法测定比旋度，采用钠光谱 D 线（589.3nm），按表 31 进行比旋度测定试样的制备。

表 31　比旋度测定试样制备表

氨基酸＼配制	溶液配制
L-异亮氨酸	取本品，加 6mol/L 盐酸溶液溶解并定量稀释成每 1mL 中约含 40mg 的溶液
L-缬氨酸	取本品，加 6mol/L 盐酸溶液溶解并定量稀释成每 1mL 中约含 80mg 的溶液
L-亮氨酸	取本品，加 6mol/L 盐酸溶液溶解并定量稀释成每 1mL 中约含 40mg 的溶液
L-苯丙氨酸	取本品，加水溶解并定量稀释成每 1mL 中约含 20mg 的溶液
L-苏氨酸	取本品，加水溶液溶解并定量稀释成每 1mL 中约含 60mg 的溶液
L-谷氨酸	取本品，加 2mol/L 盐酸溶液溶解并定量稀释成每 1mL 中约含 70mg 的溶液
L-色氨酸	取本品，加水溶液溶解并定量稀释成每 1mL 中约含 10mg 的溶液
L-酪氨酸	取本品，加 1mol/L 盐酸溶液溶解并定量稀释成每 1mL 中约含 50mg 的溶液
L-脯氨酸	取本品，加水溶液溶解并定量稀释成每 1mL 中约含 40mg 的溶液
L-精氨酸	取本品，加 6mol/L 盐酸溶液溶解并定量稀释成每 1mL 中约含 80mg 的溶液
L-丝氨酸	取本品，加 2mol/L 盐酸溶液溶解并定量稀释成每 1mL 中约含 0.1g 的溶液
L-醋酸赖氨酸	取本品，加水溶解并定量稀释成每 1mL 中约含 0.1g 的溶液
L-盐酸精氨酸	取本品，加 6mol/L 盐酸溶液溶解并定量稀释成每 1mL 中约含 80mg 的溶液
L-盐酸半胱氨酸一水物	取本品，加 1mol/L 盐酸溶液溶解并定量稀释成每 1mL 中约含 80mg 的溶液
L-盐酸鸟氨酸	取本品，加 6mol/L 盐酸溶液溶解并定量稀释成每 1mL 中约含 40mg 的溶液
L-甲硫氨酸	取本品，加 6mol/L 盐酸溶液溶解并定量稀释成每 1mL 中约含 20mg 的溶液
L-组氨酸	取本品，加 6mol/L 盐酸溶液溶解并定量稀释成每 1mL 中约含 0.11g 的溶液
L-丙氨酸	取本品，加 6mol/L 盐酸溶液溶解并定量稀释成每 1mL 中约含 100mg 的溶液
L-门冬酰胺一水物	取本品，加 3mol/L 盐酸溶液溶解并定量稀释成每 1mL 中约含 20mg 的溶液
L-谷氨酰胺	取本品，加水适量，置 40℃水浴溶解，放冷，定容至 40mg/mL
L-盐酸组氨酸一水物	取本品，加 6mol/L 盐酸溶液溶解并定量稀释成每 1mL 中约含 0.11g 的溶液
L-羟基脯氨酸	取本品，加水溶解并定量稀释成每 1mL 中约含 40mg 的溶液
L-4-羟基异亮氨酸	取本品，加水溶解并定量稀释成每 1mL 中约含 10mg 的溶液
L-门冬氨酸	取本品，加 6mol/L 盐酸溶液溶解并定量稀释成每 1mL 中约含 80mg 的溶液
L-胱氨酸	取本品，加 1mol/L 盐酸溶液溶解并定量稀释成每 1mL 中约含 20mg 的溶液
L-盐酸赖氨酸	取本品，加 6mol/L 盐酸溶液溶解并定量稀释成每 1mL 中约含 80mg 的溶液
L-茶氨酸	取本品，加水溶解并定量稀释成每 1mL 中约含 50mg 的溶液

5.2.4　干燥失重

5.2.4.1　L-醋酸赖氨酸

L-醋酸赖氨酸干燥失重按 GB 5009.3 直接干燥法在 80℃条件下干燥 3h。

5.2.4.2　L-盐酸半胱氨酸一水物

L-盐酸半胱氨酸一水物干燥失重按 GB 5009.3 减压干燥法进行检测，以五氧化二磷为干燥剂，在室温、压力不超过 2.67kPa 条件下，减压干燥 24h。

5.2.4.3　L-盐酸组氨酸一水物

L-盐酸组氨酸一水物干燥失重按 GB 5009.3 减压干燥法进行检测，在 60℃，压力不超过 2.67kPa 条件下，减压干燥至恒重。

5.2.4.4　其余各品种氨基酸

本标准中，除 L-醋酸赖氨酸、L-盐酸半胱氨酸一水物和 L-盐酸组氨酸一水物以外的各品种氨基酸的干燥失重按 GB 5009.3 直接干燥法进行检测。

5.2.5　炽灼残渣

5.2.5.1　原理

利用样品主体与形成残渣的物质之间的差异，即挥发性、对热、对氧的稳定性等物理、化学性质方面的差异，将样品低温加热挥发、碳化，高温炽灼，使样品主体与残渣完全分离，可用天平称出残渣的质量。

5.2.5.2　试剂和材料　硫酸

5.2.5.3　仪器和设备

5.2.5.3.1　一般实验室仪器：烧杯、量筒、磁力搅拌器、水浴锅等。

5.2.5.3.2　坩埚或者蒸发皿：根据样品的性质，材质可选用铂、石英或者陶瓷。

5.2.5.3.3　高温炉：温度可保持在 750℃±50℃。

5.2.5.3.4　分析天平：精度为 0.001g。

5.2.5.4　分析方法

5.2.5.4.1　称量

L-异亮氨酸、L-亮氨酸、L-苯丙氨酸、L-苏氨酸、L-谷氨酸、L-色氨酸、L-谷氨酰胺、L-门冬氨酸、L-胱氨酸、牛磺酸分别称取 1.0g 用于测定炽灼残渣。

L-酪氨酸、L-盐酸鸟氨酸、L-羟基脯氨酸分别称取 2.0g 用于测定炽灼残渣。

L-缬氨酸、L-脯氨酸、L-精氨酸、L-丝氨酸、L-醋酸赖氨酸、L-盐酸精氨酸、L-盐酸半胱氨酸一水物、L-甲硫氨酸、L-组氨酸、L-丙氨酸、L-门冬酰胺一水物、L-盐酸组氨酸一水物、L-盐酸赖氨酸、L-4-羟基异亮氨酸、L-茶氨酸分别称取 1.0g～2.0g，用于测定炽灼残渣。

5.2.5.4.2　炽灼残渣的测定

将称重后的样品置已炽灼至恒重的坩埚中，称量后，缓缓炽灼至完全炭化，放冷；加硫酸 0.5mL～1mL 使湿润，低温加热至硫酸蒸气除尽后，在 700℃～800℃炽灼使完全灰化，移置干燥器内，放冷，称量后，再在 700℃～800℃炽灼至恒重，即得。恒重系指重复炽灼至前后两次称量相差不超过 0.5mg。如需将残渣留作重金属检查，则炽灼温度需控制在 500℃～600℃。

5.2.5.5 计算

炽灼残渣一般以硫酸盐计（特殊情况例外）。炽灼残渣的质量分数 ω，数值以%表示，按式（1）计算：

$$\omega=\frac{m_2-m_1}{m}\times 100 \tag{1}$$

式中：

m——样品质量的数值，单位为克（g）

m_1——空坩埚或空皿质量的数值，单位为克（g）

m_2——残渣和空坩埚或残渣和空皿质量的数值，单位为克（g）

5.2.6 pH

按 GB/T 9724 的方法测定 pH，pH 测定溶液按表 32 进行配制。

表 32 pH 值测定溶液的配制表

氨基酸	测试方法
L-异亮氨酸	取 0.20g，加水 20mL 溶解后，测定 pH
L-缬氨酸	取 1.00g，加水 20mL 溶解后，测定 pH
L-亮氨酸	取 0.50g，加水 50mL，加热使溶解，放冷后，测定 pH
L-苯丙氨酸	取 0.20g，加水 20mL 溶解后，测定 pH
L-苏氨酸	取 0.20g，加水 20mL 溶解后，测定 pH
L-谷氨酸	取 1.00g，加水 100mL 溶解后，测定 pH
L-色氨酸	取 0.50g，加水 50mL 溶解后，测定 pH
L-酪氨酸	取 0.02g，加水 100mL 制成饱和水溶液后，测定 pH
L-脯氨酸	取 2.00g，加水 20mL 溶解后，测定 pH
L-精氨酸	取 2.50g，加水 25mL 溶解后，测定 pH
L-丝氨酸	取 0.30g，加水 30mL 溶解后，测定 pH
L-醋酸赖氨酸	取 0.10g，加水 10mL 溶解后，测定 pH
L-盐酸精氨酸	取 1.00g，加水 10mL 溶解后，测定 pH
L-盐酸半胱氨酸一水物	取 0.20g，加水 20mL 溶解后，测定 pH
L-盐酸鸟氨酸	取 1.00g，加水 10mL 溶解后，测定 pH
L-甲硫氨酸	取 0.50g，加水 50mL 溶解后，测定 pH
L-组氨酸	取 1.00g，加水 50mL 溶解后，测定 pH
L-丙氨酸	取 1.00g，加水 20mL 溶解后，测定 pH
L-谷氨酰胺	取本品，加水溶解并稀释制成每 1mL 中含 20mg 的溶液后，测定 pH
L-盐酸组氨酸一水物	取 1.00g，加水 10mL 溶解后，测定 pH
L-羟基脯氨酸	取 1.00g，加水 10mL 溶解后，测定 pH
L-4-羟基异亮氨酸	取 1.00g，加水 20mL 溶解后，测定 pH

续表

氨基酸	测试方法
L-门冬氨酸	取0.10g，加水20mL溶解后，测定pH
L-胱氨酸	取1.00g，加水100mL溶解后，测定pH
L-盐酸赖氨酸	取1.00g，加水10mL溶解后，测定pH
L-茶氨酸	取0.20g，加水20mL溶解后，测定pH

5.2.7　氯化物

5.2.7.1　原理

目视比浊法：在硝酸介质中，氯离子与银离子生成难溶的氯化银，当氯离子含量较低时，在一定时间内氯化银呈悬浮体，使溶液浑浊，可用于氯化物的目视比浊法测定。

5.2.7.2　试剂和材料

5.2.7.2.1　标准氯化钠溶液：称取氯化钠0.165g，置1000mL量瓶中，加水适量使溶解并稀释至刻度，摇匀，作为贮备液。临用前，精密量取贮备液10mL，置100mL量瓶中，加水稀释至刻度，摇匀，即得（每1mL相当于10μg的Cl^-）。

5.2.7.2.2　硝酸银试液：可取用硝酸银滴定液（0.1mol/L）。

5.2.7.2.3　稀硝酸：取硝酸105mL，加水稀释至1000mL，即得。本液含HNO_3应为9.5%～10.5%。

5.2.7.3　仪器和设备

5.2.7.3.1　一般实验室仪器：烧杯、量筒、磁力搅拌器、水浴锅等。

5.2.7.3.2　分析天平：精度为0.001g。

5.2.7.3.3　纳氏比色管。

5.2.7.4　分析方法

5.2.7.4.1　试样制备

5.2.7.4.1.1　L-异亮氨酸、L-缬氨酸、L-亮氨酸、L-苏氨酸、L-色氨酸、L-脯氨酸、L-丝氨酸、L-醋酸赖氨酸、L-甲硫氨酸、L-组氨酸、L-丙氨酸、L-谷氨酰胺氯化物测定试样制备方法：取本品约0.10g，按以下方法检查，与标准氯化钠溶液5.0mL制成的对照溶液比较，不得更浓（0.05%）。

5.2.7.4.1.2　L-酪氨酸氯化物测定试样制备方法：取本品约0.10g，按以下方法检查，与标准氯化钠溶液4.0mL制成的对照溶液比较，不得更浓（0.04%）。

5.2.7.4.1.3　L-苯丙氨酸、L-精氨酸、L-羟基脯氨酸氯化物测定试样制备方法：取本品约0.10g，按以下方法检查，与标准氯化钠溶液3.0mL制成的对照溶液比较，不得更浓（0.03%）。

5.2.7.4.1.4　L-谷氨酸、L-门冬氨酸、L-门冬酰胺一水物、L-茶氨酸氯化物测定试样制备方法：取本品约0.30g，按以下方法检查，与标准氯化钠溶液6.0mL制成的对照溶液比较，不得更浓（0.02%）。

5.2.7.4.1.5　L-胱氨酸氯化物测定试样制备方法：取本品约0.50g，加稀硝酸10mL溶解后，加水使成50mL，分取25mL，按以下方法检查，与标准氯化钠溶液5.0mL制成的对照溶液比较，不得更浓（0.02%）。

5.2.7.4.1.6 牛磺酸氯化物测定试样制备方法：取本品1.0g，加水溶解使成50mL，分取25mL，按以下方法检查，与标准氯化钠溶液5.0mL制成的对照液比较，不得更浓（0.01%）。

5.2.7.4.2 测试方法

取各品种项下规定量的供试品，加水溶解至25mL（溶液如显碱性，可滴加硝酸使成中性），再加稀硝酸10mL，溶液如不澄清，应过滤，置50mL纳氏比色管中，加水使成约40mL，摇匀，即得试样溶液。另取各品种项下规定量的标准氯化钠溶液，置50mL纳氏比色管中，加稀硝酸10mL，加水使成约40mL，摇匀，即得标准溶液。于试样溶液与标准溶液中，分别加入硝酸银试液1.0mL，用水稀释使成50mL，摇匀，在暗处放置5min，同置黑色背景上，从比色管上方向下观察，进行目视比浊。

如试样管溶液浊度不高于标准管溶液浊度，则氯化物含量符合规定。

5.2.8 含氯量

5.2.8.1 原理

间接沉淀滴定法：样品经水或热水溶解、沉淀蛋白质、酸化处理后，加入过量的硝酸银溶液，以硫酸铁铵为指示剂，用硫氰酸铵标准滴定溶液滴定过量的硝酸银。根据硫氰酸铵标准滴定溶液的消耗量，计算食品中氯化物的含量。

5.2.8.2 试剂和材料

5.2.8.2.1 稀醋酸：取冰醋酸60mL，加水稀释至1000mL，即得。

5.2.8.2.2 溴酚蓝指示液：取溴酚蓝0.1g，加0.05mol/L氢氧化钠溶液3.0mL使溶解，再加水稀释至200mL，即得。

5.2.8.2.3 1%高锰酸钾溶液：取高锰酸钾1g，加水100mL，煮沸15分钟，密塞，静置2日以上，用垂熔玻璃滤器滤过，摇匀，即得。

5.2.8.2.4 硫酸铁铵指示剂：取硫酸铁铵8g，加水100mL使溶解，即得。

5.2.8.2.5 50%硝酸溶液：取硝酸100mL，加水稀释至200mL，摇匀，即得。

5.2.8.2.6 30%过氧化氢溶液：取过氧化氢溶液30mL，加水稀释至100mL，摇匀，即得。

5.2.8.2.7 稀硝酸：取硝酸105mL，加水稀释至1000mL，即得。本液含HNO_3应为9.5%～10.5%。

5.2.8.2.8 硫氰酸铵滴定液：0.1mol/L。

5.2.8.2.9 硝酸银滴定液：0.1mol/L。

5.2.8.3 仪器和设备

5.2.8.3.1 一般实验室仪器：烧杯、量筒、磁力搅拌器、水浴锅等。

5.2.8.3.2 分析天平：精度为0.001g。

5.2.8.3.3 棕色酸式滴定管、锥形瓶。

5.2.8.4 分析方法

5.2.8.4.1 L-盐酸精氨酸

取本品约0.35g，加水20mL溶解后，加稀醋酸2.0mL与溴酚蓝指示液8～10滴，用硝酸银滴定液（0.1mol/L）滴定至显蓝紫色。每1mL硝酸银滴定液（0.1mol/L）相当于3.545mg的Cl。按干燥品计算，含氯量应为16.5%～17.1%。

5.2.8.4.2　L-盐酸半胱氨酸一水物

取本品约0.25g，加水10mL与50%硝酸溶液10mL溶解后，精密加入硝酸银滴定液（0.1mol/L）25mL与1%高锰酸钾水溶液50mL，在水浴上加热30min，放冷，滴加30%过氧化氢溶液至溶液成无色，然后加硫酸铁铵指示剂8mL和硝基苯1mL，用硫氰酸铵滴定液（0.1mol/L）滴定，并将滴定的结果用空白试验校正。每1mL硝酸银滴定液（0.1mol/L）相当于3.545mg的Cl。含氯量应为19.8%～20.8%。

5.2.8.4.3　L-盐酸组氨酸一水物

取本品约0.4g，加水50mL溶解后，加稀硝酸2mL，照电位滴定法，用硝酸银滴定液（0.1mol/L）滴定。每1mL硝酸银滴定液（0.1mol/L）相当于3.545mg的Cl。按干燥品计算，含氯量应为16.7%～17.1%。

5.2.8.4.4　L-盐酸赖氨酸

取本品约0.35g，加水20mL溶解后，加稀醋酸2mL与溴酚蓝指示液8～10滴，用硝酸银滴定液（0.1mol/L）滴定至蓝紫色。每1mL硝酸银滴定液（0.1mol/L）相当于3.545mg的Cl^-。按干燥品计算，含氯量应为19.0%～19.6%。

5.2.9　硫酸盐

5.2.9.1　原理

利用微量硫酸盐与氯化钡在酸性条件下生成浑浊的硫酸钡，与一定量的标准硫酸钾溶液在同一条件下生成的硫酸钡浑浊比较，以测定试样中硫酸盐的限度。

5.2.9.2　试剂和材料

5.2.9.2.1　标准硫酸钾溶液：称取硫酸钾0.181g，置1000mL量瓶中，加水适量使溶解并稀释至刻度，摇匀，即得（每1mL相当于100μg的SO_4）。

5.2.9.2.2　稀盐酸：取盐酸234mL，加水稀释至1000mL，即得。本液含HCl应为9.5%~10.5%。

5.2.9.2.3　25%氯化钡溶液：取氯化钡细粉25g，加水使溶解成100mL，即得。本液应临用新制。

5.2.9.3　仪器和设备

5.2.9.3.1　一般实验室仪器：烧杯、量筒、磁力搅拌器、水浴锅等。

5.2.9.3.2　分析天平：精度为0.1mg。

5.2.9.3.3　纳氏比色管。

5.2.9.4　分析方法

5.2.9.4.1　试样制备

5.2.9.4.1.1　L-酪氨酸硫酸盐测定试样制备方法：取本品1.0g，加水40mL温热使溶解，放冷，按以下方法检查，与标准硫酸钾溶液4.0mL制成的对照溶液比较，不得更浓（0.04%）。

5.2.9.4.1.2　L-异亮氨酸、L-缬氨酸、L-亮氨酸、L-苯丙氨酸、L-苏氨酸、L-色氨酸、L-脯氨酸、L-丝氨酸、L-醋酸赖氨酸、L-盐酸精氨酸、L-盐酸半胱氨酸一水物、L-甲硫氨酸、L-组氨酸、L-丙氨酸、L-谷氨酰胺硫酸盐测定试样制备方法：取本品0.7g，按以下方法检查，与标准硫酸钾溶液2.0mL制成的对照溶液比较，不得更浓（0.03%）。

5.2.9.4.1.3 L-精氨酸、L-盐酸鸟氨酸、L-盐酸组氨酸一水物、L-羟基脯氨酸、L-门冬氨酸、L-盐酸赖氨酸、L-茶氨酸硫酸盐测定试样制备方法：取本品1.0g，按以下方法检查，与标准硫酸钾溶液2.0mL制成的对照溶液比较，不得更浓（0.02%）。

5.2.9.4.1.4 L-谷氨酸硫酸盐测定试样制备方法：取本品0.5g，加稀盐酸2mL和水5mL，振摇使溶解，按以下方法检查，与标准硫酸钾溶液1.0mL制成的对照溶液比较，不得更浓（0.02%）。

5.2.9.4.1.5 L-门冬酰胺一水物硫酸盐测定试样制备方法：取本品0.5g，加水25.0mL，加热溶解后，放冷，按以下方法检查，与标准硫酸钾溶液1.0mL制成的对照液比较，不得更浓（0.02%）。

5.2.9.4.1.6 L-胱氨酸硫酸盐测定试样制备方法：取本品0.7g，加稀盐酸5mL振摇使溶解，加水使成40mL，按以下方法检查，与标准硫酸钾溶液1.4mL加稀盐酸5mL制成的对照溶液比较，不得更浓（0.02%）。

5.2.9.4.1.7 牛磺酸硫酸盐测定试样制备方法：取本品2.0g，按以下方法检查，与标准硫酸钾溶液2.0mL制成的对照溶液比较，不得更浓（0.01%）。

5.2.9.4.2　测试方法

取各品种项下规定量的供试品，加水溶解至约40mL（溶液如显碱性，可滴加盐酸使成中性），溶液如不澄清，应过滤，置50mL纳氏比色管中，加稀盐酸2mL，摇匀，即得供试液。另取各品种项下规定量的标准硫酸钾溶液，置50mL纳氏比色管中，加水至约40mL，加稀盐酸2mL，摇匀，即得标准溶液。于供试溶液与标准溶液中，分别加入25%氯化钡溶液5mL，用水稀释至50mL，充分摇匀，放置10min，同置黑色背景上，从比色管上方向下观察，进行目视比浊。

如供试管溶液浊度不高于标准管溶液浊度，则硫酸盐含量符合规定。

5.2.10　其他氨基酸

按照附录B规定的方法测定。

5.2.10.1 其他氨基酸（总杂）指按照附录B规定的方法测定，供试品溶液杂质斑点个数不限；供试品溶液如显杂质斑点，计算各杂质氨基酸含量之和。

5.2.10.2 其他氨基酸（任一单杂）指按照附录B规定的方法测定，供试品溶液杂质斑点个数不限；供试品溶液如显杂质斑点，分别单独计算各单一杂质氨基酸的含量。

5.2.10.3 其他氨基酸（唯一单杂）指按照附录B规定的方法测定，供试品溶液杂质斑点个数不得超过1个；供试品溶液如显杂质斑点，计算该杂质氨基酸的含量。

5.2.11　溶液的透光率

按GB/T 8967中的方法测定，在430nm的波长处测定透光率。溶液透光率测定按照表33进行溶液的配制。

表33　透光率测定的溶液配制表

氨基酸	溶液的配制
L-异亮氨酸	取0.5g，加水20mL溶解后，测定透光率
L-缬氨酸	取0.5g，加水20mL溶解后，测定透光率

续表

氨基酸	溶液的配制
L-亮氨酸	取0.5g，加水50mL，加热使溶解，放冷，测定透光率
L-苯丙氨酸	取0.5g，加水25mL溶解后，测定透光率
L-苏氨酸	取1.0g，加水20mL溶解后，测定透光率
L-谷氨酸	取1.0g，加2mol/L盐酸溶液20mL溶解后，测定透光率
L-色氨酸	取0.5g，加2mol/L盐酸溶液20mL溶解后，测定透光率
L-酪氨酸	取1.0g，加1mol/L盐酸溶液20mL溶解后，测定透光率
L-脯氨酸	取1.0g，加水10mL溶解后，测定透光率
L-精氨酸	取1.0g，加水10mL溶解后，测定透光率
L-丝氨酸	取1.0g，加水20mL溶解后，测定透光率
L-醋酸赖氨酸	取1.0g，加水10mL溶解后，测定透光率
L-盐酸精氨酸	取1.0g，加水10mL溶解后，测定透光率
L-盐酸半胱氨酸一水物	取0.5g，加水10mL溶解后，测定透光率
L-盐酸鸟氨酸	取1.0g，加水10mL溶解后，测定透光率
L-甲硫氨酸	取0.5g，加水20mL溶解后，测定透光率
L-组氨酸	取0.6g，加水20mL溶解后，测定透光率
L-丙氨酸	取1.0g，加水20mL溶解后，测定透光率
L-门冬酰胺一水物	取0.4g，加水20mL溶解后，测定透光率
L-谷氨酰胺	取本品，加水溶解并稀释制成每1mL中含25mg的溶液，测定透光率
L-盐酸组氨酸一水物	取1.0g，加水10mL溶解后，测定透光率
L-羟基脯氨酸	取1.0g，加水10mL溶解后，测定透光率
L-4-羟基异亮氨酸	取0.2g，加水20mL溶解后，测定透光率
L-门冬氨酸	取1.0g，加1mol/L盐酸溶液10mL溶解后，测定透光率
L-胱氨酸	取1.0g，加1mol/L盐酸溶液20mL溶解后，测定透光率
L-盐酸赖氨酸	取0.5g，加水10mL溶解后，测定透光率
L-茶氨酸	取0.5g，加水25mL溶解后，测定透光率
牛磺酸	取0.5g，加水20mL溶解后，测定透光率

5.2.12　铵盐

5.2.12.1　原理

将样品与无氨蒸馏水和氧化镁一起加热蒸馏，馏出液导入酸性溶液中。之后将溶液碱化，与碱性碘化汞钾试液显色，并与一定量的标准氯化铵溶液同法制得的对照液进行比较。

5.2.12.2　试剂和材料

5.2.12.2.1　标准氯化铵溶液：称取氯化铵29.7mg，置1000mL量瓶中，加水适量使溶解并稀释至刻度，摇匀，即得（每1mL相当于10μg的NH_4）。

5.2.12.2.2 碱性碘化汞钾试液：取碘化钾 10g，加水 10mL 溶解后，缓缓加入二氯化汞的饱和水溶液，边加边搅拌，至生成的红色沉淀不再溶解，加氢氧化钾 30g，溶解后，再加二氯化汞的饱和水溶液 1mL 或 1mL 以上，并用适量的水稀释使成 200mL，静置，使沉淀。用时取上层澄清液。

5.2.12.2.3 氢氧化钠试液：取氢氧化钠 4.3g，加水使溶解成 100mL，即得。

5.2.12.2.4 稀盐酸：取盐酸 234mL，加水稀释至 1000mL，即得。本液含 HCl 应为 9.5%～10.5%。

5.2.12.2.5 银锰试纸。

5.2.12.2.6 重质氧化镁。

5.2.12.2.7 氧化镁。

5.2.12.3 仪器和设备

5.2.12.3.1 一般实验室仪器：烧杯、量筒、磁力搅拌器、水浴锅等。

5.2.12.3.2 纳氏比色管。

5.2.12.3.3 分析天平：精度 0.001g。

5.2.12.4 分析方法

5.2.12.4.1 L-门冬酰胺一水物

取本品 10mg，置直径约为 4cm 的称量瓶中，加水 1mL 使溶解；另取标准氯化铵溶液 1.0mL，置另一同样的称量瓶中。两个称量瓶瓶盖下方均粘贴一张用 1 滴水润湿的边长约 5mm 的银锰试纸（将滤纸条浸入 0.85%硫酸锰-0.85%硝酸银溶液中 3min～5min，取出，晾干）。分别向两个称量瓶中加重质氧化镁各 0.30g，立即加盖密塞，旋转混匀。40℃放置 30min。供试品使试纸产生的灰色与标准氯化铵溶液 1.0mL 制成的对照试纸比较，不得更深（0.1%）。

5.2.12.4.2 L-盐酸半胱氨酸一水物

取本品 0.10g，置蒸馏瓶中，加无氨蒸馏水 200mL，加氧化镁 1g，加热蒸馏，馏出液导入盛有稀盐酸 1 滴与无氨蒸馏水 5mL 的 50mL 纳氏比色管中，待馏出液达 40mL 时，停止蒸馏，加氢氧化钠试液 5 滴，加无氨蒸馏水至 50mL，加碱性碘化汞钾试液 2mL，摇匀，放置 15min 即得供试品溶液。另取标准氯化铵溶液 2mL 按上述方法制成标准对照溶液。供试品溶液颜色与对照溶液颜色比较，不得更深（0.02%）。

5.2.12.4.3 L-谷氨酰胺

取本品 0.10g，在 60℃以下减压蒸馏，与标准氯化铵溶液 10.0mL 制成的对照液比较，不得更深（0.10%）。

5.2.12.4.4 其余各品种氨基酸

本标准中，除 L-门冬酰胺一水物、L-盐酸半胱氨酸一水物和 L-谷氨酰胺以外的各品种氨基酸的铵盐测定，均称取供试品 0.10g，置蒸馏瓶中，加无氨蒸馏水 200mL，加氧化镁 1g，加热蒸馏，馏出液导入加有稀盐酸 1 滴与无氨蒸馏水 5mL 的 50mL 纳氏比色管中，待馏出液达 40mL 时，停止蒸馏，加氢氧化钠试液 5 滴，加无氨蒸馏水至 50mL，加碱性碘化汞钾试液 2mL，摇匀，放置 15min，如显色，则取标准氯化铵溶液 2.0mL 按上述方法制成对照溶液，将供试品溶液与对照品溶液进行比较，不得更浓（0.02%）。

5.2.13　铁盐

5.2.13.1　原理

采用硫氰酸盐法检查样品中的铁盐杂质。铁盐在盐酸酸性溶液中与硫氰酸铵生成红色可溶性硫氰酸铁配位离子，与一定量标准铁溶液用同法处理后所显的颜色进行比较。

5.2.13.2　试剂和材料

5.2.13.2.1　标准铁溶液：称取硫酸铁铵［$FeNH_4(SO_4)_2 \cdot 12H_2O$］0.863g，置1000mL量瓶中，加水溶解后，加硫酸2.5mL，用水稀释至刻度，摇匀，作为贮备液（每1mL相当于100μg的Fe）。临用前，精密量取贮备液10mL，置100mL量瓶中，加水稀释至刻度，摇匀，即得（每1mL相当于10μg的Fe）。

5.2.13.2.2　30％硫氰酸铵溶液：取硫氰酸铵30.0g，加水使溶解成100mL，即得。

5.2.13.2.3　稀盐酸：取盐酸234mL，加水稀释至1000mL，即得。本液含HCl应为9.5％～10.5％。

5.2.13.2.4　盐酸。

5.2.13.2.5　过硫酸铵。

5.2.13.2.6　硝酸。

5.2.13.3　仪器和设备

5.2.13.3.1　一般实验室仪器：烧杯、量筒、磁力搅拌器、水浴锅等。

5.2.13.3.2　纳氏比色管。

5.2.13.3.3　分析天平：精度0.1mg。

5.2.13.4　分析方法

5.2.13.4.1　试样制备

5.2.13.4.1.1　L-谷氨酸铁盐测定试样制备方法：取本品0.5g，加稀盐酸6mL与水适量，加热使溶解，放冷，加水至25mL，按以下方法，与标准铁溶液1.5mL制成的对照液比较，不得更深（30mg/kg）。

5.2.13.4.1.2　L-色氨酸、L-酪氨酸铁盐测定试样制备方法：取本品0.5g，炽灼灰化后，残渣加盐酸2mL，置水浴上蒸干，再加稀盐酸4mL，微热溶解后，加水30mL与过硫酸铵50mg，按以下方法，与标准铁溶液1.5mL制成的对照液比较，不得更深（30mg/kg）。

5.2.13.4.1.3　L-胱氨酸铁盐测定试样制备方法：取炽灼残渣项下遗留的残渣，加硝酸1mL，置水浴上蒸干，再加稀盐酸4mL，微热溶解后，移至50mL的纳式比色管中按以下方法，与标准铁溶液3.0mL制成的对照液比较，不得更深（30mg/kg）。

5.2.13.4.1.4　本标准其余各品种氨基酸铁盐测定试样制备方法：取本品0.5g，按以下方法检查，与标准铁溶液1.5mL制成的对照液比较，不得更深（30mg/kg）。

5.2.13.4.2　测试方法

取各品种项下规定量的供试品，加水溶解使成25mL，移置50mL纳氏比色管中，加稀盐酸4mL与过硫酸铵50mg，用水稀释使成35mL后，加30％硫氰酸铵溶液3mL，再加水适量稀释成50mL，摇匀；如显色，立即与标准铁溶液一定量制成的对照溶液（取各品种项下规定量的标准铁溶液，置50mL纳氏比色管中，加水使成25mL，加稀盐酸4mL与过硫酸铵50mg，用水稀释使成35mL，加30％硫氰酸铵溶液3mL，再加水适量稀释成50mL，摇匀）比较，即得。

如供试管溶液颜色不深于标准管溶液的颜色，则铁盐含量符合规定。

5.3　卫生指标

5.3.1　重金属（以 Pb 计）

按 GB 5009.74 的方法，试样处理采用“湿法消解”。

5.3.2　砷

按 GB 5009.11 的方法测定。

5.3.3　汞

按 GB 5009.17 的方法测定。

5.3.4　菌落总数

按 GB 4789.2 的方法测定。

5.3.5　大肠菌群

按 GB 4789.3 的方法测定。

5.3.6　霉菌和酵母

按 GB 4789.15 的方法测定。

5.3.7　金黄色葡萄球菌

按 GB 4789.10 的方法测定。

5.3.8　沙门氏菌

按 GB 4789.4 的方法测定。

6　检验规则

6.1　组批与抽样

按 GB/T 6678 确定取样单元数，取样按 GB/T 6679 的规定执行。

6.2　检验分类

检验分出厂检验和型式检验。

6.3　出厂检验

6.3.1　每批产品应经企业质检部门检验合格并附合格证后方可出厂。

6.3.2　出厂检验项目为：感官指标、鉴别、含量、比旋光度、干燥失重、炽灼残渣、pH、氯化物（含氯量）、硫酸盐、铵盐、溶液的透光率、其他氨基酸、重金属、砷、菌落总数、大肠菌群、霉菌和酵母、金黄色葡萄球菌。

6.4　型式检验

6.4.1　型式检验的项目包括本标准中规定的全部项目，即除出厂检验项目外，还包括汞和沙门氏菌的检测。

6.4.2　有下列情况之一时，亦应进行型式检验：

a）正常生产半年一次；

b）停产三个月以上恢复生产；

c）主要原料及工艺有重大改变时；

d）国家质量监督机构监督提出或客户要求时；

e）出厂检验结果与上次型式检验结果有较大差异时。

6.5　判定规则

检验结果如有感官或 1～2 项指标不合格，则应重新自该批产品中加倍取样复检，若仍有不合格项目，则判定该批产品不合格。

7　标志、包装、运输、贮存

7.1　标志

7.1.1　销售包装标志应符合 GB 7718 及有关规定。

7.1.2　包装容器标志应标明：产品名称、生产厂名、厂址、生产日期或批号、规格、重量、商标、保质期等。包装储运图示按 GB/T 191 的规定执行。

7.2　包装

包装物和容器应整洁、卫生、无破损，并应符合《中华人民共和国食品安全法》、GB 28050 及有关规定。

7.3　运输

运输工具应清洁卫生，不得与有毒、有害、有腐蚀性的含有异味的物品混装、混匀，运输过程中应有遮盖物，避免受潮、暴晒。

7.4　贮存

L-色氨酸、L-门冬酰胺一水物、L-盐酸半胱氨酸一水物、L-茶氨酸和 L-4-羟基异亮氨酸应遮光、密封、在阴凉干燥处保存；其余各品种氨基酸应遮光、密封、在室温保存。

附录 A （规范性附录）含量的测定

A.1 含量测定

A.1.1 L-异亮氨酸

取本品约 0.10g，精密称定，加无水甲酸 1mL 溶解后，加冰醋酸 25mL，照电位滴定法，用高氯酸滴定液（0.1mol/L）滴定，并将滴定的结果用空白试验校正。每 1mL 高氯酸滴定液（0.1mol/L）相当于 13.12mg 的 $C_6H_{13}NO_2$。

A.1.2 L-缬氨酸

取本品约 0.10g，精密称定，加无水甲酸 1mL 溶解后，加冰醋酸 25mL，照电位滴定法，用高氯酸滴定液（0.1mol/L）滴定，并将滴定的结果用空白试验校正。每 1mL 高氯酸滴定液（0.1mol/L）相当于 11.72mg 的 $C_5H_{11}NO_2$。

A.1.3 L-亮氨酸

取本品约 0.1g，精密称定，加无水甲酸 1mL 溶解后，加冰醋酸 25mL，照电位滴定法，用高氯酸滴定液（0.1mol/L）滴定，并将滴定的结果用空白试验校正。每 1mL 高氯酸滴定液（0.1mol/L）相当于 13.12mg 的 $C_6H_{13}NO_2$。

A.1.4 L-苯丙氨酸

取本品约 0.13g，精密称定，加无水甲酸 3mL 溶解后，加冰醋酸 50mL，照电位滴定法，用高氯酸滴定液（0.1mol/L）滴定，并将滴定的结果用空白试验校正。每 1mL 高氯酸滴定液（0.1mol/L）相当于 16.52mg 的 $C_9H_{11}NO_2$。

A.1.5 L-苏氨酸

取本品约 0.1g，精密称定，加无水甲酸 3mL 使溶解，再加冰醋酸 50mL，照电位滴定法，用高氯酸滴定液（0.1mol/L）滴定，并将滴定的结果用空白试验校正。每 1mL 高氯酸滴定液（0.1mol/L）相当于 11.91mg 的 $C_4H_9NO_3$。

A.1.6 L-谷氨酸

取本品约 0.25g，精密称定，加沸水 50mL 使溶解，放冷，加溴麝香草酚蓝指示液（取溴麝香草酚蓝 0.1g，加 0.05mol/L 氢氧化钠溶液 3.2mL 使溶解，再加水稀释至 200mL，即得）5 滴，用氢氧化钠滴定液（0.1mol/L）滴定至溶液由黄色变为蓝绿色。每 1mL 氢氧化钠滴定液（0.1mol/L）相当于 14.71mg 的 $C_5H_9NO_4$。

A.1.7 L-色氨酸

取本品约 0.15g，精密称定，加无水甲酸 3mL 溶解后，加冰醋酸 50mL，照电位滴定法，用高氯酸滴定液（0.1mol/L）滴定，并将滴定的结果用空白试验校正。每 1mL 高氯酸滴定液（0.1mol/L）相当于 20.42mg 的 $C_{11}H_{12}N_2O_2$。

A.1.8 L-酪氨酸

取本品约 0.15g，精密称定，加无水甲酸 6mL 溶解后，加冰醋酸 50mL，照电位滴定法，用高氯酸滴定液（0.1mol/L）滴定，并将滴定的结果用空白试验校正。每 1mL 高氯酸滴定液（0.1mol/L）相当 18.12mg 的 $C_9H_{11}NO_3$。

A.1.9　L-脯氨酸

取本品约0.1g，精密称定，加冰醋酸50mL使溶解，照电位滴定法，用高氯酸滴定液（0.1mol/L）滴定，并将滴定的结果用空白试验校正。每1mL高氯酸滴定液（0.1mol/L）相当于11.51mg的$C_5H_9NO_2$。

A.1.10　L-精氨酸

取本品约80mg，精密称定，加无水甲酸3mL使溶解后，加冰醋酸50mL，照电位滴定法，用高氯酸滴定液（0.1mol/L）滴定，并将滴定的结果用空白试验校正。每1mL高氯酸滴定液（0.1mol/L）相当于8.710mg的$C_6H_{14}N_4O_2$。

A.1.11　L-丝氨酸

取本品约0.1g，精密称定，加无水甲酸1mL溶解后，加冰醋酸25mL，照电位滴定法，用高氯酸滴定液（0.1mol/L）滴定，并将滴定的结果用空白试验校正。每1mL高氯酸滴定液（0.1mol/L）相当于10.51mg的$C_3H_7NO_3$。

A.1.12　L-醋酸赖氨酸

取本品约0.1g，精密称定，加无水甲酸3mL溶解后，加冰醋酸30mL照电位滴定法，用高氯酸滴定液（0.1mol/L）滴定，并将滴定的结果用空白试验校正。每1mL高氯酸滴定液（0.1mol/L）相当于10.31mg的$C_6H_{14}N_2O_2 \cdot C_2H_4O_2$。

A.1.13　L-盐酸精氨酸

取本品约0.1g，精密称定，加无水甲酸3mL使溶解，加冰醋酸50mL与醋酸汞试液（取醋酸汞5g，研细，加温热的冰醋酸使溶解成100mL，即得。本液应置棕色瓶内，密闭保存）6mL，照电位滴定法，用高氯酸滴定液（0.1mol/L）滴定，并将滴定的结果用空白试验校正。每1mL高氯酸滴定液（0.1mol/L）相当于10.53mg的$C_6H_{14}N_4O_2 \cdot HCl$。

A.1.14　L-盐酸半胱氨酸一水物

取本品约0.25g，精密称定，置碘瓶中，加水20mL与碘化钾4g，振摇溶解后，加稀盐酸（9.5%～10.5%）5mL，精密加入碘滴定液（0.05mol/L）25mL，于暗处放置15min，再置冰浴中冷却5min，用硫代硫酸钠滴定液（0.1mol/L）滴定，至近终点时，加淀粉指示液（取可溶性淀粉0.5g，加水5mL搅匀后，缓缓倾入100mL沸水中，随加随搅拌，继续煮沸2分钟，放冷，倾取上层清液，即得。本液应临用新制）2mL，继续滴定至蓝色消失，并将滴定的结果用空白试验校正。每1mL碘滴定液（0.05mol/L）相当于15.76mg的$C_3H_7NO_2S \cdot HCl$。

A.1.15　L-盐酸鸟氨酸

取本品约0.10g，精密称定，加无水甲酸3mL溶解后，加醋酸汞试液（取醋酸汞5g，研细，加温热的冰醋酸使溶解成100mL，即得。本液应置棕色瓶内，密闭保存）5mL，加冰醋酸25mL，照电位滴定法，用高氯酸滴定液（0.1mol/L）滴定，并将滴定的结果用空白试验校正。每1mL高氯酸滴定液（0.1mol/L）相当于8.431mg的$C_5H_{12}N_2O_2 \cdot HCl$。

A.1.16　L-甲硫氨酸

取本品约0.13g，精密称定，加无水甲酸3mL使溶解后，加冰醋酸50mL，照电位滴定法，用高氯酸滴定液（0.1mol/L）滴定，并将滴定的结果用空白试验校正。每1mL高氯酸滴定液（0.1mol/L）相当于14.92mg的$C_5H_{11}NO_2S$。

A.1.17　L-组氨酸

取本品约0.15g，精密称定，加无水甲酸2mL使溶解，加冰醋酸50mL，照电位滴定法，用高氯酸滴定液（0.1mol/L）滴定，并将滴定的结果用空白试验校正。每1mL高氯酸滴定液（0.1mol/L）相当于15.52mg的$C_6H_9N_3O_2$。

A.1.18　L-丙氨酸

取本品约80mg，精密称定，加无水甲酸2mL溶解后，加冰醋酸50mL，照电位滴定法，用高氯酸滴定液（0.1mol/L）滴定，并将滴定的结果用空白试验校正。每1mL高氯酸滴定液（0.1mol/L）相当于8.909mg的$C_3H_7NO_2$。

A.1.19　L-门冬酰胺一水物

取本品约0.15g，精密称定（可用滤纸称取，并连同滤纸置干燥的500mL凯氏烧瓶中），然后依次加入硫酸钾（或无水硫酸钠）10g和硫酸铜粉末0.5g，再沿瓶壁缓缓加硫酸20mL；在凯氏烧瓶口放一小漏斗并使凯氏烧瓶成45°斜置，用直火缓缓加热，使溶液的温度保持在沸点以下，等泡沸停止，强热至沸腾，待溶液成澄明的绿色后，除另有规定外，继续加热30min，放冷。沿瓶壁缓缓加水250mL，振摇使混合，放冷后，加40%氢氧化钠溶液（取氢氧化钠40g，加水使溶解成100mL，即得）75mL，注意使沿瓶壁流至瓶底，自成一液层，加锌粒数粒，用氮气球将凯氏烧瓶与冷凝管连接；另取2%硼酸溶液（取硼酸2.0g，加水使溶解成100mL，即得）50mL，置500mL锥形瓶中，加甲基红-溴甲酚绿混合指示液（取0.1%甲基红的乙醇溶液20mL，加0.2%溴甲酚绿的乙醇溶液30mL，摇匀，即得）10滴；将冷凝管的下端插入硼酸溶液的液面下，轻轻摆动凯氏烧瓶，使溶液混合均匀，加热蒸馏，至接收液的总体积约为250mL时，将冷凝管尖端提出液面，使蒸气冲洗约1min，用水淋洗尖端后停止蒸馏；馏出液用硫酸滴定液（0.05mol/L）滴定至溶液由蓝绿色变为灰紫色，并将滴定的结果用空白试验校正。每1mL硫酸滴定液（0.05mol/L）相当于6.606mg的$C_4H_8N_2O_3$。

A.1.20　L-谷氨酰胺

取本品约0.12g，精密称定，加无水甲酸3mL溶解后，加冰醋酸50mL，照电位滴定法，用高氯酸滴定液（0.1mol/L）滴定，并将滴定的结果用空白试验校正。每1mL的高氯酸滴定液（0.1mol/L）相当于14.61mg的$C_5H_{10}N_2O_3$。

A.1.21　L-盐酸组氨酸一水物

取本品约0.2g，精密称定，加水5mL使溶解，加对酚酞指示液显中性的混合溶液（甲醛溶液1mL与乙醇20mL），再加酚酞指示液（取酚酞1g，加乙醇100mL使溶解，即得）数滴，用氢氧化钠滴定液（0.1mol/L）滴定，每1mL氢氧化钠滴定液（0.1mol/L）相当于10.48mg的$C_6H_9N_3O_2 \cdot HCl \cdot H_2O$。

A.1.22　L-羟基脯氨酸

取本品约130mg，精密称定，加无水甲酸3mL溶解后，加冰醋酸50mL，照电位滴定法，用高氯酸滴定液（0.1mol/L）滴定，并将滴定的结果用空白试验校正。每1mL的高氯酸滴定液（0.1mol/L）相当于13.113mg的$C_5H_9NO_3$。

A.1.23　L-4-羟基异亮氨酸

A.1.23.1　色谱条件

色谱柱：XDB-C18，5μm，4.6mm×250mm，柱温：33℃，检测波长：360nm。

采用4元梯度洗脱，流动相总流速为1.0mL/min。

A.1.23.2　试剂配制

衍生试剂：2，4-二硝基氟苯（DNFB）乙醇溶液（0.5%）。

衍生缓冲溶液：称取碳酸氢钠4.2g，用水定容至100mL，摇匀后备用。

定容缓冲溶液：取磷酸二氢钾3.4g，以0.1mol/L氢氧化钠溶液定容至500mL。

A.1.23.3　流动相的配制

流动相A：纯水，超声后备用。

流动相B：纯乙腈，超声后备用。

流动相C：乙腈∶水（1∶1）体积比，超声后备用。

流动相D：醋酸钠4.1g，加水定容至1000mL，用0.22μm滤膜过滤，超声脱气备用。

A.1.23.4　L-4-羟基异亮氨酸标准液的制备

取98%纯度的L-4-羟基异亮氨酸标准品10mg，溶解并定容至1mL，得10g/L的L-4-羟基异亮氨酸标准贮备液。精密量取10g/L的标准贮备液适量，加水稀释成每1mL含2mg的标准溶液，待用。

A.1.23.5　样品的制备

称取样品0.05g左右溶解并定容至50mL，使其浓度范围在1mg/mL左右，待用。

A.1.23.6　衍生方法

取1.5mL离心管加入200μL衍生缓冲溶液，再准确加入处理好的样品100μL（空白为100μL水），然后分别加入200μL衍生试剂溶液，超声波震匀密封，将离心管放入60℃水浴并于暗处恒温加热60min后取出，注意不能让水进入离心管，放置到溶液达到室温后加入定容缓冲溶液910μL并摇匀，放置15min后开始进行色谱分析。梯度洗脱程序见表A.1。

表A.1　梯度洗脱程序

时间/min	流动相A/%	流动相B/%
0	16	84
0.3	16	84
4	30	70
7	34	66
12	43	57
22	55	45
25	55	45
34	98	2
38	16	84
40	16	84

A.1.23.7　计算方法

样品含量按式（A.1）计算：

$$C=\frac{A_i \times C_1 \times S}{A_S \times C_2}\times 100 \tag{A.1}$$

式中 C——样品含量，%

A_i——样品溶液峰面积值

C_1——标准品浓度，单位为毫克每毫升（mg/mL）

A_s——标准品峰面积值

C_2——样品溶液浓度，单位为毫克每毫升（mg/mL）

S——标准品含量，%

A.1.24 L-门冬氨酸

取本品约0.1g，加无水甲酸5mL溶解后，加冰醋酸30mL，照电位滴定法，用高氯酸滴定液（0.1mol/L）滴定，并将滴定的结果用空白试验校正。每1mL高氯酸滴定液（0.1mol/L）相当于13.31mg的$C_4H_7NO_4$。

A.1.25 L-胱氨酸

取本品约80mg，精密称定，置碘瓶中，加氢氧化钠试液（取氢氧化钠4.3g，加水使溶解成100mL，即得）2mL与水10mL振摇溶解后，加20%溴化钾溶液（取溴化钾20.0g，加水使溶解成100mL，即得）10mL，精密加入溴酸钾滴定液（0.01667mol/L）50mL和稀盐酸（9.5%～10.5%）15mL，密塞，置冰浴中暗处放置10min，加碘化钾1.5g，摇匀，1min后，用硫代硫酸钠滴定液（0.1mol/L）滴定，至近终点时，加淀粉指示剂（取可溶性淀粉0.5g，加水5mL搅匀后，缓缓倾入100mL沸水中，随加随搅拌，继续煮沸2min，放冷，倾取上层清液，即得。本液应临用新制）2mL，继续滴定至蓝色消失，并将滴定结果用空白试验校正。每1mL溴酸钾滴定液（0.01667mol/L）相当于2.403mg的$C_6H_{12}N_2O_4S_2$。

A.1.26 L-盐酸赖氨酸

取本品约90mg，精密称定，加无水甲酸3mL使溶解，加冰醋酸50mL与醋酸汞试液（取醋酸汞5g，研细，加温热的冰醋酸使溶解成100mL，即得。本液应置棕色瓶内，密闭保存）10mL，照电位滴定法，用高氯酸滴定液（0.1mol/L）滴定，并将滴定的结果用空白试验校正。每1mL高氯酸滴定液（0.1mol/L）相当于9.133mg的$C_6H_{14}N_2O_2 \cdot HCl$。

A.1.27 L-茶氨酸

取样品约0.14g，精密称定，置于150mL烧杯中，加入3mL无水甲酸，溶解后，再加50mL冰醋酸。加结晶紫指示液（取结晶紫0.5g，加冰醋酸100mL使溶解，即得）1滴，将烧杯置电磁搅拌器上，浸入电极，搅拌，用0.1mol/L高氯酸标准液滴定，记录电位。用坐标纸以电位（E）为纵坐标，以滴定液体积（V）为横坐标，绘制$E-V$曲线，以此曲线的陡然上升或下降部分的中心为滴定终点。同时进行空白试验。每1mL高氯酸滴定液（0.1mol/L）相当于L-茶氨酸17.42mg。

A.1.28 牛磺酸

取本品约0.2g，精密称定，加水50mL溶解，精密加入中性甲醛溶液［取甲醛溶液，滴加酚酞指示剂（取酚酞1g，加乙醇100mL使溶解，即得）5滴，用0.1mol/L的氢氧化钠溶液调节至溶液显微粉红色］5mL，照电位滴定法，用氢氧化钠滴定液（0.1mol/L）

滴定。每 1mL 氢氧化钠滴定液（0.1mol/L）相当于 12.52mg 的 $C_2H_7NO_3S$。

A.2　电位滴定法

电位滴定法：将盛有供试品溶液的烧杯置电磁搅拌器上，浸入电极，搅拌，并自滴定管中分次滴加滴定液；开始时可每次加入较多的量，搅拌，记录电位；至近终点前，则应每次加入少量，搅拌，记录电位；至突跃点已过，仍应继续滴加几次滴定液，并记录电位。

滴定终点的确定分为作图法和计算法两种。作图法是以指示电极的电位（E）为纵坐标，以滴定液体积（V）为横坐标，绘制滴定曲线，以滴定曲线的陡然上升或下降部分的中点或曲线的拐点为滴定终点。根据实验得到的 E 值与相应的 V 值，依次计算一级微商 $\Delta E/\Delta V$（相邻两次的电位差与相应滴定液体积差之比）和二级微商 $\Delta^2E/\Delta V^2$（相邻 $\Delta E/\Delta V$ 值间的差与相应滴定液体积差之比）值，将测定值（E，V）和计算值列表。再将计算值 $\Delta E/\Delta V$ 或 $\Delta^2E/\Delta V^2$ 作为纵坐标，以相应的滴定液体积（V）为横坐标作图，一级微商 $\Delta E/\Delta V$ 的极值和二级微商 $\Delta^2E/\Delta V^2$ 等于零（曲线过零）时对应的体积即为滴定终点。前者称为一阶导数法，终点时的滴定液体积也可由计算求得，即 $\Delta E/\Delta V$ 达极值时前、后两个滴定液体积读数的平均值；后者称为二阶导数法，终点时的滴定液体积也可采用曲线过零前、后两点坐标的线性内插法计算，计算公式见式（A.2）：

$$V_0 = V + \frac{a}{a+b} \times \Delta V \tag{A.2}$$

式中　V_0——终点时的滴定液体积

a——曲线过零前的二级微商绝对值

b——曲线过零后的二级微商绝对值

V——a 点对应的滴定液体积

ΔV——由 a 点至 b 点所滴加的滴定液体积

由于二阶导数计算法最准确，所以最为常用。

采用自动电位滴定仪可方便地获得滴定数据或滴定曲线。

如系供终点时指示剂色调的选择或核对，可在滴定前加入指示剂，观察终点前至终点后的颜色变化，以确定该品种在滴定终点时的指示剂颜色。

附录B （规范性附录）其他氨基酸的测定

B.1 其他氨基酸的测定

B.1.1 L-异亮氨酸

取本品适量，加水溶解并稀释成每1mL中约含20mg的溶液，作为供试品溶液；取供试品溶液适量，用水稀释至适当浓度，作为对照溶液；另取异亮氨酸对照品与缬氨酸对照品各适量，置同一量瓶中，加水溶解并稀释制成每1mL中各约含0.4mg的溶液，作为系统适用性溶液。照薄层色谱法试验，吸取上述三种溶液各5μL，分别点于同一硅胶G薄层板上，以正丁醇-水-冰醋酸（3∶1∶1）为展开剂，展开，晾干，喷以2%茚三酮丙酮溶液，在80℃加热至斑点出现，立即检视。对照溶液应显一个清晰的斑点，系统适用性溶液应显两个完全分离的斑点。供试品溶液如显杂质斑点，其颜色与对照溶液主斑点比较，总杂不得超过3.0%。

B.1.2 L-缬氨酸

取本品适量，加水溶解并稀释制成每1mL中约含20mg的溶液，作为供试品溶液；取供试品溶液适量，用水稀释至适当浓度，作为对照溶液；另取缬氨酸对照品与苯丙氨酸对照品各适量，置同一量瓶中，加水溶解并稀释制成每1mL中各含0.4mg的溶液，作为系统适用性溶液。照薄层色谱法试验，吸取上述三种溶液各5μL，分别点于同一硅胶G薄层板上，以正丁醇-冰醋酸-水（3∶1∶1）为展开剂，展开，晾干，喷以2%茚三酮丙酮溶液，在80℃加热至斑点出现，立即检视。对照溶液应显一个清晰的斑点，系统适用性溶液应显两个完全分离的斑点。供试品溶液如显杂质斑点，其颜色与对照溶液主斑点比较，总杂不得超过3.0%。

B.1.3 L-亮氨酸

取本品适量，加水溶解并稀释制成每1mL中约含20mg的溶液，作为供试品溶液；取供试品溶液适量，用水稀释至适当浓度，作为对照溶液；另取亮氨酸对照品与缬氨酸对照品各适量，置同一量瓶中，加水溶解并稀释制成每1mL中各约含0.4mg的溶液，作为系统适用性溶液。照薄层色谱法试验，吸取上述三种溶液各5μL，分别点于同一硅胶G薄层板上，以正丁醇-水-冰醋酸（3∶1∶1）为展开剂，展开后，晾干，喷以2%茚三酮丙酮溶液，在80℃加热至斑点出现，立即检视。对照溶液应显一个清晰的斑点，系统适用性溶液应显两个完全分离的斑点。供试品溶液如显杂质斑点，其颜色与对照溶液主斑点比较，总杂不得超过3.0%。

B.1.4 L-苯丙氨酸

取本品适量，加50%冰醋酸水溶液溶解并稀释制成每1mL中约含10mg的溶液，作为供试品溶液；精密量取1mL，置200mL量瓶中，用水稀释至刻度，摇匀，作为对照溶液；另取苯丙氨酸对照品和酪氨酸对照品各适量，置同一量瓶中，加适量50%冰醋酸溶液（取冰醋酸50mL，加水定容至100mL）溶解，用水稀释制成每1mL中约含苯丙氨酸10mg和酪氨酸0.1mg的溶液，作为系统适用性溶液。照薄层色谱法试验，吸取上述三种溶液各 5μL，分别点于同一硅胶 G 薄层板上，以正丁醇-冰醋酸-水（6∶2∶2）为展开剂，展开，晾干，喷以 2%茚三酮丙酮溶液，在 90℃加热至斑点出现，立即检视。对照溶液应显一个清晰的斑点，系统适用性溶液应显两个完全分离的斑点。供试品溶液如显杂质斑点，其颜色与对照溶液的主斑点比较，不得更深（0.5%）。

B.1.5　L-苏氨酸

取本品适量，加水溶解并稀释制成每 1mL 中约含 10mg 的溶液，作为供试品溶液；梢密量取 1mL，置 200mL 量瓶中，用水稀释至刻度，摇匀，作为对照溶液；另取苏氨酸对照品和脯氨酸对照品各适量，置同一量瓶中，加水溶解并稀释制成每 1mL 中分别约含 10mg 和 0.1mg 的溶液，作为系统适用性溶液。照薄层色谱法试验，吸取上述三种溶液各 5μL，分别点于同一硅胶 G 薄层板上，以正丁醇-冰醋酸-水（6∶2∶2）为展开剂，展开，晾干，喷以 2%茚三酮丙酮溶液，在 90℃加热至斑点出现，立即检视。对照溶液应显一个清晰的斑点，系统适用性溶液应显两个完全分离的斑点。供试品溶液如显杂质斑点，其颜色与对照溶液的主斑点比较，不得更深（0.5%），且不得超过 1 个。

B.1.6　L-谷氨酸

取本品，加 0.5mol/L 盐酸溶液溶解并稀释制成每 1mL 中约含 10mg 的溶液，作为供试品溶液；精密量取 1mL，置 200mL 量瓶中，用 0.5mol/L 盐酸溶液稀释至刻度，摇匀，作为对照溶液；另取谷氨酸对照品与门冬氨酸对照品各适量，置同一量瓶中，加 0.5mol/L 盐酸溶液溶解并稀释制成每 1mL 中分别约含谷氨酸 10mg 和门冬氨酸 0.05mg 的溶液，作为系统适用性溶液。照薄层色谱法试验，吸取上述三种溶液各 5μL，分别点于同一硅胶 G 薄层板上，以正丁醇-水-冰醋酸（2∶1∶1）为展开剂，展开，晾干，喷以 2%茚三酮丙酮溶液，在 80℃加热至斑点出现，立即检视。对照溶液应显一个清晰的斑点，系统适用性溶液应显两个完全分离的斑点。供试品溶液如显杂质斑点，其颜色与对照溶液的主斑点比较，不得更深（0.5%）。

B.1.7　L-色氨酸

取本品 0.30g，置 20mL 量瓶中，加 1mol/L 盐酸溶液 1mL 与水适量使溶解，用水稀释至刻度，摇匀，作为供试品溶液；精密量取 1mL，置 200mL 量瓶中，用水稀释至刻度，摇匀，作为对照溶液；另取色氨酸对照品与酪氨酸对照品各 10mg，置同一 25mL 量瓶中，加 1mol/L 盐酸溶液 1mL 及水适量使溶解，用水稀释至刻度，摇匀，作为系统适用性溶液。照薄层色谱法试验，吸取上述三种溶液各 2μL，分别 点于同一硅胶 G 薄层板上，以正丁醇-冰醋酸-水（3∶1∶1）为展开剂，展开，晾干，喷以 2%茚三酮丙酮溶液，在 80℃加热至斑点出现，立即检视。对照溶液应显一个清晰的斑点，系统适用性溶液应显两个完全分离的斑点。供试品溶液如显杂质斑点，其颜色与对照溶液的主斑点比较，不得更深（0.5%）。

B.1.8　L-酪氨酸

取本品适量，加稀氨溶液（取浓氨溶液 14mL，加水定容至 100mL）溶解并稀释制成每 1mL 中约含 10mg 的溶液，作为供试品溶液；精密量取 1mL，置 250mL 量瓶中，用上述稀氨溶液稀释至刻度，摇匀，作为对照溶液；另取酪氨酸对照品与苯丙氨酸对照品各适量，置同一量瓶中，加上述稀氨溶液溶解并稀释制成每 1mL 中各约含 0.4mg 的溶液，作为系统适用性溶液，照薄层色谱法试验，吸取上述三种溶液各 2μL，分别点于同一硅胶 G

薄层板上，以正丙醇-浓氨溶液（7∶3）为展开剂，展开，晾干，喷以2%茚三酮丙酮溶液，在80℃加热至斑点出现，立即检视。对照溶液应显一个清晰的斑点，系统适用性溶液应显两个完全分离的斑点。供试品溶液如显杂质斑点，其颜色与对照溶液的主斑点比较，不得更深（0.4%）。

B.1.9 L-脯氨酸

取本品，加水溶解并稀释制成每1mL中约含50mg的溶液，作为供试品溶液；精密量取1mL，置200mL量瓶中，用水稀释至刻度，摇匀，作为对照溶液。另取脯氨酸对照品与苏氨酸对照品各适量，置同一量瓶中，加水溶解并稀释制成每1mL中各约含0.4mg的溶液，作为系统适用性溶液。照薄层色谱法试验，吸取上述三种溶液各2μL，分别点于同一硅胶G薄层板上，以正丁醇-无水乙醇-浓氨溶液-水（8∶8∶1∶3）为展开剂，展开，晾干，喷以2%茚三酮丙酮溶液，在80℃加热至斑点出现，立即检视。对照溶液应显一个清晰的斑点，系统适用性溶液应显两个完全分离的斑点。供试品溶液如显杂质斑点，其颜色与对照溶液的主斑点比较，不得更深（0.5%）。

B.1.10 L-精氨酸

取本品适量，加0.1mol/L盐酸溶液溶解并稀释制成每1mL中约含10mg的溶液，作为供试品溶液；精密量取1mL置250mL量瓶中，用0.1mol/L盐酸溶液稀释至刻度，摇匀，作为对照溶液；另取精氨酸对照品与盐酸赖氨酸对照品各适量，置同一量瓶中，加0.1mol/L盐酸溶液溶解并稀释制成每1mL中分别约含精氨酸10mg和盐酸赖氨酸0.4mg的溶液，作为系统适用性溶液。照薄层色谱法试验，吸取上述三种溶液各5μL分别点于同一硅胶G薄层板上，以正丙醇-浓氨溶液（6∶3）为展开剂，展开约20cm后，晾干，在90℃干燥约10min，放冷，喷以1%茚三酮正丙醇溶液，在90℃加热至斑点出现，立即检视。对照溶液应显一个清晰的斑点，系统适用性溶液应显两个完全分离的斑点。供试品溶液如显杂质斑点，不得超过1个，其颜色与对照溶液的主斑点比较，不得更深（0.4%）。

B.1.11 L-丝氨酸

取本品适量，加水溶解并稀释制成每1mL中约含20mg的溶液，作为供试品溶液；精密量取1mL，置200mL量瓶中，用水稀释至刻度，摇匀，作为对照溶液；另取丝氨酸对照品与甲硫氨酸对照品各适量，置同一量瓶中，加水溶解并稀释制成每1mL中各约含0.4mg的溶液，作为系统适用性溶液。照薄层色谱法试验，吸取上述三种溶液各5μL，分别点于同一硅胶G薄层板上，以正丁醇-水-冰醋酸（3∶1∶1）为展开剂，展开后，晾干，喷以2%茚三酮丙酮溶液，在80℃加热至斑点出现，立即检视。对照溶液应显一个清晰的斑点，系统适用性溶液应显两个完全分离的斑点。供试品溶液如显杂质斑点，其颜色与对照溶液的主斑点比较，不得更深（0.5%）。

B.1.12 L-醋酸赖氨酸

取本品，加水溶解并稀释制成每1mL中约含50mg的溶液，作为供试品溶液；精密量取1mL，置500mL量瓶中，用水稀释至刻度，摇匀，作为对照溶液。另取醋酸赖氨酸对照品与精氨酸对照品各适量，置同一量瓶中，加水溶解并稀释制成每1mL中各约含0.4mg的溶液，作为系统适用性溶液。照薄层色谱法试验，吸取上述三种溶液各5μL，分别点于同一硅胶G薄层板上，以正丙醇-浓氨溶液（2∶1）为展开剂，展开，晾干，喷以2%茚三酮丙酮溶液，在80℃加热至斑点出现，立即检视。对照溶液应显一个清晰的斑点，系统适用性溶液应显两个完全分离的斑点。供试品溶液如显杂质斑点，其颜色与对照溶液的主斑点比较，不得更深（0.2%）。

B.1.13　L-盐酸精氨酸

取本品适量，加水溶解并稀释制成每1mL中约含10mg的溶液，作为供试品溶液；精密量取1mL，置500mL量瓶中，用水稀释至刻度，摇匀，作为对照溶液；另取精氨酸对照品与盐酸赖氨酸对照品各适量，置同一量瓶中，加水溶解并稀释制成每1mL中各约含0.4mg的溶液，作为系统适用性溶液。照薄层色谱法试验，吸取上述三种溶液各5μL，分别点于同一硅胶G薄层板上，以正丙醇-浓氨溶液（2∶1）为展开剂，展开，晾干，喷以2%茚三酮丙酮溶液，在105℃加热至斑点出现，立即检视。对照溶液应显一个清晰的斑点，系统适用性溶液应显两个完全分离的斑点。供试品溶液如显杂质斑点，不得多于1个，且颜色与对照溶液的主斑点比较，不得更深（0.2%）。

B.1.14　L-盐酸半胱氨酸一水物

取本品0.20g，置10mL量瓶中，加水溶解并稀释至刻度，摇匀，取5mL，加4%*N*-乙基顺丁烯二酰亚胺乙醇溶液（取*N*-乙基顺丁烯二酰亚胺4g，加乙醇使溶解成100mL，即得）5mL，混匀，放置5min，作为供试品溶液；精密量取1mL，置200mL量瓶中，用水稀释至刻度，摇匀，作为对照溶液，另取盐酸半胱氨酸一水物对照品20mg，加水10mL使溶解，加4%*N*-乙基顺丁烯二酰亚胺乙醇溶液10mL，混匀，放置5min，作为盐酸半胱氨酸一水物对照品贮备液；取酪氨酸对照品10mg，置25mL量瓶中，加水适量使溶解，加盐酸半胱氨酸一水物对照品贮备液10mL，用水稀释至刻度，摇匀，作为系统适用性溶液。照薄层色谱法试验，吸取上述三种溶液各5μL，分别点于同一硅胶G薄层板上，以冰醋酸-水-正丁醇（1∶1∶3）为展开剂，展开至少15cm，晾干，80℃加热30min，喷以0.2%茚三酮的正丁醇-2mol/L醋酸溶液（95∶5）混合溶液，在105℃加热约15min至斑点出现，立即检视。对照溶液应显一个清晰的斑点，系统适用性溶液应显两个完全分离的斑点。供试品溶液如显杂质斑点，其颜色与对照溶液的主斑点比较，不得更深（0.5%）。

B.1.15　L-盐酸鸟氨酸

取本品，加水制成每1mL中含2mg的溶液，作为供试品溶液；精密量取上述溶液适量，加水稀释成每1mL中含10μg的溶液，作为对照溶液。照薄层色谱法试验，吸取上述溶液5μL，点于硅胶G薄层板上，以丙醇-浓氨溶液（60∶40）为展开剂，展开后，晾干，喷以50%茚三酮丙酮溶液，放置5min，立即检视，供试品如显示杂质斑点则杂质斑点的颜色应浅于对照溶液的主斑点（0.5%）。

B.1.16　L-甲硫氨酸

取本品适量，加水溶解并稀释制成每1mL中约含10mg的溶液，作为供试品溶液；精密量取1mL，置200mL量瓶中，用水稀释至刻度，摇匀，作为对照溶液；另取甲硫氨酸对照品与丝氨酸对照品各适量，置同一量瓶中，加水溶解并稀释制成每1mL中分别约含甲硫氨酸10mg和丝氨酸0.1mg的溶液，作为系统适用性溶液。照薄层色谱法试验，吸取上述三种溶液各5μL，分别点于同一硅胶G薄层板上，以正丁醇-冰醋酸-水（4∶1∶5）为展开剂，展开，晾干，在90℃干燥10min，喷以0.5%茚三酮丙酮溶液，在90℃加热至斑点出现，立即检视。对照溶液应显一个清晰的斑点，系统适用性溶液应显两个完全分离的斑点。供试品溶液如显杂质斑点，不得超过 1 个，其颜色与对照溶液的主斑点比较，不得更深（0.5%）。

B.1.17　L-组氨酸

取本品适量，加水溶解并稀释制成每 1mL 中约含 10mg 的溶液，作为供试品溶液；精密量取 1mL，置 200mL 量瓶中，用水稀释至刻度，摇匀，作为对照溶液；另取组氨酸对照品与脯氨酸对照品各适量，置同一量瓶中，加水溶解并稀释制成每 1mL 中各约含 0.4mg 的溶液，作为系统适用性溶液。照薄层色谱法试验，吸取上述三种溶液各 5μL，分别点于同一硅胶 G 薄层板上，以正丙醇-浓氨溶液（67∶33）为展开剂，展开，晾干，喷以 2%茚三酮丙酮溶液，在 80℃加热至斑点出现，立即检视。对照溶液应显一个清晰的斑点，系统适用性溶液应显两个完全分离的斑点。供试品溶液如显杂质斑点，其颜色与对照溶液的主斑点比较，不得更深（0.5%）。

B.1.18　L-丙氨酸

取本品适量，加水溶解并稀释制成每 1mL 中约含 25mg 的溶液，作为供试品溶液；精密量取 1mL，置 200mL 量瓶中，用水稀释至刻度，摇匀，作为对照溶液；另取丙氨酸对照品与甘氨酸对照品各适量，置同一量瓶中，加水溶解并稀释制成每 1mL 中分别含丙氨酸 25mg 和甘氨酸 0.125mg 的溶液，作为系统适用性溶液。照薄层色谱法试验，吸取上述三种溶液各 2μL，分别点于同一硅胶 G 薄层板上，以正丁醇-水-冰醋酸（3∶1∶1）为展开剂，展开，晾干，同法再展开一次，晾干。喷以 0.2%茚三酮的正丁醇冰醋酸溶液[正丁醇-2mol/L 冰醋酸溶液（95∶5）]，在 105℃加热至斑点出现，立即检视。对照溶液应显一个清晰的斑点，系统适用性溶液应显两个完全分离的斑点。供试品溶液如显杂质斑点，不得超过 1 个，其颜色与对照溶液的主斑点比较，不得更深（0.5%）。

B.1.19　L-门冬酰胺一水物

取本品 0.25g，置 10mL 量瓶中，加水适量。微温使溶解（不超过 40℃），放冷，用水稀释至刻度，摇匀，作为供试品溶液；精密量取 1mL，置 200mL 量瓶中，用水稀释至刻度，摇匀，作为对照溶液；另取谷氨酸对照品 25mg，置 10mL 量瓶中，加水适量加热使溶解，再加供试品溶液 1mL，用水稀释至刻度，摇匀，作为系统适用性溶液，照薄层色谱法试验，吸取上述三种溶液各 5μL，分别点于同一硅胶 G 薄层板上，以冰醋酸-水-正丁醇（1∶1∶2）为展开剂，展开至少 10cm，晾干，110℃加热 15min，喷以 0.2%茚三酮的正丁醇冰醋酸溶液[正丁醇-2mol/L 冰醋酸溶液（95∶5）]，在 110℃加热约 10min 至斑点出现，立即检视。对照溶液应是一个清晰的斑点，系统适用性溶液应显两个完全分离的斑点。供试品溶液如显杂质斑点，其颜色与对照溶液的主斑点比较，不得更深（0.5%）。

B.1.20　L-盐酸组氨酸-水物

取本品适量，加水溶解并稀释制成每 1mL 中约含 50mg 的溶液，作为供试品溶液；精密量取 1mL，置 500mL 量瓶中，用水稀释至刻度，摇匀，作为对照溶液。另取盐酸组氨酸一水物对照品与脯氨酸对照品各适量，置同一量瓶中，加水溶解并稀释制成每 1mL 中约含 0.4mg 的溶液，作为系统适用性溶液。照薄层色谱法试验，吸取上述 3 种溶液各 2μL，分别点于同一硅胶 G 薄层板上，以正丁醇-冰醋酸-水（0.95∶1∶1）为展开剂，展开，晾干，喷以 2%茚三酮的丙酮溶液，在 80℃加热至斑点出现，立即检视。对照溶液应显一个清晰的斑点，系统适用性溶液应显两个完全分离的斑点，供试品溶液如显杂质斑点，其颜色与对照溶液的主斑点比较，不得更深（0.2%）。

B.1.21　L-羟基脯氨酸

精密称取 0.01g 脯氨酸标准品和 0.025gL-羟基脯氨酸标准品置于 25mL 容量瓶中，加入 10mL 四硼酸钠溶液溶解（取四硼酸钠 4.8g 溶于 100mL 水中，即得），再加入 2mL 芴甲氧羰酰氯溶液（取 0.4g 芴甲氧羰酰氯溶于 8mL 乙腈中，即得），轻轻摇动 2min，用纯化水定容，以 0.45μm 滤膜过滤，作为系统适用性溶液。精密称取约 0.025g 待测样品，精密称定，25mL 容量瓶中，加入 10mL 四硼酸钠溶液溶解，再加入 2mL 芴甲氧羰酰氯溶液，轻轻摇动 2min，用纯化水定容，以 0.45μm 滤膜过滤，作为供试品溶液。

采用高效液相色谱法，用十八烷基硅烷键合硅胶为填充剂（4.6mm×250mm，5μm）或效能相当的色谱柱；以乙腈和 0.1%三氟乙酸水溶液为流动相进行梯度洗脱，梯度洗脱程序见表 B.1；检测波长：263nm，流速：1.0mL/min，柱温：30℃；进样量 5μL 脯氨酸和 L-羟基脯氨酸的分离度应大于 1.5，理论塔板数应大于 2000，拖尾因子应不大于 1.4。供试品溶液色谱图中如有杂质峰，按面积归一法计算，供试品溶液中各杂质总和应不得超过 0.5%。

表 B.1　　梯度洗脱程序

时间/min	流动相 A/%	流动相 B/%
0	70	30
5	70	30
10	60	40
15	60	40
20	40	60
30	40	60
30.01	70	30
40	70	30

B.1.22　L-门冬氨酸

取本品 0.10g，置 10mL 量瓶中，加浓氨溶液 2mL 使溶解，用水稀释至刻度，摇匀，作为供试品溶液；精密量取 1mL，置 200mL 量瓶中，用水稀释至刻度，摇匀，作为对照溶液；另取 L-门冬氨酸对照品 10mg 与 L-谷氨酸对照品 10mg，置同一 25mL 量瓶中，加氨试液 2mL 使溶解，用水稀释至刻度，摇匀，作为系统适用性溶液。照薄层色谱法试验，吸取上述三种溶液各 5μL，分别点于同一硅胶 G 薄层板上，以冰醋酸-水-正丁醇（1∶1∶3）为展开剂，展开至少 15cm，晾干，喷以 0.2%茚三酮的正丁醇溶液-2mol/L 醋酸溶液（95∶5）混合溶液，在 105℃加热约 15min 至斑点出现，立即检视。对照溶液应显一个清晰的斑点，系统适用性溶液应显两个清晰分离的斑点。供试品溶液如显杂质斑点，其颜色与对照溶液的主斑点比较，不得更深（0.5%）。

B.1.23　L-胱氨酸

取本品适量，加 2%氨溶液溶解并稀释制成每 1mL 中约含 10mg 的溶液，作为供试品溶液；精密量取 1mL，置 200mL 量瓶中，用 2%氨溶液稀释至刻度，摇匀，作为对照溶液；另取胱氨酸对照品与盐酸精氨酸对照品各适量，置同一量瓶中，加 2%氨溶液溶解并稀释制成每 1mL 中分别约含胱氨酸 10mg 和盐酸精氨酸 1mg 的溶液，作为系统适用性溶液。照薄层色谱法试验，吸取上述三种溶液各 2μL，分别点于同一硅胶 G 薄层板上，以异丙醇-浓氨溶液（7：3）为展开剂，展开，晾干，喷以 0.2%茚三酮的正丁醇-冰醋酸溶液（95：5），在 80℃加热至斑点出现，立即检视。对照溶液应显一个清晰的斑点。系统适用性溶液应显两个完全分离的斑点。供试品溶液如显杂质斑点，其颜色与对照溶液的主斑点比较，不得更深（0.5%），且不得超过 1 个。

B.1.24　L-盐酸赖氨酸

取本品适量，加水溶解并稀释制成每 1mL 中约含 20mg 的溶液，作为供试品溶液；精密量取 1mL，置 200mL 量瓶中，用水稀释至刻度，摇匀，作为对照溶液；另取盐酸赖氨酸对照品与精氨酸对照品各适量，置同一量瓶中，加水溶解并稀释制成每 1mL 中各约含 0.4mg 的溶液，作为系统适用性溶液。照薄层色谱法试验，吸取上述三种溶液各 5μL，分别点于同一硅胶 G 薄层板上，以正丙醇-浓氨溶液（2：1）为展开剂，展开，晾干，喷以 2%茚三酮丙酮溶液，在 80℃加热至斑点出现，立即检视。对照溶液应显一个清晰的斑点，系统适用性溶液应显两个完全分离的斑点。供试品溶液如显杂质斑点，其颜色与对照溶液的主斑点比较，不得更深（0.5%）。

B.1.25　L-茶氨酸

取本品适量，加冰醋酸溶解并稀释制成每 1mL 中约含 10mg 的溶液，作为供试品溶液；精密量取 1mL，置 200mL 量瓶中，用冰醋酸稀释至刻度，摇匀，作为对照溶液；另取茶氨酸对照品与谷氨酰胺对照品各适量，置同一量瓶中，加冰醋酸溶解并稀释制成每 1mL 中含 10mg 茶氨酸的溶液和每 1mL 中含 0.1mg 谷氨酰胺的混合标准溶液，作为系统适用性溶液。照薄层色谱法试验，吸取上述三种溶液各 5μL，分别点于同一硅胶 G 薄层板上，以正丁醇-冰醋酸-水（4：1：1）为展开剂，展开，晾干，喷以 0.2%的茚三酮乙醇溶液，在 90℃加热至斑点出现，立即检视。对照溶液应显一个清晰的斑点，系统适用性溶液应显两个完全分离的斑点。供试品溶液如显杂质斑点，其颜色与对照溶液的主斑点比较，不得更深（0.5%）。

B.2　薄层色谱法

薄层色谱法：薄层色谱法系将供试品溶液点于薄层板上，在展开容器内用展开剂展开，使供试品所含成分分离，所得色谱图与适宜的标准物质按同法所得的色谱图对比，亦可用薄层色谱扫描仪进行扫描，用于鉴别、检查或含量测定。

B.2.1　仪器与材料

B.2.1.1　薄层板：按支持物的材质分为玻璃板、塑料板或铝板等，按固定相种类分为硅胶薄层板、键合硅胶板、微晶纤维素薄层板、聚酰胺薄层板、氧化铝薄层板等。固定相中可加入黏合剂、荧光剂。硅胶薄层板常用的有硅胶 G、硅胶 GF_{254}、硅胶 H、硅胶 HF、C、H 表示含或不含石膏黏合剂。F_{254} 为在紫外光 254nm 波长下显绿色背景的荧光剂。按固定相粒径大小分为普通薄层板（10μm～40μm）和高效薄层板（5μm～10μm）。

在保证色谱质量的前提下，可对薄层板进行特别处理和化学改性以适应分离的要求，可用实验室自制的薄层板。固定相颗粒大小一般要求粒径为 10μm～40μm，玻璃应光滑、平整，洗净后不附水珠。

B.2.1.2　点样器：一般采用微升毛细管或手动、半自动、全自动点样器材。

B.2.1.3　展开容器：上行展开一般可用适合薄层板大小的专用平底或双槽展开缸，展开时须能密闭。水平展开用专用的水平展开槽。

B.2.1.4　显色装置：喷雾显色应使用玻璃喷雾瓶或专用喷雾器，要求用压缩气体使显色剂呈均匀细雾状喷出；浸渍显色可用专用玻璃器械或用适宜的展开缸代用；蒸气熏蒸显色可用双槽展开缸或适宜大小的干燥器代替。

B.2.1.5　检视装置为装有可见光 254nm 及 365nm 紫外光光源及相应的滤光片的暗箱，可附加摄像设备供拍摄图像用。暗箱内光源应有足够的光照度。

B.2.2　操作方法

B.2.2.1　薄层板制备

市售薄层板：临用前一般应在 110℃活化 30min。聚酰胺薄膜不需活化。铝基片薄层板、塑料薄层板可根据需要剪裁，但须注意剪裁后的薄层板底边的固定相层不得有破损。如在存放期间被空气中杂质污染，使用前可用三氯甲烷、甲醇或二者的混合溶剂在展开缸中上行展开预洗，晾干，110℃活化，置干燥器中备用。

自制薄层板：除另有规定外，将 1 份固定相和 3 份水（或加有黏合剂的水溶液，如 0.2%～0.5%羟甲基纤维素钠水溶液，或为规定浓度的改性剂溶液）在研钵中按同一方向研磨混合，去除表面的气泡后，倒入涂布器中，在玻板上平稳地移动涂布器进行涂布（厚度为 0.2mm～0.3mm），取下涂好薄层的玻板，置水平台上于室温下晾干后，在 110℃烘 30min，随即置于有干燥剂的干燥箱中备用。使用前检查其均匀度，在反射光及透视光下检视，表面应均匀、平整、光滑，并且无麻点、无气泡、无破损及污染。

B.2.2.2　点样：除另有规定外，在洁净干燥的环境中，用专用毛细管或配合相应的半自动、自动点样器械点样于薄层板上。一般为圆点状或窄细的条带状，点样基线距底边 10mm～15mm，高效板一般基线离底边 8mm～10mm 圆点状直径一般不大于 4mm，高效板一般不大于 2mm。接触点样时注意勿损伤薄层表面。条带状宽度一般为 5mm～10mm，高效板条带宽度一般为 4mm～8mm，可用专用半自动或自动点样器械喷雾法点样。点间距离可视斑点扩散情况以相邻斑点互不干扰为宜，一般不少于 8mm，高效板供试品间隔不少于 5mm。

B.2.2.3　展开：将点好供试品的薄层板放入展开缸中，浸入展开剂的深度为距原点 5mm 为宜，密闭。除另有规定外，一般上行展开 8cm～15cm，高效薄层板上行展开 5cm～8cm。溶剂前沿达到规定的展距，取出薄层板，晾干，待检测。

展开前如需要溶剂蒸气预平衡，可在展开缸中加入适量的展开剂，密闭，一般保持 15min～30min。溶剂蒸气预平衡后，应迅速放入载有供试品的薄层板，立即密闭，展开。如需使展开缸达到溶剂蒸气饱和的状态，则须在展开缸的内壁贴与展开缸高、宽同样大小的滤纸，一端浸入展开剂中，密闭一定时间，使溶剂蒸气达到饱和再如法展开。必要时，可进行二次展开或双向展开，进行第二次展开前，应使薄层板残留的展开剂完全挥干。

B.2.2.4　显色与检视：有颜色的物质可在可见光下直接检视，无色物质可用喷雾法或浸渍法以适宜的显色剂显色，或加热显色，在可见光下检视。有荧光的物质或显色后可激发产生荧光的物质可在紫外光灯（365nm 或 254nm）下观察荧光斑点。对于在紫外光下有吸收的成分，可用带有荧光剂的薄层板（如硅胶 GF_{254} 板），在紫外光灯（254nm）下观察荧光板面上的荧光物质淬灭形成的斑点。

B. 2. 2. 5　记录：薄层色谱图像一般可采用摄像设备拍摄，以光学照片或电子图像的形式保存。

B. 2. 3　系统适用性试验

按各品种项下要求对实验条件进行系统适用性试验，即用供试品和标准物质对实验条件进行试验和调整，应符合规定的要求。

B. 2. 3. 1　比移值（R_f）：系指从基线至展开斑点中心的距离与从基线至展开剂前沿的距离的比值。按式（B. 1）计算：

$$R_f = \frac{L}{L_0} \tag{B. 1}$$

式中　R_f——比移值

L——基线至展开斑点中心的距离

L_0——基线至展开剂前沿的距离

除另有规定外，杂质检查时，各杂质斑点的比移值 R_f 以在 0. 2～0. 8 为宜。

B. 2. 3. 2　检出限：系指限量检查或杂质检查时，供试品溶液中被测物质能被检出的最低浓度或量。一般采用已知浓度的供试品溶液或对照标准溶液，与稀释若干倍的自身对照标准溶液在规定的色谱条件下，在同一薄层板上点样、展开、检视，后者显清晰可辨斑点的浓度或量作为检出限。